建设工程造价鉴定规范

GB/T 51262-2017

理解与适用

规范编制组　编著

中国计划出版社

北　京

图书在版编目（CIP）数据

《建设工程造价鉴定规范GB/T 51262-2017》理解与适用 / 《建设工程造价鉴定规范GB/T 51262-2017》编制组编著. -- 北京 : 中国计划出版社, 2021.7(2021.11 重印)
ISBN 978-7-5182-1308-5

Ⅰ. ①建… Ⅱ. ①建… Ⅲ. ①建筑造价管理—规范—中国 Ⅳ. ①TU723.3-65

中国版本图书馆CIP数据核字(2021)第127755号

《建设工程造价鉴定规范 GB/T 51262-2017》理解与适用
《JIANSHE GONGCHENG ZAOJIA JIANDING GUIFAN GB/T 51262-2017》LIJIE YU SHIYONG
规范编制组 编著

责任编辑：刘 涛 封面设计：吕丽梅
责任校对：王 巍 责任印制：李 晨 郝文清

中国计划出版社出版发行
网址：www.jhpress.com
地址：北京市西城区木樨地北里甲 11 号国宏大厦 C 座 3 层
邮政编码：100038 电话：（010）63906433（发行部）
三河富华印刷包装有限公司印刷

880mm×1230mm 1/16 32.25 印张 740 千字
2021 年 7 月第 1 版 2021 年 11 月第 2 次印刷
印数 10001—16000 册

ISBN 978-7-5182-1308-5
定价：120.00 元

序

国家标准《建设工程造价鉴定规范》GB/T 51262–2017（以下简称《鉴定规范》）自2018年3月施行以来已两年多了，《鉴定规范》中有关鉴定人告知承诺、回避、鉴定书征求意见、争议证据使用、鉴定书制作等规定，对于规范鉴定人的行为发挥了重要作用。通过《鉴定规范》的实施，鉴定人在增强法律意识、缩短鉴定时间、提高鉴定质量、规范鉴定书制作等方面取得了显著成效，促进我国工程造价鉴定水平迈上了一个新台阶。

《鉴定规范》实施以来，工程造价鉴定的环境有了新的变化。一是最高人民法院出台了《关于审理建设工程施工合同纠纷案件适用法律问题的解释（二）》，已于2019年2月1日施行，发布了新修订的《关于民事诉讼证据的若干规定》，已于2020年5月1日施行。上述法规首次引入了鉴定人签署承诺书，比《鉴定规范》的承诺要求更为严格。明确了鉴定范围、事项、期限进入委托书，引入了鉴定书征求当事人意见、鉴定前未质证的证据在鉴定后再质证的规定。这些规定，使得《鉴定规范》的相应内容上升到了法律层面，同时保留了当事人申请鉴定应预交鉴定费用，保障了鉴定人对鉴定费的收取，并对鉴定人逾期鉴定、瑕疵鉴定、虚假鉴定等明确了法律责任。这些法律规定，也将进一步规范工程造价鉴定行为，提高工程造价鉴定质量。二是于2021年1月施行的《民法典》增加、修订了《合同法》以及《施工合同司法解释（一）》规定的“建设工程经竣工验收合格，承包人请求参照合同约定支付工程价款的，应予支持。”修改为“建设工程经验收合格的，可以参照合同关于工程价款的约定折价补偿承包人。”这些规定，需要工程造价鉴定时转变思路。三是住房和城乡建设部、交通运输部、水利部、人力资源社会保障部改进了注册造价工程师执业制度，将造价工程师分为一级和二级，明确了各自的执业范围，只有一级造价工程师才能承担工程造价鉴定，二级造价工程师可以协助其工作。同时将乙级工程造价咨询企业的业务范围从5 000万元扩大到了2亿元，这些措施也将影响工程造价鉴定工作。

党的十八届四中全会《关于全面推进依法治国若干重大问题的决定》和十九届四中全会《关于坚持和完善中国特色社会主义制度推进国家治理体系和治理能力现代化若干重大

问题的决定》，对新时代的司法工作提出了更高的要求，作为审理建设工程施工合同纠纷案件重要一环的工程造价鉴定工作，要认真贯彻落实国家的方针政策，让工程造价鉴定意见作为判决的重要依据，更加体现公开正义。针对《鉴定规范》实施以来仍然存在鉴定人不遵从《鉴定规范》的规定，鉴定程序不规范，擅自确定鉴定依据，鉴定时间过长，个别的甚至作虚假鉴定等问题，本书作者在认真总结《鉴定规范》实施两年多来实践经验的基础上，根据工程造价鉴定新的要求和环境，在本书第一篇"《建设工程造价鉴定规范》条文解读"中，阐述规范条文的内涵，增加了使用指引和法条链接，使工程造价鉴定中的法律性问题与专门性问题达到了有机的融合和统一；第二篇"与工程造价鉴定相关的法律规定"，对法律有关鉴定的规定作了详尽介绍，不只对鉴定人，对当事人也有很大助益，大幅提升了本书的使用价值；第三篇"工程造价鉴定案例"总结了多个工程造价鉴定案例；第四篇"工程造价鉴定中的疑难问题解析"对鉴定中的一些热点、难点问题作了解惑释疑。

参与此书的作者均是法律界、工程造价界的行家里手，使得本书不仅是对《鉴定规范》的理解，更在如何做好工程造价鉴定工作上提供了真知灼见。相信本书的出版，对进一步做好工程造价鉴定工作具有指导意义，对促进工程造价鉴定水平的提高发挥重要作用。

赵毅明

2020.12 于北京

前　言

依法规范工程造价鉴定行为
努力提高工程造价鉴定水平

中国建设工程造价管理协会　杨丽坤

1　规范的编制背景

工程造价鉴定是随着社会主义市场经济体制的逐步建立和发展，工程建设领域项目业主负责制、经济核算制、招标投标制及工程合同制的建立应运而生的。在市场经济条件下，工程造价的确定通过市场竞争，在合同中约定。由于合同当事人各自对利益追求的目标不同，合同意识不强，有的当事人不按合同约定履行，因而产生了合同纠纷。合同纠纷产生后，当事人之间不能和解，诉讼或仲裁就成了解决工程合同纠纷的最后渠道。由于建设工程施工周期长，专业技术要求高，施工组织环节多，因此，建设工程项目价格的确定具有单价性。90% 以上的施工合同纠纷与工程造价相关，而进入诉讼的施工合同纠纷案件，对工程造价而言，法律性问题常常与专门性问题交织，人民法院或仲裁机构往往需要借助工程造价鉴定对待证事实的专门性问题进行鉴别和判断，出具鉴定意见辅助委托人对待证事实进行认定，因此，工程造价鉴定已成为审理建设工程施工合同纠纷案件的重要一环。

在 21 世纪初之前，工程造价鉴定工作基本上由各级工程定额站承担，1996 年建设部建立了工程造价单位资质管理制度。2000 ~ 2002 年，国务院清理整顿经济鉴证类社会中介机构领导小组将工程造价咨询纳入整顿范围，经过以脱钩改制为核心内容的两年整顿，国清〔2002〕6 号文认为：工程造价咨询行业在社会主义市场经济中发挥了越来越重要的作用，工程造价咨询企业随之进入工程造价鉴定领域，各级工程定额站逐步退出了这一领域。2000 年，建设部印发《工程造价咨询企业管理办法》，并在 2006 年、2016 年、2020 年三次修正，均明确工程造价咨询企业业务范围包括工程造价经济纠纷的鉴定。但长期以来，工程造价鉴定无章可循，无规可依，造价工程师存在着以工程结算的思维进行工程造价鉴定，忽略了工程造价鉴定应该遵循的司法程序，如对鉴定范围、鉴定事项的擅自决定，对证据的擅自采用等，对施工合同纠纷案件的审理造成了一些争议。

2012 年，中国建设工程造价管理协会根据广大会员的建议，经过一年多的努力，编制发布了协会标准《建设工程造价鉴定规程》CECA/GC 8–2012，该规程的实施对改变工程造价鉴定无章可循的局面发挥了积极作用。但由于初次制定，对一些法律性与专门性问题的界限如何定位，认识不足，重视不够，导致定位不准，产生了一些新的争议。例如，对鉴定的服务对象定位过于宽泛，针对所有行政、执法部门都可适用，条文设置难免顾此失彼，由于司法鉴定和仲裁鉴定对证据认定法律规定严格，但要兼顾其他行政部门的鉴定，对证据适用的条文就会与现行法律规定不符，导致鉴定人擅自确定鉴定范围，擅自确定鉴定证据，被法律界诟病为“以鉴代审”。又如，鉴定人擅自按照当事人送鉴证据自行组织质证的情况时有发生，侵犯了委托人的司法审判权，引起当事人对鉴定意见效力的质疑。再如，规程对鉴定人的资格要求与国家造价工程师执业资格制度不接轨，导致非注册造价工程师，如造价员也在签署鉴定意见书，引起当事人争议，由于鉴定意见书署名鉴定人不适格，委托人只能不予采信。为此，在法律界、工程造价界专家的呼吁下，2013 年住房城乡建设部印发了《2014 年工程建设标准制定修订计划》（建标〔2013〕169 号），正式下达了《建设工程造价鉴定规范》（以下简称本规范）的编制计划，并明确由住房和城乡建设部标准定额司组织管理，中国建设工程造价管理协会（以下简称中价协）为主编单位。

2 规范的编制过程

2.1 项目的启动

本规范于 2014 年 3 月正式启动编制工作，落实参编单位，组建编制工作组，确定执笔人，起草本规范的工作大纲草案。

2014 年 4 月 29 日，中价协在湖北武汉召开了本规范的工作大纲审查会议，来自全国部分省、市造价总站、造价协会、造价咨询企业和律师事务所的代表 20 多人参加了会议。会议期间，标准定额司造价处谭华处长到会讲话，强调了本规范编制工作的重要性，并对本规范的编制内容、进度及工作程序等几方面提出了具体要求。中价协吴佐民秘书长对本规范编制中应注意的一些问题，以及编制过程中需共同协调的部分做了具体布置。本规范编制组负责人谢洪学代表编制组介绍了编制工作大纲的工作思路、主要内容、技术路线、分工及进度安排。

期间，与会专家一致认为，本规范的制定和实施，将对进一步规范工程造价鉴定工作，保证鉴定成果文件的质量，为人民法院、仲裁机关依法公正判（裁）决工程合同纠纷案件提供鉴定意见，维护建筑市场正常秩序等方面具有十分重要的意义。会议原则通过编制组提交的编制大纲，并对下阶段的起草工作提出了如下建议：

1. 遵循“促进社会公平公正，体现专业技术水平，服务诉讼和仲裁”的理念进行编制工作，指导鉴定人做到鉴定程序合法、行为规范。

2. 符合现行法律的相关规定和程序，在编制组或审查专家组内增加司法领域的专家参与，使本规范更易被工程造价鉴定相关各方接受。

2.2 规范的起草与修改

2014 年 4 月以后，编制组开始分章节进行本规范初稿的撰写工作，并于 2014 年 7 月 29 日和

11月10日分别在四川西昌和成都召开初稿审查及编制组工作会议，对初稿的各章节和各条目进行了认真讨论和系统梳理。期间，编制组对参编单位反馈意见进行了逐条分析，并于2015年3月形成征求意见稿。

2015年4～6月，按照工程建设标准的相关规定，住房和城乡建设部标准定额司通过“工程建设标准网”面向全国征求对本规范征求意见稿的意见和建议；同时，也面向有关单位和专家定向征求了意见。截至2015年6月底，共收到建议和意见147条。

此后，编制组于2015年7月在广州召开征求意见稿的修订会议，对反馈建议进行了逐条讨论及修订。

2.3 规范的审查和报批稿的形成

广州会议后，编制组根据会议精神对本规范内容表述的一致性，按照工程建设标准编写的有关规定，进行了全面系统的修改与完善。对部分内容又进行了最后文字方面的推敲与修订，2015年9月形成送审稿。

2016年8月25日，标准定额司在北京组织专家对本规范送审稿进行审查，卫明副巡视员到会对送审稿的审查提出了要求。专家通过逐条审查，一致通过了本规范，并对进一步完善本规范提出了修改意见。标准定额司赵毅明处长主持了本次审查会议。会后，编制组对审查意见逐条分析，并全部采纳了审查专家组的意见进行了修改，形成报批稿。

鉴于本规范的适用范围定位于服务诉讼和仲裁，一些与法律规定密切相关的条文需要进一步听取法律界专家的意见，避免与现行法律规定相悖，尽可能达到法律规定与专业技术的统一。2017年2月标准定额司又将报批稿送最高人民法院征求意见，最高人民法院负责民事审判工作的专家对一些条文提出了修改意见。经商定，2017年3月6日，标准定额司赵毅明处长和起草人谢洪学、舒宇专程到最高人民法院听取负责民事审判工作专家的意见，就本规范中的有关条款的法律性问题与专门性问题如何衔接进行了认真的讨论和研究，达成共识并进行了修改，至此形成了本规范最终报批稿。

2.4 规范正式发布

经过有关部门和专家的审查，住房和城乡建设部2017年8月31日发布第1667号公告，批准《建设工程造价鉴定规范》为国家标准，编号为GB/T 51260-2017，自2018年3月1日起实施。

3 规范的主要内容

3.1 规范的结构

本规范共分7章和16个附录，主要内容包括总则、术语、基本规定、鉴定依据、鉴定、鉴定意见书、档案管理。其中，将共性的问题纳入第三章基本规定，内容包括鉴定机构和鉴定人、鉴定项目的委托、鉴定项目委托的接受和终止、鉴定组织、回避、鉴定准备、鉴定期限和出庭作证等内容。本规范的第四章至第七章为各环节具体的鉴定业务以及为鉴定服务的管理等有关规定。

此外，本规范对鉴定过程中需要应用的各种表式以及鉴定成果文件的格式以附录的形式进行了推荐。

3.2 规范的法律依据

鉴于本规范的适用范围明确是为诉讼或仲裁案件中的工程造价鉴定服务的，因此，做好与相关法律、法规、司法解释、部门规章的衔接是本规范编制工作中必须遵循的重大原则，主要体现如下：

1. 本规范与司法有关联的名词术语的定义，其内涵与现行法律法规以及部门规章保持一致，例如工程造价鉴定、证据、举证期限、现场勘验、鉴定意见等；与专业相关联的名词术语，其内涵与现行工程合同范本，建设行政主管部门的规定保持一致，如鉴定机构、鉴定人、工程合同、计价依据等。

2. 按照全国人大常委会《关于司法鉴定管理问题的决定》和《工程造价咨询企业管理办法》（建设部令第 149 号）、《注册造价工程师管理办法》（建设部令第 150 号）和建设部《关于对工程造价司法鉴定有关问题的复函》（建办标函〔2005〕155 号），明确了鉴定机构指工程造价咨询企业，鉴定人指注册造价工程师。

3. 按照《民事诉讼法》《仲裁法》以及最高人民法院《人民法院司法鉴定工作暂行规定》（法发〔2001〕23 号）的规定，明确了鉴定项目采用委托制，即委托人出具鉴定委托书，鉴定机构采用书面复函的方式与委托人建立委托关系。根据《司法鉴定程序通则》（司法部令 132 号）的规定，结合工程造价鉴定的特点，明确了鉴定机构接受和终止委托的条件。

4. 按照《民事诉讼法》的规定，鉴定人适用审判人员的回避规定，本规范结合工程造价鉴定的特点以及鉴定实践，单设一节建立了鉴定机构和鉴定人回避制度，规定了鉴定工作开始应予回避的情形，并对鉴定过程中鉴定人如违纪违法的，当事人也可以申请其回避。

5. 借鉴法律关于证人签署保证书的规定，本规范首次建立了鉴定人公正承诺制度，进一步保证鉴定程序、鉴定行为公正。承诺制度在 2020 年 5 月 1 日施行的《最高人民法院关于民事诉讼证据的若干规定》（法释〔2019〕19 号）中规定为要求鉴定人签署承诺书，较本规范的要求更加严格。

6. 按照《人民法院司法鉴定工作暂行规定》（法发〔2001〕23 号）和《司法鉴定程序通则》（司法部令第 132 号）有关鉴定期限的规定，借鉴财政部、建设部《建设工程价款结算暂行办法》（财建〔2004〕369 号）关于工程结算的时限规定，根据工程造价鉴定的实践和特点，单设一节规定鉴定期限，供具体鉴定项目确定鉴定期限时参考。

7. 按照《民事诉讼法》及相关司法解释对现场勘验的规定，单设一节对现场勘验的提出，勘验的批准和组织，鉴定人在勘验中的作用，勘验笔录、勘验图表的制作、签署等作了规定，纠正当前存在的鉴定人不经委托人批准擅自进行勘验、不制作勘验笔录的行为。

8. 按照《民事诉讼法》对鉴定人出庭作证的规定，单设一节对鉴定人出庭作证应带的资料，如何做好准备、如何作证以及确因法定原因不能出庭应向委托人请假，擅自不出庭作证的后果等作了规范。

9. 按照法律规定，为有效实现工程造价鉴定中法律性问题与专门性问题的统一，本规范提出委托人的委托书应载明鉴定的范围、事项和要求，避免鉴定人擅自决定鉴定范围和鉴定事项。这一规定在 2019 年 2 月 1 日施行的《最高人民法院关于审理建设工程施工合同纠纷案件适用法律问题的解释（二）》和 2020 年 5 月 1 日施行的《最高人民法院关于民事诉讼证据的若干规定》（法释〔2019〕19 号）中出现，成为法律规定，对进一步规范工程造价鉴定行为意义重大。

10. 按照《民事诉讼法》对证据证明力认定的规定，鉴定工作中最难也最易引起争议的就是对证据的采用。本规范针对在证据矛盾（如两份不同约定内容的合同，合同中前后条款矛盾、当事人对证据出现异议等）的情况下，为避免鉴定人擅自采用其中一种证据进行鉴定的情形，根据一些地方高级人民法院的规定，区别两种情况：一是在鉴定前，委托人已认定了证明力的证据，按委托人认定的证据鉴定；二是在鉴定前，委托人一时还不能认定的证据，规定应按不同的合同约定和证据分别列出项目，单独提供鉴定意见，供委托人判断使用。这样，既避免了鉴定过程的停顿、造成鉴定期限过长，保证了鉴定的顺利进行，又维护了委托人的审判权。在 2019 年 2 月 1 日施行的《最高人民法院关于审理建设工程施工合同纠纷案件适用法律问题的解释（二）》规定了鉴定书质证程序，保证了当事人质证的权利。

11. 按照现行法律的规定并结合工程造价鉴定的特点，规定了鉴定方法及其步骤，并建立了鉴定书《征求意见稿》制度，以便于进一步保证鉴定意见的质量。这一制度的内涵在 2020 年 5 月 1 日施行的《最高人民法院关于民事诉讼证据的若干规定》（法释〔2019〕19 号）中被采用，规定为当事人对鉴定意见书内容有异议的，应在人民法院指定期限内以书面方式提出，再由鉴定人对当事人的异议作出解释、说明或者补充。这一法律规定对提高鉴定意见书的质量具有重大意义，并将当事人对鉴定书有异议如何提出以及对异议的处理纳入了审判程序，更有利于争议的解决。

12. 根据《司法鉴定程序通则》（司法部令第 132 号）和《司法鉴定文书规范》（司发通〔2007〕71 号）以及建设工程计价的相关标准，在本规范附录中统一了工程造价鉴定过程中的文书以及鉴定意见书的格式。

4　对规范的评价

本规范是在总结 30 多年来工程造价鉴定的实践，并在中价协 2012 年发布的《建设工程造价鉴定规程》的基础上修改完成的。因此，本规范的编制基础是扎实的，条文是成熟的，有的条文具有前瞻性，并被最高人民法院的司法解释所采纳，可适应今后一段时期工程造价鉴定工作的需要。

本规范解决了存在的一些不同认识，如工程造价鉴定人是否需要取得司法鉴定人资格问题；独立鉴定是否不能与合同当事人核对的问题；鉴定机构和鉴定人是否应建立回避制度的问题；是否应建立鉴定人公正承诺制度的问题；证据矛盾，合同文本不统一是否由鉴定人判断只出具一种鉴定意见的问题；鉴定方法是否只有施工图一种计算方法的问题，等等。对这些问题的处理，本规范在现行法律框架下统一了认识，作出了规定，解决了工程造价鉴定工作比较纠结的一些难点问题。

本规范在起草中邀请了北京、成都的仲裁委员会和北京、上海、四川几个律师事务所的知名法律专家参加编制组工作，审查时又邀请了最高人民法院的法官参加，并专程听取了最高人民法院具有丰富建设工程施工合同纠纷案件审判经验的专家的意见，因此，保证了本规范法律规则与专业技术的有机结合，为本规范的顺利编制奠定了基础。

正如审查会纪要指出的，本规范体现了法律法规与专业技术的有机结合，解决了目前工程造价鉴定工作中存在的难点和疑点问题，对进一步规范涉诉案件中的工程造价鉴定工作、公正处理涉诉案件具有十分重要的现实意义。

本规范实施两年多来，通过中价协和各地方造价协会、律师事务所、仲裁机构的宣传、培训，受到了社会极大的关注，有的人民法院、仲裁机构在审理施工合同纠纷案件时，也将本规范作为委托、督促、检验工程造价咨询企业和造价工程师是否依法鉴定的依据。很多工程造价咨询企业和造价工程师依照本规范组织鉴定工作，编制鉴定方案感到思路清晰了、界限明确了、工作更顺了。有的应用规范的条文、注重与委托人和当事人的沟通，在争议额巨大的案件中促使双方当事人和解，受到了委托法院的高度评价。实践证明，本规范对促进工程造价鉴定水平的提高起到了十分重要的作用。鉴定人的法律意识明显增强，鉴定时间明显缩短，鉴定质量明显提高，鉴定书制作明显规范。《鉴定规范》规定的鉴定人承诺保证、委托书确定鉴定范围、事项和期限、鉴定书征求当事人意见等都被《施工合同司法解释（二）》、新的《民事诉讼证据》上升为法条，为下一步搞好鉴定工作提供了法律保障。

当前，工程造价鉴定工作仍存在着一些问题，如鉴定机构专业能力参差不齐，个别机构逐利性较强，未制订鉴定工作制度，违规聘用非本机构造价工程师进行鉴定，鉴定程序不规范，不善于与委托人沟通等，影响了工程造价鉴定整体水平；当事人对鉴定意见投诉较多、主要存在鉴定意见书签署不符合要求、鉴定意见错误、鉴定周期过长、出庭作证回答质证不得要领等，甚至出现个别造价工程师因出具重大失实的鉴定意见而被追究刑事责任的情况。此外，对工程造价鉴定的投诉，现阶段无明确的管理办法，中价协将加快工程造价鉴定制度建设和自律管理，向社会推荐一批有实力、有能力、服务好、口碑好的鉴定机构，对极少数能力差、服务差、口碑差的鉴定机构也向社会公布，避免其在工程造价鉴定中滥竽充数、鱼目混珠，推动工程造价鉴定工作健康发展。在施工合同纠纷案件的造价鉴定中体现公平正义，为平息纷争作出应有贡献。

党的十八届四中全会审议通过的《中共中央关于全面推进依法治国若干重大问题的决定》指出："坚持以事实为根据，以法律为准绳，健全事实认定符合客观真相，办案结果符合实体公正、办案过程符合程序公正。"习近平总书记多次强调"努力让人民群众在每一个司法案件中感受到公平正义。"本规范在实施两年多来，包括《合同法》在内的《中华人民共和国民法典》颁布，最高人民法院出台了《关于审理建设工程施工合同纠纷适用法律问题的解释（二）》和《关于民事诉讼证据的若干规定》《关于人民法院民事诉讼中委托鉴定审查工作若干问题的规定》等最新规定，住房和城乡建设部、交通运输部、水利部、人力资源社会保障部对造价工程师，住房和城乡建设部对工程造价咨询企业管理出台了最新规定。为此，规范编写组及审查组部分专家根据在实践中运用规范的经验及存在的不足，认真学习新的法律和司法解释，在新的认知基础上编撰本书，对规范条文的理解赋予了新的内涵，期待本书对进一步提高工程造价鉴定水平发挥重要作用。

编者的话

工程造价鉴定是人民法院和仲裁机构审理建设工程施工合同纠纷案件的重要一环，鉴定意见书的质量直接关系到施工合同纠纷案件的判决是否公平公正，当事人是否息诉服判，一直为人民法院、仲裁机构和合同当事人高度重视。根据最高人民法院民一庭编著的《建设工程施工合同司法解释（二）理解与适用》一书中披露，建设工程施工合同纠纷案件较为突出的特点有两个：一是标的额大，几千万甚至上亿的工程较多，所以，与其他民事案件不同，建设工程施工合同纠纷案件以各高院作为一审法院的比例更高，也是最高人民法院受理的主要案件类型之一；二是专业性强、证据材料繁杂，待证事实的认定往往涉及专门性、技术性问题，比如建设工程造价、质量、修复费用等，需要借助司法鉴定的比例更高。很多时候，对于是否需要鉴定、实施何种鉴定以及鉴定意见如何，直接影响案件的裁判结果。因此，司法鉴定在建设工程案件审理中具有十分重要的地位，鉴定已成为审理此类案件的常态程序。

建设工程鉴定作为司法鉴定的一种类型，具有司法鉴定的一般性特点，同时相较于其他司法鉴定，建设工程鉴定涉及的知识面更广、专业跨度更大、业务知识综合性更强。在诉讼中，法官和当事人很难全面掌握上述知识，故在工程质量、工程造价等专门性问题的认定上，需要依赖于鉴定人。上述特点决定了在建设工程施工合同纠纷案件中，工程造价鉴定占其绝大多数，即使是质量鉴定后也往往需要再进行造价鉴定。

针对建设工程造价鉴定存在的问题，《建设工程造价鉴定规范》GB/T 51262–2017 在 2012 年中国建设工程造价管理协会《建设工程造价鉴定规程》的基础上，经过三年多的调查研究，反复论证、征求意见，终于在 2017 年出台。经过两年多的实施，加之这两年《施工合同司法解释（二）》、新的《民事诉讼证据》《民法典》等相继颁发实施，规范编制组及一些鉴定方面的专家根据新的形势，经过近一年的努力，撰写了本书，以期对提高工程造价鉴定水平有所助益。本书具有以下特点：

一、坚持法律性与专业性的统一。工程造价的形成本身就需要遵守《合同法》《建筑法》等法律法规，进行工程造价鉴定，还须遵守《民事诉讼法》《仲裁法》等法律及其司法解释。同时，工程建设本身专业性强，还须遵守相关标准规范，法律性与专业性二者缺一不可。本书根据工程造价鉴定的特点，特别在应遵守的法律程序上着墨较多，体现鉴定的程序公正。

二、坚持理论性与实践性的统一。本书的撰写者大多数都参与了《鉴定规范》起草、论证、修改和审查工作，他们中既有深厚的法学理论功底，也有丰富的施工合同纠纷案件的仲裁经验，有的更有极高的工程造价鉴定水准。对鉴定规范每个条文作了解读，较为详细地介绍了相关的法律和法规依据，应用中应注意的问题和解决问题的思路，并附相关案例，尽可能实现理论与实践的有机结合。

三、坚持知识性与操作性的统一。本书对《鉴定规范》各条文涉及的知识要点、背景依据、条文理解、需要注意的问题等作了详细介绍，让读者对条文要旨一目了然，同时在适用方面，对于条文未作明确规定的情形给出了参考观点，针对新的法律规定和司法解释，结合《鉴定规范》对个别不一致的条文，给出了调整到现行法律规定的意见，提高了操作性。

本书第一篇的条文解读中，借鉴最高人民法院司法解释理解与适用的编写方式，增列"法条链接"，主要引用法律法规、司法解释、部门规章、规范性文件的条文；"国标条文指引"主要引用国家标准的相关条文；"通用合同条文"主要引用现行施工合同示范文本和标准设计施工总承包招标文件通用合同条款的相关条文；"行业自律规定"引用中国建设工程造价管理协会相关文件的条文；"条文应用指引"给出了应用该条文的思路和方法；"注意事项"特别指明了鉴定人应高度重视，不应违背的情形。这些可以让鉴定人方便地补充法律知识、让当事人和其他诉讼参与人更为方便地补充专业知识。

本书第二篇引入了与工程造价鉴定相关的法律规定，例如：鉴定程序的启动说明了启动鉴定的条件和方式、当事人申请鉴定的期间、不予准许鉴定的情形等；证据与鉴定依据说明了当事人举证、无须举证证明的事实、当事人质证、证据的认定与采信等；委托人对鉴定意见书的审查内容、当事人对鉴定书异议的提出，鉴定人对当事人异议的回复，重新鉴定的条件等；当事人申请专家辅助人代表当事人对鉴定意见进行质证或者对案件事实的专业问题提出意见等；鉴定人违规鉴定的情形及其应当承担的法律责任等。该篇弥补了第一篇只针对如何鉴定的不足，对鉴定人、当事人及其代理人了解鉴定的其他方面有所帮助，同时也提醒鉴定人注意违规鉴定的法律责任。

本书第三篇列举了十多个工程造价鉴定案例，均由案例参加人提供，加上第一篇引用的案例，具有相当的典型性。案例包括北京、上海、天津、重庆、广东、四川、江西、甘肃、浙江、山东等10余个省、市，对有的案例作了点评，供鉴定人参考。

本书第四篇对工程造价鉴定中的一些难点、疑点、热点问题作了问答式的展示，特别是针对工期鉴定提出了几种方法，以期答疑解惑，供鉴定人参考。

本书第五篇引用了《民法典》总则篇、合同篇，最高人民法院2020年12月29日公布的最新《施工合同司法解释》《民事诉讼证据》。

本书除引用现行法律、法规、司法解释外，还引用了一些相关文献，均列入参考文献中，在此，对文献作者表示由衷的感谢。

本书正要付梓时，恰逢最高人民法院为了贯彻实施《民法典》，将《施工合同司法解释（一）（二）》进行了梳理、修改，重新公布了最新的《建设工程施工合同纠纷案件适用法律问题的解释（一）》（法释〔2020〕25号），为此，本书作了相应调整，但仍保留了原《合同法》《施工合同司法解释（一）、（二）》的内容，以便读者能方便地了解相关法律法规的变化状况。

工程造价鉴定内容广泛，即使经验丰富的专家难免也有拿不准的问题，加之本书成稿时间仓促，疏漏之处在所难免，衷心希望广大读者批评指正。

规范编制组

2021年1月

《建设工程造价鉴定规范》理解与适用
编审人员名单

顾　　问：齐　骥

审 稿 人：杨丽坤　王中和　谭　华　吴佐民　袁华之　潘　敏
　　　　　钟　泉　恽其鋆　胡曙海　杨　立

编 写 人：全书统稿　谢洪学

　　　　　第一篇　《建设工程造价鉴定规范》条文解读
　　　　　谢洪学　张大平　舒　宇　补永斌　李开恕

　　　　　第二篇　与工程造价鉴定相关的法律规定
　　　　　谢洪学　张大平　张正勤　涂　波　黄　维

　　　　　第三篇　工程造价鉴定案例
　　　　　吴绍康　杨娅婷　朱　柯　陈建华　陈廷模　潘　昕
　　　　　金铁英　马　军　胡秀茂　雷晓翔　何丹怡　陈红莉
　　　　　骆忠祥　潘绍荣　周　红　李志军　陈　静

　　　　　第四篇　工程造价鉴定中的疑难问题解析
　　　　　张大平　曾　强　张正勤　谢洪学　丁永锋

资料查询：辜　琴　张　琴

案例点评：谢洪学

凡　例

一、本书中，法律、法规、规章和规范性文件名称中的“中华人民共和国”省略，其余一般不省略，例如，《中华人民共和国民事诉讼法》简称《民事诉讼法》，《中华人民共和国仲裁法》简称《仲裁法》，《中华人民共和国合同法》简称《合同法》，《中华人民共和国建筑法》简称《建筑法》，《中华人民共和国民法总则》简称《民法总则》，《中华人民共和国民法典》简称《民法典》，《中华人民共和国价格法》简称《价格法》。

二、本书中，叙述或引用的法律、法规、规章和规范性文件均为当前的最新版本，如《民事诉讼法》为2017年修正，《注册造价工程师管理办法》为2020年修正。本书引用时不再注明修改年份，在法条链接中法律标明全称，司法解释、规章及规范性文件标明制定机关及文号。

三、全文引用由数款、项构成的条文时，款与款之间不分行、分段，用分隔号“/”分开，项与项之间不分行、不分段。

四、对于本书叙述中出现较多的以下文件，使用缩略语：

1.《全国人民代表大会常务委员会关于司法鉴定管理问题的决定》（2005年2月28日通过，2015年4月24日修正），简称《司法鉴定决定》。

2.《最高人民法院关于适用〈中华人民共和国民事诉讼法〉的解释》（法释〔2015〕5号），简称《民事诉讼法解释》。

3.《最高人民法院关于民事诉讼证据的若干规定》（法释〔2019〕19号），简称《民事诉讼证据》。

4.《最高人民法院关于审理建设工程施工合同纠纷案件适用法律问题的解释》（法释〔2004〕14号），简称《施工合同司法解释（一）》。

5.《最高人民法院关于审理建设工程施工合同纠纷案件适用法律问题的解释（二）》（法释〔2018〕20号），简称《施工合同司法解释（二）》。

6.《最高人民法院关于适用〈中华人民共和国合同法〉若干问题的解释（二）》（法释〔2009〕5号）简称《合同法解释（二）》。

7.《最高人民法院关于人民法院民事诉讼中委托鉴定审查工作若干问题的规定》（法〔2020〕202号），简称《委托鉴定审查规定》。

8.《最高人民法院关于审理建设工程施工合同纠纷案件适用法律问题的解释（一）》（法释〔2020〕25号），简称新的《施工合同司法解释》。

目　录

第一篇

《建设工程造价鉴定规范》条文解读

本篇根据现行法律法规、司法解释、部门规章等对《鉴定规范》条文进行解读，增列了法条链接，提出了条文应用指引、注意事项，以期帮助鉴定人理解条文。

1 总　　则

【概述】

规范的第一章“总则”，通常从整体上叙述有关本规范编制与实施的几个基本内容，主要有编制目的、编制依据、适用范围、基本原则以及执行本规范与执行其他标准之间的关系等。

1.0.1　为规范建设工程造价鉴定行为，提高工程造价鉴定质量，根据《中华人民共和国民事诉讼法》《中华人民共和国仲裁法》等有关法律法规规定，以工程造价方面科学技术和专业知识为基础，结合工程造价鉴定实践经验制定本规范。

【条文解读】

本条主要阐明制定本规范的目的和依据。

工程造价的确定兼有契约性和技术性的特点，既要遵守法定的规则，实施《合同法》《建筑法》等实体法；又必须遵循科学的规律，执行工程建设相关的标准规范，因而是法律规则与科学技术的结合，具有双重性。而在诉讼或仲裁案件中，如需要做工程造价鉴定，还必须遵循《民事诉讼法》《仲裁法》等程序法。工程造价鉴定与正常的工程造价确定相比，鉴定中的各个环节还必须有严格的法律程序。因为，鉴定程序是鉴定意见具备证据效力的首要条件。只有程序合法，才能进一步审查鉴定意见的证明力。一旦鉴定程序违法，其鉴定意见的可靠性与公正性必将受到质疑，服务和保障诉讼、仲裁活动的作用就不能实现。

《司法鉴定程序通则》（司法部令第132号）第四十七条规定：“本通则是司法鉴定机构和司法鉴定人进行司法鉴定活动应当遵守和通用的一般程序规则，不同专业领域对鉴定程序有特殊要求的，可以依据本规则制定鉴定程序细则。”因此，考虑到工程造价鉴定的特殊性，为规范工程造价鉴定行为，提高工程造价鉴定质量，维护和促进司法公正，服务诉讼和仲裁活动，化解社会矛盾，平息社会纠纷，促进工程造价鉴定技术标准化建设，制定本规范。

鉴定程序是鉴定活动应遵循的方式、步骤以及相关的规则和标准，包括鉴定的委托与接受、鉴定的组织与实施、鉴定的步骤与方法、鉴定证据的采用、鉴定意见的处理、鉴定文书的制作、鉴定人出庭作证、鉴定业务档案管理等多个环节的规则、方法和标准。本规范以我国民事诉讼法规定的基本鉴定程序为依据，在总结多年来我国工程造价鉴定工作经验的基础上，将之与相关的法律、法规以及部门规章的规定具体化，使之成为系统的工程造价鉴定程序。遵守鉴定程序是确保鉴定质量的关键。

1.0.2　本规范适用于工程造价咨询企业接受委托开展的工程造价鉴定活动。

【条文解读】

本条规定了本规范的适用范围。

目前，我国需要进行工程造价鉴定的活动主要在诉讼或仲裁案件中出现。因此，本规范以适应诉讼和仲裁要求编制，鉴定意见作为一种法定证据，通过对当事人争议事项中的专门性问题进行鉴别和判断，能在对争议案件的公正判决或裁决方面发挥技术保障和技术服务的积极作用。

1.0.3　工程造价鉴定应当遵循合法、独立、客观、公正的原则。

【条文解读】

本条规定了鉴定活动必须遵循的主要原则：

1. 合法鉴定原则，是指参与鉴定活动的主体，必须严格遵守法律、法规的各项规定，规范地进行鉴定活动。这一原则在工程造价鉴定中处于基础地位。所称之“法”是广义上的法，其中，既包括实体法，也包括程序法；既有国家相关法律、法规，也有地方性法规、部门规章及规范性文件；既要严格遵守国家的法律法规，又要认真执行建设领域的相关标准、规范、规程。合法鉴定原则贯穿于全部工程造价鉴定活动，其实质是实现工程造价鉴定活动的规范化、标准化、制度化。

（1）鉴定主体合法，是指鉴定机构取得工程造价咨询资质；鉴定人是在受委托鉴定的工程造价咨询企业中注册的造价工程师，并无法律规定不得从事鉴定的情形。

（2）鉴定程序合法，是指接受鉴定的委托、实施、补充鉴定、重新鉴定等各个环节必须符合相关法律、法规和规章的规定，如果有时效规定的，应符合规定的时效。

（3）鉴定依据合法，是指鉴定证据材料的来源及确定必须符合相关法律、法规、规章的规定，鉴定人员自身收集的鉴定依据性基础资料合法、有效。

（4）鉴定范围合法，是指鉴定范围应符合委托书的规定，采用的方法、标准应当符合国家规范性文件和相应标准的规定。

（5）鉴定意见书合法，表现为鉴定意见书必须具备法律规定的文书格式和必备的各项内容，鉴定意见必须符合委托人对证据的要求和法律规范。

2. 独立鉴定原则，是指鉴定人在工程造价鉴定活动中不受外界的干扰，独立自主地对鉴定事项作出科学判断，提出鉴定意见并对鉴定意见负责。独立鉴定原则在工程造价鉴定中处于保障地位。要求鉴定人独立于委托人，鉴定人出具鉴定意见独立于鉴定机构的行政领导，鉴定人独立于其他鉴定人。

（1）鉴定机构组织独立，鉴定机构是独立的法人组织，与其他机构没有隶属关系，与鉴定项目当事人没有利害关系，鉴定中不接受任何人的非法暗示或干预；

（2）鉴定人员工作独立，鉴定人员与鉴定项目当事人没有利害关系，除接受鉴定机构对鉴定的监督管理外，不接受任何人的非法暗示或干预；

（3）鉴定机构之间独立，对鉴定过程或其结果涉及争议，需要重新鉴定时，鉴定机构相互间无隶属关系，鉴定意见不受相互制约和影响，无服从与被服从关系；

（4）鉴定人员意见独立，鉴定人员根据证据材料、专门知识，独立进行鉴别和判断并提供鉴定意见，多人参加鉴定意见不一致时，应分别注明不同意见及其理由；

（5）正确理解独立鉴定与接受监督的关系，独立鉴定与接受监督两者并不矛盾，而是相互制约、相互促进，以确保鉴定活动及其鉴定意见的客观、公正。

3. 客观鉴定原则，是指在工程造价鉴定活动中必须遵循客观规律，反映案件事实，摒弃主观臆断。工程造价鉴定是鉴定人运用科学原理、规律、技术和方法对鉴定项目争议的专门性问题进行鉴别、判断的科学求证活动，鉴定活动必须尊重客观规律，体现事物固有的、内在的和本质的联系。客观鉴定原则在建设工程造价鉴定中处于首要地位。既然鉴定是鉴定人运用科学技术或专门知识对鉴定事项的专门性问题进行鉴别和判断并提供意见的活动，其鉴别和判断就有了鉴定人的主观意见。因此，客观鉴定原则要求鉴定人牢固树立科学精神，重视科学方法和技术创新，优化鉴定流程，正确把握客观事实与法律事实的关系，将主观的认识变为客观的判断。

（1）鉴定证据真实客观，即依据真实的而不是虚假的，符合客观事实和法律规范的鉴定证据进行鉴定活动；

（2）鉴定方法科学客观，即采取科学、先进的而不是落后的技术方法，对鉴定事项予以定性、定量的鉴别和判定；

（3）鉴定意见准确客观，即对鉴定事项按照科学思维而不是主观随意地进行分析、判断，作出鉴定事项的鉴定意见。

4. 公正鉴定原则，是指在工程造价鉴定活动中应以公平、公正为价值追求，不得有专私、偏袒。鉴定人应居中立之地位，再现事实真相，维护社会公平正义。公正鉴定原则包括鉴定活动程序公正和鉴定意见的实体公正两方面，在工程造价鉴定中处于核心地位。公正是人类价值追求的体现，工程造价鉴定必须坚持“以事实为依据，以法律为准绳”，确保鉴定公正，维护鉴定的公信力。

（1）鉴定立场公正，鉴定机构和鉴定人要保持立场公正，不对当事人任何一方带有偏见，以保障鉴定意见不偏不倚，进而保障鉴定的公信度；

（2）鉴定行为公正，鉴定机构和鉴定人必须秉公鉴定，不徇私情，不吃请，不受贿，不受干扰，从行为上保证遵守职业道德和职业纪律；

（3）鉴定程序公正，鉴定受托、鉴定证据搜集与确定、鉴定实施、补充鉴定、重新鉴定、鉴定意见的质证等鉴定全过程各环节，都体现公正、公平；

（4）鉴定方法公正，鉴定采用的步骤、依据、方法、标准均公正可信，符合法律、法规、规章和国家相应标准的规定；

（5）鉴定意见公正，保障鉴定意见的真实性、客观性、准确性、完整性，体现鉴定的根本目的。

1.0.4 从事工程造价鉴定工作，除应执行本规范外，尚应符合国家现行有关法律、法规、规章及相关标准的规定。

【条文解读】

鉴定人在鉴定活动中，除了应遵守本规范外，还应遵守国家有关法律、法规和规章，以及采用的建设领域的相关标准、规范、规程和计价依据。

按照《司法鉴定程序通则》（司法部令第 132 号）第二十三条规定，司法鉴定人进行鉴定，应当依下列顺序遵守和采用该专业领域的技术标准、技术规范和技术方法：

1. 国家标准；
2. 行业标准和技术规范；
3. 该专业领域多数专家认可的技术方法。

2 术　　语

【概述】

按照规范编制的基本要求，术语是对本规范特有名词给予的定义，尽可能避免本规范贯彻实施过程中由于不同理解而造成的争议。

2.0.1　工程造价鉴定

指鉴定机构接受人民法院或仲裁机构委托，在诉讼或仲裁案件中，鉴定人运用工程造价方面的科学技术和专业知识，对工程造价争议中涉及的专门性问题进行鉴别、判断并提供鉴定意见的活动。

【条文解读】

鉴定是鉴定人运用专门的知识和技能，辅之以必要的科学的技术手段，对案件中发生争议的待证事实涉及的专门性问题进行检查、分析、鉴别和判断并提供鉴定意见的活动。鉴定的成果为鉴定意见。

在社会主义市场经济条件下，发承包双方在履行工程合同中，仍有一些合同纠纷采用仲裁、诉讼的方式解决。因此，鉴于工程建设的专业构成复杂，技术要求较高，对事件争议的一些待证事实涉及的专门性问题，往往需要通过工程造价鉴定来处理。由此，工程造价鉴定在一些工程合同纠纷案件审理中，就专门性问题的鉴定意见在辅助委托人对待证事实的认定上发挥了重要作用，鉴定意见一经采信便可作为裁决、判决的依据。

《司法鉴定决定》第一条规定："司法鉴定是指在诉讼活动中鉴定人员运用科学技术或者专门知识对诉讼涉及的专门性问题进行鉴别和判断并提供鉴定意见的活动。"理解此概念，关键在于以下几点：一是鉴定发生时间为在诉讼活动中；二是进行活动的主体为鉴定人，应具有相应的资格；三是鉴定对象为诉讼涉及的专门性问题；四是鉴定方式为运用科学技术或专门知识进行鉴别和判断；五是鉴定结果为形成鉴定意见。但从这一规定可以看出，并未指明鉴定的启动机构，即谁来启动鉴定，谁来委托鉴定，不过，从指明了是"在诉讼活动中"来看，根据《民事诉讼法》和《仲裁法》的规定，鉴定是人民法院、仲裁机构委托鉴定人对专门性问题进行鉴别、判断，出具鉴定意见的活动，委托人委托鉴定人进行鉴定的行为，属于委托人调查、收集、核实证据的职权行为。因而，本条明确其适用范围为涉及诉讼或仲裁案件中的工程造价的鉴定，即鉴定机构接受人民法院或仲裁机构委托进行的工程造价鉴定。

还有一种意见认为，对合同纠纷当事人或其他法人、自然人委托工程造价咨询企业进行的有关工程造价鉴定，也应包括在内。但根据最高人民法院民事审判第一庭编著的《新民事诉讼证据规定理解与适用》第三十条的理解："在民事诉讼活动中，鉴定意见这种类型，必然是指人民法院委托的鉴定人所出具的，当事人自行委托或者其他机关委托的，不在此列。""鉴定人只有是接受人民法院委托，通过科学方法对委托的专门性问题所出具的鉴定意见才是《民事诉讼法》第六十三条所确定的八类证据中的鉴定意见。""关于当事人自行向相关鉴定机构委托所得的鉴定意见，其性质仅是一份书面证据材料，并非民事诉讼证据所指的鉴定意见。在该类证据的认定上一般可以采用对私文书证的审查认定规则。"

不过，本规范发布时，新的《民事诉讼证据》规定还未发布，当时不采用这一意见的认知主要是《司法鉴定决定》明确"司法鉴定是指在诉讼活动中"，同时，《民事诉讼法》和《仲裁法》也分别规定人民法院或仲裁机构委托具备资格的鉴定人。而由人民法院和仲裁机构委托的工程造价鉴定，其证据通过委托人组织当事人质证，对证据效力的认定是委托人的权力，鉴定人仅对待证事实的专门性问题进行鉴别和判断并提供鉴定意见，当事人有异议的，委托人将安排鉴定人出庭作证，由委托人决定是否采信作为判决的依据；而其他机关或当事人委托的所谓工程造价鉴定，没有组织当事人质证、委托人对证据效力进行认定这一法定程序，其对证据的采用主要是鉴定人的判断，二者具有本质区别，故《最高人民法院关于审理建设工程施工合同纠纷案件适用法律问题的解释（二）》（法释〔2018〕20号）第十三条，将其定义为咨询意见，以示与鉴定意见的区别。

2.0.2 鉴定项目

指对其工程造价进行鉴定的具体工程项目。

【条文解读】

《最高人民法院关于审理建设工程施工合同纠纷案件适用法律问题的解释》（法释〔2004〕14号）第二十三条规定："当事人对部分案件事实有争议的，仅对有争议的事实进行鉴定，但争议事实范围不能确定，或者双方当事人请求对全部事实鉴定的除外。"为配合《民法典》的实施，最高人民法院对相关司法解释进行了梳理，在2020年12月29日公布的《最高人民法院关于审理建设工程施工合同纠纷案件适用法律问题的解释（一）》（法释〔2020〕25号）第三十一条仍然保留了该条规定。

在工程造价鉴定中，鉴定项目通常为建设工程合同中定义的建设工程项目名称。在鉴定中，鉴定项目并不必然是其所包含的所有事项都是争议项目，只有在争议项目不具体的情况下，才有可能对整个鉴定项目进行鉴定。例如，一方当事人提交了工程竣工结算书，另一方当事人不对竣工结算书的具体项目提出异议，而是对整个竣工结算书不予认可，这时的工程合同纠纷对于工程竣工结算而言，就只好对整个鉴定项目进行鉴定了。

2.0.3　鉴定事项

指鉴定项目工程造价争议中涉及的问题，通过当事人的举证无法达到高度盖然性证明标准，需要对其进行鉴别、判断并提供鉴定意见的争议项目。

【条文解读】

鉴定事项是工程造价鉴定的核心内容，但有争议的鉴定事项并不必然都需要鉴定，只有当事人的举证达不到高度盖然性证明标准才需要对其鉴定。盖然性在《现代汉语词典》中的解释是：有可能但又不是必然的性质。高度盖然性，即根据事物发展的高度概率进行判断的一种认识方法，是人们在对事物的认识达不到逻辑必然性条件时不得不采用的一种认识手段。

高度盖然性的证明标准是将这一认识手段运用于民事审判中，《最高人民法院关于适用〈中华人民共和国民事诉讼法〉的解释》（法释〔2015〕5号）第一百零八条第一款就规定："对负有举证证明责任的当事人提供的证据，人民法院经审查并结合相关事实，确信待证事实的存在具有高度可能性的，应当认定该事实存在"，即在证据对待证事实的证明无法达到确实充分的情况下，如果一方当事人提出的证据已经证明该事实发生具有高度的可能性，人民法院即可对该事实予以确定。

2.0.4　委托人

指委托鉴定机构对鉴定项目进行工程造价鉴定的人民法院或仲裁机构。

【条文解读】

《民事诉讼法》第七十六条规定："当事人可以就查明事实的专门性问题向人民法院申请鉴定。当事人申请鉴定的，由双方当事人协商确定具备资格的鉴定人；协商不成的，由人民法院指定。当事人未申请鉴定，人民法院对专门性问题认为需要鉴定的，应当委托具备资格的鉴定人进行鉴定。"

《仲裁法》第四十四条规定："仲裁庭对专门性问题认为需要鉴定的，可以交由当事人约定的鉴定部门鉴定，也可以由仲裁庭指定的鉴定部门鉴定。"

本条根据上述法律定义鉴定委托人为人民法院和仲裁机构，包括司法鉴定和仲裁鉴定，这是鉴定程序的法律要求最为严格的鉴定，并与工程造价鉴定的含义一致。

2.0.5 鉴定机构

指接受委托从事工程造价鉴定的工程造价咨询企业。

【条文解读】

根据《工程造价咨询企业管理办法》（建设部第 149 号令）第二十条规定，进行工程造价鉴定，应委托具有相应资质的工程造价咨询企业承办。2020 年 2 月 19 日住房城乡和建设部令第 50 号修正了该办法，在工程造价咨询企业业务范围仍然保留"工程造价经济纠纷的鉴定"。

原建设部《关于对工程造价司法鉴定有关问题的复函》（建办标函〔2005〕155 号）第一条规定："从事工程造价司法鉴定，必须取得工程造价咨询资质，并在其资质许可范围内从事工程造价咨询活动。工程造价成果文件，应当由造价工程师签字，加盖执业专用章和单位公章后有效。"

因此，本规范根据上述规定定义可以从事工程造价鉴定的鉴定机构。

2.0.6 鉴定人

指受鉴定机构指派，负责鉴定项目工程造价鉴定的注册造价工程师。

【条文解读】

原建设部《关于对工程造价司法鉴定有关问题的复函》（建办标函〔2005〕155 号）第二条规定："从事工程造价司法鉴定的人员，必须具备注册造价工程师执业资格，并只得在其注册的机构从事工程造价司法鉴定工作，否则不具有在该机构的工程造价成果文件上签字的权利。"

根据《注册造价工程师管理办法》（建设部第 150 号令）第十五条规定，鉴定人的执业范围包括："工程经济纠纷的鉴定"。

2018 年 7 月 20 日，住房和城乡建设部、交通运输部、水利部、人力资源社会保障部印发的《造价工程师职业资格制度规定》（建人〔2018〕67 号）对造价工程师职业资格设置和管理进行了改革，主要为：造价工程师分为一级造价工程师和二级造价工程师；专业分为：土木建筑工程、交通运输工程、水利工程和安装工程；执业范围为：一级造价工程师包括建设项目全过程的工程造价管理与咨询，其中包括："（五）建设工程审计、仲裁、诉讼、保险中的造价鉴定"；二级造价工程师主要协助一级造价工程师开展相关工作，可独立开展的工作中不包括"造价鉴定"。原在建设部办理注册的造价工程师对应一级造价工程师，二级造价工程师为新增设。

2020 年 2 月 19 日，住房和城乡建设部令第 50 号，根据上述四部（建人〔2018〕67 号）文修正《注册造价工程师管理办法》，一级造价工程师和二级造价工程师的执业范围和二级造价工程师的执业范围与四部〔2018〕67 号文一致。

因此，本规范根据上述规定定义可以从事工程造价鉴定的鉴定人。

2.0.7　当事人

指鉴定项目中的各方法人、自然人或其他组织。

【条文解读】

《民事诉讼法》第四十八条规定："公民、法人和其他组织可以作为民事诉讼的当事人。法人由其法定代表人进行诉讼。其他组织由其主要负责人进行诉讼。"2017 年 10 月 1 日施行的《民法总则》将《民法通则》第一条保障对象"公民、法人"修改为"民事主体"，意在更全面涵盖各类民事主体，在第二条规定："民法调整平等主体的自然人、法人和非法人组织之间的人事关系和财产关系"。2021 年 1 月 1 日施行的《民法典》保留了《民法总则》的这一规定，因此，本规范对当事人的定义应保持与该法律规定相同，均平等指向与工程造价鉴定项目相关的各方当事人，但应将"其他组织"更改为"非法人组织"。

2.0.8　当事人代表

指鉴定过程中，经当事人授权以当事人名义参与提交证据、现场勘验、就鉴定意见书反馈意见等鉴定活动的组织或专业人员。例如当事人委托并授权的律师事务所、当事人授权的本单位的专业人员等。

【条文解读】

鉴于工程造价鉴定中，参与现场勘验、计量计价核对工作的一般都是由当事人委托的本单位或工程造价咨询企业的专业人员或律师，因此，本规范根据《民事诉讼法》第五十八条规定："下列人员可以被委托为诉讼代理人：（一）律师、基层法律服务工作者；当事人的近亲属或者工作人员……”对此作了定义。

2.0.9 工程合同

指鉴定项目当事人在合同订立及实际履行过程中形成的，经当事人约定的与工程项目有关的具有合同约束力的所有书面文件或协议。

【条文解读】

《合同法》第二条规定：“合同是平等主体的自然人、法人、其他组织之间设立、变更、终止民事权利义务关系的协议。”第十一条规定：“书面形式是指合同书、信件和数据电文（包括电报、电传、传真、电子数据交换和电子邮件）等可以有形地表现所载内容的形式。”第二百七十条规定：“建设工程合同应当采用书面形式。”《民法典》对《合同法》的上述条文作了修改和调整，第四百六十四条规定为：“合同是民事主体之间设立、变更、终止民事法律关系的协议。”第四百六十九条二、三款规定：“书面形式是合同书、信件、电报、电传、传真等可以有形地表现所载内容的形式。/以电子数据交换、电子邮件等方式能够有形地表现所载内容，并可以随时调取查用的数据电文，视为书面形式。”第七百八十九条规定：“建设工程合同应当采用书面形式。”《建筑法》第十五条规定：“建筑工程的发包单位与承包单位应当依法订立书面合同，明确双方的权利和义务。”

根据以上法律规定，本规范将工程合同定义为“当事人约定的与工程项目有关的具有合同约束力的所有书面文件或协议”，包括总价合同、单价合同、成本加酬金合同等不同计价方式的合同；设计施工总承包合同、施工合同、装饰装修合同、专业承包合同、专业分包合同、劳务分包合同等不同承包内容的合同。因此，在本规范中提及“工程合同”一词，均可以指构成鉴定项目合同的全部文件。

在构成工程合同的文件中，不同发承包内容，其合同文件是不同的，如施工合同一般包括合同协议书、中标通知书（如有）、投标函及其附录（如有）、专用合同条款、通用合同条款、技术标准和要求、图纸、已标价工程量清单或预算书以及其他合同文件，如合同履行过程中，当事人有关工程洽商、变更、签证、索赔等协议、会议纪要等书面文件。

再如工程总承包合同一般包括合同协议书、中标通知书（如有）、投标函及其附录（如有）、专用合同条款、通用合同条款、发包人要求以及构成合同组成的其他文件。因为采用工程总承包，其施工图（如可行性研究及方案设计后发包还包括初步设计）已转移至总承包人承担设计，与之相对应的建设规模、技术标准、功能需求等都会在发包人要求中体现，而不再包括技术标准和要求、图纸、已标价工程量清单或预算书等施工合同才会包括的内容。因此，菲迪克（FIDIC）《生产设备和设计－施工合同条件》《设计采购施工（EPC）/交钥匙工程合同条件》以及国家发展改革委等九部委发布的《标准设计施工总承包招标文件》在通用合同条款中均将发包人要求列为合同组成内容。

在构成合同的文件中，合同协议书和专用合同条款、通用合同条款是合同中最重要、最直观的组成部分。合同协议书载明了具体工程建设项目的主要内容，并概括约定了合同当事人的基本权利义务，主要有工程概况（项目名称、地点、内容、承包范围）、合同工期、质量标准、签约合同价、项目负责人、合同文件构成、合同当事人承诺、合同生效条件等；通用合同条款是根据法律规定，结合工程建设的一般规律、行业规则制定的合同条款；专用合同条款是合同当事人根据具体工程特点，在不违反法律规定的前提下，对通用合同条款的细化、补充和完善，体现合同当事人的意思自治和具体工程的特点。

中标通知书、投标函及其附录专用于招标发包的工程。在招投标活动中，招标文件是要约邀请，投标文件是要约，中标通知书是承诺。因此，通过招投标程序签订的工程合同，中标通知书、投标函及其附录是合同不可缺少的部分。中标通知书是发包人在确定中标人后向中标人发出的通知其中标的书面凭证，载明了与中标人投标文件实质性内容一致的中标价、质量标准和工期等内容。

投标函是投标文件的重要组成部分，其内容包括报价、工期、质量目标等主要商务条件、承诺和说明。投标函附录是附于投标函后并构成投标函一部分的文件，主要包括响应招标文件要求的经济技术资料，如项目负责人、调价指数等内容，也可包含比招标文件要求更有利于发包人的承诺。

技术标准和要求、图纸、已标价工程量清单或预算书是合同当事人在合同谈判或招投标过程中确定商务、技术内容的依据，也是工程实施的重要依据，属于施工合同不可或缺的组成部分。技术标准和要求是指承包人施工应当遵守的国家、行业或地方标准、规范或规程，以及合同约定的国际标准、企业标准和要求。图纸是指发包人提供或经发包人批准的设计、施工图、鸟瞰图及模型等，以及在合同履行过程中形成图纸文件。已报价工程量清单是承包人按照发包人招标文件规定的格式填写并标明价格，经算术性错误修正（如有）且承包人已确认的工程量清单，包括其说明和表格，也称价格清单。预算书是采用定额计价方式，承包人根据发包人提供的施工图和工程适用的计价定额计算出的预算价格，经承包人根据自身经营水平提出的报价。

而对于工程总承包合同而言，“发包人要求”才是工程总承包合同不可或缺的组成部分。发包人要求需要列明项目的目标、范围、设计和其他技术标准，包括对项目的内容、范围、规模、标准、功能、质量、安全、节约能源、生态环境保护、工期、验收等的明确要求。

其他合同文件是合同当事人约定的与工程实施有关的书面协议，属于合同的组成部分。

2.0.10　证据

指当事人向委托人提交的，或委托人调查搜集的，存在于各种载体上的记录。包括：当事人的陈述、书证、物证、视听资料、电子数据、证人证言、鉴定意见以及勘验笔录。

【条文解读】

《民事诉讼法》第六十三条第一款规定了证据包括八类，本条依据该条规定定义。

2.0.11 举证期限

指委托人确定当事人应当提供证据的时限。

【条文解读】

《民事诉讼法》第六十五条规定："当事人对自己提出的主张应当及时提供证据。人民法院根据当事人的主张和案件审理情况，确定当事人应当提供的证据及其期限……"

《最高人民法院关于适用〈中华人民共和国民事诉讼法〉的解释》(法释〔2015〕5号)第九十九条规定："人民法院应当在审理前的准备阶段确定当事人的举证期限。举证期限可以由当事人协商，并经人民法院准许。

人民法院确定举证期限，第一审普通程序案件不得少于十五日，当事人提供新的证据的第二审案件不得少于十日。

举证期限届满后，当事人对已经提供的证据，申请提供反驳证据或者对证据来源、形式等方面的瑕疵进行补正的，人民法院可以酌情再次确定举证期限，该期限不受前款规定的限制。"

举证期限是对当事人提供证据的期间上的要求，逾期举证的后果是举证期限得以遵守的保障，二者结合共同构成举证时限制度基本内容，是保证程序公正的必然要求。举证时限制度要求双方当事人必须在规定的时间内提供证据，让对方当事人知晓其进行攻击的诉讼资料，从而有充分的机会提出反驳证据和意见。法院也才能在此基础上作出裁判。举证时限制度也是提高司法权威的要求，如允许当事人随时提供证据，特别是二审、再审程序中随时提出证据，意味着法院可能随时根据新证据改变原来的裁判，影响裁判的稳定性，法院的权威性也必然受到损害。

确定举证期限，规定了人民法院确定和当事人协商并经人民法院准许两种方式。对于反驳证据，人民法院可以酌情指定。一般认为，举证时限针对主要证据发挥作用，补强证据作为佐证，当事人要求对主要证据来源、形式上的瑕疵予以补强的，不受举证期限的限制，人民法院可以酌情确定举证期限。

2.0.12 现场勘验

指在委托人组织下，当事人、鉴定人以及需要时有第三方专业勘验人参加的，在现场凭借专业工具和技能，对鉴定项目进行查勘、测量等收集证据的活动。

【条文解读】

勘验是委托人的职权，勘验本身不是证据，勘验结果——即勘验笔录才是证据。《最高人民法院关于适用〈中华人民共和国民事诉讼法〉的解释》（法释〔2015〕5号）第一百二十四条规定："人民法院认为有必要的，可以根据当事人的申请或者依职权对物证或者现场进行勘验……"

本条根据法律规定结合工程建设实际，作了此条定义。

2.0.13 鉴定依据

指鉴定项目适用的法律、法规、规章、专业标准、规范、计价依据；当事人提交经过质证并经委托人认定或当事人一致认可后用作鉴定的证据。

【条文解读】

本规范定义的鉴定依据可归纳为两大类：一是适用于鉴定项目的相关法律、法规、规章和工程标准、规范、计价依据等，可称为法律依据或者基础依据；二是作为鉴定项目采用的认定待证事实的根据的证据，指《民事诉讼法》第六十三条第二款规定："证据必须查证属实，才能作为认定事实的根据。"证据只有经委托人认定具有证明力，才能作为鉴定依据，可称为事实依据。

2.0.14 计价依据

指由国家和省、自治区、直辖市建设行政主管部门或行业建设管理部门编制发布的适用于各类工程建设项目的计价规范、工程量计算规范、工程定额、造价指数、市场价格信息等。

【条文解读】

本条定义的计价依据包括三个方面：一是规范工程计价方法和程序的计价规范，即国家标准《建设工程工程量清单计价规范》GB 50500，以及水利、电力、公路、铁路、水运、石化等专业工程的计价规定；二是规范工程量计算的计量规范，即国家标准《房屋建筑与装饰工程工程量计算规范》GB 50854 等仿古建筑、通用安装、市政、园林绿化、矿山、构筑物、城市轨道交通、爆破、水利工程的国家计量规范以及电力、公路、铁路、水运、石化等专业工程的计量规则（一些地区还存在与国家计量规范不一致的消耗量定额中的工程量计算规则，形成了所谓的定额计价，由于两种计量规则并存，若当事人没有了解两者的区分和适用，可能无意识的在合同中不加区分的约定，从而导致工程量计算的争议）；三是指导工程价格计算的，与工程计量项目相匹配的计价定额、价目表、市场价格信息和造价指标、指数等。

2.0.15　鉴定意见

指鉴定人根据鉴定依据，运用科学技术和专业知识，经过鉴定程序就工程造价争议事项的专门性问题作出的鉴定结论，表现为鉴定机构对委托人出具的鉴定项目鉴定意见书及补充鉴定意见书。

【条文解读】

《民事诉讼法》第六十三条规定，鉴定意见是民事诉讼中证据的一种，其表现形式为鉴定书，即书面形式。但根据该条规定，又未将鉴定书归于书证，因为书证为客观存在的证据，以其记载的内容证明待证事实。而鉴定意见是鉴定人运用科学技术或专门知识对某个专门性问题的鉴别和判断作出的结论性“意见”。鉴定意见虽然是书面形式，但科学性，即“运用科学技术或专门知识”是区别于其他证据的核心要素，鉴定人的中立性，即不能和任何一方当事人存在利害关系，是其根本特点。在我国，鉴定意见曾长期在立法中表述为“鉴定结论”，直至 2005 年全国人大常委会颁布关于司法鉴定管理问题的决定，将其表述为“鉴定意见”，随后修订的民事诉讼法等法律亦随之修改。以“意见”取代“结论”能直观地体现“意见性”这一特征，是鉴定意见区别于其他证据的重要特性之一。可见，鉴定意见是一种特殊的、独立的证据类型。《民事诉讼法》第七十七条规定：“鉴定人应当提出书面鉴定意见，在鉴定书上签名或盖章。”本规范根据法律规定将鉴定工作的成果定义为鉴定意见，表现形式为鉴定意见书。

3 基 本 规 定

【概述】

基本规定主要是针对本规范的一些共同性问题所写的条文。本规范包括鉴定资格，鉴定项目的委托、接受、终止，鉴定组织，回避与承诺，鉴定准备，鉴定期限，鉴定人出庭作证等。

3.1 鉴定机构和鉴定人

【概述】

《司法鉴定决定》第八条规定“鉴定人应当在一个鉴定机构中从事司法鉴定业务”，第九条规定“鉴定人从事司法鉴定业务，由所在的鉴定机构统一接受委托”，《民事诉讼法》第七十六条规定“当事人可以就查明事实的专门性问题向人民法院申请鉴定。当事人申请鉴定的，由双方当事人协商确定具备资格的鉴定人；协商不成的，由人民法院指定。当事人未申请鉴定，人民法院对专门性问题认为需要鉴定的，应当委托具备资格的鉴定人进行鉴定。”《民事诉讼法解释》第一百二十一条规定：“人民法院准许当事人鉴定申请的，应当组织双方当事人协商具备相应资格的鉴定人。当事人协商不成，由人民法院指定。符合依职权调查收集证据条件的，人民法院应当依职权委托鉴定，在询问当事人的意见后，指定具备相应资格的鉴定人。”

（一）关于鉴定主体的范围

按照《司法鉴定决定》的规定，鉴定的主体包括鉴定机构和鉴定人，接受委托的是鉴定机构，从事鉴定业务的是鉴定人。《民事诉讼法》将其统称为鉴定人。从广义上理解，“鉴定人”既可以是自然人，也可以是鉴定机构。从狭义角度理解，鉴定人应当指的是自然人，与鉴定人员的意义相似。在不同的语境下或条文规定中，《民事诉讼法》有时候是在广义角度使用，如第七十六条“委托具备资格的鉴定人”指的既可能是鉴定机构，也可能是自然人；有时候是在狭义角度使用，如第一百三十九条规定“当事人经法庭许可，可以向证人、鉴定人、勘验人发问”，此时的鉴定人显然指向自然人，而不会是鉴定机构。作为自然人的鉴定人，是指取得职业资格证书，在特定的具有从事鉴定资格的鉴定机构中执业，运用专门知识或技能对诉讼、仲裁活动中涉及的专门性技术问题进行科学鉴别和判断并提供鉴定意见的专业技术人员。

（二）关于鉴定机构与鉴定人的关系

按照《司法鉴定决定》的规定，鉴定人应当在一个鉴定机构执业，从事鉴定业务，由所在鉴定机构统一接受委托。作为鉴定机构，在从事某一领域相关专业性问题鉴定时，自身应当具备相应的资质、有符合规定人数的专业人员等准入条件，进行鉴定活动时，依靠的也是相关特定的鉴定人员。此种情形下，鉴定人与鉴定机构具有隶属关系，鉴定机构能够为鉴定人完成鉴定活动提供必要的物质技术设备和场所，保证鉴定在程序上的合法性。因此，鉴定机构接受委托鉴定的，在出具鉴定意见时，既要有鉴定机构的盖章，还要有相关鉴定人员的签字确认。作为自然人的鉴定人只能在一个鉴定机构中执业，不得同时在两个以上的鉴定机构中执业，有时可以临时接受其他鉴定机构的聘请，从事特定事项的鉴定活动。

（三）鉴定人应具备的相应资格

由于鉴定人需要对一些专业性问题发表意见，我国对于鉴定人的资格有严格要求。鉴定人需要具有专门学识、技能和经验。至于相应资格的确认标准，则需要由国务院行政主管部门或者相关行业协会以颁布资格证书、公布专家名单等方式确认，具体考虑有关执业年限、职称及年检情况等因素。

对工程造价鉴定而言，何谓“具备相应资格”，本节根据相关法律规定和部门规章，对鉴定机构和鉴定人作了规定。

3.1.1　鉴定机构应在其专业能力范围内接受委托，开展工程造价鉴定活动。

【条文解读】

本条是对鉴定机构承接工程造价鉴定业务范围和专业能力——即是否具备相应资格的规定。

根据《民事诉讼法》的规定，无论是当事人协商，还是人民法院指定的鉴定人，都应当“具备相应资格”。那么，对工程造价鉴定而言，何谓“相应资格”，也经历了历史的演变。从工程造价鉴定产生的背景可以看出，工程合同纠纷是随着我国从计划经济过渡到市场经济而伴生的。改革开放以后，在工程建设领域，从政府投资一枝独秀进入包含外资、民资在内的多元化投资主体并存，随着社会主义市场经济体制的逐步建立和发展，建设项目业主负责制、经济核算制、招标投标制以及工程合同制应运而生。工程造价走向市场竞争，在合同中约定。由于合同当事人各自对利益追求的目标不同以及当事人是否违约等，工程合同纠纷也随之产生，诉讼或仲裁（1995 年 9 月 1 日《仲裁法》实施）就成了解决工程合同纠纷的最后渠道。而在工程合同纠纷案件中，工程价款争议又占绝大多数，质量争议往往也会涉及工程造价鉴定，而这些争议涉及对待证事实的专门性问题的鉴别和判断，超出了审判人员的认知，为了公正的进行裁判，进行工程造价鉴定就成为必然。在 20 世纪 80 年代至 21 世纪初，对工程造价的鉴定基本上由人民法院委托具有工程造价管理职能的各级工程定额站承担。

1988 年 1 月，国家计划委员会印发《关于控制建设工程造价的若干规定》（计标〔1988〕30

号），根据新形势的需要，提出成立各种形式的工程造价咨询机构，接受建设单位、投资主管单位等的委托，从事工程造价咨询业务。从此，工程造价咨询开始进入工程建设领域，工程造价鉴定也在其中占有一席之地。1996年3月，原建设部印发了《工程造价咨询单位资质管理办法（试行）》（建标〔1996〕133号），同年5月，印发了该办法的实施细则（建标〔1996〕316号），建立了工程造价咨询单位资质管理制度。

1999年10月，国务院办公厅发出《关于清理整顿经济鉴证类社会中介机构的通知》（国办发〔1999〕92号），通知肯定了中介机构在服务社会主义经济建设、维护正常的经济秩序，适应政府职能转变的重要作用，但也指出存在着“乱办、乱管、乱执业”等突出问题，背离了独立、客观、公正的行业特性，严重影响了其作用的发挥，甚至干扰了正常的社会经济秩序。因此，经国务院批准，决定对经济鉴证类社会中介机构进行清理整顿，工程造价咨询与会计、税务、律师、资产评估、价格鉴证等一起列入了清理整顿范围。整顿的目标是脱钩改制，促进中介机构独立、客观、公正地执业。国务院清理整顿经济鉴证类社会中介机构领导小组对这类机构给出了定义，其中包括：“利用专业知识和专门技能接受政府部门、司法机关的委托，出具鉴证报告或发表专业技术性意见，实行有偿服务并承担法律责任的机构或组织。”由此，奠定了工程造价咨询企业承接工程造价鉴定业务的基础。各级工程定额站在2002年前后逐步退出了工程造价鉴定领域。经过两年的清理整顿，国务院清理整顿经济鉴证类社会中介机构领导小组发出《关于规范工程造价咨询行业管理的通知》（国清〔2002〕6号），文中认为：改革开放以来，工程造价咨询行业在社会主义市场经济中发挥了越来越重要的作用。要求按照“法律规范、政府监督、行业自律”的模式建立完善行业管理体制。通过此次整顿，确立了工程造价咨询行业的独立地位，促进了工程造价咨询业的快速和健康发展。2000年1月，建设部印发《工程造价咨询单位管理办法》（建设部令74号），2006年3月，建设部将其修改为《工程造价咨询企业管理办法》（建设部令第149号，并于2016年、2020年两次修正），再次明确了造价咨询企业业务范围包括：“工程造价经济纠纷的鉴定”。

新中国成立以来，建设项目的估算、概算、预算、结算等与之相关的工程造价工作都由具有技术经济专业知识和能力的概预算人员承担，随着改革开放的深入和工程建设的迅猛发展，这方面的人才需求大增。为适应社会需要，1990年前后，不少地区和专业部门开始对工程概预算人员实行资格认证。中国建设工程造价管理协会也在原中国工程概预算委员会的基础上于1990年成立。1996年，经过多年的论证，建设部和人事部建立了造价工程师执业资格制度。2000年，建设部印发了《造价工程师注册管理办法》（建设部令第75号），建设部于2006年将其修改为《注册造价工程师管理办法》（建设部令第150号），均明确了造价工程师的执业范围包括“工程经济纠纷的鉴定”。

在中国国情下，政府职能分工在中央和地方以及部门之间有时互有交叉，为做好分管工作，出于不同的理解，地方和部门之间有时也会出台一些要求不一致的规定，让有关单位无所适从。例如：2005年前，有的地方出台了将所有专业的司法鉴定纳入司法部门登记的规定，在2005年全国人大常委会《司法鉴定决定》颁发以后，有的地方进行了纠正，有的仍然维持原状，导致工程造价司法鉴定的资格出现重复登记，二次准入。有的地方出现工程造价鉴定人盖章仅盖“司法鉴定人×××”印章，而不盖造价工程师执业印章的现象，个别地方甚至出现非造价工程师的司法鉴定人也在进行造价鉴定。

为维护工程造价鉴定的正常秩序，2005 年 3 月，建设部办公厅《关于对工程造价司法鉴定有关问题的复函》(建办标函〔2005〕155 号)：明确“一、从事工程造价司法鉴定，必须取得工程造价咨询资质，并在其资质许可范围内从事工程造价咨询活动。二、工程造价成果文件，应当由造价工程师签字，加盖执业专用章和单位公章后有效。从事工程造价司法鉴定的人员，必须具备注册造价工程师执业资格，并只得在其注册的机构从事工程造价司法鉴定工作，否则不具有在该机构的工程造价成果文件上签字的权利。”

2006 年 6 月，最高人民法院曾以法函〔2006〕68 号复函：“一、根据全国人大常委会《关于司法鉴定管理问题的决定》第二条的规定，工程造价咨询单位不属于实行司法鉴定登记管理制度的范围。二、……对于从事工程造价咨询业务的单位和鉴定人员的执业资质认定以及对工程造价成果性文件的程序审查，应当以工程造价行政许可主管部门的审批、注册管理和相关法律规定为据。”

2018 年 12 月 5 日，司法部印发《关于严格依法做好司法鉴定人和司法鉴定机构登记工作的通知》(司办通〔2018〕164 号)，根据全国人大常委会法制工作委员会《关于建议依法规范司法鉴定登记管理工作的函》(法工办函〔2018〕233 号)的要求，各地方依法停止开展除“法医类、物证类、声像资料类、环境损坏类”四类外司法鉴定机构及其司法鉴定人的登记工作，解决了工程造价鉴定机构和鉴定人重复登记的问题。

工程造价鉴定对鉴定机构的业务范围和鉴定人专业能力的要求，其实质是工程造价鉴定的资格问题，不具备资格，其鉴定意见必然不会被采信。2015 年，按照国务院要求对执业资格进行清理的基础上，2016 年 12 月，人力资源社会保障部公示造价工程师列为国家准入类专业技术人员职业资格。2018 年 7 月，住房和城乡建设部、交通运输部、水利部、人力资源社会保障部印发《造价工程师职业资格制度规定》(建人〔2018〕67 号)对造价工程师制度进行调整，将其划分为一级和二级造价工程师，明确只有一级造价工程师才有资格从事“建设工程审计、仲裁、诉讼、保险中的造价鉴定”。

造价工程师专业分为土木建筑工程、交通运输工程、水利工程和安装工程。《司法鉴定决定》规定鉴定人和鉴定机构在业务范围内从事司法鉴定业务，《工程造价咨询企业管理办法》规定了甲、乙两级资质企业的业务范围。可见工程造价咨询企业资质体现了其业务范围。注册造价工程师的执业资格体现了其专业能力。

【法条链接】

《全国人民代表大会常务委员会关于司法鉴定管理问题的决定》

八、第二款 鉴定人应当在一个鉴定机构中从事司法鉴定业务。

九、鉴定人从事司法鉴定业务，由所在的鉴定机构统一接受委托。

鉴定人和鉴定机构应当在鉴定人和鉴定机构名册注明的业务范围内从事司法鉴定业务。

《中华人民共和国民事诉讼法》

第七十六条 当事人可以就查明事实的专门性问题向人民法院申请鉴定。当事人申请鉴定的，由双方当事人协商确定具备资格的鉴定人；协商不成的，由人民法院指定。当事人未申请鉴定，人民法院对专门性问题认为需要鉴定的，应当委托具备资格的鉴定人进行鉴定。

《最高人民法院关于人民法院民事诉讼中委托鉴定审查工作若干问题的规定》（法〔2020〕202号）

6. 人民法院选择鉴定机构，应当根据法律、司法解释等规定，审查鉴定机构的资质、执业范围等事项。

7. 当事人协商一致选择鉴定机构的，人民法院应当审查协商选择的鉴定机构是否具备鉴定资质及符合法律、司法解释等规定。发现双方当事人的选择有可能损害国家利益、集体利益或第三方利益的，应当终止协商选择程序，采用随机方式选择。

《安徽省高级人民法院关于审理建设工程施工合同纠纷案件适用法律问题的指导意见》（2013年12月23日安徽省高级人民法院审判委员会民事执行专业委员会第32次会议讨论通过）

第二十条 人民法院对外委托工程造价鉴定，应当选择具有建设行政主管部门颁发的工程造价资质证书的鉴定机构。

《北京市高级人民法院关于委托司法鉴定工作的若干规定（试行）》（京高法发〔2005〕10号）

第十六条 司法鉴定所涉及的专业，有法律、法规或部门规章等确定的专门机构进行的，应当依照相关规定办理。

《广东省高级人民法院关于司法委托管理工作暂行规定》（2007年）

第三十六条 司法委托所涉及的专业，有法律、法规或部门规章确定应由专门机构进行的，应当按照相关规定办理。

《工程造价咨询企业管理办法》

第十九条 工程造价咨询企业依法从事工程造价咨询活动，不受行政区域限制。

甲级工程造价咨询企业可以从事各类建设项目的工程造价咨询业务。

乙级工程造价咨询企业可以从事工程造价2亿元人民币以下的各类建设项目的工程造价咨询业务。

第二十条 工程造价咨询业务范围包括：

（一）建设项目建议书及可行性研究投资估算、项目经济评价报告的编制和审核；

（二）建设项目概预算的编制与审核，并配合设计方案比选、优化设计、限额设计等工作进行工程造价分析与控制；

（三）建设项目合同价款的确定（包括招标工程工程量清单和标底、投标报价的编制和审核）；合同价款的签订与调整（包括工程变更、工程洽商和索赔费用的计算）及工程款支付，工程结算及竣工结（决）算报告的编制与审核等；

（四）工程造价经济纠纷的鉴定和仲裁的咨询；

（五）提供工程造价信息服务等。

工程造价咨询企业可以对建设项目的组织实施进行全过程或者若干阶段的管理和服务。

第二十五条 工程造价咨询企业不得有下列行为：

（一）涂改、倒卖、出租、出借资质证书，或者以其他形式非法转让资质证书；

（二）超越资质等级业务范围承接工程造价咨询业务；

（三）同时接受招标人和投标人或两个以上投标人对同一工程项目的工程造价咨询业务；

（四）以给予回扣、恶意压低收费等方式进行不正当竞争；

（五）转包承接的工程造价咨询业务；

（六）法律、法规禁止的其他行为。

《注册造价工程师管理办法》

第十五条 一级注册造价工程师执业范围包括建设项目全过程的工程造价管理与工程造价咨询等，具体工作内容：

（一）项目建议书、可行性研究投资估算与审核，项目评价造价分析；

（二）建设工程设计概算、施工预算编制和审核；

（三）建设工程招标投标文件工程量和造价的编制与审核；

（四）建设工程合同价款、结算价款、竣工决算价款的编制与管理；

（五）建设工程审计、仲裁、诉讼、保险中的造价鉴定，工程造价纠纷调解；

（六）建设工程计价依据、造价指标的编制与管理；

（七）与工程造价管理有关的其他事项。

二级注册造价工程师协助一级注册造价工程师开展相关工作，并可以独立开展以下工作：

（一）建设工程工料分析、计划、组织与成本管理，施工图预算、设计概算编制；

（二）建设工程量清单、最高投标限价、投标报价编制；

（三）建设工程合同价款、结算价款和竣工决算价款的编制。

第二十条 注册造价工程师不得有下列行为：

（一）不履行注册造价工程师义务；

（二）在执业过程中，索贿、受贿或者谋取合同约定费用外的其他利益；

（三）在执业过程中实施商业贿赂；

（四）签署有虚假记载、误导性陈述的工程造价成果文件；

（五）以个人名义承接工程造价业务；

（六）允许他人以自己名义从事工程造价业务；

（七）同时在两个或者两个以上单位执业；

（八）涂改、倒卖、出租、出借或者以其他形式非法转让注册证书或者执业印章；

（九）超出执业范围、注册专业范围执业；

（十）法律、法规、规章禁止的其他行为。

建设部办公厅《关于对工程造价司法鉴定有关问题的复函》（建办标函［2005］155号）

一、从事工程造价司法鉴定，必须取得工程造价咨询资质，并在其资质许可范围内从事工程造价咨询活动。工程造价成果文件，应当由造价工程师签字，加盖执业专用章和单位公章后有效。

二、从事工程造价司法鉴定的人员，必须具备注册造价工程师执业资格，并只得在其注册的机构从事工程造价司法鉴定工作，否则不具有在该机构的工程造价成果文件上签字的权利。

【条文应用指引】

按照《民事诉讼证据》第四十条的规定：鉴定人不具备相应资格的，当事人申请重新鉴定，人民法院应当准许。鉴定人已经收取的鉴定费用应当退还。原鉴定意见不得作为认定案件事实的根据。因此，鉴定机构承接工程造价鉴定业务，必须注意自身的业务范围和专业能力。

1. 企业资质等级。甲级承接工程造价鉴定业务不受限制，乙级只能承担2亿元人民币以下的工程造价鉴定业务。

2. 本企业现有注册一级造价工程师及其专业类别。如果是水利工程合同纠纷，不具备水利工程资格的一级造价工程师不能承接。

3. 鉴定项目的委托只能由鉴定机构统一接受，鉴定人不能私自接受工程造价鉴定业务。

3.1.2 鉴定机构应对鉴定人的鉴定活动进行管理和监督，在鉴定意见书上加盖公章。当发现鉴定人有违反法律、法规和本规范规定行为的，鉴定机构应当责成鉴定人改正。

【条文解读】

本条是关于鉴定机构对鉴定活动进行监督，在鉴定意见书上加盖公章的规定。

《司法鉴定决定》规定司法鉴定实行鉴定人负责制度，鉴定人应独立进行鉴定。同时《民事诉讼法》规定，委托鉴定机构鉴定的，鉴定书应由鉴定机构盖章，《工程造价咨询企业管理办法》规定，工程造价成果文件应当加盖有企业名称、资质等级及证书编号的执业印章。

根据上述规定，鉴定机构在鉴定意见书上加盖法人公章后，还应加盖企业的执业印章，使其资质等级一目了然，更便于委托人、当事人识别鉴定机构资质。本条实际上建立了鉴定人独立鉴定与鉴定机构对鉴定人的鉴定活动进行监督的制度，提醒鉴定机构对鉴定人的鉴定活动进行有效监督。二者相辅相成，相互制约，相互促进，共同保证鉴定工作质量。

【法条链接】

《最高人民法院关于民事诉讼证据的若干规定》（法释［2019］19号）

第三十六条第二款 鉴定书应当由鉴定人签名或者盖章，并附鉴定人的相应资格证明。委托机构鉴定的，鉴定书应当由鉴定机构盖章，并由从事鉴定的人员签名。

《工程造价咨询企业管理办法》

第二十二条第二款 工程造价成果文件应当由工程造价咨询企业加盖有企业名称、资质等级及证书编号的执业印章，并由执行咨询业务的注册造价工程师签字、加盖执业印章。

《司法鉴定程序通则》（司法部令第132号）

第十条 司法鉴定机构应当加强对司法鉴定人执业活动的管理和监督。司法鉴定人违反本通则规定的，司法鉴定机构应当予以纠正。

3.1.3 鉴定人不仅应遵守职业道德、执业准则和职业纪律，同时，还必须遵守民事诉讼程序或仲裁规则。

【条文解读】

本条规定鉴定人既要遵守职业道德、执业准则，还须遵守民事诉讼程序或仲裁规则。

工程造价的确定本身具有法律性和科学性双重属性，既要遵守法定的规则如《合同法》《建筑法》等法律法规在合同中具体约定，又须遵守科学规律，执行工程建设的设计、施工等相关标准规范才能实现，是法律规则与科学技术的结合。在工程造价鉴定中，鉴定人作为委托人查明专门性问题的重要助手，需要严格保持公正、中立的立场。遵守民事诉讼程序或仲裁规则。尊重委托人对当事人提交证据效力的认定，而不能自行其是，擅自更改。如有异议时，应及时报告委托人，从专业角度提出建议供委托人判断，不论委托人是否采纳，均应按委托人的决定实施鉴定。

同时，鉴定机构应遵守行业执业准则。鉴定人应遵守行业职业道德和职业纪律，鉴定工作中除本规范另有规定外，还应遵守中国建设工程造价管理协会制定的《工程造价咨询业务操作指导规程》（中价协〔2002〕第016号）的规定，确保鉴定工作质量。

【法条链接】

《全国人民代表大会常务委员会关于司法鉴定管理问题的决定》

十二、鉴定人和鉴定机构从事司法鉴定业务，应当遵守法律、法规，遵守职业道德和职业纪律，尊重科学，遵守技术操作规程。

【行业自律规定】

《中国建设工程造价管理协会工程造价咨询单位执业行为准则》（中价协［2002］第015号）

为了规范工程造价咨询单位执业行为，保障国家与公众利益，维护公平竞争秩序和各方合法权益，具有工程造价咨询资质的企业法人在执业活动中均应遵循以下执业行为准则：

第一条 要执行国家的宏观经济政策和产业政策，遵守国家和地方的法律、法规及有关规定，维护国家和人民的利益。

第二条 接受工程造价咨询行业自律组织业务指导，自觉遵守本行业的规定和各项制度，积极参加本行业组织的业务活动。

第三条 按照工程造价咨询单位资质证书规定的资质等级和服务范围开展业务，只承担能够胜任的工作。

第四条 要具有独立执业的能力和工作条件，竭诚为客户服务，以高质量的咨询成果和优良服务，获得客户的信任和好评。

第五条 要按照公平、公正和诚信的原则开展业务，认真履行合同，依法独立自主开展经营活动，努力提高经济效益。

第六条 靠质量、靠信誉参加市场竞争，杜绝无序和恶性竞争；不得利用与行政机关、社会团体以及其他经济组织的特殊关系搞业务垄断。

第七条 要“以人为本”，鼓励员工更新知识，掌握先进的技术手段和业务知识，采取有效措施组织、督促员工接受继续教育。

第八条 不得在解决经济纠纷的鉴证咨询业务中分别接受双方当事人的委托。

第九条 不得阻挠委托人委托其他工程造价咨询单位参与咨询服务；共同提供服务的工程造价咨询单位之间应分工明确，密切协作，不得损害其他单位的利益和名誉。

第十条 有义务保守客户的技术和商务秘密，客户事先允许和国家另有规定的除外。

《中国建设工程造价管理协会造价工程师职业道德行为准则》（中价协［2002］第015号）

为了规范造价工程师的职业道德行为，提高行业声誉，造价工程师在执业中应信守以下职业道德行为准则：

第一条 遵守国家法律、法规和政策，执行行业自律性规定，珍惜职业声誉，自觉维护国家和社会公共利益。

第二条 遵守“诚信、公正、精业、进取”的原则，以高质量的服务和优秀的业绩，赢得社会和客户对造价工程师职业的尊重。

第三条 勤奋工作，独立、客观、公正、正确地出具工程造价成果文件，使客户满意。

第四条 诚实守信，尽职尽责，不得有欺诈、伪造、作假等行为。

第五条 尊重同行，公平竞争，搞好同行之间的关系，不得采取不正当的手段损害、侵犯同行的权益。

第六条 廉洁自律，不得索取、收受委托合同约定以外的礼金和其他财物，不得利用职务之便谋取其他不正当的利益。

第七条 造价工程师与委托方有利害关系的应当回避，委托方有权要求其回避。

第八条 知悉客户的技术和商务秘密，负有保密义务。

第九条 接受国家和行业自律性组织对其职业道德行为的监督检查。

3.1.4 鉴定人应在鉴定意见书上签名并加盖注册造价工程师执业专用章，对鉴定意见负责。

【条文解读】

本条是对鉴定人在鉴定书上签名和加盖执业印章的规定。

按照《民事诉讼法》和《司法鉴定决定》的规定，鉴定人在鉴定书上签名或者盖章均是可以的。但长期以来，对工程造价成果文件的署名，住房和城乡建设部均规定为造价工程师签字（实为签署名字），因此，本条根据《注册造价工程师管理办法》规定鉴定人签名，而不是盖本人的印章，因为在私人印章所代表的一方否认该私人印章为其所有，盖章行为非其所为，即否认该鉴定意见书是其鉴定时，其真伪的鉴定非常困难，签名的规定更严格，以防止冒名顶替，表示鉴定意见是本人作出并承担法律责任，同时，加盖注册造价工程师执业印章，直观地证明了鉴定人的资格。

【法条链接】

《全国人民代表大会常务委员会关于司法鉴定管理问题的决定》

十、司法鉴定实行鉴定人负责制度。鉴定人应当独立进行鉴定，对鉴定意见负责并在鉴定书上签名或者盖章。

《中华人民共和国民事诉讼法》

第七十七条第二款 鉴定人应当提出书面鉴定意见，在鉴定书上签名或者盖章。

《最高人民法院关于民事诉讼证据的若干规定》（法释［2019］19号）

第三十六条第二款 鉴定书应当由鉴定人签名或者盖章，并附鉴定人的相应资格证明。

《注册造价工程师管理办法》

第十八条 注册造价工程师应当根据执业范围，在本人形成的工程造价成果文件上签字并加盖执业印章，并承担相应的法律责任。最终出具的工程造价成果文件应当由一级注册造价工程师审核并签字盖章。

《建筑工程施工发包与承包计价管理办法》（住房城乡建设部令第16号）

第二十条 造价工程师编制工程量清单、最高投标限价、招标标底、投标报价、工程结算审核和工程造价鉴定文件，应当签字并加盖造价工程师执业专用章。

【注意事项】

鉴定机构应当禁止在不是鉴定人本人进行鉴定的情形下，仿照其签名并加盖其执业印章。否则，将可能面临承担鉴定意见不被委托人采信甚至按虚假报告处罚的法律后果。

3.1.5 鉴定机构和鉴定人应履行保密义务，未经委托人同意，不得向其他人或者组织提供与鉴定事项有关的信息。法律、法规另有规定的除外。

【条文解读】

本条规定了鉴定人的保密义务。

工程造价鉴定工作针对的某些专门性问题可能涉及案件中的当事人的技术秘密和商业秘密等不应公开的信息。当事人的技术秘密主要指在工程建设过程中，通过多年的经验和技术累积获得的不为他人所知的独特技术，是企业的核心竞争之一，商业秘密一般指不为公众所知悉，能为当事人带来经济利益的信息，它关乎企业的竞争力，甚至影响到企业的存在。就鉴定项目本身而言，有的可能还涉及国家秘密（如保密项目）。因此保守国家秘密、商业秘密、案内秘密等不应公开的信息既是鉴定人的法律义务，又是鉴定人职业纪律与职业道德的要求。《中国建设工程造价管理协会造价工程师职业道德行为准则》第八条规定："知悉客户的技术与商务秘密，负有保密义务。"

鉴定人保守秘密的义务贯穿于整个鉴定活动始终。对于鉴定人保守秘密的期限而言，其中多数秘密的保密期限是永久性的（如国家秘密等），只有少数秘密的保密期限是短期的（如鉴定意见等），具体的期限视情况而定。

【法条链接】

《中华人民共和国合同法》

第四十三条 当事人在订立合同过程中知悉的商业秘密，无论合同是否成立，不得泄露或者不正当地使用。泄露或者不正当地使用该商业秘密给对方造成损失的，应当承担损害赔偿责任。

《中华人民共和国民法典》

第五百零一条 当事人在订立合同过程中知悉的商业秘密或者其他应当保密的信息，无论合同是否成立，不得泄露或者不正当地使用；泄露、不正当地使用该商业秘密或者信息，造成对方损失的，应当承担赔偿责任。

《中华人民共和国保守国家秘密法》

第三条 国家秘密受法律保护。

一切国家机关、武装力量、政党、社会团体、企业事业单位和公民都有保守国家秘密的义务。

任何危害国家秘密安全的行为，都必须受到法律追究。

【条文引用指引】

接受委托人鉴定项目后，鉴定机构和鉴定人应及时向委托人了解本鉴定项目是否为保密工程、需要保密的事项等，以便制定保密措施，做好保密工作。

3.2 鉴定项目的委托

【概述】

本节将委托人就鉴定项目与鉴定机构的关系定义为委托制，而不是协议制，既符合我国现行法律的规定，又切合我国实际，具有可操作性。

3.2.1 委托人委托鉴定机构从事工程造价鉴定业务，不受地域范围的限制。

【条文解读】

本条是对鉴定机构从事工程造价鉴定业务不受地域范围限制的规定。

我国是一个政令统一的国家，工程造价咨询企业、一级造价工程师在国内任何一个地方执业，都是受法律保护的，按照法律规定，工程造价鉴定同样不受地域或行政区域范围的限制。

【法条链接】

《全国人民代表大会常务委员会关于司法鉴定管理问题的决定》

八、鉴定机构接受委托从事司法鉴定业务，不受地域范围的限制。

《工程造价咨询企业管理办法》

第十九条 工程造价咨询企业依法从事工程造价咨询活动，不受行政区域限制。

3.2.2　委托人向鉴定机构出具鉴定委托书，应载明委托的鉴定机构名称、委托鉴定的目的、范围、事项和鉴定要求、委托人的名称等。

【条文解读】

本条是对委托书内容的规定。

长期以来，被当事人和司法界所诟病的鉴定人擅自决定鉴定范围、事项，鉴定时间过长的弊病不少情况下与委托书过于简单，没有鉴定范围、事项、期限等内容有关。例如：某法院在司法鉴定委托书中写明“对涉案工程的造价进行鉴定”，而该房建工程项目合同约定为“按平方米包干单价计价”，且承包人还未完全完成合同约定的工程内容。这样的委托，其鉴定范围就是整个工程项目，似把没有争议的事项、单价包干的事项也包含进行鉴定了。致使鉴定人按照编审工程结算的思维，将当事人没有争议的事项也重新鉴定。再如，某法院对某设计施工总承包合同的工期索赔争议，分设计周期、施工工期分别委托两个鉴定机构进行定额工期的鉴定，这样的鉴定意见对裁决该合同工期纠纷有什么帮助呢？这一鉴定委托内容，将应当鉴定的工期延误及其损失，由于法院没有委托，鉴定人又不能鉴定。上述委托鉴定范围、事项的不恰当，引来当事人的不满，对鉴定工作乃至审判工作造成不良影响。

2001年11月，最高人民法院发布的《人民法院司法鉴定工作暂行规定》（法发〔2001〕23号）第十一条仅规定：“司法鉴定应当采用书面委托形式，提出鉴定目的、要求，提供必要的情况说明材料和鉴定材料”，未涉及鉴定范围、事项的具体要求。2012年中价协发布的《建设工程造价鉴定规程》CECA/GC 8-2012虽然规定“应按委托书规定的鉴定范围、内容、要求、期限”进行，仅是对鉴定人的要求，但并未解决委托书中如没有这些该怎么办。因此，本规范反向提出委托书应包含这些内容，以期引起委托人的注意，将委托书应包含的内容具体化，避免鉴定工作出现偏差。

2004年10月，最高人民法院根据审理建设工程施工合同纠纷案件的实践，在《施工合同司法解释（一）》规定“仅对有争议的事实进行鉴定”，实际上明确了鉴定范围。一些地方法院先后针对工程造价鉴定的范围作了规定，但未明确在委托书中注明。有的法院则对此作出了明确规定。例如：《四川省高级人民法院对外委托鉴定管理办法（试行）》规定鉴定委托书应载明“鉴定事项及要求、鉴定完成时限”等内容；2018年5月《河北省高级人民法院建设工程施工合同案件审理指导》规定，“人民法院准许当事人对工程价款进行鉴定的申请后，应当根据当事人申请及查明案件事实的需要，确定委托鉴定的事项及范围。”

总结司法实践，根据鉴定工作的需要，最高人民法院于2018年12月在《施工合同司法解释（二）》中，2019年10月在新的《民事诉讼证据》中增加了委托书应载明鉴定范围、事项、期限等内容。为实施《民法典》的需要，最高人民法院梳理了《施工合同司法解释（一）、（二）》，2020年12月公布了新的《施工合同司法解释》，保留了“仅对有争议的事实进行鉴定”和委托书“确定委托鉴定的事项、范围、鉴定期限等”内容。使委托鉴定从源头就厘清了司法审判权与鉴定权的边界，防止出现因鉴定事项不明确、范围不确定、目的不清晰而导致鉴定没有意义，或者鉴定意见无法采信的情况。

最高人民法院民事审判第一庭编著的《建设工程施工合同司法解释（二）理解与适用》第十五条的理解指出：

“（一）人民法院应确定委托鉴定的事项和范围

首先，人民法院应当确定对哪些事项进行鉴定，是对工程造价进行鉴定，还是对工程质量进行鉴定。其次，在确定鉴定事项后，人民法院还应确定鉴定范围。例如，对于工程造价鉴定，是全面鉴定还是部分鉴定，如果是部分鉴定，应对哪一部分进行鉴定等。《建设工程司法解释（一）》第23条规定：‘当事人对部分案件事实有争议的，仅对有争议的事实进行鉴定，但争议事实范围不能确定，或者双方当事人请求对全部事实鉴定的除外。’‘有争议的事实’即为鉴定范围。对有争议的事实如何确定，属于司法审判权的内容，应由人民法院行使。

人民法院确定鉴定范围后，应在鉴定委托书中列明。鉴定机构应根据鉴定委托书中列明的鉴定范围进行鉴定，不可擅自扩大或缩小鉴定范围。鉴定机构对鉴定范围有疑问的，应及时与人民法院联系。

人民法院确定鉴定范围，主要根据当事人的申请，如果当事人的申请与待证事实无关联或者对证明待证事实无意义的，人民法院不予准许。比如某未完工工程，因发包人不按时支付进度款导致停工，承包人诉请工程款提起诉讼，并申请对工程造价进行鉴定。人民法院据此出具《鉴定委托书》，要求鉴定机构对实际完成的工程造价进行鉴定。在诉讼中，承包人不能要求鉴定机构在鉴定工程造价的同时，对停工损失一并鉴定，因为该事项与其诉请无关。除非其增加诉讼请求，再就此部分向人民法院提出鉴定申请，人民法院认为有需要的，可再委托鉴定机构进行停工损失鉴定。”

2019年12月，为贯彻最高人民法院《施工合同司法解释（二）》和《民事诉讼证据》，江苏省高级人民法院专门出台了指导委托鉴定的《建设工程施工合同纠纷案件委托鉴定工作指南》，将委托书的内容进一步细化，明确规定由主审法官以书面形式明确委托事项。2020年5月《上海市高级人民法院关于规范全市法院对外委托鉴定工作流程与时限的通知》规定：鉴定机构与业务庭承办法官沟通鉴定前期准备事项，主要包括：明确鉴定事项、鉴定范围、鉴定目的和鉴定期限。这些规定，贯彻了《中共中央关于全面推进依法治国若干重大问题的决定》提出的“推进以审判为中心的诉讼制度改革”的精神，解决了有的地方法院由专门内设机构管理司法鉴定，有可能未与主审法官沟通或未贯彻主审法官对案件的判断就进行委托鉴定从而脱离案件审判的实际，避免导致鉴定范围和鉴定事项委托不准确的状况。各级法院完善委托书的做法，对于进一步提高工程造价鉴定质量具有十分重要的意义。

【法条链接】

《最高人民法院关于审理建设工程施工合同纠纷案件适用法律问题的解释（一）》（法释〔2020〕25号）

第三十一条 当事人对部分案件事实有争议的，仅对有争议的事实进行鉴定，但争议事实范围不能确定，或者双方当事人请求对全部事实鉴定的除外。

第三十三条 人民法院准许当事人的鉴定申请后，应当根据当事人申请及查明案件事实的需要，确定委托鉴定的事项、范围、鉴定期限等，并组织当事人对争议的鉴定材料进行质证。

《人民法院司法鉴定工作暂行规定》最高人民法院（法发［2001］23号）

第十一条 司法鉴定应当采用书面委托形式，提出鉴定目的、要求，提供必要的情况说明材料和鉴定材料。

《最高人民法院关于审理建设工程施工合同纠纷案件适用法律问题的解释》（法释［2004］14号）

第二十三条 当事人对部分案件事实有争议的，仅对有争议的事实进行鉴定，但争议事实范围不能确定，或者双方当事人请求对全部事实鉴定的除外。

《最高人民法院关于审理建设工程施工合同纠纷案件适用法律问题的解释（二）》（法释［2018］20号）

第十五条 人民法院准许当事人的鉴定申请后，应当根据当事人申请及查明案件事实的需要，确定委托鉴定的事项、范围、鉴定期限等。

《最高人民法院关于民事诉讼证据的若干规定》（法释［2019］19号）

第三十二条第三款 人民法院在确定鉴定人后应当出具委托书，委托书中应当载明鉴定事项、鉴定范围、鉴定目的和鉴定期限。

《最高人民法院关于人民法院民事诉讼中委托鉴定审查工作若干问题的规定》（法［2020］202号）

一、对鉴定事项的审查

1. 严格审查拟鉴定事项是否属于查明案件事实的专门性问题，有下列情形之一的，人民法院不予委托鉴定：

（1）通过生活常识、经验法则可以推定的事实；

（2）与待证事实无关联的问题；

（3）对证明待证事实无意义的问题；

（4）应当由当事人举证的非专门性问题；

（5）通过法庭调查、勘验等方法可以查明的事实；

（6）对当事人责任划分的认定；

（7）法律适用问题；

（8）测谎；

（9）其他不适宜委托鉴定的情形。

2. 拟鉴定事项所涉鉴定技术和方法争议较大的，应当先对其鉴定技术和方法的科学可靠性进行审查。所涉鉴定技术和方法没有科学可靠性的，不予委托鉴定。

《河北省高级人民法院建设工程施工合同案件审理指南》（2018 年 5 月 7 日审判委员会第 9 次会议讨论通过）

25. ……人民法院准许当事人对工程价款进行鉴定的申请后，应当根据当事人申请及查明案件事实的需要，确定委托鉴定的事项及范围，并组织双方当事人对争议的鉴定材料进行质证，确定鉴定依据。

《四川省高级人民法院对外委托鉴定管理办法（试行）》

第二十条 鉴定委托书应载明如下内容：

（一）委托日期；

（二）案件性质、案号；

（三）简要案情；

（四）鉴定事项及要求；

（五）鉴定完成时限；

（六）移送的案件材料和有关的鉴定材料清单；

（七）被鉴定标底物的详细地点、状况；

（八）既往鉴定情况；

（九）司法技术部门工作人员的姓名、联系电话；

（十）其他需要说明的事项等。

鉴定委托书统一加盖人民法院院章。

《浙江省高级人民法院民事审判第一庭关于审理建设工程施工合同纠纷案件若干疑难问题的解答》（浙法民一［2012］3 号）

十七、启动工程量和工程价款鉴定程序，应该注意哪些问题？

人民法院应避免随意、盲目委托鉴定和不必要的多次、重复鉴定。根据双方当事人的合同约定或者现有证据，足以认定工程量和工程价款的，不应再就工程价款委托鉴定。

《山东省高级人民法院 2005 年全省民事审判工作座谈会纪要》（鲁高法［2005］201 号）

（二）关于建设工程造价的鉴定问题。合同对工程价款没有约定或者约定不明，工程竣工后，当事人双方又不能达成结算协议的，也无法采取其他结算方式结算工程款的情形下，可以委托工程造价审计部门对工程款的数额予以审定，但要防止鉴定出现过多过滥的现象。为此会议确定了以下原则：建设工程的造价或者工程款的数额不通过鉴定可以确定，则不作鉴定；必须通过鉴定才能确定工程价款的，要尽可能减少鉴定次数，能不重新鉴定的，则不重新鉴定；必须通过鉴定才能确定工程价款数额的，要尽可能地减少鉴定范围，能不全部鉴定的，则不进行全部鉴定。在一审诉讼中已经委托鉴定的，如果鉴定机构或者鉴定人具有相应的资格，鉴定程序合法，且经过一审庭审质证，鉴定人也出庭答复的，当事人就鉴定的事项上诉请求二审重新鉴定的，原则上不予支持。

《重庆市高级人民法院关于建设工程造价鉴定若干问题的解答》（渝高法［2016］260 号）

3. 当事人仅对部分工程造价存在争议，或者人民法院根据当事人举示的证据能够自行确定部分工程造价的，如何进行建设工程造价鉴定？

当事人仅对部分工程造价存在争议，或者人民法院根据当事人举示的证据能够自行确定部分工程造价，需要通过鉴定方式确定争议部分或者人民法院无法确定部分工程造价的，应当仅对当事人存在争议部分或者人民法院无法确定部分的工程造价进行鉴定。但当事人存在争议部分或者人民法院无法确定部分的工程造价与当事人无争议部分或者人民法院可确定部分的工程造价不可分，客观上需要对工程造价进行整体鉴定的除外。

工程造价是否可分，由人民法院在听取当事人、鉴定人意见后作出认定。人民法院认为有必要的，可以向建设工程造价管理总站、建设工程造价管理协会等专业机构咨询。

《江苏省高级人民法院建设工程施工合同纠纷案件委托鉴定工作指南》（2019年12月27日江苏省高级人民法院审判委员会第35次全体委员会议讨论通过）

5. ……向司法鉴定部门移送鉴定、依法选定鉴定机构时，主审法官应当以书面形式明确委托书需列明的以下事项：

（一）委托鉴定的具体事项；

（二）建设工程造价、建设工程工期或停窝工损失、建设工程质量等鉴定的具体范围；

（三）通过鉴定解决的争议和争议要点；

（四）鉴定期限的具体要求；

（五）其他根据案件情况需明确的事项。

《上海市高级人民法院关于规范全市法院对外委托鉴定工作流程与时限的通知》（沪高法[2020]281号）

3. 鉴定机构与业务庭承办法官沟通鉴定前期准备事项，主要包括：

一是通过交流，明确鉴定事项、鉴定范围、鉴定目的和鉴定期限。机构如果发现鉴定事项超出本机构业务范围，或者有法定回避事项，应当说明原因，在3个工作日内退回立案庭。机构无正当理由，不得退回。

二是机构同意接受指定的，应当在5个工作日内，向业务庭承办法官提交以下资料：（1）鉴定所需当事人提供的材料清单，（2）鉴定收费标准、预交费用金额及账户，（3）鉴定机构和本次鉴定人的基本信息。

4. 业务庭与鉴定机构沟通，完成鉴定前期准备工作后，向立案庭转交相关鉴定材料。立案庭应当在3个工作日内完成审核，审核合格的，向鉴定机构出具委托书，并移交鉴定材料，不合格的，应当退回业务庭，并说明理由。

审核的主要内容包括：（1）鉴定事项、鉴定范围、鉴定目的、鉴定期限已经明确，（2）鉴定预收费用已缴入鉴定机构账户，（3）移交的鉴定材料已经质证，（4）鉴定机构鉴定人不需要回避。

鉴定机构接收委托书和鉴定材料的同时，鉴定人应当签署鉴定承诺书，交至立案庭诉讼服务中心。

委托鉴定事项说明（样式）

委托鉴定事项说明（样式）

委托人	（法院）	立案庭联系人（姓名、电话）	
联系地址	（法院地址）	承办法官、法官助理（姓名、电话）	
鉴定机构、鉴定人	单位名称： 指定鉴定人：		
鉴定事项			
是否属于重新鉴定	（列明是否属于重新鉴定，如是，写明原鉴定机构、鉴定人）		
鉴定范围			
鉴定目的			
鉴定费用	（写明收费标准依据，以及鉴定机构已预收金额，如属法院依职权启动鉴定，写明法院承诺付款。如鉴定人出庭费用包含在鉴定费用中，也请写明。）		
鉴定材料	（列明细，如果鉴定材料较多，可另附清单）		
鉴定提示	《最高人民法院关于民事诉讼证据的若干规定》相关条文：第三十四条、第三十五条、第三十六条、第三十七条、第四十条、第四十二条、第八十一条（具体内容略）		

3.2.3　委托人委托的事项属于重新鉴定的，应在委托书中注明。

【条文解读】

本条规定重新鉴定的委托，应在委托书中注明。

《民事诉讼证据》第四十条第四款规定："重新鉴定的，原鉴定意见不得作为认定案件事实的根据。"因此，鉴定人了解鉴定项目是初始鉴定还是重新鉴定的情形，对做好重新鉴定工作具有十分重要的作用。

3.3　鉴定项目委托的接受、终止

【概述】

鉴定机构是否接受委托人对鉴定项目进行鉴定的委托，取决于三个方面：一是是否超越本机构工程造价咨询资质等级；二是本机构注册一级造价工程师是否具有从事本鉴定项目的执业资格及其专业技术能力，能否在委托书设定的期限内完成鉴定工作；三是本机构是否具有本规范规定应予回避的情形。本节对此作了规定。

3.3.1 鉴定机构应在收到鉴定委托书之日起7个工作日内，决定是否接受委托并书面函复委托人，复函（格式参见附录A）应包括下列内容：

1 同意接受委托的意思表示；

2 鉴定所需证据材料；

3 鉴定工作负责人及其联系方式；

4 鉴定费用及收取方式；

5 鉴定机构认为应当写明的其他事项。

【条文解读】

本条是对鉴定机构接受委托的时限、复函方式及内容的规定。

《司法鉴定程序通则》规定了鉴定机构是否接受委托的时限，应在七个工作日作出。为明确与委托人形成的委托关系，本条规定鉴定机构接受委托的表现方式为书面复函，并提示复函应包括的基本内容。鉴定机构应在本条规定时限内作出是否接受委托的书面复函。

【法条链接】

《司法鉴定程序通则》（司法部令第132号）

第十三条 司法鉴定机构应当自收到委托之日起七个工作日内作出是否受理的决定。对于复杂、疑难或者特殊鉴定事项的委托，司法鉴定机构可以与委托人协商决定受理的时间。

第十四条 司法鉴定机构应当对委托鉴定事项、鉴定材料等进行审查。对属于本机构司法鉴定业务范围，鉴定用途合法，提供的鉴定材料能够满足鉴定需要的，应当受理。

对于鉴定材料不完整、不充分，不能满足鉴定需要的，司法鉴定机构可以要求委托人补充；经补充后能够满足鉴定需要的，应当受理。

【条文应用指引】

如果委托人的鉴定委托书中有回复期限要求的，鉴定机构应按照委托书的要求，在回复期限内书面复函。

关于鉴定委托的复函可以参照本规范附录A的格式。其中：鉴定期限也可以约定为绝对时间；鉴定费用可以约定为绝对数额。并应注明是否包括出庭作证费用。

附录 A 关于鉴定委托的复函

××价鉴函〔20××〕××号

________________________（委托人）：

我方收到贵方就________________________项目（案号：×××）的鉴定委托书，现回复如下：

1 我方接受贵方的委托书（如不接受，简要说明理由），鉴定工作按照贵方要求和《建设工程造价鉴定规范》GB/T 51262-2017 规定的程序进行。

2 我方将在本函发出之日起 5 个工作日内，向贵方送达《鉴定组成人员通知书》，请贵方及时告知各方当事人，以便当事人决定是否申请本鉴定机构和鉴定人回避。

3 在鉴定过程中，遇有《建设工程造价鉴定规范》GB/T 51262-2017 第 3.3.6 条规定情形之一的，我方有权终止鉴定，并根据终止的原因及责任，酌情退还有关鉴定费用。

4 请贵方提供证据材料，见所附《送鉴证据材料目录》。

5 鉴定期限按《建设工程造价鉴定规范》GB/T 51262-2017 规定的鉴定时间计算。如需延长，另向贵方申请。

6 鉴定费用：按鉴定项目争议标的（或所涉工程造价）____% 计算。

鉴定费应在贵方移交送鉴证据材料之日起 10 个工作日内支付，鉴定意见书发出前，应支付完毕。

鉴定期间，贵方单方面取消鉴定委托或终止鉴定的，鉴定费将不予退还。

7 联系方式：

联系地址： 邮政编码：

联 系 人： 联系电话：

传　　真： 电子邮箱：

鉴定机构（公章）________

年　　月　　日

3.3.2 鉴定机构接受鉴定委托，对案件争议的事实初步了解后，当对委托鉴定的范围、事项和鉴定要求有不同意见时，应向委托人释明，释明后按委托人的决定进行鉴定。

【条文解读】

本条是对鉴定的范围和事项有不同意见时如何处理的规定。

鉴定范围、事项的确定依法是委托人的职权，应当由委托人确定。这样的规定，并不意味着鉴定人对委托人确定的鉴定范围和事项有疑问时，或者对其有专业性的不同意见时，不可以向委托人提出。相反，鉴定人向委托人就此提出建议，恰恰是鉴定人遵守诚实守信的职业道德，对鉴定工作尽职尽责的表现。因为，建设工程造价鉴定专业性强，环节众多，内容复杂，鉴定范围和事项的确定往往涉及专业性，可以说，技术性问题与法律性问题常常交织在一起。基于工程造价形成的复杂性和专业性，实践中，有时存在委托人对鉴定范围和事项定义不太准确的情形，客观上会影响鉴定意见书的质量，导致鉴定无法实现委托目的。但准确的确定鉴定范围、事项是保证鉴定意见客观、公正的前提。面对法律问题与专业问题交织，复杂多样的工程造价纠纷，我们不能苛求委托人作出的判断都是全面的、准确的，客观上要求鉴定人从专业的角度向委托人释明是十分必要的。鉴定人参与待证事实的专门性问题的鉴定，其意义就在于弥补委托人对专业性问题的知识不足，帮助委托人尽快查明事实，定纷止争，实现司法的公平正义。为此，本条明确鉴定人应认真阅读委托人的委托书，对鉴定范围、事项及要求有疑问的，应及时、主动与委托人联系，目的是从专业角度明确鉴定项目的鉴定范围、事项及要求，用专业术语准确地表达出鉴定项目的鉴定范围、事项及要求，避免对委托书的误解导致鉴定出现偏差。但在鉴定工作实践中，鉴定人常常疏于或怠于向委托人释明，例如3.2.2条文解读所举定额工期鉴定案例，两个鉴定机构均未向委托人释明没必要进行定额工期鉴定，在开庭对鉴定书质证时，鉴定人面对当事人的质证，翻来覆去仅回答是按委托人委托事项鉴定的，完全达不到委托鉴定人对专门性问题进行鉴定，通过鉴定意见裁决争议的目的。

近年来，在《施工合同司法解释（二）》和新的《民事诉讼证据》出台后，有的地方法院加强了委托人与鉴定人的沟通，如江苏省高级人民法院印发的《建设工程施工合同纠纷案件委托鉴定工作指南》就明确规定了鉴定机构可以要求委托法院明确的九个方面的事项，并要求“鉴定机构认为应当由人民法院确定的事项而要求委托法院确定的，应当及时以书面形式征询委托法院的意见，委托法院应当及时作出书面答复”。人民法院的此类举措，必将对工程造价鉴定工作产生重大的积极影响，促进工程造价鉴定工作健康发展。

【法条链接】

《江苏省高级人民法院建设工程施工合同纠纷案件委托鉴定工作指南》（2019 年 12 月 27 日江苏省高级人民法院审判委员会第 35 次全体委员会议讨论通过）

8. 鉴定机构认为应当由人民法院确定的事项而要求委托法院确定的，应当及时以书面形式征询委托法院的意见，委托法院应当及时作出书面答复。

委托法院认为鉴定机构要求确定的事项，不属于必须由人民法院确定且宜由鉴定机构进行专业鉴别的，可以要求鉴定机构分析鉴别。必要时，委托法院、鉴定机构可以协同建设工程案件咨询专家或者行业管理部门研讨确定。

9. 鉴定机构可以要求委托法院予以明确：

（一）可以作为鉴定依据的合同、签证、函件、联系单等书证的真实性及其证据效力；

（二）合同没有约定、约定不明，或者约定之间存在矛盾，需要进行合同解释明确鉴定依据的；

（三）无效合同中可以参照作为结算依据的条款；

（四）确定质量标准的依据；

（五）约定工期与实际工期认定的依据；

（六）当事人在鉴定过程补充证据材料或者对证据材料有实质性异议需要重新质证认证的；

（七）鉴定所需材料缺失，需要明确举证不能责任承担的；

（八）对未全部完工工程等需先确定鉴定方法的；

（九）其他需要由人民法院予以明确、作出决定的事项。

《重庆市高级人民法院关于建设工程造价鉴定若干问题的解答》（渝高法［2016］260 号）

10. 建设工程造价鉴定中，鉴定事项应当如何确定？当事人、鉴定人对鉴定事项有异议的，如何处理？

人民法院决定进行建设工程造价鉴定的，原则上应当根据当事人的申请确定鉴定事项。人民法院认为当事人申请的鉴定事项不符合合同约定或者相关法律、法规规定，或者与待证事实不具备关联性的，应当指导当事人选择正确的鉴定事项，并向当事人说明理由以及拒不变更鉴定事项的后果。经人民法院向当事人说明拒不变更鉴定事项的后果后，当事人仍拒不变更的，对当事人的鉴定申请应当不予准许，并根据举证规则由其承担相应的不利后果。

建设工程造价鉴定过程中，当事人、鉴定人对鉴定事项有异议的，应当向人民法院提交书面意见，并说明理由。人民法院应当对当事人、鉴定人提出的异议进行审查，异议成立的，应当向当事人释明变更鉴定事项；异议不成立的，书面告知当事人、鉴定人异议不成立，鉴定人应当按照委托的鉴定事项进行鉴定。

【条文应用指引】

本条以及本规范第 3.6.1、5.2.1 条均从不同角度和不同的鉴定阶段提出了对鉴定范围、鉴定事项和鉴定要求有疑问时，应及时向委托人提出。为此，要求鉴定人认真、全面地研阅委托鉴定项目的案卷，完整、准确地把握当事人各方主张及所提供的证据材料、聚焦争议的焦点与委托人委托鉴定的范围、事项进行，对此如有不同意见应及时向委托人提出，可以达到以下作用：

1. 鉴定机构应尽可能用准确的专业术语、采用书面形式就鉴定范围和事项的不同意见向委托人提出，提出的建议不管委托人是否采纳，最终均应按照委托人决定的鉴定范围和事项进行鉴定，不得擅自扩大或缩小委托的鉴定范围和事项。

2. 在鉴定工作开始的前期，就委托的鉴定范围和事项的不同意见与委托人沟通，对于鉴定工作沿着正确方向进行，避免鉴定工作出现偏差，少走弯路，节省鉴定工作时间，提高鉴定工作效率具有重要作用。

3. 针对委托书鉴定范围和事项的异议向委托人书面提出，如委托人决定不采纳或部分采纳，都将记录下来，如最终出现鉴定意见书失真不被采信是由于委托的鉴定范围和事项不准确造成的，客观上将会起到对鉴定人免责避险的作用。

3.3.3 鉴定机构收取鉴定费用应与委托人根据鉴定项目和鉴定事项的实际，服务内容、服务成本协商确定。当委托人明确由申请鉴定当事人先行垫付的，应由委托人监督实施。

【条文解读】

本条是对鉴定机构收取鉴定费用的规定。

从 2001 年《最高人民法院关于民事诉讼证据的若干规定》（法释〔2001〕33 号）第二十五条，将负有举证责任的当事人是否预交鉴定费与当事人的举证责任挂钩，再到 2019 年 2 月 1 日起施行的《最高人民法院关于审理建设工程施工合同纠纷案件适用法律的解释（二）》第十四条和 2020 年 5 月 1 日生效的《最高人民法院关于民事诉讼证据的若干规定》将预交鉴定费用与负有举证责任的当事人举证责任挂钩，新条文中对鉴定费用的收取和不预交的后果规定得更加具体，将出庭作证费用单列，从法律上作出了明确规定，化解了鉴定机构对鉴定费用不能按约收取的担忧，有效保证了鉴定费用的支付，对保障鉴定工作的顺利进行具有重要作用。

鉴定机构接受委托后，由鉴定人利用其掌握的技术和知识对专门性问题进行鉴定，给出专业的鉴定意见，按规定收取鉴定费用，实质上也是一种经营行为。在 2015 年之前，工程造价鉴定费用收取标准基本上依据各省、自治区、直辖市价格管理部门发布的工程造价咨询收费标准中的造价鉴定收费标准实施。但在 2015 年国家发展改革委发出《关于进一步放开建设项目专业服务价格的通知》(发改价格〔2015〕299 号)文之后，各地也相继发文放开了工程造价咨询服务价格，由政府指导价管理转为实行市场调节价。放开服务价格后的不适应也对鉴定费用的确定带来了难度，目前，一些地方委托人或申请鉴定的当事人与鉴定机构仍然沿用原规定协商鉴定费用。

依据《价格法》和上述国家发展改革委 299 号文的规定，实行市场调节价的服务价格后，行业组织应制定服务项目、服务内容和服务标准并公示于社会。为此，中国建设工程造价管理协会组织制定了《工程造价咨询企业服务清单》，并于 2019 年 10 月发布，其中就包括工程造价鉴定和工程工期鉴定两大项目及其服务标准。企业应当依据行业服务标准，根据本企业的经营管理水平和专业技术能力决定本企业的服务项目、服务内容，服务质量标准不能低于行业标准，同时制定企业服务项目的服务价格，并在企业经营场所(办公地点)的醒目位置公布本企业的服务项目价格表。因此，鉴定机构也应在新形势的要求下，依据本规范和中国建设工程造价管理协会《工程造价咨询企业服务清单》CECA/GC11-2019 构建工程造价鉴定的服务价格表，参与市场竞争。

【法条链接】

《最高人民法院关于审理建设工程合同纠纷案件适用法律问题的解释(一)》(法释[2020]25 号)

第三十二条 当事人对工程造价、质量、修复费用等专门性问题有争议，人民法院认为需要鉴定的，应当向负有举证责任的当事人释明。当事人经释明未申请鉴定，虽申请鉴定但未支付鉴定费用或者拒不提供相关材料的，应当承担举证不能的法律后果。

一审诉讼中负有举证责任的当事人未申请鉴定，虽申请鉴定但未支付鉴定费用或者拒不提供相关材料，二审诉讼中申请鉴定，人民法院认为确有必要的，应当依照民事诉讼法第一百七十条第一款第三项的规定处理。

《最高人民法院关于审理建设工程合同纠纷案件适用法律问题的解释(二)》(法释[2018]20 号)

第十四条 当事人对工程造价、质量、修复费用等专门性问题有争议，人民法院认为需要鉴定的，应当向负有举证责任的当事人释明。当事人经释明未申请鉴定，虽申请鉴定但未支付鉴定费用或者拒不提供相关材料的，应当承担举证不能的法律后果。

一审诉讼中负有举证责任的当事人未申请鉴定，虽申请鉴定但未支付鉴定费用或者拒不提供相关材料，二审诉讼中申请鉴定，人民法院认为确有必要的，应当依照民事诉讼法第一百七十条第一款第三项的规定处理。

《最高人民法院关于民事诉讼证据的若干规定》（法释〔2019〕19号）

第三十一条 当事人申请鉴定，应当在人民法院指定期间内提出，并预交鉴定费用，逾期不提出申请或者不预交鉴定费用的，视为放弃申请。

对需要鉴定的待证事实负有举证责任的当事人，在人民法院指定期间内无正当理由不提出鉴定申请或者不预交鉴定费用，或者拒不提供相关材料，致使待证事实无法查明的，应当承担举证不能的法律后果。

第三十八条 当事人在收到鉴定人的书面答复后仍有异议的，人民法院应当根据《诉讼费用交纳办法》第十一条的规定，通知有异议的当事人预交鉴定人出庭费用，并通知鉴定人出庭。有异议的当事人不预交鉴定人出庭费用，视为放弃异议。

双方当事人对鉴定意见均有异议的，分摊预交鉴定人出庭费用。

第三十九条 鉴定人出庭费用按照证人出庭作证费用的标准计算，由败诉的当事人负担。因鉴定意见不明确或者有瑕疵需要鉴定人出庭的，出庭费用由其自行负担。

人民法院委托鉴定时已经确定鉴定人出庭费用包含在鉴定费用中的，不再通知当事人预交。

《最高人民法院关于人民法院民事诉讼中委托鉴定审查工作若干问题的规定》（法〔2020〕202号）

8. 人民法院应当要求鉴定机构在接受委托后5个工作日内，提交鉴定方案、收费标准、鉴定人情况和鉴定人承诺书。

12. 第一款 人民法院应当向当事人释明不按期预交鉴定费用及鉴定人出庭费用的法律后果，并对鉴定机构、鉴定人收费情况进行监督。

《诉讼费用交纳办法》（国务院令第481号，2006年）

第六条 当事人应当向人民法院交纳的诉讼费用包括：

（一）案件受理费；

（二）申请费；

（三）证人、鉴定人、翻译人员、理算人员在人民法院指定日期出庭发生的交通费、住宿费、生活费和误工补贴。

第十一条 证人、鉴定人、翻译人员、理算人员在人民法院指定日期出庭发生的交通费、住宿费、生活费和误工补贴，由人民法院按照国家规定标准代为收取。

当事人复制案件卷宗材料和法律文书应当按实际成本向人民法院交纳工本费。

第十二条 诉讼过程中因鉴定、公告、勘验、翻译、评估、拍卖、变卖、仓储、保管、运输、船舶监管等发生的依法应当由当事人负担的费用，人民法院根据谁主张、谁负担的原则，决定由当事人直接支付给有关机构或者单位，人民法院不得代收代付。

人民法院依照民事诉讼法第十一条第三款规定提供当地民族通用语言、文字翻译的，不收取费用。

《四川省高级人民法院关于审理建设工程施工合同纠纷案件若干疑难问题的解答》（川高法民一［2015］3号）

33. 第二款 申请工程造价鉴定方在人民法院指定的期限内不预交鉴定费用，或者在人民法院指定的缴纳期限内申请延期、分期缴纳鉴定费用未获准许后仍不缴纳的，视为放弃鉴定申请。申请鉴定人对其该行为导致工程造价不能通过鉴定确认的不利后果承担责任。

【条文应用指引】

当前，随着建设项目专业服务价格放开、实行市场调节价后，对鉴定费用的确定增加了难度。但在新的形势下，鉴定机构亦应调整思维、创新机制，总结实践经验，做好文宣解释，让委托人、当事人知晓本企业的服务项目、质量标准和服务价格，建立适应市场需要的鉴定费用协商确定的新机制。

1. 协商鉴定费用。鉴定机构应按照《工程造价咨询企业服务清单》和本企业公示的服务价格，根据鉴定的范围、内容和服务成本，合理地与委托人或鉴定申请人协商确定鉴定费用及支付节点。

2. 出庭费用另计。从上述法律规定来看，鉴定人出庭作证仍有例外（如当事人对鉴定意见书无异议或对鉴定意见书有异议但鉴定人书面答复后当事人无异议），即意味着有可能无须鉴定人出庭作证。因此，出庭作证的出庭费最好与鉴定费分开，在协商鉴定费用时就明确不包括出庭费用。

3. 注意鉴定意见质量。按照《民事诉讼证据规定》，由于鉴定意见不明确或者有瑕疵需要鉴定人出庭作证的，出庭费用由鉴定人自行负担。因此，鉴定意见应避免含糊其词、模棱两可甚至自相矛盾的用语，避免出现本规范第6.2.3条提出的情形。

3.3.4 有下列情形之一的，鉴定机构应当自行回避，向委托人说明，不予接受委托：

1 担任过鉴定项目咨询人的；

2 与鉴定项目有利害关系的。

【条文解读】

本条是对鉴定机构回避的规定。

当前，法律法规并无鉴定机构是否回避的规定，不过，由于工程建设的特点，决定了工程造价咨询活动的特点，因此，对受一方当事人委托，参与了鉴定项目工程造价咨询活动的鉴定机构而言，再对同一鉴定项目进行工程造价鉴定显然对另一当事人是不公正的，需要回避。

2000年国务院清理整顿经济鉴证类社会中介机构，其核心就是脱钩改制，要求中介机构独立、客观、公正的执业。因此，成立工程造价咨询企业需满足：注册造价工程师人数不低于出资人总人数的60%，且注册造价工程师出资额不低于企业注册资本总额的60%（即通常说的“双60”）的规定。2020年2月，住房和城乡建设部根据新的形势修正了《工程造价咨询企业管理办法》，删除了“双60”的规定，这一变化，意味着成立工程造价咨询企业的限制大幅放宽，工程造价咨询企业的独立地位是否受到影响，还有待观察。有鉴于此，一些集团公司下辖的工程造价咨询企业在承接由其出资或承建的鉴定项目时，由于存在利害关系，因此应该回避。可见，在工程造价鉴定时回避不仅是鉴定人的义务，在某种情形下对鉴定机构也是一样的，为此，本条规定了鉴定机构在接受委托时，应予回避的两种情形。

【条文应用指引】

1. 鉴定机构在鉴定项目中担任全过程咨询或竣工结算审核或项目管理等业务时，应主动回避；

2. 鉴定机构对于出资组建其机构的单位所投资的工程建设项目或承包修建的工程项目，应主动回避。

3.3.5 有下列情形之一的，鉴定机构应不予接受委托：

1 委托事项超出本机构业务经营范围的；

2 鉴定要求不符合本行业执业规则或相关技术规范的；

3 委托事项超出本机构专业能力和技术条件的；

4 其他不符合法律、法规规定情形的。

不接受委托的，鉴定机构应在本规范第3.3.1条规定期限内通知委托人并说明理由，退还其提供的鉴定材料。

【条文解读】

本条规定鉴定机构可以不接受委托的情形。

委托人确定委托鉴定机构没有涉及鉴定机构和鉴定人的意愿问题。不过，这并不意味着否定鉴定机构的选择权，在未形成鉴定委托关系之前，无论是当事人协商确定还是委托人指定，对鉴定机构一方并无约束力，鉴定机构可以接受委托，也可以拒绝委托，委托人也不可能强迫鉴定机构接受委托进行鉴定。

1. 超出鉴定机构经营业务范围。如超过2亿元人民币的工程结算争议委托给乙级工程造价咨询企业，乙级工程造价咨询企业不应接受委托。

2. 不符合行业执业规则或相关技术规范。如委托对当事人已付工程款进行鉴定不应接受委托，因为这是当事人是否支付或收到工程款的财务问题而不是工程造价争议；再如委托对争议项目的定额工期进行鉴定，不应接受委托，因为定额工期当事人可以通过工期定额查找计算，即使当事人对适用定额工程类别有异议也可以通过工程造价管理机构的解释予以明确，因而无须鉴定。

3. 超出鉴定机构专业能力和技术条件。如水利水电工程鉴定项目委托的鉴定机构没有具备水利工程资格的一级造价工程师，不应接受委托。

出现上述情况时，鉴定机构拒绝接受委托是负责任、守法治的表现。鉴定机构在接受鉴定的过程中，可能由于主观或者客观的原因不能解决案件中特定的专门性问题，不能完成鉴定工作的既定要求，无法客观、公正、准确地作出鉴定意见，如果确实存在此种情况，鉴定机构可以拒绝接受该项鉴定工作。

鉴定机构基于本规定拒绝鉴定工作，并非是不履行职责、推卸责任，而是为了避免由于某些特定的原因导致鉴定活动丧失了公正性，以免作出错误的鉴定意见而影响委托人的判断，同时也是为了维持鉴定活动作为一项法律活动的尊严，避免鉴定工作的随意性。

同时，为了避免滥用此项权利，鉴定机构一旦拒绝接受鉴定委托，应向委托人说明理由，有时还需要递交书面说明。

【法条链接】

《司法鉴定程序通则》（司法部令第 132 号）

第十五条 具有下列情形之一的鉴定委托，司法鉴定机构不得受理：

（一）委托鉴定事项超出本机构司法鉴定业务范围的；

（二）发现鉴定材料不真实、不完整、不充分或者取得方式不合法的；

（三）鉴定用途不合法或者违背社会公德的；

（四）鉴定要求不符合司法鉴定执业规则或者相关鉴定技术规范的；

（五）鉴定要求超出本机构技术条件或者鉴定能力的；

（六）委托人就同一鉴定事项同时委托其他司法鉴定机构进行鉴定的；

（七）其他不符合法律、法规、规章规定的情形。

第十七条 司法鉴定机构决定不予受理鉴定委托的，应当向委托人说明理由，退还鉴定材料。

3.3.6 鉴定过程中遇有下列情形之一的，鉴定机构可终止鉴定：

1 委托人提供的证据材料未达到鉴定的最低要求，导致鉴定无法进行的；

2　因不可抗力致使鉴定无法进行的；

3　委托人撤销鉴定委托或要求终止鉴定的；

4　委托人或申请鉴定当事人拒绝按约定支付鉴定费用的；

5　约定的其他终止鉴定的情形。

终止鉴定的，鉴定机构应当通知委托人（格式参见附录B），说明理由，并退还其提供的鉴定材料。

【条文解读】

本条规定了鉴定机构可以终止鉴定的情形。

在工程造价鉴定的实践中，终止鉴定的情形极少出现，但也并非没有。例如，鉴定项目当事人向委托人提交的证据基本缺失，而且实物证据—施工的工程对象（如建筑物）已经灭失，这种情形，鉴定是无法进行的；再如，当事人拒绝按约定支付鉴定费用的，也只能终止鉴定。

【法条链接】

《司法鉴定程序通则》（司法部令第132号）

第二十九条　司法鉴定机构在鉴定过程中，有下列情形之一的，可以终止鉴定：

（一）发现有本通则第十五条第二项至第七项规定情形的；

（二）鉴定材料发生耗损，委托人不能补充提供的；

（三）委托人拒不履行司法鉴定委托书规定的义务、被鉴定人拒不配合或者鉴定活动受到严重干扰，致使鉴定无法继续进行的；

（四）委托人主动撤销鉴定委托，或者委托人、诉讼当事人拒绝支付鉴定费用的；

（五）因不可抗力致使鉴定无法继续进行的；

（六）其他需要终止鉴定的情形。

终止鉴定的，司法鉴定机构应当书面通知委托人，说明理由并退还鉴定材料。

【条文应用指引】

按照本条规定，符合终止条件终止鉴定的，鉴定机构可以参照本规范附录B的格式书面通知委托人，并说明理由。

附录 B　终止鉴定函

××价鉴函〔20××〕××号

致＿＿＿＿＿＿＿＿＿＿（委托人）：

贵方委托我方进行工程造价鉴定的＿＿＿＿＿＿＿＿＿＿项目（案号：×××），因存在《建设工程造价鉴定规范》GB/T 51262-2017 第 3.3.6 条第＿＿＿＿项原因，致使鉴定无法继续进行，我方要求终止鉴定，并退还所有鉴定材料。

鉴定机构（公章）＿＿＿＿

年　　月　　日

3.4　鉴 定 组 织

【概述】

任何一项工作要很好地完成，没有良好的组织是办不到的。因此，鉴定机构接受鉴定委托后，应认真做好鉴定的组织工作。对外，要选择专业对口、经验丰富的鉴定人并履行告知委托人、当事人的义务，并作出保证和承诺；对内要建立行之有效的鉴定工作制度，保证鉴定工作的顺利进行。

3.4.1　鉴定机构接受委托后，应指派本机构中满足鉴定项目专业要求，具有相关项目经验的鉴定人进行鉴定。

根据鉴定工作需要，鉴定机构可安排非注册造价工程师的专业人员作为鉴定人的辅助人员，参与鉴定的辅助性工作。

【条文解读】

本条对鉴定人的能力提出了要求，并对非注册造价工程师的其他人员参与鉴定作出规定。

本条第一款对鉴定人的选派提出了两点要求，一是专业对口，二是具有经验。对专业要求来讲，首先要满足选派的鉴定人的职业资格要对应鉴定项目。2018年，住房和城乡建设部、交通运输部、水利部、人力资源社会保障部已经将造价工程师专业划分为：土木建筑工程、交通运输工程、水利工程、安装工程。其次，根据《建设工程分类标准》GB/T 50841-2013，按专业工程可以划分为房屋建筑工程、铁路工程、公路工程、水利工程、市政工程、煤炭矿山工程、水运工程、海洋工程、民航工程、商业与物资工程、农业工程、林业工程等。需注意鉴定人所学的专业知识或掌握的专业技能，因为不可能要求每个鉴定人对所有专业工程都具有专业知识，同时还需注意鉴定人的职业资格规定的专业比较宽泛，如安装工程，包含所有专业工程的安装，如管道、电气、设备、暖通、消防、电信、智能等，应指派学有专长的鉴定人承担鉴定工作。

鉴定实践中，已出现房屋建筑工程造价鉴定，由于缺少具有安装工程专业的造价工程师而被当事人质疑其鉴定人不具备资格，甚至提出重新鉴定的要求，给鉴定意见能否作为证据采信带来负面影响。因此，鉴定机构安排鉴定人时，必须注意符合鉴定项目的工程类型，指派符合资格的造价工程师担任鉴定人。

对具有经验的要求来讲，工程造价鉴定兼具法律性和专门性，因此，在对证据效力的认定上，委托人常常运用的日常生活经验法则在工程造价鉴定中同样具有重要作用。所谓经验法则，是指从经验中归纳出来的有关事物的知识和法则。经验法则属于一般常识，并不是具体的事实，而是作为判断事物之前提的知识或法则。一般人们在对事物进行合乎逻辑的判断时都会以经验法则为前提。由于工程建设周期长、环节多，专业技术要求高，在工程造价鉴定中，判断各证据与待证事实的关联程度，证据本身所包含的专门性、专业性问题是什么，鉴定人往往需要运用经验法则。对此，鉴定人有无这方面的实践经验，或有无这方面的专业知识，是决定鉴定项目鉴定质量的关键。可见，鉴定人有无鉴定工作经验特别是所承接鉴定项目这一类工程的专业知识及经验，是鉴定人能否胜任鉴定工作的重要条件。

本条第二款是对非一级造价工程师的专业人员参与鉴定工作的规定。鉴于建设工程的复杂性，鉴定机构也可能在鉴定中需要某些精通设计、施工、设备性能的专业人士参加，作为鉴定团队的成员，以保证工程造价鉴定的质量。同时，造价工程师划分为一级和二级后，二级造价工程师和证书有效的全国造价员不能独立从事造价鉴定，签署工程造价鉴定意见书。但按照规定，他们均可协助一级造价工程师从事造价鉴定工作，本规范将其纳入鉴定辅助人员范畴。

【法条链接】

《最高人民法院关于人民法院民事诉讼中委托鉴定审查工作若干问题的规定》（法［2020］202号）

9. 人民法院委托鉴定机构指定鉴定人的，应当严格依照法律、司法解释等规定，对鉴定人的专业能力、从业经验、业内评价、执业范围、鉴定资格、资质证书有效期以及是否有依法回避的情形等进行审查。

特殊情形人民法院直接指定鉴定人的，依照前款规定进行审查。

3.4.2 鉴定机构应在接受委托，复函之日起 5 个工作日内，向委托人、当事人送达《鉴定人员组成通知书》（格式参见附录 C），载明鉴定人员的姓名、执业资格专业及注册证号、专业技术职称等信息。

【条文解读】

本条规定了鉴定机构对鉴定人的组成应履行告知义务。

根据工程造价公正鉴定的原则，鉴定过程要坚持公开。按照《民事诉讼法》第四十四条的规定，当事人有申请鉴定人回避的权利，鉴定机构就应有告知当事人的义务，二者是一脉相承的。为使当事人充分行使申请回避的权利，避免事后知晓才申请鉴定人回避从而对鉴定工作带来损失，本条规定鉴定机构应在接受鉴定委托复函之日起 5 个工作日内，向委托人送达《鉴定人员组成通知书》，便于当事人对鉴定人有充分了解，是否有应予回避的情形，以便当事人确定是否申请鉴定人回避。避免在鉴定工作结束后，当事人才知晓谁是鉴定人，如此时当事人认为某个鉴定人有应当回避的情形，提出申请其回避，委托人审核认为其应该回避，这时必然造成鉴定工作的延误和损失。

按照最高人民法院 2020 年印发的《委托鉴定审查规定》的要求，鉴定机构接受委托后 5 个工作日内，不只是提交鉴定人情况，还要求提交鉴定方案、收费标准和鉴定人承诺书，这是本规范没有规定的，应该按照最高人民法院的要求执行。

【法条链接】

《最高人民法院关于人民法院民事诉讼中委托鉴定审查工作若干问题的规定》（法〔2020〕202 号）

8. 人民法院应当要求鉴定机构在接受委托后 5 个工作日内，提交鉴定方案、收费标准、鉴定人情况和鉴定人承诺书。

【条文应用指引】

鉴定机构接受委托后，应慎重决定鉴定人，并在本条规定时间内参照附录 C 将《鉴定人员组成通知书》送达委托人、当事人。同时，要避免在鉴定过程中，无理由更换鉴定人，如确因不可避免的事由更换鉴定人时，应及时向委托人报告，说明理由并告知当事人，征求当事人意见，是否申请鉴定人回避。

鉴于最高人民法院已经统一制定了鉴定人承诺书格式，因此，鉴定机构接受人民法院委托的工程造价鉴定工作时，应签署人民法院制定的承诺书，可删去附录 C 中“3　本鉴定机构和鉴定人承诺”。

需要特别注意的是，鉴定人应填写造价工程师资格证书上的专业，目前只有四种，即土木建筑工程、交通运输工程、水利工程、安装工程。在房屋建筑工程的造价鉴定中，由于其一般都包括土建和安装工程，因此，应当安排具有土木建筑工程和安装工程的造价工程师作为鉴定人，避免因缺少安装专业的造价工程师而被当事人以鉴定人不具备资格为由提出质疑或申请重新鉴定。

附录C　鉴定人员组成通知书

××价鉴函〔20××〕××号

______________________：

根据《建设工程造价鉴定规范》GB/T 51262-2017的有关规定，现将贵方委托的__________（案号：×××）一案的鉴定人员组成名单通知如下：

鉴 定 人：__________，专业及注册证号：__________，职称：__________

鉴 定 人：__________，专业及注册证号：__________，职称：__________

鉴 定 人：__________，专业及注册证号：__________，职称：__________

辅助人员：__________，专业及资格证号：__________，职称：__________

辅助人员：__________，专业及资格证号：__________，职称：__________

1 本鉴定机构声明：

1）没有担任过鉴定项目咨询人；

2）与鉴定项目没有利害关系（除该项目的鉴定费用外）。

2 鉴定人声明：

1）不是鉴定项目当事人、代理人的近亲属；

2）与鉴定项目没有利害关系；

3）与鉴定项目当事人、代理人没有其他利害关系。

如果当事人对本鉴定机构和以上鉴定人申请回避，请在收到本通知之日起5个工作日内书面向委托人或本鉴定机构提出，并说明理由。

3 本鉴定机构和鉴定人承诺：

遵守民事诉讼法、仲裁法及仲裁规则的规定，不偏袒任何一方当事人，按照委托书的要求，廉洁、高效、公平、公正的作出鉴定意见。

鉴定机构（公章）________

年　　月　　日

注：本通知一式____份，报委托人一份，送当事人________方各一份，鉴定机构留底一份。

3.4.3　鉴定机构对同一鉴定事项，应指定二名及以上鉴定人共同进行鉴定。对争议标的较大或涉及工程专业较多的鉴定项目，应成立由三名及以上鉴定人组成的鉴定项目组。

【条文解读】

本条对鉴定项目鉴定人的组成作了规定。

为了确保鉴定意见的准确、客观和公正，鉴定同一个专门性问题，本条第一款规定应由两名及以上有资格的鉴定人进行，避免一名鉴定人进行鉴定。从工程项目本身对专业技术的需求来看，绝大多数工程项目离不开土建和安装两大专业，可见，对同一鉴定项目而言，至少两名鉴定人也才有可能满足鉴定项目对鉴定人的专业要求。本条第二款针对标的大、涉及专业较多的鉴定项目，明确了组建项目组的基本要求，以保证鉴定的质量和按委托人要求期限完成鉴定工作。

【法条链接】

《司法鉴定程序通则》（司法部令第 132 号）

第十九条　司法鉴定机构对同一鉴定事项，应当指定或者选择二名司法鉴定人进行鉴定；对复杂、疑难或者特殊鉴定事项，可以指定或者选择多名司法鉴定人进行鉴定。

【条文应用指引】

中国建设工程造价管理协会《工程造价咨询业务操作指导规程》（中价协〔2002〕第 016 号）第 3.2 条规定："参与咨询业务的专业人员可分为项目负责人（造价工程师担任）、专业造价工程师、概预算人员三个层次"，并规定了各自的职责。鉴定机构在配备鉴定人时，应注意本条规定，一是不管再小的鉴定项目，至少应配备二名鉴定人，二是注意鉴定人的专业资格。工程项目一般都包括土建、安装两大专业，切忌鉴定人配备上缺少（主要是安装）一个专业而导致当事人质疑，因其鉴定人资格不符合规定，进而影响对鉴定意见书的效力的质疑，有可能导致委托人对意见书不予采信。

3.4.4　鉴定机构应按照工程造价执业规定对鉴定工作实行审核制。

【条文解读】

本条规定了造价鉴定仍应按照执业规定实行审核制。

建设工程造价鉴定既要遵守司法鉴定的基本程序，同时也应依照本行业有关的执业规定执行审核制（即常规的经办、校核、审核制度）确定，以求通过审核制度，减少误差。

【法条链接】

《司法鉴定程序通则》（司法部令第132号）

第三十五条 司法鉴定人完成鉴定后，司法鉴定机构应当指定具有相应资质的人员对鉴定程序和鉴定意见进行复核；对于涉及复杂、疑难、特殊技术问题或者重新鉴定的鉴定事项，可以组织3名以上的专家进行复核。

复核人员完成复核后，应当提出复核意见并签名，存入鉴定档案。

【条文应用指引】

中国建设工程造价管理协会《工程造价咨询业务操作指导规程》（中价协〔2002〕第016号）第3.3条规定："为保证咨询成果文件的质量，所有咨询成果文件在签发前应经过审核程序，成果文件涉及计量或计算工作的，还应在审核前实施校核程序"，并规定了校核人员、审核人员的职责。鉴定机构应遵守技术操作规程，认真按照本条规定做好鉴定、校核、审核工作，并按本规范附录Q签署鉴定意见书。

3.4.5 鉴定机构应建立科学、严密的管理制度，严格监控证据材料的接受、传递、鉴别、保存和处置。

【条文解读】

本条是对鉴定证据材料使用、保管制度的规定。

鉴定证据材料是形成客观公正的鉴定意见的基础，同时，也是当事人的重要档案资料。因此，鉴定机构应建立鉴定证据材料的管理制度，对鉴定材料妥善保管、使用和退还。

【法条链接】

《司法鉴定程序通则》（司法部令第132号）

第二十二条 司法鉴定机构应当建立鉴定材料管理制度，严格监控鉴定材料的接收、保管、使用和退还。

司法鉴定机构和司法鉴定人在鉴定过程中应当严格依照技术规范保管和使用鉴定材料，因严重不负责任造成鉴定材料损毁、遗失的，应当依法承担责任。

3.4.6 鉴定机构应按照委托书确定的鉴定范围、事项、要求和期限，根据本机构质量管理体系、鉴定方案等督促鉴定人完成鉴定工作。

【条文解读】

本条对鉴定机构督促鉴定人完成鉴定工作作了规定。

在建设工程施工合同纠纷案件的审理中，涉及工程造价鉴定的申请是否准许，启动鉴定后鉴定的范围、事项、要求、期限等均属于委托人的职权，由委托人确定，即使鉴定人从专业角度有异议也只可以依据本规范第 3.3.2、3.6.1、5.2.1 条的规定在鉴定工作开始前或过程中向委托人提出建议，但最终的决定权是由委托人行使。对鉴定人来说，不得脱离委托人的委托进行鉴定。因此，本条规定鉴定机构应督促鉴定人按照委托人的委托完成鉴定工作，不得擅自更改。

3.4.7 鉴定人应建立《鉴定工作流程信息表》（格式参见附录 D），将鉴定过程中每一事项发生的时间、事由、形成等进行完整的记录，并进行唯一性、连续性标识。

【条文解读】

本条是对鉴定工作流程记录的规定。

鉴定工作中的流程记录不是可有可无、无关紧要，而是必不可少。详细的鉴定流程记录是检视鉴定是否符合法定程序的依据，撰写合格鉴定意见书的前提。因此，鉴定机构应对建设工程造价鉴定过程进行记录和监控，使整个鉴定过程具有标识和可追溯性，以保证鉴定意见达到合法、独立和客观、公正的统一，同时，为鉴定意见书的撰写奠定基础。

【法条链接】

《司法鉴定程序通则》（司法部令第 132 号）

第二十七条 司法鉴定人应当对鉴定过程进行实时记录并签名。记录可以采取笔记、录音、录像、拍照等方式。记录应当载明主要的鉴定方法和过程，检查、检验、检测结果，以及仪器设备使用情况等。记录的内容应当真实、客观、准确、完整、清晰，记录的文本资料、音像资料等应当存入鉴定档案。

【条文应用指引】

鉴定工作信息记载可以参照本规范附录 D《鉴定工作流程信息表》。

附录 D　鉴定工作流程信息表

案号：×××　　　　　　　　　　　　　　　　　　编号：

序号	时间	事项	记录种类	记录编号
	年　月　日			
	年　月　日			
	年　月　日			
	年　月　日			
	年　月　日			
	年　月　日			
	年　月　日			
	年　月　日			
	年　月　日			
	年　月　日			
	年　月　日			
	年　月　日			
	年　月　日			
	年　月　日			
	年　月　日			
	年　月　日			
	年　月　日			
	年　月　日			
	年　月　日			
	年　月　日			
	年　月　日			
	年　月　日			

3.4.8 鉴定中需向委托人说明或需要委托人了解、澄清、答复的各种问题和事项，鉴定机构应及时制作联系函送达委托人。

【条文解读】

本条是对鉴定机构与委托人建立联系沟通渠道的规定。

鉴定人虽然仅是对专门性问题进行鉴别和判断，但鉴定事项大多数情况下均涉及法律性问题，由于工程造价鉴定的复杂性，鉴定范围、鉴定事项的法律问题与专业问题往往相互交织，其界限有时并不十分明显，有时法律判断和专业判断也相互关联。大量的司法实践已经证明，在鉴定工作中，要达到法律性问题与专门性问题的有机统一，保障鉴定工作的顺利进行，避免重复鉴定，少走弯路，鉴定人在鉴定工作中保持与委托人的紧密沟通是极其重要的一环。

3.5 回 避

【概述】

回避制度是我国司法制度中一项基本制度。鉴定人的回避，既是鉴定人的义务，又是当事人的权利。这一制度在我国的法律、法规和部门规章中均有明确规定，本节结合工程造价鉴定的特点，分别规定了鉴定机构、鉴定人应回避的几种情形。

同时，为促使鉴定人在鉴定过程中遵守职业纪律，如鉴定人违纪，在第 3.5.6 条还规定了当事人申请其回避的条文。

3.5.1 鉴定机构应在《鉴定人员组成通知书》中载明回避声明和公正承诺：

1 本鉴定机构声明：

1）没有担任过鉴定项目的咨询人；

2）与鉴定项目没有利害关系（除本鉴定项目的鉴定工作酬金外）。

2 鉴定人声明：

1）不是鉴定项目当事人、代理人的近亲属；

2）与鉴定项目没有利害关系；

3）与鉴定项目当事人、代理人没有其他利害关系。

3 本鉴定机构和鉴定人承诺：

遵守民事诉讼法（或仲裁法及仲裁规则）的规定，不偏袒任何一方当事人，按照委托书的要求，廉洁、高效、公平、公正地作出鉴定意见。

【条文解读】

本条是对鉴定机构、鉴定人回避声明以及承诺保证的规定。

1．回避声明。

鉴定是公共法律服务体系的重要组成部分，为委托人依法查明涉及待证事实的专门性问题的案件事实提供极其重要的科学证据。因此，作为委托人查明专门性问题的重要助手，鉴定人同样需要严格保持其公正、中立的立场，绝对禁止其与当事人存在利害关系。为此，鉴定人与委托人一样，在诉讼活动中必须受到回避制度的严格管控，切实遵守回避的有关规定。通过程序规制保证鉴定人保持客观中立性，而专业性与独立性是鉴定人维持其中立性的基本支撑。

现实生活中，人际关系十分复杂，是否具备回避的情形，回避对象是最为清楚的。因此，应建立鉴定机构和鉴定人回避声明制度，即鉴定机构和鉴定人进行工程造价鉴定前，应事先检视自己有无法律及本规范规定应予回避的情形，如有，应自行回避；如没有，应声明自己无法律所规定的应予回避的情形，同时将此项声明载于《鉴定人员组成通知书》中，由鉴定机构盖章送达委托人并告之当事人，以便当事人根据自身了解的情况，决定是否向委托人申请鉴定机构或某鉴定人或鉴定辅助人回避。

2．承诺保证。

出于造价工程师的职业习惯，往往采用工程结算的思维方式对待工程造价鉴定工作，其实二者之间具有本质上的差别。例如，在证据的采用上，工程结算审核对结算资料的采用主要由审核人决定，甚至还可以对双方当事人的约定，签证的是否合理等评头品足。但对于工程造价鉴定而言，对证据材料的效力的认定属于委托人的司法审判权，鉴定人仅对其中的专业性问题进行鉴别、判断，提出鉴定意见，同时，还须遵守鉴定程序，体现司法公正。二者之间思维方式的差别显而易见。因此，建立鉴定人承诺制度，使鉴定人从鉴定开始首先转变思维，从工程结算审核的思维转变到工程造价鉴定的思维上，牢固树立廉洁、高效、客观、公正、遵纪守法的理念，认真做好鉴定工作。

2020年5月1日施行的《民事诉讼证据》也规定在鉴定之前，委托人应当要求鉴定人签署承诺书，确定了鉴定人在从事鉴定活动过程中必须保持客观、公正、诚实和勤勉，在委托人通知鉴定人出庭作证时，确保鉴定人能够到庭作证。为增强鉴定人知晓和切实履行上述义务，规定了具结的要求，即需要鉴定人签署有上述内容的承诺书。可见，承诺书的规定比本条的承诺规定更加严格，定位更高，增加了保证出庭作证和如作虚假鉴定应当承担法律责任的内容。

2020年9月1日施行的《委托鉴定审查规定》更进一步明确了鉴定机构应当在接受委托后5个工作日内向委托人提交鉴定人承诺书。

3．虚假鉴定的处罚。

针对鉴定人故意做虚假鉴定的行为，《民事诉讼证据》第三十三条规定了对其的处罚措施，不仅规定委托人应当责令其退还鉴定费用，还明确委托人根据情节，依照《民事诉讼法》第一百一十一条、第一百一十五条的规定对鉴定人予以处罚，情节严重构成犯罪的，追究其刑事责任。

【法条链接】

《全国人民代表大会常务委员会关于司法鉴定管理问题的决定》

九、第三款 鉴定人应当依照诉讼法律规定实行回避。

《中华人民共和国民事诉讼法》

第四十四条 审判人员有下列情形之一的，应当自行回避，当事人有权用口头或者书面方式申请他们回避：

（一）是本案当事人或者当事人、诉讼代理人近亲属的；

（二）与本案有利害关系的；

（三）与本案当事人、诉讼代理人有其他关系，可能影响对案件公正审理的。

审判人员接受当事人、诉讼代理人请客送礼，或者违反规定会见当事人、诉讼代理人的，当事人有权要求他们回避。

审判人员有前款规定的行为的，应当依法追究法律责任。

前三款规定，适用于书记员、翻译人员、鉴定人、勘验人。

《最高人民法院关于民事诉讼证据的若干规定》（法释［2019］19号）

第三十三条 鉴定开始之前，人民法院应当要求鉴定人签署承诺书。承诺书中应当载明鉴定人保证客观、公正、诚实地进行鉴定，保证出庭作证，如作虚假鉴定应当承担法律责任等内容。

鉴定人故意作虚假鉴定的，人民法院应当责令其退还鉴定费用，并根据情节，依照民事诉讼法第一百一十一条的规定进行处罚。（《民事诉讼法》第一百一十一条　诉讼参与人或者其他人有下列行为之一的，人民法院可以根据情节轻重予以罚款、拘留；构成犯罪的，依法追究刑事责任：（一）伪造、毁灭重要证据，妨碍人民法院审理案件的；（二）以暴力、威胁、贿买方法阻止证人作证或者指使、贿买、胁迫他人作伪证的；（三）隐藏、转移、变卖、毁损已被查封、扣押的财产，或者已被清点并责令其保管的财产，转移已被冻结的财产的；（四）对司法工作人员、诉讼参加人、证人、翻译人员、鉴定人、勘验人、协助执行的人，进行侮辱、诽谤、诬陷、殴打或者打击报复的；（五）以暴力、威胁或者其他方法阻碍司法工作人员执行职务的；（六）拒不履行人民法院已经发生法律效力的判决、裁定的。/人民法院对有前款规定的行为之一的单位，可以对其主要负责人或者直接责任人员予以罚款、拘留；构成犯罪的，依法追究刑事责任。第一百一十五条　对个人的罚款金额，为人民币十万元以下。对单位的罚款金额，为人民币五万元以上一百万元以下。/拘留的期限，为十五日以下。/被拘留的人，由人民法院交公安机关看管。在拘留期间，被拘留人承认并改正错误的，人民法院可以决定提前解除拘留。）

《最高人民法院关于人民法院民事诉讼中委托鉴定审查工作若干问题的规定》（法〔2020〕202号）

8. 人民法院应当要求鉴定机构在接受委托后5个工作日内，提交鉴定方案、收费标准、鉴定人情况和鉴定人承诺书。

重大、疑难、复杂鉴定事项可适当延长提交期限。

鉴定人拒绝签署承诺书的，人民法院应当要求更换鉴定人或另行委托鉴定机构。

附件：

鉴定人承诺书（试行）

本人接受人民法院委托，作为诉讼参与人参加诉讼活动，依照国家法律法规和人民法院相关规定完成本次司法鉴定活动，承诺如下：

一、遵循科学、公正和诚实原则，客观、独立地进行鉴定，保证鉴定意见不受当事人、代理人或其他第三方的干扰。

二、廉洁自律，不接受当事人、诉讼代理人及其请托人提供的财物、宴请或其他利益。

三、自觉遵守有关回避的规定，及时向人民法院报告可能影响鉴定意见的各种情形。

四、保守在鉴定活动中知悉的国家秘密、商业秘密和个人隐私，不利用鉴定活动中知悉的国家秘密、商业秘密和个人隐私获取利益，不向无关人员泄露案情及鉴定信息。

五、勤勉尽责，遵照相关鉴定管理规定及技术规范，认真分析判断专业问题，独立进行检验、测算、分析、评定并形成鉴定意见，保证不出具虚假或误导性鉴定意见；妥善保管、保存、移交相关鉴定材料，不因自身原因造成鉴定材料污损、遗失。

六、按照规定期限和人民法院要求完成鉴定事项，如遇特殊情形不能如期完成的，应当提前向人民法院申请延期。

七、保证依法履行鉴定人出庭作证义务，做好鉴定意见的解释及质证工作。

本人已知悉违反上述承诺将承担的法律责任及行业主管部门、人民法院给予的相应处理后果。

承诺人：（签名）

鉴定机构：（盖章）

年　　月　　日

【注意事项】

鉴定机构和鉴定人应按照最高人民法院《民事诉讼证据》和《委托鉴定审查规定》的规定和委托人的要求签署由最高人民法院统一制定的《鉴定人承诺书》，并在鉴定过程中严格遵守承诺。鉴定人应遵纪守法，廉洁自律，客观公正地进行鉴定，杜绝虚假鉴定；鉴定机构应采取有效措施，督促鉴定人按照承诺按期完成鉴定工作，确保鉴定质量。

3.5.2 鉴定机构有本规范第 3.3.4 条情形之一未自行回避的，且当事人向委托人申请鉴定机构回避的，由委托人决定其是否回避，鉴定机构应执行委托人的决定。

【条文解读】

本条是当事人对鉴定机构申请回避的规定。

鉴定机构具有应予回避的情形，但又未按本规范第 3.3.4 条的规定自行回避的，当事人向委托人申请鉴定机构回避的，由委托人对当事人的申请进行审核，如委托人认为当事人申请理由成立的，决定鉴定机构回避的，鉴定机构应按照委托人的决定，予以回避。如委托人认为当事人申请理由不成立的，鉴定人无须回避，鉴定机构可接受委托进行鉴定。

3.5.3 鉴定人有下列情形之一的，应当自行提出回避，未自行回避，经当事人申请，委托人同意，通知鉴定机构决定其回避的，必须回避。

1 是鉴定项目当事人、代理人近亲属的；

2 与鉴定项目有利害关系的；

3 与鉴定项目当事人、代理人有其他利害关系，可能影响鉴定公正的；

鉴定人的辅助人员适用上述回避规定。

【条文解读】

本条是对鉴定人应予回避的情形的规定。

现代诉讼制度下的回避制度，对于维护程序正义，确保司法公正，提高司法公信力，具有十分重要的意义。一方面，它保障司法人员（包括鉴定人）形式上的中立，体现实体裁判公正，可以避免与案件有利害关系的审判人和其他人员因其偏私性而造成裁判不公；另一方面，它是程序公正性的重要体现，可以消除当事人的疑虑，提高当事人对司法公正性的信任度。因此，鉴定人的回避事由应是鉴定人与鉴定项目当事人、代理人之间具有特定身份关系，与鉴定项目有利害关系，或者具有可能影响鉴定公正的其他利害关系。

本条根据《民事诉讼法》第四十四条的规定，结合工程造价鉴定的特点，规定了鉴定人应予回避的情形。那么何谓“近亲属”，按照《最高人民法院关于贯彻执行〈中华人民共和国民法通则〉若干问题的意见（试行）》（法办发〔1988〕6号）第十二条规定，民法通则中规定的近亲属，包括配偶、父母、子女、兄弟姐妹、祖父母、外祖父母、孙子女、外孙子女。《民法典》第一千零四十五条规定：“亲属包括配偶、血亲和姻亲。/配偶、父母、子女、兄弟姐妹、祖父母、外祖父母、孙子女、外孙子女为近亲属。”符合该条规定之一的，应予回避。何谓“其他利害关系”，现行法律未对其作细化规定，因为对“其他利害关系”的内涵和外延，在理论上和实际中争议较大。按照《最高人民法院民事诉讼法司法解释理解与适用》的意见，对“其他利害关系”应当结合民事诉讼法第四十四条的规定，由有权决定回避的主体结合具体案件情形，以该利害关系是否达到可能影响案件公正审理作为标准进行个案判断。

【法条链接】

《全国人民代表大会常务委员会关于司法鉴定管理问题的决定》

九、第三款　鉴定人应当依照诉讼法律规定实行回避。

《中华人民共和国民事诉讼法》

第四十四条　审判人员有下列情形之一的，应当自行回避，当事人有权用口头或者书面方式申请他们回避：

（一）是本案当事人或者当事人、诉讼代理人近亲属的；

（二）与本案有利害关系的；

（三）与本案当事人、诉讼代理人有其他关系，可能影响对案件公正审理的。

审判人员接受当事人、诉讼代理人请客送礼，或者违反规定会见当事人、诉讼代理人的，当事人有权要求他们回避。

审判人员有前款规定的行为的，应当依法追究法律责任。

前三款规定，适用于书记员、翻译人员、鉴定人、勘验人。

《人民法院司法鉴定工作暂行办法》最高人民法院（法发〔2001〕23号）

第九条　有下列情形之一的，鉴定人应当回避：

（一）鉴定人系案件的当事人，或者当事人的近亲属；

（二）鉴定人的近亲属与案件有利害关系；

（三）鉴定人担任过本案的证人、辩护人、诉讼代理人；

（四）其他可能影响准确鉴定的情形。

【条文应用指引】

本条规定回避的主要事由是特定的或特殊关系：

1. 近亲属，这一关系法律规定比较明确具体，较少歧义，鉴定人与鉴定项目当事人、代理人有近亲属关系的，自行回避最好。否则，待当事人申请回避的，委托人必然决定其回避。

2. 其他利害关系，这一关系虽然现行法律还未明确细化规定，但在立法上经常将“师生、同学、同事、战友、邻居等”提出来，虽然存在争议，不便把握尺度而在法律上未作细化规定，但具体到工程造价的鉴定人，在引用“其他利害关系”回避时，仍可考虑具有上述关系时，增加“是否仍保持紧密联系”作为是否回避的界限，保持紧密联系的应予回避，没有联系的由委托人决定。

3.5.4 当事人向委托人申请鉴定人回避的，应在收到《鉴定人员组成通知书》之日起 5 个工作日内以书面形式向委托人提出，并说明理由。

委托人应向鉴定机构作出鉴定人是否回避的决定，鉴定机构和鉴定人应执行委托人的决定。若鉴定机构不执行该决定，委托人可以撤销鉴定委托。

3.5.5 鉴定人主动提出回避并且理由成立的，鉴定机构应予批准，并另行指派符合要求的鉴定人。

【条文解读】

第 3.5.4、3.5.5 条是对鉴定人回避如何处理的规定。

第 3.5.4 条规定了当事人申请鉴定人回避应采用书面形式并说明理由以及提出的时限，由委托人决定鉴定人是否回避，若鉴定机构不执行委托人的决定，则委托人可以撤销鉴定委托。

第 3.5.5 条规定了若鉴定人主动提出回避，鉴定机构应另行指派鉴定人。

【法条链接】

《中华人民共和国民事诉讼法》

第四十五条第一款 当事人提出申请回避，应当说明理由，在案件开始审理时提出；回避事由在案件开始审理后知道的，也可以在法庭辩论终结前提出。

《人民法院对外委托司法鉴定管理规定》（最高人民法院法释［2002］8号）

第十二条 遇有鉴定人应当回避等情形时，有关人民法院司法鉴定机构应当重新选择鉴定人。

《司法鉴定程序通则》（司法部令第132号）

第二十一条 司法鉴定人自行提出回避的，由其所属的司法鉴定机构决定；委托人要求司法鉴定人回避的，应当向该司法鉴定人所属的司法鉴定机构提出，由司法鉴定机构决定。

委托人对司法鉴定机构作出的司法鉴定人是否回避的决定有异议的，可以撤销鉴定委托。

《江苏省高级人民法院民一庭建设工程施工合同纠纷案件司法鉴定操作规程》（2015年12月）

第四条 人民法院在鉴定开始前应向当事人告知鉴定人的身份及申请鉴定人回避的权利，并询问当事人是否申请鉴定人回避。

在鉴定过程中当事人发现鉴定人具有应当回避的情形并向人民法院申请回避的，人民法院应予准许。

鉴定人的回避，由审判长决定。

3.5.6 在鉴定过程中，鉴定人有下列情形之一的，当事人有权向委托人申请其回避，但应提供证据，由委托人决定其是否回避：

1 接受鉴定项目当事人、代理人吃请和礼物的；

2 索取、借用鉴定项目当事人、代理人款物的。

【条文解读】

本条是对鉴定人在鉴定过程中违纪违法回避的规定。

在工程造价鉴定过程中，鉴定人违反规定，实施了不正当行为，可能影响公正鉴定的，也属于依法回避的事由，这也是程序正义的必然要求。对此，《民事诉讼法》《民事诉讼法解释》均有十分明确的规定，审判人员（适用于鉴定人）接受当事人吃请和礼物，索取、接受当事人财物或其他利益，借用当事人款物的，当事人有权申请其回避。《注册造价工程师管理办法》规定：造价工程师不得在“执业过程中，索贿、受贿或者谋取合同约定费用外的其他利益”，中国建设工程造价管理协会在《造价工程师职业道德行为准则》中也规定：造价工程师应当“廉洁自律，不得索取、收受委托合同约定以外的礼金和其他财物，不得利用职务之便谋取其他不正当的利益”。因此，本条结合现实情况，规定对鉴定人在鉴定过程中利用鉴定违反本条规定的行为，当事人有权向委托人申请其回避。内容涉及鉴定人履职乃至公正廉洁性问题，有的不仅是回避即可，对违纪违规的，要追究相应责任甚至法律责任。具体到回避问题上，应按照“谁主张、谁举证”的一般规则，由提出回避申请的当事人举证证明鉴定人存在本条规定的情形，由委托人审核，决定鉴定人是否回避。

【法条链接】

《最高人民法院关于适用〈中华人民共和国民事诉讼法〉的解释》（法释［2015］5号）

第四十四条 审判人员有下列情形之一的，当事人有权申请其回避：

（一）接受本案当事人及其受托人宴请，或者参加由其支付费用的活动的；

（二）索取、接受本案当事人及其受托人财物或者其他利益的；

（三）违反规定会见本案当事人、诉讼代理人的；

（四）为本案当事人推荐、介绍诉讼代理人，或者为律师、其他人员介绍代理本案的；

（五）向本案当事人及其受托人借用款物的；

（六）有其他不正当行为，可能影响公正审理的。

《注册造价工程师管理办法》

第二十条 注册造价工程师不得有下列行为：

（二）在执业过程中，索贿、受贿或者谋取合同约定费用外的其他利益。

【行业自律规定】

《中国建设工程造价管理协会造价工程师职业道德行为准则》（中价协［2002］第015号）

第六条 廉洁自律，不得索取、收受委托合同约定以外的礼金和其他财物，不得利用职务之便谋取其他不正当的利益。

【条文应用指引】

鉴定人在鉴定过程中应当始终保持廉洁自律，不得接受当事人任何形式的吃请、接受任何形式的礼品，不得索取、借用当事人任何名义的款物，包括使用当事人提供的交通工具。

3.6 鉴定准备

【概述】

根据工程造价鉴定不同的鉴定事项和委托人不同的鉴定要求，鉴定机构应建立完善的技术支撑体系，应按建设工程领域不同专业的技术要求和特点，采用符合相关要求的技术标准和规范、规程，编制鉴定项目鉴定方案，做好鉴定前的准备。

3.6.1 鉴定人应全面了解熟悉鉴定项目，对送鉴证据要认真研究，了解各方当事人争议的焦点和委托人的鉴定要求。委托人未明确鉴定事项的，鉴定机构应提请委托人确定鉴定事项。

【条文解读】

本条是对明确鉴定事项的规定。

《施工合同司法解释（一）》第二十三条规定："当事人对部分案件事实有争议的，仅对有争议的事实进行鉴定"，其核心是减少鉴定次数，缩小鉴定范围，能不鉴定的尽量不鉴定，能少鉴定的尽量少鉴定。本条延续本规范第3.3.2条的规定，在鉴定准备阶段全面了解熟悉鉴定项目案件和送鉴证据材料，了解当事人争议的焦点后，再次与委托人沟通，确定鉴定事项，其目的是进一步明确鉴定事项和范围，避免过度鉴定，降低诉讼成本，缩短诉讼时间，充分保护当事人合法权益。

为切实做好鉴定证据的认定与鉴定工作开展的衔接，最高人民法院民事审判第一庭编著的《建设工程施工合同司法解释（二）理解与适用》在第十五条理解中提出了如下思路："组织双方当事人对有争议的鉴定材料进行质证，是人民法院的职权。实践中，由于建设工程鉴定的技术性强、复杂性大，有些项目法官可能无法单独完成证据的质证，这种情形下，人民法院可以邀请鉴定机构派人参加质证程序。一般来说，对于基础性证据，比如合同、开工报告、竣工报告等，应由人民法院直接组织进行质证；对于专业技术资料，比如施工图纸、签证单、预算书等，可邀请鉴定机构派人参加，引导当事人围绕证据的真实性、合法性、关联性和证明力的有无、证明力的大小发表质证意见。实践中，常用的做法为在确定鉴定机构后召开由法官、鉴定人、当事人共同参加的鉴定准备会，其内容可包括以下几个方面：首先，鉴定人提出需要双方提供的鉴定资料并向法官建议提交的时限，由法官征求双方当事人意见后确定；其次，对于双方存在争议的鉴定材料，法官在组织双方当事人质证后，决定是否作为鉴定资料提交；再次，法官就鉴定范围、鉴定标准和方法听取各方当事人和鉴定人员的意见作出决定；最后，法官要求鉴定人员指定鉴定期限和鉴定步骤，听取各方当事人和鉴定人员意见后作出决定。"

【法条链接】

《最高人民法院关于审理建设工程施工合同纠纷案件适用法律问题的解释》（法释〔2004〕14号）

第二十三条 当事人对部分案件事实有争议的，仅对有争议的事实进行鉴定，但争议事实范围不能确定，或者双方当事人请求对全部事实鉴定的除外。

《江苏省高级人民法院鉴定工程施工合同纠纷案件委托鉴定工作指南》（2019年12月27日江苏省高级人民法院审判委员会第35次全体委员会议讨论通过）

8. 鉴定机构认为应当由人民法院确定的事项而要求委托法院确定的，应当及时以书面形式征询委托法院的意见，委托法院应当及时作出书面答复。

委托法院认为鉴定机构要求确定的事项，不属于必须由人民法院确定且宜由鉴定机构进行专业鉴别的，可以要求鉴定机构分析鉴别。必要时，委托法院、鉴定机构可以协同建设工程案件咨询专家或者行业管理部门研讨确定。

《江苏省高级人民法院民一庭建设工程施工合同纠纷案件司法鉴定操作规程》（2015 年 12 月）

第七条 人民法院应当在鉴定开始前召开鉴定准备会，要求鉴定机构提交鉴定实施方案，组织鉴定人和当事人对鉴定事项和鉴定思路进行沟通和讨论，在充分听取鉴定人和当事人意见的基础上确定鉴定事项和思路，必要时可向专家咨询员咨询。

3.6.2 鉴定人应根据鉴定项目的特点、鉴定事项、鉴定目的和要求制定鉴定方案。方案内容包括鉴定依据、应用标准、调查内容、鉴定方法、工作进度及需由当事人完成的配合工作等。

鉴定方案应经鉴定机构批准后执行，鉴定过程中需调整鉴定方案的，应重新报批。

【条文解读】

本条规定了鉴定方案的制定。

针对工程造价鉴定工作的复杂性，鉴定人应根据鉴定项目对鉴定工作制定鉴定方案，纠正有的鉴定机构承接鉴定业务时积极，承接以后将鉴定工作等同于一般咨询业务，指派鉴定人后就不过问的做法。鉴定方案使鉴定人的工作从始至终都有章可循，鉴定机构也可以据此把对鉴定人工作的监督落到实处，确保鉴定意见的质量符合委托人的要求。

【法条链接】

《人民法院司法鉴定工作暂行规定》最高人民法院（法发［2001］23 号）

第十六条 鉴定工作一般应按下列步骤进行：

（一）审查鉴定委托书；

（二）查验送检材料、客体，审查相关技术资料；

（三）根据技术规范制定鉴定方案；

（四）对鉴定活动进行详细记录；

（五）出具鉴定文书。

《最高人民法院关于人民法院民事诉讼中委托鉴定审查工作若干问题的规定》（法［2020］202 号）

8. 第一款 人民法院应当要求鉴定机构在接受委托后 5 个工作日内，提交鉴定方案、收费标准、鉴定人情况和鉴定人承诺书。

【条文应用指引】

鉴定人应全面了解并熟悉鉴定项目案情，对送鉴证据材料要认真研究，了解当事人争议的焦点，委托人指明的鉴定范围、事项和要求以及鉴定期限，结合鉴定项目工程合同和技术操作规程制定鉴定方案。鉴定方案应经鉴定机构技术负责人批准后方能实施，鉴定过程中确需调整、修订鉴定方案，应重新报技术负责人审批。

按照2020年9月1日施行的最高人民法院《委托鉴定审查规定》的要求，鉴定机构应当在接受委托后5个工作日内提交鉴定方案，可见，人民法院对鉴定方案的高度重视，鉴定机构接受工程造价鉴定委托后，务必认真落实最高人民法院的这一规定，加强鉴定方案的制定工作，按期向委托人提交鉴定方案并监督落实。

3.7 鉴定期限

【概述】

鉴定期限是指从接受鉴定之日起，到实施鉴定活动、完成鉴定任务、出具鉴定意见书时所限定的时间范围。规定鉴定期限，是实现鉴定活动高效要求的重要措施。在实践中，鉴定周期过长一直是委托人、当事人不满意、鉴定人也困惑的问题，被视为影响审判效率的顽疾。然而，鉴定超期的原因往往十分复杂，一般集中反映了法官、当事人与鉴定人三方的问题。归纳起来有以下几点：

一是当事人举证不力。最高人民法院民事审判第一庭在《建设工程施工合同司法解释（二）理解与适用》介绍第十五条的背景依据时引用江苏省高级人民法院对其审理的建设工程案件的抽样调查结果，“在鉴定中当事人不断补充鉴定材料，是造成鉴定周期拖延的首要因素”。在《新民事诉讼证据规定理解与适用》第三十五条中指出：“一些当事人诉讼准备活动不到位、怠于行使权力、消极应诉、‘挤牙膏’式的提供相应证据，也使得鉴定人在搜集鉴定材料的周期不断拖延。”诚如其言，如某居住建筑工程竣工结算发生争议，发包人主张2.1亿多，承包人主张2.3亿多，差距不到2 000万的争议，诉讼中由于一方当事人不配合，仅举证材料多次提交就持续约17个月，致使鉴定工作时断时续。看来，如何规范和裁决当事人依法举证，是缩短鉴定周期的重要方面。

二是委托人处理失当。最高人民法院民事审判第一庭在《新民事诉讼证据规定理解与适用》第三十五条指出：“实践中法官通过启动鉴定而中断案件的审理，‘以鉴代审’，变相通过人为延长鉴定期限来延缓案件的审理周期”，在《建设工程施工合同司法解释（二）理解与适用》第十三条的审判实务中指出“基于业务竞争原因，一些不具备工程造价鉴定职业资格的中介机构，也在以资产评估报告形式为工程造价鉴定出具成果文件，一些法院也在指定工程造价鉴定机构时不考虑是否具备专门执业资格问题”。如某个签约合同价 13 亿多的工程因故停建，由于当事人双方对停建后的价款结算分歧较大，承包人起诉并申请鉴定。但委托人在委托鉴定机构时，将同一工程的造价鉴定分解为已完工程由一个造价咨询企业鉴定，停建损失委托另一个会计师事务所进行鉴定，遭到申请鉴定人的坚决反对，认为停建损失属于工程索赔，均为计价争议的内容，让不具有造价工程师资格的会计师鉴定，不符合鉴定人应具备资格的法律规定。但委托人坚持将同一工程的计价争议分别委托给不同性质的两个鉴定机构，结果鉴定书征求当事人意见时，承包人一是认为鉴定人仅具备注册会计师资格，不具备造价工程师职业资格；二是以鉴定书提到现场勘验，但承包人从未接到进行现场勘验的通知，鉴定书也未附勘验笔录，认为鉴定程序不符合法律规定；三是以鉴定人没有工程建设专业知识，大量的非标准设备制作委托另外的工程师鉴定，在鉴定书又写依据为审计准则，认为其鉴定依据严重不足。由此提出重新鉴定，让鉴定又回到原点。最高人民法院民事审判第一庭在《新民事诉讼证据规定理解与适用》第三十二条释义三中指出：“一些建设工程施工合同纠纷，一旦涉及对工程造价、工程质量问题进行鉴定，快的一年半载，慢的拖上几年都出不来结果，既浪费审判资源，又极大地损害了当事人的合法权益。迟来的公正已非公正，法院在委托鉴定问题上要严格把关，首先要对是否属于必须鉴定的问题准确把握，一旦确定必须委托司法鉴定的，积极与鉴定人员进行沟通，共同为彻底查明争议事实明确鉴定目的，确定合理鉴定期限，努力提高办案质量和效率。”

三是鉴定人怠于沟通。最高人民法院民事审判第一庭在《新民事诉讼证据规定理解与适用》第三十五条指出：“鉴定人对当事人拒绝、推迟或消极提供鉴定材料及预交鉴定费用的行为缺乏制约手段，与案件主审法官沟通不畅，两者未能对相关当事人形成实质上的有效引导，导致鉴定周期拉长。”另外，长期以来鉴定人以委托人的委托进行鉴定，即使对委托人委托的鉴定范围和事项有不同意见也难以主动向委托人提出。为解决这一问题，本规范第 3.3.2、3.6.1、5.2.1 条规定了鉴定人在鉴定的准备阶段和鉴定过程中，对鉴定范围和事项有不同意见时应向委托人提出。但在实践中，鉴定人应用本条提出不同意见的极其少见。本书在第 3.2.2 条及本条所举委托人委托鉴定范围和事项不太恰当的例子均为《鉴定规范》实施以后，而未见鉴定人提出不同意见，失去了可能弥补委托缺陷的时机。因此，鉴定人应当切实遵守职业操守，准确理解、实施《鉴定规范》，充分发挥专业知识在鉴定中的作用，辅助委托人准确确定委托鉴定范围和事项，提高鉴定质量和效率，缩短鉴定周期，实现公平正义。

此外，委托人、当事人以及鉴定人相互之间就鉴定的范围、事项和鉴定证据材料的确定有时难以达成一致，来回往复的沟通与证据的补充也是导致鉴定时间延长的重要因素。因而，最高人民法院民事审判第一庭在《新民事诉讼证据规定》第三十五条审判实践中需要注意的问题中提出：

“1. 人民法院在委托鉴定时应当根据鉴定事项的难度、鉴定材料的准备等情况，由相关案件的主审法官、法院管理鉴定委托事务工作的职能部门，在征询受托的鉴定人意见之后，确定合理的鉴定期限。防止因鉴定期限设定的不科学，而导致鉴定人无法在预定的鉴定期限内完成鉴定事项。

2. 对于鉴定费用的催交、鉴定材料的补充以及新的鉴定项目的增补等影响鉴定周期的行为，应当纳入案件的审判流程管理之中，首先应当报由案件的主审法官指定相应的期间，相应义务人如不在指定期间内完成相关行为的，以视为放弃相关诉讼权利论处；其次由法院管理鉴定委托事务工作的职能部门在法官确定的期间内对相关行为的影响作出评估，并将相应时间在鉴定期限内扣减。

3．对于鉴定过程中发现鉴定事项涉及复杂、疑难、特殊技术问题或者鉴定过程需要较长时间的，因可能导致鉴定人无法在原定期限内完成鉴定任务，故鉴定人应当及时通知委托的人民法院，由法院询问当事人意见后确定是否对鉴定期限作出调整。

4．鉴定人未按期提交鉴定书的，委托的人民法院应当审查鉴定人是否存在正当理由。如无正当理由且当事人申请另行委托鉴定人进行鉴定的，人民法院一般应当予以准许。但由于另行委托将浪费大量的时间，应当慎重，必要时可以听取未申请另行委托当事人一方的意见以及鉴定人的申辩之后再行决定。”

最高人民法院民事审判第一庭编著的《建设工程施工合同司法解释（二）理解与适用》在第十五条理解中提出：“人民法院作为委托人，应当根据鉴定事项的复杂、疑难程度以及案件审理的需要，对每个鉴定提出具体的期限要求，可以少于60个工作日，也可以多于60个工作日。当鉴定事项涉及复杂、疑难、特殊的技术问题或者检验过程需要较长时间的，鉴定机构如果认为需要延长鉴定期限的，应当与人民法院协商确定。在鉴定过程中，因补充或者重新提取鉴定资料，司法鉴定人复查现场、赴鉴定项目所在地进行检验和调取鉴定资料所需的时间，不计入鉴定时限。”

3.7.1　鉴定期限由鉴定机构与委托人根据鉴定项目争议标的涉及的工程造价金额、复杂程度等因素在表 3.7.1 规定的期限内确定。

表 3.7.1　鉴定期限表

争议标的涉及工程造价（万元）	期限（工作日）
1 000 万元以下（含 1000 万元）	40
1 000 万元以上 3 000 万元以下（含 3 000 万元）	60
3 000 万元以上 10 000 万元以下（含 10 000 万元）	80
10 000 万元以上（不含 10 000 万元）	100

鉴定机构与委托人对完成鉴定的期限另有约定的，从其约定。

【条文解读】

本条是对鉴定期限的规定。

长期以来，工程造价鉴定周期过长一直被诟病，少则半年，长则一年已成常态，当然由于工程造价鉴定专业性强，涉及环节众多，任何一个环节出现问题，就会影响鉴定周期，总的来看，鉴定过程中当事人不断补充鉴定材料，是造成鉴定周期过长的首要因素，而等待委托人对当事人提交、补充证据的质证及对证据效力的认定也是因素之一，此外，在委托书缺少对鉴定人鉴定时间的明确要求也让鉴定人没有压力。《施工合同司法解释（二）》和新的《民事诉讼证据》均明确规定了委托人的委托书应包括鉴定期限，并明确规定了未按期完成鉴定的处理规定。这对于缩短鉴定周期必然具有积极作用。不过，如何比较合理地确定鉴定期限是个难题。按照最高人民法院印发的《人民法院司法鉴定工作暂行办法》（法发〔2001〕23 号）第二十一条二款规定：一般的司法鉴定应当在 30 个工作日内完成；疑难的司法鉴定应当在 60 个工作日内完成。《司法鉴定程序通则》（司法部令第 132 号）第二十八条将鉴定时限规定为 30 个工作日，如需延长，不超过 30 个工作日。《最高人民法院关于人民法院民事诉讼中委托鉴定审查工作若干问题的规定》（法〔2020〕202 号）也规定："人民法院委托鉴定应当根据鉴定事项的难易程度、鉴定材料准备情况，确定合理的鉴定期限，一般案件鉴定时限不超过 30 个工作日，重大、疑难、复杂案件鉴定时限不超过 60 个工作日。鉴定机构、鉴定人因特殊情况需要延长鉴定期限的，应当提出书面申请，人民法院可以根据具体情况决定是否延长鉴定期限。"

总的来看，工程造价鉴定能在 30 个工作日内完成的是极少数，根据建设工程的特殊性和专家意见，本规范将工程造价鉴定的时限与鉴定涉及的工程造价挂钩提出鉴定期限，供鉴定机构与委托人确定鉴定的期限时参考。

【法条链接】

《最高人民法院关于审理建设工程施工合同纠纷案件适用法律问题的解释（一）》（法释［2020］25 号）

第三十三条 人民法院准许当事人的鉴定申请后，应当根据当事人申请及查明案件事实的需要，确定委托鉴定的事项、范围、鉴定期限等，并组织当事人对争议的鉴定材料进行质证。

《最高人民法院关于审理建设工程施工合同纠纷案件适用法律问题的解释（二）》（法释［2018］20 号）

第十五条 人民法院准许当事人的鉴定申请后，应当根据当事人申请及查明案件事实的需要，确定委托鉴定的事项、范围、鉴定期限等。

《最高人民法院关于民事诉讼证据的若干规定》（法释［2019］19 号）

第三十二条第三款 人民法院在确定鉴定人后应当出具委托书，委托书中应当载明鉴定事项、鉴定范围、鉴定目的和鉴定期限。

第三十五条 鉴定人应当在人民法院确定的期限内完成鉴定，并提交鉴定书。

鉴定人无正当理由未按期提交鉴定书的，当事人可以申请人民法院另行委托鉴定人进行鉴定。人民法院准许的，原鉴定人已经收取的鉴定费用应当退还；拒不退还的，依照本规定第八十一条第二款的规定处理。（第八十一条第二款 当事人要求退还鉴定费用的，人民法院应当在三日内作出裁定，责令鉴定人退还；拒不退还的，由人民法院依法执行。）

《最高人民法院关于人民法院民事诉讼中委托鉴定审查工作若干问题的规定》（法〔2020〕202号）

13. 人民法院委托鉴定应当根据鉴定事项的难易程度、鉴定材料准备情况，确定合理的鉴定期限，一般案件鉴定时限不超过30个工作日，重大、疑难、复杂案件鉴定时限不超过60个工作日。

鉴定机构、鉴定人因特殊情况需要延长鉴定期限的，应当提出书面申请，人民法院可以根据具体情况决定是否延长鉴定期限。

《人民法院司法鉴定工作暂行办法》最高人民法院（法发〔2001〕23号）

第二十一条第二款 一般的司法鉴定应当在30个工作日内完成；疑难的司法鉴定应当在60个工作日内完成。

《江苏省高级人民法院建设工程施工合同纠纷案件委托鉴定工作指南》（2019年12月27日江苏省高级人民法院审判委员会第35次全体委员会议讨论通过）

6. 人民法院委托鉴定，应当依法出具委托书，并在鉴定开始前要求鉴定机构签署承诺书。

鉴定机构接受委托后，应当在委托法院确定的鉴定期限内完成鉴定，并提交鉴定报告。鉴定机构无正当理由未按期完成鉴定的，委托法院可以解除委托，责令退还鉴定费用，并视情节取消鉴定机构参与司法鉴定遴选的资格。

【条文应用指引】

从上述法规可以看出，自2019年2月1日施行的《施工合同司法解释（二）》（2021年1月1日施行的新的《施工合同司法解释》保留了该内容）规定委托书应有鉴定期限后，2020年5月1日施行的《民事诉讼证据》再次规定委托书应有鉴定期限，并明确规定鉴定人应当在人民法院确定的期限内完成鉴定，并提交鉴定书，同时明确了鉴定人无正当理由未按期提交鉴定书的处理规定。这些规定对于防止由于鉴定期限不明确导致的诉讼结案拖延具有重要意义。因此，鉴定机构在接受委托时，应注意委托书对鉴定期限的规定，与鉴定工作的难易程度及所需时间是否匹配，本机构是否能够胜任，如不在本机构能力之内，可以依据本条的规定，与委托人协商确定鉴定期限。

在鉴定过程中，鉴定机构应按照根据委托人确定的鉴定期限制定的鉴定方案督促鉴定人按进度计划实施，避免鉴定工作逾期。

鉴定机构切忌只为承揽鉴定任务，但因本机构鉴定人员能力不足造成鉴定工作超期而被委托人处罚。

3.7.2 鉴定期限从鉴定人接收委托人按本规范第4.2.1条的规定移交证据材料之日起的次日起计算。

【条文解读】

本条规定了鉴定期限计算时间。

在制定鉴定期限的起算时间时，有的认为采用《司法鉴定程序通则》的规定，从鉴定委托书生效之日起计算，或按照最高人民法院印发的《人民法院司法鉴定工作暂行办法》（法发〔2001〕23号），从受理委托鉴定之日起计算。但多数意见认为，根据施工合同纠纷案件审理的常态，第一次庭审对当事人的主张及提交证据质证后，委托人认为当事人对工程造价专门性问题的争议需要鉴定时，才对负有举证责任的当事人释明，并指定提出鉴定申请的期间。在当事人提出申请准许鉴定时，才按照法律规定确定鉴定机构，同时通知当事人就争议事项提供证据材料后再组织当事人质证，质证后委托人将认定的证据材料交由鉴定机构才能开始鉴定工作。一般情况下，委托并确定鉴定机构在前，移交证据材料在后，这之间有一个时间差。也有地方法院对鉴定的起算时间另有规定，如《江苏省人民法院对外委托司法鉴定管理办法（试行）》（苏高法〔2002〕270号）第二十五条规定："社会鉴定机构的鉴定时限自材料补充齐全和交纳鉴定费用后正式计算"，《广东省高级人民法院关于司法委托管理工作暂行规定》第五十六条规定："预收费用到达司法委托中介机构，开始计算司法委托中介机构工作时限"。因此，本条将鉴定期限的起算时间定义为鉴定人按照委托人移交证据材料之日起的次日计算，切合工程造价鉴定的实际，避免委托书生效但又在等待当事人提交证据不能计算鉴定期限的现象。

当然，鉴定期限的截止时间应为鉴定意见书的提交之日。

【法条链接】

《人民法院司法鉴定工作暂行规定》最高人民法院（法发〔2001〕23号）

第二十一条第一款 鉴定期限是指决定受理委托鉴定之日起，到发出鉴定文书之日止的时间。

《司法鉴定程序通则》（司法部令第132号）

第二十八条 司法鉴定机构应当自司法鉴定委托书生效之日起30个工作日内完成鉴定。

3.7.3 鉴定事项涉及复杂、疑难、特殊的技术问题需要较长时间的，经与委托人协商，完成鉴定的时间可以延长，每次延长时间一般不得超过30个工作日。每个鉴定项目延长次数一般不得超过3次。

【条文解读】

本条规定了鉴定期限延长的次数和时长。

由于建设工程施工时间长，工序多，施工组织复杂，参与主体较多，且受气候环境、政策变化等不确定因素影响，当事人发生争议，需要提交的证据庞杂，涉及的疑难、特殊的问题可能影响鉴定周期。因此，本条根据《司法鉴定程序通则》的规定，提出鉴定机构与委托人协商可以延长鉴定时间。

【法条链接】

《最高人民法院关于人民法院民事诉讼中委托鉴定审查工作若干问题的规定》（法〔2020〕202号）

13. 人民法院委托鉴定应当根据鉴定事项的难易程度、鉴定材料准备情况，确定合理的鉴定期限，一般案件鉴定时限不超过30个工作日，重大、疑难、复杂案件鉴定时限不超过60个工作日。

鉴定机构、鉴定人因特殊情况需要延长鉴定期限的，应当提出书面申请，人民法院可以根据具体情况决定是否延长鉴定期限。

《司法鉴定程序通则》（司法部令第132号）

第二十八条 司法鉴定机构应当自司法鉴定委托书生效之日起30个工作日内完成鉴定。

鉴定事项涉及复杂、疑难、特殊技术问题或者鉴定过程需要较长时间的，经本机构负责人批准，完成鉴定的时限可以延长，延长时限一般不得超过30个工作日。鉴定时限延长的，应当及时告知委托人。

司法鉴定机构与委托人对鉴定时限另有约定的，从其约定。

3.7.4 在鉴定过程中，经委托人认可，等待当事人提交、补充或者重新提交证据、勘验现场等所需的时间，不计入鉴定期限。

【条文解读】

本条规定了不计入鉴定期限的几种情形。

在鉴定过程中，经委托人同意，当事人补充或者重新提交鉴定证据，鉴定人赴鉴定项目所在地进行现场勘验所需的时间，不计入鉴定期限。

【法条链接】

《司法鉴定程序通则》（司法部令第132号）

第二十八条第四款 在鉴定过程中补充或者重新提取鉴定材料所需的时间，不计入鉴定时限。

3.8 出庭作证

【概述】

出庭作证是指鉴定人经委托人依法通知，在法庭上对自己作出的鉴定意见，从鉴定依据、鉴定方法、鉴定步骤、鉴定意见的可靠程度等方面进行解释和说明，并在法庭上当面回答委托人、当事人提问的行为。

《民事诉讼法》第七十八条规定："当事人对鉴定意见有异议或者人民法院认为鉴定人有必要出庭的，鉴定人应当出庭作证。经人民法院通知，鉴定人拒不出庭作证的，鉴定意见不得作为认定事实的根据；支付鉴定费用的当事人可以要求返还鉴定费用。"

党的十八届四中全会通过的《中共中央关于全面推进依法治国若干重大问题的决定》提出，"推进以审判为中心的诉讼制度改革，确保侦查、审查起诉的案件事实证据经得起法律的检验。全面贯彻证据裁判规则，严格依法收集、固定、保存、审查、运用证据，完善证人、鉴定人出庭制度，保证庭审在查明事实、认定证据、保护诉权、公正裁判中发挥决定性作用"。依照这一决定，鉴定人出庭作证，从而推动以庭审为中心的审判方式改革就显得极其重要。

法律不允许审判人员仅依据书面材料作出审理，应当通过亲自参加开庭审理活动，直接聆听当事人、证人、鉴定人对相关争议问题的辩论意见，从而认定案件的基本事实，并据此作为审查判断的根据。通过审判人员"察颜辨色""听话听音"，辨别证据的真伪。鉴定意见在法律上虽然属于独立证据，但其总体上具有言词证据的属性。科学方法的掌握、科学原理的运用、仪器设备的使用等，无不由鉴定人来完成，故鉴定人的主观性或多或少地影响着鉴定的结果。同证人证言一样，鉴定意见只有通过鉴定人出庭作证，接受当事人和审判人员当庭询问，对鉴定意见的内容、形成过程、鉴定依据、方法程序等进行陈述，对有争议的问题进行解释、说明，方可消除审判人员和当事人的疑惑，提高鉴定意见的说服力，从而就有关专门性问题相关的事实形成符合实际的心证结论。

鉴定人出庭作证对鉴定意见发挥应有的证明效力有着极为重要的作用：

1. 鉴定人出庭作证有利于消除当事人对鉴定意见的异议。鉴定意见专业技术性强，当事人往往难以提出实质性的有效的质证意见，由于推翻鉴定意见的证明要求极高，有的当事人因此不断提出异议或者申请重新鉴定。通过鉴定人出庭，对当事人不理解的专业术语、不知情的鉴定过程、不熟悉的科学依据进行解释和阐明，能够在很大程度上消除当事人对鉴定的不良猜测。

2. 鉴定人出庭作证有利于审判人员发现鉴定意见是否存在疑点。通过当事人的当庭询问、质证和鉴定人的回答，审判人员可以深入考察鉴定意见是否存在疑点或者不当之处。特别是在当事人申请专家辅助人同时出庭参与质证的情况下，审判人员更是可以通过专家之间的交锋，发现问题、澄清困惑。

3. 鉴定人出庭作证有利于对存在不当的鉴定书进行补救。通过当事人的质证，鉴定书是否存在瑕疵，是否存在漏算、多算等计算错误，是否存在证据使用不当，鉴别、判断失误等情形也会一一暴露出来，如确属失误，还可以采取补救措施，予以补正或进行补充鉴定。

4. 鉴定人出庭作证有利于增强鉴定意见的程序正当性。鉴定意见虽然是具有鉴定资格的技术人员通过科学的鉴定方法作出，具有科学性，但同时，该意见也包含着鉴定人的日常经验及主观判断，在一定程度上具有主观性，必须通过鉴定人亲自出庭，对鉴定的流程和方法与鉴定意见最终形成之间的关联性等问题作出介绍，从而在鉴定人参与诉讼的形式上为鉴定意见的权威性作出背书。

5．鉴定人出庭作证有利于加强对鉴定程序合法性的监督。鉴定人出庭能够对鉴定人已经完成的鉴定工作形成后续的监督。避免鉴定人认为只要出具鉴定意见，鉴定工作就大功告成，实际上鉴定人的工作还未结束。鉴定人出庭作证使其前期工作必须接受同行评议，从而形成一种同行监督的评估机制，促使鉴定人更加认真地完成鉴定工作。

由于鉴定工作解决的是案件中的专门性问题，鉴定意见是法定证据之一，鉴定意见是鉴定人运用专门知识对案件中的专门性问题进行分析判断后得出的，因此，为了保证鉴定意见的科学性、确认鉴定意见的证明力，鉴定人就应依法出庭接受质证。出庭作证是鉴定人的重要义务之一。鉴定人出庭作证，以科学的态度阐明该项鉴定意见的可靠性和证据意义，并回答当事人提出的疑问，对于支持诉讼或仲裁，对于维护当事人的合法权利，对于依法判决或裁决，对于宣传鉴定意见的证据的效力都具有重要的意义。

鉴定人出庭作证的条件是，凡是担任鉴定项目的鉴定人接到委托人的出庭通知以后，都应按时出庭作证，除非存在《民事诉讼法》第七十三条规定的理由并经委托人批准，否则，鉴定人不能免除出庭义务。对于违反这一规定的鉴定人，法律规定了相关的处罚措施。本章据此作了相关规定。

3.8.1 鉴定人经委托人通知，应当依法出庭作证，接受当事人对工程造价鉴定意见书的质询，回答与鉴定事项有关的问题。

【条文解读】

本条对鉴定人依法出庭作证作了规定。

由于鉴定意见是人民法院、仲裁机构审查判断书证、物证等证据涉及专门性问题时通常需要借助的主要手段，在民事诉讼中具有重要意义。鉴定意见是鉴定人就案件事实认定中涉及的某些专门性问题通过科学的鉴定方法所作的判断，这种判断既有科学理论方法和相应技术手段的支撑，也有赖于鉴定人的经验水平、技术素养和职业道德操守，既有与书证、物证相类似的客观性特征，也有与证人证言相类似的主观性因素。由于其可靠性容易受到诸多社会、自然因素的影响，因此，为了确认鉴定意见的可信度，有必要给当事人深入质证的机会，即鉴定人出庭接受询问。

鉴定人出庭作证无疑对实现当事人诉讼权利，帮助审判人员形成正确的心证结论，确保诉讼的公正进行起到极其关键的作用。

鉴定人出庭接受询问的主要目的是帮助审判人员弥补专业知识的不足，即在其对相关专门性问题无法直接认定，并就当事人针对鉴定意见提出的异议无法直接解答的情况下，由鉴定人出庭就其所作的鉴定意见，用当事人听得懂的方式加以表述，以便审判人员对鉴定意见这种类型的证据作出最终采纳与否的正确判断。

【法条链接】

《全国人民代表大会常务委员会关于司法鉴定管理问题的决定》

十一、在诉讼中当事人对鉴定意见有异议的，经人民法院依法通知，鉴定人应当出庭作证。

《中华人民共和国民事诉讼法》

第七十八条 当事人对鉴定意见有异议或者人民法院认为鉴定人有必要出庭的，鉴定人应当出庭作证。经人民法院通知，鉴定人拒不出庭作证的，鉴定意见不得作为认定事实的根据；支付鉴定费用的当事人可以要求返还鉴定费用。

《最高人民法院关于民事诉讼证据的若干规定》（法释〔2019〕19号）

第七十九条 鉴定人依照民事诉讼法第七十八条的规定出庭作证的，人民法院应当在开庭审理三日前将出庭的时间、地点及要求通知鉴定人。

《司法鉴定程序通则》（司法部令第132号）

第四十三条 经人民法院依法通知，司法鉴定人应当出庭作证，回答与鉴定事项有关的问题。

第四十四条 司法鉴定机构接到出庭通知后，应当及时与人民法院确认司法鉴定人出庭的时间、地点、人数、费用、要求等。

第四十五条 司法鉴定机构应当支持司法鉴定人出庭作证，为司法鉴定人依法出庭提供必要条件。

《司法部关于进一步规范和完善司法鉴定人出庭作证活动的指导意见》（司规〔2020〕2号）

二、人民法院出庭通知已指定出庭作证鉴定人的，要由被指定的鉴定人出庭作证；未指定出庭作证的鉴定人时，由鉴定机构指定一名或多名在司法鉴定意见书上签名的鉴定人出庭作证。

司法鉴定机构要为鉴定人出庭提供必要条件。

【条文应用指引】

鉴定机构接到委托人通知鉴定人出庭作证的，应当依照法律规定安排在鉴定项目意见书上署名的鉴定人出庭作证，不得安排鉴定项目的辅助鉴定人员或其他人员出庭作证。

3.8.2 鉴定人因法定事由不能出庭作证的，经委托人同意后，可以书面形式答复当事人的质询。

【条文解读】

本条对鉴定人因法定事由不能出庭作证如何补救作了规定。

一、鉴定人因客观原因无法出庭作证的条件

在民事诉讼程序中，证人出庭作证的例外仅适用于“因客观原因无法出庭”的情形。具体来说，导致客观上无法出庭作证的情况时，应当向委托人提交书面申请，经委托人准许后，可以不出庭作证。《民事诉讼法》第七十三条规定了可以不出庭作证的四种情形：

1. 鉴定人健康原因。鉴定人身患疾病，且该疾病导致鉴定人无法出庭作证，如果仅是健康欠佳并未达到无法出庭作证的程度，原则上鉴定人应当出庭作证。

2. 路途遥远，交通不便。因路途遥远交通不便的情形导致无法出庭作证，应当综合鉴定人距离远近、道路交通情况等予以综合判断，虽然路途遥远但交通便利的，不能作为鉴定人不出庭作证的理由。只有在路途遥远且交通不便，使得鉴定人出庭作证不合理或者不可行的情况下，鉴定人才可以不出庭作证。

3. 不可抗力。自然灾害等不可抗力造成鉴定人无法出庭作证，也应当综合自然灾害的类型、损害程度等因素予以综合判断，只有因不可抗力导致鉴定人出庭作证不合理且不可行的情况下，鉴定人才可以不出庭作证。

4. 鉴定人有其他理由不能出庭作证的。本条是鉴定人不能出庭作证的兜底条款，鉴定人应当在书面申请中写明其不能出庭作证的客观原因，并提交相应的证据予以证明，委托人经综合考虑，认为鉴定人出庭作证不合理不可行的，可准许鉴定人不出庭作证。

此外，委托人未按照《民事诉讼证据》第七十九条的规定，在开庭审理三日前将出庭的时间、地点及要求通知鉴定人的，也导致鉴定人不能出庭作证。

二、鉴定人因客观原因无法出庭作证时的替代方式

鉴定人因客观原因无法出庭作证时的替代作证方式包括两种：一是提交书面证言；二是通过视听传输技术或者视听资料等方式作证。在工程造价鉴定中，一般采用书面形式回复当事人所提问题。

【法条链接】

《中华人民共和国民事诉讼法》

第七十三条 经人民法院通知，证人应当出庭作证。有下列情形之一的，经人民法院许可，可以通过书面证言、视听传输技术或者视听资料等方式作证：

（一）因健康原因不能出庭的；

（二）因路途遥远，交通不便不能出庭的；

（三）因自然灾害等不可抗力不能出庭的；

（四）其他有正当理由不能出庭的。

《最高人民法院关于民事诉讼证据的若干规定》（法释〔2019〕19号）

第七十六条 证人确有困难不能出庭作证，申请以书面证言、视听传输技术或者视听资料等方

式作证的，应当向人民法院提交申请书。申请书中应当载明不能出庭的具体原因。

符合民事诉讼法第七十三条规定情形的，人民法院应当准许。

《司法部关于进一步规范和完善司法鉴定人出庭作证活动的指导意见》（司规〔2020〕2号）

三、人民法院通知鉴定人到庭作证后，有下列情形之一的，鉴定人可以向人民法院提出不到庭书面申请：

（一）未按照法定时限通知到庭的；

（二）因健康原因不能到庭的；

（三）路途特别遥远，交通不便难以到庭的；

（四）因自然灾害等不可抗力不能到庭的；

（五）有其他正当理由不能到庭的。

经人民法院同意，未到庭的鉴定人可以提交书面答复或者说明，或者使用视频传输等技术作证。

【注意事项】

鉴定人如确有《民事诉讼法》规定情形因而不能出庭作证的，切记一定要向委托人请假，经委托人许可，才可以不出庭，但仍然要以书面形式回答当事人对鉴定意见的异议。

3.8.3 未经委托人同意，鉴定人拒不出庭作证，导致鉴定意见不能作为认定事实的根据的，支付鉴定费用的当事人要求返还鉴定费用的，应当返还。

【条文解读】

本条对鉴定人拒不出庭作证的处理依据法律作了规定。

司法实践中，由于鉴定人无正当理由拒不出庭将导致费时耗力代价高昂的鉴定意见不能作为证据使用，造成司法资源的极大浪费，也增加了当事人的诉讼负担，给委托人依法高效解决当事人之间的矛盾纠纷带来消极影响。因此，不仅应当依据《民事诉讼法》以及司法解释的规定追究鉴定人应承担的相应法律责任，还可以依照《民事诉讼证据》第八十一条的规定："鉴定人拒不出庭作证的，鉴定意见不得作为认定案件事实的根据。人民法院应当建议有关主管部门或者组织对拒不出庭作证的鉴定人予以处罚"这一规定，明确了鉴定人的出庭义务，强化了鉴定人的出庭责任，通过委托人对无正当理由不出庭的鉴定人及其他违规行为向鉴定人主管部门或行业协会的及时通报，便于行业主管部门或行业协会对违规鉴定机构和鉴定人作出处罚，可以有效避免类似事件的发生。委托人与行业主管部门或行业协会的沟通协调，形成了管理活力，对于提高鉴定人出庭作证率具有十分重要的积极作用。有利于发挥诉讼审理监督与行政管理监督的对接、合力作用，促使鉴定人依法合规从事委托人委托的工程造价鉴定工作。

【法条链接】

《中华人民共和国民事诉讼法》

第七十八条 当事人对鉴定意见有异议或者人民法院认为鉴定人有必要出庭的，鉴定人应当出庭作证。经人民法院通知，鉴定人拒不出庭作证的，鉴定意见不得作为认定事实的根据；支付鉴定费用的当事人可以要求返还鉴定费用。

《最高人民法院关于民事诉讼证据的若干规定》（法释〔2019〕19号）

第八十一条 鉴定人拒不出庭作证的，鉴定意见不得作为认定案件事实的根据。人民法院应当建议有关主管部门或者组织对拒不出庭作证的鉴定人予以处罚。

当事人要求退还鉴定费用的，人民法院应当在三日内作出裁定，责令鉴定人退还；拒不退还的，由人民法院依法执行。

当事人因鉴定人拒不出庭作证申请重新鉴定的，人民法院应当准许。

【条文应用指引】

当前，不少造价工程师对出庭作证存在畏难情绪，影响了鉴定人依法出庭作证的积极性。分析起来有以下原因：

1. 法律意识淡薄。不少造价工程师以工程结算的思维从事工程造价鉴定，平时怠于对《合同法》《民事诉讼法》等相关法律及其司法解释的学习，不了解出庭作证是鉴定人应尽的法律义务。解决这一问题的唯一方法就是鉴定机构尽快组织专业技术人员学习相关法律知识，充分认识到鉴定人出庭作证的重要性以及拒不出庭作证应承担的法律后果，提高鉴定人出庭作证的自觉性。

2. 表达能力较差。造价工程师的另一职业习惯就是动手不动口，动手能力不错，动口能力较差。而出庭作证恰恰是要求鉴定人将自身动手形成的鉴定意见针对当事人、委托人的提问用口头语言清晰地、准确无误地表述出来，以便消除当事人的疑问。因此，凡有志于从事工程造价鉴定的造价工程师们应加强口头语言表达能力的训练，尽快补上这一短板。

3. 应变能力不足。当前法律虽然规定了鉴定人出庭作证的义务，但对作证时询问的次序、内容、作证的方式方法等均未细化规定，导致鉴定人有时庭审准备不足。同时，当事人或其代理人询问的内容有时过于宽泛，甚至偏离主题。比如当事人的代理人对某一争议事项问鉴定人为什么采用这一证据？很明显，这一提问鉴定人不能顺意直接作答，解释为什么采用，而应不卑不亢区别不同情况回复，例如（1）如争议事项鉴定采用的证据是委托人认定的，可以这样回答：按照法律规定，证据的认定和采用是委托人的职权，所提争议事项采用的证据是委托人认定的，如有异议，请向委托人询问；（2）如果鉴定中按照委托人的要求，将当事人有争议的证据单独列项进行鉴定时，可以这样回答：所涉事项的证据由于当事人有争议（或证据矛盾），鉴定书中已按委托人要求单独列项进行鉴定，对鉴定意见如何采用，将由委托人通过对证据的认定作出判断；（3）如争议事项的证据当事人双方提交的证据是相同的，可以这样回答：所提争议事项采用的证据，当事人双方提交的是相同的；等等。可见回答当事人提问，一定要根据具体情况回答。有的鉴定人没有反应过来，顺其提问回答为什么采用，结果掉进沟里，给委托人、当事人造成其擅自决定鉴定依据的不良影响。

如有的鉴定人在鉴定中就用结算的思维进行鉴定，对有争议的事项直接采用其中一种进行鉴定，这时其表现就是张口结舌、支支吾吾、吞吞吐吐，这一表现当然不怎么样，如再解释为什么采用，更坐实了其擅自决定鉴定依据的行为，其后果可想而知。

3.8.4 鉴定人出庭作证时，应当携带鉴定人的身份证明，包括身份证、造价工程师注册证、专业技术职称证等，在委托人要求时出示。

【条文解读】

本条是对鉴定人出庭应带证明的规定。

鉴定人出庭作证，应当携带身份证明——身份证，职业资格证明——一级造价工程师注册证，以备委托人要求时出示。

【法条链接】

《司法部关于进一步规范和完善司法鉴定人出庭作证活动的指导意见》（司规〔2020〕2号）

六、鉴定人到庭作证时，要按照人民法院的要求，携带本人身份证件、司法鉴定人执业证和人民法院出庭通知等材料，并在法庭指定的鉴定人席就座。

【注意事项】

鉴定机构不得安排非鉴定意见书上署名的其他人代替鉴定人出庭作证。鉴定人也不得私下委托其他人代表自己出庭作证。

3.8.5 鉴定人出庭前应作好准备工作，熟悉和准确理解专业领域相应的法律、法规和标准、规

范以及鉴定项目的合同约定等。

3.8.6 鉴定机构宜在开庭前，向委托人要求当事人提交所需回答的问题或对鉴定意见书有异议的内容，以便于鉴定人准备。

【条文解读】

第3.8.5、3.8.6条规定了鉴定人应作好出庭作证的准备。

鉴定人出庭前应及时主动的与委托人沟通，了解当事人或委托人要求鉴定人出庭作证的具体事由，需要重点作出解释和回答的问题，对鉴定书的异议做好解释、说明或补充，以便有针对性回答问题，避免出现无法当庭答复的困难，提高庭审工作质量，缩短庭审工作时间。

【法条链接】

《最高人民法院关于民事诉讼证据的若干规定》（法释〔2019〕19号）

第三十七条 人民法院收到鉴定书后，应当及时将副本送交当事人。当事人对鉴定书的内容有异议的，应当在人民法院指定期间内以书面方式提出。

对于当事人的异议，人民法院应当要求鉴定人作出解释、说明或者补充。人民法院认为有必要的，可以要求鉴定人对当事人未提出异议的内容进行解释、说明或者补充。

《司法部关于进一步规范和完善司法鉴定人出庭作证活动的指导意见》（司规〔2020〕2号）

四、鉴定人出庭前，要做好如下准备工作：

（一）了解、查阅与鉴定事项有关的情况和资料；

（二）了解出庭的相关信息和质证的争议焦点；

（三）准备需要携带的有助于说明鉴定的辅助器材和设备；

（四）其他需要准备的工作。

3.8.7 鉴定人出庭作证时，应依法、客观、公正、有针对性地回答与鉴定事项有关的问题。

【条文解读】

本条是对鉴定人回答当事人提问的规定。

最高人民法院民事审判第一庭编著的《新民事诉讼证据规定理解与适用》第八十条释义指出："鉴定人出庭作证，其主要的目的和功能在于解释相关原理和技术方法，说服法官，增加其内心确信；说服当事人，增加其理解和认同。但是，在极其有限的时间内，在庄重陌生的法庭上，鉴定人能否克服对新环境、对针锋相对地提问不适应的困扰，利用极短的时间，组织最为浅显易懂的语言，将专业性很强的术语、知识转化成当事人和法官听得懂的内容，从而改善沟通方式，提升沟通效果，为鉴定意见的可采性增强说服力。”

委托人通知鉴定人出庭作证，其针对的是当事人对鉴定意见书的异议，鉴定人回答当事人的提问应有针对性，不能顾左右而言他，答非所问。同时，言语要得体，用词要准确，表述要清晰。不能因当事人情绪激动、语言过激而与当事人争吵。鉴定人出庭时要始终清醒冷静，控制自己的情绪，保持鉴定人的尊严和形象。

【法条链接】

《中华人民共和国民事诉讼法》

第一百三十九条 当事人在法庭上可以提出新的证据。

当事人经法庭许可，可以向证人、鉴定人、勘验人发问。

当事人要求重新进行调查、鉴定或者勘验的，是否准许，由人民法院决定。

《最高人民法院关于民事诉讼证据的若干规定》（法释［2019］19号）

第八十条 鉴定人应当就鉴定事项如实答复当事人的异议和审判人员的询问。当庭答复确有困难的，经人民法院准许，可以在庭审结束后书面答复。

人民法院应当及时将书面答复送交当事人，并听取当事人的意见。必要时，可以再次组织质证。

第八十二条 经法庭许可，当事人可以询问鉴定人、勘验人。

询问鉴定人、勘验人不得使用威胁、侮辱等不适当的言语和方式。

《司法部关于进一步规范和完善司法鉴定人出庭作证活动的指导意见》（司规［2020］2号）

五、鉴定人出庭要做到：

（一）遵守法律、法规，恪守职业道德，实事求是，尊重科学，尊重事实；

（二）按时出庭，举止文明，遵守法庭纪律；

（三）配合法庭质证，如实回答与鉴定有关的问题；

（四）妥善保管出庭所需的鉴定材料、样本和鉴定档案资料；

（五）所回答问题涉及执业活动中知悉的国家秘密、商业秘密和个人隐私的，应当向人民法院阐明；经人民法院许可的，应当如实回答；

（六）依法应当做到的其他事项。

八、鉴定人出庭作证时，要如实回答涉及下列内容的问题：

（一）与本人及其所执业鉴定机构执业资格和执业范围有关的问题；

（二）与鉴定活动及其鉴定意见有关的问题；

（三）其他依法应当回答的问题。

九、法庭质证中，鉴定人无法当庭回答质询或者提问的，经法庭同意，可以在庭后提交书面意见。

十、鉴定人退庭后，要对法庭笔录中鉴定意见的质证内容进行确认。

经确认无误的，应当签名；发现记录有差错的，可以要求补充或者改正。

3.8.8 鉴定人出庭作证时，对与鉴定事项无关的问题，可经委托人允许，不予回答。

【条文解读】

本条是与鉴定事项无关的问题如何回答的规定。

鉴定人对当事人提出与鉴定意见书或鉴定事项无关的问题，可以不予回答，但要经委托人允许，不得擅自不予回答。包含两层意思：

1. 当事人所提问题是否与鉴定意见书或鉴定事项无关，鉴定人可以提出，但最终应由委托人作出判断。如委托人认为当事人的提问与鉴定事项有关，鉴定人仍应回答。

2. 鉴定人应遵守法庭规则和法庭纪律以保持庭审秩序。回答问题应经委托人同意，不得擅自回答。

【法条链接】

《中华人民共和国民事诉讼法》

第十三条 民事诉讼应当遵循诚实信用原则。

第一百一十条 诉讼参与人和其他人应当遵守法庭规则。

人民法院对违反法庭规则的人，可以予以训诫，责令退出法庭或者予以罚款、拘留。

《中华人民共和国人民法院法庭规则》（法释［2016］7号）

第十七条 全体人员在庭审活动中应当服从审判长或独任审判员的指挥，尊重司法礼仪，遵守法庭纪律，不得实施下列行为：

（一）鼓掌、喧哗；

（二）吸烟、进食；

（三）拨打或接听电话；

（四）对庭审活动进行录音、录像、拍照或使用移动通信工具等传播庭审活动；

（五）其他危害法庭安全或妨害法庭秩序的行为。

检察人员、诉讼参与人发言或提问，应当经审判长或独任审判员许可。

《司法鉴定程序通则》（司法部令第 132 号）

第四十六条 司法鉴定人出庭作证，应当举止文明，遵守法庭纪律。

【注意事项】

鉴定人切忌在不经委托人许可的情况下擅自回复当事人所提问题，也不得以与鉴定事项无关为由而不予回答。

4 鉴 定 依 据

【概述】

实施鉴定工作的核心是确定鉴定依据，作为工程造价鉴定的鉴定依据不可缺少的组成部分就是当事人提交的证据，但当事人提交的证据并不必然能够作为鉴定依据，还需要经过当事人质证、委托人对证据证明力进行认定等程序。本章从证据的移交、补充、调查、勘验、采用等方面以及对鉴定人应自备的鉴定依据提出了要求。

4.1 鉴定人自备

【概述】

工程造价的确定与当时的法律法规、标准规范以及各种生产要素价格具有密切关系，为做好一些鉴定证据材料不完备的工程造价鉴定，本节规定进行工程造价鉴定工作，鉴定人应自行收集的鉴定依据。

4.1.1 鉴定人进行工程造价鉴定工作，应自行收集适用于鉴定项目的法律、法规、规章和规范性文件。

【条文解读】

本条是对鉴定人收集相关法律文件的规定。

学习和准确理解适用于鉴定项目的法律、法规、规章和规范性文件是保证工程造价鉴定合法的重要一环，因此本条要求鉴定人应自行收集，而非当事人提供。

4.1.2 鉴定人应自行准备与鉴定项目相关的标准、规范，若工程合同约定的标准、规范非国家或行业标准，则应由当事人提供。

【条文解读】

本条是对鉴定人收集相关标准以及当事人提供标准的规定。

工程造价的鉴定不仅与工程计价计量的相关标准、规范息息相关，同时也与工程建设设计、施工生产的标准、规范具有密切联系。因此，本条规定对于国家标准和行业标准应由鉴定人自备。但对于合同中约定的国外标准、地方标准、企业标准或团体标准，则应由当事人提供。

4.1.3 鉴定人应自行收集与鉴定项目同时期、同地区、相同或类似工程的技术经济指标以及各类生产要素价格。

【条文解读】

本条是对鉴定人收集相关技术经济指标以及价格的规定。

工程造价鉴定，价格应还原到鉴定项目施工的时期，因此，除当事人提交证据外，鉴定人也应自行收集本条规定的材料，以满足鉴定时的需要。此外，为应对有的鉴定项目由于证据欠缺（如施工图不齐）而无法采用分部分项计算的方法进行鉴定的情况，而又有可能采用估算或概算的方法，如房屋建筑工程以每平方米建筑面积造价进行鉴定，就需要收集与鉴定项目同时期、同地区相同或类似工程的技术经济指标以满足鉴定的需要。

4.2 委托人移交

【概述】

《民事诉讼法》第六十四条第一款规定："当事人对自己提出的主张，有责任提供证据。"第六十五条第一款规定："当事人对自己提出的主张应当及时提供证据。"《仲裁法》第四十三条规定："当事人应当对自己的主张提供证据。"根据法律规定，当事人应将证据提交给人民法院或仲裁机构，当确定进行鉴定时，委托人应向鉴定机构移交相关证据。

4.2.1　委托人移交的证据材料宜包含但不限于下列内容：

1　起诉状（仲裁申请书）、反诉状（仲裁反申请书）及答辩状、代理词；

2　证据及《送鉴证据材料目录》（格式参见附录 E）；

3　质证记录、庭审记录等卷宗；

4　鉴定机构认为需要的其他有关资料。

鉴定机构接受证据材料后，应开具接收清单。

【条文解读】

本条明确了委托人向鉴定机构移交证据材料的基本内容。

鉴定人在施工合同纠纷案件审理中最主要的功能就是凭借自身特殊的专业能力发现、解释待证事实和证据中涉及的专门性问题，因此，委托人向其移送的相关证据材料就是工程造价鉴定赖以进行的基础，仅是因为这些与案件有关信息的材料非经特殊的、科学地技术方法，无法为一般人所知悉，因此必须通过鉴定的手段将相关案件的待证信息从中搜集、提炼。按照《司法鉴定程序通则》的规定，委托人委托鉴定的，应当向司法鉴定机构提供真实、完整、充分的鉴定材料，并对鉴定材料的真实性、合法性负责。

【法条链接】

《司法鉴定程序通则》（司法部令第 132 号）

第十二条　委托人委托鉴定的，应当向司法鉴定机构提供真实、完整、充分的鉴定材料，并对鉴定材料的真实性、合法性负责。司法鉴定机构应当核对并记录鉴定材料的名称、种类、数量、性状、保存状况、收到时间等。

诉讼当事人对鉴定材料有异议的，应当向委托人提出。

【条文应用指引】

鉴定机构对委托人需要送鉴的证据材料可以参照本规范附录 E《送鉴证据材料目录》的格式进行选择或增加。

附录 E　送鉴证据材料目录

选择项	序号	材料名称	选择项	序号	材料名称
□	1	起诉状（仲裁申请书）	□	22	工程质量检测报告
□	2	反诉状（仲裁反申请书）	□	23	工程计量单
□	3	答辩状、代理词	□	24	工程结算单
□	4	地质勘察报告	□	25	进度款支付单
□	5	工程招、投标文件	□	26	工程结算审核书
□	6	施工组织设计	□	27	合同约定的主要材料价格
□	7	中标通知书	□	28	甲供材料、设备明细
□	8	工程监理合同	□	29	侵权损害赔偿的有关资料
□	9	建设工程施工合同（补充协议）	□	30	当事人存在争议事实
□	10	开工报告			
□	11	施工图设计文件审查报告			
□	12	施工图纸（或竣工图纸）			
□	13	图纸会审记录			
□	14	设计变更单			
□	15	工程签证单			
□	16	工程变更单			
□	17	工程洽商记录			
□	18	工程会议纪要			
□	19	工程验收记录			
□	20	单位工程竣工报告			
□	21	单位工程验收报告			

注：1. 需提供的证据材料在选择项的方框内打“√”；

2. 委托人送鉴证据应注明质证认定情况，复印件由委托人注明与原件核对无误。

4.2.2 委托人向鉴定机构直接移交的证据，应注明质证及证据认定情况，未注明的，鉴定机构应提请委托人明确质证及证据认定情况。

【条文解读】

本条是对送鉴证据能否作为鉴定依据的规定。

当事人提交的证据材料有无证明力和证明力大小，能否作为鉴定依据，按照法律规定，应由委托人组织案件当事人相互质证，委托人通过质证，对证据材料的真实性、合法性等作出判断后对证据效力进行认定，移交给鉴定机构的证据材料应注明质证及证据效力认定情况，以便鉴定人作为鉴定依据，未注明的，本条要求鉴定机构应主动提请委托人明确质证及证据认定情况。

【法条链接】

《中华人民共和国诉讼法》

第六十八条 证据应当在法庭上出示，并由当事人互相质证。

《中华人民共和国仲裁法》

第四十五条 证据应当在开庭时出示，当事人可以质证。

《最高人民法院关于适用〈中华人民共和国民事诉讼法〉的解释》（法释〔2015〕5号）

第一百零五条 人民法院应当按照法定程序、全面、客观地审核证据，依照法律规定，运用逻辑推理和日常生活经验法则，对证据有无证明力和证明力大小进行判断，并公开判断的理由和结果。

《最高人民法院关于人民法院民事诉讼中委托鉴定审查工作若干问题的规定》（法〔2020〕202号）

4. 未经法庭质证的材料（包括补充材料），不得作为鉴定材料。

当事人无法联系、公告送达或当事人放弃质证的，鉴定材料应当经合议庭确认。

5. 对当事人有争议的材料，应当由人民法院予以认定，不得直接交由鉴定机构、鉴定人选用。

《江苏省高级人民法院民一庭建设工程施工合同纠纷案件司法鉴定操作规程》（2015年12月）

第十三条 人民法院应当在鉴定资料移交鉴定机构前组织当事人进行逐项质证，经质证认可或经人民法院予以认定的资料可以移交鉴定机构使用。

受鉴项目资料较多的，人民法院可以先行委托鉴定机构对双方当事人提交的资料进行核对，确定无争议的资料和有争议的资料后，由人民法院组织双方当事人对核对结果进行书面确认。对于有争议的资料，人民法院应当组织当事人进行逐项质证。

4.2.3 鉴定机构对收到的证据应认真分析，必要时可提请委托人向当事人转达要求补充证据的函件（格式参见附录 F）。

【条文解读】

本条规定了鉴定机构根据鉴定工作需要，可提请委托人要求当事人补充证据材料。

由于工程建设涉及的专业复杂、环节众多，有时需要当事人提交的证据也十分庞杂。司法实践中，有的当事人往往只将自身认为有用的证据提交，忽视工程实施过程中不少证据材料是互相印证、互有关联的，对待证事实的认定具有十分重要的作用。因此，本条提出鉴定人对送鉴证据经过认真梳理、分析后，如认为有必要由当事人补充证据的，应及时列出书面清单，提请委托人要求当事人补充鉴定材料。

【法条链接】

《江苏省高级人民法院建设工程施工合同纠纷案件委托鉴定工作指南》（2019 年 12 月 27 日江苏省高级人民法院审判委员会第 35 次全体委员会议讨论通过）

7. 鉴定机构认为鉴定材料不全需要委托法院补充的，应当在接受委托之日起 10 日内向委托法院一次性提交补充所需材料的书面清单。

委托法院应当在收到材料补充清单之日起 20 日内，对照清单要求，组织当事人举证质证，并将经质证的相关材料移送鉴定机构。证据材料较多且当事人争议较大的，经分管庭长同意可以延长 10 日。

【条文应用指引】

根据鉴定事项的需要，鉴定机构认为需要当事人补充证据材料的，应当向委托人提出，由委托人决定，不得擅自向当事人提出补充证据。提请函可以参照本规范附录 F《提请委托人补充证据的函》的格式。

附录 F　提请委托人补充证据的函

××价鉴函〔20××〕××号

致＿＿＿＿＿＿＿＿＿＿（委托人）：

根据贵方的委托，我方正在开展＿＿＿＿＿＿项目（案号×××）的鉴定工作，鉴于本项目鉴定工作的需要，请提交（或补充提交）如下证据（请注明证据认定情况）：

除上述证据以外，请贵方根据项目情况转交鉴定可能需要用到的其他证据，以免鉴定工作发生偏差而影响鉴定质量。

鉴定机构（公章）＿＿＿＿

年　月　日

注：本函一式二份，委托人一份，鉴定机构留底一份。

4.2.4　鉴定机构收取复制件应与证据原件核对无误。

【条文解读】

本条是关于证据原件应与复制件核对无误的规定。

虽然工程造价鉴定收取的证据材料数量可能很大、种类很多，但为了保证复制件的真实性，鉴定机构收取的证据材料复印件、扫描件、拍照件、摄像件应与原件核对无误，以免鉴定工作出现偏差。

【法条链接】

《最高人民法院关于民事诉讼证据的若干规定》（法释〔2019〕19号）

第十一条　当事人向人民法院提供证据，应当提供原件或者原物。如需自己保存证据原件、原物或者提供原件、原物确有困难的，可以提供经人民法院核对无异的复制件或者复制品。

4.3 当事人提交

【概述】

基于工程建设项目计价的复杂性，工程造价鉴定可能涉及巨量的证据材料，而在未决定是否进行工程造价鉴定前，部分证据材料，尤其是一些专业技术资料，如设计图纸、施工方案等当事人可能不事先向委托人提交。往往是第一次开庭后，委托人认为需要就专门性问题进行鉴定的，向负有举证责任的当事人释明，经当事人申请，委托人准许进行工程造价鉴定后，再要求当事人在举证期限内向委托人提交证据材料。实践中也有委托人（如有的仲裁机构）由于种种原因，要求当事人将应向委托人提交的证据直接向鉴定机构提交的。这一做法的实质乃是受委托人委托代收当事人证据的一项具体事务。

4.3.1 鉴定工作中，委托人要求当事人直接向鉴定机构提交证据的，鉴定机构应提请委托人确定当事人的举证期限，并应及时向当事人发出函件（格式参见附录G）。要求其在举证期限内提交证据。

【条文解读】

本条规定若委托人要求当事人直接向鉴定机构提交证据材料，鉴定机构应提请委托人确定当事人的举证期限。

鉴定机构接受鉴定工作委托后，若委托人要求当事人直接向鉴定机构提交证据材料的，鉴定机构不好直接拒绝，但应提请委托人按照法律规定确定当事人的举证期限。要求当事人在举证期限内提交证据。

【法条链接】

《中华人民共和国诉讼法》

第六十五条第二款 人民法院根据当事人的主张和案件的审理情况，确定当事人应当提供的证据及期限。

《最高人民法院关于民事诉讼证据的若干规定》（法释［2019］19号）

第五十一条第一款 举证期限可以由当事人协商，并经人民法院准许。

【条文应用指引】

当事人提起诉讼或申请仲裁，应向人民法院或仲裁机构提交证据，这是常识，也是法律要求。但在进入工程造价鉴定阶段时，也有仲裁机构要求当事人直接向鉴定机构提交鉴定证据材料的。鉴于人民法院对于当事人提交证据材料有明确的法律规定，鉴定机构在遇到委托法院委托鉴定机构直接收取当事人鉴定材料的，应当提示法院直接收取当事人鉴定材料，经质证后再移交给鉴定机构。如仲裁机构委托鉴定机构代收当事人鉴定材料的，应在提请委托仲裁机构确定当事人举证期限后，参照本规范附录 G 的格式发出《要求当事人提交证据材料的函》。

附录 G　要求当事人提交证据材料的函

××价鉴函〔20××〕××号

致____________项目当事人____________：

根据委托人____________的委托，我方正在开展该项目的鉴定工作，依据有关规定和本项目鉴定工作的需要，经委托人授权，请贵方在______年______月______日______时前提交（或补充提交）如下证据：

如在上述期限内不能提交所列证据或提交虚假证据的，将承担相应的法律后果。

除上述证据以外，请主动举证与该项目相关的其他证据，以免鉴定工作发生偏差而影响当事人的利益。

鉴定机构（公章）______

年　月　日

注：本函一式______份，报委托人一份，送当事人______方各一份，鉴定机构留底一份。

【注意事项】

根据法律规定，确定当事人的举证期限是委托人的职权，鉴定机构受委托人委托代收鉴定证据材料，但切忌擅自决定举证期限。

4.3.2 鉴定机构收到当事人的证据材料后，应出具收据，写明证据名称、页数、份数、原件或者复印件以及签收日期，由经办人员签名或盖章。

【条文解读】

本条对鉴定机构代委托人收取当事人的证据材料，按法律规定作了要求。

鉴定机构代委托人收取当事人提交的证据材料，也应当依照《民事诉讼法》第六十六条、《民事诉讼证据》第十九条的相关规定做好收取工作。

【法条链接】

《中华人民共和国诉讼法》

第六十六条 人民法院收到当事人提交的证据材料，应当出具收据，写明证据名称、页数、份数、原件或者复印件以及收到时间等，并由经办人员签名或者盖章。

《最高人民法院关于民事诉讼证据的若干规定》（法释［2019］19号）

第十九条 当事人应当对其提交的证据材料逐一分类编号，对证据材料的来源、证明对象和内容作简要说明，签名盖章，注明提交日期，并依照对方当事人人数提出副本。

人民法院收到当事人提交的证据材料，应当出具收据，注明证据的名称、份数和页数以及收到的时间，由经办人员签名或者盖章。

《重庆市高级人民法院关于建设工程造价鉴定若干问题的解答》（渝高法［2016］260号）

17. 当事人将鉴定资料直接提交给鉴定人的，如何处理？

当事人应当将鉴定资料提交给人民法院，由人民法院组织质证后提交给鉴定人，而不得直接提交给鉴定人。

当事人直接将鉴定资料提交给鉴定人的，鉴定人应当告知当事人将鉴定资料提交给人民法院或者将鉴定资料转交给人民法院。未经人民法院组织质证，鉴定人直接根据当事人提交的鉴定资料作出鉴定意见的，人民法院应当对该鉴定意见不予采信，并重新进行鉴定或者对相关鉴定资料质证后由鉴定人重新出具鉴定意见。

【条文应用指引】

适用本条的前提条件是受委托人委托，鉴定机构代委托人收取当事人提交鉴定需要的证据材料。实践中应注意两点：

1. 受委托人委托代收当事人提交的送鉴证据的，鉴定机构应当依据《民事诉讼法》第六十六条、《民事诉讼证据》第十九条的规定做好证据材料的收取工作，确保移交给委托人的证据材料符合法律规定。

2. 委托人并未委托鉴定机构代收当事人提交送鉴证据的，如发生当事人直接将证据材料交给鉴定人的，鉴定人应告知当事人将证据材料直接提交给委托人，而不能擅自接收当事人的证据材料。

4.3.3 鉴定机构应及时将收到的证据移交委托人，并提请委托人组织质证并确认证据的证明力。

【条文解读】

本条是对鉴定机构收到当事人证据材料应移交委托人的规定。

按照法律规定，当事人提交证据材料后，应由委托人组织当事人交换证据，开庭质证，并由委托人对证据的证明力进行认定，再交由鉴定机构进行鉴定。因此，本条规定鉴定机构代收当事人提交的证据后，应及时移交委托人。

【条文应用指引】

鉴定机构在代委托人收到当事人的证据材料后，不得擅自采用，将其作为鉴定依据进行鉴定工作，而应及时将收到的证据材料移交委托人，以便委托人组织当事人交换证据，组织当事人开庭质证并确认证据的证明力后，再移交鉴定机构作为鉴定依据进行鉴定。

4.3.4 若委托人委托鉴定机构组织当事人交换证据的，鉴定人应将证据逐一登记，当事人签领。若一方当事人拒绝参加交换证据的，鉴定机构应及时报告委托人，由委托人决定证据的交换。

4.3.5 鉴定人应组织当事人对交换的证据进行确认，当事人对证据有无异议都应详细记载，形成书面记录，请当事人各方核实后签字。并将签字后的书面记录报送委托人。若一方当事人拒绝参加对证据的确认，应将此报告委托人，由委托人决定证据的使用。

【条文解读】

第 4.3.4、4.3.5 条是对鉴定机构受委托人委托组织证据交换的规定。

按照《民事诉讼证据》的规定，证据交换应当在审判人员的主持下进行，但实践中也有委托人委托鉴定机构组织当事人交换证据的，本条作了变通处理，鉴定机构接受委托组织时，若一方当事人拒绝参加的，应及时报告委托人，由委托人决定证据的交换。

鉴定机构应委托人委托组织当事人交换证据，也应当依照《民事诉讼证据》的规定进行。对当事人无异议的证据、事实记录在卷；对有异议的证据，按照需要证明的事实分类记录在卷，并记载异议的理由，当事人对记录核实后签名。鉴定机构应及时将证据交换记录报送委托人，若一方当事人拒绝，也应报告委托人，由委托人组织当事人质证，决定证据的使用。

【法条链接】

《最高人民法院关于民事诉讼证据的若干规定》（法释〔2019〕19号）

第五十七条 证据交换应当在审判人员的主持下进行。

在证据交换的过程中，审判人员对当事人无异议的事实、证据应当记录在卷；对有异议的证据，按照需要证明的事实分类记录在卷，并记载异议的理由。通过证据交换，确定双方当事人争议的主要问题。

【条文应用指引】

按照最高人民法院《民事诉讼证据》的规定，“证据交换应当在审判人员的主持下进行”。随着人民法院对司法程序的进一步规范，原来在工程造价鉴定中存在的“由鉴定机构组织当事人交换证据”的不规范行为正在走入历史。因此，鉴定机构如遇到还有委托人委托鉴定机构交换证据的，应当提示委托人按照规定自行组织当事人交换证据。

4.3.6 当事人申请延长举证期限的，鉴定人应告知其在举证期限届满前向委托人提出申请，由委托人决定是否准许延期。

【条文解读】

本条是对当事人申请延长举证期限如何处理的规定。

按照法律规定，确定举证期限是委托人的职权，因此，在鉴定过程中，当事人申请延长举证期限的，鉴定人应告知当事人在举证期限届满前向委托人提出申请，由委托人决定是否准许延期举证。

【法条链接】

《中华人民共和国民事诉讼法》

第六十五条 当事人逾期提供证据的，人民法院应当责令其说明理由；拒不说明理由或者理由不成立的，人民法院根据不同情形可以不予采纳该证据，或者采纳该证据但予以训诫、罚款。

《最高人民法院关于适用〈中华人民共和国民事诉讼法〉的解释》（法释〔2015〕5号）

第一百条 当事人申请延长举证期限的，应当在举证期限届满前向人民法院提出书面申请。

申请理由成立的，人民法院应当准许，适当延长举证期限，并通知其他当事人。延长的举证期限适用于其他当事人。

申请理由不成立的，人民法院不予准许，并通知申请人。

【注意事项】

鉴定人不得违反法律规定，擅自对当事人表态，决定延长当事人的举证期限。

4.4 证据的补充

【概述】

鉴于建设工程造价鉴定的复杂性，在鉴定过程中，往往会发生需要当事人补充证据材料的情形，本节提出了鉴定人要求补充证据和当事人自行补充证据的处理方法。

4.4.1 鉴定过程中，鉴定人可根据鉴定需要提请委托人通知当事人补充证据，对委托人组织质证并认定的补充证据，鉴定人可直接作为鉴定依据；对委托人转交，但未经质证的证据，鉴定人应提请委托人组织质证并确认证据的证明力。

【条文解读】

本条是关于鉴定过程中需要补充证据的规定。

由于工程建设的过程复杂、专业众多，在实践中，有的时候在鉴定过程中，鉴定人才会发现需要当事人补充证据的状况，这时，鉴定机构应向委托人发书面函件，载明需要补充的证据材料名称、与鉴定事项的关系等内容，以便委托人审查认为确需补充的，通知当事人在指定期间内提交，委托人收到补充的证据材料后，组织当事人进行质证，对证明力进行认定后移交鉴定人。

【法条链接】

《人民法院对外委托司法鉴定管理规定》（最高人民法院法释［2002］8号）

第十四条 接受委托的鉴定人认为需要补充鉴定材料时，如果由申请鉴定的当事人提供确有困难的，可以向有关人民法院司法鉴定机构提出请求，由人民法院决定依据职权采集鉴定材料。

《重庆市高级人民法院关于建设工程造价鉴定若干问题的解答》（渝高法［2016］260号）

19. 建设工程造价鉴定过程中，鉴定人认为需要补充提交鉴定资料的，如何处理?

建设工程造价鉴定过程中，鉴定人认为需要补充提交鉴定资料的，应当向人民法院发送书面函件。书面函件应当载明需要补充提交鉴定资料的名称、提交主体以及与鉴定事项的关系。人民法院经审查认为确需补充提交的，可以责令当事人限期提交。人民法院收到当事人补交的鉴定资料后，应组织当事人进行质证，并对鉴定资料进行认定后移交鉴定人。

《山东省人民法院对外委托司法鉴定管理实施细则》（2002年11月21日山东省高级人民法院审判委员会第51次会议通过）

第三十三条 鉴定过程中，鉴定人需要补充鉴定材料时，由人民法院司法鉴定机构通知当事人补充提供，当事人提供确有困难的，由人民法院依据职权采集相关鉴定材料。

《江苏省高级人民法院民一庭建设工程施工合同纠纷案件司法鉴定操作规程》（2015年12月）

第十七条 鉴定过程中鉴定机构认为需要补充鉴定资料的，人民法院应当要求当事人在指定的期限内提交，当事人未在指定期限内提交的，按照第十一、十二条处理。（第十一条　当事人应当在人民法院指定的时间内提交鉴定资料，控制鉴定资料的一方当事人逾期不提供导致相关争议项无法确定的，人民法院可以根据案件审理情况认定对方当事人主张的相关事实成立。第十二条　控制鉴定资料的一方当事人经释明后拒不提供资料，导致鉴定无法进行的，人民法院可以终结鉴定，由拒不提供资料的一方当事人承担相应不利后果；双方均有能力提供，经释明后均未提供的，由对相关争议事实承担举证责任的一方当事人承担相应不利后果。）

【注意事项】

鉴定过程中，鉴定人认为需要当事人补充证据材料的，应当向委托人提出，鉴定人不得违反法律规定，擅自通知当事人补充证据材料。

4.4.2 当事人逾期向鉴定人补充证据的，鉴定人应告知当事人向委托人申请，由委托人决定是否接受。鉴定人应按委托人的决定执行。

【条文解读】

本条是对当事人逾期补充证据材料如何处理的规定。

当事人逾期提交或补充证据材料，是否接受，应由委托人决定。按照《民事诉讼法》和《民事诉讼法解释》的规定，人民法院对当事人逾期提供证据的理由需要进行审查，这是连接举证期限和逾期举证的后果之间的桥梁。人民法院对于符合以下条件的，可以接受当事人逾期提供的证据：其一是因客观原因逾期提供证据，这里的客观原因包括自然灾害等不可抗力，也包括社会事件以及其他非逾期提供证据的当事人自身所能够控制的因素；其二是对方当事人对逾期提供的证据无异议的，此种情形主要考虑尊重对方当事人在诉讼中的处分权。

逾期举证的法律后果，是举证时限制度的核心，也是举证时限制度发挥其价值功能的关键，当事人没有遵守举证时限的要求必然会产生一定的法律后果。

一是证据失权，即当事人逾期提供的证据，丧失证据效力。证据失权的后果意味着逾期提供证据的当事人丧失提出证据证明自己的事实主张和反驳对方的权利，法院也不会对当事人逾期提供的证据进行审理。二是负担额外的证明责任，即当事人逾期提供证据确有正当理由的，该证据作为失权后果的例外，允许提出，但当事人应就正当理由的存在负担证明责任。三是承担不利的诉讼后果。由于举证时限是证明责任的内在要求，对待证事实负有举证责任的当事人未能按照举证期限的要求有效完成举证，在待证事实处于真伪不明状态时，应当承担不利的诉讼结果。

【法条链接】

《中华人民共和国民事诉讼法》

第六十五条 当事人逾期提供证据的，人民法院应当责令其说明理由；拒不说明理由或者理由不成立的，人民法院根据不同情形可以不予采纳该证据，或者采纳该证据但予以训诫、罚款。

《最高人民法院关于适用〈中华人民共和国民事诉讼法〉的解释》（法释〔2015〕5号）

第一百零一条 当事人逾期提供证据的，人民法院应当责令其说明理由，必要时可以要求其提供相应的证据。

当事人因客观原因逾期提供证据，或者对方当事人对逾期提供证据未提出异议的，视为未逾期。

第一百零二条 当事人因故意或者重大过失逾期提供的证据，人民法院不予采纳。但该证据与案件基本事实有关的，人民法院应当采纳，并依照民事诉讼法第六十五条、第一百一十五条第一款的规定予以训诫、罚款。

当事人非因故意或者重大过失逾期提供的证据，人民法院应当采纳，并对当事人予以训诫。

当事人一方要求另一方赔偿因逾期提供证据致使其增加的交通、住宿、就餐、误工、证人出庭作证等必要费用的，人民法院可予支持。

【注意事项】

当事人在举证期限届满后向鉴定人补充证据材料的，鉴定人不得擅自接受作为鉴定依据，而应告知当事人向委托人申请补充证据，由委托人决定是否接受，鉴定人应按委托人的决定执行。

4.5 鉴定事项调查

【概述】

鉴定事项调查的重要作用：一是避免其中一方当事人的先入为主，能够客观、公正地了解案情；二是克服送鉴证据材料的局限性，对一些不完整、表达不清楚、有矛盾的证据必须经各方当事人共同澄清。

4.5.1 根据鉴定需要，鉴定人有权了解与鉴定事项有关的情况，并对所需要的证据进行复制。

4.5.2 根据鉴定需要，鉴定人可以询问当事人、证人，询问应制作询问笔录（格式参见附录 H）。

【条文解读】

第 4.5.1、4.5.2 条是对鉴定人了解案件，进行调查的规定。

鉴定是一项以鉴定人接受委托，凭借自身特殊的专业能力发现、解释案件事实和送鉴证据中涉及的专门性问题的活动为中心的技术服务活动。因此，作为鉴定活动的主体，鉴定人应享有与其工作相适应的权利，查阅与鉴定项目有关的案卷。任何一个需要进行鉴定的专门性问题都与案情紧密相联，因此鉴定人应该向委托人进行书面的或口头的了解，从而确保对送鉴证据材料进行全面、客观、准确的把握和认识。

为全面搜集鉴定所需的相关材料和信息，法律也授权鉴定人可以调取证据，询问与鉴定事项有关的当事人或者证人等方式获得进行鉴定所必需的案件信息及证据，向鉴定项目的当事人进行询问、调查等，以便对证据材料中一些不完整、不清楚、有矛盾的地方，经询问当事人得到澄清，能更客观、公正地了解案情。询问应按照要求制作成询问笔录，而不能一问了之。

【法条链接】

《中华人民共和国民事诉讼法》

第七十七条第一款 鉴定人有权了解进行鉴定所需要的案件材料，必要时可以询问当事人、证人。

《最高人民法院关于民事诉讼证据的若干规定》（法释［2019］19号）

第三十四条第二款 经人民法院准许，鉴定人可以调取证据，勘验物证和现场、询问当事人或者证人。

【条文应用指引】

在工程造价鉴定工作中，鉴定人为了了解案情，应依照《民事诉讼证据》的规定，报请委托人批准召开当事人参加的调查会，询问当事人或者证人。批准后应做好以下工作：

1. 做好询问准备。鉴定人应当认真阅读案件卷宗和当事人的证据材料，了解当事人之间争议的焦点，从中梳理出需要当事人、证人进一步说明的事项，以便有的放矢地进行询问。

2. 选择合适方法。询问当事人一般有两种方法：一是调查会，请当事人参加，分别陈述案情及争议的焦点，必要时，鉴定人可以提问，听取各方意见。调查会应由专人负责记录，形成会议纪要，由会议参加者签名。二是询问，询问要记录问答情况，当事人回答的关键语句。询问要制成询问笔录，注明时间、地点、被询问人、询问人、记录人。询问笔录格式可参照本规范附录H《询问笔录》格式。询问结束时，请被询问人核对笔录签名。

会议纪要和询问笔录都应报送委托人审查决定是否作为鉴定依据。

【注意事项】

依照《民事诉讼法》第七十七条的规定，鉴定人可以通过调取证据、询问当事人等方式取得鉴定所需的案件信息。但上述活动仍受到民事诉讼程序的制约，鉴定人与法官一样，应当遵守人民法院调查取证的基本规则。应注意以下几点：

1. 提请委托人批准。《民事诉讼证据》第三十四条要求鉴定人调查、询问当事人应当经人民法院准许。因此，鉴定人不得擅自召开调查会、询问当事人。

2. 保持中立主场。鉴定人不论是在调查会或是询问当事人时，都应严格保持中立，不得在调查会或者询问中妄加评论。

3. 会议纪要、询问笔录报送委托人。鉴定人不得自行将会议记录、询问笔录作为鉴定材料使用。如确因委托人未作表态，鉴定期限又紧，可暂按其作出鉴定意见，但必须在鉴定书中注明其未经委托人组织质证，进行认定，以便委托人审查鉴定书时注意。

附录H 询 问 笔 录

案号：×××

编号：

一、时间：_______年_______月_______日_______时。

二、地点：____。

三、询问人：____________________。____________________记录人：____________________；见证人：________________。

四、被询问人：姓名：_______________，年龄_______，性别_______，工作单位及职务__________________________________，住址及电话____。

问：我们是鉴定机构鉴定人（出示证件），我们就___________一案接受___________的委托，需要通过您了解一下与本案的有关情况，希望您能据实回答我们提出的问题，以利维护当事人的合法权益。您愿意接受我们的询问吗？

答：____

签名：　　　　　　　　　　　　　　电话：

4.5.3 鉴定人对特别复杂、疑难、特殊技术等问题或对鉴定意见有重大分歧时，可以向本机构以外的相关专家进行咨询，但最终的鉴定意见应由鉴定人作出，鉴定机构出具。

【条文解读】

本条是对聘请鉴定机构外的相关专家协助鉴定的规定。

工程建设本身的多样性、复杂性决定了某些工程项目可能会由于采用新型材料、新型设备、新的工艺等，但这些可能会超出造价工程师熟悉的领域，这时就需要具备这方面知识的建筑师、建造师等相关专业的专家发表专业意见，以帮助造价工程师正确地作出鉴定。这里的咨询，是对鉴定人不太熟悉的技术问题进行解惑释疑，但不意味着由被咨询的专家直接进行鉴定。在实践中，这些专家意见当然应在鉴定意见书中引用，但鉴定意见书的签署应是鉴定人和鉴定机构。

【法条链接】

《人民法院司法鉴定工作暂行办法》最高人民法院（法发［2001］23号）

第二十条 对疑难或者涉及多学科的鉴定，出具鉴定结论前，可听取有关专家的意见。

《司法鉴定程序通则》（司法部令第132号）

第三十三条 鉴定过程中，涉及复杂、疑难、特殊技术问题的，可以向本机构以外的相关专业领域的专家进行咨询，但最终的鉴定意见应当由本机构的司法鉴定人出具。

专家提供咨询意见应当签名，并存入鉴定档案。

【注意事项】

工程造价鉴定中，有极少数的鉴定机构，将既不复杂，也不疑难，更不特殊的鉴定事项交由鉴定机构以外的相关专家直接进行鉴定，提出的鉴定意见由鉴定机构采用。这样的做法既不符合法律规定，也与本条的规定风马牛不相及，这是鉴定机构不具备该鉴定项目鉴定能力的表现。按规定鉴定机构应当向委托人说明不予接受鉴定委托，避免当事人提出异议，可能导致鉴定意见不被采信而重新鉴定。

4.6 现场勘验

【概述】

勘验是委托人比较特殊的职权行为。对勘验既可理解为调查收集证据的方式，也可理解为核实证据的手段。勘验本身并不是证据，勘验的结果——勘验笔录才是证据。由于工程建设的特殊性，对涉及争议的工程造价鉴定事项，有的必须经过现场勘验才能查清事实，为鉴定提供依据。例如由于图纸的欠缺，但实物——建筑物、构筑物存在，通过勘验可以收集、补充证据；当事人对书证——工程签证的工程量、使用材料有异议，通过勘验可以核实证据。而这些都涉及专业技术问题。因此，现场勘验是工程造价鉴定中十分必要和重要的程序。

4.6.1 当事人（一方或多方）要求鉴定人对鉴定项目标的物进行现场勘验的，鉴定人应告知当事人向委托人提交书面申请，经委托人同意后并组织现场勘验，鉴定人应当参加。

【条文解读】

本条是关于当事人申请现场勘验的规定。

按照法律规定，委托人认为有必要的，可以根据当事人的申请或者依职权决定进行勘验。勘验以满足“有必要进行勘验”为前提。这种必要性，需要结合案件的具体情况进行判断。一般而言，可以从与案件事实的关联性、是否属于待证事实中的重要事项、是否属于勘验标的的形状可能发生变更的情况、待证事实是否已经清楚等多个方面进行综合判断。

现场勘验活动应由委托人组织实施，有的地方存在的由鉴定人组织现场勘验的做法应予纠正。例如一方当事人不参加勘验，或者参加勘验、但对勘验笔录当事人不签认，这种情况下，勘验笔录作为证据的效力将受到质疑。但由委托人通知并组织的勘验，即使当事人一方不参加，或参加后对勘验笔录不签认，委托人对其如何处理，自然心中有数。

在委托人组织见证下，工程造价鉴定活动中的现场勘验，多数情况下，鉴定人实际上扮演的是勘验人的角色，会同各方当事人共同参加。现场勘验一般以满足具体的鉴定工作之需为宜。

【法条链接】

《最高人民法院关于适用〈中华人民共和国民事诉讼法〉的解释》（法释［2015］5号）

第一百二十四条 人民法院认为有必要的，可以根据当事人的申请或者依职权对物证或者现场进行勘验。勘验时应当保护他人的隐私和尊严。

人民法院可以要求鉴定人参与勘验。必要时，可以要求鉴定人在勘验中进行鉴定。

【条文应用指引】

1. 鉴定过程中，如当事人向鉴定人提出进行现场勘验，鉴定人应告知当事人向委托人提出书面申请，由委托人决定是否进行现场勘验，鉴定人不得擅自决定或擅自进行现场勘验。

2. 勘验必须由委托人组织，这是法律规定的委托人的职权行为。实践中，即使有的委托人以工作太忙为由，委托鉴定人组织现场勘验，鉴定人不宜接受，应提示委托人派人组织。

4.6.2 鉴定人认为根据鉴定工作需要进行现场勘验时，鉴定机构应提请委托人同意并由委托人组织现场勘验。

【条文解读】

本条是关于鉴定人提请现场勘验的规定。

在鉴定过程中，鉴定人认为需要对当事人某些证据的待证事实进行勘验时，同样应遵循“有必要勘验”的前提，书面提请委托人决定，而不能擅自进行现场勘验。

【法条链接】

《重庆市高级人民法院关于建设工程造价鉴定若干问题的解答》（渝高法［2016］260号）

20. 建设工程造价鉴定过程中，鉴定人认为需要进行现场勘验的，如何处理?

建设工程造价鉴定过程中，鉴定人认为需要对建设工程是否实际施工、实际施工的方式、数量以及施工现场状况等进行现场勘验的，应当告知人民法院。人民法院经审查后，认为确需进行现场勘验的，应当组织当事人、鉴定人进行现场勘验。

现场勘验应当形成勘验笔录，由当事人、鉴定人以及人民法院工作人员签字后提交给鉴定人作为鉴定依据。

《江西省高级人民法院关于民事案件对外委托司法鉴定工作的指导意见》（赣高法［2009］277号）

第三十八条 鉴定人提出需要进行现场勘验的，应告知司法技术部门，由司法技术部门组织各方当事人和鉴定人员共同参加现场勘验，当事人不到场的不影响勘验的进行，但应当有见证人。

司法技术部门组织现场勘验应当提前通知审判业务部门承办法官到场。

勘验人员应当制作现场勘验笔录，勘验人员、当事人、见证人应当在勘验笔录上签字，勘验笔录可以作为鉴定材料；当事人参与现场勘验，但拒绝在勘验笔录上签字的，勘验笔录仍可作为鉴定材料。

《江苏省高级人民法院民一庭建设工程施工合同纠纷案件司法鉴定操作规程》（2015年12月）

第十六条第一款 鉴定机构提出需要进行现场勘验的，审判部门应当及时会同鉴定管理部门组织当事人和鉴定人进行现场勘验。

【注意事项】

鉴定人认为需要进行现场勘验，应当书面向委托人提出，由委托人决定。鉴定人切忌擅自进行现场勘验。

4.6.3 鉴定项目标的物因特殊要求，需要第三方专业机构进行现场勘验的，鉴定机构应说明理由，提请委托人、当事人委托第三方专业机构进行勘验，委托人同意并组织现场勘验，鉴定人应当参加。

【条文解读】

本条是关于专业勘验人进行勘验工作的规定。

在工程造价鉴定工作实践中，往往都由鉴定人在履行勘验工作，这在通常情况下是可行的，并能满足鉴定工作的需要，但随着科技的进步，一些项目的勘验仅由鉴定人进行已不现实，因此，引入专业勘验人是解决问题的好方法。

4.6.4 鉴定机构按委托人要求通知当事人进行现场勘验的，应填写现场勘验通知书（格式参见附录 J），通知各方当事人参加，并提请委托人组织。一方当事人拒绝参加现场勘验的，不影响现场勘验的进行。

【条文解读】

本条规定了现场勘验的通知，以及当事人不参加勘验的后果。

勘验是委托人为查明案件事实，根据当事人的申请或者依职权进行的活动，目的在于查明案件事实。此活动的开展涉及当事人的民事权益。因此，按照法律规定，委托人在进行勘验前，会将勘验的时间、地点等相关事项通知当事人，以有利于当事人配合委托人，积极参加勘验活动。当然，委托人进行勘验活动前负有通知当事人参加的义务，但不强制当事人必须参加，当事人是否参加，不影响委托人勘验活动的正常进行。委托人也不可能以当事人经通知未参加勘验活动为由取消应开展的勘验活动。

对当事人来说，为保障勘验结果的正确性，积极参与委托人的勘验活动，就相关勘验事项在勘验过程中进行解释和说明，还可以请求委托人注意勘验中的重要事项，这对于委托人通过勘验活动以查明案件事实的真相，作用十分重大。

对鉴定人而言，积极参加委托人的鉴定活动，协助委托人做好勘验笔录，了解案件事实的真相，对于做好鉴定工作，同样作用十分重大。

本条的规定与《民事诉讼法》第八十条第一款以及《民事诉讼证据》第四十三条的规定是吻合的，即当事人经委托人通知，不参加现场勘验的，不影响勘验的进行。

实践中，有时鉴定机构按委托人要求出具的现场勘验通知，仍是委托人的决定，当然应视为委托人的通知，而非鉴定机构的通知。

【法条链接】

《中华人民共和国民事诉讼法》

第八十条第一款 勘验物证或者现场，勘验人必须出示人民法院的证件，并邀请当地基层组织或者当事人所在单位派人参加。当事人或者当事人的成年家属应当到场，拒不到场的，不影响勘验的进行。

《最高人民法院关于民事诉讼证据的若干规定》（法释〔2019〕19 号）

第四十三条第一款 人民法院应当在勘验前将勘验的时间和地点通知当事人。当事人不参加的，不影响勘验的进行。

《江苏省高级人民法院民一庭建设工程施工合同纠纷案件司法鉴定操作规程》（2015年12月）

第十六条第二款 当事人经人民法院通知拒不配合现场勘验导致争议项无法确定的，人民法院可以根据案件审理情况认定对方当事人对争议项的相关主张成立。

【条文应用指引】

鉴定机构接受委托人委托，发出现场勘验通知，其时间、地点应当按照委托人的决定通知，格式可以参照本规范附录J《现场勘验通知书》。

附录J 现场勘验通知书

××价鉴函〔20××〕××号

致_______________项目当事人_______________：

根据委托人____________________的委托，我方正在进行该项目的鉴定工作，由于鉴定工作的需要，委托人决定现场勘验，请贵方在_______年_______月_______日_________时派授权代表到________________________（地点）参加现场勘验工作。

如贵方在上述时间不能派员参加现场勘验工作，不影响现场勘验工作的进行，但将承担相应的法律后果。

鉴定机构（公章）________

年　月　日

注：本通知一式_______份，报委托人一份，送当事人_______方各一份，鉴定机构留底一份。

4.6.5 勘验现场应制作勘验笔录或勘验图表，记录勘验的时间、地点、勘验人、在场人、勘验经过、结果，由勘验人、在场人签名或者盖章（格式参见附录K）。对于绘制的现场图表应注明绘制的时间、方位、绘测人姓名、身份等内容。必要时鉴定人应采取拍照或摄像取证的方式，留下影像资料。

【条文解读】

本条规定了勘验笔录的制作要求。

勘验的标的为物证或者现场。物证是以物品的自身属性、外部特征或存在状况等证明案件事实的证据形式。从其概念出发，现场、痕迹等也可以被理解为包含于广义的物证范围内。在勘验过程中，可以采取测量、拍照、录音录像等多种检验方法。

鉴定人参加现场勘验，应主动协助委托人做好勘验笔录、勘验图表。

勘验笔录，是指勘验人对案件有关的现场进行调查、核实、勘验所作的记录。勘验笔录的内容反映委托人对勘验物证、现场的存在状况、存在时空以及相关属性的勘验结果。勘验笔录作为法律规定的证据类型，在诉讼过程中，作为证据使用的勘验笔录，影响对案件基本事实的认定，关涉当事人的民事权益。为此，勘验笔录的制作应符合法律规定的条件和要求。在此需注意的是，勘验笔录的制作主体或者说勘验主体并非限定于法官或仲裁员，由于勘验物证、现场涉及较为专业的问题，可委托具有专门知识的人进行。

对于勘验笔录的具体要求，我国法律规定得较为笼统。如《民事诉讼法》第八十条第三款规定："勘验人应当将勘验情况和结果制作笔录，由勘验人、当事人和被邀参加人签名或者盖章。"《民事诉讼证据》规定较为具体："人民法院勘验物证或者现场，应当制作笔录，记录勘验的时间、地点、勘验人、在场人、勘验的经过、结果，由勘验人、在场人签名或者盖章。对于绘制的现场图应当注明绘制的时间、方位、测绘人姓名、身份等内容。"对于勘验的方法，除了用文字记载外，对于工程造价鉴定而言，还可以用录像、拍照、绘图、测量、检测等方式进行。

为确保勘验笔录制作的完整性、客观性，最高人民法院民事审判第一庭编著的《新民事诉讼证据规定理解与适用》在第四十三条中对勘验笔录在制作过程中有以下几个方面的要求：

"1. 勘验笔录的内容应当如实记载勘验当时的客观情况，不能掺杂勘验人员的主观推测和分析判断的内容，做到如实反映，全面记载，不扩大、不缩小、不走样。

2. 勘验笔录文字的记载内容应明确，不能模棱两可、左右摇摆，不能用不确定的词语。诸如"大概""可能""好像"等。

3. 勘验笔录为勘验过程中即时作出，完整地反映勘验的经过和结果，不能事后补记。

4. 为体现勘验的程序公开性和结果公正性，勘验过程应依法邀请当地基层或者当事人所在单位人员参加，并在笔录上签字。"

【法条链接】

《中华人民共和国民事诉讼法》（2017 年修正）

第八十条第三款 勘验人应当将勘验情况和结果制作笔录，由勘验人、当事人和被邀参加人签名或者盖章。

《最高人民法院关于民事诉讼证据的若干规定》（法释〔2019〕19 号）

第四十三条第三款 人民法院勘验物证或者现场，应当制作笔录，记录勘验的时间、地点、勘验人、在场人、勘验的经过、结果，由勘验人、在场人签名或者盖章。对于绘制的现场图应当注明绘制的时间、方位、测绘人姓名、身份等内容。

【条文应用指引】

勘验笔录作为《民事诉讼法》规定的证据之一，在勘验过程中应当对勘验过程及结果如实记录，并由参加勘验的委托人，各方当事人、鉴定人（勘验人）在勘验笔录上签名，格式可以参照本规范附录 K《现场勘验笔录》。

附录 K　现场勘验笔录

案号：×××

编号：

______年______月______日______时，在______________法官（仲裁员）组织下，__________鉴定人__________、__________，工作人员________、________会同本案当事人__________。

代表____________及委托代理人____________，本案当事人____________代表__________及委托代理人__________，共同到达本工程现场，对______________进行了勘验，现记录如下：

____

____

____

委托人签名： 年　月　日	当事人签名： 年　月　日	当事人签名： 年　月　日	鉴定人签名： 年　月　日

注：1. 如当事人缺席，应如实记载说明；

2. 如绘有勘测图，应注明附勘测图______份。

4.6.6 当事人代表参与了现场勘验，但对现场勘验图表或勘验笔录等不予签名，又不提出具体书面意见的，不影响鉴定人采用勘验结果进行鉴定。

【条文解读】

本条规定了当事人参与了现场勘验但不签名的处理意见。

目前法律中虽然没有当事人不签认勘验结果如何处理的相关规定，但由于勘验是委托人组织的以收集证据或核实证据的法律行为，不论当事人对勘验笔录是否签认，当然不影响鉴定人采用勘验笔录进行鉴定。那是不是意味着鉴定人擅自决定鉴定依据呢？不是，就如同当事人不参加委托人的勘验活动，法律规定勘验照常进行一样。因为当事人既然参加了现场勘验，对勘验笔录签名，表示对此项活动结果的认可。不签名意味着有异议，但应该提出来，如需复勘的，由委托人决定是否复勘，如不能达成一致，也可在勘验笔录上注明不同意见。如仅以当事人对勘验笔录不签名就将鉴定工作停顿是不恰当的，实践中，对以勘验笔录为依据的鉴定意见单独列项进行鉴定并未侵害当事人的民事权益。因为，按照《民事诉讼法》的规定，勘验笔录同样是要经过庭审质证，且当事人对勘验笔录有异议的，经法庭许可，可以向勘验人发问。作为证据使用的勘验笔录，同样依法保障当事人质证的权利，《施工合同司法解释（二）》第十六条规定："鉴定人将当事人有争议且未经质证的材料作为鉴定依据的，人民法院应当组织当事人就该部分材料进行质证。"通过双方当事人对勘验笔录的庭审对抗活动，保障当事人的程序权益，以便人民法院对勘验笔录的证据能力、证明力大小作出认定，最终认定案件事实。

【法条链接】

《中华人民共和国民事诉讼法》

第一百三十九条 当事人在法庭上可以提出新的证据。

当事人经法庭许可，可以向证人、鉴定人、勘验人发问。

当事人要求重新进行调查、鉴定或勘验的，是否准许，由人民法院决定。

《江西省高级人民法院关于民事案件对外委托司法鉴定工作的指导意见》（赣高法［2009］277号）

第三十八条第三款 勘验人员应当制作现场勘验笔录勘验人员、当事人、见证人应当在勘验笔录上签字，勘验笔录可以作为鉴定材料；当事人参与现场勘验，但拒绝在勘验笔录上签字的，勘验笔录仍可作为鉴定材料。

4.7 证据的采用

【概述】

《民事诉讼法》第六十八条规定："证据应当在法庭上出示，并由当事人互相质证。"

《仲裁法》第四十五条规定："证据应当在开庭时出示，当事人可以质证。"

《民事诉讼法解释》第一百零三条规定："证据应当在法庭上出示，由当事人互相质证。未经当事人质证的证据，不得作为认定案件事实的依据。当事人在审理前的准备阶段认可的证据，经审判人员在庭审中说明后，视为质证过的证据。"

第一百零四条规定："人民法院应当组织当事人围绕证据的真实性、合法性以及与待证事实的关联性进行质证，并针对证据有无证明和证明力大小进行说明和辩护。能够反映案件真实情况、与待证事实相关联、来源和形式符合法律规定的证据，应当作为认定案件事实的根据。"

第一百零五条规定："人民法院应当按照法定程序、全面、客观地审核证据，依照法律规定，运用逻辑推理和日常生活经验法则，对证据有无证明力和证明力大小进行判断，并公开判断的理由和结果。"

《民事诉讼证据》第八十五条规定："人民法院应当以证据能够证明的案件事实为根据依法作出裁判。/审判人员应当依照法定程序，全面、客观地审核证据，依据法律的规定，遵循法官职业道德，运用逻辑推理和日常生活经验，对证据有无证明力和证明力大小独立进行判断，并公开判断的理由和结果。"

《最高人民法院关于人民法院民事诉讼中委托鉴定审查工作若干问题的规定》（法〔2020〕202号）4规定："未经法庭质证的材料（包括补充材料），不得作为鉴定材料。/当事人无法联系、公告送达或当事人放弃质证的，鉴定材料应当经合议庭确认。"5规定："对当事人有争议的材料，应当由人民法院予以认定，不得直接交由鉴定机构、鉴定人选用。"

在工程造价鉴定中，由于多种因素的影响，对证据的采用，是一个疑难并易引起争议的问题。按照上述法律规定，可作如下理解：

一是质证是当事人的权利。所谓质证，是指在委托人的主持下，由当事人通过听取、审阅、核对、辨认等方法，对提交法庭的证据材料的真实性、关联性和合法性作出判断，无异议的予以认可，有异议的提出质疑的程序。质证是基本的诉讼程序，是委托人审查认定证据的必要前提，因此，法律规定没有经过质证的证据，不得作为认定案件事实的依据。但反过来并不能得出经过质证的证据就是认定案件事实的依据，这是在鉴定中需要鉴定人注意的。因为，质证也只是审理案件诸多程序中的一个环节，经过质证的证据并不一定都能作为认定案件事实的根据，即作为鉴定依据。实践中，当事人可能仍然存疑（如当事人对证据的真实性、合法性、关联性只认可某一项内容甚至均不认可，或者提出反证等），不一定被委托人采信作为认定案件事实的根据。同时，按照法律规定，也存在当庭质证的例外以及无须质证的例外。

当庭质证的例外，按照《民事诉讼证据》第六十条的规定："当事人在审理前的准备阶段或者人民法院调查、询问过程中发表过质证意见的证据，视为质证过的证据。/ 当事人要求以书面方式发表质证意见，人民法院在听取对方当事人意见后认为有必要的，可以准许。人民法院应当及时将书面质证意见送交对方当事人。"可见，符合该条规定的，无需当庭质证。

无须质证的例外，按照《民事诉讼法解释》第九十二条和《民事诉讼证据》规定当事人自认的于己不利的事实以及《民事诉讼法解释》第九十三条和《民事诉讼证据》第十条规定的免证事实，当事人无须举证证明，亦无须进行质证（详见第二篇 5.2）。

二是认定与采信证据是委托人的权力。法律规定，委托人应当依照法律程序，全面、客观地审核证据，对证据有无证明力和证明力大小作出判断。但由于工程建设的专业性复杂、参与环节众多、施工组织特殊，委托人通常不会也不可能在委托鉴定之前对所有证据的证明力进行认定（开庭时当庭认定的证据会记载在开庭笔录内，不过，通常只有少量证据能够如此处理），因为认定证据是一项复杂的工作，需要委托人运用逻辑推理和日常生活经验法则反复思考、评议，对证据中的专门性问题还需借助专业的判断，即鉴定。

证据的采信是指委托人依据法律规定，在对各种证据材料认定的基础上，采用具有证明力和较高可信度证据的行为。证据的认定与证据的采信之间的关系是：证据的认定是前提，证据的采信与否是结果。即委托人先依据法律规定对证据进行审查、分析、研究，鉴别真伪后再依据证据是否能完全证明待证事实，或证据与待证事实之间证明力的强弱关系确定证据的证明力，最后根据证据的证明力决定证据的采信。

三是由于工程建设的复杂性、特殊性，工程造价鉴定往往鉴定证据数量众多，内容庞杂，对证据的提交也常常不止一次，通常也不可能每份鉴定证据都经过当庭质证（如初步设计图、施工设计图、竣工图、施工方案等，有时当事人提出的设计图纸、工程合同也是一致的）。实践中也存在有的委托人先行委托鉴定机构对当事人提交的证据材料进行核对，确定无争议的材料和有争议的材料后，由委托人组织当事人对核对结果进行书面确认。对于有争议的材料，委托人组织当事人进行质证。

因此本节根据法律规定并结合工程造价鉴定的实践，提出对委托人组织质证并确认了证据的证明力以外的其他证据如何在鉴定中使用的思路：

1. 依照法律关于当事人自认的相关规定，只要当事人各方对某一证据无异议（如设计图纸），或者当事人各方对同一事项提交的证据相同的，鉴定人可以将该证据材料作为鉴定依据。这样做既尊重了当事人的权利，又使鉴定工作得以顺利进行，提高了鉴定的效率；

2. 如当事人对某一证据有异议，或提交的证据彼此矛盾，委托人在鉴定前又未对其如何使用作出认定的情况下，鉴定人可以将这类争议事项单独列项，根据自己的专业判断分别出具鉴定意见并在鉴定书中说明，供委托人判断使用。这一做法实质上是将委托人对证据证明力的认定应在鉴定前作出，推迟到鉴定后作出，这样做虽然增大了鉴定人的工作量，但尊重了委托人的权力，既维护了法律的尊严，又保证了鉴定工作的正常进行。

正是因为存在着委托人在鉴定前无法对所有证据（特别是涉及专门性问题的证据）的证明力予以认定，所以才存在对争议的专门性问题进行鉴定。这也是鉴定存在的基础。即使委托人对所有的证据的证明力都能在鉴定前予以认定，但证据中包含的专门性问题有时也需要鉴定。

《施工合同司法解释（二）》第十六条规定："人民法院应当组织当事人对鉴定意见进行质证。鉴定人将当事人有争议且未经质证的材料作为鉴定依据的，人民法院应当组织当事人就该部分材料进行质证。经质证认为不能作为鉴定依据的，根据该材料作出的鉴定意见不得作为认定案件事实的依据。"该规定于 2019 年 2 月 1 日施行（为配套《民法典》的实施，最高人民法院梳理、修改了《施工合同司法解释（一）、（二）》，重新公布了新的《施工合同司法解释（一）》，保留了该条内容，并于 2021 年 1 月 1 日起施行），这一规定，符合工程造价鉴定的实际情况，解决了鉴定意见中有争议但未经质证是否作为鉴定依据的问题。

4.7.1 鉴定机构应提请委托人对以下事项予以明确，作为鉴定依据：

1 委托人已查明的与鉴定事项相关的事实；

2 委托人已认定的与鉴定事项相关的法律关系性质和行为效力；

3 委托人对证据中影响鉴定结论重大问题的处理决定；

4 其他应由委托人明确的事项。

【条文解读】

本条是提请委托人对鉴定事项如何定性予以明确的规定。

为避免出现"以鉴代审"，委托人与鉴定人应明确各自职责。其中关于鉴定事项的法律问题应由委托人而不是鉴定人确定；待证事实的专门性问题，虽然应由鉴定人通过鉴定确定，但也需要在委托人确定的鉴定范围和要求组成的基本框架下完成，以免出现偏差。在送鉴证据之外，需要委托人明确，鉴定人据以作为鉴定依据的大致有：

1．委托人已查明的与鉴定事项相关的事实；如工程质量验收状况，是工程质量全部合格，还是当事人对部分项目的质量有争议，以便鉴定时单独列项，有利于委托人厘清责任后裁判使用。

2．委托人已认定的与鉴定事项相关的法律关系性质和行为效力；如工程合同是否有效，如合同无效，应是哪一方当事人承担违约责任等，以便采用有效的合同文本和恰当的鉴定方法进行鉴定。

3．委托人对证据中影响鉴定结论重大问题的处理决定；如合同中没有约定，或合同条文之间的约定矛盾，或约定无效等情况下，是进行多方案鉴定还是按委托人确定的一种方案进行鉴定等。

4. 其他应由委托人明确的事项。

委托人就鉴定项目的总体判断向鉴定人作一介绍，有助于鉴定人把握鉴定的正确方向，减少无效鉴定，缩短鉴定时间。

【法条链接】

《最高人民法院关于审理建设工程施工合同纠纷案件适用法律问题的解释（一）》（法释［2020］25号）

第三十三条 人民法院准许当事人的鉴定申请后，应当根据当事人申请及查明案件事实的需要，确定委托鉴定的事项、范围、鉴定期限等，并组织当事人对争议的鉴定材料进行质证。

《最高人民法院关于审理建设工程施工合同纠纷案件适用法律问题的解释（二）》（法释［2018］20号）

第十五条 人民法院准许当事人的鉴定申请后，应当根据当事人申请及查明案件事实的需要，确定委托鉴定的事项、范围、鉴定期限等。

《最高人民法院关于民事诉讼证据的若干规定》（法释［2019］19号）

第三十二条第三款 人民法院在确定鉴定人后应当出具委托书，委托书中应当载明鉴定事项、鉴定范围、鉴定目的和鉴定期限。

《江苏省高级人民法院建设工程施工合同纠纷案件委托鉴定工作指南》（2019年12月27日江苏省高级人民法院审判委员会第35次全体委员会议讨论通过）

9. 鉴定机构可以要求委托法院予以明确：

（一）可以作为鉴定依据的合同、签证、函件、联系单等书证的真实性及其证据效力；

（二）合同没有约定、约定不明，或者约定之间存在矛盾，需要进行合同解释明确鉴定依据的；

（三）无效合同中可以参照作为结算依据的条款；

（四）确定质量标准的依据；

（五）约定工期与实际工期认定的依据；

（六）当事人在鉴定过程补充证据材料或者对证据材料有实质性异议需要重新质证认证的；

（七）鉴定所需材料缺失，需要明确举证不能责任承担的；

（八）对未全部完工工程等需先确定鉴定方法的；

（九）其他需要由人民法院予以明确、作出决定的事项。

【条文应用指引】

了解委托人对施工合同纠纷案件的总体判断，是开展工程造价鉴定的基本要求，正确进行工程造价鉴定的前提。鉴定人应当按照本条的规定，提请委托人予以明确，以便把握工程造价鉴定的正确方向。

4.7.2 经过当事人质证认可，委托人确认了证明力的证据，或在鉴定过程中，当事人经证据交换已认可无异议并报委托人记录在卷的证据，鉴定人应当作为鉴定依据。

【条文解读】

本条是对证据作为鉴定依据的规定。

本条包含了两层含义，经委托人认定了证据证明力的证据和当事人认可的证据应作为鉴定依据。

1. 委托人认定。按照《民事诉讼法》及其司法解释和《民事诉讼证据》的规定，委托人通过庭审，经过当事人质证；或在案件审理前的准备阶段或调查、询问过程中当事人发表过质证意见；或经委托人同意，当事人发表了书面质证意见，经委托人确认了证明力予以采信的证据，应当作为鉴定依据。

2. 当事人认可。按照《民事诉讼证据》的规定，对当事人在诉讼过程中认可的证据予以确认。最高人民法院民事审判第一庭在《新民事诉讼证据规定理解与适用》第八十九条条文释义中指出："当事人对证据的认可应指对证据能力或曰证据资格的认可，应对证据的真实性、合法性和关联性均予以认可。当事人认可的证据，人民法院可不再审核，直接予以确认，纳入用以确定案件事实的证据范围。""对证据的确认与对案件事实的自认不同，虽然证据是认定事实的依据，但证据类型不同，其证明力亦不同，人民法院在确认证据资格后，还需运用逻辑推理和生活经验对证据的证明力作出判断，从而确定证据的待证事实是否属实。"

在工程造价鉴定的实践中，一方当事人提交的施工图纸等证据，另一方当事人无异议或不否认的情形是常常发生的，因此，本条依照法律规定对当事人经过证据交换已认可无异议并经委托人记录在卷的证据，同样作为鉴定依据，以推动鉴定进程。

【法条链接】

《最高人民法院关于适用〈中华人民共和国民事诉讼法〉的解释》（法释［2015］5号）

第九十二条 一方当事人在法庭审理中，或者在起诉状、答辩状、代理词等书面材料中，对于己不利的事实明确表示承认的，另一方当事人无需举证证明。

对于涉及身份关系、国家利益、社会公共利益等应当由人民法院依职权调查的事实，不适用前款自认的规定。

自认的事实与查明的事实不符的，人民法院不予确认。

第一百零四条 人民法院应当组织当事人围绕证据的真实性、合法性以及与待证事实的关联性进行质证，并针对证据有无证明和证明力大小进行说明和辩护。能够反映案件真实情况、与待证事实相关联、来源和形式符合法律规定的证据，应当作为认定案件事实的根据。

第一百零五条 人民法院应当按照法定程序、全面、客观地审核证据，依照法律规定，运用逻辑推理和日常生活经验法则，对证据有无证明力和证明力大小进行判断，并公开判断的理由和结果。

第二百二十九条 当事人在庭审中对其在审理前的准备阶段认可的事实和证据提出不同意见的，人民法院应当责令其说明理由。必要时，可以责令其提供相应证据。人民法院应当结合当事人的诉讼能力、证据和案件的具体情况进行审查。理由成立的，可以列入争议焦点进行审理。

《最高人民法院关于民事诉讼证据的若干规定》（法释〔2019〕19号）

第三条 在诉讼过程中，一方当事人陈述的于己不利的事实，或者对于己不利的事实明确表示承认的，另一方当事人无需举证证明。

在证据交换、询问、调查过程中，或者在起诉状、答辩状、代理词等书面材料中，当事人明确承认于己不利的事实的，适用前款规定。

第四条 一方当事人对于另一方当事人主张的于己不利的事实既不承认也不否认，经审判人员说明并询问后，其仍然不明确表示肯定或者否定的，视为对该事实的承认。

第五条 当事人委托诉讼代理人参加诉讼的，除授权委托书明确排除的事项外，诉讼代理人的自认视为当事人的自认。

当事人在场对诉讼代理人的自认明确否认的，不视为自认。

第八十九条 当事人在诉讼过程中认可的证据，人民法院应当予以确认。但法律、司法解释另有规定的除外。

当事人对认可的证据反悔的，参照《最高人民法院关于适用〈中华人民共和国民事诉讼法〉的解释》第二百二十九条的规定处理。（第二百二十九条　当事人在庭审中对其在审理前的准备阶段认可的事实和证据提出不同意见的，人民法院应当责令其说明理由。必要时，可以责令其提供相应证据。人民法院应当结合当事人的诉讼能力、证据和案件的具体情况进行审查。理由成立的，可以列入争议焦点进行审理。）

【条文应用指引】

在工程造价鉴定实践中，鉴定人对委托人明确了当事人证据证明力的证据和无异议的证据在鉴定中的使用毫无疑问。但对《民事诉讼法解释》《民事诉讼证据》规定的当事人在起诉状、答辩状、代理词、质证意见等当事人陈述中自认的于己不利的事实在鉴定中如何采用和说明重视不够。对《民事诉讼法解释》第九十三条和《民事诉讼证据》第十条规定的当事人免证的事实在鉴定中很少采用。在施工合同纠纷案件审理中，当事人陈述中自认的于己不利的事实是存在的，在工程建设领域中“众所周知的事实”和“根据已知的事实和日常生活经验法则推定出的另一事实”在不少情况下是客观存在的，这些免征的事实对于准确的、完整的做好工程造价鉴定同样是十分必要的，可以有效减少因证据存在瑕疵不能鉴定的情形，协助委托人判断案件的待证事实。因此，鉴定人应认真学习和掌握上述法律规定，在工程造价鉴定中敢于和善于应用上述法律规定，对争议事项的专门性问题作出鉴别和判断，提出鉴定意见（当事人无须举证的事实详见第二篇 5.2）。

4.7.3 当事人对证据的真实性提出异议，或证据本身彼此矛盾，鉴定人应及时提请委托人认定并按照委托人认定的证据作为鉴定依据。

如委托人未及时认定，或认为需要鉴定人按照争议的证据出具多种鉴定意见的，鉴定人应在征求当事人对于有争议的证据的意见并书面记录后，将该部分有争议的证据分别鉴定并将鉴定意见单列，供委托人判断使用。

【条文解读】

本条对当事人有争议的证据如何在鉴定中使用作了规定。

对证据的审核认定，是委托人的职权之一，也是进行裁判的必经过程。在我国，一般认为民事诉讼证据应具有真实性、合法性、关联性。

证据的真实性又称证据的客观性。真实性包括两方面：一是在形式上证据表现为客观存在的实体，是客观存在物；二是证据的内容是对案件有关的事实的客观记载和反映，是客观存在的事实。

就施工合同纠纷案件的审理实践来看，一方当事人往往对另一方当事人的证据提出异议，在形式上异议一般有：未能提供原件、原物、原始载体的；复印件、复制件与原件、原物不相符的；涉及己方当事人签字或盖章的证据，但签字或盖章非己方当事人所为等。在内容上的异议一般有：内容与事实不相符的；书证存在删减、剪辑、遗漏等情形；证据反映的事实明显违背常理、习惯等。因此，委托人对证据的真实性进行认定就十分重要。但委托人有时又无法在鉴定前对一些证据进行认定。鉴定实践中，从北京、重庆、河北、四川等地高级人民法院的规定也可看出，委托人会要求鉴定人按照争议的证据单独列项，分别出具鉴定意见。此时，鉴定人应对有争议的证据或彼此矛盾的证据单独列项，分别鉴定提出鉴定意见，以供委托人判断使用。

【法条链接】

《北京市高级人民法院关于审理建设工程施工合同纠纷案件若干疑难问题的解答》（京高法发［2012］245 号）

34. 工程造价鉴定中法院依职权判定的事项包括哪些?

当事人对施工合同效力、结算依据、签证文件的真实性及效力等问题存在争议的，应由法院进行审查并做出认定。法院在委托鉴定时可要求鉴定机构根据当事人所主张的不同结算依据分别作出鉴定结论，或者对存疑部分的工程量及价款鉴定后单独列项，供审判时审核认定使用，也可就争议问题先做出明确结论后再启动鉴定程序。

《重庆市高级人民法院关于建设工程造价鉴定若干问题的解答》（渝高法［2016］260号）

13. 建设工程造价鉴定中，鉴定人认为需要对合同或者合同条款的效力、合同条文的理解、证据的采信等问题作出认定的，应当如何处理?

建设工程造价鉴定中，鉴定人应当对与建设工程造价相关的专门性问题出具鉴定意见。鉴定人在鉴定中认为需要对合同或者合同条款的效力、合同条文的理解、证据的采信等法律性问题作出认定的，应当向人民法院提交书面意见，并说明理由，由人民法院作出认定。人民法院对相关问题作出认定后，应当书面答复鉴定人。

人民法院认为暂时难以对合同或者合同条款的效力、合同条文的理解、证据的采信等法律性问题作出认定，需要在庭审后结合其他证据作出综合认定的，可以要求鉴定人出具多种鉴定意见或者将有争议的事项予以单列。

《河北省高级人民法院建设工程施工合同案件审理指导》（2018年5月7日审判委员会第9次会议讨论通过）

26. 人民法院在委托鉴定时可要求鉴定机构根据当事人所主张的不同结算依据分别作出鉴定结论，或者要求鉴定机构对存疑部分的工程量及价款鉴定后单独列项，供审判时审核认定使用，也可由人民法院就争议问题先做出明确结论后再启动鉴定程序。

《四川省高级人民法院关于审理建设工程施工合同纠纷案件若干疑难问题的解答》（川高法民一［2015］3号）

35. 对当事人提交的鉴定资料应当如何处理?

对当事人提交的鉴定资料，人民法院应在移交鉴定机构进行司法鉴定之前，先行组织质证，对鉴定资料的真实性、合法性、关联性进行审核认定，并将经过认证的鉴定资料移送鉴定机构。对当事人争议大、人民法院尚需结合其他证据和事实作出认证的鉴定资料，人民法院应向鉴定机构作出说明，并要求鉴定机构就该证据采信与不采信的情形分别作出鉴定意见，供人民法院审核认定。

人民法院不得将鉴定资料的质证和审核认定工作交由鉴定机构完成。

【条文应用指引】

鉴定人应避免在委托人未对证据的证明力进行认定的情况下，只按一种争议情况出具鉴定意见，而应分别按照争议证据、矛盾证据单独列项，分别鉴定提出鉴定意见，并给予说明，由委托人判断使用。这样做就可以避免对证据的证明力由鉴定人作出，维护委托人的司法审判权。

4.7.4 当事人对证据的异议，鉴定人认为可以通过现场勘验解决的，应提请委托人组织现场勘验。

【条文解读】

本条是对当事人证据的异议可以通过现场勘验解决的规定。

工程造价鉴定中当事人对证据的异议，不少情况下通过现场对物证的核实或对现场的勘验就可以直观地对证据进行认定。此时，如当事人未申请勘验，鉴定人可以向委托人提出，组织现场勘验核实证据，形成勘验笔录作为鉴定依据。

【法条链接】

《最高人民法院关于适用〈中华人民共和国民事诉讼法〉的解释》（法释［2015］5号）

第一百二十四条 人民法院认为有必要的，可以根据当事人的申请或者依职权对物证或者现场进行勘验。勘验时应当保护他人的隐私和尊严。

人民法院可以要求鉴定人参与勘验。必要时，可以要求鉴定人在勘验中进行鉴定。

《重庆市高级人民法院关于建设工程造价鉴定若干问题的解答》（渝高法［2016］260号）

20. 建设工程造价鉴定过程中，鉴定人认为需要进行现场勘验的，如何处理？

建设工程造价鉴定过程中，鉴定人认为需要对建设工程是否实际施工、实际施工的方式、数量以及施工现场状况等进行现场勘验的，应当告知人民法院。人民法院经审查后，认为确需进行现场勘验的，应当组织当事人、鉴定人进行现场勘验。

现场勘验应当形成勘验笔录，由当事人、鉴定人以及人民法院工作人员签字后提交给鉴定人作为鉴定依据。

4.7.5 当事人对证据的关联性提出异议，鉴定人应提请委托人决定。委托人认为是专业性问题并请鉴定人鉴别的，鉴定人应依据相关法律法规、工程造价专业技术知识，经过甄别后提出意见，供委托人判断使用。

【条文解读】

本条是对证据关联性如何判断的规定。

关联性是证据的一种客观属性，指证据应与其证明的案件事实之间有内在的客观联系及联系程度。对证据的关联性判断，涉及的是证据的内容和实体。关联性是实质性和证明性的结合，如果证据对案件中的某个争议性问题具有证明性，即有助于对该问题的认定，那就具有相关性。证据关联性的判断，主要是对证据内容的判断。对单一证据而言，一般可从证据的证明性和实质性两个角度进行。通常，当事人提出的证据如果使其欲证明的事实主张的成立更有可能或者更无可能，则该证据具有证明性。例如承包人提供经发包人同意的施工设计变更单要求调整工程价款，但经核查，该项目工程合同为设计施工总承包合同，其施工设计导致的风险应由承包人承担，很明显施工设计变更单对此没有证明性，如对施工合同而言，则有证明性。而证明实质性的判断，则取决于所证明的对象是否为待证事实，如果证明目的并非指向待证事实，则该证据不具有实质性，也就没有关联性。

由于工程建设的特殊性，对于工程造价鉴定适用的证明待证事实的证据往往并不是单一的，而是由多组或多种证据来支撑。因而证据的关联性往往是当事人争议的一个焦点，从逻辑上来讲，作为认定待证事实的证据，证据之间要协调一致，相互印证，而不能相互矛盾，应形成一条完整的证据链条。特别是在隐蔽工程上、索赔争议上，需要鉴定人运用专业知识和经验法则，作出符合科学原理和工程建设规律的推断性意见，供委托人判断使用，在这一方面，往往是对鉴定人专业水准的极大考验。

【法条链接】

《最高人民法院关于民事诉讼证据的若干规定》（法释［2019］19号）

第八十八条 审判人员对案件的全部证据，应当从各证据与案件事实的关联程度、各证据之间的联系等方面进行综合审查判断。

《江苏省高级人民法院鉴定工程施工合同纠纷案件委托鉴定工作指南》（2019年12月27日江苏省高级人民法院审判委员会第35次全体委员会议讨论通过）

8. 鉴定机构认为应当由人民法院确定的事项而要求委托法院确定的，应当及时以书面形式征询委托法院的意见，委托法院应当及时作出书面答复。

委托法院认为鉴定机构要求确定的事项，不属于必须由人民法院确定且宜由鉴定机构进行专业鉴别的，可以要求鉴定机构分析鉴别。必要时，委托法院、鉴定机构可以协同建设工程案件咨询专家或者行业管理部门研讨确定。

【条文应用指引】

关联性涉及的是证据的内容和实体，基于关联性是实质性和证明性的结合，其侧重点是证据相对于证明对象是否具有真实性，以及证据对于证明对象是否具有证明性。就工程造价鉴定而言，证据中待证事实的专门性问题与关联性往往紧密相连，甚至密不可分，然而同一证据，由于当事人的诉讼请求不同，则证据的证明性也有所不同。如上例，施工图设计变更对于设计施工总承包合同而言，对于其证明对象——诉讼请求的价款调整，就不具有证明性，证据虽然是真实的，但施工图设计变更却包含在总承包合同中，应该是由承包人承担的。该证据对施工合同而言，则对证明对象——诉讼请求的价款调整，既是真实的，也具证明性，即具有关联性。在工程造价鉴定中，不少证据的关联性判断与专门性问题交织在一起，对此的判断应该是鉴定人的强项，遇到此类问题，鉴定人应及时主动地做好与委托人的沟通，将鉴定人的认知转化为委托人的判断，推动鉴定工作的顺利开展。

4.7.6 同一事项当事人提供的证据相同，一方当事人对此提出异议但又未提出新证据的；或一方当事人提供的证据，另一方当事人提出异议但又未提出能否认该证据的相反证据的，在委托人未确认前，鉴定人可暂用此证据作为鉴定依据进行鉴定，并将鉴定意见单列，供委托人判断使用。

【条文解读】

本条是对一种证据又有异议如何鉴定的规定。

工程造价鉴定中，有时会遇到只有一种证据，当事人之间有异议，在委托人未确认前，鉴定人只能先用此证据进行鉴定，但鉴定意见单独列项并说明双方当事人的异议，供委托人判断使用。

【条文应用指引】

鉴定人应用本条应注意与第4.7.3条的区别，第4.7.3条规定的证据本身矛盾或其争议的证据具有两种不同的鉴定意见，提出的解决方式是单独列项、分别鉴定，鉴定意见单列并予以说明，由委托人判断选择其中一种。本条所指证据是单一的，其鉴定意见只有一种，供委托人判断，只有采信或不采信。

4.7.7 同一事项的同一证据，当事人对其理解不同发生争议，鉴定人可按不同的理解分别作出鉴定意见并说明，供委托人判断使用。

【条文解读】

本条是对同一证据，当事人不同理解如何鉴定的规定。

在工程造价鉴定实践中，有时会遇到当事人对同一合同约定的某同一条文或对同一事项的同一证据各执一词，分别作出不同的理解。针对这种情况，《合同法》第一百二十五条规定了处理办法，2021 年 1 月 1 日施行的《民法典》对其细化，区分有无相对人确定意思表示的真实含义。但这些都是法律赋予委托人的职权。

受语言表达、自身利益追求等因素的影响，当事人在订立合同时对部分条款的“真实意思”如何理解发生争议是难免的，合同理解蕴含了事实认定与法律适用的双重价值，一方面有赖于案件事实的清楚明了，需要相关证据予以佐证；另一方面又需要委托人对争议条款作出说明，辅之以法律、价值判断，在多重含义的可能性之间进行抉择。《民法典》对合同理解规则进行了诸多修正，主要体现在理解规则顺位次序的确立。《合同法》规定的文义解释、整体解释、目的解释、习惯解释及诚信解释之间为并列关系，如当事人对合同的相关条款发生争议，可以在综合考量的基础上根据实际情况自由选择适用如上述任一或多种解释规则。而《民法典》采取了“顺位 + 并列”“强制性规范 + 任意性规范”相结合的模式，即文义解释规则与其他解释规则之间是顺位关系，而其他解释规则相互之间则是并列关系。

在大多数情况下，参考语法、标点符号等可以对合同条款所具有的含义作出恰当的解释。但由于语言文字本身含义的多样性及当事人文化程度等的差异，部分词句的外部表达难免与其内心真意出现差异。此时则需要在文义解释的基础上，根据案件事实对其他解释规则进行选择与适用。即文义理解是合同理解的起点，只有在其无法实现解释目的时，才能寻求其他解释规则的帮助。但是，在其他解释规则之间进行取舍时，需要将其转换为可操作、可细化的举措。首先，整体解释通常意义上对文义解释进行补正的概率较大，争议合同条款必须放置于整个合同文本之中进行考量，使得各部分、各条款之间不至于出现冲突与矛盾。具体而言，一是特别条款优于普通条款、重要条款优于一般条款。合同的必备条款、影响其是否生效的条款、决定价格的条款、违约责任条款等皆需双方当事人在订立合同时谨慎斟酌，所以其在用词方面比一般条款更加严谨。二是协商条款优先于格式条款、手写条款优先于打印条款。其次，合同解释必须借助于合同性质及双方在交易洽谈、履行过程中所要实现的目的来进行。双方当事人根据合意已经成立的合同，往往追求的是某种经济利益，所以应当根据合同追求便宜交易之目的，解释为其已生效。且不同类型的合同所要实现的目的也会呈现一定的差异，根据《民法典》规定的有名合同共性规则对其予以解释具有合理性。再次，根据交易习惯、诚实信用等原则平衡合同双方当事人之间的冲突及利益。相较于其他解释规则而言，交易习惯、诚实信用是从社会公义的角度出发来确认双方的权利义务，虽欠缺一定的逻辑理性，却在合同解释场域适用范围更广，其在强调“形式合法”的同时，也彰显了“实质合理”。上述规则，应当在对争议条款进行解释时综合运用，立足于合同的整体性，以探究争议条款所要表达的真意。但是，其具有一定的顺位性，首先必须依文义解释规则，其次才能根据该争议条款的具体内容及合同详情选择其他解释规则对文义解释进行补正。

因此，在委托人未明确其真实含义的情况下，鉴定人只能按不同的理解分别进行鉴定，并将鉴定意见单独列项，供委托人最终判断。鉴定人应避免只按一种理解进行鉴定。

【法条链接】

《中华人民共和国合同法》

第一百二十五条 当事人对合同条款的理解有争议的，应当按照合同所使用的词句、合同的有关条款、合同的目的、交易习惯以及诚实信用原则，确定该条款的真实意思。

合同文本采用两种以上文字订立并约定具有同等效力的，对各文本使用的词句推定具有相同含义。各文本使用的词句不一致的，应当根据合同的目的予以解释。

《中华人民共和国民法典》

第四百六十六条第一款 当事人对合同条款的理解有争议的，应当依据本法第一百四十二条第一款的规定，确定争议条款的含义。

（第一百四十二条第一款 有相对人的意思表示的解释，应当按照所使用的词句，结合相关条款、行为的性质和目的、习惯以及诚信原则，确定意思表示的含义。）

4.7.8 一方当事人不参加按本规范第 4.3.4 条和第 4.3.5 条规定组织的证据交换、证据确认的，鉴定人应提请委托人决定并按委托人的决定执行；委托人未及时决定的，鉴定人可暂按另一方当事人提交的证据进行鉴定并在鉴定意见书中说明这一情况，供委托人判断使用。

【条文解读】

本条是对只有一方当事人的证据如何鉴定的规定。

在施工合同纠纷案件处理中，有时会遇到只有一方当事人提交证据，而另一方当事人不参加诉讼的情况，这时如何鉴定，应由委托人决定，委托人未决定。只能暂按一方当事人提交的证据进行鉴定并在鉴定书中说明这一情况，供委托人判断。

【法条链接】

《中华人民共和国民事诉讼法》

第六十四条第一款 当事人对自己提出的主张，有责任提供证据。

《中华人民共和国仲裁法》

第四十三条第一款 当事人应当对自己的主张提供证据。

《最高人民法院关于适用〈中华人民共和国民事诉讼法〉的解释》（法释［2015］5号）

第九十条第二款 在作出判决前，当事人未能提供证据或者证据不足以证明其事实主张的，由负有举证证明责任的当事人承担不利的后果。

《最高人民法院关于民事诉讼证据的若干规定》（法释［2019］19号）

第六十六条 当事人无正当理由拒不到场、拒不签署或宣读保证书或者拒不接受询问的，人民法院应当综合案件情况，判断待证事实的真伪。待证事实无其他证据证明的，人民法院应当作出不利于该当事人的认定。

《最高人民法院关于人民法院民事诉讼中委托鉴定审查工作若干问题的规定》（法［2020］202号）

4. 未经法庭质证的材料（包括补充材料），不得作为鉴定材料。

当事人无法联系、公告送达或当事人放弃质证的，鉴定材料应当经合议庭确认。

5 鉴　　定

【概述】

鉴定是鉴定人运用专门的知识和技能，辅之以必要的技术手段，对合同纠纷案件中发生争议的专门性问题进行检测、分析、鉴别、判断的活动。鉴定的成果为鉴定意见，属于专家证据的一种形式，是大陆法系国家和地区对于案件中的专门性问题采取的辅助法官发现事实的手段。本章对工程造价的鉴定方法和步骤，8个小类的具体鉴定，鉴定意见、补充鉴定等作了规定。

5.1 鉴定方法

【概述】

方法是一个汉语词汇，《中文大辞典》讲“法者、妙事之迹也”，把方法看成是人们巧妙办事，或有效办事应遵循的条理或轨迹、途径、线路或路线，即“事必有法，然后可成”（朱熹：孟子集注）。方法的含义较广泛，一般是指为获得某种东西或达到某种目的而采取的手段与行为方式。方法在哲学、科学及生活中有着不同的解释与定义。工程造价鉴定的方法与工程计价的方法紧密相关，而工程计价的方式方法又与不同的历史时期和不同的计价阶段紧密联系，因此，了解掌握不同的工程计价方式和方法对选择适用的鉴定方法具有重要意义。

鉴定人应遵循以事实为依据，以法规为准绳的原则，认识到工程造价鉴定具有法律性、政策性、技术性、经济性等多重属性，鉴定中应依据当事人的合同约定、建设科学技术和造价、经济专门知识，选择适用的鉴定方法，进行工程造价鉴别和判断并作出鉴定意见。

新中国成立后，实行计划经济体制，工程造价实行“量价合一，固定取费”的概预算制度，采用相关工程的定额和计划价格编列工程估算、概算、预算、结算，工程建设任务通过行政分配给施工企业，不承认建设项目各主体之间的利益差别，也没有经济核算。这种工程计价体现的是政府对工程项目的投资管理。

随着改革开放的进行，1983年我国开始实行建设项目的业主负责制、招标投标制、合同制，打破了工程建设任务行政分配的体制，工程造价提出了动态管理的思路，但定额的编制和生产要素价格的发布总是具有滞后性，延续这一方式计算出的工程造价已经不能反映工程的实际价格，也不能很好地实现投资控制的目的。党的十四大以后，我国对工程计价提出了“控制量、指导价、竞争费”的改革目标，即按照统一的计算规则控制工程量，各地区定期发布人工、材料、机械等价格信息及调价文件予以指导，对间接费、利润率等则通过市场竞争形成。改良后的工程造价管理虽然引入价格竞争，但定额中的消耗量与施工现场脱节，信息价难以满足市场竞争形成价格的要求，这一时期，用现在的话来说，就是定额计价方式，计价的基础是施工图、按实计量是其本质特征。

2003 年，借鉴英国工料测量制度，出台了国家标准《建设工程工程量清单计价规范》。采用国际上通行的清单计价体现了“量价分离，风险分担”的原则，即招标人提供工程量清单，由投标人根据自身成本、技术和管理水平自主竞争报价，初步建立了“企业自主报价，竞争形成价格”机制。清单计价模式虽然得到了广泛使用，但由于不少地区仍然编制不适合清单计价的消耗量定额，出现了两种计量规则并存的局面，使工程造价市场化改革效果远远小于预期。

2017 年国务院办公厅《关于促进建筑业持续健康发展的意见》（国办发〔2017〕19 号）提出，加快推行工程总承包，各地区纷纷试点工程总承包。但由于房屋建筑和市政工程工程总承包计价计量规则的缺失（现行 2013 年建设工程计量计价规范是以施工图为基础制定的），仍然采用施工图模拟清单，费率下浮的计价方式实行工程总承包，这一计价方式与工程总承包不相匹配，造成工程总承包约定的总价合同在条文中又成了按施工图计量计价，造成合同约定矛盾，导致近年来工程总承包合同纠纷案件增加。

我国对建设项目的管理一直实行分专业由行业主管部门管理，如公路、铁路、水运、电力、水利、通信、石化、市政、房屋建筑等工程项目均由行业建设主管部门发布相应的计价计量规则以及估算指标、概算指标、概算定额、预算定额和价格信息指导建设单位在工程建设的不同阶段进行投资的控制和造价的确定与管理。

由于建设阶段的不同，计价方法也不同，我国工程投资估算的方法包括生产能力指数法、比例估算法、指标估算法等；设计概算的方法包括概算定额法、概算指标法；施工图预算的方法主要为预算单价法，工程量清单计价的方法主要为综合单价法，也有少数地区仍采用工料单价法。了解掌握工程计价的方法，便于根据鉴定项目的需要以及送鉴证据的情况，选择合适的计价方法。

由于方法的含义广泛，导致有的地方法院将原本是鉴定范围或鉴定依据的归结成了鉴定方法，如《重庆市高级人民法院关于建设工程造价鉴定若干问题的解答》（渝高法〔2016〕260 号）在第 11 条，建设工程造价鉴定中，鉴定方法如何确定？中提出的 6 项，均是指向的鉴定依据而非鉴定方法，如“（1）固定总价合同中，需要对风险范围以外的工程造价进行鉴定的，应当根据合同约定的风险范围以外的合同价格的调整方法确定工程造价。”很明显本条指的是鉴定的范围“约定的风险范围以外”和鉴定的依据“约定的……合同价格的调整方法”，而不是指鉴定方法。那么，在工程造价鉴定中，委托人与鉴定人在确定鉴定方法上应如何沟通处理呢，最高人民法院在《委托鉴定审查规定》第 2 条指出：“拟鉴定事项所涉鉴定技术和方法争议较大的，应当先对其鉴定技术和方法的科学可靠性进行审查。所涉鉴定技术和方法没有科学可靠性的，不予委托鉴定。”总的来说，计价方法在工程建设各阶段的工程造价计算中是客观存在的，工程造价鉴定中采用的方法不可能脱离这些方法。因此，本规范在第 5.1.2 条提出应根据证据材料情况选择鉴定方法。这是鉴定人需要在鉴定工作中与委托人沟通说明的。

5.1.1 鉴定项目可以划分为分部分项工程、单位工程、单项工程的，鉴定人应分别进行鉴定后汇总。

【条文解读】

本条规定了鉴定项目的鉴定方式。

本条是针对鉴定项目作的规定，即可以划分为单项工程、单位工程、分部分项工程项目的，应依据合同约定的计价方式，如是工程量清单计价还是定额计价，按照规则从细到粗分别鉴定，然后汇总，形成成果文件，避免不合理合并造成的鉴定误差，便于委托人和当事人理解计价结果的构成和形成关系。

【条文应用指引】

如委托人仅委托对单独的争议事项进行鉴定的，本条并不适用。

5.1.2 鉴定人应根据合同约定的计价原则和方法进行鉴定。如因证据所限，无法采用合同约定的计价原则和方法的，应按照与合同约定相近的原则，选择施工图算或工程量清单计价方法或概算、估算的方法进行鉴定。

【条文解读】

本条规定了应按合同约定的原则进行鉴定。

本条规定包含了两层意思：一是在委托人未告知合同无效的情况下，鉴定人按合同约定的计价原则和方法进行鉴定就是必须遵守的基本原则——从约原则；二是受当事人提交证据的限制，无法采用合同约定的计价原则和方法的，也应当按照与合同约定相近的原则，选择适合鉴定项目的方法进行鉴定。

工程造价确定具有单件性、多次性和动态性的特点，其准确度是一个由粗到精逐步实现的过程。考虑到实践中，一些工程造价由于证据所限（如施工图或竣工图不全等）不能采取施工图算的方式进行鉴定，但仍然可采用设计概算、估算的方法进行鉴定，减少或避免不能鉴定的现象。

【法条链接】

《最高人民法院关于人民法院民事诉讼中委托鉴定审查工作若干问题的规定》（法〔2020〕202号）

2. 拟鉴定事项所涉鉴定技术和方法争议较大的，应当先对其鉴定技术和方法的科学可靠性进行审查。所涉鉴定技术和方法没有科学可靠性的，不予委托鉴定。

《司法鉴定程序通则》（司法部令第132号）

第二十三条 司法鉴定人进行鉴定，应当依下列顺序遵守和采用该专业领域的技术标准、技术规范和技术方法：

（一）国家标准；

（二）行业标准和技术规范；

（三）该专业领域多数专家认可的技术方法。

《重庆市高级人民法院关于建设工程造价鉴定若干问题的解答》（渝高法〔2016〕260号）

11. 建设工程造价鉴定中，鉴定方法如何确定？

建设工程的计量应当按照合同约定的工程量计算规则、图纸及变更指示、签证单等确定。

建设工程的计价，通常情况下，可以通过以下方式确定：

（1）固定总价合同中，需要对风险范围以外的工程造价进行鉴定的，应当根据合同约定的风险范围以外的合同价格的调整方法确定工程造价。

（2）固定单价合同中，工程量清单载明的工程以及工程量清单的漏项工程、变更工程均应根据合同约定的固定单价或根据合同约定确定的单价确定工程造价；工程量清单外的新增工程，合同有约定的从其约定，未作约定的，参照工程所在地的建设工程定额及相关配套文件计价。

（3）合同约定采用建设工程定额及相关配套文件计价，或者约定根据建设工程定额及相关配套文件下浮一定比例计价的，从其约定。

（4）可调价格合同中，合同对计价原则以及价格的调整方式有约定的，从其约定；合同虽约定采用可调价格方式，但未对计价原则以及价格调整方式作出约定的，参照工程所在地的建设工程定额及相关配套文件计价。

（5）合同未对工程的计价原则作出约定的，参照工程所在地的建设工程定额及相关配套文件计价。

（6）建设工程为未完工程的，应当根据已完工程量和合同约定的计价原则来确定已完工程造价。如果合同为固定总价合同，且无法确定已完工程占整个工程的比例的，一般可以根据工程所在地的建设工程定额及相关配套文件确定已完工程占整个工程的比例，再以固定总价乘以该比例来确定已完工程造价。

12. 建设工程造价鉴定过程中，当事人、鉴定人对鉴定方法提出异议的，应当如何处理？

建设工程造价鉴定过程中，当事人、鉴定人对鉴定方法有异议的，应当向人民法院提交书面意见，并说明理由。人民法院应当在听取当事人、鉴定人意见后，对当事人、鉴定人提出的异议进行审查。异议成立的，书面告知鉴定人变更鉴定方法；异议不成立的，书面告知当事人、鉴定人异议不成立，鉴定人仍应根据人民法院确定的鉴定方法进行鉴定。

【条文应用指引】

当前不少鉴定人出于职业习惯，往往只记得采取施工图算的方法进行鉴定，导致一些施工图不全或采用方案设计、初步设计进行设计施工总承包的鉴定项目被一些鉴定人以证据不足为由放弃鉴定，使本该由鉴定人通过专业知识解决待证事实的专门性问题又推回到委托人，不利于委托人对案件的裁判。

本条就是提示鉴定人，工程计价方法是多角度全方位的，投资估算、设计概算既然是工程计价的方法，在当事人提交的证据材料受限的情况下，仍然可以通过对物证或现场的勘验，对工程的基本结构、使用的主要材料和设备等能够确定工程价格的大部分，由此可以采用适合的估算或概算的方法进行鉴定。

按照最高人民法院《委托鉴定审查规定》第 2 条“拟鉴定事项所涉鉴定技术和方法争议较大的，应当先对其鉴定技术和方法的科学可靠性进行审查”的规定，鉴定人应根据委托的鉴定事项和送鉴证据，选择适当的鉴定方法与委托人沟通，避免因鉴定方法的失当造成不能鉴定或鉴定质量下降的状况。

【案例】

某水利工程一附属办公楼，工程完工后，由于发包人不按合同约定支付工程价款，承包人依合同约定申请仲裁。但由于该工程边设计边施工，至工程完工后，图纸不全，采用施工图算的方法进行鉴定已不可能，发包人对该工程拖欠承包人价款认可，但不认可其金额，承包人主张的未支付价款的证据也无计量、签证等作为支撑。鉴定人刚开始以无施工图纸无法鉴定为由终止鉴定，后经仲裁庭提示，可否用施工期同类工程技术经济指标以及生产要素价格采用估算或概算的方法对每平方米建筑面积多少价格出具鉴定意见，鉴定人认为可以，由此委托人组织当事人、鉴定人进行现场勘验，测量了建筑面积，了解了主体结构、主要材料和设备的使用状况，形成了勘验笔录。鉴定人据此出具了鉴定意见书，解决了不能采用施工图算的方法进行鉴定的难题。（点评：鉴于工程建设施工期内发承包双方的管理不善，针对合同纠纷争议陷入举证不能的状况时有发生，那么，在不违背合同约定的计价基本原则下，采用与当事人提交证据材料相适应的计价方法对待证事实出具鉴定意见也是解决当事人争议的方式。这一案例说明，通过对建筑物进行勘验，了解了主体结构，所用建材、机电安装等，采用每平方米建筑面积的工程价格出具鉴定意见，解决了无法用施工图算进行鉴定的难题。其鉴定意见仅是精确度不如施工图算，即使当事人有不同看法，但由于其负有举证责任，也只能概括接受，相应地也为委托人裁决此案提供了依据。）

5.1.3 根据案情需要，鉴定人应当按照委托人的要求，根据当事人的争议事项列出鉴定意见，便于委托人判断使用。

【条文解读】

本条是对委托人要求按争议事项列出鉴定意见的规定。

本条规定鉴定人应按委托人的要求，根据争议事项列出鉴定意见，特别是对于鉴定前委托人未予认定证据效力，当事人对证据存在争议的，更应将鉴定意见细化、将争议事项单独列项进行鉴定，分别提出鉴定意见，避免鉴定意见过于笼统，不便于委托人判断选择使用。

【法条链接】

《最高人民法院关于适用中华人民共和国民事诉讼法的解释》（法释［2015］5号）

第一百零五条 人民法院应当按照法定程序，全面、客观地审核证据，依照法律规定，运用逻辑推理和日常生活经验法则，对证据有无证明力和证明力大小进行判断，并公开判断的理由和结果。

《最高人民法院关于民事诉讼证据的若干规定》（法释［2019］19号）

第九十七条 人民法院应当在裁判文书中阐明证据是否采纳的理由。

对当事人无争议的证据，是否采纳的理由可以不在裁判文书中表述。

《北京市高级人民法院关于审理建设工程施工合同纠纷案件若干疑难问题的解答》（京高法发［2012］245号）

34. 工程造价鉴定中法院依职权判定的事项包括哪些？

当事人对施工合同效力、结算依据、签证文件的真实性及效力等问题存在争议的，应由法院进行审查并做出认定。法院在委托鉴定时可要求鉴定机构根据当事人所主张的不同结算依据分别作出鉴定结论，或者对存疑部分的工程量及价款鉴定后单独列项，供审判时审核认定使用，也可就争议问题先做出明确结论后再启动鉴定程序。

《河北省高级人民法院建设工程施工合同案件审理指导》（2018年5月7日审判委员会第9次会议讨论通过）

26. 人民法院在委托鉴定时可要求鉴定机构根据当事人所主张的不同结算依据分别作出鉴定结论，或者要求鉴定机构对存疑部分的工程量及价款鉴定后单独列项，供审判时审核认定使用，也可由人民法院就争议问题先做出明确结论后再启动鉴定程序。

【条文应用指引】

证据的采纳与否，影响着案件事实性的认定。鉴定意见作为法定证据的一种类型，其中对于有争议的证据，本规范规定应将争议事项单列，作出鉴定意见，但未注明是否说明理由，根据《民事诉讼证据》第九十七条的规定："人民法院应当在裁判文书中阐明证据是否采纳的理由"，《最高人民法院关于印发〈人民法院民事裁判文书制作规范〉〈民事诉讼文书样式〉的通知》（法〔2016〕221号）中明确："对有争议的证据，应当写明争议的证据名称及人民法院对争议证据认定的意见和理由；对有争议的事实，应当写明事实认定意见和理由"。由此可见，对于证据采纳的理由的阐明，是委托人心证公开的重要内容。那么，对有争议的证据作出的鉴定意见同样需要说明理由。因为，鉴定意见作为证据，特别是运用经验法则和行业内"众所周知的事实"所作出的推断性鉴定意见，更是弥补委托人专业知识之不足，辅助委托人对有争议的证据是否采信的心证确认的应有之义。从另一方面来讲，对有争议的证据的鉴定意见说明理由，也有利于防止鉴定人对鉴定权的恣意。

5.1.4　鉴定过程中，鉴定人可从专业的角度，促使当事人对一些争议事项达成妥协性意见，并告知委托人。鉴定人应将妥协性意见制作成书面文件由当事人各方签字（盖章）确认，并在鉴定意见书中予以说明。

【条文解读】

本条是对当事人达成妥协性意见如何鉴定的规定。

鉴定的过程应当是逐步减少当事人争议，直至化解当事人争议的过程，而不是扩大当事人的争议的过程。因此，在鉴定过程中，在当事人配合的状况下，鉴定人可以从专业的角度提出建议促使当事人对一些书证欠缺但待证事实存在，或者证据不太清晰、待证事实不太明确的争议事项达成妥协性意见。这已被鉴定实践证明是当事人本着诚实信用的原则，在法律规定范围内处分自己的民事权利和诉讼权利的一种好方法。这一做法既有利于确定性意见的形成，也有利于争议事项的逐步减少，促使案件的尽快解决，节省时间成本。

【法条链接】

《中华人民共和国民事诉讼法》（2017年修正）

第十三条　民事诉讼应当遵循诚实信用原则。

当事人有权在法律规定的范围内处分自己的民事权利和诉讼权利。

【案例】

某项目钢件制品采购与安装工程，原告按合同约定完成施工内容后，双方因合同价款结算发生纠纷，诉诸法院。

由于生产工艺变更，增加了设备基础项目，因工程图纸缺失，现场规格及钢筋计量当事人双方无法确认，且都无法接受对方提出的解决方案。鉴定人依据现场外形尺寸实测数据，结合设备承载及动力等特征，给出基础计量具体建议，在原告、被告均无法举出有效证据的前提下，鉴定人提出以某市图集（JDS-152）为参照依据开展计算设备基础工程量，经协商双方当事人均不持异议，并签字确认，解决了这一争议事项缺乏依据的鉴定难题。（点评：从本案例可以看出在施工图纸缺失、鉴定对象——设备基础已经隐蔽的情况下，如何采用双方当事人都认可的依据进行鉴定，是鉴定必须首先要解决的问题。显然，该项目鉴定人抓住了当事人争议事项的关键，以现场勘验笔录——实测数据、并辅以施工专业判断，提出以本地工程图集计算，得到了双方当事人的认可，化解了该事项的重大争议。假设鉴定人采取的这一做法未得到当事人双方的认可，鉴定人在当事人双方没有提供有效证据材料的情况下，仍然可以使用此方式进行鉴定，但鉴定意见的证明力在质证中被当事人提出异议的可能性大增，无形中增加了委托人采信该意见的难度，二者的差异对纠纷解决的效果的优劣不言自明。）

5.1.5　鉴定过程中，当事人之间的争议通过鉴定逐步减少，有和解意向时，鉴定人应以专业的角度促使当事人和解，并将此及时报告委托人，便于争议的顺利解决。

【条文解读】

本条是促使当事人和解的规定。

和解是一个汉语词汇，指平息纷争，重归于好。在法律上指当事人在平等的基础上相互协商、互谅互让，进而对纠纷的解决达成协议的活动。和解又分为诉外和解和诉后和解。诉外和解指争议事件当事人约定互相让步，不经诉讼平息纷争，重归于好。诉后和解指争议事件当事人为处理和结束诉讼达成解决争议问题的协议，其结果是撤回诉讼或中止诉讼。本条是针对当事人诉后的和解。

和解植根于中华传统文化，其基因是“和”“和合”“和谐”“和为贵”。退一步海阔天空，当事人通过协商，达到双方都可以接受的结果，从争议走向新的“和谐”，体现了中华传统文化的精髓和中华民族解决纠纷的智慧。

《合同法》第一百二十八条规定，当事人可以通过和解或者调解解决合同争议。对当事人而言，已经发生的合同争议是否需要解决以及采取何种方式解决，对自己的实体权利是坚持还是放弃，或在多大程度妥协，当事人均可自主地作出决定。这种自主权的理论基础是私法上的“意思自治”原则和民事程序法上的处分原则。

当事人在合同争议上的互相让步是和解的重要条件。诉讼中的和解是当事人于诉讼期间在法官的参与下经协商和让步达成的以终结诉讼为目的的合意，这一合意的表现形式为和解协议。联合国国际贸易法委员会 2002 年通过的《国际商事调解示范法》第十四条规定：“如果当事人达成解决争议的协议，则和解协议具有拘束力并可强制执行”，不过“各国在采用示范法时，可自行决定执行的方法或规定”。我国《仲裁法》规定，当事人申请仲裁后，达成和解协议的，可以请求仲裁庭根据和解协议作出裁决书，也可以撤回仲裁申请。在诉讼中当事人达成和解协议的，最高人民法院规定，人民法院可以根据当事人的申请，依法确认和解协议制作调解书。

当事人通过自愿协商解决合同纠纷，可以有效降低双方的对抗性。实践中，随着鉴定工作的逐步完成，鉴定结果的逐渐显现，一些鉴定项目的当事人出现和解意向时，鉴定人从专业角度促使当事人达成和解并及时报告委托人，有利于合同纠纷的顺利解决。在本条征求意见中，也有专家提出，鉴定人只应负责做好委托的鉴定工作，不应以调解人的身份做争议双方当事人的调解工作。但绝大多数专家认为，根据党的十八届四中全会关于深化多元化纠纷调解机制改革的精神，让每一类纠纷都能通过最适合的纠纷解决方式得以解决，让纠纷当事人能得到需要的个性化的纠纷解决服务，是社会治理精细化的必然要求。在鉴定工作中，鉴定人从专业角度引导当事人和解并不违反法律规定，仅是以专业意见为当事人解决纠纷提供辅助性的协调和帮助，是对《最高人民法院关于人民法院进一步深化多元化纠纷解决机制改革的意见》有关和解规定的实践，是否和解仍然是当事人的权利。即使是调解，其最终着眼点依然是当事人的和解。因为调解仅是过程、方法和手段，而和解才是目的和结果。在本规范征求最高人民法院的意见时，相关专家对本条规定也是肯定的。从解决纠纷的效果来看，当事人的和解显然比委托人的判决相对于纠纷解决效果更好，更节省诉讼成本和时间，更有利于争议处分结果的执行和当事人关系的修复和和好。

【法条链接】

《中华人民共和国合同法》

第一百二十八条第一款 当事人可以通过和解或者调解解决合同争议。

《中华人民共和国民事诉讼法》

第五十条 双方当事人可以和解。

《中华人民共和国民事仲裁法》

第四十九条 当事人申请仲裁后，可以自行和解。达成和解协议的，可以请求仲裁庭根据和解协议作出裁决书，也可以撤回仲裁申请。

《最高人民法院关于人民法院民事调解工作若干问题的规定》（法释〔2004〕12号）

第四条 当事人在诉讼过程中自行达成和解协议的，人民法院可以根据当事人的申请依法确认和解协议制作调解书。双方当事人申请庭外和解的期间，不计入审限。

当事人在和解过程中申请人民法院对和解活动进行协调的，人民法院可以委派审判辅助人员或者邀请、委托有关单位和个人从事协调活动。

《最高人民法院关于人民法院进一步深化多元化纠纷解决机制改革的意见》（法发〔2016〕14号）

26. 鼓励当事人就纠纷解决先行协商，达成和解协议。当事人双方均有律师代理的，鼓励律师引导当事人先行和解。特邀调解员、相关专家或者其他人员根据当事人的申请或委托参与协商，可以为纠纷解决提供辅助性的协调和帮助。

《山东省多元化解纠纷促进条例》（2016年）

第十九条 鼓励和引导当事人优先选择成本较低、对抗性较弱、有利于修复关系的途径化解纠纷。

第二十一条 鼓励和引导当事人在法律、法规规定的范围内就纠纷化解先行协商，达成和解，对达成的和解协议，当事人应当履行。

律师、基层法律服务工作者或者其他人员根据当事人的委托，可以代表或者协助当事人参与协商。

【条文应用指引】

鉴定人应用本条应注意以下几点：

1. 切实尊重当事人“自愿”原则。当事人合同纠纷的合意解决是和解获得正当性的前提和基础，当事人自愿是和解运行的基本原则，鉴定人不能将自身的意志强加给当事人。

2. 严格遵守鉴定人“中立”立场。鉴定人作为委托人的辅助人角色，在为当事人化解纠纷提供好引导、指导、释明等服务，不能采取诱导、欺骗、隐蔽等方式让当事人形成错误的认知，确保当事人发自内心自愿地达成和解，解决纠纷。

3. 及时告知委托人判断处理。诉讼中的和解涉及法律问题，例如，当事人的和解可能超出诉讼请求范围，以对多个纠纷达成“一揽子”协议。这时，就需要委托人确认和解是否合法有效，是否确认和解协议制作调解书。

【案例】

华信众恒工程咨询公司通过对工程签证的鉴定，促使当事人和解的案例。

一、项目情况

本案例为某大型商业综合体的综合机电专业分包工程，2014 年 5 月发包人和总承包人与机电工程分包人（以下简称本分包项目的“承包人”）签订了分包合同，总价包干，合同金额 1.15 亿元。合同未明确约定开工时间，约定竣工时间为 2015 年 8 月 19 日，并满足工程节点竣工时间要求。

项目实际开工时间为 2014 年 6 月 1 日，实际竣工时间为 2016 年 12 月 29 日，合同工期 455 天，实际工期 943 天。项目实施过程中，共发生变更、签证 250 份，下发时间从 2014 年至 2017 年，发承包双方对合同外增加的金额进行了多轮谈判，由于主张金额差异较大，未能达成一致意见。

2017 年 6 月承包人（原告）向法院提交了《民事起诉状》，要求发包人（被告）支付工程款及利息 7 800 多万元。由于承包人提起诉讼，加深了发承包人双方的矛盾。2017 年 8 月发包人向法院提交了《民事反诉状》，要求承包人支付逾期竣工违约金和因质量问题造成的损失，共计 7 800 多万元；2017 年 9 月承包人根据发包人的反诉再次向法院提交了《明确诉讼请求报告》，向发包人（被告）追诉工期延误增加的各项费用约 4 100 多万元。

2018 年 3 月我公司收到法院鉴定委托书，鉴定委托书明确只对合同外增加部分工程进行造价鉴定。

二、鉴定思路与过程

1．产生诉讼的背景和原因分析。

根据鉴定委托和已有资料，首先对发生争议的原因进行了分析，发现主要集中在两个方面，一是工期延误对发承包双方均造成了损失和影响。本项目机电安装工程存在涵盖专业多，实施难度大，存在图纸下发滞后、大量设计变更的情况；在实施过程中，还存在施工组织不力、各专业间工作面交叉互相影响、返工等情况，导致了工期延误，发承包人双方均受到较大的影响；二是变更签证金额的确定存在争议。经查阅施工合同，本项目合同中约定的变更计价原则为：变更中相同项执行原合同价格；工作项目类似或属在类似条件下施工时，按合同价为基础作出合理调整；除上述两种情况以外采用某省建设工程计价定额（2009 年）及配套文件组价后下浮。虽然合同进行了相关约定，但是由于本项目是安装工程，变更签证特别多，需要重新组价的项目也多，建设标准较高，新增材料设备占比大，安装定额中缺项较多，新增材料设备的价格双方存在争议。由于以上原因，导致发承包双方无法对变更签证金额达成一致意见，对承包人的工程款支付造成了影响。

2．把握原被告双方的主要矛盾和存在的主要问题。

通过分析，如何合理确定变更签证工程造价是发承包人双方存在的主要矛盾，变更签证工程造价存在的主要问题包括：招标过程文件多且范围不清晰；合同约定的总价包干和工期风险分担条款不利于发承包双方矛盾的解决；合同约定有变更计价原则但不够细化，新增材料设备的价格确认比较困难等。

3．根据《鉴定规范》相关条款逐一理清问题，开展鉴定工作。

（1）明确鉴定范围。接受法院委托时，双方对合同外签证和工期延误损失均提出了起诉、反诉。双方均已提交完相关资料和主张，庭审中法官明确发包人的工期索赔（反诉）需另案处理。因此，双方对发包人的工期索赔金额是否包含在本次鉴定范围内存在分歧。

根据《建设工程造价鉴定规范》（以下简称《鉴定规范》）第 5.2.1 条“鉴定过程中，鉴定人、当事人对鉴定范围、事项、要求等有疑问和分歧的，鉴定人应及时提请委托人处理，并将结果告知当事人”的规定，建议委托人只鉴定本次的起诉事项及范围，得到了委托人同意。

（2）进行前期调查。经调查，发承包双方均为资金雄厚、信誉较好的优质企业。为何在本项目中存在较大争议，需了解双方背景、厘清争议的真实原因。鉴定过程中收集了双方企业资料，在建过程中的公司变动（重组、并购等）情况，诉讼后的资金情况，并对双方代理人、律师的心理状态等进行了调查分析，为后期的鉴定工作提供了帮助。

（3）梳理变更签证。

1）合同清单无项目特征，且招标文件、招标过程中的询标文件、投标文件及合同清单、图纸等对应的工作内容和技术标准分别在不同册的投标文件中。

通过对招、投标文件进行归类、整理，把合同清单中每项合同单价与工作内容、技术标准进行匹配，确定了合同内外的工作范围。整理相关争议事项、原因、依据等，并提出有关建议供委托人参考。

2）该项目涉及参与主体较多，如发包人、设计、监理、总承包单位、各分包单位、材料供应商（甲供）等，且部分资料不完善，特别是工期、签证费用受资料的影响较大，直接影响鉴定意见的准确性。

根据《最高人民法院关于审理建设工程施工合同纠纷案件适用法律问题的解释》第 19 条“当事人对工程量有争议的，按照施工过程中形成的签证等书面文件确认。承包人能够证明发包人同意其施工，但未能提供签证文件证明工程量发生的，可以按照当事人提供的其他证据确认实际发生的工程量”和《鉴定规范》第 5.4.2“在鉴定项目施工图或合同约定工程范围以外，承包人以完成发包人通知的零星工程为由，要求结算价款，但未提供发包人的签证或书面认可文件，鉴定人应按以下规定作出专业分析进行鉴定……；2　发包人不认可，但该工程可以进行现场勘验，鉴定人应提请委托人组织现场勘验，依据勘验结果进行鉴定”等规定，建议委托人将本项目已核对的工程签证台账、来往函件、会议纪要、现场勘验笔录等作为本次认定工程价款的依据，上述建议得到了委托人认可。最终协助法院按证据的先后顺序、解释顺序、合同目的等因素确定了证据的证明力。

（4）确定变更签证的计价原则。确定新增项目的综合单价是该项目最大的争议点。该项目建设标准较高、设备品牌要求高（多数大型设备均为独家进口设备）、安装定额缺项，新增材料设备认价不及时等因素，导致双方存在争议。

根据《鉴定规范》第 5.9.1 条“当事人因工程签证费用而发生争议，鉴定人应按以下规定进行鉴定：……；3　签证只有材料和机械台班用量没有价格的，其材料和台班价格按照鉴定项目相应工程材料和台班价格计算；4　签证只有总价款而无明细表述的，按总价款计算”和第 5.9.2 条“当事人因工程签证存在瑕疵而发生争议的，鉴定人应按以下规定进行鉴定……；2　签证既无数量，又无价格，只有工作事项的，由当事人双方协商，协商不成的，鉴定人可根据工程合同约定的原则、方法对该事项进行专业分析，作出推断性意见，供委托人判断使用”。

对定额缺项、资料不完善、无认质认价的内容，进行现场踏勘取证，了解材料、设备具体情况和参数、施工工艺、现场情况等，参照类似项目合理计算相关费用。

上诉处理办法基本满足客观、公正的原则，经委托人同意。我公司将委托人认可的处理办法告知发承包双方。

（5）对工期进行鉴定。虽然委托范围不包括工期索赔的鉴定，但这是双方的争议点，根据已有资料和《鉴定规范》相关条款，分析了不同时期的关键线路（施工前、实际施工），分析签证实施情况、施工工作面交接、甲供材料供应情况等对关键线路的影响，尝试区分工期延误的责任，便于与发承包双方进行沟通工期索赔问题。

4. 着力促成原、被告双方和解。

随着变更签证工程造价争议的逐步减小，发承包双方矛盾逐步减少，但双方对工期索赔仍存在较大争议。

根据《鉴定规范》第 5.1.5 条“鉴定过程中，当事人之间的争议通过鉴定逐步减少，有和解意向时，鉴定人应以专业的角度促使当事人和解，并将此及时报告委托人，便于争议的顺利解决”。若能以发承包人双方确认的变更签证金额为基础进行引导，有可能促使双方和解。建议通过多方沟通、协调促使双方和解，该提议得到了法院的支持。

同时根据《鉴定规范》第 5.1.4 条“鉴定过程中，鉴定人可从专业角度促使当事人对一些争议事项达成妥协性意见，并告知委托人”。鉴于本次鉴定内容不包括发包人的工期索赔（反诉），再次建议承包人在保留工期延误索赔主张的前提下，在本次鉴定中暂时放弃工期延误增加费用的主张，最终承包人、委托人均同意该建议，为双方最终和解创造了条件。

2019 年 1 月 7 日，经委托人同意，向发承包双方提交了鉴定书征求意见稿确定性金额 3 245 万余元，在发承包双方基本同意变更签证工程造价鉴定结果后，我公司与发承包双方多次进行沟通，分别向双方分析和解与继续诉讼的优劣和风险，特别是根据现有资料，分析了若继续进行工期索赔，双方的风险、诉讼时间、费用成本、诉讼影响等后果。法官专门组织双方代理律师就本案争议及相关法律问题进行讨论，双方自愿和解，且均承诺放弃该工程的其他诉讼请求。最终双方根据《鉴定意见书征求意见稿》中金额进行了和解，签署了《和解协议书》，协议书明确“双方同意鉴定意见确认的造价金额”。最终法院根据工程造价鉴定意见书和《和解协议书》制作了《民事调解书》，明确“鉴于本案中原、被告争议较大……，本院委托某公司进行鉴定，原、被告就鉴定机构的鉴定意见予以认可，双方同意就本案进行和解。”

三、本项目鉴定工作的体会

1. 对《鉴定规范》的理解和灵活运用是开展工程造价鉴定工作的基础。

该项目实施时《鉴定规范》已发布,《鉴定规范》对鉴定过程有重要的指导意义。《鉴定规范》在鉴定组织、依据、方法、格式等方面作出了指导和规范。对变更签证的计价争议是建设项目的常见问题，其中往往又连带着工期索赔的争议，因此，深入理解《鉴定规范》中计价争议鉴定、工期索赔争议鉴定、工程签证争议鉴定等条款的具体方法并灵活的运用。鉴定人员可以充分发挥工程造价的专业优势，合理确定变更签证的工程造价。

2. 以专业的造价鉴定促使当事人和解具有重要的社会意义。

工程造价鉴定人员不仅要具备技术、经济和法律等多方面的知识，还应具备较高的分析和沟通的综合能力。深入了解原、被告双方发生矛盾的原因、背景，时刻关注原、被告双方的心理变化，通过专业的服务，进行有效的沟通，提出合理的建议，促成双方和解，以减少双方损失，并节约了社会资源，充分体现造价专业人员的社会责任和价值。(点评：本案例说明，在鉴定过程中鉴定意见趋于明朗、当事人有和解意愿时，鉴定人从专业的角度引导当事人，是可以促成当事人和解的。和解是解决纠纷的最佳方式。看来，鉴定人在鉴定中要有“劝和”的思维，引导当事人和解。一是劝和要做有心人，该案鉴定人不是就事论事按送鉴证据作鉴定，而是全面了解案情以及双方当事人诉讼心理、企业现状，从而对双方争议的焦点做到了心中有数，在与委托人就鉴定范围、与当事人就争议事项的沟通，以及引导当事人和解方面有的放矢、游刃有余。二是劝和要有说服力，该案仅双方当事人互相索赔近 1.2 亿元，虽然法院明确反诉索赔另案处理，但当事人存在异议，鉴定人也建议委托人鉴定范围放本诉。但即使鉴定范围不包括反诉的工期索赔，鉴定人仍根据当事人诉讼材料，分析了施工中不同时期的关键线路，尝试区分工期延误的责任等，在与双方当事人沟通时，分析和解与继续诉讼的优劣和风险等后果，具有很强的说服力。三是劝和要具合法性，该案是在诉讼中和解，鉴定人在当事人有和解意愿时及时报告委托人，委托人也十分重视，专门组织双方代理律师进行讨论，最终促使当事人双方自愿和解。四是劝和要有公益心。该案鉴定机构放弃近 1.2 亿元争议标底的鉴定费收入，不以逐利为目的，而以“劝和”为目标，其劝和的诚意当事人定有所感，既展示了其高超的鉴定技能，又反映了其高度的社会责任心。此外，本案中当事人对鉴定工作的配合，不愧为信誉较好的优质企业，从互相索赔的对抗思维转化到“和为贵”的理性思维是本案和解成功的关键，此案在鉴定中和解成功创新了多元化解决纠纷的新模式，具有重大的现实意义。)

5.2 鉴定步骤

【概述】

步骤指事情进行的顺序，鉴定步骤是鉴定程序的重要组成部分，鉴定人严格按照鉴定步骤进行鉴定，是鉴定意见具备证据效力的关键。本节对鉴定中的必要步骤作了规定。

5.2.1　鉴定过程中，鉴定人、当事人对鉴定范围、事项、要求等有疑问和分歧的，鉴定人应及时提请委托人处理，并将结果告知当事人。

【条文解读】

本条是对鉴定过程中鉴定人、当事人对鉴定范围、事项、要求有疑问时如何处理的规定。

本规范为保证鉴定工作贯彻委托人的意图和鉴定人的专业意见在第3.3.2、3.6.1条规定了鉴定人与委托人就鉴定范围、鉴定事项和要求的沟通。基于工程造价鉴定的复杂性和专业性，本条再次要求鉴定人在鉴定过程中，当当事人对鉴定范围、事项和要求有疑问和分歧时，不宜拒绝当事人的异议，贸然继续进行鉴定工作，而应及时将当事人的疑问和异议向委托人反映。因为，如果当事人对委托人委托的鉴定范围、事项、要求都存有异议，必然导致对鉴定意见的不认可，这时首要的工作应是报告委托人，并协助委托人审视鉴定范围、事项、要求有无不当，如有，即予以调整，如并无不当，也如实告知当事人，以便排除当事人疑问，鉴定人可从专业角度协助当事人用专业术语准确地向委托人表达出鉴定项目的鉴定范围、事项和要求，以供委托人进一步明确鉴定内容，促使鉴定工作顺利进行。

【法条链接】

《重庆市高级人民法院关于建设工程造价鉴定若干问题的解答》（渝高法〔2016〕260号）

10. 建设工程造价鉴定中，鉴定事项应当如何确定？当事人、鉴定人对鉴定事项有异议的，如何处理？

人民法院决定进行建设工程造价鉴定的，原则上应当根据当事人的申请确定鉴定事项。人民法院认为当事人申请的鉴定事项不符合合同约定或者相关法律、法规规定，或者与待证事实不具备关联性的，应当指导当事人选择正确的鉴定事项，并向当事人说明理由以及拒不变更鉴定事项的后果。经人民法院向当事人说明拒不变更鉴定事项的后果后，当事人仍拒不变更的，对当事人的鉴定申请应当不予准许，并根据举证规则由其承担相应的不利后果。

建设工程造价鉴定过程中，当事人、鉴定人对鉴定事项有异议的，应当向人民法院提交书面意见，并说明理由。人民法院应当对当事人、鉴定人提出的异议进行审查，异议成立的，应当向当事人释明变更鉴定事项；异议不成立的，书面告知当事人、鉴定人异议不成立，鉴定人应当按照委托的鉴定事项进行鉴定。

【条文应用指引】

最高人民法院民事审判第一庭在《新民事诉讼规定理解与适用》第三十二条条文释义中指出："关于鉴定范围和项目，要紧紧围绕争议事项进行，不能不加限制，增加当事人的诉讼成本。还有的纠纷中因为在鉴定程序启动之初，法院和鉴定人对鉴定范围、鉴定事项等内容理解有出入，导致无法用鉴定意见对待证事实作出判断和认定。为避免上述问题的出现，应当制定详细、可操作性强的管理规范对委托鉴定行为加强管理。"

进行工程造价鉴定，确定鉴定事项和鉴定范围，涉及法律判断和事实判断。法律判断属于审判权行使范畴，鉴定人的职责是根据科学方法和专门知识对专门性问题进行鉴别、判断，但在司法实践中，鉴定事项和鉴定范围常常会出现法律问题与专业问题相互交织的情形。面对造价纠纷的复杂多样性，我们不能苛求委托人作出的判断都是全面的、准确的，因此作为具有专业知识的鉴定人应当及时将异议向委托人释明。

鉴定人参与诉讼活动的意义就在于弥补审判人员对专门性问题的专业背景知识不足，帮助法院尽快查明事实、定纷止争并实现公平正义。鉴定人及时进行释明就是尊重科学、尽职尽责的体现。

鉴定人及委托人对鉴定事项和鉴定范围的理解越早能达成一致，越有利于鉴定活动的顺利进行。鉴定人的释明应贯穿整个鉴定过程，因为认识的规律总是由浅入深、由表及里。在鉴定过程中，对案件争议事实有了进一步认识，如对委托鉴定的范围、事项有不同意见，依然可以对委托人进行释明。最高人民法院非常重视人民法院与鉴定人的沟通。在《施工合同司法解释（一）理解与适用》第十五条条文理解（二）指出："鉴定机构对鉴定范围有疑问的，应及时与人民法院联系。"最高人民法院民事审判第一庭在《新民事诉讼规定理解与适用》第三十二条条文释义中指出："法院在委托鉴定问题上要严格把关，首先要对是否属于必须鉴定的问题准确把握，一旦确定必须委托司法鉴定的，积极与鉴定人员进行有效沟通，共同为彻底查明争议事实明确鉴定目的，确定合理鉴定期限，努力提升办案质量与效率。"

如果鉴定人对委托人确定的鉴定事项、鉴定范围有异议，在及时向委托法院释明后，委托法院依然坚持让鉴定人按原有委托鉴定书进行鉴定，鉴定人应服从委托法院行使审判权的行为。但如果由此导致鉴定意见有瑕疵或最终不能采用，鉴定人不应就此承担法律责任。

5.2.2　鉴定人宜采取先自行按照鉴定依据计算再与当事人核对等方式逐步完成鉴定。

5.2.3　鉴定机构应在核对工作前向当事人发出《邀请当事人参加核对工作函》（格式参见附录 L）。当事人不参加核对工作的，不影响鉴定工作的进行。

5.2.4 在鉴定核对过程中，鉴定人应对每一个鉴定工作程序的阶段性成果提请所有当事人提出书面意见或签字确认。当事人既不提出书面意见又不签字确认的，不影响鉴定工作的进行。

【条文解读】

第5.2.2条至第5.2.4条是对鉴定过程的规定。

对工程造价结算审查工作的行业要求是造价咨询企业与发承包人进行核对后再出报告。本条同样按行业惯例，规定鉴定项目宜采取鉴定人先自行计算再与当事人逐步核对并签字确认的方式完成鉴定，以便在鉴定过程中听取当事人意见，避免鉴定工作失误，尽可能减少争议。

实质上，本节的规定包括两点核心内容：

（1）工程造价鉴定是开放的，整个鉴定过程均不排斥当事人提出意见。鉴定人以开放的而不是封闭的态度征求当事人意见，便于鉴定人及时了解争议、聚焦争议焦点，避免发生错误，帮助化解争议，使鉴定过程成为促使当事人逐步减少争议的过程，以便形成高质量的鉴定意见书。

（2）鉴定工作需要当事人的配合。在工程造价鉴定过程中，邀请并欢迎当事人参加鉴定的核对工作，了解鉴定阶段性成果并核对确认，有利于提高鉴定质量。实践证明，当事人配合鉴定工作，参与鉴定工作，进而了解鉴定的进行，对于化解争议效果明显，而当事人不配合鉴定工作，往往争议不断。不过，是否参加鉴定的核对，是当事人的选择，如果当事人选择不参加核对工作，当然也不影响鉴定工作的继续进行。

【条文应用指引】

鉴定机构应在核对工作前向当事人发出鉴定核对的邀请函，请当事人委派人员参加，其目的是听取当事人对鉴定工作的意见，了解当事人对鉴定依据的意见，尽可能减少当事人之间的争议。不过，如当事人不参加核对工作的，不影响鉴定工作的照常进行。

鉴定人应将核对后的每一个阶段性成果均提请当事人签字确认，以逐步形成鉴定意见。如当事人对阶段性成果有异议的，应记录下来，认真复核阶段性成果，经复核后确有错误的应予改正。若当事人既不提出异议，也不签字确认的，不影响鉴定工作的照常进行。

鉴定机构邀请当事人参加鉴定过程的核对工作，可参照本规范附录L的格式，向当事人发出《邀请当事人参加核对工作函》。

附录 L　邀请当事人参加核对工作函

××价鉴函〔20××〕××号

致____________项目当事人____________：

根据委托人__________的委托，我方正在进行该项目的鉴定工作，由于鉴定工作的需要，请贵方派员携带委托书于_____年_____月_____日_____时到（地点）参加造价核对工作，核对期约需_____天，具体时间安排待贵方派出的造价核对工作人员见面后再行商定。

如贵方在上述时间不能派员参加造价核对工作，不影响鉴定工作的进行，但将承担相应的法律后果。

鉴定机构（公章）______

年　月　日

注：本函一式_____份，报委托人一份，送当事人__方各一份，鉴定机构留底一份。

5.2.5　鉴定机构在出具正式鉴定意见书之前，应提请委托人向各方当事人发出鉴定意见书征求意见稿和征求意见函（格式参见附录 M），征求意见函应明确当事人的答复期限及其不答复行为将承担的法律后果，即视为对鉴定意见书无意见。

【条文解读】

本条是对鉴定书征求意见稿的规定。

工程造价鉴定的最终目的是尽可能将当事人之间的分歧缩小直至化解，为调解、裁决或判决提供科学合理的依据。因此，为保证工程造价鉴定的质量，本条根据重庆、江苏、江西等地高级人民法院对鉴定书初稿征求意见的规定，总结一些地方工程造价鉴定的经验，在出具正式鉴定书之前先发征求意见稿征求当事人意见，以便当事人就鉴定书发表意见，如确属鉴定书处理不当，存在疏漏、瑕疵，也可以及时补正，这一做法，有利于提高鉴定书质量，为将瑕疵消灭在鉴定书出具之前提供了保障，也减少了鉴定人在出庭时对鉴定书质证的压力。为此规定鉴定机构在出具正式鉴定书之前，应提请委托人向各方当事人发出鉴定意见书征求意见稿，请当事人就鉴定意见提出修改建议。同时在发出征求意见稿的函件中，应指明经委托人同意书面答复的期限及其不答复的相应法律后果，以引起当事人的重视。这一规定对提高鉴定意见质量，化解当事人争议发挥了重大作用。

鉴定意见征求当事人意见的内涵在2020年5月1日施行的《最高人民法院关于民事诉讼证据的若干规定》中得到了体现。该文件规定，人民法院在收到鉴定书后，应及时将副本送交当事人。当事人对鉴定书的内容有异议的，应当在人民法院指定期间内以书面方式提出。这一规定与本条的实质内容并无二致，但由于纳入了审判程序，当事人逾期未就鉴定书提出异议，将进入下一个程序，法律处理更为正式和直接。

【法条链接】

《最高人民法院关于民事诉讼证据的若干规定》（法释〔2019〕19号）

第三十七条　人民法院收到鉴定书后，应当及时将副本送交当事人。

当事人对鉴定书的内容有异议的，应当在人民法院指定期间内以书面方式提出。

《江苏省高级人民法院建设工程施工合同纠纷案件委托鉴定工作指南》（2019年12月27日江苏省高级人民法院审判委员会第35次全体委员会议讨论通过）

12. 第三款　鉴定意见最终出具前征求当事人意见，当事人提出异议的，鉴定机构应当在鉴定报告中作出解释、说明。

《重庆市高级人民法院关于建设工程造价鉴定若干问题的解答》（渝高法〔2016〕260号）

21. 人民法院对鉴定人出具的初步鉴定意见如何处理?

鉴定人在出具正式鉴定意见前，应当出具初步鉴定意见，征求人民法院和当事人的意见。

收到初步鉴定意见后，人民法院应当及时向当事人送达，并要求当事人在一定期限内提交书面意见。当事人应当就鉴定意见与鉴定事项是否相符、计价原则和计价方式是否科学、鉴定依据是否合法、鉴定意见是否存在错漏等提出意见。当事人提交书面意见后，人民法院认为有必要的，可以组织当事人、鉴定人进行听证，听取当事人、鉴定人的意见。

人民法院将当事人提交的书面意见、听证意见反馈给鉴定人后，鉴定人应当结合当事人提交的书面意见、听证意见对初步鉴定意见进行修正，并及时出具正式的鉴定意见。

《江西省高级人民法院关于民事案件对外委托司法鉴定工作的指导意见》（赣高法〔2009〕277号）

第四十条　有鉴定报告初稿的，司法技术部门应严格履行初稿征询意见程序。根据当事人对鉴定初稿的书面异议，司法技术部门认为需要听证的，应通知鉴定机构和当事人进行听证。

鉴定机构应出席听证会，并接受当事人的质询。司法技术部门应记录听证会过程，并将会议记录复印件移交审判部门。

《江苏省高级人民法院民一庭建设工程施工合同纠纷案件司法鉴定操作规程》（2015 年 12 月）

第十八条 鉴定人完成鉴定初稿后应当通过人民法院向各方当事人送达，人民法院应当要求当事人在规定的期限内通过法院向鉴定人提交书面异议和相关证明材料。

鉴定人应针对当事人的异议及相关证明材料对鉴定意见初稿进行核对与调整，并通过人民法院书面答复当事人。

【条文应用指引】

根据最高人民法院新的《民事诉讼证据》的规定，“人民法院收到鉴定书后，应当及时将副本送交当事人。当事人对鉴定书的内容有异议的，应当在人民法院指定期间内以书面方式提出”。这一规定对鉴定意见书的出具提出了更高要求。对于人民法院委托的工程造价鉴定，鉴定人应按照《民事诉讼证据》的规定，尽可能完美地向委托人提交鉴定意见书。不过，出具鉴定书征求意见稿向当事人征求意见与最高人民法院的这一规定并不冲突，对于一些争议标的大、证据瑕疵多、待证事实的专门性问题复杂的鉴定项目，如果鉴定时间允许，鉴定机构还是可以在出具正式鉴定书之前先向当事人征求意见，尽可能提高鉴定书的质量。当然，此时按照《民事诉讼证据》的规定，由于鉴定书征求意见稿的发出已不是人民法院的要求，再由人民法院将鉴定书征求意见稿通知当事人提出意见已与《民事诉讼证据》的规定不相符合，鉴定机构自行根据需要决定即可。

对于仲裁机构委托的工程造价鉴定，鉴定人应将《民事诉讼证据》第三十七条的规定告知委托人，由仲裁机构决定是直接将鉴定书副本还是将鉴定书征求意见稿征求当事人意见，鉴定人按仲裁机构决定执行。

如果鉴定机构决定先行将鉴定书征求意见稿送当事人征求意见，可以参照本规范附录 M 的格式向当事人发出《工程造价鉴定意见书征求意见函》，注意如果是人民法院委托的司法鉴定，应删除函中“经委托人同意”一句。

附录 M　工程造价鉴定意见书征求意见函

××价鉴函〔20××〕××号

致＿＿＿＿＿＿＿＿（当事人）：

根据委托人＿＿＿＿＿＿＿的委托，经过前段时间的工作，我方已经形成＿＿＿＿＿＿＿项目鉴定意见书的征求意见稿，经委托人同意，现将该项目的鉴定征求意见稿送达贵方，请在＿＿＿＿年＿＿＿＿月＿＿＿＿日＿＿＿＿时前将意见反馈给我方。

如贵方在上述期限内不能提交反馈意见，可能将被视为贵方认可该项目的鉴定意见，承担相应的法律后果。

鉴定机构（公章）＿＿＿＿

年　　月　　日

注：本函一式＿＿＿＿份，报委托人一份，送当事人＿＿＿＿方各一份，鉴定机构留底一份。

5.2.6　鉴定机构收到当事人对鉴定意见书征求意见稿的复函后，鉴定人应根据复函中的异议及其相应证据对征求意见稿逐一进行复核、修改完善，直到对未解决的异议都能答复时，鉴定机构再向委托人出具正式鉴定意见书。

【条文解读】

本条是关于当事人对鉴定书提出书面异议如何处理的规定。

最高人民法院在《民事诉讼证据》第三十七条规定了当事人对鉴定书有异议应当在指定期内以书面方式指出，鉴定人应对当事人的异议作出解释、说明或补充。最高人民法院民一庭在《新民事诉讼证据规定理解与适用》第三十七条条文释义指出："由于鉴定意见兼具科学性和证据性的双重属性，因此，其科学属性决定了鉴定人出具的相关意见难免具有局限性和开放性，受科学原理、技术方法、鉴定标准以及鉴定人员的认知能力所限，鉴定意见出现误差是符合认知规律的。而其证据属性则决定了鉴定人在从事鉴定活动中易受到干扰。司法鉴定不同于普通科学探究活动，司法鉴定活动的目的性更明确、对实验材料的限制更严格、鉴定过程更易受人为因素影响，这些特点也导致鉴定意见可能出现与科学真相不符的情况。据此，人民法院必须通过当事人对鉴定意见提出的异议的认真审查，方能有效地通过诉讼对抗程序的安排，尽可能地找出鉴定过程或者鉴定意见本身存在的谬误，从而对相关专门性问题作出接近客观真相的判断。”当事人对鉴定书征求意见稿提出异议，鉴定人应认真复核，作出解释、说明或者补充修改完善，再出具正式鉴定意见书。同时还指出：“吸收了根据司法实践中已经形成的惯有做法，安排了当事人以书面方式提出异议和鉴定人以书面方式回复的具体流程。通过这种方式，有以下两个显著的优点：一方面，可以消化相当一部分原本就不需要鉴定人出庭的简单争议，有效提高诉讼效率；另一方面，为鉴定异议的明确和进一步提炼鉴定争议的焦点奠定良好的基础，使得鉴定人为出庭做好充分准备，节约庭审时间，提升庭审效果。”

【法条链接】

《最高人民法院关于民事诉讼证据的若干规定》（法释〔2019〕19号）

第三十七条第三款 对于当事人的异议，人民法院应当要求鉴定人作出解释、说明或者补充。人民法院认为有必要的，可以要求鉴定人对当事人未提出异议的内容进行解释、说明或者补充。

《重庆市高级人民法院关于建设工程造价鉴定若干问题的解答》（渝高法〔2016〕260号）

21. 第三款 人民法院将当事人提交的书面意见、听证意见反馈给鉴定人后，鉴定人应当结合当事人提交的书面意见、听证意见对初步鉴定意见进行修正，并及时出具正式的鉴定意见。

《江苏省高级人民法院建设工程施工合同纠纷案件委托鉴定工作指南》（2019年12月27日江苏省高级人民法院审判委员会第35次全体委员会议讨论通过）

13. 当事人对鉴定报告的内容有异议的，应当在人民法院指定期限内以书面方式明确说明异议的具体内容及其依据，并提交或者列举相关证据，对计算方法有异议，应当说明采用不同计算方法的理由及依据。

对当事人的异议，鉴定机构应当以书面形式作出解释、说明或者补充。

《四川省高级人民法院关于审理建设工程施工合同纠纷案件若干疑难问题的解答》（川高法民一〔2015〕3号）

36. 对于人民法院委托鉴定的鉴定机构作出的鉴定意见如何进行审核认定？

受人民法院委托鉴定的鉴定机构的鉴定意见作出后，人民法院应当组织双方当事人对鉴定意见进行质证。当事人对鉴定意见有异议或者人民法院认为鉴定人有必要出庭的，鉴定机构应当委派鉴定人出庭作证。当事人对鉴定意见提出异议的，鉴定人应当针对异议问题进行回复。人民法院经审查认为当事人提出的异议成立的，应当告知鉴定机构补充鉴定或予以调整，异议不成立的，对该鉴定意见予以采信。

《江西省高级人民法院关于民事案件对外委托司法鉴定工作的指导意见》（赣高法〔2009〕277号）

第四十一条 当事人对初稿提出的异议，鉴定机构应当认真审查。自主决定是否采纳，逐一说明采纳或不采纳的理由及依据，并形成书面答复意见。

【条文应用指引】

按照最高人民法院《民事诉讼证据》第三十七条第三款的规定："对于当事人的异议，人民法院应当要求鉴定人作出解释、说明或者补充。"由于《民事诉讼证据》的规定是将鉴定书副本直接送交当事人，当事人有异议的，在人民法院指定期间内以书面形式提出。这一规定与本规范对鉴定书征求意见稿的处理内涵是基本一致的，但方式不一样。《民事诉讼证据》的这一规定，除对鉴定人出具的鉴定书质量要求更高外（因没有正式出具鉴定书之前征求意见后可以复核修改的缓冲），其对当事人提出异议的期限——人民法院指定期间内，提出异议的形式——书面形式，在法律上的要求更直接，更利于人民法院对当事人针对鉴定书异议的了解。在要求鉴定人对当事人的异议作出解释、说明和补充后，能更全面地对鉴定书是否采信作出心证结论。因此，鉴定人应将鉴定书的出具调整到《民事诉讼证据》规定的方式上来。

在对当事人的异议作出解释、说明或者补充时，鉴定人应注意区分当事人所提异议涉及的是法律性问题还是专门性问题。如是对鉴定范围、鉴定事项、鉴定证据等非鉴定书本身内容所提出的异议，这是属于委托人决定的法律性问题，鉴定人应在回复中指明这是由人民法院决定的。如是对鉴定书使用证据中待证事实的专门性问题，鉴定人认为鉴定意见无误的，也应实事求是、有理有据地予以解释或说明；对于当事人异议，鉴定人经核对，认为可以采纳或可以部分采纳的，应当实事求是、恰如其分地予以补充鉴定，修正原鉴定书中的不当部分并作出说明，真正做到客观、公正地进行鉴定，提升鉴定质量。

5.2.7　当事人对鉴定意见书征求意见稿仅提出不认可的异议，未提出具体修改意见，无法复核的，鉴定机构应在正式鉴定意见书中加以说明，鉴定人应作好出庭作证的准备。

【条文解读】

本条是对当事人对鉴定书异议不明确如何处理的规定。

在工程造价鉴定的实践中，有的当事人对鉴定书征求意见稿未提出具体的异议或修改意见，但又不认可，导致鉴定人无法复核。因此，本条要求鉴定机构应在鉴定意见书中加以说明。

【条文应用指引】

《民事诉讼证据》第三十七条规定："对于当事人的异议，人民法院应当要求鉴定人作出解释、说明或者补充。”对于当事人对鉴定书没有针对性，且不具体的异议，鉴定人认为无法核对的，应作出说明。

5.2.8　当事人逾期未对鉴定意见书征求意见稿提出修改意见，不影响正式鉴定意见书的出具，鉴定机构应对此在鉴定意见书中予以说明。

【条文解读】

本条是对当事人逾期未对征求意见稿提出修改意见如何处理的规定。

实践中，有的当事人对鉴定人征求意见书征求意见稿不重视，逾期也不答复，本条规定鉴定机构可以出具鉴定意见书，将此在鉴定意见书中说明，确保鉴定工作的正常进行。

【条文应用指引】

按照《民事诉讼证据》的规定，当事人是对正式鉴定书提出异议后，鉴定人再对当事人的异议作出解释、说明或者补充，本条已不适用。

5.2.9　鉴定项目组实行合议制，在充分讨论的基础上用表决方式确定鉴定意见，合议会应作详细记录，鉴定意见按多数人的意见作出，少数人的意见也应如实记录。

【条文解读】

本条是对鉴定项目组合议制的规定。

为应对工程造价鉴定中的复杂情况，实行合议制的项目组应由三人以上奇数鉴定人员组成，鉴定意见应经充分讨论，按多数人的意见作出，对于鉴定中的不同意见，即使是少数人的意见也应如实记录，并报告委托人知晓，或在鉴定书中加以说明，以便委托人把握判断。

【法条链接】

《全国人民代表大会常务委员会关于司法鉴定管理问题的决定》

十、多人参加的鉴定，对鉴定意见有不同意见的，应当注明。

5.3 合同争议的鉴定

【概述】

工程造价鉴定首先就会涉及工程合同的效力问题，以及合同有效但合同中约定不明或条款约定矛盾，或当事人提出不同的合同文本等合同争议问题，本节根据法律规定和相关司法解释提出了鉴定思路。

5.3.1 委托人认定鉴定项目合同有效的，鉴定人应根据合同约定进行鉴定。

【条文解读】

本条是对鉴定项目合同有效如何鉴定的规定。

建设工程的造价，是发包人与承包人订立工程合同的核心问题。发包人力求在满足工程使用功能和保证质量的前提下尽可能降低工程造价，节省工程投资；承包人的目标则是在承包经营活动中力求实现利润最大化，取得最佳的经济效益。实行直接发包的建设工程，其工程造价由发包人与承包人通过一对一的谈判协商确定，并在合同中订明。实行公开或邀请招标发包的建设工程，其造价需按照有关招标投标法律规定的招标投标的程序确定。按照招标投标程序，发包人在其发布的招标公告及招标文件中，除有的公布最高投标限价外，并不标明自己对工程造价的要求，而由各投标人在其投标书中提出自己的工程报价。投标人在投标书中载明的工程报价及其他承包条件，构成其向发包人提出订立建设工程合同的要约，对投标人具有约束力。发包人对中标的投标人发出《中标通知书》，则表明发包人同意该投标人提出的包括工程造价在内的各项承包条件，对投标人的要约作出承诺，承发包双方则应以投标书中所报的工程造价为基础订立工程合同，违反此项义务的，应当赔偿因此给对方造成的损失。

发包人按照建设工程合同的约定向承包人支付工程价款，是发包人应当履行的基本义务。发包人应当按照合同对于工程价款的支付时间、应付金额和支付方式的约定，及时、足额地向承包人支付工程价款。从实际情况看，目前我国投资规模过大、建设资金紧张，加上建筑市场总体上处于供大于求的局面，使得有些发包人利用自己的有利地位，违反合同约定，拖欠应向承包人支付的工程款项，损害了承包人的合法权益，也扰乱了正常的市场秩序。

受合同法律关系的制约，工程造价争议首先是一个合同问题。一项具体的建设工程项目的合同造价，是当事人经过利害权衡、竞价谈判等博弈方式所达成的特定的交易价格，而不是某一合同交易客体的市场平均价格或公允价格。在工程合同纠纷案件中，根据合同法的自愿和诚实信用原则，只要当事人的约定不违反国家法律和行政法规的强制性规定，不管双方签订的合同或具体条款是否合理，鉴定人均无权自行选择鉴定依据或否定当事人之间在合同中的约定内容，不能以专业技术方面的惯例来否定合同的约定。

【法条链接】

《中华人民共和国民法典》

第四百六十五条 依法成立的合同，受法律保护。

依法成立的合同，仅对当事人具有法律约束力，但是法律另有规定的除外。

《中华人民共和国民法总则》

第一百一十九条 依法成立的合同，对当事人具有法律约束力。

《中华人民共和国合同法》

第八条 依法成立的合同，对当事人具有法律约束力。当事人应当按照约定履行自己的义务，不得擅自变更或者解除合同。

依法成立的合同，受法律保护。

《中华人民共和国建筑法》

第十八条 建筑工程造价应当按照国家有关规定，由发包单位与承包单位在合同中约定。公开招标发包的，其造价的约定，须遵守招标投标法律的规定。

发包单位应当按照合同的约定，及时拨付工程款项。

《最高人民法院关于审理建设工程施工合同纠纷案件适用法律问题的解释（一）》（法释［2020］25号）

第十九条 当事人对建设工程的计价标准或者计价方法有约定的，按照约定结算工程价款。

因设计变更导致建设工程的工程量或者质量标准发生变化，当事人对该部分工程价款不能协商一致的，可以参照签订建设工程施工合同时当地建设行政主管部门发布的计价方法或者计价标准结算工程价款。

建设工程施工合同有效，但建设工程经竣工验收不合格的，依照民法典第五百七十七条规定处理。

《最高人民法院关于审理建设工程施工合同纠纷案件适用法律问题的解释》（法释［2004］14号）

第十六条第一款 当事人对建设工程的计价标准或者计价方法有约定的，按照约定结算工程价款。

《建设工程价款结算暂行办法》（财建［2004］369号）

第十四条 工程完工后，双方应按照约定的合同价款及合同价款调整内容以及索赔事项，进行工程竣工结算。

【条文应用指引】

工程造价鉴定必须遵循从约原则，如委托人明确告知合同有效，鉴定人必须依据合同约定进行鉴定，不得随便改变当事人双方合法的合意，不得自行对合同约定进行取舍，确定鉴定依据。

5.3.2　委托人认定鉴定项目合同无效的，鉴定人应按照委托人的决定进行鉴定。

【条文解读】

本条是对鉴定项目合同无效如何鉴定的规定。

《民法总则》第一百五十七条规定：“民事法律行为无效、被撤销或者确定不发生效力后，行为人因该行为取得的财产，应当予以返还；不能返还或者没有必要返还的，应当折价补偿。有过错的一方应当赔偿对方由此所受到的损失；各方都有过错的，应当各自承担相应的责任。法律另有规定的，依照其规定。”建设工程施工合同的特殊之处在于，合同无效，发包人取得的财产形式上是承包人建设的工程，实际上是承包人对工程建设投入劳务及工程材料，故而无法适用无效恢复原状的返还原则，只能折价补偿。由于在当前建设市场中，关于工程价款的计算标准较多，计算方法复杂多样。合同无效后，以何种标准折价补偿承包人工程价款，一直是工程造价鉴定中的难点问题。

就建设工程施工合同而言，工程质量是建设工程的生命，《建筑法》及相关行政法规均将保证工程质量作为立法的主要出发点和主要目的，规定未经验收或者验收不合格的建设工程不得交付使用。在建设工程经竣工验收合格后，无效合同和有效合同与《建筑法》制定的根本目的已无很大区别。如果抛开合同约定的工程价款，发包人按照何种标准折价补偿承包人，均有不当之处，不能很好地平衡双方之间的利益关系。2004 年最高人民法院在《施工合同司法解释（一）》第二条规定：建设工程施工合同无效，但建设工程经竣工验收合格，承包人请求参照合同约定支付工程价款的，应予支持。将《合同法》中的“折价补偿”定义为“参照合同约定支付工程价款”。这样处理有可能造成无效合同有效对待的误解，2021 年 1 月 1 日施行的《民法典》将《施工合同司法解释（一）》第二、三两条整合修改为第七百九十三条，其第一款规定：“建设工程施工合同无效，但是建设工程经验收合格的，可以参照合同关于工程价款的约定折价补偿承包人。”回归合同法的本意，即“参照合同关于工程价款的约定折价补偿承包人。”

工程完工并经竣工验收合格，已经达到《建筑法》保护的目的。为平衡当事人各方之间利益关系，便捷、合理解决纠纷，确定建设工程施工合同无效，鉴定人应依据委托人对工程经验收是否合格的决定分别进行鉴定。

【法条链接】

《中华人民共和国民法典》

第一百五十三条 违反法律、行政法规的强制性规定的民事法律行为无效。但是，该强制性规定不导致该民事法律行为无效的除外。

违背公序良俗的民事法律行为无效。

第一百五十五条 无效的或者被撤销的民事法律行为自始没有法律约束力。

第一百五十六条 民事法律行为部分无效，不影响其他部分效力的，其他部分仍然有效。

第一百五十七条 民事法律行为无效、被撤销或者确定不发生效力后，行为人因该行为取得的财产，应当予以返还；不能返还或者没有必要返还的，应当折价补偿。有过错的一方应当赔偿对方由此所受到的损失；各方都有过错的，应当各自承担相应的责任。法律另有规定的，依照其规定。

第七百九十三条 建设工程施工合同无效，但是建设工程经验收合格的，可以参照合同关于工程价款的约定折价补偿承包人。

建设工程施工合同无效，且建设工程经验收不合格的，按照以下情形处理：

（一）修复后的建设工程经验收合格的，发包人可以请求承包人承担修复费用；

（二）修复后的建设工程经验收不合格的，承包人无权请求参照合同关于工程价款的约定折价补偿。

发包人对因建设工程不合格造成的损失有过错的，应当承担相应的责任。

《中华人民共和国合同法》

第五十六条 无效的合同或者被撤销的合同自始没有法律约束力。合同部分无效，不影响其他部分效力的，其他部分仍然有效。

第五十八条 合同无效或者被撤销后，因该合同取得的财产，应当予以返还；不能返还或者没有必要返还的，应当折价补偿。有过错的一方应当赔偿对方因此所受到的损失，双方都有过错的，应当各自承担相应的责任。

《最高人民法院关于审理建设工程施工合同纠纷案件适用法律问题的解释（一）》（法释［2020］25号）

第六条 建设工程施工合同无效，一方当事人请求对方赔偿损失的，应当就对方过错、损失大小、过错与损失之间的因果关系承担举证责任。

损失大小无法确定，一方当事人请求参照合同约定的质量标准、建设工期、工程价款支付时间等内容确定损失大小的，人民法院可以结合双方过错程度、过错与损失之间的因果关系等因素作出裁判。

第二十四条 当事人就同一建设工程订立的数份建设工程施工合同均无效，但建设工程质量合格，一方当事人请求参照实际履行的合同关于工程价款的约定折价补偿承包人的，人民法院应予支持。

实际履行的合同难以确定，当事人请求参照最后签订的合同关于工程价款的约定折价补偿承包人的，人民法院应予支持。

第二十五条 当事人对垫资和垫资利息有约定，承包人请求按照约定返还垫资及其利息的，人民法院应予支持，但是约定的利息计算标准高于垫资时的同类贷款利率或者同期贷款市场报价利率的部分除外。

当事人对垫资没有约定的，按照工程欠款处理。

当事人对垫资利息没有约定，承包人请求支付利息的，人民法院不予支持。

《最高人民法院关于审理建设工程施工合同纠纷案件适用法律问题的解释》（法释［2004］14号）

第二条 建设工程施工合同无效，但建设工程经竣工验收合格，承包人请求参照合同约定支付工程价款的，应予支持。

第三条 建设工程合同无效，且建设工程经竣工验收不合格的，按照以下情形分别处理：

（一）修复后的建设工程经竣工验收合格，发包人请求承包人承担修复费用的，应予支持；

（二）修复后的建设工程经竣工验收不合格，承包人请求支付工程价款的，不予支持。

因建设工程不合格造成的损失，发包人有过错的，也应承担相应的民事责任。

《最高人民法院关于审理建设工程施工合同纠纷案件适用法律问题的解释（二）》（法释［2018］20号）

第三条 建设工程施工合同无效，一方当事人请求对方赔偿损失的，应当就对方过错、损失大小、过错与损失之间的因果关系承担举证责任。

损失大小无法确定，一方当事人请求参照合同约定的质量标准、建设工期、工程价款支付时间等内容确定损失大小的，人民法院可以结合双方过错程度、过错与损失之间的因果关系等因素作出裁判。

第十一条 当事人就同一建设工程订立的数份建设工程施工合同均无效，但建设工程质量合格，一方当事人请求参照实际履行的合同结算建设工程价款的，人民法院应予支持。

实际履行的合同难以确定，当事人请求参照最后签订的合同结算建设工程价款的，人民法院应予支持。

《江苏省高级人民法院关于审理建设工程施工合同纠纷案件若干问题的解答》（2018年6月12日第六次审判委员会）

5. 建设工程施工合同无效，建设工程经竣工验收合格的，合同约定的哪些条款可以参照适用？

建设工程施工合同无效，建设工程经竣工验收合格的，当事人主张工程价款或确定合同无效的损失时请求将合同约定的工程价款、付款时间、工程款支付进度、下浮率、工程质量、工期等事项作为考量因素的，应予支持。

《河北省高级人民法院建设工程施工合同案件审理指导》（2018 年 5 月 7 日审判委员会第 9 次会议讨论通过）

6. 建设工程施工合同无效，发包人与承包人均有权请求参照合同约定支付工程价款；承包人要求另行按照定额结算或者据实结算的，人民法院不予支持。

7. 当事人就同一建设工程订立的数份施工合同均被认定为无效的，在结算工程价款时，应当参照当事人真实意思表示并实际履行的合同约定结算工程价款。当事人已经基于其中一份合同达成结算单的，如不存在欺诈、胁迫等撤销事由，应认定该结算单应有效。

无法确定当事人真实意思并实际履行的合同的，可以结合缔约过错、已完工程质量、利益平衡等因素合理分配当事人之间数份合同的差价确定工程价款。

《四川省高级人民法院关于审理建设工程施工合同纠纷案件若干疑难问题的解答》（川高法民一［2015］3 号）

19. 被确认无效的建设工程施工合同工程价款如何确定？

建设工程施工合同被确认无效，但工程经竣工验收合格，当事人依据《建工司法解释》第二条的规定要求参照合同约定支付工程价款的，应予支持。

实际施工人以转包或违法分包合同无效，主张按照转包人或违法分包人与发包人之间的合同作为结算依据的，不予支持。但实际施工人与转包人或违法分包人另有约定的除外。

20. 当事人就同一建设工程订立的数份施工合同均被认定无效的，如何结算工程价款？

当事人就同一建设工程订立的数份施工合同均被认定无效，但工程经竣工验收合格，当事人请求按照合同约定结算工程款，应当参照当事人实际履行的合同结算工程价款。不能确定实际履行合同的，可以参照签订建设工程施工合同时当地建设行政主管部门发布的计价方法或者计价标准结算工程价款。

《安徽省高级人民法院关于审理建设工程施工合同纠纷案件适用法律问题的指导意见》（2013 年 12 月 23 日安徽省高级人民法院审判委员会民事执行专业委员会第 32 次会议讨论通过）

第八条 当事人就同一建设工程订立的数份施工合同均被认定无效，应当参照当事人实际履行的合同结算工程价款。

【条文应用指引】

1. 合同无效的认定权或者合同的撤销权，应由人民法院或仲裁机构行使。合同无效后的工程造价鉴定应按照委托人的决定进行。

2.《民法典》将《施工合同司法解释（一）》第二、三两条整合为第七百九十三条，应属于民事法律行为无效的法律后果的特殊规定。比较而言，有四处变化：

一是请求主体。将《施工合同司法解释（一）》第二条规定的“承包人请求参照合同约定支付工程价款的，应予支持”，以敞口形式规定为“可以参照合同关于工程价款的约定拆价补偿承包人”，消除了发包人能否请求参照无效合同约定支付工程价款的争议。

二是请求的前提。《施工合同司法解释（一）》第二条规定为“工程经竣工验收合格”才能请求“参照合同约定支付工程价款”。但在司法实践中，承包人因各种原因中途退场、工程尚未竣工而双方当事人发生结算争议的情形大量存在，如工程停工烂尾，专业工程分包验收合格但竣工验收拖延，致使承包人的工程价款承担遥不可及的风险。施工合同中也有隐蔽工程核查验收、分部分项工程验收等规定，而不仅是竣工验收。《民法典》此条将“竣工验收”改为“验收”，将适用的前提扩大为工程竣工验收合格以及尚未竣工但已完工程质量验收合格的情形，由此可以大幅减少已完工程质量验收合格但承包人无法主张工程价款的情形。

三是参照适用的原则。合同无效，对合同当事人自始没有法律约束力，但《施工合同司法解释（一）》第二条规定，合同无效，可以“请求参照合同约定支付工程价款”，这样一来，极可能造成无效合同有效对待的误解。《民法典》的规定回到了合同法的本意，强调合同无效的法律意义，即在施工合同无效的情况下，适用“折价补偿”的原则。

四是承担的责任。《施工合同司法解释（一）》第三条将建设工程不合格造成的损失，发包人有过错应承担的责任规定为“民事责任”，《民法典》删除“民事”限定，将其概括为“应当承担相应的责任”。从文义理解，除民事责任外，还包括行政责任，甚至是刑事责任。

从工程造价鉴定的角度来看，鉴定人特别应当关注的是，如工程合同无效，工程质量验收合格的，工程造价鉴定应从 “参照合同约定支付工程价款的” 鉴定工程价款转变为鉴定“参照合同关于工程价款的约定折价补偿承包人”的金额。不过，这二者鉴定的内容并无实质性区别。

3. 修复后工程质量经验收合格的，工程造价鉴定中应当不包括修复费用，《建设工程质量管理条例》第三十二条规定：“施工单位对施工中出现质量问题的建设工程或者竣工验收不合格的建设工程，应当负责返修。”当然，返工的修复费用应当由承包人自行承担。如系发包人修复，委托人要求鉴定修复费用，修复费用应单独列项进行鉴定，提出鉴定意见。

4. 修复后工程质量经验收不合格的，工程造价鉴定应对不合格工程的价款尽可能分细目单独列项，分别作出鉴定意见。按照《施工合同司法解释（一）》第三条第二款，《民法典》第七百九十三条第三款规定的，发包人对因建设工程不合格造成的损失有过错的，应当承担相应的责任。这样的鉴定便于委托人根据发承包人的过错责任大小作出判断予以裁判。

5. 按照《施工合同司法解释（二）》第三条，现新的《施工合同司法解释》第六条的规定，施工合同无效，一方当事人请求对方赔偿损失的，鉴定人应根据委托人对当事人过错程度与损失大小的因果关系的认定对损失进行鉴定。

5.3.3　鉴定项目合同对计价依据、计价方法约定不明的，鉴定人应厘清合同履行的事实，如是按合同履行的，应向委托人提出按其进行鉴定；如没有履行，鉴定人可向委托人提出“参照鉴定项目所在地同时期适用的计价依据、计价方法和签约时的市场价格信息进行鉴定”的建议，鉴定人应按照委托人的决定进行鉴定。

5.3.4　鉴定项目合同对计价依据、计价方法没有约定的，鉴定人可向委托人提出“参照鉴定项目所在地同时期适用的计价依据、计价方法和签约时的市场价格信息进行鉴定”的建议，鉴定人应按照委托人的决定进行鉴定。

【条文解读】

第 5.3.3、5.3.4 条是对合同约定不明或没有约定如何鉴定的规定。

由于工程合同对计价标准、计价方法约定不明或没有约定，极容易导致合同双方互相扯皮，酿成纠纷。根据《合同法》第六十一条的规定，当事人可以对此协议补充，如仍不能确定的，按该法第六十二条第（二）项的规定：“按照订立合同时履行地的市场价格履行；依法应当执行政府定价或者政府指导价的，按照规定履行。”《民法典》第五百一十条、五百一十一条保留《合同法》的这两条内容，因此，就建设工程的造价而言，没有约定与约定不明后果一样，如果当事人之间不能达成补充协议予以明确，即按照当地建设行政主管部门公布的计价方法和计价标准进行结算。但是问题在于需要识别何为约定不明、约定不明与对合同约定理解有争议的区别，以及约定不明与证据能否审核认定相关约定的关系。

所谓约定不明，是指双方对存有约定没有争议，只是对于约定的内容是否明确具体存有争议，即能否按照约定确定结算价款，能确定则约定明确，反之则不明。

约定不明不同于对合同条款理解有争议，是指对于合同条款的理解有两种以上理解方式，理解方式不同，认定的意思表示不同。《合同法》第一百二十五条规定：“当事人对合同条款的理解有争议的，应当按照合同所使用的词句、合同的有关条款、合同的目的、交易习惯以及诚实信用原则，确定该条款的真实意思。”《民法典》将这一条作了修改，第四百六十六条规定：“当事人对合同条款的理解有争议的，应当依据本法第一百四十二条第一款的规定，确定争议条款的含义”，即“有相对人的意思表示的解释，应当按照所使用的词句，结合相关条款、行为的性质和目的、习惯以及诚信原则，确定意思表示的含义”，即委托人应当认定一种含义，这样的结果不会导致按照当地建设行政主管部门发布的计价方法和计价标准进行结算，而是按照委托人认定的该合同条款含义适用双方约定的计算标准。

约定不明不同于证据能否审核认定或者证据是否确凿充分。合同约定是否明确，是一种态度，而事实能否被证明，关键是证据能否被审核认定。显然，证据能否被审核认定，能否证明相应的事实，与约定不明没有必然关系。根据最高人民法院《民事诉讼法解释》第一百零八条规定，只要能够证明有一种可能但并非必然，达到了高度可能性标准，事实就可以予以认定。不能认定的可按照工程合同对计价方法和计价标准没有约定的一样，鉴定人应按鉴定项目工程合同履行期间适用的工程造价计价依据进行鉴定。

【法条链接】

《中华人民共和国民法典》

第五百一十条　合同生效后，当事人就质量、价款或者报酬、履行地点等内容没有约定或者约定不明确的，可以协议补充；不能达成补充协议的，按照合同相关条款或者交易习惯确定。

第五百一十一条　当事人就有关合同内容约定不明确，依据前条规定仍不能确定的，适用下列规定：

（一）质量要求不明确的，按照强制性国家标准履行；没有强制性国家标准的，按照推荐性国家标准履行；没有推荐性国家标准的，按照行业标准履行；没有国家标准、行业标准的，按照通常标准或者符合合同目的的特定标准履行。

（二）价款或者报酬不明确的，按照订立合同时履行地的市场价格履行；依法应当执行政府定价或者政府指导价的，依照规定履行。

（三）履行地点不明确，给付货币的，在接受货币一方所在地履行；交付不动产的，在不动产所在地履行；其他标的，在履行义务一方所在地履行。

（四）履行期限不明确的，债务人可以随时履行，债权人也可以随时请求履行，但是应当给对方必要的准备时间。

（五）履行方式不明确的，按照有利于实现合同目的的方式履行。

（六）履行费用的负担不明确的，由履行义务一方负担；因债权人原因增加的履行费用，由债权人负担。

《中华人民共和国合同法》

第六十一条　合同生效后，当事人就质量、价款或者报酬、履行地点等内容没有约定或者约定不明确的，可以协议补充；不能达成补充协议的，按照合同有关条款或者交易习惯确定。

第六十二条　当事人就有关合同内容约定不明确，依照本法第六十一条的规定仍不能确定的，适用下列规定：

（一）质量要求不明确的，按照国家标准、行业标准履行；没有国家标准、行业标准的，按照通常标准或者符合合同目的的特定标准履行。

（二）价款或者报酬不明确的，按照订立合同时履行地的市场价格履行；依法应当执行政府定价或者政府指导价的，按照规定履行。

（三）履行地点不明确，给付货币的，在接受货币一方所在地履行；交付不动产的，在不动产所在地履行；其他标的，在履行义务一方所在地履行。

（四）履行期限不明确的，债务人可以随时履行，债权人也可以随时要求履行，但应当给对方必要的准备时间。

（五）履行方式不明确的，按照有利于实现合同目的的方式履行。

（六）履行费用的负担不明确的，由履行义务一方负担。

《最高人民法院关于审理建设工程施工合同纠纷案件适用法律问题的解释（一）》（法释〔2020〕25号）

第十九条第二款 因设计变更导致建设工程的工程量或者质量标准发生变化，当事人对该部分工程价款不能协商一致的，可以参照签订建设工程施工合同时当地建设行政主管部门发布的计价方法或者计价标准结算工程价款。

《最高人民法院关于审理建设工程施工合同纠纷案件适用法律问题的解释》（法释〔2004〕14号）

第十六条第二款 因设计变更导致建设工程的工程量或者质量标准发生变化，当事人对该部分工程价款不能协商一致的，可以参照签订建设工程施工合同时当地建设行政主管部门发布的计价方式或者计价标准结算工程价款。

【国标条文索引】

《建设工程工程量清单计价规范》GB 50500–2013

7.2.1 发承包双方应在合同条款中对下列事项进行约定：

1 预付工程款的数额、支付时间及抵扣方式；

2 安全文明施工措施的支付计划，使用要求等；

3 工程计量与支付工程进度款的方式、数额及时间；

4 工程价款的调整因素、方法、程序、支付及时间；

5 施工索赔与现场签证的程序、金额确认与支付时间；

6 承担计价风险的内容、范围以及超出约定内容、范围的调整办法；

7 工程竣工价款结算编制与核对、支付及时间；

8 工程质量保证金的数额、预留方式及时间；

9 违约责任以及发生工程价款争议的解决方法及时间；

10 与履行合同、支付价款有关的其他事项等。

7.2.2 合同中没有按照本规范第 7.2.1 条的要求约定或约定不明的，若发承包双方在合同履行中发生争议由双方协商确定；当协商不能达成一致时，应按本规范的规定执行。

5.3.5　鉴定项目合同对计价依据、计价方法约定条款前后矛盾的，鉴定人应提请委托人决定适用条款，委托人暂不明确的，鉴定人应按不同的约定条款分别作出鉴定意见，供委托人判断使用。

【条文解读】

本条是对合同约定前后矛盾如何鉴定的规定。

由于工程合同对计价标准、计价方法约定前后矛盾，致使工程造价鉴定难以得出唯一确定的意见时，委托人应根据情况，对合同适用条款的证明力作出认定，便于鉴定工作的进行。如委托人一时不明确的，鉴定人应结合案情按不同的标准和计价方法，出具不同的鉴定意见，供委托人对鉴定意见进行取舍。若当事人在合同履行过程中已按某一约定的条款履行，应在鉴定意见中说明此一情况。

鉴于工程建设涉及参与主体多元化、施工周期持续时间长，专业众多施工组织难等因素，工程实施过程中形成的合同时间不一，文件众多，有时会存在不同合同文件对同一事项的约定不一致甚至相互矛盾的情况。为有效解决这一问题，工程合同一般均设有合同文件优先顺序的条款，因此，在鉴定过程中，涉及工程合同解释顺序的，应采用合同专用条款的约定；如专用条款对合同解释顺序没有约定的，一般而言，合同文件的优先解释顺序，以形成时间在后者优先，即签订时间在后的合同文件效力优于签订时间在前的合同文件。但在实践中，因合同文件的地位不同，当事人之间也会产生争议。在这种情况下，鉴定人可暂按合同通用条款的解释顺序并报告委托人决定，如工程合同没有通用条款的，应提请委托人决定合同解释顺序，鉴定人按委托人的决定执行。

【通用合同条文】

《建设工程施工合同（示范文本）》GF–2017–0201

1.5　合同文件的优先顺序

组成合同的各项文件应互相解释，互为说明。除专用合同条款另有约定外，解释合同文件的优先顺序如下：

（1）合同协议书；

（2）中标通知书（如果有）；

（3）投标函及其附录（如果有）；

（4）专用合同条款及其附件；

（5）通用合同条款；

（6）技术标准和要求；

（7）图纸；

（8）已标价工程量清单或预算书；

（9）其他合同文件。

上述各项合同文件包括合同当事人就该项合同文件所作出的补充和修改，属于同一类内容的文件，应以最新签署的为准。

在合同订立及履行过程中形成的与合同有关的文件均构成合同文件组成部分，并根据其性质确定优先解释顺序。

《标准设计施工总承包招标文件（2012 版本）》

1.4 合同文件的优先顺序

组成合同的各项文件应相互解释，互为说明。除专用合同条款另有约定外，解释合同文件的优先顺序如下：

（1）合同协议书；

（2）中标通知书；

（3）投标函及投标函附录；

（4）专用合同条款；

（5）通用合同条款；

（6）发包人要求；

（7）承包人建议书；

（8）价格清单；

（9）其他合同文件。

《建设项目工程总承包合同（示范文本）》GF-2020-0216

1.5 合同文件的优先顺序

组成合同的各项文件应互相解释，互为说明。除专用合同条件另有约定外，解释合同文件的优先顺序如下：

（1）合同协议书；

（2）中标通知书（如果有）；

（3）投标函及投标函附录（如果有）；

（4）专用合同条件及《发包人要求》等附件；

（5）通用合同条件；

（6）承包人建议书；

（7）价格清单；

（8）双方约定的其他合同文件。

上述各项合同文件包括合同当事人就该项合同文件所作出的补充和修改，属于同一类内容的文件，应以最新签署的为准。

在合同订立及履行过程中形成的与合同有关的文件均构成合同文件组成部分，并根据其性质确定优先解释顺序。

【注意事项】

按照法律规定，对合同效力的认定，或者对合同某一条款效力的认定，或者对合同条文优先解释顺序的认定是委托人的职权。鉴定过程中，针对当事人对合同条文的不同主张，鉴定人切忌擅自采用其中一种主张进行鉴定，切忌擅自决定合同条文的优先解释顺序。这些属于鉴定的法律性问题，而非鉴定的专门性问题。鉴定人应提请委托人决定争议事项鉴定应当适用的合同条文或者合同条文的解释顺序，如委托人一时不决定的，鉴定人应告知委托人，可将当事人的主张单独立项，分别提出鉴定意见。

5.3.6　当事人分别提出不同的合同签约文本的，鉴定人应提请委托人决定适用的合同文本，委托人暂不明确的，鉴定人可按不同的合同文本分别作出鉴定意见，供委托人判断使用。

【条文解读】

本条是对不同合同文本如何鉴定的规定。

本条所涉及的内容也就是通常所说的“黑白合同”或者“阴阳合同”的效力及其处理问题。按照《施工合同司法解释（一）》第二十一条的规定，当事人就同一工程另行订立的施工合同与备案的中标合同实质性内容不一致的，应以备案合同作为结算价款的依据。之后，一些地方法院又针对工程是否必须招标细化了该类规定。2018 年 5 月，《国务院办公厅关于开展工程建设项目审批制度改革试点的通知》（国办发〔2018〕33 号）在全国试点省市“取消施工合同备案”，2018 年 9 月，住房和城乡建设部为贯彻落实国务院深化“放管服”改革，优化营商环境的要求，决定删除《房屋建筑和市政基础设施工程施工招标投标管理办法》（建设部令第 89 号）中“订立书面合同后 7 日内，中标人应当将合同送工程所在地的县级以上地方人民政府建设行政主管部门备案”的规定。根据施工合同备案已经取消的新形势，《施工合同司法解释（二）》第九条将“备案合同”改称为“中标合同”，实际上对《施工合同司法解释（一）》的第二十一条作了细化和补充。随着《民法典》的实施，最高人民法院对《施工合同司法解释（一）（二）》进行了梳理，重新发布了新的《施工合同司法解释》第二十三条保留了《施工合同司法解释（二）》第九条的内容，并于 2021 年 1 月 1 日起施行。因此，鉴定人在承接此条规定情形的鉴定工作后，应提请委托人决定采用何种合同文本进行鉴定，如委托人在鉴定工作开始前不明确适用合同，鉴定人可按不同的合同文本分别鉴定，让委托人判断使用。

【法条链接】

《最高人民法院关于审理建设工程施工合同纠纷案件适用法律问题的解释（一）》（法释〔2020〕25号）

第二十二条 当事人签订的建设工程施工合同与招标文件、投标文件、中标通知书载明的工程范围、建设工期、工程质量、工程价款不一致，一方当事人请求将招标文件、投标文件、中标通知书作为结算工程价款的依据的，人民法院应予支持。

第二十三条 发包人将依法不属于必须招标的建设工程进行招标后，与承包人另行订立的建设工程施工合同背离中标合同的实质性内容，当事人请求以中标合同作为结算建设工程价款依据的，人民法院应予支持，但发包人与承包人因客观情况发生了在招标投标时难以预见的变化而另行订立建设工程施工合同的除外。

《最高人民法院关于审理建设工程施工合同纠纷案件适用法律问题的解释》（法释〔2004〕14号）

第二十一条 当事人就同一建设工程另行订立的建设工程施工合同与经过备案的中标合同实质性内容不一致的，应当以备案的中标合同作为结算工程价款的根据。

《最高人民法院关于审理建设工程施工合同纠纷案件适用法律问题的解释（二）》（法释〔2018〕20号）

第九条 发包人将依法不属于必须招标的建设工程进行招标后，与承包人另行订立的建设工程施工合同背离中标合同的实质性内容，当事人请求以中标合同作为结算建设工程价款依据的，人民法院应予支持，但发包人与承包人因客观情况发生了在招标投标时难以预见的变化而另行订立建设工程施工合同的除外。

第十条 当事人签订的建设工程施工合同与招标文件、投标文件、中标通知书载明的工程范围、建设工期、工程质量、工程价款不一致，一方当事人请求将招标文件、投标文件、中标通知书作为结算工程价款的依据的，人民法院应予支持。

《四川省高级人民法院关于审理建设工程施工合同纠纷案件若干疑难问题的解答》（川高法民一〔2015〕3号）

21. 存在“黑白合同”的建设工程，如何结算工程价款？

法律，行政法规规定必须进行招标的建设工程。或者未规定必须进行招标的建设工程，但依法经过招标投标程序并进行了备案，当事人实际履行的施工合同与备案的中标合同实质性内容不一致的，应当以备案的中标合同作为结算工程价款的依据。

不是法律，行政法规规定必须进行招标的建设工程，且未进行实质意义的招投标，当事人均明确表示签订的中标合同仅用于在当地建设行政主管部门备案，备案的合同与实际履行的合同实质性内容不一致的，应以反映当事人真实意思表示的实际履行的合同结算工程价款。

备案的中标合同与当事人实际履行的建设工程施工合同均因违反法律，行政法规的强制性规定被认定为无效的，应参照当事人实际履行的合同结算工程价款。

《北京市高级人民法院关于审理建设工程施工合同纠纷案件若干疑难问题的解答》（京高法发［2012］245号）

15.“黑白合同”中如何结算工程价款？

法律、行政法规规定必须进行招标的建设工程，或者未规定必须进行招标的建设工程，但依法经过招标投标程序并进行了备案，当事人实际履行的施工合同与备案的中标合同实质性内容不一致的，应当以备案的中标合同作为结算工程价款的依据。

法律、行政法规规定不是必须进行招标的建设工程，实际也未依法进行招投标，当事人将签订的建设工程施工合同在当地建设行政管理部门进行了备案，备案的合同与实际履行的合同实质性内容不一致的，应当以当事人实际履行的合同作为结算工程价款的依据。

备案的中标合同与当事人实际履行的施工合同均因违反法律、行政法规的强制性规定被认定为无效的，可以参照当事人实际履行的合同结算工程价款。

《江苏省高级人民法院关于审理建设工程施工合同纠纷案件若干问题的解答》（2018年6月12日第六次审判委员会）

7.《建设工程司法解释》第21条黑白合同的规则，审判实践中如何适用？

强制招投标的建设工程，经过招投标的，当事人在招投标之后另行签订的建设工程施工合同与经过备案的中标合同实质性内容不一致的，备案的中标合同有效，另行签订的合同无效，应当以备案的中标合同作为结算工程价款的依据。

强制招投标的建设工程，当事人在招投标之前进行了实质性协商签订了建设工程施工合同，后经过招投标另行签订了一份实质性内容不一致的建设工程施工合同并进行备案的，前后合同均无效，参照双方当事人实际履行的合同结算工程价款。

非强制招投标的建设工程，经过招投标或备案的，当事人在招投标或备案之外另行签订的建设工程施工合同与经过备案的合同实质性内容不一致的，以双方当事人实际履行的合同作为结算工程价款的依据。

合同履行完毕后当事人达成的结算协议具有独立性，施工合同是否有效不影响结算协议的效力。

《浙江省高级人民法院民事审判第一庭关于印发关于审理建设工程施工合同纠纷案件若干疑难问题的解答的通知》（浙法民一［2012］3号）

十六、对“黑白合同”如何结算？

当事人就同一建设工程另行订立的建设工程施工合同与中标合同实质性内容不一致的，不论该中标合同是否经过备案登记，均应当按照最高人民法院《关于审理建设工程施工合同纠纷案件适用法律问题的解释》第二十一条的规定，以中标合同作为工程价款的结算依据。

当事人违法进行招投标，当事人又另行订立建设工程施工合同的，不论中标合同是否经过备案登记，两份合同均为无效；应当按照最高人民法院《关于审理建设工程施工合同纠纷案件适用法律问题的解释》第二条的规定，将符合双方当事人的真实意思，并在施工中具体履行的那份合同，作为工程价款的结算依据。

《湖北省高级人民法院民事审判工作座谈会会议纪要》（2013 年 9 月）

35. 经过招标投标的项目，发包人与承包人签订两份实质性内容不一致合同的（即所谓“黑白合同”），在双方因工程款结算发生纠纷时，应以中标合同即“白合同”作为结算工程款的依据。

必须经过招标投标的项目，发包人与承包人存在恶意串标、虚假招标的行为，双方签订的“黑白合同”均无效，但工程经竣工验收合格，承包人请求结算工程款的，区分情况处理：

（1）“黑白合同”中对工程结算方式约定一致的，按合同约定结算工程价款；

（2）“黑白合同”中对工程结算方式约定不一致的，参照“白合同”的约定结算工程价款，“黑白合同”结算价款之间差价作为因合同无效造成的损失，根据发包人和承包人各自责任的大小进行分担。

恶意串标、虚假招标情节严重的，人民法院可酌情予以民事制裁。

工程不是必须招投标的项目，实际也未经过招投标程序，但按照建设行政主管部门的规定，将施工合同在相关行政管理部门予以登记备案，该备案合同内容与发包方和承包方另行签订的施工合同不一致的，以当事人实际履行合同作为结算工程款的依据。

《安徽省高级人民法院关于审理建设工程施工合同纠纷案件适用法律问题的指导意见》（2013 年 12 月 23 日安徽省高级人民法院审判委员会民事执行专业委员会第 32 次会议讨论通过）

第七条 不属于依法必须招标的建设工程，发包人与承包人又另行签订并实际履行了与备案中标合同不一致的合同，当事人请求按照实际履行的合同确定双方权利义务的，应予支持。

【注意事项】

按照法律规定，对合同效力的认定是委托人的职权，鉴定项目当事人提出不同的合同文本时，鉴定人切忌擅自采用其中一种合同文本进行鉴定。如鉴定工作开始前委托人不明确采用何种合同文本进行鉴定的，鉴定人应书面提请委托人决定鉴定工作应当依据的合同文本，如委托人一时不决定的，鉴定人应告知委托人，鉴定人只好按不同的合同文本分别予以鉴定，但也意味着鉴定工作量大幅增加，导致鉴定费用随之增加，造成当事人诉讼成本的增加。

5.4　证据欠缺的鉴定

【概述】

在诉讼或仲裁案件中，需进行工程造价鉴定的，当事人提供的证据往往存在缺陷，造成这种情况是多方面的，如管理不善，造成施工图或竣工图不齐或者缺失；按发包人口头指令完成了某一合同外工程或零星工作，但承包人提不出书证，而发包人也不予以证实等。为避免因此过多产生不能鉴定的事项出现，充分发挥和运用鉴定人的专业技术技能、经验法则和专业判断，本节提出了鉴定的思路。

5.4.1　鉴定项目施工图（或竣工图）缺失，鉴定人应按以下规定进行鉴定：

1　建筑标的物存在的，鉴定人应提请委托人组织现场勘验计算工程量作出鉴定；

2　建筑标的物已经隐蔽的，鉴定人可根据工程性质、是否为其他工程的组成部分等作出专业分析进行鉴定；

3　建筑标的物已经灭失，鉴定人应提请委托人对不利后果的承担主体作出认定，再根据委托人的决定进行鉴定。

【条文解读】

本条是对施工图缺失如何鉴定的规定。

在施工合同纠纷案件中，有的时候当事人就建筑物的施工图或竣工图的举证不力，存在图纸缺失的现象，但建筑物实体存在，此时如仅凭现有施工图鉴定，无法得出一个相对准确的鉴定意见；但如放弃鉴定，又加大了审理、裁决案件的难度。对此，鉴定人可提请委托人组织现场勘验，通过现场勘验形成勘验笔录，按照《民事诉讼法》的规定，书证、物证、勘验笔录都是证据。在工程建设领域，由于种种原因的影响，书证存在的瑕疵或不足，大多数情况下可通过物证——建筑实体来证实。因为物证是“哑巴证据”，不会自己陈述所要证明的事实，需要鉴别和辨认，以确定物证与案件事实的关联性及本身的真实性。而对物证的异议，可以通过现场勘验来核实。只要当事人通过举证或提出申请，就可以通过勘验这一方式作出勘验笔录作为证据进行鉴定。

1. 争议的标的物存在，完全可以通过勘验核实，剩下的就是根据勘验笔录选择最适宜的计算方法作出鉴定了。例如某房地产开发项目，售楼部工程项目在施工合同承包范围之内，工程结算时，发包人认为“该项目无竣工验收备案资料，不应计入结算造价”，承包人认为“该项目已交付发包人使用，无竣工验收备案原因是发包人无合法报建手续造成的”。鉴定中，经现场勘验，该项目建筑物存在，且发包人正在使用，因此，依勘验笔录进行鉴定解决了这一争议。

2．争议的标的物已经隐蔽的，就需要鉴定人运用专门知识和经验法则，根据工程特点，进行专业分析和逻辑推理，作出推断性意见。例如某地下室筏板，承包人在施工组织设计中采用铁板凳（又称板凳铁、马凳筋、铁马、撑筋等）支撑板的钢筋，结算时发包人提出异议，认为承包人没有采用铁板凳，双方发生争议。而此时已不可能通过勘验的方法对此进行核实，但并不表示不能鉴定，而是需要根据施工生产的规律、专业技术的要求，通过专业分析进行鉴定。首先，铁板凳作为板的措施钢筋是必不可少的，一般在设计文件中没有，但承包人往往在施工组织设计采用铁板凳支撑钢筋，报发包人批准；其次，采用铁板凳支撑，乃是建筑施工手册明示的一种施工方法，一些地方也专门编有定额；再次，施工中以及隐蔽工程核查验收时，发包人或其委托的监理人并未对承包人是否采用铁板凳施工提出异议。显然，发包人在结算中提出异议应承担承包人未按施工组织设计的要求使用铁板凳的举证责任。对具体铁板凳的计算，如施工组织设计有详细技术方案，则按该方案计算；如没有，可采用工程所在地定额或建筑施工手册的规定进行计算。

3．如争议标的物已经灭失，如合同工程范围外的平整场地、撤除障碍物等未取得工程签证，因而无书证。此时，就需要委托人对不利后果的承担主体作出认定，再依据委托人的决定进行鉴定。

【法条链接】

《最高人民法院关于适用〈中华人民共和国民事诉讼法〉的解释》（法释〔2015〕5号）

第一百二十四条 人民法院认为有必要的，可以根据当事人的申请或者依职权对物证或者现场进行勘验。勘验时应当保护他人的隐私和尊严。

人民法院可以要求鉴定人参与勘验。必要时，可以要求鉴定人在勘验中进行鉴定。

《最高人民法院关于民事诉讼证据的若干规定》（法释〔2019〕19号）

第四十三条 人民法院应当在勘验前将勘验的时间和地点通知当事人。当事人不参加的，不影响勘验进行。

当事人可以就勘验事项向人民法院进行解释和说明，可以请求人民法院注意勘验中的重要事项。

人民法院勘验物证或者现场，应当制作笔录，记录勘验的时间、地点、勘验人、在场人、勘验的经过、结果，由勘验人、在场人签名或者盖章。对于绘制的现场图应当注明绘制的时间、方位、测绘人姓名、身份等内容。

5.4.2　在鉴定项目施工图或合同约定工程范围以外，承包人以完成了发包人通知的零星工程为由，要求结算价款，但未提供发包人的签证或书面认可文件，鉴定人应按以下规定作出专业分析进行鉴定：

1　发包人认可或承包人提供的其他证据可以证明的，鉴定人应作出肯定性鉴定，供委托人判断使用；

2　发包人不认可，但该工程可以进行现场勘验，鉴定人应提请委托人组织现场勘验，依据勘验结果进行鉴定。

【条文解读】

本条是对承包人完成合同外的零星工程或工作如何鉴定的规定。

在工程建设中，超出合同约定的工程承包范围以外的零星工程或零星工作，发包人往往也通知承包人完成。如果发包人正常履行管理职责，承包人坚持索要书面通知，书证齐全，很少发生争议。但在紧急情况下，发包人或其委托的监理人采用口头指令，在工作完后，承包人又怠于补充签证，结算时由于没有书证发生争议。本条提出：

1．发包人认可或发包人不认可，但承包人提供的其他证据可以证明的，如施工日志、监理日志、验收记录等可以佐证的，可以作出肯定性鉴定。

2．发包人不认可，但该工程可以进行勘验，可以提请委托人组织勘验，依勘验笔录进行鉴定，如临时围墙。

【注意事项】

使用本条时应注意鉴定项目工程合同包含的承发包范围以及合同约定工程内容：若使用施工图发包，则施工图以外的零星工程和工作可视为合同外工程；若使用初步设计图发包，则发包人要求和初步设计图以外的零星工程和工作可视为合同外工程；若使用方案设计发包，除发包人要求或方案设计变更外，则可以说基本上很难发生合同外工程。

5.5　计量争议的鉴定

【概述】

在工程合同纠纷案件中，当事人之间就工程量问题产生争议的占有较大比例。由于计量的结果是确定合同价格、支付合同价款的基础和依据，因而工程量计算准确与否，直接影响到当事人的切身利益。当事人往往强调有利于自己的方面，最终导致工程量计算和确认上出现争议。本节针对此类现象提出了鉴定的思路。

5.5.1 当鉴定项目图纸完备，当事人就计量依据发生争议时，鉴定人应以现行国家相关工程计量规范规定的工程量计算规则计量；无国家标准的，按行业标准或地方标准计量。但当事人在合同中约定了计量规则的除外。

【条文解读】

本条是针对当事人对采用计量规则的争议如何鉴定的规定。

当前，我国存在多种工程量计算规则并存的局面，可分为三种类型：一是按发布部门分类，可分为：国家计量标准，如《房屋建筑与装饰工程工程量计算规范》GB 50854 等仿古建筑、通用安装、市政、园林绿化、矿山、构筑物、城市轨道交通、爆破工程计量规范以及水利工程计价计量规范；专业工程计量标准，如电力、公路、水运、铁路等专业工程的计量规则；地方计量标准，如各省、自治区、直辖市建设行政主管部门发布的房屋建筑、安装、市政、园林绿化等工程预算定额中的计量规则。二是按计价模式划分的计量标准，即工程量清单计价计量标准和定额计价计量标准；三是合同约定的计量标准：如房屋工程按每平方米建筑面积计量等。

【法条链接】

《司法鉴定程序通则》（司法部令第 132 号）

第二十三条 司法鉴定人进行鉴定，应当依下列顺序遵守和采用该专业领域的技术标准、技术规范和技术方法：

（一）国家标准；

（二）行业标准和技术规范；

（三）该专业领域多数专家认可的技术方法。

【条文应用指引】

对施工合同工程计量纠纷，鉴定人应首先厘清合同约定的计价方式，是工程量清单计价还是定额计价，因为二者的计量规则，同一项目有可能包含的工程内容不同，一般来说，清单项目包含的工程内容大于或多于定额项目，其次必须厘清合同包含的发承包内容。当前我国大多数工程如房屋工程、市政工程、安装工程均是以施工图为基础划分项目制定的工程量计算规则。

由于适用于设计施工总承包的计量规则征求意见后也未发布，不少工程仍然采用施工图模拟清单、费用下浮的方式实行工程总承包，导致计量争议，鉴定中应特别注意合同中有关工程计量的约定。

【案例】

某市政工程管沟合同纠纷仲裁案，采用工程量清单计价。其中承包人出具了有监理人签字的管沟挖土宽度、长度、深度的验槽记录，并据此主张挖土工程量及其价款，鉴定人根据此证据进行鉴定。在鉴定书征求意见时，发包人对该证据的真实性不持异议，但认为工程量计算依据错误导致土方工程量多算，鉴定人回复计算无误。在开庭对鉴定书质证中，发包人提出依据《市政工程工程量计算规范》GB 50857–2013 挖沟槽土方的计量规则为“按设计图示尺寸以基础垫层底面积乘以挖土深度计算”，再次指出鉴定意见采用验槽记录包括“放坡和工作面”等，计算依据错误。这时鉴定人意识到应采用市政工程计量规则，当庭表示重新计算，承包人也接受，解决了这一争议。（点评：在我国，不同的专业工程工程量计算规则存在差异，就本案来讲，工程计量就有国家标准《市政工程工程量计算规范》GB 50857，还有工程所在地区市政工程计价定额的工程量计算规则，同时还有管沟挖土的土石方验槽记录，用哪一种标准计量，其工程量计算结果是不一样的。因此，鉴定人应事先明确该工程合同计价的性质，以便决定正确的计量标准，由于本工程是清单计价，因此发包人主张应按市政工程计量规范计量是正确的，采用管沟土方验槽记录计量是错误的，发包人不应该为承包人超过计量规则的部分工程量买单并支付工程价款。）

【国标条文索引】

《建设工程工程量清单计价规范》GB 50500–2013

8.1.1　工程量必须按照相关工程现行国家计量规范规定的工程量计算规则计算。

《市政工程工程量计算规范》GB 50857–2013

1.0.3　市政工程计价，必须按本规范规定的工程量计算规则进行工程计量。

5.5.2　一方当事人对双方当事人已经签认的某一工程项目的计量结果有异议的，鉴定人应按以下规定进行鉴定：

1　当事人一方仅提出异议未提供具体证据的，按原计量结果进行鉴定；

2　当事人一方既提出异议又提出具体证据的，应对原计量结果进行复核，必要时可到现场复核，按复核后的计量结果进行鉴定。

【条文解读】

本条是对双方当事人签认计量结果异议如何鉴定的规定。

在实践中，鉴定人根据送鉴证据作出可信度高的鉴定意见的前提条件是，该证据是真实可靠、准确无误的，而不是伪造、变造、篡改过或记载反映的内容不真实、不准确的证据。在证据存在记载的事务不真实、不准确的情况下，鉴定人再具有专业上的权威性，鉴定程序再符合技术规范，也无法保证鉴定意见的可靠性。因此，鉴定中不能只重书证、忽略“鉴真”，特别是在当事人一方对书证记载的计量结果存在异议时更须注意核实。因为“鉴真”是“鉴定”的前提条件，也是鉴定意见具有证明力的基础。本条的规定既注重对当事人“禁反言”，同时又在有证据时注重对书证的“鉴真”。

【法条链接】

《最高人民法院关于审理建设工程施工合同纠纷案件适用法律问题的解释（一）》（法释［2020］25号）

第二十条 当事人对工程量有争议的，按照施工过程中形成的签证等书面文件确认。承包人能够证明发包人同意其施工，但未能提供签证文件证明工程量发生的，可以按照当事人提供的其他证据确认实际发生的工程量。

《最高人民法院关于审理建设工程施工合同纠纷案件适用法律问题的解释》（法释［2004］14号）

第十九条 当事人对工程量有争议的，按照施工过程中形成的签证等书面文件确认。承包人能够证明发包人同意其施工，但未能提供签证文件证明工程量发生的，可以按照当事人提供的其他证据确认实际发生的工程量。

【案例】

某办公楼施工合同纠纷诉讼案，其中办公楼室外混凝土地坪工程量在送鉴证据中有发承包双方工作人员的签名。鉴定中采用此书证的工程量对室外地坪进行工程价款鉴定，但发包人接此鉴定书后，认为室外地坪原工程量签证错误，导致工程量多算，并附发包人另行丈量的测绘图说明。为妥善处理此事以及其他争议，经人民法院同意，决定对该工程进行现场勘验，从对室外混凝土地坪的复核结果来看，原发承包双方工作人员签认的计量结果确属错误，鉴定人按勘验笔录重新计量计价出具鉴定意见。（点评：现实生活中，确实存在工程量计算错误的书证，出现这一状况的原因是多种多样的，在鉴定中，如当事人对工程计量的书证争议很大，实际测一测，复核一下，让事实说话，既体现了鉴定的客观、公正，也是消除当事人争议的好方法。）

5.5.3　当事人就总价合同计量发生争议的，总价合同对工程计量标准有约定的，按约定进行鉴定；没有约定的，仅就工程变更部分进行鉴定。

【条文解读】

本条规定了总价合同的计量原则。

总价合同的计量是否可以调整需要厘清总价合同形成基础。

总价合同是发承包双方约定以发包时的设计图纸和建设规模、技术标准、功能需求等发包人要求中的有关条件进行合同价款计算、调整和确认的建设工程合同。在现阶段，可分为三种类型：

1. 以施工图纸为基础发承包的总价合同。在工程任务内容明确，发承包双方依据施工图通过招标或商谈确定合同价款。当合同约定的价格风险超过约定范围时，发承包双方根据合同约定调整合同价款，即为可调总价合同；若合同约定总价包干、不予调整时，即为固定总价合同，由承包人承担价格变化的风险，但对工程量变化引起的合同价款调整遵循以下原则：

①若合同价款是依据承包人根据施工图自行计算的工程量确定时，除发包人提出的工程变更引起的工程量变化进行调整外，合同约定的工程量是承包人完成合同工程的最终工程量，即承包人承担工程量的风险；

②若合同价款是依据发包人提供的工程量清单确定时，发承包双方应依据承包人最终实际完成的工程量（包括工程变更，工程量清单错、漏项等）调整确定合同价款，即发包人承担工程量的风险。这一方式实质上与固定单价合同差不多。

2. 以初步设计图为基础发承包的总价合同。即设计施工总承包或设计采购施工总承包，这一合同方式施工图由承包人设计并组织施工，除发包人对初步设计变更引起工程量变化外，承包人承担工程量和约定范围内的价格风险，超过合同约定范围的价格风险采用指数法进行调整，由发包人承担，即为可调总价合同；若合同约定总价包干，即为固定总价合同。

3. 以可行性研究报告或方案设计为基础发承包的总价合同。即设计施工总承包或设计采购施工总承包（EPC），这一合同方式初步设计和施工图设计均由承包人承担，与之对应承包人承担工程量和约定范围内的价格风险，超过合同约定范围的价格风险采用指数法进行调整，即为可调总价合同；如采用EPC方式，除发包人要求有变更外，工程量和价格风险均由承包人承担，即为固定总价合同。

由于工程建设的特殊性，往往施工条件多变，因此采用工程总承包合同通常也对一些事前无法准确把握的某些项目单独列项，如土石方（工程量与土石类别均存在较大变量）工程可以单列作为单价项目以便按照合同约定调整价款。

因此，对于总价合同的工程量调整，鉴定人在进行鉴定时，应当根据合同约定范围和内容，分析合同性质，决定工程量是否可以调整，并将理由在鉴定书中写明。

【法条链接】

《四川省高级人民法院关于审理建设工程施工合同纠纷案件若干疑难问题的解答》（川高法民一［2015］3号）

23. 约定工程价款实际固定总价结算的施工合同出现因设计变更导致工程量或者质量标准发生变化的如何结算工程价款?

当事人约定按照固定总价结算工程价款，应当严格按照合同约定的工程价款执行，一方当事人请求对工程造价进行鉴定并依据鉴定结论结算的，不予支持。

建设工程因设计变更导致工程量或质量标准发生变化，当事人要求对工程价款予以调整的，如果合同对工程价款调整有约定的，依照其约定；没有约定或约定不明的，应当由当事人协商解决，不能协商一致的，可以就变更部分参照签订建设工程施工合同时当地建设行政主管部门发布的计价方法或者计价标准结算工程价款。

主张工程价款调整的当事人应当对合同约定施工的具体范围、实际工程量增减的原因、数量等事实承担举证责任。

《深圳市中级人民法院关于建设工程合同若干问题的指导意见》（2010年3月9日审判委员会第6次会议修订）

21. 建设工程合同约定为固定总价的，承包人以工程量增加为由要求调整合同价款的，应按照以下方式处理：

（1）在固定总价若干范围以外增加的工程量，应计入合同价款。

（2）固定总价包干范围约定不明，如发包人不能证明该增加的工程量已包括在包干范围内的，应计入合同价款。

（3）发包人以固定单价包干形式，招标而签订固定总价包干合同后，发生工程量争议的，以实际工程量计算包干总价。

（4）签订固定总价合同后，工程发生重大变化或固定总价所依据的设计图纸发生重大变更的，按照双方确定的工程量清单单价据实计价。

《河北省高级人民法院建设工程施工合同案件审理指导》（2018年5月7日审判委员会第9次会议讨论通过）

11. 合同约定固定价款的，因发包人原因导致工程变更的，承包人能够证明工程变更增加的工程量不属于合同约定包干价范围之内的，有约定的，按约定结算工程价款，没有约定的，可以参照合同约定标准对工程量增减部分予以单独结算，无法参照约定标准结算可以参照施工地建设行政主管部门发布的计价方法或者计价标准结算。主张调整的当事人对合同约定的施工具体范围、实际工程量增减的原因、数量等事实负有举证责任。

《北京市高级人民法院关于审理建设工程施工合同纠纷案件若干疑难问题的解答》（京高法发［2012］245号）

11. 固定总价合同履行中，当事人以工程发生设计变更为由要求对工程价款予以调整的，如何处理？

建设工程施工合同约定工程价款实行固定总价结算，在实际履行过程中，因工程发生设计变更等原因导致实际工程量增减，当事人要求对工程价款予以调整的，应当严格掌握，合同对工程价款调整有约定的，依照其约定；没有约定或约定不明的，可以参照合同约定标准对工程量增减部分予以单独结算，无法参照约定标准结算的，可以参照施工地建设行政主管部门发布的计价方法或者计价标准结算。

主张工程价款调整的当事人应当对合同约定施工的具体范围、实际工程量增减的原因、数量等事实承担举证责任。

《浙江省高级人民法院民事审判第一庭关于审理建设工程施工合同纠纷案件若干疑难问题的解答》（浙法民一［2012］3号）

十二、能否调整总价包干合同的工程量、工程价款

建设工程施工合同采用固定总价包干方式，当事人以实际工程量存在增减为由要求调整的，有约定的按约定处理。没有约定，总价包干范围明确的，可相应调整工程价款；总价包干范围约定不明的，主张调整的当事人应承担举证责任。

【国标条文索引】

《建设工程工程量清单计价规范》GB 50500-2013

8.3.1 采用工程量清单方式招标形成的总价合同，其工程量应按照本规范第8.2节的规定计量。（即单价合同的计量8.2.1工程量必须以承包人完成合同工程应予计量的工程量确定。）

8.3.2 采用经审定批准的施工图纸及其预算方式发包形成的总价合同，除按照工程变更规定的工程增减外，各项目的工程量应为承包人用于结算的最终工程量。

5.6 计价争议的鉴定

【概述】

工程合同纠纷案件中最主要的就是工程价款争议，涉及工程建设的方方面面，根据我国国情，工程造价的调整离不开相关职能部门的“红头”文件，因此，正确认识和处理“红头”文件与合同约定之间的关系，事关鉴定如何进行。

工程造价的“红头”文件是指工程建设的行政主管部门在其职责范围内发布的有关工程造价构成、调整的文件，其作用一直是众说纷纭、争议不断，为此，需要了解“红头”文件的作用是否具有合法性、客观性和必要性。

一、“红头”文件的作用

（一）将法律规定征收的税、费根据法律以及法律法规授权的政府相关部门的文件结合工程的实际，由工程建设主管部门经过测算纳入工程造价的构成中。主要有：

1. 社会保险费和住房公积金（即“五险一金”）。

《社会保险法》第二条规定：“国家建立基本养老保险、基本医疗保险、工伤保险、失业保险、生育保险等社会保险制度，保障公民在年老、疾病、工伤、失业、生育等情况下依法从国家和社会获得物质帮助的权利。”

《劳动法》第七十二条规定：“用人单位和劳动者必须依法参加社会保险，缴纳社会保险费。”

《社会保险法》第十、二十三、四十四条规定：职工应当参加基本养老保险、基本医疗保险、失业保险，由用人单位和职工共同缴纳上述保险费；第三十三、五十三条规定：职工应当参加工伤保险、生育保险，由用人单位按照国家规定缴纳前述保险费，职工不缴纳。

《建筑法》第四十八条规定：建筑施工企业应当依法为职工参加工伤保险缴纳工伤保险费。鼓励企业为从事危险作业的职工办理意外伤害保险，支付保险费。

《住房公积金管理条例》（国务院令第 262 号）第十八条规定：职工和单位住房公积金的缴存比例均不得低于职工上一年度月平均工资的 5%；有条件的城市，可以适当提高缴存比例。具体缴存比例由住房公积金管理委员会拟订，经本级人民政府审核后，报省、自治区、直辖市人民政府批准。

在社会保险费中，并未规定保险费率，对计费基础也仅规定了基础养老保险和工伤保险按用人单位职工工资总额的比例缴纳。对缴纳标准：该法仅规定，基本养老保险、基本医疗保险、生育保险按国家规定，工伤保险根据社会保险经办机构确定的费率，失业保险金标准由省、自治区、直辖市人民政府确定。

可见，对“五险一金”如何缴纳以及缴纳的标准，法律和行政法规的规定较为原则和抽象，无法满足工程建设项目计价的需要。当前，对“五险一金”的计取基础，基本上采用用人单位职工工资的总额，计取标准由各省、自治区、直辖市人民政府或其授权的社会保险管理机构、地方人民政府用规范性文件规定。即使这样，也无法用其进行工程计价，因工程造价构成没有职工工资总额的概念，即使增设职工工资总额，也不可能用其进入发承包双方的计价活动中。2003 年 10 月，建设部、财政部印发《建筑安装工程费用项目组成》（建标〔2003〕206 号）将其定义为“规费”。2013 年 3 月，建设部、财政部印发修订后的《建筑安装工程费用组成》（建标〔2013〕44 号）仍保留“规费”，明确其为“根据国家法律、法规规定，由省级政府或省级有关权力部门规定施工企业必须缴纳的，应计入建筑安装工程造价的费用”，据此由各省、自治区、直辖市以及专业工程的建设主管部门根据“五险一金”的计取标准结合工程建设实际进行测算，发布本地区、本专业的规费在建筑安装工程费中的计取标准，便于项目业主控制投资和施工企业投标报价。

2. 安全文明施工费。

根据《安全生产法》《建筑法》《建设工程安全生产管理条例》《安全生产许可证条例》等法律、法规的规定，2005 年 6 月，建设部《关于印发〈建筑工程安全防护、文明施工措施费及使用管理规定〉的通知》（建办〔2005〕89 号）规定：投标方安全防护、文明施工措施的报价，不得低于依据工程所在地工程造价管理机构测定费率计算所需费用总额的 90%。2012 年 2 月，财政部、国家安全生产监督管理总局印发的《企业安全生产费用提取和使用管理办法》（财企〔2012〕16 号）第七条规定：建设工程施工企业提取的安全费用列入工程造价，在竞标时，不得删减，列入标外管理。

根据以上规定，考虑到安全生产、文明施工的管理与要求越来越高。因此，《建设工程工程量清单计价规范》GB 50500-2013 规定：安全文明施工费按省级或行业建设主管部门的规定计算，不得作为竞争性费用。

（二）将属于市场交易决定的人工、材料、机械等在一定时点的价格列入计价定额或估价表中作为基期价格，根据市场变化情况发布调整文件。主要有：

1. 人工费。在定额中由人工单价和工日消耗量构成，调整一般有两种方式：

（1）定期或不定期根据劳动力市场以及人力资源社会保障部门发布的工资指导标准发布定额人工费调整系数（指数），其主要用于项目业主编制估算、概算、预算、标底（最高投标限价），以便打足投资。承包人也可以作为投标报价的参考。

（2）定期或不定期根据劳动力市场发布人工单价，作用同（1）。由于现阶段定额人工消耗量没有随着工程建设领域的科技进步而调整或调整不到位，如机械（具）装备水平的提高，施工方式的改进等，工日消耗量偏高，为保持人工费平衡，人工单价偏低。

2. 材料价格，已转为发布材料价格信息。

3. 机械费中的燃料价格列为材料价格调整。同时，有的地方或工程项目的机械台班价格已被机械租赁费取代。

二、“红头”文件的适用

（一）《建筑法》第十八条规定：“建筑工程造价应当按照国家有关规定，由发包单位与承包单位在合同中约定。”全国人大法工委编撰的建筑法释义，“国家有关规定”包括国务院有关主管部门对工程造价方面的规定。例如：

1. 住房和城乡建设部、财政部印发的《建筑安装工程费用项目组成》（建标〔2013〕44 号）；

2. 财政部、建设部印发的《建设工程价款结算暂行办法》（财建〔2004〕369 号）；

3. 建设部印发的《建筑工程安全防护、文明施工措施费用及使用管理规定》；

4. 住房和城乡建设部、国家质监总局发布的国家标准《建设工程工程量清单计价规范》以及房屋工程、市政工程等 9 本计量规范以及有关专业工程建设主管部门发布的计价计量行业标准；

5. 各地区、各专业建设主管部门发布的工程计价定额等。

（二）由于工程造价的形成在市场经济条件下其载体是工程合同，因此，合同通用条款均有这两方面的条文。例如：

住房和城乡建设部、国家工商总局印发的《建设工程施工合同（示范文本）》《建设项目工程总承包合同示范文本》以及国家发展改革委等九部委印发的《标准施工招标文件》《标准设计施工总承包招标文件》中的合同通用条款均规定了，在基准日期后因法律变化导致承包人在履行合同中所需费用发生增减的或工期延误的，以及物价波动超过合同约定幅度的应予调整合同价款。

菲迪克（FIDIC）《施工合同条件》《生产设备和设计－施工合同条件》《设计采购施工（EPC）/交钥匙工程合同条件》都在第 13.7 条设置了对于基准日期后工程所在地的法律有改变的（包括适用新的法律，废除或修改现有法律）或对此类法律的司法或政府解释有改变，影响承包商履行合同规定义务，合同价格应考虑上述改变导致的任何费用增减进行调整，对延误的工期给予延长。在第 13.8 条设置了对工程所用劳动力、货物和其他投入的成本的涨落，按本款规定的公式确定增减款进行调整。

总结改革开放以来工程建设的历史，有关工程造价的“红头”文件是项目业主确定投资的依据，在政府投资、国有资金投资项目的投资与财政评审以及工程审计中发挥了重要作用。现有的争议集中在建设工程合同履行期间所发涉及合同价款调整的“红头文件”如何适用上？中外合同通用条款都有法律变化与物价变动作为通用合同条款调整价款的条文，可见，这是国际工程建设领域通行的商业惯例。但在我国，实践中有的发包人往往利用自己的强势地位，在施工合同中设置诸如发生任何法律变化，合同价款不予调整，或调价文件不予执行等条款。要求承包人签署此类合同条款实际上在“法律变化”这个要素上已经变成绝对风险固定条款，显然是有失公允和公平的，实质上否定了“法律变化”对合同价款的调整。众所周知，无论在国外还是在国内开展工程建设活动，发承包双方都受合同中所称“法律”的约束，都是国家法律及其“红头”文件的执行者，谁也无法预测“法律”何时变化，“红头”文件何时下发，如将其束之高阁，可能对社会追求公平正义的价值理念产生不良影响。

在施工合同履行过程中，发承包双方都会面临影响工程计价的风险，但不是所有的风险或者无限度的风险都应由承包人承担，而应按风险共担的原则进行合理分摊。具体表现是在招标文件及合同中对发承包双方各自应承担的计价风险内容及其范围或幅度进行界定和明确，发包人不能要求承包人承担所有风险。风险共担的原则是市场公平性的必然要求和具体体现。根据我国工程建设的特点，承包人应完全承担的风险是专业技术和经营管理风险，如管理费和利润以及工程总承包合同中约定的设计图纸变更而增加的工程量的风险；应有限度承担的是市场价格波动的风险，如人工、材料设备价格、施工机械费；应完全不承担的是法律法规变化的风险，如税金的调整、“五险一金”的调整等，以及由发包人提供设计图纸因变更而增加的工程量的风险。

《民法通则》第六条规定：“民事活动必须遵守法律，法律没有规定的，应当遵守国家政策”，2017 年 3 月《民法总则》第十条将其修改为：“处理民事纠纷，应当依照法律，法律没有规定的，可以适用习惯，但是不得违背公序良俗。”（2020 年 5 月颁布的《民法典》第十条保持该条文）。依照《民法总则》和《民法典》的这一规定，人民法院、仲裁机构在处理民事纠纷时，首先应当依照法律。按照最高人民法院民法典贯彻实施工作领导小组主编的《民法典总则编理解与适用》第十条条文理解的解读，法律应从广义上理解，包括法律、行政法规、地方性法规、自治条例和单行条例。其次，法律没有规定的，可以适用习惯。“习惯是指在某区域范围内，基于长期的生产生活实践而为公众所知悉，并普遍遵守的生活和交易习惯”，“习惯根据其适用，可以分为区域性习惯和行业性习惯、生活习惯和交易习惯等”，“通常作为民法法源的‘习惯’，限于习惯法，即国家认可的民事习惯。它是在人们长期的及生产生活实践中形成的一些行为规则，特定的群体具有将其作为行为规则、约束自身行为的内心确信，从而自觉或不自觉受其约束。将习惯作为民法的法源具有重要的意义，能够丰富民法规则的渊源，保持《民法典》的开放性；丰富法律规则内容，降低立法成本；限制法官自由裁量权，保障法律的准确适用。”

适用习惯处理民事纠纷有三个条件：一是适用习惯的前提是法律没有规定；二是适用的习惯不得违背公序良俗；三是由主张习惯的当事人举证证明该习惯存在，不过，法官依职权主动适用习惯裁判案件也是应有之义。《合同法解释（二）》第七条规定：“下列情形，不违反法律、行政法规强制性规定的，人民法院可以认定为合同法所称‘交易习惯’：（一）在交易行为当地或者某一领域、某一行业通常采用并为交易对方订立合同时所知道或者应当知道的做法；（二）当事人双方经常使用的习惯做法。对于交易习惯，由提出主张的一方当事人承担举证责任。”

从如何“适应习惯”解决工程造价纠纷来看，在司法实践中，委托人往往以维持当事人的合同意思自治处理，而采用“可以适用习惯”处理的极其少见，我国工程合同纠纷案件中的造价纠纷长期居高不下是否与得不到司法裁判采用“适用习惯”的支持有关值得思考。

《合同法》第六十一条（《民法典》第五百一十条，保留了该条内容）即“合同生效后，当事人就质量、价款或者报酬、履行地点等内容没有约定或者约定不明确的，可以协议补充；不能达成补充协议的，按照合同相关条款或者交易习惯确定。” 但按照《最高人民法院关于贯彻执行〈中华人民共和国民法通则〉若干问题的意见（试行）》（法办发〔1988〕6号）第六十六条的规定，“一方当事人向对方当事人提出民事权利的要求，对方未用语言或者文字明确表示意见，但其行为表明已接受的，可以认定为默示。不作为的默示只有在法律有规定或者当事人双方有约定的情况下，才可以视为意思表示”。根据该条前款部分，可知默示可以作为意思表示的方式，但根据该条后款部分，不作为的默示（即沉默）只有在法律有规定或者当事人双方有约定的情况下，才可以视为意思表示。这里存在一个缺陷，即沉默无法通过交易习惯而构成意思表示，施工合同纠纷案件中争议较多的当事人逾期未答复行为就不会产生意思表示的法律后果。由此，施工合同纠纷案件很难适用交易习惯进行裁决。这一缺陷是可以理解的，毕竟1986年的《民法通则》都还没有习惯法的位置，《民法总则》《民法典》第一百四十条弥补了这个缺陷。习惯在我国民事立法中，经历了一个从无到有到全面确立和完善的过程。

《民法典》第一百四十条规定：“行为人可以明示或者默示作出意思表示。/沉默只有在有法律规定、当事人约定或者符合当事人之间的交易习惯时，才可以视为意思表示。” 该条明确行为人作出意思表示的有三种方式：明示、默示、沉默。这是真正有可能影响对建设工程合同纠纷案件“适用习惯”进行裁决的一条规定。

明示是行为人作出意思表示通过明示的方式进行，其特点通过书面、口头等积极作为的方式，作出要约、承诺。这种方式注重的是“明”，意思表示的内容明确、具体、直接、肯定，不用再对其意思表示的内容进行推测、揣摩。

默示是与明示相对的一种意思表示的方式，是行为人没有通过书面、口头等积极行为的方式表现，而是通过行为的方式作出意思表示。这种方式强调的是“默”，通过行为人的行为来推定、认定出行为人意思表示的内容。

沉默相对于明示与默示这类积极作为的意思表示，是一种完全的不作为。有时候这种沉默行为能够推定出行为人意思表示的内容，法律上也允许这种意思表示的存在，认可其合法性。

由于沉默毕竟既非明示，也非默示，而是一种推定，为保护当事人的民事权利，避免不当给当事人造成损害，该条规定，沉默只有在有法律规定、当事人约定或者符合当事人之间的交易习惯时，才可以视为意思表示。

《民法典》的这条规定提供了在施工合同中，当以示范文本作为交易习惯引入时，沉默视为意思表示的路径。以《建设工程施工合同（示范文本）》GF-2017-0201为例，其通用条款部分出现“视为”的地方近30处，示范文本通用条款的“视为”对于合同争议的意义不言自明。这些“视为”的地方往往出现在一方提出某项主张或声明时，对方不作回复（即沉默）的情况下会产生什么样的法律后果。例如，19.2对承包人索赔的处理：“（2）发包人应在监理人收到索赔报告或有关索赔的进一步证明材料后的28天内，由监理人向承包人出具经发包人签认的索赔处理结果。发包人逾期答复的，则视为认可承包人的索赔要求。”在一个使用示范文本的施工合同纠纷中，承包人提出了索赔，发包人逾期未作答复，那么，在引入示范文本作为交易习惯的前提下，如果以逾期未答复作为沉默的意思表示，《民法典》第一百四十条就是其法律依据。今后，以施工合同的示范文本作为交易习惯引入时，使沉默构成意思表示有法可依，可能是施工合同纠纷案件适用交易习惯可以和应当起到的作用。当然，人民法院、仲裁机构在《民法典》下如何“适用习惯”裁判工程造价纠纷案件，值得期待。

本节仅就最常见的工程变更、物价波动、人工费、质量争议下的造价鉴定问题等提出了思路。

5.6.1　当事人因工程变更导致工程量数量变化，要求调整综合单价发生争议的；或对新增工程项目组价发生争议的，鉴定人应按以下规定进行鉴定：

1　合同中有约定的，应按合同约定进行鉴定；

2　合同中约定不明的，鉴定人应厘清合同履行情况，如是按合同履行的，应向委托人提出按其进行鉴定；如没有履行，可按现行国家标准计价规范的相关规定进行鉴定，供委托人判断使用；

3　合同中没有约定的，应提请委托人决定并按其决定进行鉴定，委托人暂不决定的，可按现行国家标准计价规范的相关规定进行鉴定，供委托人判断使用。

【条文解读】

本条是对综合单价调整、组价的规定。

工程合同是基于签订时静态的承包范围、设计标准、施工条件等为前提的，发承包双方权利和义务的分配也是以此为基础的。因此，工程实施过程中如果这种静态前提被打破，则必须在新的承包范围、新的设计标准或新的施工条件等前提下建立新的平衡，追求新的公平和合理。由于施工条件变化和发包人要求变化等原因，往往会发生合同约定的工程材料性质和品种、建筑物结构形式、施工条件等变动，此时必须变更才能维护合同的公平。

通常情况下，工程变更的产生有可能会影响合同价格、工期、项目资源组织等方面的变化，因此工程变更后对综合单价的调整或对新增项目的组价，直接影响变更事项的实施和合同目的的实现，对工程变更后价格的处理也成为工程合同常见的争议问题。对于实行工程量清单计价或定额计价的施工合同来说，比较容易解决工程变更后的价格调整问题。

鉴于法律并未对工程变更估价作出规定，国内外施工合同示范文本中均对工程变更的估价问题作出了具体明确的约定。如《菲迪克（FIDIC）施工合同条件》（1999版红皮书）第12.3款〔估价〕规定中提到，如（1）该项工作测出的数量变化超过工程量表或其他资料表中所列数量的10%以上；（2）此数量变化与该项工作上述规定的费率的乘积，超过中标合同金额的 0.01%；（3）此数量变化直接改变该项工作的单位成本超过 1%；以及（4）合同中没有规定该项工作为“固定费率项目”时，则宜对有关工作内容采用新的费率或价格，新的费率或价格应考虑该项中描述的有关事项对合同中相关费率或价格加以合理调整后得出，如果没有相关的费率或价格可供推算新的费率或价格，应根据实施该项工作的合理成本和合理利润，并考虑其他相关事项后得出。

因此，本条规定合同中没有约定或约定不明的，可按《建设工程工程量清单计价规范》GB 50500 的相关规定进行鉴定。

【通用合同条文】

《建设工程施工合同（示范文本）》GF-2017-0201

10.4.1 变更估价原则

除专用合同条款另有约定外，变更估价按照本款约定处理：

（1）已标价工程量清单或预算书有相同项目的，按照相同项目单价认定；

（2）已标价工程量清单或预算书中无相同项目，但有类似项目的，参照类似项目的单价认定；

（3）变更导致实际完成的变更工程量与已标价工程量清单或预算书中列明的该项目工程量的变化幅度超过 15% 的，或已标价工程量清单或预算书中无相同项目及类似项目单价的，按照合理的成本与利润构成的原则，由合同当事人按照第 4.4 款〔商定或确定〕确定变更工作的单价。

5.6.2 当事人因物价波动，要求调整合同价款发生争议的，鉴定人应按以下规定进行鉴定：

1 合同中约定了计价风险范围和幅度的，按合同约定进行鉴定；合同中约定了物价波动可以调整，但没有约定风险范围和幅度的，应提请委托人决定，按现行国家标准计价规范的相关规定进行鉴定。但已经采用价格指数法进行了调整的除外；

2 合同中约定物价波动不予调整的，仍应对实行政府定价或政府指导价的材料按《中华人民共和国合同法》的相关规定进行鉴定。

【条文解读】

本条规定了市场物价波动如何调整合同价款。

在工程建设合同履行过程中，由于履行时间往往较长，经常会出现人工、材料、设备等生产要素的价格出现波动的情形，并引起施工成本的增减变动，对于承包人来说，将面临如何主张合同价格调整，对于发包人来说，则面临是否必须进行合同价格调整或如何进行合同价格调整的问题，无论如何都将对合同当事人的权益产生重大影响，处理不当势必引起合同当事人的争议和纠纷。市场价格波动时合同价格是否进行调整，首先需要厘清合同当事人约定的合同计价方式。因为合同的计价方式不同，决定了不同的价款调整机制。对于施工合同而言，《建设工程施工合同（示范文本）》和《标准施工招标文件》（2007 年版）都在通用合同条款中有所规定。如市场价格波动超过合同当事人约定的范围，合同价款应当调整。当事人可以在通用条款提供的两种方式选择一种方式在专用合同条款约定调整合同价款。

1．采用价格指数调整价格差额。

因人工、材料和设备等价格波动影响合同价格时，可根据专用合同条款中约定的数据，按照通用合同条款给定的公式计算差额并调整合同价格。其中价格调整公式中的各可调因子、定值和变值权重，以及基本价格指数及其来源等数值，应当在投标报价时投标函附录价格指数和权重表中约定。对于直接发包订立的合同，由合同当事人在专用合同条款中直接约定前述数值（该方法详见合同文本或《建设工程工程量清单计价规范》附录 A）。

2．采用造价信息调整价格差额。

合同履行期间，因人工、材料、工程设备和机械台班价格波动影响合同价格时，人工、机械使用费按照国家或省、自治区、直辖市建设行政管理部门、行业建设管理部门或授权的工程造价管理机构发布的人工信息、机械台班单价或机械使用费系数进行调整；需要进行价格调整的材料，其单价和采购数量应由发包人审批，发包人确认需要调整的材料单价及数量，作为调整合同价格差额的依据。

上述两种方法对施工合同均可适用，如是设计施工或设计采购施工（EPC）工程总承包合同，则一般采用第一种指数法调整，这是鉴定时需要注意的。

无论是总价合同还是单价合同，我国法律并未对价格上涨或下跌超出多大幅度可认为明显不公作出明确规定，但在《建设工程工程量清单计价规范》GB 50500–2013 对主要材料、工程设备价格变化超过 5% 时调整作出规定后，《建设工程施工合同（示范文本）》2013 与 2017 年版本中的通用条款中也相应作了规定。如施工合同中未约定市场价格的合理涨跌幅度时，受到不利影响一方当事人据此请求认定合同价格“显失公平”具有相当的难度，并且需要承担较重的举证责任。这一状况也引起一些地方人民法院的注意，如北京市、四川省、安徽省等高级人民法院就对市场价格波动时，当事人未在合同中约定如何调整工程价款作出了相应规定。

最高人民法院民事审判第一庭编著的《建设工程施工合同司法解释（二）理解与适用》在第九条的条文理解二中对招标投标后建设工程的原材料、工程设备价格变化超出了正常的市场价格涨跌幅度，认为是“客观情况发生难以预见的变化”，提示：

“建设工程的原材料、工程设备价格变化在正常幅度内涨跌时，当事人各方一般没有必要对价格进行调整，但在施工过程中发生了当事人不能预见的外部因素导致原材料价格发生大幅波动，继续履行合同对当事人一方明显不公平或明显困难时，当事人可以另行订立合同，合理分担风险。参照《建设工程施工合同（示范文本）》的规定，承包人在已标价工程量清单或预算书中载明材料单价低于基准价格的情况下，除专用合同条款另有约定外，合同履行期间材料单价涨幅以基准价格为基础超过 5% 时，或材料单价跌幅以在已标价工程量清单或预算书中载明材料单价为基础超过 5% 时，其超过部分据实调整；承包人在已标价工程量清单或预算书中载明材料单价高于基准价格的情况下，除专用合同条款另有约定外，合同履行期间材料单价跌幅以基准价格为基础超过 5% 时，材料单价涨幅以在已标价工程量清单或预算书中载明材料单价为基础超过 5% 时，其超过部分据实调整；承包人在已标价工程量清单或预算书中载明材料单价等于基准价格的情况下，除专用合同条款另有约定外，合同履行期间材料单价涨跌幅以基准价格为基础超过 ±5% 时，其超过部分据实调整。严格来讲，材料价格、工程设备价格的变化属于市场风险，当事人应有一定的风险承担意识，但如果价格变化超出了正常情况下当事人能够承受的幅度，发生了重大变化，继续履行合同会导致当事人等价关系发生动摇，出于公平原则，应当允许当事人在此种情况下另行订立合同，对合同相关条款进行变更。需要指出的是，原材料或工程设备价格的范围应当有所限制，原材料的范围通常应当为主要材料是在建设工程中用量较大，占工程造价比例较高的材料。原材料价格发生重大变化对于工程造价的影响比较大，应当允许当事人在招标后另行订立合同对工程价款进行调整，这不属于背离中标合同。”

《施工合同司法解释（二）》第九条是针对客观情况发生变化能否另行订立施工合同，是否背离中标合同的高度来规范的。但工程建设合同履行过程中，采用另行订立合同这一思路与施工合同采用的价款调整在具体操作上还是有很大区别的。

在使用法律及司法解释对解决市场价格波动引起的合同价格调整难度较大的情况下，通过计价规范和施工合同通用条款规范工程建设项目里的价格风险问题，能否在使用过程中可以逐渐形成并确认成为解决该类问题的行业交易习惯，进而推动价格纠纷争议的解决。

此外，工程实践中，虽然各地建设行政主管部门在建筑材料等市场价格异常波动期间会出台一些文件规范建筑材料等价差调整问题，但因该类文件通常为部门规章以下的规范性文件，存在法律适用层级问题，且通过行政手段调整解决施工合同当事人之间的权利义务关系，终非市场经济和合同自由原则的体现。

综上所述，如果合同当事人未在施工合同中明确约定因市场价格波动引起的合同价格调整问题，根据我国现有法律法规及司法实践，在解决此类争议和纠纷的过程中将会出现既无法律规定又无合同约定的尴尬境地，不利于及时、有效解决此类争议和纠纷。

而国内外成熟的施工合同文本中均具体详细规定了因市场价格波动引起的合同价格调整的问题。如《菲迪克（FIDIC）施工合同条件》（1999 版红皮书）第 13.8 款〔因成本改变的调整〕中具体详细规定了合同价格因劳动力、货物和其他投入的成本的涨落而调整及具体的调整方式。九部委《标准施工招标文件》通用合同条款第 16.1 款〔物价波动引起的价格调整〕中也具体详细规定了合同价格因物价波动而调整及具体调整的方式。《民法典》施行后，对于此类民事纠纷，能否依照“法律没有规定的，可以适用习惯”处理呢。

【法条链接】

《中华人民共和国民法典》

第五百一十三条　执行政府定价或者政府指导价的，在合同约定的交付期限内政府价格调整时，按照交付时的价格计价。逾期交付标的物的，遇价格上涨时，按照原价格执行；价格下降时，按照新价格执行。逾期提取标的物或者逾期付款的，遇价格上涨时，按照新价格执行；价格下降时，按照原价格执行。

《北京市高级人民法院关于审理建设工程施工合同纠纷案件若干疑难问题的解答》（京高法发［2012］245号）

12. 固定价合同履行过程中，主要建筑材料价格发生重大变化，当事人要求对工程价款予以调整的，如何处理？

建设工程施工合同约定工程价款实行固定价结算，在实际履行过程中，钢材、木材、水泥、混凝土等对工程造价影响较大的主要建筑材料价格发生重大变化，超出了正常市场风险的范围，合同对建材价格变动风险负担有约定的，原则上依照其约定处理；没有约定或约定不明，该当事人要求调整工程价款的，可在市场风险范围和幅度之外酌情予以支持；具体数额可以委托鉴定机构参照施工地建设行政主管部门关于处理建材差价问题的意见予以确定。

因一方当事人原因导致工期延误或建筑材料供应时间延误的，在此期间的建材差价部分工程款，由过错方予以承担。

《四川省高级人民法院关于审理建设工程施工合同纠纷案件若干疑难问题的解答》（川高法民一［2015］3号）

24. 约定工程价款实行固定总价结算的施工合同在履行过程中材料价格发生重大变化如何处理？

约定工程价款实行固定总价结算的施工合同履行过程中，主要建筑材料价格发生重大变化，超出了正常市场风险范围，合同对建材价格变动风险负担有约定的，依照其约定处理；没有约定或约定不明的，当事人要求调整工程价款，如不调整显失公平的，可在市场风险范围和幅度之外酌情予以支持，具体数额可以委托鉴定机构参照工程所在地建设行政主管部门关于处理建材差价问题的意见予以确定。

因一方当事人原因致使工期或建筑材料供应时间延误导致的建材价格变化风险由该方当事人承担，该方当事人要求调整工程价款的，不予支持。

《安徽省高级人民法院关于审理建设工程施工合同纠纷案件适用法律问题的指导意见（二）》（2013年12月23日安徽省高级人民法院审判委员会民事执行专业委员会第32次会议讨论通过）

第十五条　建设工程施工合同履行过程中，人工、材料、机械费用出现波动，合同有约定的，按照约定处理；合同无约定，当事人又不能协商一致的，参照建设行政主管部门的规定或者行业规范处理。

因工期延误导致上述费用增加造成损失的，由导致工期延误的一方承担；双方对工期延误均有过错的，应当各自承担相应的责任。

【国标条文索引】

《建设工程工程量清单计价规范》GB 50500-2013

3.4.1 建设工程发承包，必须在招标文件、合同中明确计价中的风险内容及其范围，不得采用无限风险、所有风险或类似语句规定计价中的风险内容及范围。

9.8.2 承包人采购材料和工程设备的，应在合同中约定主要材料、工程设备价格变化的范围或幅度；当没有约定，且材料、工程设备单价变化超过 5% 时，超过部分的价格应按照本规范附录 A 的方法计算调整材料、工程设备费。

9.8.3 发生合同工程工期延误的，应按照下列规定确定合同履行期的价格调整：

1 因非承包人原因导致工期延误的，计划进度日期后续工程的价格，应采用计划进度日期与实际进度日期两者的较高者。

2 因承包人原因导致工期延误的，计划进度日期后续工程的价格。应采用计划进度日期与实际进度日期两者的较低者。

【通用合同条文】

《建设工程施工合同（示范文本）》GF-2017-0201

11.1 市场价格波动引起的调整

除专用合同条款另有约定外，市场价格波动超过合同当事人约定的范围，合同价格应当调整。合同当事人可以在专用合同条款中约定选择以下一种方式对合同价格进行调整：

第 1 种方式：采用价格指数进行价格调整。

（1）价格调整公式。因人工、材料和设备等价格波动影响合同价格时，根据专用合同条款中约定的数据，按以下公式计算差额并调整合同价格：

$$\Delta P=P_0\left[A+\left(B_1\times\frac{F_{t1}}{F_{01}}+B_2\times\frac{F_{t2}}{F_{02}}+B_3\times\frac{F_{t3}}{F_{03}}+A+B_n\times\frac{F_{tn}}{F_{0n}}\right)-1\right]$$

式中：ΔP——需调整的价格差额；

P_0——约定的付款证书中承包人应得到的已完成工程量的金额。此项金额应不包括价格调整、不计质量保证金的扣留和支付、预付款的支付和扣回。约定的变更及其他金额已按现行价格计价的，也不计在内；

A——定值权重（即不调部分的权重）；

B_1，B_2，B_3，…，B_n——各可调因子的变值权重（即可调部分的权重），为各可调因子在签约合同价中所占的比例；

F_{t1}，F_{t2}，F_{t3}，…，F_{tn}——各可调因子的现行价格指数，指约定的付款证书相关周期最后一天的前 42 天的各可调因子的价格指数；

F_{01}，F_{02}，F_{03}，…，F_{0n}——各可调因子的基本价格指数，指基准日期的各可调因子的价格指数。

以上价格调整公式中的各可调因子、定值和变值权重，以及基本价格指数及其来源在投标函附录价格指数和权重表中约定，非招标订立的合同，由合同当事人在专用合同条款中约定。价格指数应首先采用工程造价管理机构发布的价格指数，无前述价格指数时，可采用工程造价管理机构发布的价格代替。

（2）暂时确定调整差额。在计算调整差额时无现行价格指数的，合同当事人同意暂用前次价格指数计算。实际价格指数有调整的，合同当事人进行相应调整。

（3）权重的调整。因变更导致合同约定的权重不合理时，按照第 4.4 款〔商定或确定〕执行。

（4）因承包人原因工期延误后的价格调整。因承包人原因未按期竣工的，对合同约定的竣工日期后继续施工的工程，在使用价格调整公式时，应采用计划竣工日期与实际竣工日期的两个价格指数中较低的一个作为现行价格指数。

第 2 种方式：采用造价信息进行价格调整。

合同履行期间，因人工、材料、工程设备和机械台班价格波动影响合同价格时，人工、机械使用费按照国家或省、自治区、直辖市建设行政管理部门、行业建设管理部门或其授权的工程造价管理机构发布的人工、机械使用费系数进行调整；需要进行价格调整的材料，其单价和采购数量应由发包人审批，发包人确认需调整的材料单价及数量，作为调整合同价格的依据。

（1）人工单价发生变化且符合省级或行业建设主管部门发布的人工费调整规定，合同当事人应按省级或行业建设主管部门或其授权的工程造价管理机构发布的人工费等文件调整合同价格，但承包人对人工费或人工单价的报价高于发布价格的除外。

（2）材料、工程设备价格变化的价款调整按照发包人提供的基准价格，按以下风险范围规定执行：

①承包人在已标价工程量清单或预算书中载明材料单价低于基准价格的：除专用合同条款另有约定外，合同履行期间材料单价涨幅以基准价格为基础超过 5% 时，或材料单价跌幅以在已标价工程量清单或预算书中载明材料单价为基础超过 5% 时，其超过部分据实调整。

②承包人在已标价工程量清单或预算书中载明材料单价高于基准价格的：除专用合同条款另有

约定外，合同履行期间材料单价跌幅以基准价格为基础超过 5% 时，材料单价涨幅以在已标价工程量清单或预算书中载明材料单价为基础超过 5% 时，其超过部分据实调整。

③承包人在已标价工程量清单或预算书中载明材料单价等于基准价格的：除专用合同条款另有约定外，合同履行期间材料单价涨跌幅以基准价格为基础超过 ±5% 时，其超过部分据实调整。

④承包人应在采购材料前将采购数量和新的材料单价报发包人核对，发包人确认用于工程时，发包人应确认采购材料的数量和单价。发包人在收到承包人报送的确认资料后 5 天内不予答复的视为认可，作为调整合同价格的依据。未经发包人事先核对，承包人自行采购材料的，发包人有权不予调整合同价格。发包人同意的，可以调整合同价格。

前述基准价格是指由发包人在招标文件或专用合同条款中给定的材料、工程设备的价格，该价格原则上应当按照省级或行业建设主管部门或其授权的工程造价管理机构发布的信息价编制。

（3）施工机械台班单价或施工机械使用费发生变化超过省级或行业建设主管部门或其授权的工程造价管理机构规定的范围时，按规定调整合同价格。

第 3 种方式：专用合同条款约定的其他方式。

【条文应用指引】

目前，我国仍有一些原材料价格按照《价格法》的规定实行政府定价或者政府指导价，如水、电、燃油等。按照《合同法》第六十三条的规定："执行政府定价或者政府指导价的，在合同约定的交付期限内政府价格调整时，按照交付时的价格计价。逾期交付标的物的，遇价格上涨时，按照原价格执行；价格下降时，按照新价格执行。逾期提取标的物或者逾期付款的，遇价格上涨时，按照新价格执行；价格下降时，按照原价格执行"。2021 年 1 月 1 日起施行的《民法典》第五百一十三条保留了此条款的内容。因此，对政府定价或政府指导价管理的原材料价格应按照这一法律规定进行鉴定。

5.6.3　当事人因人工费调整文件，要求调整人工费发生争议的，鉴定人应按以下规定进行鉴定：

1　如合同中约定不执行的，鉴定人应提请委托人决定并按其决定进行鉴定；

2　合同中没有约定或约定不明的，鉴定人应提请委托人决定并按其决定进行鉴定，委托人要求鉴定人提出意见的，鉴定人应分析鉴别：如人工费的形成是以鉴定项目所在地工程造价管理部门发布的人工费为基础在合同中约定的，可按工程所在地人工费调整文件作出鉴定意见；如不是，则应作出否定性意见，供委托人判断使用。

【条文解读】

本条是对人工费如何调整的规定。

人工费的调整争议是工程合同纠纷中较常见的争议，由于我国幅员辽阔，工程建设的管理部门众多，既有专业的，如水利、电力、公路、铁路、石化等，也有各地区的。这些管理部门对人工费的管理制度也是不尽相同，差异较大，有的以文件形式调整定额人工费，有的以信息发布人工单价。因此，不同专业、不同地区在确定工程合同约定的人工费时也是差异较大。同时，多年来各地方人力资源社会保障部门每年均发布本地区的月最低工资标准（小时），以及年度企业工资指导线[分基准线、上线（预警线）、下线等]对人工费的是否调整也有一定影响。

最高人民法院民事审判第一庭编著的《建设工程施工合同司法解释（二）理解与适用》在第九条的条文理解二中对招标投标后人工单价发生了重大变化作出了如下解读：

“人工单价的重大变化对工程造价的影响也比较大，人工单价通常由各地省级或行业建设主管部门发布的人工费调整文件进行规范。建设工程施工周期长，人工单价在某些地方、某个时间可能会经历多次调整。一概不允许当事人对人工单价发生的波动进行调整既不符合建设工程实际情况，也有悖公平原则。与原材料价格发生重大变化类似，人工单价变化一定幅度内应视为正常的市场风险，超过各地规定的涨跌幅度或当事人约定的涨跌幅度时可认为属于客观性情况发生了重大变化。”

5.6.4　当事人因材料价格发生争议的，鉴定人应提请委托人决定并按其决定进行鉴定。委托人未及时决定可按以下规定进行鉴定，供委托人判断使用：

1　材料价格在采购前经发包人或其代表签批认可的，应按签批的材料价格进行鉴定；

2　材料采购前未报发包人或其代表认质认价的，应按合同约定的价格进行鉴定；

3　发包人认为承包人采购的材料不符合质量要求，不予认价的，应按双方约定的价格进行鉴定，质量方面的争议应告知发包人另行申请质量鉴定。

【条文解读】

本条是对材料价格争议如何鉴定的规定。

【条文应用指引】

本条因材料价格发生争议应首先查明当事人在合同中的约定，由委托人决定。鉴定人按委托人的决定进行鉴定。若委托人未及时决定，鉴定人注意：

1. 若合同约定材料在采购前应经发包人或其指派的代表签批认可的，材料价格应按签批的价格进行鉴定；若未报发包人或其指派的代表签批的，按合同约定价格进行鉴定。合同约定发包人在材料采购前签批，往往意味着材料价格按实计算。

2. 若发包人认为承包人采购的材料不符合材料要求，不予认价的应注意：①使用该材料在工程验收中合格；②使用该材料在工程验收中该项目不合格，这两种情形鉴定人都应单独列项进行鉴定，质量问题待委托人分清当事人责任后再选择裁判。

5.6.5 发包人以工程质量不合格为由，拒绝办理工程结算而发生争议的，鉴定人应按以下规定进行鉴定：

1 已竣工验收合格或已竣工未验收但发包人已投入使用的工程，工程结算按合同约定进行鉴定；

2 已竣工未验收且发包人未投入使用的工程，以及停工、停建工程，鉴定人应对无争议、有争议的项目分别按合同约定进行鉴定。工程质量争议应告知发包人申请工程质量鉴定，待委托人分清当事人的质量责任后，分别按照工程造价鉴定意见判断采用。

【条文解读】

本条是对发包人提出质量争议如何进行造价鉴定的规定。

在施工合同纠纷案件中，经常出现承包人请求发包人支付欠付的工程价款，而发包人以建设工程存在质量缺陷为由请求承包人支付违约金，以期达到抵销承包人请求支付工程价款的诉讼请求。这时的工程质量纠纷与工程价款纠纷就是一个案件的两个方面。从发包人就工程价款纠纷提出工程质量异议的诉讼请求的内容来看，有的构成答辩，有的构成反诉。这种情况下如何进行造价鉴定，本条提出了思路：

1. 合同工程已竣工验收合格或已竣工未验收但发包人已投入使用的，工程价款结算应按照当事人的合同约定进行鉴定，这也符合《施工合同司法解释（一）》第十三条（最高人民法院发布的新的《施工合同司法解释》第十四条保留了该条文内容）的规定。

2. 发包人对已竣工未验收也未投入使用的工程以及停工、停建工程，以质量不合格提出抗辩甚至反诉的，按照《施工合同司法解释（二）》第七条（最高人民法院发布的新的《施工合同司法解释》第十六条保留了该条文内容）的规定，可以合并审理。因此，发包人对质量的争议应申请工程质量鉴定，而这并不必然影响工程造价鉴定，因为工程造价鉴定无须等到工程质量确定以后才能进行。此种情况下，只需鉴定人区分当事人对质量有争议、无争议的项目分别按合同约定进行鉴定，并将鉴定意见分别单独列项即可，以便委托人在分清当事人的质量责任后，即可以按照工程造价鉴定意见采用进行裁决。

【法条链接】

《中华人民共和国民法典》

第五百八十二条　履行不符合约定的，应当按照当事人的约定承担违约责任。对违约责任没有约定或者约定不明确，依据本法第五百一十条的规定仍不能确定的，受损害方根据标的的性质以及损失的大小，可以合理选择请求对方承担修理、重作、更换、退货、减少价款或者报酬等违约责任。

《中华人民共和国合同法》

第一百一十一条　质量不符合约定的，应当按照当事人的约定承担违约责任。对违约责任没有约定或者约定不明确，依照本法第六十一条的规定仍不能确定的，受损害方根据标的性质以及损失的大小，可以合理选择要求对方承担修理、更换、重作、退货、减少价款或者报酬等违约责任。

《最高人民法院关于审理建设工程施工合同纠纷案件适用法律问题的解释（一）》（法释［2020］25号）

第十二条　因承包人的原因造成建设工程质量不符合约定，承包人拒绝修理、返工或者改建，发包人请求减少支付工程价款的，人民法院应予支持。

第十四条　建设工程未经竣工验收，发包人擅自使用后，又以使用部分质量不符合约定为由主张权利的，人民法院不予支持；但是承包人应当在建设工程的合理使用寿命内对地基基础工程和主体结构质量承担民事责任。

第十六条　发包人在承包人提起的建设工程施工合同纠纷案件中，以建设工程质量不符合合同约定或者法律规定为由，就承包人支付违约金或者赔偿修理、返工、改建的合理费用等损失提出反诉的，人民法院可以合并审理。

《最高人民法院关于审理建设工程施工合同纠纷案件适用法律问题的解释》（法释［2004］14号）

第十一条　因承包人的过错造成建设工程质量不符合约定，承包人拒绝修理、返工或者改建，发包人请求减少支付工程价款的，应予支持。

第十三条　建设工程未经竣工验收，发包人擅自使用后，又以使用部分质量不符合约定为由主张权利的，不予支持；但是承包人应当在建设工程的合理使用寿命内对地基基础工程和主体结构质量承担民事责任。

《最高人民法院关于审理建设工程施工合同纠纷案件适用法律问题的解释（二）》（法释［2018］20号）

第七条　发包人在承包人提起的建设工程施工合同纠纷案件中，以建设工程质量不符合合同约定或者法律规定为由，就承包人支付违约金或者赔偿修理、返工、改建的合理费用等损失提出反诉的，人民法院可以合并审理。

《四川省高级人民法院关于审理建设工程施工合同纠纷案件若干疑难问题的解答》（川高法民一〔2015〕3号）

31. 如何处理发包人提出的工程质量问题?

承包人诉请支付工程价款，发包人主张工程质量不符合合同约定或者国家强制性质量规范标准，要求减少工程价款的，按抗辩主张处理；发包人要求承包人赔偿损失的，应以反诉的方式提出或另行起诉。

建设工程已经竣工验收合格，或虽未竣工验收，但发包人已实际使用，如工程质量问题属于承包人施工原因导致的地基基础工程或工程主体结构质量问题，发包人要求拒付或延期支付工程价款的，应予支持；如发包人提出的工程质量问题属于保修范围，发包人要求拒付或减付工程款的，不予支持。

工程尚未进行竣工验收且未交付使用，发包人以工程质量不符合合同约定或者国家强制性质量规范标准为由要求拒付或减付工程款，经查证属实的，应予支持；发包人要求承包人支付违约金或者赔偿修理，返工或改建的合理费用等损失的，应以反诉的方式提出或另行起诉。

因承包人原因致使工程质量不符合合同约定，发包人要求承包人承担保修责任或者赔偿修复费用等实际损失的，按保修的相关规定处理。承包人拒绝修复、在合理期限内不能修复或者发包人有正当理由拒绝承包人修复，发包人另行委托他人修复后要求承包人承担合理修复费用的，应予支持。发包人未通知承包人或无正当理由拒绝由承包人修复而另请他人修复的，所发生的修复费用由发包人自行承担。

《深圳市中级人民法院关于建设工程合同若干问题的指导意见》（2010年3月9日审判委员会第6次会议修订）

12. 发包人或监理单位已组织验收并在填写的《建筑工程验收报告书》或相关文件上签字确认验收合格的，应认定工程验收合格，对工程中存在的质量问题作保修期内质量问题处理，发包人以工程存在质量问题为由，要求不支付或缓支付工程款的，不予支持。

13. 发包人接到承包人竣工报告后，无正当理由不组织验收的，经过一定合理时间（30天）后应视为工程已竣工验收，发包人以工程未验收或存在质量问题为由，要求不支付或缓支付工程款的，不予支持。

《北京市高级人民法院关于审理建设工程施工合同纠纷案件若干疑难问题的解答》（京高法发〔2012〕245号）

28. 发包人主张工程质量不符合合同约定的，应按反诉还是抗辩处理?

承包人要求支付工程款，发包人主张工程质量不符合合同约定给其造成损害的，应按以下情形分别处理：

（1）建设工程已经竣工验收合格，或虽未经竣工验收，但发包人已实际使用，工程存在的质量问题一般应属于工程质量保修的范围，发包人以此为由要求拒付或减付工程款的，对其质量抗辩不予支持，但确因承包人原因导致工程的地基基础工程或主体结构质量不合格的除外；发包人反诉或另行起诉要求承包人承担保修责任或者赔偿修复费用等实际损失的，按建设工程保修的相关规定处理。

（2）工程尚未进行竣工验收且未交付使用，发包人以工程质量不符合合同约定为由要求拒付或减付工程款的，可以按抗辩处理；发包人要求承包人支付违约金或者赔偿修理、返工或改建的合理费用等损失的，应告知其提起反诉或另行起诉。

（3）发包人要求承包人赔偿因工程质量不符合合同约定而造成的其他财产或者人身损害的，应告知其提起反诉或另行起诉。

【条文应用指引】

本条第 2 款对已竣工未验收发包人也未投入使用的工程，按照《建设工程质量管理条例》的规定，应由发包人组织设计人、承包人、监理人（如有）进行竣工验收，对停建工程也应组织验收，而非发包人单方面以质量为由不支付工程价款。在实践中，还有的发包人以现浇混凝土构件厚度未达到设计要求，以按照施工图计算的工程量与实际施工工程量不一致提出异议，例如现浇混凝土楼地面、屋面珍珠岩保温层、道路面层厚度等。这时发包人提出的实际施工工程量厚度不够，实际上与工程质量密切相关，且非经现场勘验不足以证明其真实性。为保证工程质量，发包人提出的上述异议，都应在施工过程中提出，并在隐蔽工程检查验收、期中验收中认真对待，要么质量不合格，必须整改；要么质量合格，接入下一道工序。因此，对发包人提出的质量异议，工程造价鉴定时只需将争议事项分别单独列项，分别作出鉴定意见并注明原因，待委托人分清质量责任归属后，可以方便地按鉴定意见进行裁判。

5.7 工期索赔争议的鉴定

【概述】

工期，一是指在合同协议书约定的承包人完成合同工程所需的期限，称为计划工期；二是指除计划工期外，还包括按照合同约定所作的工程期限的变更，称为实际工期。工期是建设工程合同的实质性内容，工期延误往往会造成工程成本增加，以及发包人无法按时投入使用而招致重大损失，所以工期延误会对合同当事人的权利义务产生重大影响。因建设工程工期延误产生的索赔在实践中也较为常见。

5.7.1 当事人对鉴定项目开工时间有争议的，鉴定人应提请委托人决定，委托人要求鉴定人提出意见的，鉴定人应按以下规定提出鉴定意见，供委托人判断使用：

1 合同中约定了开工时间，但发包人又批准了承包人的开工报告或发出了开工通知，应采用发包人批准的开工报告或发出的开工通知的时间。

2 合同中未约定开工时间，应采用发包人批准的开工时间；没有发包人批准的开工时间，可根据施工日志、验收记录等相关证据确定开工时间。

3 合同中约定了开工时间，因承包人原因不能按时开工，发包人接到承包人延期开工申请且同意承包人要求的，开工时间相应顺延；发包人不同意延期要求或承包人未在约定时间内提出延期开工要求的，开工时间不予顺延。

4 因非承包人原因不能按照合同中约定的开工时间开工，开工时间相应顺延。

5 因不可抗力原因不能按时开工的，开工时间相应顺延。

6 证据材料中，均无发包人或承包人提前或推迟开工时间的证据，采用合同约定的开工时间。

【条文解读】

本条是对开工日期争议如何鉴定的规定。

建设工程的开工时间是施工合同应包括的主要内容，发包人和承包人都必须严格履行。由于建设工程受外部条件的影响，往往有一些意想不到的因素，影响按约定的日期开工，导致开工时间的争议。

开工日期是计算工期的始点，对于计算实际工期具有重要意义。但在实践中，工程建设的开工日期又存在多处记载的状况，主要有：①合同约定的开工日期；②施工许可证上载明的开工日期；③承包人开工报告中申请的开工日期；④发包人批准或通知的开工日期；⑤承包人实际进场的开工日期，等等。可见，开工日期在工程建设中的记载并不唯一。

在施工合同协议书中，开工日期一般都是以计划开工日期约定，与实际开工日期往往不一致，其原因有：①发包人未依约向承包人提供场地、图纸等技术资料或者未取得开工所需的行政审批或许可等；②承包人未完成施工准备，施工人员、建筑材料、机械设备不能按时到位等；③外部原因，如不可抗力、自然灾害、恶劣气候、流行性传染病、第三方原因（如周边群众阻挠）等。由于发包人原因、外部原因、第三方原因（周边群众阻挠系因与发包人纠纷引起）导致承包人不能依约开工的，承包人可以顺延工期。因承包人原因、第三方原因（周边群众阻挠系因与承包人纠纷引起）导致承包人不能依约开工的，承包人不可以顺延工期。

通常情况下，工程的实际开工日期以承包人申请发包人批准即开工通知书载明的开工日期为准。在当事人出现争议时，应综合客观实际情况、实事求是地认定。因此此条针对鉴定项目开工时间的认定提出了6条指导意见，其中第1、2、6条明确了项目开工时间认定的思路；第3、4、5条明确了项目不能按时开工时开工时间是否可以顺延的原则。

【法条链接】

《最高人民法院关于审理建设工程施工合同纠纷案件适用法律问题的解释（一）》（法释［2020］25号）

第八条　当事人对建设工程开工日期有争议的，人民法院应当分别按照以下情形予以认定：

（一）开工日期为发包人或者监理人发出的开工通知载明的开工日期；开工通知发出后，尚不具备开工条件的，以开工条件具备的时间为开工日期；因承包人原因导致开工时间推迟的，以开工通知载明的时间为开工日期。

（二）承包人经发包人同意已经实际进场施工的，以实际进场施工时间为开工日期。

（三）发包人或者监理人未发出开工通知，亦无相关证据证明实际开工日期的，应当综合考虑开工报告、合同、施工许可证、竣工验收报告或者竣工验收备案表等载明的时间，并结合是否具备开工条件的事实，认定开工日期。

《最高人民法院关于审理建设工程施工合同纠纷案件适用法律问题的解释（二）》（法释［2018］20号）

第五条　当事人对建设工程开工日期有争议的，人民法院应当分别按照以下情形予以认定：

（一）开工日期为发包人或者监理人发出的开工通知载明的开工日期；开工通知发出后，尚不具备开工条件的，以开工条件具备的时间为开工日期；因承包人原因导致开工时间推迟的，以开工通知载明的时间为开工日期。

（二）承包人经发包人同意已经实际进场施工的，以实际进场施工时间为开工日期。

（三）发包人或者监理人未发出开工通知，亦无相关证据证明实际开工日期的，应当综合考虑开工报告、合同、施工许可证、竣工验收报告或者竣工验收备案表等载明的时间，并结合是否具备开工条件的事实，认定开工日期。

《北京市高级人民法院关于审理建设工程施工合同纠纷案件若干疑难问题的解答》（京高法发［2012］245号）

25. 工程开竣工日期如何确定？

建设工程施工合同实际开工日期的确定，一般以开工通知载明的开工时间为依据；因发包人原因导致开工通知发出时开工条件尚不具备的，以开工条件具备的时间确定开工日期；因承包方原因导致实际开工时间推迟的，以开工通知载明的时间为开工日期；承包人在开工通知发出前已经实际进场施工的，以实际开工时间为开工日期；既无开工通知也无其他相关证据能证明实际开工日期的，以施工合同约定的开工时间为开工日期。

《浙江省高级人民法院民事审判第一庭关于审理建设工程施工合同纠纷案件若干疑难问题的解答》（浙法民一［2012］3号）

五、如何认定开工时间？

建设工程施工合同的开工时间以开工通知或开工报告为依据。开工通知或开工报告发出后，仍不具备开工条件的，应以开工条件成就时间确定。没有开工通知或开工报告的，应以实际开工时间确定。

《安徽省高级人民法院关于审理建设工程施工合同纠纷案件适用法律问题的指导意见》（2013年12月23日安徽省高级人民法院审判委员会民事执行专业委员会第32次会议讨论通过）

第三条　建设工程的开工日期应依据开工令、开工报告记载的时间予以认定。当事人认为实际开工时间与开工令、开工报告记载的时间不符的，应当承担举证责任。

因发包人原因导致延误开工的，以实际开工时间作为开工日期；因承包人原因导致延误开工的，以开工令、开工报告记载的时间作为开工日期。

既无开工令、开工报告，又无法查明实际开工时间的，依据合同约定的开工日期予以认定。

《广东省高级人民法院关于审理建设工程施工合同纠纷案件疑难问题的解答》（粤高法［2017］151号）

19. 建设工程开工日期应如何认定？

虽然发包人未取得施工许可证，但承包人已实际开工的，应以实际开工之日为开工日期，合同另有约定的除外。因未取得施工许可证而被行政主管部门责令停止施工的，停工日期可作为工期顺延的事由。

司法实践中经常碰到何时为进场时间的认定，涉及的因素和抗辩的理由也非常多，比如合同约定“开始施工”，这种约定不明确，比如没有拿到施工许可证、发包人发出指令等情形，这些情形往往与实际开工日期不一致，这样直接导致违约责任无法认定。我们选择两种情形：实际开工日期与取得许可证不一致的，以实际开工日为准，因为施工许可证是行政管理性强制性规定，开工后也能拿到，也有的许可证拿到了但还没有开工。所以，我们不以取得施工许可证为开工确定日期。

《深圳市中级人民法院关于建设工程合同若干问题的指导意见》（2010年3月9日审判委员会第6次会议修订）

9. 建设工程开工时间一般以发包人签发的《开工报告》确认的时间为准，但如果发包人签发的《开工报告》确认的开工时间早于《施工许可证》确认的开工时间，则以《施工许可证》确定的开工时间作为建设工程开工时间。承包人在领取《施工许可证》之前已实际施工，且双方约定以实际施工日为工期起算时间的，依照约定。如果发包人签发开工报告后，迟延履行合同的约定义务而无法施工，工期顺延。

【通用合同条文】

《建设工程施工合同(示范文本)》GF–2017–0201

7.3.2 发包人应按照法律规定获得工程施工所需的许可。经发包人同意后,监理人发出的开工通知应符合法律规定。监理人应在计划开工日期7天前向承包人发出开工通知,工期自开工通知中载明的开工日期起算。

除专用合同条款另有约定外,因发包人原因造成监理人未能在计划开工日期之日起90天内发出开工通知的,承包人有权提出价格调整要求,或者解除合同。发包人应当承担由此增加的费用和(或)延误的工期,并向承包人支付合理利润。

《标准设计施工总承包招标文件》(2012年版)

11.1 开始工作

符合专用合同条款约定的开始工作的条件的,监理人应提前7天向承包人发出开始工作通知。监理人在发出开始工作通知前应获得发包人同意。工期自开始工作通知中载明的开始工作日期起计算。除专用合同条款另有约定外,因发包人原因造成监理人未能在合同签订之日起90天内发出开始工作通知的,承包人有权提出价格调整要求,或者解除合同。发包人应当承担由此增加的费用和(或)工期延误,并向承包人支付合理利润。

【条文应用指引】

《施工合同司法解释(二)》第五条规定:"当事人对建设工程开工日期有争议的,人民法院应当分别按照以下情形予以认定:(一)开工日期为发包人或者监理人发出的开工通知载明的开工日期;开工通知发出后,尚不具备开工条件的,以开工条件具备的时间为开工日期;因承包人原因导致开工时间推迟的,以开工通知载明的时间为开工日期。(二)承包人经发包人同意已经实际进场施工的,以实际进场施工时间为开工日期。(三)发包人或者监理人未发出开工通知,亦无相关证据证明实际开工日期的,应当综合考虑开工报告、合同、施工许可证、竣工验收报告或者竣工验收备案表等载明的时间,并结合是否具备开工条件的事实,认定开工日期"。为配合《民法典》的实施,最高人民法院对《施工合同司法解释(一)(二)》进行了梳理,重新发布并于2021年1月1日施行的新的《施工合同司法解释》第八条保留了该条文内容。

同时,一些地方人民法院也针对开工日期出台认定原则。开工通知是记录开工事实的文件,通常情况下,开工通知中确定的开工时间更接近实际开工时间。从成本角度考量,在发包人未发出开工通知的情况下,承包人进场的成本较大。当机械设备以及员工进入施工现场后,机械设备的租赁、员工工资以及可能发生的意外都会加重承包人的经济负担。因此,擅自提前进场施工对于承包人来说经济上并不合理。实践中也经常出现没有开工通知，但承包人在发包人的默许或明示下已经进场施工了，但是发包人还没有取得施工许可证。在这种情况下，则应按《施工合同司法解释（二）》中第（二）种情况进行认定，即应该按实际进场施工的时间作为开工时间。《鉴定规范》中没有明确规定此种情况，但与规范中第二种情况类似。

实践中可能发生发包人发出开工通知而实际施工条件并不具备的情形，为维护承包人利益，《施工合同司法解释（二）》规定这种情况以开工条件具备的日期为实际开工日期。开工条件成就是承包人进场开始正常施工的前提条件，开工条件具备的日期即为实际开工日期。如开工条件未成就，即使发包人按施工合同约定的时间发出开工通知，承包人也不可能进场施工，或者只能进行一些前期辅助工作。若不考虑实际情况，在非因承包人原因而导致开工条件尚不具备的情况下，单纯以发包人发出的开工通知中规定的开工时间为实际开工时间，对承包人极不公平，同时也不符合实事求是的原则。

不同承包内容的合同对开工条件的要求是不一样的，从施工合同来讲，开工条件的具备主要包括：①合同已经签订；②施工许可证已经领取；③施工组织设计已经编制并经批准；④临时设施、施工道路、施工用水、施工用电、场地平整等已完成；⑤工程定位测量已具备条件；⑥施工图纸已审定；⑦其他条件，如材料、成品、半成品和工艺设备等能满足连续施工要求，劳动力调集能满足施工需要，安全消防设备已经备齐等。

在开工条件中，发包人和承包人均有义务，任何一方有所迟延，均会造成事实上无法开工的局面。若是由于承包人原因导致不具备开工条件的，应以开工通知中载明的开工时间为准。

本条对开工时间认定的 3 条原则和本规范实施一年后，2019 年 2 月 1 日施行的《施工合同司法解释（二）》中开工日期的认定原则基本一致。当事人对鉴定项目工期有争议的，鉴定人应提请委托人对开工日期予以认定，注意这是委托人的司法审判权，只有在委托人要求鉴定人提出意见时，鉴定人按照《施工合同司法解释（二）》以及鉴定项目所在地区人民法院的认定原则作出判断，如还有未尽事项的可以结合本条的规定综合进行鉴别，供委托人判断使用。

5.7.2　当事人对鉴定项目工期有争议的，鉴定人应按以下规定进行鉴定：

1　合同中明确约定了工期的，以合同约定工期进行鉴定；

2　合同对工期约定不明或没有约定的，鉴定人应按工程所在地相关专业工程建设主管部门的规定或国家相关工程工期定额进行鉴定。

【条文解读】

本条提出了工期鉴定的思路。

“工期”在不同承包内容的工程合同中，其内涵是不一样的，在施工合同中是指计划的施工总天数。在设计施工总承包合同中，是指计划的建设总天数，在专业分包、劳务分包合同中，是指计划的作业总天数。

工期也就是建设工程合同的履行期限，是《合同法》《民法典》对施工合同规定的重要内容，也是建设工程合同的主要条款和必备条款。准确认定工期的法律意义在于：确定承包人是否构成迟延履行、风险转移、支付工程价款本金及利息的起算时间、保修期的确定等诸多问题。实务中常见的工期约定方式主要有两种：一是仅约定工程日期总天数，例如，自建设工程合同成立之日起100天，或者指定某日开始起100天；二是分别约定开工日和竣工日，自开工日至竣工日的期间就为工期。

司法实践中，有的承包人不能在合同约定的工期内完成合同工程时，会以《建设工程质量管理条例》第十条规定的“建设工程发包单位不得迫使承包方以低于成本的价格竞标，不得任意压缩合理工期”为由主张工程合同中约定的工期无效，主张按建设主管部门发布的工期定额执行。

《建设工程施工合同（示范文本）》GF–2017–0201使用指南所述：“工期定额，是指在具有普遍意义的生产技术与自然环境状态下，完成某单位工程或群体工程平均需用的标准天数。工期定额包括建设工期定额和施工工期定额两个层次。建设工期是指从建设单位的角度理解，即从开工建设起到全部建成投产或交付使用时止所经历的时间，因不可抗拒的自然灾害或重大设计变更造成的停工等，经合同当事人确认后，工期应当予以顺延。施工工期则是指正式开工至完成合同约定全部施工内容并达到国家验收标准的时间，施工工期是建设工期的一部分。鉴于各地方相应主管机构发布工期定额文件的效力层级所限，也鉴于工期的确定需要依赖于项目管理资源和工程施工条件等众多因素，因此确定工期是一个复杂的问题，不能完全根据定额来确定。如合同当事人需要根据工程所在地的工期定额处理变更引起的工期调整，则需要在施工合同中作出明确约定。”可见，用定额工期来取代合同约定工期，应十分慎重。

【法条链接】

《中华人民共和国民法典》

第七百九十五条　施工合同的内容一般包括工程范围、建设工期、中间交工工程的开工和竣工时间、工程质量、工程造价、技术资料交付时间、材料和设备供应责任、拨款和结算、竣工验收、质量保修范围和质量保证期、相互协作等条款。

《中华人民共和国合同法》

第二百七十五条　施工合同的内容包括工程范围、建设工期、中间交工工程的开工和竣工时间、工程质量、工程造价、技术资料交付时间、材料和设备供应责任、拨款和结算、竣工验收、质量保修范围和质量保证期、双方相互协作等条款。

【条文应用指引】

实践中经常出现合同中工期约定不清或约定矛盾的情况，在工期鉴定中，须根据施工进度计划等综合衡量，特别是在承包人提出以定额工期作为工期时，更应慎重处理，以免出现偏差。因为，定额工期与合理的计划工期有时偏差极大，在工期鉴定时有其他更合理的认定工期的证据的前提下并不必然以定额工期为准。如：

1. 合同中约定了工期天数，但该工期天数与合同计划开工时间至计划竣工日期之间的持续天数不一致的，这种情况下一般以合同约定的工期天数为准。

2. 合同中只约定了工程完工里程碑日期，未约定工期天数及开工日期，这种情况下可以通过计算经审批的施工总进度计划中计划开工日期与完工里程碑之间的持续时间作为合同工期。

3. 合同中未约定开工、竣工时间，也未约定总工期天数，同时没有经审批的施工总进度计划可以认定计划总工期天数。这种情况主要出现在分包合同中，可以参照承包人计划工期综合衡量，进行鉴定。

5.7.3 当事人对鉴定项目实际竣工时间有争议的，鉴定人应提请委托人决定，委托人要求鉴定人提出意见的，鉴定人应按以下规定提出鉴定意见，供委托人判断使用：

1 鉴定项目经竣工验收合格的，以竣工验收之日为竣工时间；

2 承包人已经提交竣工验收报告，发包人应在收到竣工验收报告之日起在合同约定的时间内完成竣工验收而未完成验收的，以承包人提交竣工验收报告之日为竣工时间；

3 鉴定项目未经竣工验收，未经承包人同意而发包人擅自使用的，以占有鉴定项目之日为竣工时间。

【条文解读】

本条是对竣工日期如何鉴定的规定。

竣工日期采用一个时间段或截止日为表现方式，一般都在鉴定项目工程合同中予以写明，而实际竣工日期则往往会引起争议。有时承包人可能会比合同预计的日期提前完工，有时也可能因为种种原因不能如期完工，而工程完工之日和竣工验收合格之日也可能有个时间差，究竟以哪个时间点作为实际竣工日期至关重要。确定鉴定项目实际竣工日期，其法律意义涉及工期是否延误以及给付工程款的本金与利息起算时间、计算违约金、风险转移等诸多问题。

竣工日期是判断合同工程是否如期完工的依据，根据实际开工日期和实际竣工日期计算所得的工期总日历天数即为承包人完成合同工程的实际工期总日历天数，实际工期总天数与合同约定的工期总天数的差额，即为工期提前或延误的天数。

建设工程经过竣工验收且合格的，方能视为建设工程最终完成即竣工。《施工合同司法解释（一）》第十四条（最高人民法院发布的新的《施工合同司法解释》第九条保留了该条文的内容）对竣工日期的确定作了具体规定，当事人对建设工程实际竣工日期有争议的，视三种不同情形分别予以认定：

1. “建设工程经竣工验收合格的，以竣工验收合格之日为竣工日期”。而《建设工程施工合同（示范文本）》GF–2017–0201 和《标准设计施工总承包招标文件》通用合同条款定义为：工程经验收合格的，以承包人提交竣工验收申请报告之日为实际竣工日期，并在工程接收证书中载明。很明显，该司法解释与合同示范文本的规定这二者之间存在差异，“竣工验收合格之日”时间长于“竣工验收申请报告之日”，因验收必然需要时间。将验收时间也算成施工日期，对承包人也不公平，从工程建设领域的交易习惯来看，显然“竣工验收申请报告之日”符合惯例，也与本条司法解释第（二）项的规定意思一致。

2. 承包人已经提交竣工验收报告，发包人拖延验收的，以承包人提交验收报告之日为竣工日期。《民法总则》第一百五十九条规定：“附条件的民事法律行为，当事人为自己的利益不正当地阻止条件成就的，视为条件已成就”，因此发包人为了自己的利益拖延验收的，应当视为条件成就，否则也不利于保护承包人的利益。如何认定“发包人拖延验收”，司法解释未作定义，可以参照工程合同示范文本通用合同条款的相关规定，例如，《建设工程施工合同》第 13.2.3 条明确规定：“因发包人原因，未在监理人收到承包人提交的竣工验收申请报告 42 天内完成竣工验收，或完成竣工验收不予签发工程接收证书的，以提交竣工验收申请报告的日期为实际竣工日期”。有的提出，适用此项规定的前提是发包人无正当理由拖延验收，如果因建设工程存在质量问题，尚不符合竣工验收条件，发包人拒绝通过竣工验收的，则应另当别论。其实，这些理由不成立，《建设工程质量管理条例》第十六条规定：“建设单位收到建设工程竣工报告后，应当组织设计、施工、工程监理等有关单位进行竣工验收。”如因验收发现质量问题，应提出由承包人整改修复；如不符合验收条件，也应向承包人指出。不过，这些都应该在发包人组织包括承包人在内的竣工验收后提出，而不是仅由发包人在组织竣工验收前提出，前者表示发包人在组织竣工验收，后者就有发包人无正当理由拖延竣工验收之嫌。

3. “建设工程未经竣工验收，发包人擅自使用的，以转移占有建设工程之日为竣工日期”。建设工程质量关系到人身、财产安全甚至公共安全，根据《合同法》《建筑法》《建设工程质量管理条例》等的规定，建设工程经验收合格的，方可交付使用；使用未经竣工验收合格的建设工程属应受处罚的违法行为，发包人对此亦应当明知。但是发包人仍然使用未经竣工验收的建设工程，可以认为发包人已经以其行为认可了建设工程质量合格或者自愿承担质量瑕疵和风险，也表明发包人已经实现了合同目的，发包人再以未经竣工验收合格为由，拒付承包人工程款已无道理。所以，《施工合同司法解释（一）》第十三条也规定：“建设工程未经竣工验收，发包人擅自使用后，又以使用部分质量不符合约定为由主张权利的，不予支持；但是承包人应当在建设工程的合理使用寿命内对地基基础工程和主体结构质量承担民事责任。”

【法条链接】

《最高人民法院关于审理建设工程施工合同纠纷案件适用法律问题的解释（一）》（法释［2020］25号）

第九条 当事人对建设工程实际竣工日期有争议的，人民法院应当分别按照以下情形予以认定：

（一）建设工程经竣工验收合格的，以竣工验收合格之日为竣工日期；

（二）承包人已经提交竣工验收报告，发包人拖延验收的，以承包人提交验收报告之日为竣工日期；

（三）建设工程未经竣工验收，发包人擅自使用的，以转移占有建设工程之日为竣工日期。

《最高人民法院关于审理建设工程施工合同纠纷案件适用法律问题的解释》（法释［2004］14号）

第十四条 当事人对建设工程实际竣工日期有争议的，按照以下情形分别处理：

（一）建设工程经竣工验收合格的，以竣工验收合格之日为竣工日期；

（二）承包人已经提交竣工验收报告，发包人拖延验收的，以承包人提交验收报告之日为竣工日期；

（三）建设工程未经竣工验收，发包人擅自使用的，以转移占有建设工程之日为竣工日期。

《北京市高级人民法院关于审理建设工程施工合同纠纷案件若干疑难问题的解答》（京高法发［2012］245号）

25. 工程开竣工日期如何确定？

发包人、承包人、设计和监理单位四方在工程竣工验收单上签字确认的时间，可以视为《解释》第十四条第（一）项规定的竣工日期，但当事人有相反证据足以推翻的除外。

《深圳市中级人民法院关于建设工程合同若干问题的指导意见》（2010年3月9日审判委员会第6次会议修订）

12. 发包人或监理单位已组织验收并在填写的《建筑工程验收报告书》或相关文件上签字确认验收合格的，应认定工程验收合格，对工程中存在的质量问题作保修期内质量问题处理，发包人以工程存在质量问题为由，要求不支付或缓支付工程款的，不予支持。

13. 发包人接到承包人竣工报告后，无正当理由不组织验收的，经过一定合理时间 （30天）后应视为工程已竣工验收，发包人以工程未验收或存在质量问题为由，要求不支付或缓支付工程款的，不予支持。

16. 建设工程完工后未经竣工验收，工程已由发包人实际控制的，发包人既不组织竣工验收，又未提出质量问题的，视为工程已经竣工验收合格，工程完工之日视为工程竣工验收合格日。

《安徽省高级人民法院关于审理建设工程施工合同纠纷案件适用法律问题的指导意见（二）》（2013 年 12 月 23 日安徽省高级人民法院审判委员会民事执行专业委员会第 32 次会议讨论通过）

第五条　承包人已经按照合同约定或者《建筑法》第六十一条规定，向发包人提交竣工验收报告、其承包部分完整的工程技术经济资料和经签署的工程保修书，发包人拖延验收的，以上述资料提交齐全之日为竣工日期。但工程质量不合格的除外。

《福建省高级人民法院关于审理建设工程施工合同纠纷案件疑难问题的解答》（2007 年 11 月 22 日发布）

13. 问：承包人已经提交竣工验收报告，发包人拖延验收，而验收后工程质量不合格需要返工的，能否以承包人提交验收报告之日为竣工日期？

答：最高人民法院《关于审理建设工程施工合同纠纷案件适用法律问题的解释》第十四条第（二）项规定的："承包人已经提交竣工验收报告，发包人拖延验收的，以承包人提交验收报告之日为竣工日期"是指工程经竣工验收合格的情形。发包人拖延验收，而验收的工程质量不合格，经修改后才通过竣工验收。当事人对建设工程实际竣工日期有争议的，以承包人修改后提请发包人验收之日作为竣工日期。但在计算承包人的实际施工工期时，应当扣除发包人拖延验收的期间。

【通用合同条文】

《建设工程施工合同（示范文本）》GF-2017-0201

13.2.3　竣工日期

工程经竣工验收合格的，以承包人提交竣工验收申请报告之日为实际竣工日期，并在工程接收证书中载明；因发包人原因，未在监理人收到承包人提交的竣工验收申请报告 42 天内完成竣工验收，或完成竣工验收不予签发工程接收证书的，以提交竣工验收申请报告的日期为实际竣工日期；工程未经竣工验收，发包人擅自使用的，以转移占有工程之日为实际竣工日期。

《标准设计施工总承包招标文件》（2012 年版）

18.3.5　除专用合同条款另外约定外，经验收合格工程的实际竣工日期，以提交竣工验收申请报告的日期为准，并在工程接收证书中写明。

18.3.6　发包人在收到承包人竣工验收申请报告 56 天后未进行验收的，视为验收合格，实际竣工日期以提交竣工验收申请报告的日期为准，但发包人由于不可抗力不能进行验收的除外。

【条文应用指引】

当事人对实际竣工日期有争议时，鉴定人应提请委托人决定，鉴定人应按照委托人的决定鉴定。

5.7.4 当事人对鉴定项目暂停施工、顺延工期有争议的，鉴定人应按以下规定进行鉴定：

1 因发包人原因暂停施工的，相应顺延工期；

2 因承包人原因暂停施工的，工期不予顺延；

3 工程竣工前，发包人与承包人对工程质量发生争议停工待鉴的，若工程质量鉴定合格，承包人并无过错的，鉴定期间为工期顺延时间。

【条文解读】

本条是对暂停施工、顺延工期如何鉴定的规定。

暂停施工是指承包人在施工过程中暂时停止施工。因建设工程规模大、技术复杂、涉及的专业面广、项目建设周期长、参与主体众多、法律关系复杂等原因，在工程实施过程中，经常出现暂停施工的情形。

在实践中，引起暂停施工的原因很多，一般来讲，暂停施工可能由发包人原因引起，也可能是由承包人原因引起，还可能因第三方或不可归责于发包人和承包人原因的不可抗力等外部因素导致。

发包人原因引起的暂停施工，通常包括发包人违规——如未能如期取得工程施工所需的行政许可或批准；发包人违约——如未能按约定提供施工场地、图纸，提供的材料、设备未能按期到位，未能按约支付工程价款等；发包人提出工程变更等情形。发包人提出变更的情形下，一般由发包人和承包人根据变更的流程确定变更的工程价款及可能对工期产生的影响，决定工期延期时间，由于变更通常系发包人主观意愿所导致且一般利于实现发包人自身的建设目的，所以承发包双方基于变更导致的暂停施工事项产生争议的可能性较小。但在发包人违规、违约导致暂停施工时，由于发包人本身难以通过此类事项获得经济、工期上的收益，导致发包人本身也不情愿承担可能导致的损失，因此，承发包双方极易由于此类暂停引致的工期、费用损失发生争议，进而引致承包人索赔。

承包人原因引起的暂停施工一般包括承包人违规——如违反安全生产管理规定强令施工人员冒险作业，因质量事故、安全事故被行政主管部门责令停工整改等；承包人违约——不按设计要求施工，施工中使用质量不合格的建筑材料，劳动力、材料和资金的组织以及对分包人的管理不力导致施工组织脱节造成的停工等。因承包人原因导致工期延误的，承包人应采取合理的赶工措施并自行承担由此增加的费用，工期不顺延。如果实际工期符合约定的，通常无需承担违约责任，否则，还须承担违约责任。

外部因素的变化引起的停工主要有：法规政策的变化导致工程缓建、停建，工程所在地政府或行业主管部门依法律规定要求在某一时段内停工（如新冠肺炎）；不可抗力、异常恶劣的气候条件、不利物质条件导致的停工；上述原因导致的停工工期顺延。此外，由第三方引起的停工，如周围群众阻挠施工，这种情况应区分情况，如系发包人引起的纠纷，工期顺延；如系承包人引起的纠纷，工期不顺延。

【法条链接】

《中华人民共和国民法典》

第七百九十八条　隐蔽工程在隐蔽以前，承包人应当通知发包人检查。发包人没有及时检查的，承包人可以顺延工程日期，并有权请求赔偿停工、窝工等损失。

第八百零三条　发包人未按照约定的时间和要求提供原材料、设备、场地、资金、技术资料的，承包人可以顺延工程日期，并有权请求赔偿停工、窝工等损失。

《中华人民共和国合同法》

第二百七十八条　隐蔽工程在隐蔽以前，承包人应当通知发包人检查。发包人没有及时检查的，承包人可以顺延工程日期，并有权要求赔偿停工、窝工等损失。

第二百八十三条　发包人未按照约定的时间和要求提供原材料、设备、场地、资金、技术资料的，承包人可以顺延工程日期，并有权要求赔偿停工、窝工等损失。

《最高人民法院关于审理建设工程施工合同纠纷案件适用法律问题的解释（一）》（法释〔2020〕25号）

第十条　当事人约定顺延工期应当经发包人或者监理人签证等方式确认，承包人虽未取得工期顺延的确认，但能够证明在合同约定的期限内向发包人或者监理人申请过工期顺延且顺延事由符合合同约定，承包人以此为由主张工期顺延的，人民法院应予支持。

当事人约定承包人未在约定期限内提出工期顺延申请视为工期不顺延的，按照约定处理，但发包人在约定期限后同意工期顺延或者承包人提出合理抗辩的除外。

第十一条　建设工程竣工前，当事人对工程质量发生争议，工程质量经鉴定合格的，鉴定期间为顺延工期期间。

《最高人民法院关于审理建设工程施工合同纠纷案件适用法律问题的解释》（法释〔2004〕14号）

第十五条　建设工程竣工前，当事人对工程质量发生争议，工程质量经鉴定合格的，鉴定期间为顺延工期期间。

《最高人民法院关于审理建设工程施工合同纠纷案件适用法律问题的解释（二）》（法释［2018］20 号）

第六条 当事人约定顺延工期应当经发包人或者监理人签证等方式确认，承包人虽未取得工期顺延的确认，但能够证明在合同约定的期限内向发包人或者监理人申请过工期顺延且顺延事由符合合同约定，承包人以此为由主张工期顺延的，人民法院应予支持。

当事人约定承包人未在约定期限内提出工期顺延申请视为工期不顺延的，按照约定处理，但发包人在约定期限后同意工期顺延或者承包人提出合理抗辩的除外。

《北京市高级人民法院关于审理建设工程施工合同纠纷案件若干疑难问题的解答》（京高法发［2012］245 号）

26. 工期顺延如何认定？

因发包人拖欠工程预付款、进度款、迟延提供施工图纸、场地及原材料、变更设计等行为导致工程延误，合同明确约定顺延工期应当经发包人签证确认，经审查承包人虽未取得工期顺延的签证确认，但其举证证明在合同约定的办理期限内向发包人主张过工期顺延，或者发包人的上述行为确实严重影响施工进度的，对承包人顺延相应工期的主张，可予支持。

《广东省高级人民法院关于审理建设工程合同纠纷案件疑难问题的解答》（粤高法［2017］151 号）

20. 承包人未依约提出工期顺延申请的能否视为放弃工期顺延权利？

发包人仅以承包人未在合同约定的期限内提出工期顺延申请而主张工期不能顺延的，不予支持，但合同明确约定承包人未依约提出顺延工期申请视为放弃权利的，按照约定处理。

《上海市高级人民法院建设工程施工合同纠纷审判实务相关疑难问题解答》（2015 年 10 月 22 日 23 次审判委员会）

十九、建设工程施工合同中对工期顺延的情形没有明确约定的，当事人主张工期顺延，应否支持？

解答：施工过程中因发包人拖欠工程预付款、进度款、变更设计足以造成工程停工、窝工，或因不可抗力因素等原因造成工程停工的，工期可以相应顺延。

承包人举证证明发包人存在拖欠工程预付款、进度款、变更设计、增加工程量可以顺延工期等情形，且在合同约定的办理工期顺延期限内向发包人提出顺延工期的要求，或者上述情形严重影响施工进度的，对承包人顺延工期的主张可予支持，发包人仅以承包人未在规定时间内提出工期顺延申请主张工期不能顺延，不予支持。

施工过程中因发包人变更设计增加工程量，双方未约定工期又不能协商一致的，可以按定额工期顺延。

理由：考虑到目前建筑市场发包方处于强势，承包方往往很难办到工期顺延签证，对于因发包人原因客观上必然导致工期延误的情形，工期应当予以顺延。

《安徽省高级人民法院关于审理建设工程施工合同纠纷意见案件适用法律问题的指导意见》（安徽省高级人民法院审判委员会 2009 年 5 月 4 日第 16 次会议通过）

15. 承包人以发包人未按合同约定支付工程进度款为由主张工期顺延权，发包人以承包人未按合同约定办理工期顺延签证抗辩的，如承包人举证证明其在合同约定的办理工期顺延签证期限内向发包人提出过顺延工期的要求，或者举证证明因发包人迟延支付工程进度款严重影响工程施工进度，对其主张，可予支持。

因发包人迟延支付工程进度款而认定承包人享有工期顺延权的，顺延期间自发包人拖欠工程进度款之日起至进度款付清之日止。

《安徽省高级人民法院关于审理建设工程施工合同纠纷案件适用法律问题的指导意见（二）》（2013 年 12 月 23 日安徽省高级人民法院审判委员会民事执行专业委员会第 32 次会议讨论通过）

第四条　承包人未能提供顺延工期的签证等书面文件，但能够证明工程存在延期开工、不具备施工条件、设计变更、工程量增加、发包人指定的分包工程迟延完工、不可抗力等不可归责于承包人的原因，影响施工进度的，可以允许承包人相应顺延工期。

《浙江省高级人民法院民事审判第一庭关于审理建设工程施工合同纠纷案件若干疑难问题的解答》（浙法民一［2012］3 号）

六、如何认定工期顺延？

发包人仅以承包人未在规定时间内提出工期顺延申请而主张工期不能顺延的，该主张不能成立。但合同明确约定不在规定时间内提出工期顺延申请视为工期不顺延的，应遵从合同的约定。

《深圳市中级人民法院关于建设工程合同若干问题的指导意见》（2010 年 3 月 9 日审判委员会第 6 次会议修订）

11. 施工过程中因发包人拖欠工程预付款、进度款、变更设计造成工程停工、窝工或因不可抗力因素造成工程停工的，工期顺延计算。

【通用合同条文】

《建设工程施工合同（示范文本）》GF-2017-0201

7.8.1　发包人原因引起的暂停施工

因发包人原因引起的暂停施工，发包人应承担由此增加的费用和（或）延误的工期，并支付承包人合理的利润。

7.8.2 承包人原因引起的暂停施工

因承包人原因引起的暂停施工，承包人应承担由此增加的费用和（或）延误的工期。

5.7.5 当事人对鉴定项目因设计变更顺延工期有争议的，鉴定人应参考施工进度计划，判别是否因增加了关键线路和关键工作的工程量而引起工期变化，如增加了工期，应相应顺延工期；如未增加工期，工期不予顺延。

【条文解读】

本条是对工程变更是否顺延工期的规定。

设计变更导致工程量的增加，并不必然导致工期的增加，如果增加的工程量并非是关键工作，可以组织平行施工和交叉施工，还可以增加作业工人和施工机械等组织措施，使本项工作的完成时间不超过本项目的总时差，承包人可以要求增加工程价款而不影响总工期。

关键线路指在工期网络计划中从起点节点开始，沿箭线方向通过一系列箭线与节点，最后到达终点节点为止所形成的通路上所有工作持续时间总和最大的线路。

关键工作指关键线路上的工作，关键线路上各项工作持续时间总和即为网络计划的工期。关键工作的进度将直接影响到网络计划的工期。

对于时差的归属问题，可采用时差归属于项目的原则，即发包、承包双方哪一方原因造成的延误在先，哪一方优先占用时差。

此条款针对鉴定项目因设计变更是否可以顺延工期提出了原则性意见。但实践中设计变更对于工期的影响定量分析往往十分复杂，需要考虑更多的实施细则。详细的工期鉴定方法见本书第四篇。

【条文应用指引】

鉴定人应参考双方当事人共同认定的施工进度计划（基准进度计划）识别出鉴定项目的关键线路，在基准进度计划中，可能存在一个或一个以上的关键线路。设计变更是否引起工期变化需要考虑如下因素：

1. 设计变更增加了关键线路和关键工作的工程量，若总工期未增加（如采取赶工措施），工期不予顺延，但可以结合合同约定及证据资料情况考虑赶工费用；若增加了工期，应相应顺延工期。

2. 设计变更增加了非关键线路和非关键工作的工程量，若工作的进度偏差大于该工作的总时差，说明此偏差必将影响总工期，若增加了工期，应相应顺延工期。若工作的进度偏差小于该工作的总时差，说明此偏差未影响总工期，工期不予顺延。

3. 设计变更对于工期的影响还需要考虑变更时其他工期延误事件的影响情况，结合同期延误等情况综合判断。

5.7.6 当事人对鉴定项目因工期延误索赔有争议的，鉴定人应按本规范第 5.7.1 ~ 5.7.5 条规定先确定实际工期，再与合同工期对比，以此确定是否延误以及延误的具体时间。

对工期延误责任的归属，鉴定人可从专业鉴别、判断的角度提出建议，最终由委托人根据当事人的举证判断确定。

【条文解读】

本条是对工期延误索赔如何鉴定的规定。

工期延误的定量分析与计算往往非常复杂，本条针对鉴定项目工期延误分析的步骤提出了指导意见。即鉴定人仅对工期延误的时间进行鉴定，工期延误责任的归属应由委托人根据当事人的举证决定。

【条文应用指引】

本条没有针对延误事件的认定进行分析，延误事件的分析通常是工期延误分析的前提与基础。延误事件的识别可以采用基于原因的方法，这种方法是先收集可能导致事件延误的原因，测试这种原因对基准计划更新或单项计划更新的影响。这是一种通过原因研究影响的方法，例如可以通过查看月报来寻找导致本项目延误的事件。也可以采用基于影响的方法，这个方法与基于原因的方法相反，即先找出作业层面的偏离事件，然后定义这些偏离的原因。通过查看与事件的时间范围、工作范围及作业面的数量相关的细节文件，研究是否是这些因素导致了事件延误。

延误事件识别完成后再作延误责任的认定，延误责任的分配主要还是依据工程合同的约定来认定。合同中未清楚约定的，可以结合建设工程司法解释、建设工程示范合同文本中的惯例作为参考，当然，这是委托人的职权。

5.8 费用索赔争议的鉴定

【概述】

“索赔”一词来源于英语“claim”，其原意表示“有权要求”，法律上叫“权利主张”。工程建设索赔通常是指在合同履行过程中，对于并非自己的过错，而是应由对方承担责任的情况造成的实际损失，向对方提出经济补偿和（或）工期顺延的要求。

索赔是一个问题的两个方面，是签订合同的双方当事人应该享有的合法权利，实际上也是发包人与承包人之间在分担工程风险方面的责任再分配。索赔是合同履行阶段一种避免风险的方法，同时也是避免风险的最后手段。工程建设索赔在国际建筑市场上是承包商保护自身正当权益、弥补工程损失、提高经济效益的重要手段。许多工程项目通过成功索赔使工程收入的改善达到工程造价的10% ~ 20%。在国内，索赔及其管理还是工程建设管理中一个较薄弱的环节。索赔是发包人和承包人之间一项正常的、大量发生而普遍存在的合同管理业务，是一种以法律和合同为依据、合情合理的正当行为。

索赔的种类

（一）按索赔内容分类

1. 工期索赔：工期索赔是承包人向发包人要求延长工期的时间，是原定的工程竣工日期顺延一段合理时间。

2. 经济索赔：经济索赔就是承包人向发包人要求补偿不应该由承包人自己承担的经济损失或额外开支，也就是取得合理的经济补偿。

（二）按索赔方式分类

1. 单项索赔：单项索赔就是采取一事一索赔的方式，即在每一件索赔事项发生后，报送索赔通知书，编报索赔报告书，要求单项解决支付，不与其他的索赔事项混在一起。

2. 综合索赔：综合索赔又称总索赔，俗称一揽子索赔，即对整个工程（或某项工程）中所发生的数起索赔事项，综合在一起进行索赔。也是总成本索赔，它是对整个工程（或某项目工程）的实际总成本与原预算成本之差额提出索赔。

建设工程施工中的索赔是发承包双方行使正当权利的行为，承包人可向发包人索赔，发包人也可向承包人索赔。任何索赔事件的确立，其前提条件是必须有正当的索赔理由。对正当索赔理由的说明必须具有证据，因为进行索赔主要是靠证据说话，没有证据或证据不足，索赔是难以成功的。索赔应在合同约定的时限内提出。本节提出了索赔鉴定的思路。

5.8.1 当事人因提出索赔发生争议的，鉴定人应提请委托人就索赔事件的成因、损失等作出判

断，委托人明确索赔成因、索赔损失、索赔时效均成立的，鉴定人应运用专业知识作出因果关系的判断，作出鉴定意见，供委托人判断使用。

【条文解读】

本条是对索赔如何鉴定的规定。

成功的索赔必须具备三要素：一是正当的索赔理由，二是有效的索赔证据，三是在合同约定的时间内提出。

正如民间总结的"有理"才能走四方，"有据"才能行得通，"按时"才能不失效。索赔牵涉到当事人的切身利益，成功的索赔在于充分的事实，确凿的证据，同时符合对证据的要求。

1．对索赔证据的要求：

（1）真实性。索赔证据必须是在实施合同过程中确定存在和发生的，必须完全反映实际情况，能经得住推敲。

（2）全面性。所提供的证据应能说明事件的全过程。索赔报告中涉及的索赔理由、事件过程、影响、索赔数额等都应有相应证据，不能零乱和支离破碎。

（3）关联性。索赔的证据应当能够互相说明，相互具有关联性，不能互相矛盾。

（4）及时性。索赔证据的取得和提出应当及时。

（5）具有法律证明效力。一般要求证据必须是书面文件，其中有关协议、纪要以及工程中重大事件、特殊情况的记录必须是双方签署的。

2．索赔证据的种类：

（1）招标文件、工程合同、工程图纸、技术规范和发包人认可的施工组织设计等。

（2）设计交底记录、图纸变更、工程变更记录等。

（3）各项经发包人或合同中约定的发包人现场代表或监理工程师签认的签证。

（4）各项会议纪要、往来信件、指令、信函、通知、答复等。

（5）施工进度及现场实施情况记录（施工日报以及施工日志、备忘录、有关施工部位的照片及录像等）。

（6）工程送电、送水、道路开通、封闭的日期及数量记录。

（7）工程停电、停水和干扰事件影响的日期及恢复施工的日期记录。

（8）工程预付款、进度款拨付的数额及日期记录。

（9）工程现场气候记录，如有关天气的温度、风力、雨、雪等。

（10）工程验收报告及各项技术鉴定报告等。

（11）工程材料采购、订货、运输、进场、验收、使用等方面的凭证。

（12）国家和省级或行业建设主管部门有关影响价格、工期的文件等。

3．逾期索赔失权。

当前，我国工程建设领域在索赔上存在着当事人举证难、委托人认证难、鉴定人鉴定难、索赔要想成功更是难上加难的现象。主要是当事人索赔意识差，在索赔期限内提出索赔意向通知更差，而另一方当事人理性的接受索赔更是差上之差。

（1）促使索赔权利人行使权力。有一句西方谚语“法律不保护权利上的睡眠者”，意思是怠于主张权利的人得不到法律的保护。我国工程建设合同以及菲迪克合同条件均有合同当事人未能在知道或应当知道索赔事件发生 28 天内提出索赔意向通知书的，则意味着放弃索赔，即逾期索赔失权制度。索赔期限制度从法律上讲属于除斥期间，即当事人在此期间内不行使权利，即该权利消失，这样约定是为了当事人对索赔事件及时进行固定并对损失进行确认，避免因索赔事件的发生造成旷日持久的争议或纠纷，严重影响工程施工的进行。

（2）平衡发包人与承包人的利益。有的索赔事件持续时间短暂，事后难以复原（如异常的地下水位、隐蔽工程等），有的由于工作面的灭失或者人员的变动使得索赔事件的真实状况难以确认，发包人在时过境迁后难以查找到有力证据来确认责任归属或准确评估所需金额。如果不对索赔期限加以限制，允许承包人隐瞒索赔意图，将置发包人于不利状况。而索赔期限则平衡了发承包双方利益。一方面，索赔期限届满，即视为承包人放弃索赔，发包人可以此作为证据的代用，避免举证的困难；另一方面，只有促使承包人及时提出索赔要求，才能警示发包人充分履行合同义务，避免类似索赔事件的再次发生。

承包人应注意索赔意向通知书和索赔通知书（索赔报告）的内容区别。一般而言，索赔意向通知书仅需载明索赔事件的大致情况、有可能造成的后果及承包人索赔的意思表示即可，无需准确的数据和翔实的证明资料；而索赔通知书除了详细说明索赔事件的发生过程和实际所造成的影响外，还应详细列明承包人索赔的具体项目及依据，如索赔事件给承包人造成的损失总额、构成明细、计算依据以及相应的证明资料，必要时候还应附具影像资料。

鉴于工程总承包合同与施工合同中承发包双方权利义务、风险划分与责任承担皆有不同，施工合同中可以提出索赔的项目，并不能完全适用于工程总承包合同索赔。以设计缺陷、设计变更引致的索赔为例，在施工合同中，设计缺陷、设计变更造成承包人工期延误、费用增加，承包人有权要求发包人顺延工期、赔偿损失；而在工程总承包合同中，施工图设计，甚至初步设计属于合同承包人承包范围，承包人对设计缺陷及非因发包人原因导致的设计变更应独立承担责任。此时，承包人不仅难以向发包人提出索赔，反而会面临被发包人索赔的后果。

5.8.2　一方当事人提出索赔，对方当事人已经答复但未能达成一致，鉴定人可按以下规定进行鉴定：

1　对方当事人以不符合事实为由不同意索赔的，鉴定人应在厘清证据事实以及事件的因果关系的基础上作出鉴定；

2　对方当事人以该索赔事项存在，但认为不存在赔偿的，或认为索赔过高的，鉴定人应根据相关证据和专业判断作出鉴定。

【条文解读】

本条是对当事人对索赔争议如何鉴定的规定。

正如前述，索赔靠证据说话，但同一索赔事项，鉴定人如何鉴别、判断，使补偿体现公平正义却是一个难点，对索赔鉴定，需要鉴定人具有丰富的工程常识，专业的判断能力，公正的鉴定立场。

【案例】

某工程总承包合同，土建工程约定按工程所在地预算定额计价。由于发包人原因导致工程停建，由此引起工程停建后的价款结算争议，双方协商无果，承包人提出诉讼。停建时工程土建部分仅完工 10% 左右，大量的非标准设备的制作中途停顿，仅其中临时设施费如何鉴定就导致原告（承包人）与鉴定人争论不休。鉴定人按照委托人（人民法院）委托书的鉴定范围，鉴定已完工程，在临时设施上也只按已完工程乘以工程所在地间接费定额规定的临时设施费率计算出临时设施费。承包人对此提出异议，鉴定人就要承包人提供证据，并以鉴定范围为委托人确定的“已完工程”作为庭审针对鉴定意见书质证时对承包人的答复。（点评：该项争议的鉴定实质上是工程停建后的临时设施费索赔，鉴定人在认知上存在以下误区：

1．鉴定人以委托书鉴定范围为“已完工程”对承包人所提异议的回答，实质上是推卸鉴定责任，丢失了专业性判断的鉴定精髓。因为该工程是由于发包人原因导致工程停建，人民法院委托鉴定范围“已完工程”显然指合同中的实体工程和其他临时工程，而鉴定人理解片面，仅以已完实体工程作为临时设施费鉴定的计算依据是站不住脚的。假设实体工程还未施工就停建，为工程实施需要的临时设施已搭设完成，难道就因为没有已完工程就不计取临时设施费给承包人吗？

2．要求承包人提供证据，暴露了鉴定人法律知识的欠缺和专业知识的不足。因为临时设施费在住房和城乡建设部、财政部《建筑安装工程费用项目组成》（建标〔2013〕44 号）中与环境保护、文明、安全施工一起组成安全文明施工费，采用计算基数 × 安全文明施工费费率的方式计取。在该工程所在地预算定额中，临时设施费也是以规定计费基础 × 规定费率计算确定，而非按实际搭设的临时工程的数量按实计算计价。而该工程停建后，承包人就已经撤场，在鉴定过程中，鉴定人要求承包人提供其搭设临时设施的证据既不现实，也无意义，更不符合鉴定人认为需要当事人补充证据应向委托人提出由委托人决定的法律规定，也不符合《建设工程造价鉴定规范》的规定。此时的鉴定应根据《民事诉讼法解释》和《民事诉讼证据》规定的“众所周知的事实”“当事人无须举证证明”的规定作出。因为，工程建设前搭设临时设施是工程建设行业内众所周知的事实，“若仅是法官所不知（特别是地方性、行业性的周知事实），可由当事人提供适当的知识，或辅助法院取得必要的知识，从而加以认知，而不是必须由当事人负举证责任。”（见最高人民法院民事审判第一庭编著《最高人民法院新民事诉讼证据规定理解和适用》第 149 页）。鉴定人此举也偏离了鉴定所要解决的专门性问题，即临时设施是为合同工程修建服务的，在合同工程中途停建时，已在前期完成的临时设施的费用是全部支付还是部分支付的问题，鉴定人与已完实体工程挂钩计算临时设施费用对承包人是极不公平的。这时，比较客观公正的做法是按照合同约定将临时设施费全部计算出来，扣除未完工程独有的临时设施费（如有），即为该工程的临时设施费鉴定意见。）

5.8.3 当事人对暂停施工索赔费用有争议的，鉴定人应按以下规定进行鉴定：

1 合同中对上述费用的承担有约定的，应按合同约定作出鉴定；

2 因发包人原因引起的暂停施工，费用由发包人承担，包括：对已完工程进行保护的费用、运至现场的材料和设备的保管费、施工机具租赁费、现场生产工人与管理人员工资、承包人为复工所需的准备费用等；

3 因承包人原因引起的暂停施工，费用由承包人承担。

【条文解读】

本条是对停工索赔费用鉴定的规定。

因工程建设项目的周期长、技术复杂、参与主体众多，在工程实施过程中，经常出现暂停施工的情形，从而对工程的进度等产生重大影响，并进一步影响合同当事人的权益。引起暂停施工的原因比较复杂，通常而言，可以分为因发包人原因导致的暂停施工、因承包人原因导致的暂停施工以及因不可抗力等不可归责于合同当事人的外部原因导致的暂停施工。

如发包人原因导致暂停施工，承包人可就因此遭受的损失向发包人提起索赔。承包人可能产生的损失包括停工、窝工损失，机械台班损失，额外支出的维护性费用等，在暂停施工造成工期拖延后，还有可能涉及的损失包括工程意外进入冬季雨季施工所产生的冬季雨季施工费用，后期赶工所支出的赶工费，工期整体延长后遭遇的人工、机械、材料价格波动损失等；如系承包人垫资施工的，承包人还有可能承受额外的利率波动损失，如果为海外工程且工程并非以承包人所在国的本币进行结算的，还存在汇率波动损失等。

因发包人原因引起的暂停施工，通常包括发包人违规、发包人违约、发包人提出变更等情形。对于因发包人提出变更而不得不发生的停工，尽管不能简单地认定发包人变更也为违规或违约，但如发包人基于对整体工程功能使用等各方面的原因提出了变更，是否需要暂停施工，如果的确需要，应由发包人及时发出指示，避免产生更大的损失。在此情形下，由于暂停施工引起的承包人的损失，除增加的全部费用外，还应向承包人支付合理的利润，并顺延工期。

因承包人原因引起的暂停施工，一般主要是指因承包人违规与违约的情形，按照《合同法》以及合同当事人的约定，承包人应当承担因此增加的费用和（或）延误的工期，并应按照发包人的要求，积极采取复工措施。因承包人原因暂停施工，且承包人收到发包人复工指示 84 天内仍未复工的，视为承包人无法继续履行合同，根据《合同法》第九十四条的规定，发包人可以主张解除合同，并另行委托第三方完成未完工程的施工。

暂停施工后，施工合同并未解除，合同当事人仍需按照施工合同约定履行合同义务。因此承包人仍应按照有关法律规定以及合同约定负责工程的照管，避免因暂停施工影响工程安全或受到破坏，承包人由此发生的照管费用由造成暂停施工的责任方承担。

暂停施工期间，合同当事人均有义务采取必要的措施保证工程质量安全，防止暂停施工扩大损失。

【法条链接】

《中华人民共和国民法典》

第七百九十八条　隐蔽工程在隐蔽以前，承包人应当通知发包人检查。发包人没有及时检查的，承包人可以顺延工程日期，并有权请求赔偿停工、窝工等损失。

第八百零三条　发包人未按照约定的时间和要求提供原材料、设备、场地、资金、技术资料的，承包人可以顺延工程日期，并有权请求赔偿停工、窝工等损失。

第八百零四条　因发包人的原因致使工程中途停建、缓建的，发包人应当采取措施弥补或者减少损失，赔偿承包人因此造成的停工、窝工、倒运、机械设备调迁、材料和构件积压等损失和实际费用。

第八百零五条　因发包人变更计划，提供的资料不准确，或者未按照期限提供必需的勘察、设计工作条件而造成勘察、设计的返工、停工或者修改设计，发包人应当按照勘察人、设计人实际消耗的工作量增付费用。

《中华人民共和国合同法》

第二百七十八条　隐蔽工程在隐蔽以前，承包人应当通知发包人检查。发包人没有及时检查的，承包人可以顺延工程日期，并有权要求赔偿停工、窝工等损失。

第二百八十三条　发包人未按照约定的时间和要求提供原材料、设备、场地、资金、技术资料的，承包人可以顺延工程日期，并有权要求赔偿停工、窝工等损失。

第二百八十四条　因发包人的原因致使工程中途停建、缓建的，发包人应当采取措施弥补或者减少损失，赔偿承包人因此造成的停工、窝工、倒运、机械设备调迁、材料和构件积压等损失和实际费用。

第二百八十五条 因发包人变更计划，提供的资料不准确，或者未按照期限提供必需的勘察、设计工作条件而造成勘察、设计的返工、停工或者修改设计，发包人应当按照勘察人、设计人实际消耗的工作量增付费用。

《深圳市中级人民法院关于建设工程合同若干问题的指导意见》（2010 年 3 月 9 日审判委员会第 6 次会议修订）

10. 发包人未按建设工程合同约定支付工程进度款致使停工、窝工的，承包人可顺延工程日期并有权要求赔偿停工、窝工等损失。

【通用合同条文】

《建设工程施工合同（示范文本）》GF–2017–0201

7.8.1 发包人原因引起的暂停施工

因发包人原因引起暂停施工的，监理人经发包人同意后，应及时下达暂停施工指示。情况紧急且监理人未及时下达暂停施工指示的，按照第 7.8.4 项〔紧急情况下的暂停施工〕执行。

因发包人原因引起的暂停施工，发包人应承担由此增加的费用和（或）延误的工期，并支付承包人合理的利润。

7.8.2 承包人原因引起的暂停施工

因承包人原因引起的暂停施工，承包人应承担由此增加的费用和（或）延误的工期，且承包人在收到监理人复工指示后 84 天内仍未复工的，视为第 16.2.1 项〔承包人违约的情形〕第（7）目约定的承包人无法继续履行合同的情形。

16.1.1 发包人违约的情形

在合同履行过程中发生的下列情形，属于发包人违约：

（1）因发包人原因未能在计划开工日期前 7 天内下达开工通知的；

（2）因发包人原因未能按合同约定支付合同价款的；

（3）发包人违反第 10.1 款〔变更的范围〕第（2）项约定，自行实施被取消的工作或转由他人实施的；

（4）发包人提供的材料、工程设备的规格、数量或质量不符合合同约定，或因发包人原因导致交货日期延误或交货地点变更等情况的；

（5）因发包人违反合同约定造成暂停施工的；

（6）发包人无正当理由没有在约定期限内发出复工指示，导致承包人无法复工的；

（7）发包人明确表示或者以其行为表明不履行合同主要义务的；

（8）发包人未能按照合同约定履行其他义务的。

发包人发生除本项第（7）目以外的违约情况时，承包人可向发包人发出通知，要求发包人采取有效措施纠正违约行为。发包人收到承包人通知后28天内仍不纠正违约行为的，承包人有权暂停相应部位工程施工，并通知监理人。

16.1.2 发包人违约的责任

发包人应承担因其违约给承包人增加的费用和（或）延误的工期，并支付承包人合理的利润。此外，合同当事人可在专用合同条款中另行约定发包人违约责任的承担方式和计算方法。

【条文应用指引】

停工大致可分为三种类型，一是临时停工；二是停工待命；三是停工撤场。不同的停工类型，其应计算的损失范围是有所区别的。

一、临时停工损失的计算

临时停工多因临时停水、停电，地下障碍处理等原因造成。这类停工一般都要办理经济签证，签证上要有具体的停工、复工时间及人员、机械数量，因而停工损失的计算比较简单。

人员停工费按停工期间的现场停工人数计算。

机械停工每天只计一个台班、采用租赁形式的按租赁费计列。

二、停工待命损失的计算

停工待命常常是由于发包人因未按合同约定支付工程款，未按合同约定提供原材料、设备、技术资料等，致使合同无法继续履行而造成的，停工后，承包人在施工现场停工待命，就此，可向发包人提出以下费用索赔：

1. 停工窝工费。因为停工原因消除后工程还要继续进行，所以，施工人员不能离开现场，此时，将造成人员的大量窝工。

2. 停工期间周转材料费。承包人的周转材料是租赁的，可按租赁费计算，若周转材料是承包人自有的，可计算材料摊销费。

3. 停工期间机械费。机械是承包人租赁的、可按租赁费计算。若机械是承包人自有的，也可参照租赁费计算。

4. 停工期间的其他费用。例如对已完工程的保护费，运至现场的材料保管费，以及现场管理人员的现场经费等。

此外，发包人要求加快进度而赶工的费用增加、继续施工的涨价损失等方面，其中涨价损失的计算最为复杂，一般需要有完整的施工组织设计、进度计划和现场实际管理记录等方面的资料方可完成，因此需要承包人在项目管理过程中预留相应的记录和文件资料。

关于停工期间的费用损失计算问题。停工期间的费用通常涉及项目现场人员和施工机械设备的闲置费、现场和总部管理费，停工期间费用的计算通常以承包人的投标报价作为计算标准，但由于停工期间设备和人员仅是闲置，并未实际投入工作，发包人一般不会同意按照工作时的费率来支付闲置费。为了保证停工期间的损失能够得到最终认定，承包人应做好停工期间各项资源投入的实际数量、价格和实际支出记录，并争取得到发包人的确认，以作为将来索赔的依据。承包人要特别注意索赔期限的约定，避免逾期丧失停工索赔权利，停工期限较长的应分阶段发出停工索赔报告。为了避免争议，双方也可以在合同中约定设备和人员闲置费的补偿标准。

三、停工撤场损失的计算

工程终止，承包人撤离施工现场，见本书第 5.10 节。

此外，《合同法》与现《民法典》都提到了窝工，但停工、窝工是不同的概念。停工是指工程施工的停止；窝工是指承包人所安排的员工、机械超过了实际施工需要，导致员工、机械的效用不能有效发挥。只有发包人原因引起的窝工，承包人可以向发包人主张赔偿损失。例如发包人工程场地移交不及时、施工图纸移交不及时、交叉施工作业面移交不及时、甲供材料供应不及时等，导致施工过程中虽然未停工，但出现了员工、机械无法充分发挥效益的情形。窝工不同于停工，停工损失相对容易计算，只要锁定停工的天数、期间的人员、机械设备即可计算，而窝工损失的认定更容易引起争议。实践中还须进一步总结。

5.8.4 因不利的物质条件或异常恶劣的气候条件的影响，承包人提出应增加费用和延误的工期的，鉴定人应按以下规定进行鉴定：

1 承包人及时通知发包人，发包人同意后及时发出指示同意的，采取合理措施而增加的费用和延误的工期由发包人承担。发承包双方就具体数额已经达成一致的，鉴定人应采纳这一数额鉴定；发承包双方未就具体数额达成一致，鉴定人通过专业鉴别、判断作出鉴定。

2 承包人及时通知发包人后，发包人未及时回复的，鉴定人可从专业角度进行鉴别、判断作出鉴定。

【条文解读】

本条是对因不利物质条件或异常恶劣的气候条件的影响，如何鉴定的规定。

实际施工过程中，经常存在因现场施工条件与预期不同或出现不可预见的恶劣的自然条件导致工程施工受阻的情况，在此种情形下，承包人通常会据此向发包人提起索赔。本条规定了不利的物质条件和异常恶劣的气候条件两种合同中常见的情形。

1. 不利的物质条件。

我国多个与工程建设有关的合同都在通用合同条款规定了施工过程中出现不利物质条件时，承包人可要求工期及经济补偿的条件与程序。不利物质条件是指承包人在施工现场遇到的不可预见的自然物质条件、非自然的物质障碍和污染物，包括地表以下物质条件和水文条件以及专用合同条款约定的其他情形，如地勘报告中未发现的特殊岩层构造、地下管道、异常的地下水位、地下未引爆的炸弹等，但不包括气候条件。需要进一步说明的是，前述定义的不利物质条件与不可抗力并不完全相同，虽然二者均属于承包人在签订合同时所无法预见的，但两者存在根本的区别，不可抗力是不可避免、不可克服的事件，而不利物质条件仅需要满足不可预见的条件即可，通常是可以克服的，只是需要付出额外费用和时间，而非不可克服。

在实践过程中，针对此类索赔内容，索赔获得支持的界限通常是承发包双方争议的焦点，鉴于承包人没有条件事先预见该风险，发包人负责前期的勘察等工作并是工程最终的所有人和受益人，根据平衡分担风险的原则，发包人承担该风险更为合理，因此，合同中有关不利物质条件发生时的索赔条件就规定为“承包人遇到不利物质条件时，应采取克服不利物质条件的合理措施继续施工，并及时通知发包人和监理人，通知应载明不利物质条件的内容以及承包人认为不可预见的理由。监理人经发包人同意后应当及时发出指示，指示构成变更的，承包人因采取合理措施而增加的费用和（或）延误的工期由发包人承担”。

2. 异常恶劣的气候条件。

构成异常恶劣的气候条件应符合以下两点：一是客观上发生了对合同实际履行产生了影响的异常恶劣的气候条件，如日气温超 38℃，风速达到 8 级及以上的大风等；二是有经验的承包人在签订合同时无法预见。只要克服这等气候条件需要承包人采取的措施超出了其在签订合同时能合理预见的范围，导致费用增加和（或）工期延误，就有可能被认定为异常恶劣的气候条件。由于异常恶劣的气候条件属于不可归责于合同当事人的客观事件，由发包人承担由此引致的风险和不利后果，所以承包人索赔的事项为处理异常恶劣的气候条件而增加的费用和工期，不包括利润。

【法条链接】

《中华人民共和国民法典》

第五百九十一条　当事人一方违约后，对方应当采取适当措施防止损失的扩大；没有采取适当措施致使损失扩大的，不得就扩大的损失请求赔偿。

当事人因防止损失扩大而支出的合理费用，由违约方负担。

《中华人民共和国合同法》

第一百一十九条　当事人一方违约后，对方应当采取适当措施防止损失的扩大；没有采取适当措施致使损失扩大的，不得就扩大的损失要求赔偿。

当事人因防止损失扩大而支出的合理费用，由违约方承担。

【通用合同条文】

《建设工程施工合同（示范文本）》GF-2017-0201

7.6 不利物质条件

不利物质条件是指有经验的承包人在施工现场遇到的不可预见的自然物质条件、非自然的物质障碍和污染物，包括地表以下物质条件和水文条件以及专用合同条款约定的其他情形，但不包括气候条件。

承包人遇到不利物质条件时，应采取克服不利物质条件的合理措施继续施工，并及时通知发包人和监理人。通知应载明不利物质条件的内容以及承包人认为不可预见的理由。监理人经发包人同意后应当及时发出指示，指示构成变更的，按第 10 条〔变更〕约定执行。承包人因采取合理措施而增加的费用和（或）延误的工期由发包人承担。

7.7 异常恶劣的气候条件

异常恶劣的气候条件是指在施工过程中遇到的，有经验的承包人在签订合同时不可预见的，对合同履行造成实质性影响的，但尚未构成不可抗力事件的恶劣气候条件。合同当事人可以在专用合同条款中约定异常恶劣的气候条件的具体情形。

承包人应采取克服异常恶劣的气候条件的合理措施继续施工，并及时通知发包人和监理人。监理人经发包人同意后应当及时发出指示，指示构成变更的，按第 10 条〔变更〕约定办理。承包人因采取合理措施而增加的费用和（或）延误的工期由发包人承担。

【条文应用指引】

1. 不利的物质条件。

鉴定人应关注的是承包人有权获得相应费用及延误工期补偿的前提条件为：其一，不利物质条件的发生应当是承包人所不可预见的；其二，承包人采取的克服不利物质条件的措施应当是合理的。此外，当不利物质条件发生时，承包人具有以下义务，一是应采取克服不利物质条件的合理措施继续施工，若承包人未履行减损义务，则无权就损失扩大部分获得补偿；二是及时通知发包人和监理人，并在通知中描述不利物质条件的内容，其无法预见的理由。由此可见，在不利物质条件并非无法克服的前提下，承包人应采用合理的措施保证施工的连续性。

2. 异常恶劣的气候条件。

鉴定人应关注异常恶劣的气候条件是否发生于因承包人原因引起的工期延误之后，如是，承包人无权要求发包人赔偿其工期和费用损失。因为若承包人未延误工期，合同的履行就不可能遭遇异常恶劣的气候条件的影响。

5.8.5　因发包人原因，发包人删减了合同中的某项工作或工程项目，承包人提出应由发包人给予合理的费用及预期利润，委托人认定该事实成立的，鉴定人进行鉴定时，其费用可按相关工程企业管理费的一定比例计算，预期利润可按相关工程项目报价中的利润的一定比例或工程所在地统计部门发布的建筑企业统计年报的利润率计算。

【条文解读】

本条规定了因发包人原因删减合同工程，如何进行鉴定的规定。

为维护合同公平，某些发包人在签约后擅自取消合同中的工作，转由发包人或其他承包人实施，致使承包人发生的费用或（和）得到的收益不能被包括在其他已支付或应支付的项目中，也未被包含在任何替代的工作或工程中时，甚至出现工程停建、合同终止，致使本合同工程承包人蒙受损失。承包人提出应得到合理的费用及利润补偿，发包人以变更的名义将取消的工作转由自己或其他人实施或工程停建，构成违约，按照《合同法》第一百一十三条规定，“当事人一方不履行合同义务或者履行合同义务不符合约定，给对方造成损失的，损失赔偿额应当相当于因违约所造成的损失，包括合同履行后可以获得的利益，但不得超过违反合同一方订立合同时预见到或者应当预见到的因违反合同可能造成的损失”。因此，出现本条规定情形的，发包人应赔偿承包人损失。

【法条链接】

《中华人民共和国民法典》

第五百八十三条　当事人一方不履行合同义务或者履行合同义务不符合约定的，在履行义务或者采取补救措施后，对方还有其他损失的，应当赔偿损失。

第五百八十四条　当事人一方不履行合同义务或者履行合同义务不符合约定，造成对方损失的，损失赔偿额应当相当于因违约所造成的损失，包括合同履行后可以获得的利益；但是，不得超过违约一方订立合同时预见到或者应当预见到的因违约可能造成的损失。

《中华人民共和国合同法》

第一百一十二条　当事人一方不履行合同义务或者履行合同义务不符合约定的，在履行义务或者采取补救措施后，对方还有其他损失的，应当赔偿损失。

第一百一十三条　当事人一方不履行合同义务或者履行合同义务不符合约定，给对方造成损失的，损失赔偿额应当相当于因违约所造成的损失，包括合同履行后可以获得的利益，但不得超过违反合同一方订立合同时预见到或者应当预见到的因违反合同可能造成的损失。

《深圳市中级人民法院关于建设工程合同若干问题的指导意见》（**2010 年 3 月 9 日审判委员会第 6 次会议修订**）

8. 发包人与承包人签订建设工程合同后毁约的，应赔偿承包人由此造成的损失，该损失应包括承包人履行合同后可获得的利益。

【国标条文索引】

《建设工程工程量清单计价规范》GB 50500–2013

9.3.3 当发包人提出的工程变更因非承包人原因删减了合同中的某项原定工作或工程，致使承包人发生的费用或（和）得到的收益不能被包括在其他已支付或应支付的项目中，也未被包含在任何替代的工作或工程中时，承包人有权提出并应得到合理的费用及利润补偿。

【条文应用指引】

按照《合同法》第一百一十二、一百一十三条的规定（《民法典》第五百八十三条、五百八十四条保留了《合同法》这两条的内容，仅对第一百一十三条文字上作了小调整），违约责任中损害赔偿责任的目的，是作为对违约行为造成的损害进行的补偿，合同的受损方有权获得其在合同中约定的利益，通过给付这种损害赔偿、保护合同当事人的期待利益。

违约损害赔偿责任可分为补偿性损害赔偿和惩罚性损害赔偿两种方式。一般的合同违约责任适用补偿性赔偿，不适用惩罚性赔偿。惩罚性赔偿一般在商品或服务欺诈中才适用。

本条提出了工程合同当事人违约补偿性赔偿范围的原则：1. 赔偿实际损失规则：除赔偿停工、窝工，倒运，材料、半成品结压等直接损失外，还须赔偿管理费用。2. 可预期损失规则：即合同当事人订立合同，履行合同预期的收益，根据工程建设的实际，本条直接指利润，并给出了两种计算方法：即按照承包人报价中利润的一定比例；或工程所在地统计部门发布的建筑企业统计年报的利润率计算，具有可操作性。如上述两种计算都无依据时，还可以根据建设部、财政部《建筑安装工程费用项目组成》（建标〔2013〕44 号）附件 3“建筑安装工程费用参考计算方法”一、（五）利润中“利润在税前建筑安装工程量的比重可按不低于 5% 但不高于 7% 的费率计算”的规定参考计算。

5.9 工程签证争议的鉴定

【概述】

由于工程建设施工生产的特殊性，在施工过程中往往会出现一些与合同工程或合同约定不一致或未约定的事项，这时就需要发承包双方用书面形式记录下来，由于各地区的使用习惯称谓不一，如工程签证、施工签证等，国家标准《建设工程工程量清单计价规范》由于规范的对象是以施工图纸为基础的工程发承包，因此将其定义为现场签证。本规范由于规范的是工程造价鉴定，不仅仅是指施工发承包，还包括设计施工总承包，因此采用工程签证的术语。

一、工程签证的性质

工程签证在中国建设工程造价管理协会于2002年发布的《工程造价咨询业务操作指导规程》中，被定义为“按承发包合同约定，一般由承发包双方代表就施工过程中涉及合同价款之外的责任事件所作的签认证明”，《建设工程工程量清单计价规范》将其定义为“发包人现场代表与承包人现场代表就施工过程中涉及的责任事件所作的签认证明”。

在建设工程合同中，签约合同价指“发包人和承包人在合同协议书中约定的合同总金额”，这一金额与合同承包范围相对应。合同价格是发包人用于支付承包人按照合同约定完成承包范围内全部工程的金额，包括合同履行过程中按合同约定进行变更和调整的金额。可见，签约合同价是发包人、承包人两个法人在协议书中的“约定”，且是用于“支付”完成承包工程的款项。工程签证是在履行合同中，按合同“约定”，由发包人、承包人的委托代理人，就合同价款之外的责任事件所作的签认证明，是法定代表人授权行为的具体实施与体现。

上述两项一个是法人行为，一个是法定代表人委托的代理人的行为，前者明确的是签约合同总金额，后者涉及的是合同价款之外的款项（即签约合同价的调整项），二者有所不同。委托代理人的行为，是通过合同约定明确委托事宜和权限的，其行为不能覆盖法人之间的合同约定，其行为受到合同约定的约束。由于工程签证的这些特点，使其可以在委托代理人平台上通过签认证明的形式，高效解决施工过程中在约定范围内各种行为涉及价款的事件，促进了各种工程合同约定外施工行为的高效协调和快速解决。

在我国工程合同示范文本中，均未使用工程签证等术语，但在工程合同履行的实践中，确实广泛存在着“变更单”“洽商单”“签证单”“工作联系单”“技术核定单”“工程量确认单”等多种形式的书面文件。这些文件均是针对合同履行过程中的具体事项而采用，是施工组织顺利进行的重要内容，更是合同管理必不可少的组成部分，是有效化解发承包双方争议的工具。在2004年，财政部、建设部《建设工程价款结算暂行办法》（财建〔2004〕369号），最高人民法院《施工合同司法解释（一）》中不约而同提到了“签证”这一术语。

本规范在征求意见中，也有专家建议将工程签证改为工程变更，经详细对比分析，工程变更在建设工程施工合同中具有固定涵义，在施工实践中，工程变更主要是发包人或设计人提出，并与发包人的利益密切相关，更重要的是这些变更有利于发包人目标的实现。因此，工程变更在变更的手续上是比较齐全的，即使发承包双方计价上有分歧，但基本事实有变更文件支撑，即使走人诉讼也便于解决。而工程签证范围比工程变更大很多，也可以说在工程实施过程中无所不包，只要是与合同约定的条件出现不一致的，均可以用工程签证将这一事实记载下来。发承包双方对其是否涉及价款变化也可根据签证与工程合同约定内容对比予以判断。因此，本规范仍然用工程签证，而未采用工程变更。

二、工程签证和工程洽商等的联系和区别

1．工程洽商：在合同履行的过程中，参建各方就建设项目实施过程中的未尽事宜的洽谈商量。如施工技术、施工工艺、工期、材料供应、价款调整及其他合同涉及工程实施的内容办理的关于技术经济洽商文件。工程洽商一般形成洽商会议记录，经各参加方认可后生效。

2．工程变更：是对原设计图纸进行的修正、补充或其他变更。通常情况下，工程变更的发起一般包括四种情形：第一种为发包人基于对工程的功能使用、规模标准等方面提出新的要求提出变更；第二种是设计人基于设计文件的修改提出变更，并以设计变更文件的形式提出；第三种是监理人认为施工合同履行过程中有关技术经济事项的处理不合适，提出针对原合同内容的调整；第四种是由承包人提出合理化建议，该建议获得发包人的同意后以变更形式发出。根据变更的内容不同，可分为两类：一类为设计变更，不论是发包人或承包人提出，涉及设计文件修改的，需要经过设计人审查并出具设计变更文件；第二类为经过监理人和发包人直接审核并批准的其他变更，即不需要设计人审查，如产品型号、规格、工期变化等方面。

3．工程联系单又称工作联系函：是发包人、承包人、监理人（如有）各方通用的表单。工程实施中，各方有需要沟通与协商的事宜，均可通过这种方式进行处理。工程联系单可视为对某事、某措施可行与否、变更替换或代替等的请求函件。联系单反映出一个工程的进展过程，是索赔等的强有力的证明材料。如在施工中，监理人想给发包人提合理化建议，或者工作中有些需要发包人出面给予支持协商的事，可以用此传达提出的事宜。如施工中甲供材料不及时，承包人也可以用此表向发包人表示，以便其及时组织建材供应。发包人在施工中发现监理人监管不到位，也可以此表的形式要求监理人工作认真监管到位。

4．工程量确认单：是发包人或其委托的监理人对承包人的已完成工程量（含月度、年度、阶段或全部）的确认文件，以及对工程变更、工程洽商所引起的工程量增减的确认文件。

5．工程签证：是在合同工程承包范围以外发生的涉及的责任事件所作的签认证明。如发生合同外的工作或工程，双方当事人针对该工作或工程内容办理的认证文件；如基础施工时地下意外出现的流沙、墓穴、管道等地下障碍物，必须进行处理，若进行处理就必然发生费用，因此双方应根据实际处理的情况及发生的费用办理工程签证；如由于非承包人原因发生停工，承包人应就停工时间、停工损失等向发包人提出签证等。

不管是工程签证还是工程变更、工程洽商、工程量确认单等，都是施工过程中发生的涉及工程计价、付款等经济问题的重要证据，都可以作为影响工程价款的重要文件。需要注意的是，不管是发包人还是承包人都应当持有这些文件的原始件，以便在使用复印件可能会造成对方不承认时出示。

三、签证的种类

1．工程经济签证：是指在施工过程中由于施工条件、发包人要求、合同缺陷、违约、暂停施工、工程变更或设计文件错误等，造成合同当事人费用增加和经济损失方面的签证。经济签证涉及面广，项目繁多复杂，应认真核实签证范围和内容。

2. 工程工期签证：主要是实施过程中因主要材料、设备进退场时间及发包人等原因造成的延期开工、恶劣的气候条件，不利的物质条件、不可抗力以及临时停水、停电造成的暂停施工、工期延误的签证。合同中一般约定了工期罚则，在工期提前奖、工期延误罚款的计算时，工期签证发挥着重要作用。

3. 工程技术签证：主要是施工组织设计、施工技术措施的临时修改以及工程隐蔽签证，如基坑验槽记录、软地基处理、钢筋隐蔽验收等对涉及工程价款数额较大的技术签证。这些签证对以后工程结算影响较大，资料缺失将无法补救、易引发争议，难以结算。一般应组织专家论证，做到安全、经济、适用。

四、签证与索赔的区别

发包人拒绝承包人根据合同约定提出的工程签证时，承包人应在合同约定的期限内进入索赔程序，提出索赔通知。

1. 签证是双方协商一致的结果，而索赔是单方面的主张；

2. 签证涉及的利益已确定，而索赔的利益尚待确定；

3. 签证是结果，而索赔是过程。

工程签证有多种情形，一是发包人的口头指令，如涉及工期延误或费用增加的，需要承包人提出，由发包人转换成书面签证，否则承包人的主张将没有书证，可能导致权力丧失；二是发包人的书面通知如涉及工程实施，且在工程合同范围之外的，需要承包人就完成此通知需要的人工、材料、机械设备等内容向发包人提出，取得发包人的签证确认；三是合同工程招标工程量清单中已有，但施工中发现与其不符，如土方类别、土石比例、出现流沙等，需承包人及时向发包人提出签证确认，以便调整合同价款；四是由于发包人原因，未按合同约定提供场地、材料、设备或停水、停电等造成承包人的停工，需承包人及时向发包人提出签证确认，以便计算顺延的工期和索赔费用；五是合同中约定的材料等价格由于市场发生变化，超过了合同约定的风险范围需承包人按合同约定向发包人提出采购数量及其单价，以取得发包人的签证确认等。总之，在工程实施过程中，由于超出工程合同约定范围以及合同条件的变化引起需要签证确认的事项等，都可以以工程签证这一方式处理。本节就一些工程签证的鉴定提出了思路。

5.9.1　当事人因工程签证费用而发生争议，鉴定人应按以下规定进行鉴定：

1　签证明确了人工、材料、机械台班数量及其价格的，按签证的数量和价格计算；

2　签证只有用工数量没有人工单价的，其人工单价按照工作技术要求比照鉴定项目相应工程人工单价适当上浮计算；

3　签证只有材料和机械台班用量没有价格的，其材料和台班价格按照鉴定项目相应工程材料和台班价格计算；

4　签证只有总价款而无明细表述的，按总价款计算；

5　签证中的零星工程数量与该工程应予实际完成的数量不一致时，应按实际完成的工程数量计算。

【条文解读】

本条是对零星工程或零星工作签证费用如何鉴定的规定。

在施工过程中，常常会出现合同工程或施工图范围外的零星工程或零星工作，发包人通知承包人完成从而形成此类签证，在工程量清单计价模式下，此类签证在合同中称为“计日工”，计日工是为了解决现场发生的零星工作的计价而设立的。国际上常见的标准合同条款中，大多数都设立了计日工（Daywork）计价机制。计日工以完成零星工作所消耗的人工工时、材料数量、机械台班进行计量，并按照计日工表中填报的适用项目的单价进行计价支付。计日工适用的所谓零星工作一般是指合同约定之外的或者因变更而产生的、工程量清单中没有相应项目的额外工作，尤其是那些时间不允许事先商定价格的额外工作。计日工为额外工作和变更的计价提供了一个方便快捷的途径。在定额计价模式下一般称为“签证记工”，对于零星工程而言，既然是工程，必然就有工程量，签证中的价格应是单位工程量的价格，即单价。从工程量清单计价的角度来看：

第 1 款签证比较完整，给出了人、材、机的价格，只需按照合同约定的方式计算管理费、利润和税金即是完整的计日工价格。

第 2 款是只有工程量没有人工单价，实践中有两种方式，一种是采用合同工程相应项目的人工单价，但这种方法对承包人不太公平；另一种是比照合同工程相应项目的人工单价适当上浮。本规范制定过程中，对计日工单价适当上浮达成了共识，因为这是国际工程界对计日工人工单价的惯例，从理论上讲，合同的计日工单价水平一定是高于工程量清单的价格水平，其原因在于计日工往往是用于一些突发性的额外工作，缺少计划性，承包人在调动施工生产资源方面难免会影响已经计划好的工作，生产资源的使用效率也有一定程度的降低，客观上造成超出常规的额外投入。因此，其人工单价应高于合同中相应项目的人工单价。那么，如何上浮呢？在本规范制定过程中，一种意见认为应当明确规定，另一种意见认为条文中规定应上浮即可，浮动多少由鉴定人根据当地或各专业的规定自行确定。因此，本规范规定了应予上浮，上浮比例由鉴定人根据鉴定项目结合各专业工程或当地的规定决定，考虑到尽快平息争议，本规范在条文说明第 9.5.1 条给出上浮 20% 左右的数值，可供鉴定人参考采用。

第 3 款解决了材料和机械台班没有价格的，按合同工程相应项目的材料和机械台班价格计算。

第 4 款则是指“零星工作费”，即没有工程数量可计，且仅仅发生人工费，本条所指的总价款应仅仅是人工费而已。

第 5 款指向计日工中的工程数量如与完成该工程应予计量的数量不一致时，按实际完成的工程数量计算，该增则增，该减则减。

【法条链接】

《建设工程价款结算暂行办法》（财建［2004］369 号）

第十五条 发包人和承包人要加强施工现场的造价控制，及时对工程合同外的事项如实记录并履行书面手续。凡由发、承包双方授权的现场代表签字的现场签证以及发、承包双方协商确定的索赔等费用，应在工程竣工结算中如实办理，不得因发、承包双方现场代表的中途变更改变其有效性。

【条文应用指引】

应用本条规定，应注意合同的计价方式。由于我国现阶段主要还是采用以施工图纸为基础的发承包模式，发、承包双方所签合同是施工合同。因此，本条也是针对施工合同制定的。如是设计施工总承包合同，对其零星工程、零星工作的签证，首先需要厘清其是否总承包合同约定范围，判断的依据应为：一是根据初步设计图为基础发承包的，判断依据为发包人要求和初步设计图；二是采用可行性研究报告和方案设计的，判断依据为发包人要求和可研报告及方案设计。一般来说，如采用设计、采购、施工合同（EPC）方式实行的工程总承包，其零星工程或零星工作应包括在合同范围内，另行计算的可能性极小。

5.9.2　当事人因工程签证存在瑕疵而发生争议的，鉴定人应按以下规定进行鉴定：

1　签证发包人只签字证明收到，但未表示同意，承包人有证据证明该签证已经完成，鉴定人可作出鉴定意见并单列，供委托人判断使用。

2　签证既无数量，又无价格，只有工作事项的，由当事人双方协商，协商不成的，鉴定人可根据工程合同约定的原则、方法对该事项进行专业分析，作出推断性意见，供委托人判断使用。

【条文解读】

本条针对有瑕疵的签证如何处理作了规定。

由于对工程签证，法律以及相关制度没有具体规定，在实践中，一些工程签证往往存在这样那样的瑕疵，因而引发合同当事人的争议。那么工程签证如何才能具有证据效力呢？工程签证是在工程合同履行过程中，发承包双方根据合同的约定，就合同价款之外的责任事件，如费用补偿、工期顺延以及因各种原因造成的损失赔偿达成的意思一致，类似于补充协议。因此：

1. 签证主体必须是合同双方当事人，只有一方当事人签字不是签证；

2. 签证人员必须获得授权，无授权的人员签署的工程签证不能发生签证的证据效力；

3. 签证内容必须明确具体，标明何时、何地、何因、何事等；

4. 有协商一致的意思表示，通常表述为双方一致同意，发包人同意、发包人批准等。如签署意见为收到、情况属实，只能作为证据材料，要增加费用或顺延工期需要结合合同约定及其他证据材料予以综合认定。

【法条链接】

《北京市高级人民法院关于审理建设工程施工合同纠纷案件若干疑难问题的解答》（京高法发［2012］245号）

9. 当事人工作人员签证确认的效力如何认定？

当事人在施工合同中就有权对工程量和价款洽商变更等材料进行签证确认的具体人员有明确约定的，依照其约定，除法定代表人外，其他人员所作的签证确认对当事人不具有约束力，但相对方有理由相信该签证人员有代理权的除外；没有约定或约定不明，当事人工作人员所作的签证确认是其职务行为的，对该当事人具有约束力，但该当事人有证据证明相对方知道或应当知道该签证人员没有代理权的除外。

10. 工程监理人员在签证文件上签字确认的效力如何认定？

工程监理人员在监理过程中签字确认的签证文件，涉及工程量、工期及工程质量等事实的，原则上对发包人具有约束力，涉及工程价款洽商变更等经济决策的，原则上对发包人不具有约束力，但施工合同对监理人员的授权另有约定的除外。

《上海市高级人民法院建设工程施工合同纠纷审判实务相关疑难问题解答》（2015年10月22日23次审判委员会）

十四、当事人工作人员的签证是否对当事人具有约束力？

解答：当事人在施工合同中就有权对工程量和价款洽商变更等事项进行签证确认的工作人员有明确约定的，依照其约定，除法定代表人外，约定以外的其他人员所作的签证确认对当事人不具有约束力，但相对方有理由相信该签证人员有代理权的除外。

没有约定或约定不明，当事人工作人员所作的签证能够确认是其职务行为的，对该当事人具有约束力，但该当事人有证据证明相对方知道或应当知道该签证人员没有代理权的除外。

理由：有约定的从约定，没有约定的从是否构成表见代理或职务行为角度进行审查。

十五、工程监理人员在签证文件上的签字确认的是否对发包人发生效力？

解答：工程监理人员在监理过程中签字确认的签证文件，涉及工程量、工期及工程质量等事实的，原则上对发包人具有约束力；涉及工程价款洽商变更等经济决策的，原则上对发包人不具有约束力，但施工合同对监理人员的授权另有约定的除外。

理由：有约定的从约定，无约定的根据监理人员的工作性质，监理人员只负责对工程质量、进度等问题的监督，对于工程价款，因涉及承发包双方的核心利益，不宜赋予监理确认权限。

《四川省高级人民法院关于审理建设工程施工合同纠纷案件若干疑难问题的解答》（川高法民一［2015］3号）

26. 如何认定当事人的工作人员签证确认行为的效力？

当事人的法定代表人以及经合同约定或当事人授权的工作人员对工程量和价款等的签证确认行为对当事人具有约束力，虽没有合同约定或当事人授权，当事人工作人员的签证确认属于履行职务行为，或者当事人事后追认，或者当事人虽不予追认，相对方有理由相信该签证确认人员有代理权的签证确认行为，对当事人具有约束力。

28. 如何认定工程监理人员在签证文件上签字确认行为的效力？

工程监理人员依据监理合同的约定以及监理规范实施的签字确认行为，对发包人具有约束力。超越监理合同约定以及监理规范实施的签字确认行为，除承包人有理由相信工程监理人员的签字确认行为未超越其监理合同的约定以及监理规范的以外，对发包人不具有约束力。

《浙江省高级人民法院民事审判第一庭关于审理建设工程施工合同纠纷案件若干疑难问题的解答》（浙法民一［2012］3号）

十一、施工过程中谁有权利对涉及工程量和价款等相关材料进行签证、确认？

要严格把握工程施工过程中相关材料的签证和确认。除法定代表人和约定明确授权的人员外，其他人员对工程量和价款等所作的签证、确认，不具有法律效力。没有约定明确授权的，法定代表人、项目经理、现场负责人的签证、确认具有法律效力；其他人员的签证、确认，对发包人不具有法律效力，除非承包人举证证明该人员确有相应权限。

《福建省高级人民法院关于审理建设工程施工合同纠纷案件疑难问题的解答》（2007年11月22日发布）

15. 问：施工过程中，发包方工作人员确认的工程量以及价款等的签证能否作为工程价款的结算依据？

答：双方当事人对有权进行工程量和价款等予以签证、确认的具体人员有约定的，除该具体人员及法定代表人外，他人对工程量和价款等所作的签证、确认不能作为工程价款的结算依据；没有约定的，发包人应对其工作人员的职务行为承担民事责任，但发包人有证据证明承包人明知该工作人员无相应权限的，该工作人员签证的内容对发包人不发生法律效力。

【条文应用指引】

最高人民法院民法典贯彻实施工作领导小组主编的《中华人民共和国民法典合同编理解与适用（三）》第七百八十九条“审判实践中应注意的问题”中指出：“签证是建设工程施工合同双方对合同履行中具体工程量、工程施工事务协商确认的文件。通常情况下，双方当事人在建设工程合同中都会对工程签证的人员、范围和程序作出明确的约定。由于签证是施工过程中的工作联系单据，尽管在法律上其属于合同文件，但在形式上其与建设工程合同签字、盖章的严格形式不同，它往往是承发包双方派驻工地的负责人或其他工作人员个人签署。因此，在审判实务中，当双方当事人对于签证的效力产生争议时，查明签署人是否具有授权或相应职权，直接影响签证效力的认定。对于一些在签署人、范围和程序上不完全符合合同约定的签证，不应一概否认其效力，应当本着实事求是的原则，根据双方当事人举证质证情况，综合审查判断签署人是否有权签署、签证所载明的内容是否真实合法有效，以平衡双方当事人利益，确保案件处理的法律效果和社会效果相统一。”

在工程造价鉴定工作中，工程签证作为当事人提交的证据，其效力的认定是委托人的权利。能否作为鉴定依据，鉴定人应按照委托人的决定执行。此外，一些地方人民法院对工程签证的证据效力的认定规定也不完全一致。因此，鉴定人应注重学习，了解工程所在地人民法院的具体规定，以便有针对性的与委托人就工程签证的效力进行沟通。

在鉴定工作中，遇到有瑕疵的工程签证时，鉴定人应运用专业知识和技能、经验法则，对签证的关联性、该工程签证所反映的零星工程或工作是否在合同工程范围外、签证的内容是否有实物证据存在、是否与工程项目具有关联性等作出专业的鉴别和判断，不应对有瑕疵的、当事人有争议的签证一概不作鉴别，推回给委托人。毕竟，工程签证是否具有关联性，是专门性问题鉴别的重要内容，将其进行专业性的鉴别和判断，正是体现工程造价鉴定价值及其水准的地方，更是体现司法追求公平正义的着力点。

5.9.3 承包人仅以发包人口头指令完成了某项零星工作或工程，要求费用支付，而发包人又不认可，且无物证的，鉴定人应以法律证据缺失为由，作出否定性鉴定。

【条文解读】

本条针对当事人既无签证，又无物证的主张如何处理作了规定。

在施工过程中，一些紧急情况下，发包人或其委托的监理人会向承包人发出口头指令，通知其完成某项工程或工作。承包人应在完成这一口头指令后审视该工程或该工作是否属于合同工程范围，如不属于则应就完成该项工程或工作所需耗费的人工、材料、机械等要求发包人予以书面签证，以落实这一指示，便于事后的工程结算。但有时，发包人或其委托的监理人未按合同规定在24小时内补发书面指示，而承包人也怠于提交工程签证，在该工程结算时才想起还有一个口头指示完成了并报出工程价款。对此情形，如果有实物证据可以核实进行鉴定。如无物证，按照《民事诉讼法解释》第九十条规定，"当事人未能提供证据或证据不足以证明其事实主张的，由负有举证证明责任的当事人承担不利的后果"。

审理民事案件，必须以事实为依据，以法律为准绳。然而，基于人类认知的局限性，人们对于过去发生的事实认知并不能绝对反映事实的全部真实。因此，为了公平公正地审理案件，解决纠纷，委托人在认定案件事实时只能以证据能够证明的案件事实作为裁判的依据。同理，鉴定人在作工程造价鉴定时，也只能以证据中涉及的专门性问题作为鉴定的基础。舍此，便是无源之水，无本之木。可见，民事诉讼的客观规律决定了其证明要求只能是法律真实。为此，法律要求委托人裁判案件，必须以证据为根据，对工程造价鉴定而言，同样如此。

【法条链接】

《中华人民共和国民事诉讼法》

第六十四条　当事人对自己提出的主张，有责任提供证据。

《最高人民法院关于适用〈中华人民共和国民事诉讼法〉解释》（法释〔2015〕5号）

第九十条第二款　在作出判决前，当事人未能提供证据或者证据不足以证明其事实主张的，由负有举证证明责任的当事人承担不利的后果。

《最高人民法院关于民事诉讼证据的若干规定》（法释〔2019〕19号）

第八十五条第一款　人民法院应当以证据能够证明的案件事实为根据依法作出裁判。

【通用合同条文】

《建设工程施工合同（示范文本）》GF-2017-0201

4.3　监理人应按照发包人的授权发出监理指示。监理人的指示应采用书面形式，并经其授权的监理人员签字。紧急情况下，为了保证施工人员的安全或避免工程受损，监理人员可以口头形式发出指示，该指示与书面形式的指示具有同等法律效力，但必须在发出口头指示后24小时内补发书面监理指示，补发的书面监理指示应与口头指示一致。

【案例】

某工程合同承包人完成了合同外工程价款200多万元，在竣工结算书中列入，但只附有书面签证的管线安装10多万元，其余未提供书面签证，也无实物证据，无法进行现场勘验，竣工结算被委托的造价咨询企业删除无签证部分，承包人不认同，依合同约定提起诉讼，并走入鉴定程序，但由于只有承包人陈述，而无相关的签证或物证，发包人又不证实，鉴定人也只对有签证的管线10多万元纳入鉴定书，其余承包人的主张因无证据只能放弃鉴定。（点评：此案证明，承包人未牢固树立合同应采用书面形式的观念，仅以发包人口头指示完成合同外工程或工作，事后又怠于追补书面签证。在物证灭失的情况下只能承担举证不能的不利后果。而实践中，如发包人发出指示的现场代表工作变动，没有签证谁来证实此事，即使当事人事后补签，由于签证的不及时，发生争议时，也往往会被质疑。）

5.10　合同解除争议的鉴定

【概述】

合同解除不是合同履行的常态，为了限制合同解除的行使，法律规定了合同解除制度，即合意（协议）解除、约定解除和法定解除。《合同法》第九十三条规定："当事人协商一致，可以解除合同。当事人可以约定一方解除合同的条件。解除合同的条件成就时，解除权人可以解除合同。"2021年1月1日起施行的《民法典》第五百六十二条延用了这一法条，"当事人协商一致，可以解除合同。/当事人可以约定一方解除合同的事由。解除合同的事由发生时，解除权人可以解除合同"，只是将"条件"改为了"事由"，即合同可以由当事人协议（即合意）或约定解除。《合同法》第九十四条规定，因不可抗力、当事人一方不履行债务或有其他违约行为，当事人可以解除合同。《民法典》第五百六十三条在延用这一法条的基础上增加了第二款"以持续履行的债务为内容的不定期合同，当事人可以随时解除合同，但是应当在合理期限之前通知对方"，即合同的法定解除。从性质上看，当事人通过协商或约定解除均是合同自由原则的体现，是意思自治原则的应有之义，当事人有权订立合同，也有权解除合同。而法定解除则是指合同生效后未履行完毕前，当事人在法律规定的解除事由出现时，通过行使解除权而使合同关系归于消灭。判断合同法定解除的标准是"不能实现合同目的"，即是合同法定解除的实质性条件。合同的法定解除与约定解除的不同之处在于法定解除的事由由法律直接规定，只要发生法律规定的具体情形，当事人即可主张解除合同，而无须征得对方当事人的同意。而约定解除的事由则完全依当事人意思自治。相对于约定解除，法定解除赋予当事人单方解除合同的权利，因而需要由法律明确规定解除合同的正当理由以示慎重。即没有法律明确规定，当事人一方无权单方解除合同。

鉴于建设工程合同的特性，解除工程合同对发承包双方来讲，损失都很大，为了防止社会资源浪费，法律不赋予发承包人享有任意单方解除权，因此，除了协议或约定解除，按照《施工合同司法解释（一）》第八条、第九条的规定，施工合同的解除有承包人违约的解除和发包人违约的解除两种。2021 年 1 月 1 日施行的《民法典》新增的第八百零六条，吸收融合了《施工合同司法解释（一）》第八条、第九条的内容为该条第一、二款，但对其有所删减。《民法典》将“非法转包”修改为“转包”，“未按约定支付工程价款的”，这一承包人可以要求解除合同的情形排除在第八百零六条之外；同时，将发包人可以解除合同的情形即“明确表示或者以行为表明不履行合同主要义务的”“合同约定的期限内没有完工，且在发包人催告的合理期限内仍未完工的”，以及“已经完成的建设工程质量不合格，并拒绝修复的”，也排除在第八百零六条之外。因为《民法典》第五百六十三条中已经规定了法定解除合同的情形。对于建设工程合同履行而言，只要发包人“未按约定支付工程价款”，且在催告后未履行，无论承包人能否施工，都可以解除合同。在此，实际上加大了对承包人合法利益的保护，加重了发包人违约的法律责任。《民法典》第五百六十三条规定了法定解除合同的情形，发承包双方可以援引该条文解除施工合同。

既然施工合同除协议或约定解除外，是一个合法有效合同的非常态解除，就存在对合同解除后相关事项的处理问题。《合同法》第九十七条规定，“合同解除后，尚未履行的，终止履行；已经履行的，根据履行情况和合同性质，当事人可以要求恢复原状、采取其他补救措施，并有权要求赔偿损失。”《民法典》第五百六十六条第一款的规定与该条相同，只是将“要求”改为“请求”，同时增加了两款，其中第二款为“合同因违约解除的，解除权人可以请求违约方承担违约责任，但是当事人另有约定的除外。”《合同法》第九十八条规定：“合同的权利义务终止，不影响合同中结算和清理条款的效力。”《民法典》第五百六十七条的规定与此条一致。

具体到施工合同法定解除相关事项的处理，《施工合同司法解释（一）》第十条规定：“建设工程施工合同解除后，已经完成的建设工程质量合格的，发包人应当按照约定支付相应的工程价款；已经完成的建设工程质量不合格的，参照本解释第三条规定处理。因一方违约导致合同解除的，违约方应当赔偿因此而给对方造成的损失”。《民法典》第八百零六条将《施工合同司法解释（一）》第十条吸收融合为该条第三款，将“因一方违约导致合同解除的，违约方应当赔偿因此而给对方造成的损失”这一条款相应删除，是《民法典》体系化的结果，因为《民法典》第五百六十六条规定：“合同解除后……当事人可以请求恢复原状或者采取其他补救措施，并有权请求赔偿损失”。为避免重复及冲突，发承包双方依然可以援引第五百六十六条的规定进行主张。因此，本节针对工程合同解除后的造价鉴定提出了思路。

5.10.1　工程合同解除后，当事人就价款结算发生争议，如送鉴的证据满足鉴定要求的，按送鉴的证据进行鉴定；不能满足鉴定要求的，鉴定人应提请委托人组织现场勘验或核对，会同当事人采取以下措施进行鉴定：

1　清点已完工程部位、测量工程量；

2　清点施工现场人、材、机数量；

3　核对签证、索赔所涉及的有关资料；

4　将清点结果汇总造册，请当事人签认，当事人不签认的，及时报告委托人，但不影响鉴定工作的进行；

5　分别计算价款。

5.10.2　当事人对已完工程数量不能达成一致意见，鉴定人现场核对也无法确认的，应提请委托人委托第三方专业机构进行现场勘验，鉴定人应按勘验结果进行鉴定。

【条文解读】

第 5.10.1、5.10.2 条是对工程合同解除后如何清算的规定。

工程合同解除后，无论是协议解除、约定解除还是法定解除，发承包双方都存在着对已完工程的工程量进行清算，对已由承包人采购用于合同工程的材料、设备等进行交接等事宜。对于上述工作，发承包双方协议解除合同时，有可能一切都能协商好，而不发生争议。但对于约定解除或法定解除合同，发承包双方发生争议的可能性就很大。因此，本条规定，如送鉴的证据满足鉴定要求的，主要是发承包双方清算清楚，仅是计价上的争议就无须适用本条。

若双方对工程量也还存在争议，如施工现场还没有改变的，可以通过现场勘验或核对、核实证据，此时需要遵守法律及本规范对现场勘验的规定；若施工现场已经改变，就只好按照北京市和河北省、江苏省高级人民法院的规定，由委托人分配举证责任，由当事人举证了。

对鉴定人现场核对也无法确认工程量的情形，应建议委托人引入第三方专业勘验人进行勘验。

【法条链接】

《河北省高级人民法院建设工程施工合同案件审理指导》（2018 年 5 月 7 日审判委员会第 9 次会议讨论通过）

13. 未施工完毕的工程项目，当事人就已完工程的工程量存有争议的，应当根据双方在撤场交接时签订的会议纪要、交接记录以及监理材料、后续施工资料等文件予以确定；不能确定的应根据工程撤场时未能办理交接及工程未能完工的原因等因素合理分配举证责任。

发包人有恶意驱逐施工方、强制施工方撤场等情形的，发包人不认可承包方主张的工程量的，由发包人承担举证责任。发包人不提供相应证据，应承担举证不能的不利后果。

《北京市高级人民法院关于审理建设工程施工合同纠纷案件若干疑难问题的解答》（京高法发［2012］245号）

13. 当事人就已完工程的工程量存在争议的，应当根据双方在撤场交接时签订的会议纪要、交接记录以及监理材料、后续施工资料等文件予以确定；不能确定的，应根据工程撤场时未能办理交接及工程未能完工的原因等因素合理分配举证责任。

《江苏省高级人民法院民一庭建设工程施工合同纠纷案件司法鉴定操作规程》（2015年12月）

第三十三条　建设工程施工合同解除后，工程由其他承包人继续施工的，人民法院应当在委托鉴定时依据工程交接记录向鉴定人明确承包人的实际施工范围；没有交接记录或依据交接记录不足以作出认定的，人民法院应当通过其他施工资料及组织双方当事人勘验工地现场固定交接界面的方式，确定承包人的实际施工范围；采用上述方法仍不能确定的，人民法院可以根据双方未能办理交接及工程未完工的原因等因素通过分配举证责任确定承包人的实际施工范围。

5.10.3　委托人认定发包人违约导致合同解除的，应包括以下费用：

1　已完成永久工程的价款；

2　已付款的材料设备等物品的金额（付款后归发包人所有）；

3　临时设施的摊销费用；

4　签证、索赔以及其他应支付的费用；

5　撤离现场及遣散人员的费用；

6　发包人违约给承包人造成的实际损失（其违约责任的分担按委托人的决定执行）；

7　其他应由发包人承担的费用。

【条文解读】

本条是因发包人违约解除合同结算款项的规定。

按照《施工合同司法解释（一）》第九条（2021年1月1日后，按照《民法典》第五百六十三条第二~四款、第八百零六条第二款）的规定，在发包人违约导致合同目的无法实现时，承包人可以解除合同，合同解除后，发承包双方应及时核对已完成工程量以及各项应付款项，尤其是承包人应及时统计各项应计价款，并准备相应的证明材料。

《合同法》第二百八十四条（《民法典》第八百零四条保留了该条内容）规定："因发包人的原因致使工程中途停建、缓建的，发包人应当赔偿承包人因此造成的停工、窝工、倒运、机械设备调迁、材料和构件积压等损失和实际费用。"《合同法》第一百一十九条（《民法典》第五百九十一条保留了该条内容）规定："当事人一方违约后，对方应当采取适当措施防止损失的扩大；没有采取适当措施致使损失扩大的，不得就扩大的损失要求赔偿。/ 当事人因防止损失扩大而支出的合理费用，由违约方承担。”

《施工合同司法解释（一）》第十条规定：“建设工程施工合同解除后，已经完成的建设工程质量合格的，发包人应当按照约定支付相应的工程价款；已经完成的建设工程质量不合格的，参照本解释第三条规定处理。/ 因一方违约导致合同解除的，违约方应当赔偿因此而给对方造成的损失。”《民法典》将该条融合纳入第八百零六条第三款“合同解除后，已经完成的建设工程质量合格的，发包人应当按照约定支付相应的工程价款；已经完成的建设工程质量不合格的，参照本法第七百九十三条的规定处理。”删去了“因一方违约导致合同解除的，违约方应当赔偿因此而给对方造成的损失。”是为避免与《民法典》第五百六十六条规定重复，承包人可根据《民法典》第五百六十六条的规定请求发包人赔偿损失。

按照《民法典》第五百九十二条的规定：“当事人都违反合同的，应当各自承担相应的责任。/ 当事人一方违约造成对方损失，对方对损失的发生有过错的，可以减少相应的损失赔偿额。”当事人都违反合同的，应当各自承担相应的责任。另外，承包人应就工程有关的材料、设备以及工程本身的移交和照管进行妥善处理，避免造成新的损失，导致双方就此产生纠纷，便于工程后续施工的顺利衔接。

【法条链接】

《中华人民共和国民法典》

第五百六十三条　有下列情形之一的，当事人可以解除合同：

（一）因不可抗力致使不能实现合同目的；

（二）在履行期限届满前，当事人一方明确表示或者以自己的行为表明不履行主要债务；

（三）当事人一方迟延履行主要债务，经催告后在合理期限内仍未履行；

（四）当事人一方迟延履行债务或者有其他违约行为致使不能实现合同目的；

（五）法律规定的其他情形。

以持续履行的债务为内容的不定期合同，当事人可以随时解除合同，但是应当在合理期限之前通知对方。

第五百六十六条　合同解除后，尚未履行的，终止履行；已经履行的，根据履行情况和合同性质，当事人可以请求恢复原状或者采取其他补救措施，并有权请求赔偿损失。

合同因违约解除的，解除权人可以请求违约方承担违约责任，但是当事人另有约定的除外。

主合同解除后，担保人对债务人应当承担的民事责任仍应当承担担保责任，但是担保合同另有约定的除外。

第五百六十七条　合同的权利义务关系终止，不影响合同中结算和清理条款的效力。

第五百九十一条　当事人一方违约后，对方应当采取适当措施防止损失的扩大；没有采取适当措施致使损失扩大的，不得就扩大的损失请求赔偿。

当事人因防止损失扩大而支出的合理费用，由违约方负担。

第五百九十二条　当事人都违反合同的，应当各自承担相应的责任。

当事人一方违约造成对方损失，对方对损失的发生有过错的，可以减少相应的损失赔偿额。

第八百零四条　因发包人的原因致使工程中途停建、缓建的，发包人应当采取措施弥补或者减少损失，赔偿承包人因此造成的停工、窝工、倒运、机械设备调迁、材料和构件积压等损失和实际费用。

第八百零六条　承包人将建设工程转包、违法分包的，发包人可以解除合同。

发包人提供的主要建筑材料、建筑构配件和设备不符合强制性标准或者不履行协助义务，致使承包人无法施工，经催告后在合理期限内仍未履行相应义务的，承包人可以解除合同。

合同解除后，已经完成的建设工程质量合格的，发包人应当按照约定支付相应的工程价款；已经完成的建设工程质量不合格的，参照本法第七百九十三条的规定处理。

《中华人民共和国合同法》

第九十四条　有下列情形之一的，当事人可以解除合同：

（一）因不可抗力致使不能实现合同目的；

（二）在履行期限届满之前，当事人一方明确表示或者以自己的行为表明不履行主要债务；

（三）当事人一方迟延履行主要债务，经催告后在合理期限内仍未履行；

（四）当事人一方迟延履行债务或者有其他违约行为致使不能实现合同目的；

（五）法律规定的其他情形。

第九十七条　合同解除后，尚未履行的，终止履行；已经履行的，根据履行情况和合同性质，当事人可以要求恢复原状、采取其他补救措施，并有权要求赔偿损失。

第九十八条　合同的权利义务终止，不影响合同中结算和清理条款的效力。

第一百一十九条　当事人一方违约后，对方应当采取适当措施防止损失的扩大；没有采取适当措施致使损失扩大的，不得就扩大的损失要求赔偿。

当事人因防止损失扩大而支出的合理费用，由违约方承担。

第一百二十条　当事人双方都违反合同的，应当各自承担相应的责任。

第二百八十四条　因发包人的原因致使工程中途停建、缓建的，发包人应当采取措施弥补或者减少损失，赔偿承包人因此造成的停工、窝工、倒运、机械设备调迁、材料和构件积压等损失和实际费用。

《最高人民法院关于审理建设工程施工合同纠纷案件适用法律问题的解释》（法释［2004］第14号）

第九条　发包人具有下列情形之一，致使承包人无法施工，且在催告的合理期限内仍未履行相应义务，承包人请求解除建设工程施工合同的，应予支持：

（一）未按约定支付工程价款的；

（二）提供的主要建筑材料、建筑构配件和设备不符合强制性标准的；

（三）不履行合同约定的协助义务的。

第十条 建设工程施工合同解除后，已经完成的建设工程质量合格的，发包人应当按照约定支付相应的工程价款；已经完成的建设工程质量不合格的，参照本解释第三条规定处理。

因一方违约导致合同解除的，违约方应当赔偿因此而给对方造成的损失。

《江苏省高级人民法院民一庭建设工程施工合同纠纷案件司法鉴定操作规程》（2015 年 12 月）

第三十四条 因发包人违约导致合同解除，人民法院可以根据案件审理的需要委托鉴定人对下列费用进行鉴定：

（1）合同解除日以前承包人所完成的永久工程的价款；

（2）承包人为受鉴项目施工订购并已付款的材料、工程设备和其他物品的金额；

（3）承包人为完成受鉴项目已发生而发包人未支付的费用；

（4）承包人为完成受鉴项目所建造的临时设施的摊销费用；

（5）承包人撤离施工场地以及遣散承包人人员的费用；

（6）承包人进场施工机械的停滞费用。

【通用合同条文】

《建设工程施工合同（示范文本）》GF-2017-0201

16.1.4 因发包人违约解除合同后的付款

承包人按照本款约定解除合同的，发包人应在解除合同后 28 天内支付下列款项，并解除履约担保：

（1）合同解除前所完成工作的价款；

（2）承包人为工程施工订购并已付款的材料、工程设备和其他物品的价款；

（3）承包人撤离施工现场以及遣散承包人人员的款项；

（4）按照合同约定在合同解除前应支付的违约金；

（5）按照合同约定应当支付给承包人的其他款项；

（6）按照合同约定应退还的质量保证金；

（7）因解除合同给承包人造成的损失。

合同当事人未能就解除合同后的结清达成一致的，按照第 20 条〔争议解决〕的约定处理。

承包人应妥善做好已完工程和与工程有关的已购材料、工程设备的保护和移交工作，并将施工设备和人员撤出施工现场，发包人应为承包人撤出提供必要条件。

《标准设计施工总承包招标文件》（2012 年版）

22.2.3 解除合同后的付款

因发包人违约解除合同的，发包人应在解除合同后 28 天内向承包人支付下列款项，承包人应在此期限内及时向发包人提交要求支付下列金额的有关资料和凭证：

（1）承包人发出解除合同通知前所完成工作的价款；

（2）承包人为该工程施工订购并已付款的材料、工程设备和其他物品的金额。发包人付款后，该材料、工程设备和其他物品归发包人所有；

（3）承包人为完成工程所发生的，而发包人未支付的金额；

（4）承包人撤离施工场地以及遣散承包人人员的金额；

（5）因解除合同造成的承包人损失；

（6）按合同约定在承包人发出解除合同通知前应支付给承包人的其他金额。

发包人应按本项约定支付上述金额并退还质量保证金和履约担保，但有权要求承包人支付应偿还给发包人的各项金额。

【条文应用指引】

因发包人违约，导致承包人解除合同，工程价款的鉴定可以包括（但不限于）以下内容：

1. 已完永久工程的价款。包括为配合永久工程的施工而发生的措施费。工程量按当事人双方签订的交接记录计算，没有的，应申请委托人组织现场勘验，根据勘验笔录计算工程量。如工程已开始后续施工无法勘验的，可以通过监理日志、后续施工资料等文件确定；还不能确定的，当事人双方又不能达成一致的，鉴定人应提请委托人根据工程撤场未能办理交接等因素分配举证责任，鉴定人按委托人的决定执行。

2. 承包人为本工程订购并已付款的材料、工程设备和其他物品的价款，以及承包人已签订购买合同但还未付款，如撤销合同应付的违约金。

3. 临时设施费。临时设施费采用（计算基础 × 规定费率）的，全额计算后扣除未完工程独有的临时设施费（如有），临时设施约定单价计量计算，计算摊销费。

4. 工程签证，承包人索赔以及其他按合同约定应支付的费用。

5. 撤离现场及遣散承包人员工的费用。其人数可按工程进度计划以及施工日志、监理日志等确定，其距离可以工程所在地至承包人基地计算，其费用包括交通费、误餐费、管理费、人工费等，不论承包人采用什么方式遣散，可以方便、快捷为考量，计算一笔费用。

6. 发包人给承包人造成的实际损失（如承包人也有责任的，按委托人的决定分摊），注意不包括利息、违约金的计算（由委托人裁决）。

7. 其他应由发包人承担的费用。如工程停工后直至移交给发包人，由承包人负责的工地安全保卫，仓库看管等员工的费用，此费用按照发承包双方协商的人数及费用计算，如发承包双方未协商一致的，其人数根据现场需要配置确定，其费用可参照此合同中的人工单价计算。还包括工程停工至发承包双方确定的承包人撤离之间的停工费用、机械设备调迁的费用等应由发包人承担的费用。承包人主张合同解除后应由发包人给予合理的费用及预期利润按照本规范第 5.8.5 条的规定计算。

5.10.4　委托人认定承包人违约导致合同解除的，应包括以下费用：

1　已完成永久工程的价款；

2　已付款的材料设备等物品的金额（付款后归发包人所有）；

3　临时设施的摊销费用；

4　签证、索赔以及其他应支付的费用；

5　承包人违约给发包人造成的实际损失（其违约责任的分担按委托人的决定执行）；

6　其他应由承包人承担的费用。

【条文解读】

本条是对因承包人违约解除合同结算款项的规定。

按照《施工合同司法解释（一）》第 8 条（2021 年 1 月 1 日起，按照《民法典》第五百六十三条和第八百零六条第一款）规定，在承包人违约致使合同目的无法实现时，发包人可以解除合同，并由承包人承担相应的违约责任。合同解除后，发承包双方应及时核对已完成工程量以及各项应付款项，对工程有关的材料、设备以及工程本身的移交进行妥善处理。避免双方再就此发生争议，便于工程后续施工的顺利衔接。

【法条链接】

《中华人民共和国民法典》

第五百六十三条　有下列情形之一的，当事人可以解除合同：

（一）因不可抗力致使不能实现合同目的；

（二）在履行期限届满前，当事人一方明确表示或者以自己的行为表明不履行主要债务；

（三）当事人一方迟延履行主要债务，经催告后在合理期限内仍未履行；

（四）当事人一方迟延履行债务或者有其他违约行为致使不能实现合同目的；

（五）法律规定的其他情形。

以持续履行的债务为内容的不定期合同，当事人可以随时解除合同，但是应当在合理期限之前通知对方。

第五百六十六条　合同解除后，尚未履行的，终止履行；已经履行的，根据履行情况和合同性质，当事人可以请求恢复原状或者采取其他补救措施，并有权请求赔偿损失。

合同因违约解除的，解除权人可以请求违约方承担违约责任，但是当事人另有约定的除外。

主合同解除后，担保人对债务人应当承担的民事责任仍应当承担担保责任，但是担保合同另有约定的除外。

第五百六十七条　合同的权利义务关系终止，不影响合同中结算和清理条款的效力。

第五百九十一条　当事人一方违约后，对方应当采取适当措施防止损失的扩大；没有采取适当措施致使损失扩大的，不得就扩大的损失请求赔偿。

当事人因防止损失扩大而支出的合理费用，由违约方负担。

第五百九十二条　当事人都违反合同的，应当各自承担相应的责任。

当事人一方违约造成对方损失，对方对损失的发生有过错的，可以减少相应的损失赔偿额。

第八百零六条　承包人将建设工程转包、违法分包的，发包人可以解除合同。

发包人提供的主要建筑材料、建筑构配件和设备不符合强制性标准或者不履行协助义务，致使承包人无法施工，经催告后在合理期限内仍未履行相应义务的，承包人可以解除合同。

合同解除后，已经完成的建设工程质量合格的，发包人应当按照约定支付相应的工程价款；已经完成的建设工程质量不合格的，参照本法第七百九十三条的规定处理。

《中华人民共和国合同法》

第九十七条　合同解除后，尚未履行的，终止履行；已经履行的，根据履行情况和合同性质，当事人可以要求恢复原状、采取其他补救措施，并有权要求赔偿损失。

第九十八条　合同的权利义务终止，不影响合同中结算和清理条款的效力。

第一百一十九条　当事人一方违约后，对方应当采取适当措施防止损失的扩大；没有采取适当措施致使损失扩大的，不得就扩大的损失要求赔偿。

当事人因防止损失扩大而支出的合理费用，由违约方承担。

第一百二十条　当事人双方都违反合同的，应当各自承担相应的责任。

《最高人民法院关于审理建设工程施工合同纠纷案件适用法律问题的解释》（法释〔2004〕第14号）

第八条　承包人具有下列情形之一，发包人请求解除建设工程施工合同的，应予支持：

（一）明确表示或者以行为表明不履行合同主要义务的；

（二）合同约定的期限内没有完工，且在发包人催告的合理期限内仍未完工的；

（三）已经完成的建设工程质量不合格，并拒绝修复的；

（四）将承包的建设工程非法转包、违法分包的。

第十条　建设工程施工合同解除后，已经完成的建设工程质量合格的，发包人应当按照约定支付相应的工程价款；已经完成的建设工程质量不合格的，参照本解释第三条规定处理。

因一方违约导致合同解除的，违约方应当赔偿因此而给对方造成的损失。

《江苏省高级人民法院民一庭建设工程施工合同纠纷案件司法鉴定操作规程》（2015 年 12 月）

第三十五条 因承包人违约导致合同解除，人民法院可以根据案件审理的需要委托鉴定人对下列发包人应向承包人支付的费用进行鉴定：

（1）合同解除日以前承包人所完成的永久工程的价款；

（2）承包人为受鉴项目施工订购并已付款且实际使用的材料、工程设备和其他物品的金额；

（3）承包人为完成受鉴项目已发生而发包人未支付的费用；

（4）承包人为完成受鉴项目所建造的临时设施的摊销费用。

【通用合同条文】

《建设工程施工合同（示范文本）》GF-2017-0201

16.2.4 因承包人违约解除合同后的处理

因承包人原因导致合同解除的，则合同当事人应在合同解除后 28 天内完成估价、付款和清算，并按以下约定执行：

（1）合同解除后，按第 4.4 款〔商定或确定〕商定或确定承包人实际完成工作对应的合同价款，以及承包人已提供的材料、工程设备、施工设备和临时工程等的价值；

（2）合同解除后，承包人应支付的违约金；

（3）合同解除后，因解除合同给发包人造成的损失；

（4）合同解除后，承包人应按照发包人要求和监理人的指示完成现场的清理和撤离；

（5）发包人和承包人应在合同解除后进行清算，出具最终结清付款证书，结清全部款项。

因承包人违约解除合同的，发包人有权暂停对承包人的付款，查清各项付款和已扣款项。发包人和承包人未能就合同解除后的清算和款项支付达成一致的，按照第 20 条〔争议解决〕的约定处理。

《标准设计施工总承包招标文件》（2012 年版）

22.1.4 发包人发出合同解除通知后的估价、付款和结清

（1）承包人收到发包人解除合同通知后 28 天内，监理人按第 3.5 款商定或确定承包人实际完成工作的价值，包括发包人扣留承包人的材料、设备及临时设施和承包人已提供的设计、材料、施工设备、工程设备、临时工程等的价值。

（2）发包人发出解除合同通知后，发包人有权暂停对承包人的一切付款，查清各项付款和已扣款金额，包括承包人应支付的违约金。

（3）发包人发出解除合同通知后，发包人有权按第 23.4 款的约定向承包人索赔由于解除合同给发包人造成的损失。

（4）合同双方确认合同价款后，发包人颁发最终结清付款证书，并结清全部合同款项。

（5）发包人和承包人未能就解除合同后的结清达成一致而形成争议的，按第 24 条的约定执行。

【条文应用指引】

因承包人违约，发包人解除合同的，工程价款的鉴定可以包括（但不限于）以下内容：

1. 已完永久工程的价款。包括为配合永久工程的施工而发生的措施费。工程量按当事人双方签订的交接记录计算，没有的，应申请委托人组织现场勘验根据勘验笔录计算工程量。如工程已开始后续施工无法勘验的，可以通过监理日志、后续施工资料等文件确定；还不能确定的，当事人双方又不能达成一致的，鉴定人应提请委托人根据工程撤场未能办理交接等因素分配举证责任，鉴定人按委托人的决定执行。

2. 承包人为本工程订购并已付款的材料、工程设备和其他物品的价款。

3. 临时设施费。临时设施费采用（计算基础 × 规定费率）的，全额计算后扣除未完工程独有的临时设施费（如有），临时设施约定单价计量计算，计算摊销费。

4. 工程签证，承包人索赔以及其他按合同约定应支付的费用。

5. 承包人违约给发包人造成的损失（如发包人也有责任的，按委托人的决定分摊），注意不包括违约金的计算（由委托人裁决）。

6. 其他应由承包人承担的费用，如按发包人的要求完成承包人员工、机械设备的撤离发生的费用等。

5.10.5　委托人认定因不可抗力导致合同解除的，鉴定人应按合同约定进行鉴定；合同没有约定或约定不明的，鉴定人应提请委托人认定不可抗力导致合同解除后适用的归责原则，可建议按现行国家标准计价规范的相关规定进行鉴定，由委托人判断，鉴定人按委托人的决定进行鉴定。

【条文解读】

本条是对因不可抗力解除合同如何鉴定的规定。

1. 不可抗力的发生原因有两种：一是自然原因，如洪水、台风、地震、海啸、暴风雪等人类无法控制的大自然力量所引起的灾害事故；二是社会原因，如战争、动乱、政府禁止令等引起的社会性突发事件。

2. 构成不可抗力的须具备以下要件：一是不能预见的偶然性。不可抗力所指的事件必须是当事人在订立合同时不能预见的事件，它在合同订立后的发生纯属偶然。二是不能避免、不能克服的客观性。当事人对于构成不可抗力的事件，除了不能预见，还必须不能避免或不能克服。生活中不能预见的突发偶然事件很多，但是并不是所有的偶然事件都是不能避免或者不能克服的，如果突发交通事故，也是不能预见的，但是对于一般性的交通事故造成履行合同的障碍，当事人可以克服，就不能认定为不可抗力。

3. 因不可抗力解除合同的条件。《合同法》第九十四条、《民法典》第五百六十三条规定，因不可抗力致使不能实现合同目的，当事人可以解除合同。因不可抗力导致合同解除的落脚点在于“不能实现合同目的”，而非“不可抗力”。不可抗力或暂时阻碍合同履行，或影响合同部分内容的履行，但只有在因不可抗力达到“不能实现合同目的”的程度时，当事人才能解除合同。《合同法》因不可抗力不能履行合同包括了三种情形：一是合同全部不能履行；二是合同部分不能履行；三是合同一时不能履行或延迟履行。如“5.12 汶川地震”就造成了一些工程停建，合同全部不能履行，只能解除合同；有的工程减少建设规模，合同部分不能履行；2020 年新冠肺炎疫情，造成了工程合同的延迟履行。

4. 因不可抗力的归责。《民法总则》第一百八十条规定（《民法典》保留了该条规定）：“因不可抗力不能履行民事义务的，不承担民事责任。法律另有规定的依照其规定。/ 不可抗力是指不能预见、不能避免且不能克服的客观情况。”在不可抗力规则下，合同解除权人根据不可抗力的影响，按照《合同法》第一百一十七条（《民法典》第五百九十条）的规定：“部分或者全部免除责任”，并非一概完全免责。

5. 不可抗力的通知和证明。当事人因不可抗力不能履行合同的，应当及时通知对方，以减轻可能给对方造成的损失，并应当在合理期限内提供证据证明。这是《民法典》第五百九十条（《合同法》第一百一十八条）规定的附随义务。可见，当事人有义务通知对方当事人并收集能证明不可抗力发生及造成损失的证据，便于当事人对不可抗力事实进行认定，对是否属于不可抗力造成的损失进行确认，避免发生不必要的纠纷。若当事人未为不可抗力发生履行通知义务及其对合同影响举证证明的，则无权援引不可抗力主张免责。若当事人未在合理期限内提供证明或者证明不充分的，可能导致不可抗力规则不被适用或只能部分免责。

6. 不可抗力免责的例外。《合同法》第一百一十七条（《民法典》第五百九十条）规定：当事人延迟履行后发生不可抗力的，法律另有规定的，不免除其违约责任。

合同解除后，发包人对于承包人已完工程应当支付，但是工程的质量必须经发包人验收合格；对于承包人已经购买的材料、设备或者正在交付的材料、设备是为了实施本工程所需，所以发包人同样应当向承包人承担上述材料、设备的款项。同理，发包人要求退货或解除订货合同而产生的费用或因不能退货或解除合同而产生的损失，均是由实施发包人的工程产生，应当由发包人承担，承包人撤离现场以及遣散承包人员工的费用，应当由发包人承担。

【法条链接】

《中华人民共和国民法典》

第一百八十条 因不可抗力不能履行民事义务的，不承担民事责任。法律另有规定的，依照其规定。

不可抗力是不能预见、不能避免且不能克服的客观情况。

第五百六十三条　有下列情形之一的，当事人可以解除合同：

（一）因不可抗力致使不能实现合同目的；

（二）在履行期限届满前，当事人一方明确表示或者以自己的行为表明不履行主要债务；

（三）当事人一方迟延履行主要债务，经催告后在合理期限内仍未履行；

（四）当事人一方迟延履行债务或者有其他违约行为致使不能实现合同目的；

（五）法律规定的其他情形。

以持续履行的债务为内容的不定期合同，当事人可以随时解除合同，但是应当在合理期限之前通知对方。

第五百九十条　当事人一方因不可抗力不能履行合同的，根据不可抗力的影响，部分或者全部免除责任，但是法律另有规定的除外。因不可抗力不能履行合同的，应当及时通知对方，以减轻可能给对方造成的损失，并应当在合理期限内提供证明。

当事人迟延履行后发生不可抗力的，不免除其违约责任。

《中华人民共和国合同法》

第九十四条　有下列情形之一的，当事人可以解除合同：

（一）因不可抗力致使不能实现合同目的；

（二）在履行期限届满之前，当事人一方明确表示或者以自己的行为表明不履行主要债务；

（三）当事人一方迟延履行主要债务，经催告后在合理期限内仍未履行；

（四）当事人一方迟延履行债务或者有其他违约行为致使不能实现合同目的；

（五）法律规定的其他情形。

第一百一十七条　因不可抗力不能履行合同的，根据不可抗力的影响，部分或者全部免除责任，但法律另有规定的除外。当事人迟延履行后发生不可抗力的，不能免除责任。

本法所称不可抗力，是指不能预见、不能避免并不能克服的客观情况。

第一百一十八条　当事人一方因不可抗力不能履行合同的，应当及时通知对方，以减轻可能给对方造成的损失，并应当在合理期限内提供证明。

【国标条文索引】

《建设工程工程量清单计价规范》GB 50500-2013

12.0.2　由于不可抗力致使合同无法履行解除合同的，发包人应向承包人支付合同解除之日前已完成工程但尚未支付的合同价款，此外，还应支付下列金额：

1　本规范第 9.11.1 条规定的应由发包人承担的费用；

2 已实施或部分实施的措施项目应付价款；

3 承包人为合同工程合理订购且已交付的材料和工程设备货款；

4 承包人撤离现场所需的合理费用，包括员工遣送费和临时工程拆除、施工设备运离现场的费用；

5 承包人为完成合同工程而预期开支的任何合理费用，且该项费用未包括在本款其他各项支付之内；

发承包双方办理结算合同价款时，应扣除合同解除之日前发包人应向承包人收回的价款。当发包人应扣除的金额超过了应支付的金额，承包人应在合同解除后的56天内将其差额退还给发包人。

【通用合同条文】

《建设工程施工合同（示范文本）》GF-2017-0201

17.3 不可抗力后果的承担

17.3.1 不可抗力引起的后果及造成的损失由合同当事人按照法律规定及合同约定各自承担。不可抗力发生前已完成的工程应当按照合同约定进行计量支付。

17.3.2 不可抗力导致的人员伤亡、财产损失、费用增加和（或）工期延误等后果，由合同当事人按以下原则承担：

（1）永久工程、已运至施工现场的材料和工程设备的损坏，以及因工程损坏造成的第三人人员伤亡和财产损失由发包人承担；

（2）承包人施工设备的损坏由承包人承担；

（3）发包人和承包人承担各自人员伤亡和财产的损失；

（4）因不可抗力影响承包人履行合同约定的义务，已经引起或将引起工期延误的，应当顺延工期，由此导致承包人停工的费用损失由发包人和承包人合理分担，停工期间必须支付的工人工资由发包人承担；

（5）因不可抗力引起或将引起工期延误，发包人要求赶工的，由此增加的赶工费用由发包人承担；

（6）承包人在停工期间按照发包人要求照管、清理和修复工程的费用由发包人承担。

不可抗力发生后，合同当事人均应采取措施尽量避免和减少损失的扩大，任何一方当事人没有采取有效措施导致损失扩大的，应对扩大的损失承担责任。

因合同一方迟延履行合同义务，在迟延履行期间遭遇不可抗力的，不免除其违约责任。

17.4 因不可抗力解除合同

因不可抗力导致合同无法履行连续超过84天或累计超过140天的，发包人和承包人均有权解除合同。合同解除后，由双方当事人按照第4.4款〔商定或确定〕商定或确定发包人应支付的款项，该款项包括：

（1）合同解除前承包人已完成工作的价款；

（2）承包人为工程订购的并已交付给承包人，或承包人有责任接受交付的材料、工程设备和其他物品的价款；

（3）发包人要求承包人退货或解除订货合同而产生的费用，或因不能退货或解除合同而产生的损失；

（4）承包人撤离施工现场以及遣散承包人人员的费用；

（5）按照合同约定在合同解除前应支付给承包人的其他款项；

（6）扣减承包人按照合同约定应向发包人支付的款项；

（7）双方商定或确定的其他款项。

除专用合同条款另有约定外，合同解除后，发包人应在商定或确定上述款项后 28 天内完成上述款项的支付。

【条文应用指引】

对于不可抗力产生后果如何承担，《建设工程施工合同（示范文本）》第 17.3 条条款适用作了说明："在不可抗力发生后，由于合同当事人对不可抗力事件的发生均没有过错，一般自行承担各自损失，但是由于工程属于发包人所有，发包人对工程拥有物权，所以对于永久工程、已运至施工现场的材料和工程设备的损坏，以及因工程损坏造成的第三人人员伤亡和财产损失由发包人承担"，因为永久工程虽然承包人并没有移交给发包人，但是在法律上在建的永久工程已经属于发包人所有，发包人可以用在建工程抵押贷款便是最好的例证，所以对于永久工程的损失自然由发包人承担，已运至施工现场的材料和工程设备损失由发包人承担，也基于同一道理。另外，不可抗力发生后，对于工期延误的损失也由发包人承担，都体现了发包人作为工程的所有者，对于不可抗力造成的损失承担较多的责任。

不可抗力发生后合同当事人均有义务及时采取措施，避免损失的扩大，这是基于合同履行的附随义务，也是基于诚实守信的基本原则。如果一方当事人坐视不可抗力不管不问，造成损失扩大，应该对扩大的损失承担责任，这符合公平合理的法律原则，这也保护了社会财产避免遭受不必要的损失。

对于合同一方迟延履行义务期间发生不可抗力的，不免除其违约责任。由于迟延履行一方当事人过错在先，在其过错期间发生不可抗力，仍需承担违约责任，赔偿守约方损失。"

5.10.6　单价合同解除后的争议，按以下规定进行鉴定，供委托人判断使用：

1　合同中有约定的，按合同约定进行鉴定；

2　委托人认定承包人违约导致合同解除的，单价项目按已完工程量乘以约定的单价计算（其

中，单价措施项目应考虑工程的形象进度），总价措施项目按与单价项目的关联度比例计算；

3 委托人认定发包人违约导致合同解除的，单价项目按已完工程量乘以约定的单价计算，其中剩余工程量超过 15% 的单价项目可适当增加企业管理费计算。总价措施项目已全部实施的，全额计算；未实施完的，按与单价项目的关联度比例计算。未完工程量与约定的单价计算后按工程所在地统计部门发布的建筑企业统计年报的利润率计算利润。

【条文解读】

本条是针对单价合同解除后的工程价款争议如何鉴定的规定。

长期以来，在我国工程建设领域，将工程计价的合同方式归纳为固定价合同、可调价合同、成本加酬金合同，这一划分在实践中带来了问题：一是固定价合同不能区分是固定单价还是固定总价；二是采用“固定”字眼的价格合同，容易使人产生价格绝对固定、不能调整的错觉，无形中带来了一些无谓的合同争议。实际上，在工程建设领域，国内外成熟的合同文件，都是根据发承包范围来分摊计价风险，合同价格是固定还是可调整都应根据合同的具体约定来判断，而不是不管合同的具体约定就对合同下一个固定或可调的结论。可见，作为鉴定人，准确地把握工程合同涉及工程价款的具体约定，是做好鉴定的前提。

在我国推行工程量清单计价以后，绝大多数施工合同采用了固定单价的方式（即未超过合同约定的价格风险，单价不予调整）。这一方式在施工合同履行完毕，工程顺利竣工没有问题，但在施工合同还未履行完毕，工程停工后合同解除如何进行价款结算常常发生争议。针对此种情况，法律规定不太明确，一些地方法院有所规定，如《山东省高级人民法院在 2011 年全省民事审判工作会议纪要》中规定：施工合同约定按固定单价结算的，应根据固定单价核算已完工程的实际工程量，据实结算工程价款；《湖北省高级人民法院在 2013 年民事审判工作座谈会议纪要》中规定：合同约定以单价包干方式计价的，按照包干单价和已完工程量计算工程款。上述规定未引入导致合同解除的发承包双方的过错责任的判断以及司法判决的价值取向，有可能造成守约者吃亏，违约者得利的不公正现象产生。本条以发承包人谁违约解除合同分别按照法律规定和行业惯例对如何鉴定工程价款作了规定。

【条文应用指引】

应用本条，鉴定人首先要了解单价合同是因为什么原因解除，并提请委托人确定，以便选择正确的鉴定路线。

1. 合同中有约定的，按合同约定进行鉴定，这是鉴定必须遵循的从约原则。

2. 因承包人违约导致合同解除的，承包人应只能得到实际完成的工程价款。如是清单计价，单价项目按已完工程量乘以约定的综合单价计算（其中，单价措施项目应与工程形象进度匹配），总价措施项目按与单价项目的关联度比例计算。综合单价不包含规费、税金的另计。如是定额计价，按合同约定的方式计算。

3．因发包人违约导致合同解除的，承包人除应得到实际完成的工程价款外，还包括未完工程的部分管理费用和预期收益。如是清单计价，单价项目按已完工程量乘以约定的综合单价计算，其中剩余工程量超 15% 的项目适当增加管理费计算，总价措施项目已全部实施的全额计算；未实施完的，按与单价项目的关联度比例计算，对未完工程量与约定的综合单价计算后按工程所在地统计部门发布的建筑企业年报利润率计算利润。

4．以每平方米建筑面积约定固定单价的，实际这是一种固定总价合同，应按照固定总价的方式进行鉴定（即第 5.10.7 条）。

5.10.7　总价合同解除后的争议，按以下规定进行鉴定，供委托人判断使用：

1　合同中有约定的，按合同约定进行鉴定；

2　委托人认定承包人违约导致合同解除的，鉴定人可参照工程所在地同时期适用的计价依据计算出未完工程价款，再用合同约定的总价款减去未完工程价款计算；

3　委托人认定发包人违约导致合同解除的，承包人请求按照工程所在地同时期适用的计价依据计算已完工程价款，鉴定人可采用这一方式鉴定，供委托人判断使用。

【条文解读】

本条是针对总价合同解除后的工程价款争议如何鉴定的规定。

《最高人民法院公报》2015 年第十二期（总第 230 期），针对固定价款合同解除后如何结算工程价款作了以下导语："对于约定了固定价款的建设工程施工合同，双方如未能如约履行，致使合同解除的，在确定争议合同的工程价款时，既不能简单地依据政府部门发布的定额计算工程价款，也不宜直接以合同约定的总价与全部工程预算总价的比值作为下浮比例，再以该比例乘以已完工工程预算价格的方式计算工程价款，而应当综合考虑案件的实际履行情况，并特别注重双方当事人的过错程度和司法判决的价值取向等因素来确定"。

对于总价合同，如果合同如约履行完毕，工程价款结算依约办理。但对于合同未能如约履行，中途解除合同又发生工程价款结算争议，如何鉴定就是一大难点，最易引起当事人对鉴定公正性的质疑。多年来，一些地方人民法院陆续出台了针对总价合同解除后工程未完工如何鉴定的一些规定。

从表述的意思来看，可分为以下几种类型：一是北京市、河北省高级人民法院等规定"按比例折算"的方式，即在同一取费标准下分别计算出已完工程部分的价款和整个合同约定工程的总价款，两者对此计算出相应系数，再用合同约定固定价乘以该系数确定工程价款。这是当前采用较多的一种方式，其缺陷是没有“注重双方当事人的过错程度和司法判决的价值取向”。二是广东省、山东省高级人民法院等规定，按照实际施工部分的工程量占合同约定工程范围的比例，再按约定的固定价格计算已完工程价款。该方法的缺陷同（一），但此规定是没有可操作性的，因为仅以工程量是无法算出占工程范围比例的，由于各种项目的计量单位是不一样的，其包含的价值也有较大出入，从工程建设的基本知识来看，工程量是项目的数量表示，如现浇 100m^3 混凝土基础，绑扎 10t 钢筋，内墙面抹混合砂浆 1 000m^2 等，这些项目计量单位不一、数量价值不等不能相加，不能如（一）一样算出占工程范围的比例；而工作量是项目的价值表示，如前述混凝土基础、钢筋、抹灰都用价值表现，则可以相加、并算出占工程总价款的比例，采用“比例折算”法。三是江苏省、湖北省高级人民法院的规定，则区分是否由发包人原因导致合同解除，可以按照建设部门发布的定额计算工程价款，符合《最高人民法院公报》总第 230 期导语的引导。四是重庆市高级人民法院 2007 年对承包人中途退出固定价结算作了规定，而 2016 年的规定与北京市、河北省的规定相同。

【法条链接】

《北京市高级人民法院关于审理建设工程施工合同纠纷案件若干疑难问题的解答》（京高法发［2012］245 号）

13. 固定总价合同履行中，承包人未完成工程施工的，工程价款如何确定？

建设工程施工合同约定工程价款实行固定总价结算，承包人未完成工程施工，其要求发包人支付工程款，经审查承包人已施工的工程质量合格的，可以采用“按比例折算”的方式，即由鉴定机构在相应同一取费标准下分别计算出已完工程部分的价款和整个合同约定工程的总价款，两者对比计算出相应系数，再用合同约定的固定价乘以该系数确定发包人应付的工程款。

当事人就已完工程的工程量存在争议的，应当根据双方在撤场交接时签订的会议纪要、交接记录以及监理材料、后续施工资料等文件予以确定；不能确定的，应根据工程撤场时未能办理交接及工程未能完工的原因等因素合理分配举证责任。

《江苏省高级人民法院关于审理建设工程施工合同纠纷案件若干问题的解答》（2018 年 6 月 12 日第六次审判委员会）

8. 固定总价合同履行中，承包人未完成工程施工的，工程价款如何确定？

建设工程施工合同约定工程价款实行固定总价结算，承包人未完成工程施工，其要求发包人支付工程款，发包人同意并主张参照合同约定支付的，可以采用“按比例折算”的方式，即由鉴定机构在相应同一取费标准下计算出已完工程部分的价款占整个合同约定工程的总价款的比例，确定发包人应付的工程款。但建设工程仅完成一小部分，如果合同不能履行的原因归责于发包人，因不平衡报价导致按照当事人合同约定的固定价结算将对承包人利益明显失衡的，可以参照定额标准和市场报价情况据实结算。

《广东省高级人民法院关于审理建设工程施工合同纠纷案件若干问题的指导意见》（粤高法发［2011］37号）

五、建设工程施工合同约定工程款实行固定价，如建设工程尚未完工，当事人对已完工工程造价产生争议的，可将争议部分的工程造价委托鉴定，但应以建设工程施工合同约定的固定价为基础，根据已完工工程占合同约定施工范围的比例计算工程款。当事人一方主张以定额标准作为造价鉴定依据的，不予支持。

《上海市高级人民法院建设工程施工合同纠纷审判实务相关疑难问题解答》（2015年10月22日23次审判委员会）

十一、固定价款合同未履行完毕而解除的，工程价款如何结算？

解答：建设工程施工合同约定工程价款实行固定价结算，承包人未完成工程施工，其要求发包人支付工程款，经审查承包人已施工的工程质量合格的，可以确定所完工程的工程量占全部工程量的比例，按所完工程量的比例乘以合同约定的固定价款得出工程价款。

理由：约定固定价款结算的，若工程未完工，对工程价款的确定也只有通过鉴定进行，但存在两种不同的鉴定方式，一是根据实际完成的工程量，以建设行政管理部门颁发的定额取费核定工程价款；二是确定所完工程的工程量占全部工程量的比例，按所完工程量的比例乘以合同约定的固定价款得出工程价款。此种情况下，采取第二种方式符合合同当事人以固定价为结算方式的真实意思，也更为公平地保护了承包人的合法权益。因为建设行政管理部门确定的各种价格和管理费、基本利润率，有时没有考虑企业的技术专长、劳动生产力水平、材料采购渠道和管理能力，这种计价模式既不能及时反映市场价格的变化，更不能反映企业的施工、技术、管理水平。为适应市场经济发展的需要，住房和城乡建设部批准了《建设工程工程量清单计价规范》GB 50500–2013为国家标准，自2013年4月1日起实施。工程量清单计价模式是一种与市场经济相适应的、允许施工单位自主报价的、通过市场竞争确定价格的，与国际惯例接轨的计价模式。

《河北省高级人民法院建设工程施工合同案件审理指导》（2018年5月7日审判委员会第9次会议讨论通过）

12. 建设工程施工合同约定工程款实行固定价，如建设工程尚未完工，当事人对已完工程造价产生争议的，可将争议部分的工程造价委托鉴定，但应以合同约定的固定价为基础，根据已完工工程占合同约定施工范围的比例计算工程款。即由鉴定机构在同一取费标准下分别计算出已完工程部分的价款和整个合同约定工程的总价款，两者对比计算出相应系数，再用合同约定的固定价乘以该系数，确定工程价款。当事人一方主张以定额标准作为造价鉴定依据的，人民法院不予支持。

《山东省高级人民法院关于印发全省民事审判工作会议纪要的通知》（鲁高法［2011］297号）

（三）关于固定价格合同未履行完毕而解除的，工程价款如何结算的问题

根据建设部《建筑工程施工发包与承包计价管理办法》第12条的规定，建设工程合同价

可以采用固定价、可调价和成本加酬金三种形式。建设部、财政部联合发布的《建设工程价款结算暂行办法》第 8 条的规定，固定价格又分为固定总价和固定单价两种形式。最高人民法院《关于审理建设工程施工合同纠纷案件适用法律问题的解释》第 22 条对于固定价格合同已经完全履行完毕情形下的工程价款结算问题作了明确规定，而对固定价格合同未履行完毕情形下的工程价款结算问题未明确。对于建设工程施工合同约定按固定单价结算的，则应根据固定单价核算出已完工程的实际工程量，据实结算工程价款；如果建设工程施工合同约定按固定总价结算，则按照实际施工部分的工程量占全部的工程量的比例，再按照合同约定的固定价格计算出已完部分工程价款。

《重庆市高级人民法院关于当前民事审判若干法律问题的指导意见》（2007 年 11 月 22 日市高级人民法院审委会第 564 次会议通过）

15. 固定价合同的结算。建设工程合同中当事人约定按固定价结算，或者总价包干，或者单价包干的，承包人按照合同约定范围完工后，应当严格按照合同约定的固定价结算工程款。如果承包人中途退出，工程未完工，承包人主张按定额计算工程款，而发包人要求按定额计算工程款后比照包干价下浮一定比例的，应予支持。

《重庆市高级人民法院关于建设工程造价鉴定若干问题的解答》（渝高法〔2016〕260 号）

11. 建设工程造价鉴定中，鉴定方法如何确定？

（6）建设工程为未完工程的，应当根据已完工程量和合同约定的计价原则来确定已完工程造价。如果合同为固定总价合同，且无法确定已完工程占整个工程的比例的，一般可以根据工程所在地的建设工程定额及相关配套文件确定已完工程占整个工程的比例，再以固定总价乘以该比例来确定已完工程造价。

《湖北省高级人民法院民事审判工作座谈会会议纪要》（2013 年 9 月）

32. 建设工程合同中当事人约定按包干价结算，承包人按照合同约定范围完工后，应当严格按照合同约定结算工程款。

因设计变更导致工程量变化或质量标准变化，当事人要求对工程量增加或减少部分据实结算的，应予支持。

如果工程未完工，承包人请求结算工程款的，区分情况处理：

（1）已完工程质量不合格的，由承包人进行修复，修复后质量合格的，可以请求支付工程款，修复后质量仍不合格的，承包人请求支付工程款的，不予支持；

（2）已完工程质量合格的，合同约定以单价包干方式计价的，按照包干单价和已完工程量计算工程款；合同约定以总价包干方式计价的，若工程未完工系承包人原因导致，按合同约定的取费标准鉴定未完工部分，以总包干价减未完工部分造价计算工程款；若工程未完工系发包人原因导致，按照建设行政主管部门颁发的定额及取费标准据实结算。

【条文应用指引】

应用本条，鉴定人首先应向委托人了解合同解除原因，请委托人明确当事人的违约责任，以便选择正确的鉴定路径。其次，还需详细了解总价合同的发承包范围和基础，如是施工图总承包、初步设计图下设计施工总承包，还是可研及方案设计后设计施工总承包，或是每平方米建筑面积固定单价总承包，这对于做好鉴定极其重要。

1. 合同中有约定的，按合同约定进行鉴定，这是鉴定人必须遵守的从约原则。但实践中，当事人极少有这方面的约定。

2. 因承包人违约导致合同解除的，鉴定人可参照工程所在地同时期适用的计价依据计算未完工程量，如何选用适用的计价依据，应厘清合同的约定范围，如是施工总承包合同，适用的是施工图为基础的预算定额及其配套计价文件；如是设计施工总承包合同，适用的是设计概算定额及其配套计价文件。但由于各地计价定额的价格水平与市场价格的契合度存在差异，承包人报价下浮存在不同，可能在个别情况下（如工程完成程度不高）也会出现对承包人极其不利的情形。因此，也可以采用重庆市高级人民法院规定的，按定额计算工程款后比照包干价下浮一定比例的方式。

3. 因发包人违约导致合同解除的，鉴定人注意，本款的用意是“承包人请求”按工程所在地同时期适用的计价依据计算已完工程价款，意味着承包人不请求，也可以不适用。实践中，鉴定人可在鉴定工作开始前向发承包双方说明鉴定准备采取的方式。因为有时承包人认为计价定额并不必然增加其预期的工程价款。承包人作为守约方，有必要选择于己有利的鉴定方式。

【案例】

以司法价值判断取向理论，最高人民法院改判青海省高级人民法院一审的建设工程纠纷案。

在《中华人民共和国最高人民法院公报》2015年12月出版的刊物上，青海方升建筑安装工程有限责任公司与青海隆豪置业有限公司建设工程施工合同纠纷案，其民事判决书被选用并刊发。

此案历经青海省高级人民法院一审、最高人民法院二审，最终最高人民法院全面改判本案。这是一个对于建设工程行业固定价格合同结算的司法审判实践有着转折性指导作用的重要案例，其对于“发包人违约解除固定价格合同，承包人如何结算已完工工程价款”这一常见法律实务问题的准确处理，在司法实践中具有重要的指导意义。

正如《公报》在“裁判摘要”中所言：“对于约定了固定价款的建设工程施工合同，双方未能如约履行，致使合同解除的，在确定争议合同的工程价款时，既不能简单地依据政府部门发布的定额计算工程价款，也不宜直接以合同约定的总价与全部工程预算总价的比值作为下浮比例，再以该比例乘以已完工工程预算价格的方式计算工程价款，而应当综合考虑案件的实际履行情况，并特别注重双方当事人的过错与司法判决的价值取向等因素来确定。”

案情简介：

2011 年 9 月 1 日，青海隆豪置业有限公司（以下简称隆豪公司）与方升公司签订《建设工程施工合同》，约定由方升公司承建隆豪公司投资开发的海南藏文化产业创意园商业广场，总建筑面积为 3 674 平方米，最终以双方审定的图纸设计的建筑面积为准；开工日期为 2011 年 5 月 8 日，竣工日期为 2012 年 6 月 30 日，工期 419 天；工程计价按建筑平方米单价 1 860 元固定，单价一次性包死，合同总价款 6 834.57 万元。

2011 年 5 月 15 日，方升公司开始施工；2011 年 6 月，北京龙安华诚建设设计有限公司（以下简称龙安华诚公司）完成设计图纸；同月 27 日，双方当事人及有关单位进行图纸会审；同年 11 月 23 日，方升公司、隆豪公司、监理单位、设计单位、勘察单位、质检单位在海南藏族自治州共和县隆豪公司售房部形成《基础验收会议纪要》，工程基础验收合格。2012 年 6 月 13 日，方升公司和隆豪公司与相关单位组织工程主体结构验收并获通过。

2012 年 6 月 19 日，方升公司发出《通知》，要求隆豪公司于 2012 年 6 月 23 日前支付拖欠的工程进度款 1 225.14 万元，否则将停止施工。6 月 25 日，隆豪公司发出《通知》称：方升公司不按约履行合同，拖延工程进度，不按图施工，施工力量薄弱，严重违约，导致工程延误，给隆豪公司造成了巨大经济损失，通知解除合同，并要求方升公司在接到通知的一天内撤场、拆除临设。之后，双方解除合同，方升公司撤场。6 月 28 日，隆豪公司将未完成的全部剩余工程发包给案外人鸿盛实业公司。2011 年 8 月 10 日至 2012 年 4 月 18 日，隆豪公司陆续支付给方升公司工程款 2 850 万元。加上隆豪公司为方升公司垫付的民工工资、施工用水费、监理单位的罚款、防雷检测、沉降观测费，合计 3 095.77 万元。

2012 年 7 月 9 日，方升公司向青海省高级人民法院起诉，请求判令隆豪公司向方升公司支付工程款 2 243.92 万元，并支付违约金。隆豪公司提出反诉，请求判令方升公司退还隆豪公司多支付工程款 106.58 万元；赔偿隆豪公司损失 492.62 万元，包括工期延误造成的损失 467.81 万元、已完工部分质量不合格造成的损失 24.8 万元；还要求方升公司承担工期延误、质量达不到一次交验合格以及违反合同条款的违约金，共计 255.88 万元。

在案件审理过程中，一审法院委托青海省规划设计研究院工程造价咨询部对涉案工程的造价进行鉴定。鉴定机构以合同约定平方米构成的总价与全部已完工程量的比值作为折价比例，再以该比例乘以已完工程量的方法进行计价，并得出鉴定结论。同时，一审法院也委托了鉴定机构对质量进行了鉴定，确认基础和主体合格，但有部分工程需要整修。一审法院判决：方升公司向隆豪公司返还超付的工程款 83.55 万元，并向隆豪公司支付质量缺陷修复费用 24.8 万元。

方升公司不服原判，向最高人民法院提起上诉，二审经审理后认为原审计价方式有误，改判撤销青海省高级人民法院上述判决；判令隆豪公司向方升公司支付工程款 941.05 万元及违约金 6.02 万元。

解析研判：

一、本案不争的事实是：在合同履约期限内，因隆豪公司拖欠工程进度款，在方升公司催要工程款后，隆豪公司即单方解除合同，这属于根本性违约。认定了当事人的根本性违约，就应当由违约人承担相应的法律后果。

经法庭事实调查查明，在合同期限内，在承包人方升公司索要工程进度款后，隆豪公司即单方违约通知解除合同，这属于根本性违约。《1980年联合国国际货物销售合同公约》将违约分为根本性违约和非根本性违约。根本性违约的定义为：一方当事人违反合同的结果，如使另一方当事人蒙受损害，以致实际剥夺了他根据合同规定有权期待得到的权益；反之，为非根本性违反合同。

我国法律并未明确定义根本性违约，但《合同法》第九十四条第二、三、四款“有下列情形之一的，当事人可以解除合同：……（二）在履行期限届满之前，当事人一方明确表示或者以自己的行为表明不履行主要债务；（三）当事人一方迟延履行主要债务，经催告后在合理期限内仍未履行；（四）当事人一方迟延履行债务或者有其他违约行为致使不能实现合同目的”的规定实质就是根本性违约。按我国法律规定，所谓根本性违约，是指一方当事人不履行、延迟履行主要债务或其他违约行为而使另一当事人的主要合同目的不能实现。受损害方可以主张单方解除合同，并可要求损害赔偿。根本性违约是相对于非根本性违约而言的，所谓非根本性违约，是指一方当事人违约使另一方当事人的利益受到损害，但并不影响受损害人继续履约实现合同目的。对于非根本性违约，受损害方不能单方解除合同，但可以要求损害赔偿。本案中的隆豪公司拒绝按期支付工程款，并在合同工期内无法定理由单方解除合同。根据《最高人民法院关于审理建设工程施工合同纠纷案件适用法律问题的解释》（以下简称《司法解释》）第九条第一款“发包人具有下列情形之一，致使承包人无法施工，且在催告的合理期限内仍未履行相应义务，承包人请求解除建设工程施工合同的，应予支持：（一）未按约定支付工程价款的”的规定及上述对根本性违约的定义，本案隆豪公司已然构成根本性违约。

根据《合同法》第一百零七条“当事人一方不履行合同义务或者履行合同义务不符合约定的，应当承担继续履行、采取补救措施或者赔偿损失等违约责任”的规定，对根本性违约的救济除了赋予守约方的单方解除权，违约方还应承担继续履行、采取补救措施或者赔偿损失等违约责任。

二、施工合同被单方违约中途解除，导致原合同约定的按建筑平方米固定单价计价方式失去计价的前提，也导致承包人失去不平衡报价的基础。本案违约解除合同和无法按约定方式计价存在因果关系，此种情形下，如何结算已完工工程价款成为本案最主要的争议焦点。

根据《合同法》第九十八条“合同的权利义务终止，不影响合同中结算和清理条款的效力”《司法解释》第十条“建设工程施工合同解除后，已经完成的建设工程质量合格的，发包人应当按照约定支付相应的工程价款；已经完成的建设工程质量不合格的，参照本解释第三条规定处理”及第十六条“当事人对建设工程的计价标准或者计价方法有约定的，按照约定结算工程价款”的规定，毫无疑问，若施工合同中途解除，应当按照合同约定的计价方法支付相应的工程价款。

本案中的一审法院也持以上观点，即“案涉合同是双方当事人真实意思表示，未违反法律法规的强制性规定，合法有效。因此，双方当事人对工程价款的计价方式明确约定的情况下，对于方升公司已完工程价款的计取，应以合同中约定的工程价款的计价条款为依据”。然而，本案的特殊之处正在于合同约定的是建筑面积每平方米固定单价。如工程顺利竣工通过质量验收，当然可按照已完成工程的建筑面积的平方米数进行结算。该结算方式适用的前提，是合同约定的全部工程均完工。但是，本案合同约定的工程，方升公司完成基础、主体工程后，因隆豪公司单方解除合同事实上未能全部完工，按照合同约定的固定单价根本无法直接算出已完工工程的价款。在这种情况下，一审法院支持了鉴定单位提出的以合同约定总价与全部工程预算总价的比值作为折价比例，再以该比例乘以已完工工程预算价格进行计价。然而，这种所谓的计价方式真的是合同双方当事人的真实意思表示吗?

就整体建筑工程而言，可以分为基础部分、主体部分、装饰部分、安装部分等。各部分的工程体量不同，造价也完全不同。基础和主体部分的实际投入量比装饰工程明显大很多，需要根据地质结构进行大量的、高标号、高强度的钢筋、水泥等建筑材料及工程量投入，而在安装、装饰部分施工的工程量及造价相对较少。建筑工程的利润分布却是呈现出逐渐增多的情形，即在基础、主体部分实现的利润相对很少或者根本没有利润，在安装、装饰部分施工则利润明显较多，整个工程的利润大多是在安装、装饰施工中实现的。这在整个建筑行业叫作不平衡报价，也是不争的事实。由于整体工程大体量的投入均发生在基础及主体部分，此部分工程利润低且可能亏本，正常施工工程利润大多体现在装饰、安装工程。因此，在施工总承包的情形下，施工单位通常是通过装饰、安装工程获得利润的主要部分，从而弥补基础及主体部分的大量投入，以达到以盈补亏的平衡。如果基础、主体部分和装饰、安装工程，分别由不同的施工单位承包，而各施工单位分别核算利润。那么，最终整体工程的造价一定高于总承包施工的造价。这是建筑行业的规律和常识。由于本合同的解除是由隆豪公司单方根本性违约所致，事实上是隆豪公司对合同施工范围的实质性变更。如果签订合同时方升公司就知道其仅能就基础、主体部分获得工程价款，而不进行装饰、安装工程的施工，则双方约定的计价方式必然不会是该平方米固定单价。

三、何种情况下可以突破施工合同约定，以政府指导价即定额作为计价方法结算已完工工程?

由上述符合行业实际情况的分析可知，一审法院支持所谓按已完工工程量占总工程量的比例的折价计价方法，表面看不失公平，但这根本不是双方合同约定的方法。因为，合同并未约定在一方违约解除合同时如何计价；折价计价方式脱离了本案违约解除合同的前提条件，也不是双方当事人的真实意思表示。因此，该计价方法所计算出的工程价款不符合本案的基本事实，并没有考虑本案发包人的根本违约以及应承担的违约责任，不应得到法律的采信。那么，应该采用何种计价方法才是实质上的公平，才能让违约方隆豪公司承担相应的责任，守约方方升公司获得其本应获得的工程价款呢?

根据《合同法》第六十二条第二款“当事人就有关合同内容约定不明确，依照本法第六十一条的规定仍不能确定的，适用下列规定：（二）价款或者报酬不明确的，按照订立合同时履行地的市场价格履行；依法应当执行政府定价或者政府指导价的，按照规定履行”及《民法通则》第八十八条第四款“合同的当事人应当按照合同的约定，全部履行自己的义务。合同中有关质量、期限、地点或者价款约定不明确，按照合同有关条款内容不能确定，当事人又不能通过协商达成协议的，适用下列规定：（四）价格约定不明确，按照国家规定的价格履行；没有国家规定价格的，参照市场价格或者同类物品的价格或者同类劳务的报酬标准履行”的规定，当合同价格或计价方法约定不明时，建设领域政府主管部门发布的定额价属于政府指导价，可以作为计价方法使用。

本案中，隆豪公司在合同工期内中途解除合同，将未完部分工程另行发包。这不仅属于隆豪公司单方违约，也客观上变更了方升公司的施工范围，属于事实上的设计变更。根据《司法解释》第十六条第二款“因设计变更导致建设工程的工程量或者质量标准发生变化，当事人对该部分工程价款不能协商一致的，可以参照签订建设工程施工合同时当地建设行政主管部门发布的计价方法或者计价标准结算工程价款”之规定，本案已完工工程价款的结算依法应以建筑定额进行结算。

法院审理案件应有自己的司法价值判断的底线，守约方应得到司法价值判断时的合理保护；违约方应当在工程款计价时承担因自己违约所带来的不利后果，不能因违约而获利。据此，本案一审追求表面的形式公平的司法价值判断取向不应得到最高人民法院的支持。

真正决定本案最终采用定额计价方式进行结算的因素却是双方当事人的过错和司法判断价值取向的改变。本案中，方升公司并无过错，但隆豪公司拒不支付工程价款，并单方解除合同，构成了根本性违约。正如二审法院所分析的那样，如果采用鉴定单位比例下浮的方法计价，将会导致隆豪公司虽然违反约定解除合同，却能额外获取 910 万余元利益，这种做法无疑会造成极为不良的社会效应。若采用定额价结算工程价款，则与当事人签订合同时预期的价款更为接近，也更为合理。

如上所述，突破施工合同约定，以定额价结算工程价款需满足以下条件：

（1）因一方根本性违约，导致合同解除；（2）因合同中途解除，无法直接采用合同原有计价方式计算已完工工程价款；（3）以定额价结算工程价款更能保护守约方的利益。所以，二审改判符合当下司法判决正确的价值取向。值得一提的是，在各级法院审理的民商事案件的判决中，会对一些疑难复杂的法律问题以满足司法判决的价值取向为由做出判决。实际上，所谓的司法价值取向就是我国相关民商事法律中的基本原则，如《民法通则》《合同法》中的平等、自由、等价有偿、公平、诚实信用、遵纪守法、依合同履行义务、禁止权力滥用的基本法律原则。

最高人民法院在 2009 年发布的《关于当前形势下审理民商事合同纠纷案件若干问题的指导意见》（法发〔2009〕40 号）中重申了要求各级法院要综合运用公平、诚实信用、保护守约方、维护合同效力和市场稳定等原则审理案件。本案中，法院就是运用了公平及保护守约方的原则作为判决的价值取向。

综上所述，在建设单位根本性违约导致合同中途解除，而原合同计价方式无法适用的情形下，为保护守约方利益，施工单位可以突破合同价约定，以定额价结算工程价款（该案例摘自朱树英著《墨斗匠心定经纬》，法律出版社 2016 年 8 月第 1 版）。

5.11 鉴 定 意 见

【概述】

鉴定机构和鉴定人完成的鉴定成果是法定的证据之一，并不具有“科学判决”的性质，也是有待于委托人通过当事人质证确认是否采信的证据。因此，鉴定机构和鉴定人完成的鉴定成果应是鉴定意见，而不是鉴定结论。

5.11.1 鉴定意见可同时包括确定性意见、推断性意见或供选择性意见。

5.11.2 当鉴定项目或鉴定事项内容事实清楚，证据充分，应作出确定性意见。

5.11.3 当鉴定项目或鉴定事项内容客观事实较清楚，但证据不够充分，应作出推断性意见。

【条文解读】

第 5.11.1 条 ~ 第 5.11.3 条是关于鉴定意见的表现形式。

鉴定意见的表现形式很多，按其对鉴定结果的确定程度及其证明意义，有确定性意见与推断性意见两类。

确定性意见是对被鉴定事项的待证事实作出的断然性结论，包括对被鉴定事项的待证事实的专门性问题的“肯定”或“否定”、“是”或“不是”、“有”或“没有”等。由于确定性意见是明确回答鉴定要求的意见，评断其客观性与关联性难度相对较小，证明作用也相对较大。因此，鉴定人总是力图作出确定性意见，委托人也总是希望鉴定人出具这种意见。但是在有些施工合同纠纷案件中确实很难实现这一目的。因为不论哪一个鉴定门类，出具这类意见都对送鉴证据有严格的鉴定条件和具体的鉴定标准。鉴定条件较差或鉴定标准不够的难以作出确定性意见。

推断性意见是对被鉴定事项的待证事实的专门性问题作出不完全确定的分析意见。如“可能是”或“可能不是”，“可能有”或“可能没有”，“可能相同”或“可能不同”等。鉴定人出具推断性意见的基本条件是：被鉴定事项的待证事实的专门性问题虽然条件较差但又具备一定的鉴定条件，或者被鉴定事项的待证事实本身技术难度大，经过鉴定难以形成确定性意见。从科学认识方法和证据要求角度来讲，鉴定人出具推断性意见是正常的，也是合理的。

本规范期望指导鉴定人注意避免鉴定中的两种倾向：一方面是将鉴定工作等同于审判工作，在证据证明力不大或鉴定依据不足，且当事人无法达成妥协的情况下，擅自作出确定性意见；另一方面，鉴定人应充分发挥专业优势，穷尽办法解决鉴定中待证事实的疑难问题，不能固化的认为只有确定的证据材料才能进行鉴定，在证据依据不足或存在瑕疵、或存在争议时就放弃鉴定，让鉴定陷入僵局，使委托人难以决断。避免未在这一情况下通过专业的分析、鉴别和判断，作出推断性意见，达不到委托人需要的鉴定工作深度。

【条文应用指引】

当前，工程造价纠纷中不少鉴定意见受到当事人的诟病。往往与鉴定人对一些证据欠缺，需要鉴定人运用经验法则、逻辑推理、就鉴定事项的专门性问题作出推断性意见，但是又被鉴定人以证据欠缺，无法作出鉴定意见或无法鉴定为由放弃鉴定。特别是在索赔、违约损失的鉴定上更是暴露了工程造价鉴定的短板。需要鉴定人依据本条规定做好鉴定。

同时，按照最高人民法院《委托鉴定审查规定》第十一条（二款）规定，对“同一认定意见使用不确定性表述的”将被“视为未完成委托鉴定事项，人民法院应当要求鉴定人补充鉴定或重新鉴定”，对此，鉴定书不能使用“不确定性意见”的表述。

5.11.4 当鉴定项目合同约定矛盾或鉴定事项中部分内容证据矛盾，委托人暂不明确要求鉴定人分别鉴定的，可分别按照不同的合同约定或证据，作出选择性意见，由委托人判断使用。

【条文解读】

本条是关于选择性意见的规定。

选择性意见是由于合同约定矛盾或当事人对证据存在争议，委托人一时又无法在鉴定工作开展前对证据效力进行认定。为使鉴定工作不至于因此停顿，鉴定人只好分别按照不同的合同约定条款或证据或当事人对证据的不同理解分别列项，作出不同的鉴定意见，供委托人分析、判断后选择使用。选择性意见包括确定性意见和推断性意见。

不过，作出选择性意见在鉴定工作中也仅是一种权宜之计，其好处是委托人在鉴定工作开始，由于种种原因不能对当事人的证据效力进行认定时，可以有效推进鉴定工作的顺利进行。但不可否认，此做法也增加了委托人在面对选择性意见时决策的难度。因为此时鉴定书将当事人双方的证据作出了鉴定意见，这时不同于证据未明确其价格时的朦胧状态，证据的价值已经清晰化了，当事人当然都希望委托人选择于己方有利的鉴定意见作为裁决的依据。江苏省高级人民法院在2019年的《施工合同纠纷案件委托鉴定工作指南》中要求鉴定机构在只能出具选择性意见时，应及时与法院沟通，在委托法院同意时，方可出具选择性鉴定意见，这一要求实质上是人民法院要尽可能将证据证明力的认定解决在开庭质证之前，以减少处理案件的难度。

【法条链接】

《江苏省高级人民法院建设工程施工合同纠纷案件委托鉴定工作指南》（2019 年 12 月 27 日江苏省高级人民法院审判委员会第 35 次全体委员会议讨论通过）

10. 鉴定机构接受鉴定委托，应当出具肯定或否定的确定性鉴定意见，原则上不得出具选择性鉴定意见。

鉴定机构认为只能出具选择性鉴定意见的，应及时以书面方式与委托法院进行沟通。委托法院同意出具选择性鉴定意见的，鉴定机构方可出具选择性鉴定意见。

【注意事项】

当前，在工程造价鉴定中，一些鉴定人在鉴定书中将当事人有争议的证据（特别是工程签证）所作的鉴定意见，不分性质一律表述为请委托人选择。其实，这些简单化的处理，大多只有一种鉴定意见，更没有专业性的分析、鉴别，要委托人如何选择，这一做法，完全与本规范规定的选择性意见风马牛不相及，需要引起鉴定人注意。

5.11.5　在鉴定过程中，对鉴定项目或鉴定项目中部分内容，当事人相互协商一致，达成的书面妥协性意见应纳入确定性意见，但应在鉴定意见中予以注明。

【条文解读】

本条是关于妥协性意见的规定。

在鉴定过程中，鉴定项目或其中的某些争议内容，对当事人达成的妥协性意见归入确定性意见，但在鉴定意见书应当予以说明，以便委托人把握。

5.11.6　重新鉴定时，对当事人达成的书面妥协性意见，除当事人再次达成一致同意外，不得作为鉴定依据直接使用。

【条文解读】

本条是对妥协性意见在重新鉴定中如何处理的规定。

妥协乃是当事人双方平等协商，在互谅互让的基础上，依自愿合法的原则解决民事纠纷的行为。在鉴定过程中，当事人有时会对一些有争议的证据或事实不再争辩，或者本着息事宁人的态度予以承认。但在不能达成最终一致和解的情况下，依法律的规定，这种表面上符合自认特征的妥协行为不能发生自认的后果。若将此视为自认，可能既违反了当事人真实意思表示，也与事实真相不符。因为，一是以达成协议为目的而作出的妥协和让步，与在诉讼对抗中对事实的承认存在本质不同；二是如果承认和解过程中对事实的认可能够发生自认的效果，无异于对违反诚实信用原则的肯定，不利于鼓励当事人通过和解解决纠纷。当然，如果在后续重新鉴定中，当事人再一次达成妥协认可，这种情况除外。

【法条链接】

《最高人民法院关于适用〈中华人民共和国民事诉讼法〉的解释》（法释［2015］5号）

第一百零七条　在诉讼中，当事人为达成调解协议或者和解协议作出妥协而认可的事实，不得在后续的诉讼中作为对其不利的根据，但法律另有规定或者当事人均同意的除外。

5.12　补充鉴定

【概述】

补充鉴定是原鉴定的继续，是对原鉴定进行补充、修正、完善的再鉴定活动。重新鉴定程序中也可能产生补充鉴定活动。补充鉴定一般由原委托人委托，仍由原鉴定机构和原鉴定人或其他鉴定人实施鉴定，补充鉴定是原委托鉴定的组成部分。鉴定机构和鉴定人严禁在原鉴定意见书上批字、盖章作为补充鉴定，应当采用出具补充鉴定书的方式，以反映补充鉴定过程与结果。

5.12.1　有下列情形之一的，鉴定机构应进行补充鉴定：

1　委托人增加新的鉴定要求的；

2　委托人发现委托的鉴定事项有遗漏的；

3　委托人就同一委托鉴定事项又提供或者补充了新的证据材料的；

4　鉴定人通过出庭作证，或自行发现有缺陷的；

5　其他需要补充鉴定的情形。

【条文解读】

本条是关于补充鉴定的规定。

在实践中，对鉴定书的补充时有发生，在鉴定情形发生变化时，进行补充鉴定也是保证鉴定质量的客观需要。

【法条链接】

《最高人民法院关于人民法院民事诉讼中委托鉴定审查工作若干问题的规定》（法［2020］202号）

11. 鉴定意见书有下列情形之一的，视为未完成委托鉴定事项，人民法院应当要求鉴定人补充鉴定或重新鉴定：

（1）鉴定意见和鉴定意见书的其他部分相互矛盾的；

（2）同一认定意见使用不确定性表述的；

（3）鉴定意见书有其他明显瑕疵的。

补充鉴定或重新鉴定仍不能完成委托鉴定事项的，人民法院应当责令鉴定人退回已经收取的鉴定费用。

《司法鉴定程序通则》（司法部令132号）

第三十条 有下列情形之一的，司法鉴定机构可以根据委托人的要求进行补充鉴定：

（一）原委托鉴定事项有遗漏的；

（二）委托人就原委托鉴定事项提供新的鉴定材料的；

（三）其他需要补充鉴定的情形。

补充鉴定是原委托鉴定的组成部分，应当由原司法鉴定人进行。

《重庆市高级人民法院关于建设工程造价鉴定若干问题的解答》（渝高法［2016］260号）

25. 人民法院发现鉴定意见存在问题的，应当如何处理？

人民法院发现鉴定意见存在鉴定依据采用不当、鉴定数据存在错漏等情形，可以由鉴定人通过出具补充鉴定意见方式予以纠正的，应当书面告知鉴定人，由鉴定人出具补充鉴定意见。

人民法院认为存在鉴定意见与鉴定事项不符、未按照人民法院确定的鉴定方法鉴定、鉴定程序违法等情形，难以通过出具补充鉴定意见方式予以纠正的，应当进行重新鉴定。

5.12.2 补充鉴定是原委托鉴定的组成部分。补充鉴定意见书中应注明与原委托鉴定事项相关联的鉴定事项；补充鉴定意见与原鉴定意见明显不一致的，应说明理由，并注明应采用的鉴定意见。

【条文解读】

本条是关于补充鉴定意见如何处理的规定。

5.13 重新鉴定

【概述】

《民事诉讼证据》第四十条规定："当事人申请重新鉴定，存在下列情形之一的，人民法院应当准许：

（一）鉴定人不具备相应资格的；

（二）鉴定程序严重违法的；

（三）鉴定意见明显依据不足的；

（四）鉴定意见不能作为证据使用的其他情形。

存在前款第一项至第三项情形的，鉴定人已经收取的鉴定费用应当退还。拒不退还的，依照本规定第八十一条第二款的规定处理。

对鉴定意见的瑕疵，可以通过补正、补充鉴定或者补充质证、重新质证等方法解决掉的，人民法院不予准许重新鉴定的申请。

重新鉴定的，原鉴定意见不得作为认定案件事实的根据。"

重新鉴定是指经过鉴定的专门性问题，由于鉴定人在鉴定资格、鉴定程序、鉴定依据、结论等方面存在某种缺陷，当事人有充足理由按规定程序请求委托人重新鉴定并被其批准而产生的一系列活动过程。重新鉴定一般应委托原鉴定机构和鉴定人以外的其他鉴定主体实施，个别案件在特殊情况时（如委托人指定等），可以委托原鉴定机构鉴定，但不能由原鉴定人鉴定。接受重新鉴定委托的鉴定人的技术职称或执业资格，应相当于或高于原委托的鉴定人。

5.13.1　接受重新鉴定委托的鉴定机构，指派的鉴定人应具有相应专业的注册造价工程师执业资格。

【条文解读】

本条规定了重新鉴定的鉴定人应具有的职业资格。

对鉴定项目重新鉴定，对鉴定机构和鉴定人的资格要求与初次鉴定是一致的，其中鉴定机构的工程造价咨询资质应当不低于原鉴定机构资质。

【法条链接】

《司法鉴定程序通则》（司法部令 132 号）

第三十二条 重新鉴定应当委托原司法鉴定机构以外的其他司法鉴定机构进行；因特殊原因，委托人也可以委托原司法鉴定机构进行，但原司法鉴定机构应当指定原司法鉴定人以外的其他符合条件的司法鉴定人进行。

接受重新鉴定委托的司法鉴定机构的资质条件应当不低于原司法鉴定机构，进行重新鉴定的司法鉴定人中应当至少有 1 名具有相关专业高级专业技术职称。

5.13.2 进行重新鉴定，鉴定人有下列情形之一的，必须回避：

1 有本规范第 3.5.3 条规定情形的；

2 参加过同一鉴定事项的初次鉴定的；

3 在同一鉴定事项的初次鉴定过程中作为专家提供过咨询意见的。

【条文解读】

本条规定了重新鉴定的鉴定人应予回避的情形。

重新鉴定与初次鉴定的回避要求是一致的，同时相对于初次鉴定，增加了参加过同一鉴定项目的初次鉴定的，或作为专家提供咨询意见的鉴定人应该回避，很明显，参加过初次鉴定活动，再让其参加重新鉴定是不合适的。

6 鉴定意见书

【概述】

鉴定意见书是鉴定机构和鉴定人对委托的鉴定事项进行鉴别和判断后，出具的鉴定人作出专业判断意见的文书，反映了鉴定受理、实施过程，鉴定技术方法及鉴定意见等内容。鉴定意见书不仅要回答和解决专门性问题，而且也是鉴定人个人科学技术素养、法律知识素养、逻辑思维能力的系统展示。鉴定意见书的使用人、关系人既包括人民法院法官或仲裁机构仲裁员，也包括当事人及其他诉讼或仲裁的参与人，他们的唯一共同点就是大多并不具备工程造价相关科学技术知识的背景。因此，鉴定意见书除了应文字简练，用词专业、科学外，还应考虑工程造价鉴定的目的和实际用途，注意逻辑推理和表述规范，力求让上述人员能够看明白从而做到正确使用。

6.1 一 般 规 定

6.1.1 鉴定机构和鉴定人在完成委托的鉴定事项后，应向委托人出具鉴定意见书。

【条文解读】

本条是关于出具鉴定意见书的规定。

鉴定人完成委托人的鉴定工作后，应及时向委托人出具鉴定意见书。

6.1.2 鉴定意见书的制作应标准、规范，语言表述应符合下列要求：

1 使用符合国家通用语言文字规范、通用专业术语规范和法律规范的用语，不得使用文言、方言和土语；

2 使用国家标准计量单位和符号；

3 文字精练，用词准确，语句通顺，描述客观清晰。

【条文解读】

本条是关于制作鉴定意见书的规定。

根据《司法部〈司法鉴定文本规范〉(司法通〔2007〕71号)》第九条的规定，对鉴定意见书的制作作了规定。

【法条链接】

《最高人民法院关于民事诉讼证据的若干规定》(法释〔2019〕19号)

第三十六条 人民法院对鉴定人出具的鉴定书，应当审查是否具有下列内容：

(一)委托法院的名称；

(二)委托鉴定的内容、要求；

(三)鉴定材料；

(四)鉴定所依据的原理、方法；

(五)对鉴定过程的说明；

(六)鉴定意见；

(七)承诺书。

鉴定书应当由鉴定人签名或者盖章，并附鉴定人的相应资格证明。委托机构鉴定的，鉴定书应当由鉴定机构盖章，并由从事鉴定的人员签名。

《最高人民法院关于人民法院民事诉讼中委托鉴定审查工作若干问题的规定》(法〔2020〕202号)

11. 鉴定意见书有下列情形之一的，视为未完成委托鉴定事项，人民法院应当要求鉴定人补充鉴定或重新鉴定：

(1)鉴定意见和鉴定意见书的其他部分相互矛盾的；

(2)同一认定意见使用不确定性表述的；

(3)鉴定意见书有其他明显瑕疵的。

补充鉴定或重新鉴定仍不能完成委托鉴定事项的，人民法院应当责令鉴定人退回已经收取的鉴定费用。

6.1.3 鉴定意见书不得载有对案件性质和当事人责任进行认定的内容。

【条文解读】

本条是关于鉴定书禁止性内容的规定。

鉴定人对鉴定项目、鉴定事项中的专门性问题进行鉴定，只能就待证事实的专门性问题进行分析、鉴别，作出鉴定意见，而不能对案件的性质或鉴定项目当事人的法律责任进行确定，因为这些是委托人的审判权。

6.1.4 多名鉴定人参加鉴定，对鉴定意见有不同意见的，应当在鉴定意见书中予以注明。

【条文解读】

本条是关于鉴定人不同意见如何处理的规定。

【法条链接】

《司法鉴定程序通则》（司法部令132号）

第三十七条 司法鉴定意见书应当由司法鉴定人签名。多人参加的鉴定，对鉴定意见有不同意见的，应当注明。

6.2 鉴定意见书格式

6.2.1 鉴定意见书一般由封面、声明、基本情况、案情摘要、鉴定过程、鉴定意见、附注、附件目录、落款、附件等部分组成：

1 封面：写明鉴定机构名称、鉴定意见书的编号、出具年月；其中意见书的编号应包括鉴定机构缩略名、文书缩略语、年份及序号（格式参见附录N）。

2 鉴定声明（格式参见附录P）。

3 基本情况：写明委托人、委托日期、鉴定项目、鉴定事项、送鉴材料、送鉴日期、鉴定人、鉴定日期、鉴定地点。

4 案情摘要：写明委托鉴定事项涉及鉴定项目争议的简要情况。

5 鉴定过程：写明鉴定的实施过程和科学依据（包括鉴定程序、所用技术方法、标准和规范等）。分析说明根据证据材料形成鉴定意见的分析、鉴别和判断过程。

6 鉴定意见：应当明确、具体、规范、具有针对性和可适用性。

7 附注：对鉴定意见书中需要解释的内容，可以在附注中作出说明。

8 附件目录：对鉴定意见书正文后面的附件，应按其在正文中出现的顺序，统一编号形成目录。

9 落款：鉴定人应在鉴定意见书上签字并加盖执业专用章，日期上应加盖鉴定机构的印章（格式参见附录Q）。

10　附件：包括鉴定委托书，与鉴定意见有关的现场勘验与测绘报告，调查笔录，相关的图片、照片，鉴定机构资质证书及鉴定人执业资格证书复印件。

【条文解读】

本条是关于鉴定意见书包含内容的规定。

本条明确了鉴定意见书应包括的内容及其有关规定，因工程造价鉴定项目规模有时会相差很大、鉴定材料的收集情况各异、委托人的管理差异性，实际工作中可视具体项目作出取舍，但第一级目录的内容不宜缺少。

1. 封面：规定工程造价鉴定意见书同时加盖鉴定机构的红印和工程造价咨询企业执业印章（格式参照本规范附录 N《工程造价鉴定意见书封面》）。

附录 N　工程造价鉴定意见书封面

____________________工程

工程造价鉴定意见书

×× 价鉴（××××）× 号

（鉴定机构名称、公章）

年　月　日

2．声明内容可由鉴定机构根据需要撰写，声明的内容可参照本规范附录P《鉴定人声明》。

附录P 鉴定人声明

声 明

本鉴定机构和鉴定人郑重声明：

1 本鉴定意见书中依据证据材料陈述的事实是准确的，其中的分析说明、鉴定意见是我们独立、公正的专业分析。

2 工程造价及其相关经济问题存在固有的不确定性，本鉴定意见的依据是贵方委托书和送鉴证据材料，仅负责对委托鉴定范围及事项作出鉴定意见，未考虑与其他方面的关联。

3 本鉴定意见书的正文和附件是不可分割的统一组成部分，使用人不能就某项条款或某个附件单独使用，由此而做出的任何推论、理解、判断，本鉴定机构概不负责。

4 本鉴定意见书是否作为定案或者认定事实的根据，取决于办案机关的审查判断，本鉴定机构和鉴定人无权干涉。

5 本鉴定机构及鉴定人与本鉴定项目不存在现行法律法规所要求的回避情形。

6 未经本鉴定机构同意，本鉴定意见书的全部或部分内容不得在任何公开刊物和新闻媒体上发表或转载，不得向与本鉴定项目无关的任何单位和个人提供，否则，本鉴定机构将追究相应的法律责任。

3．基本情况应当写明以下内容：

（1）委托人：写明人民法院或仲裁机构的名称；

（2）委托日期：采用鉴定委托书的时间；

（3）鉴定项目：填写鉴定委托书标明的案件项目名称；

（4）鉴定事项：可以简化标明见鉴定委托书；

（5）送鉴材料：可以标注为见附件《送鉴证据材料》《质证记录庭审记录》《勘验笔录》《询问笔录、会议纪要》等；

（6）送鉴日期：注明收到委托人首次移交证据材料的时间；

（7）鉴定日期：注明委托书标明的鉴定期限或与委托人商定的鉴定日期，中间等待当事人补充证据、现场勘验的时间不计入鉴定期限；

（8）鉴定人：写明鉴定人及其职业资格专业。

4. 案情摘要主要描述与委托鉴定事项有关的案情。应以第三方立场，客观、综合、简明扼要、公正地叙述案件的实际情况，不掺杂鉴定人个人的主观意见和看法。案情摘要描述应避免以下情形：未抓住整个案件的重点，只是罗列一些与鉴定关系不大，甚至无关的“故事性情节”；过于简单，不能系统全面地反映案情；先入为主，只摘要有助于本鉴定意见的情节，或片面地引用当事人一方的一面之词；断章取义，未能反映某句话、某个事实出现的前提。

5. 鉴定过程说明（不限于）以下内容：

（1）说明鉴定人对委托人委托的鉴定范围、事项有无异议，是否向委托人释明；鉴定人对当事人关于鉴定范围、事项的异议是否向委托人报告；委托人对上述异议的处理意见。

（2）是否制定鉴定方案，注明方案主要内容。

（3）委托人移交的证据材料是否经过质证，委托人对证据的认定情况。

（4）鉴定过程中是否书面函请委托人，需要当事人补充证据；是否报告委托人召开调查会，询问当事人对调查的事实形成询问笔录或会议纪要；是否提请委托人批准现场勘验；是否参加委托人组织的现场勘验，形成勘验笔录。

（5）鉴定过程中是否邀请当事人参加鉴定意见核对工作；是否将鉴定书初稿征求当事人意见，对当事人异议如何回复。

（6）鉴定过程中与委托人对重要事项的沟通及委托人的处理意见。

6. 分析说明：

根据鉴定证据并结合案情，应用科学原理进行鉴别和判断形成鉴定意见的分析。应紧紧围绕委托鉴定的事项，根据鉴定证据，通过逻辑推理和科学分析，为最终的鉴定意见提供充分的依据。分析说明应根据相应的标准、规范、规程，也可以引用业内众所周知的观点或资料，但引用的观点或资料应注明出处。分析说明应侧重于推断性意见的形成和鉴定事项争议的处理及选择性意见的形成。

7. 鉴定意见是鉴定人根据鉴定证据材料，运用科学原理和逻辑推理，经过分析说明，回答委托人提出的鉴定事项的意见，是鉴定人思维过程的结晶，也是造价鉴定的落脚点。鉴定意见应精炼、明确、具体、规范，有针对性和可适用性。鉴定意见只回答委托鉴定的专业问题，不回答法律问题，不能超出委托鉴定事项的范围。

鉴定意见应标注是确定性意见，如有推断性应标明，不得使用不确定意见进行表述，如有选择性意见应按照争议事项详细列项，说明理由，供委托人选择。

8. 附注位于落款之前，是对鉴定意见书中需要解释的内容进行说明，有多处需要进行说明的地方，在附注中按顺序进行说明。附注的内容需和以下内容相近：

本鉴定意见书仅对鉴定项目的造价进行了鉴别和判断，并作出了独立、客观、公正的鉴定意见，而未考虑鉴定项目当事人签订的工程合同中可能涉及的违约规定的条款及其他问题，也不涉及合同履行过程中当事人之间往来的财务费用。

本鉴定意见书未考虑当事人各方其他的民事约定及本案鉴定费用等有关问题。

本鉴定意见书正本份数，副本份数，具有同等法律效力，鉴定机构存档一份正本。

9. 附件目录。附件是鉴定意见书的有效组成部分，位于正文之后，因此应在正文中列明附件的目录，以便鉴定意见书使用人明了附件的组成及便于查阅。

10. 落款。考虑到工程造价鉴定每个项目至少应由两名及以上鉴定人共同进行鉴定，并由具有本专业高级专业技术职称的鉴定人复核，鉴定意见书落款鉴定人应签名和加盖注册造价工程师执业专用章（落款格式可以参照本规范附录Q）。

附录Q　工程造价鉴定意见书落款

正文 ××××

鉴　定　人：____________（签名并盖造价工程师执业章）

鉴　定　人：____________（签名并盖造价工程师执业章）

鉴定审核人：____________（签名并盖造价工程师执业章）

负　责　人：____________（签名）

（鉴定机构公章）

年　　月　　日

注：鉴定人必须保证至少两人，并符合鉴定项目的专业要求；当鉴定人只有两人时，鉴定人不能担任鉴定审核人；负责人为鉴定机构有权签署意见书的责任人。

11. 附件是鉴定意见书的重要组成部分，起到支撑鉴定意见的作用。附件主要包括工程造价鉴定的明细及汇总表、鉴定委托书、鉴定人承诺书、送鉴证据材料（注明证据收到时间）、质证记录、庭审记录、勘验笔录及现场勘验签到表、询问笔录及案情调查中形成的会议记录、鉴定机构出具的工作联系函件、鉴定过程中当事人参与鉴定核对的记录、相关的照片、鉴定机构营业执照及工程造价咨询资质证书、鉴定人职业资格证书复印件等。

附件附在鉴定意见书的正文之后，并应按附件目录相同的编号进行编号和装订。

【法条链接】

《司法鉴定程序通则》（司法部令 132 号）

第三十六条 司法鉴定机构和司法鉴定人应当按照统一规定的文本格式制作司法鉴定意见书。

第三十七条 司法鉴定意见书应当由司法鉴定人签名。多人参加的鉴定，对鉴定意见有不同意见的，应当注明。

《江苏省高级人民法院鉴定工程施工合同纠纷案件委托鉴定工作指南》（2019 年 12 月 27 日江苏省高级人民法院审判委员会第 35 次全体委员会议讨论通过）

11. 对鉴定机构出具的鉴定报告，委托法院应当对照《最高人民法院关于民事诉讼证据的若干规定》第三十六条的规定，审查鉴定报告的内容构成和形式要件是否符合要求。符合的应当及时将副本送交当事人，并指定当事人提出异议的期限；不符合的应当径行退回鉴定机构重新出具。

对鉴定事项的鉴定意见，鉴定机构应当在鉴定报告中分类、逐项说明，明确所依据的具体证据、法律、法规和规范性文件名称以及发布机关、文号、具体条款等内容；援引有关原理、方法作出判断的，应当注明出处。

12. 鉴定机构与委托法院的往来函件应当作为鉴定报告的附件。经委托法院准许或者按委托法院要求，鉴定机构进行现场勘验制作的勘验笔录，应当作为鉴定报告的附件。

6.2.2 补充鉴定意见书在鉴定意见书格式的基础上，应说明以下事项：

1 补充鉴定说明：阐明补充鉴定理由和新的委托鉴定事由；

2 补充资料摘要：在补充资料摘要的基础上，注明原鉴定意见的基本内容；

3 补充鉴定过程：在补充鉴定、勘验的基础上，注明原鉴定过程的基本内容；

4 补充鉴定意见：在原鉴定意见的基础上，提出补充鉴定意见。

【条文解读】

本条是关于补充意见说明事项的规定。

补充鉴定是在原鉴定意见书的基础上进行的补充，因此，补充的鉴定说明、案件摘要、鉴定过程、鉴定意见都应在原鉴定意见的基础上进行补充说明。

6.2.3 应委托人、当事人的要求或者鉴定人自行发现有下列情形之一的，经鉴定机构负责人审核批准，应对鉴定意见书进行补正：

1 鉴定意见书的图像、表格、文字不清晰的；

2 鉴定意见书中的签名、盖章或者编号不符合制作要求的；

3 鉴定意见书文字表达有瑕疵或者错别字，但不影响鉴定意见、不改变鉴定意见书的其他内容的。

对已发出鉴定意见书的补正，如以追加文件的形式实施，应包括如下声明："对 ×××× 字号（或其他标识）鉴定意见书的补正"。鉴定意见书补正应满足本规范的相关要求。

如以更换鉴定意见书的形式实施，应经委托人同意，在全部收回原有鉴定意见书的情况下更换。重新制作的鉴定意见书除补正内容外，其他内容应与原鉴定意见书一致。

【条文解读】

本条是对鉴定书存在瑕疵时进行补正的规定。

鉴定意见书常见的缺陷有两类，一类是程序性的缺陷，另一类是实体性的缺陷。程序性的缺陷表现为：鉴定机构和鉴定人不具有相应的鉴定资格；文字表述部分有错别字；意思表述不准确，论述不完整或不充分；鉴定意见部分与论证部分有逻辑矛盾；只回答鉴定要求所提出的部分问题；鉴定意见在判断上界限不明确；没有鉴定人签名或盖章，或者没有加盖鉴定机构印章等。这些问题违反了程序法的要求或鉴定意见书制作规范的要求，对鉴定意见的效力产生影响。虽然这种影响并不必然影响对鉴定意见的实质判断，但其影响了对鉴定意见的审查评断及合法性，所以为了保障诉讼或仲裁活动的效率，可以依照诉讼或仲裁以及有关鉴定的程序规范进行补救。实体性的缺陷表现为鉴定方法运用不正确；鉴定依据不充分；专门性问题鉴别不准确等。如果鉴定意见书存在实质性的缺陷，则必然影响鉴定意见的可靠性和可采性。

在实践中，鉴定人或当事人如果发现鉴定意见书有缺陷应向委托人申请补救，委托人接到鉴定人或当事人的申请后应该进行审查，然后根据情况作出是否补救或作其他处理的决定。如需对已发出的鉴定意见书作出修正（或补正），甚至需要出具新的鉴定意见书，本条对发生以上事项时的处理方法作出了规定。

【法条链接】

《司法鉴定程序通则》（司法部令第 132 号）

第四十一条 司法鉴定意见书出具后，发现有下列情形之一的，司法鉴定机构可以进行补正：

（一）图像、谱图、表格不清晰的；

（二）签名、盖章或者编号不符合制作要求的；

（三）文字表达有瑕疵或者错别字，但不影响司法鉴定意见的。

补正应当在原司法鉴定意见书上进行，由至少 1 名司法鉴定人在补正处签名。必要时，可以出具补正书。

对司法鉴定意见书进行补正，不得改变司法鉴定意见的原意。

6.2.4 鉴定机构和鉴定人发现所出具的鉴定意见存在错误的，应及时向委托人作出书面说明。

【条文解读】

本条是关于发现鉴定意见错误如何处理的规定。

鉴定意见书正式向委托人出具后，鉴定人如发现鉴定意见存在错误，应及时采取补救措施，向委托人作出书面说明，由委托人决定如何补救。

6.3 鉴定意见书制作

6.3.1 鉴定意见书的制作应符合下列基本要求：

1 使用 A4 规格纸张，打印制作；

2 在正文每页页眉的右上角或页脚的中间位置以小五号字注明正文共几页，本页是第几页；

3 落款应当与正文同页，不得使用"此页无正文"字样；

4 不得有涂改；

5 应装订成册。

【条文解读】

本条是关于鉴定意见书制作的规定。

根据司法部《司法鉴定文书规范》（司发通〔2007〕71 号）第十条规定，对鉴定意见书的制作提出了要求。在实践中，工程造价鉴定意见书常常出现制作不符合司法鉴定文书规范的情形。特别是在页码编制上，由于习惯适用计算机计价软件，致使每一分部或分项工程都从 1 开始编码，致使整个鉴定书的组成在页码上被割裂，而没有总页码，给出庭质证或查看某一项目带来了不便。这些看似小事，但也应引起重视，鉴定书页码的编制应当按本条规定执行。

6.3.2 鉴定意见书应根据委托人及当事人的数量和鉴定机构的存档要求确定制作份数。

【条文解读】

本条是关于鉴定意见书制作份数的规定。

《司法鉴定程序通则》（司法部令第132号）第三十九条规定："司法鉴定意见书应当一式四份，三份交委托人收执，一份由司法鉴定机构存档"。根据工程造价鉴定工作的实际情况分析，鉴定意见书制作一式四份，有时不能满足当事各方的需要：合议庭或仲裁庭均需持有鉴定意见书；案件中双方或多方当事人需要持有鉴定意见书；鉴定机构存档一般应需三份，一份正本与其他鉴定过程中形成的资料一起装订成册归档，另备一份以供鉴定人出庭作证或协助调解处理纠纷之需，另存鉴定意见书清样，以供事后案件有关当事人复制鉴定意见书之需。因此，规定鉴定意见书应根据委托人的要求、当事人的数量和鉴定机构的存档要求来确定制作份数。

【法条链接】

《浙江省人民法院实施〈人民法院对外委托司法鉴定管理规定〉细则》（2010年10月19日浙江省高级人民法院审判委员会第2230次会议通过）

第三十二条 鉴定完成后，鉴定机构应当将鉴定文书正本两份、副本数份（按当事人数量）和相关材料由管理部门及时移交业务庭，正本一份管理部门存档。

6.4 鉴定意见书送达

6.4.1 鉴定意见书制作完成后，应及时送达委托人。

【条文解读】

本条规定鉴定意见书制作完成后应及时送委托人。

鉴定意见书制作完成后，鉴定机构应当按照法律规定或者与委托人的约定方式，向委托人提交鉴定意见书，意见书包括送交鉴定项目当事人的副本，具体份数按照委托人的要求提交。

【法条链接】

《最高人民法院关于民事诉讼证据的若干规定》（法释〔2019〕19号）

第三十七条 人民法院收到鉴定书后，应当及时将副本送交当事人。

《司法鉴定程序通则》（司法部令第 132 号）

第三十九条 司法鉴定意见书应当一式四份，三份交委托人收执，一份由司法鉴定机构存档。司法鉴定机构应当按照有关规定或者与委托人约定的方式，向委托人发送司法鉴定意见书。

6.4.2 鉴定意见书送达时，应由委托人在《送达回证》（格式参见附录 R）上签收。

【条文解读】

本条规定鉴定意见书送达应由委托人签收。

鉴定意见书送达时由委托人签收是十分必要的程序，可以有效防止日后产生不必要的纷争。

【条文应用指引】

《送达回证》可参照本规范附录 R 的格式。

附录 R 送达回证

编号：

兹收到__________鉴定机构［××价鉴（××××）×号］工程造价鉴定意见书正本____份，副本____份。

送达机构：________________鉴定机构

送达人：

送达地点：

受送达单位：

受送达人：

送达时间：　　年　　月　　日

7 档案管理

【概述】

《司法鉴定程序通则》(司法部令第132号)第四十二条的规定:“司法鉴定机构应当按照规定将司法鉴定意见书以及有关资料整理立卷、归档保管。”本章据此规定了鉴定机构和鉴定人应对鉴定材料依鉴定程序逐项建立档案并归档。鉴定档案的内容应包括鉴定委托书,送鉴证据材料副本,案情简介、鉴定工作底稿、鉴定意见书、补充鉴定以及需要留档的其他资料。鉴定档案是鉴定人出庭作证和复查鉴定情况以及评估鉴定工作质量的物质依据。鉴定机构应当建立鉴定档案的立卷和归档制度、查阅和借调制度及销毁和移交制度。

7.1 基本要求

【概述】

本节对鉴定项目完成鉴定后的鉴定机构如何建立档案管理制度及其具体工作提出基本要求。

7.1.1 鉴定机构应建立完善的工程造价鉴定档案管理制度。档案文件应符合国家和有关部门发布的相关规定。

7.1.2 归档的照片、光盘、录音带、录像带、数据光盘等,应当注明承办单位、制作人、制作时间、说明与其他相关的鉴定档案的参见号,并单独整理存放。

7.1.3 卷内材料的编号及案卷封面、目录和备考表的制作应符合以下要求:

1 卷内材料经过系统排列后,应当在有文字的材料正面的右下角、背面的左下角用阿拉伯数字编写页码。

2 案卷封面可打印或书写。书写应用蓝黑墨水或碳素墨水,字迹要工整、清晰、规范。

3 卷内目录应按卷内材料排列顺序逐一载明,并表明起止页码。

4 卷内备考表应载明与本案卷有关的影像、声像等资料的归档情况;案卷归档后经鉴定机构负责人同意入卷或撤出的材料情况,立卷人、机构负责人、档案管理人的姓名;立卷接收日期,以及其他需说明的事项。

7.1.4 需存档的施工图设计文件（或竣工图）按国家有关标准折叠后存放于档案盒内。

7.1.5 案卷应当做到材料齐全完整、排列有序，标题简明确切，保管期限划分准确，装订不掉页不压字。

7.1.6 档案管理人对已接受的案卷，应按保管期限、年度顺序、鉴定类别进行排列编号并编制《案卷目录》、计算机数据库等检索工具。涉密案卷应当单独编号存放。

7.1.7 出具鉴定意见书的鉴定档案，保存期为 8 年。

7.1.8 档案应按“防火、防盗、防潮、防高温、防鼠、防虫、防光、防污染”等条件进行安全保管。档案管理人应当定期对档案进行检查和清点，发现破损、变质、字迹褪色和被虫蛀、鼠咬的档案应当及时采取防治措施，并进行修补和复制，发现丢失的，应当立即报告，并负责查找。

7.2 档 案 内 容

【概述】

本节对鉴定机构在鉴定项目完成鉴定工作后应归档的内容作了规定。

7.2.1 下列材料应整理立卷并签字后归档：

1 鉴定委托书；

2 鉴定过程中形成的文件资料；

3 鉴定意见书正本；

4 鉴定意见工作底稿；

5 送达回证；

6 现场勘验笔录、测绘图纸资料；

7 需保存的送鉴资料；

8 其他应归档的特种载体材料。

7.2.2 需退还委托人的送鉴材料，应复印或拍照存档。鉴定档案应纸质版与电子版双套归档。

7.3 查阅或借调

【概述】

本节对鉴定机构建立鉴定档案查阅或借调制度及其具体内容作了规定。

7.3.1 鉴定机构应根据国家有关规定，建立鉴定档案的查阅和借调制度。

7.3.2 司法机关因工作需要查阅和借调鉴定档案的，应出示单位函件，并履行登记手续。借调鉴定档案的应在一个月内归还。

7.3.3 其他国家机关依法需要查阅鉴定档案的，应出示单位函件，经办人工作证，经鉴定机构负责人批准，并履行登记手续。

7.3.4 其他单位和个人一般不得查阅鉴定档案，因特殊情况需要查阅的，应出具单位函件，出示个人有效身份证明，经委托人批准，并履行登记手续。

7.3.5 鉴定人查阅或借调鉴定档案，应经鉴定机构负责人同意，履行登记手续。借调鉴定档案的应在 7 天内归还。

7.3.6 借调鉴定档案到期未还的，档案管理人员应当催还。造成档案损毁或丢失的，依法追究相关人员责任。

7.3.7 鉴定机构负责人同意，卷内材料可以摘抄或复制。复制的材料，由档案管理人核对后，注明“复印件与案卷材料一致”的字样，并加盖鉴定机构印章。

第二篇

与工程造价鉴定相关的法律规定

本篇补充了除鉴定工作以外与工程造价鉴定相关的法律规定，如鉴定程序的启动、证据与鉴定依据、对鉴定书的审查、异议的处理、申请专家辅助人、违规鉴定的法律责任等，以便当事人、鉴定人以及相关人员对鉴定的法律规范进一步深入了解。

1 鉴定程序的启动

按照我国法律规定，当事人就争议事项待证事实的专门性问题负有申请鉴定的责任。当事人未申请鉴定，人民法院认为需要鉴定的，应向负有举证责任的当事人释明，当事人经释明未申请鉴定的，应当承担举证不能的法律后果。本章简述了启动鉴定程序的条件和方式，当事人申请鉴定的期间，法律规定不予准许鉴定的情形等内容。

1.1 启动鉴定程序的条件和方式

【法条链接】

《全国人民代表大会常务委员会关于司法鉴定管理问题的决定》

一、司法鉴定是指在诉讼活动中鉴定人员运用科学技术或者专门知识对诉讼涉及的专门性问题进行鉴别和判断并提供鉴定意见的活动。

《中华人民共和国民事诉讼法》

第七十六条 当事人可以就查明事实的专门性问题向人民法院申请鉴定。当事人申请鉴定的，由双方当事人协商确定具备资格的鉴定人；协商不成的，由人民法院指定。

当事人未申请鉴定，人民法院对专门性问题认为需要鉴定的，应当委托具备资格的鉴定人进行鉴定。

《中华人民共和国仲裁法》

第四十四条 仲裁庭对专门性问题认为需要鉴定的，可以交由当事人约定的鉴定部门鉴定，也可以由仲裁庭指定的鉴定部门鉴定。

《最高人民法院关于适用〈中华人民共和国民事诉讼法〉的解释》（法释〔2015〕5号）

第一百二十一条 当事人申请鉴定，可以在举证期限届满前提出。

《最高人民法院关于民事诉讼证据的若干规定》（法释〔2019〕19号）

第四十一条 对于一方当事人就专门性问题自行委托有关机构或者人员出具的意见，另一方当事人有证据或者理由足以反驳并申请鉴定的，人民法院应予准许。

《最高人民法院关于审理建设工程施工合同纠纷案件适用法律问题的解释（一）》（法释〔2020〕25号）

第三十条 当事人在诉讼前共同委托有关机构、人员对建设工程造价出具咨询意见，诉讼中一方当事人不认可该咨询意见申请鉴定的，人民法院应予准许，但双方当事人明确表示受该咨询意见约束的除外。

第三十二条　当事人对工程造价、质量、修复费用等专门性问题有争议，人民法院认为需要鉴定的，应当向负有举证责任的当事人释明。当事人经释明未申请鉴定，虽申请鉴定但未支付鉴定费用或者拒不提供相关材料的，应当承担举证不能的法律后果。

一审诉讼中负有举证责任的当事人未申请鉴定，虽申请鉴定但未支付鉴定费用或者拒不提供相关材料，二审诉讼中申请鉴定，人民法院认为确有必要的，应当依照民事诉讼法第一百七十条第一款第三项的规定处理。

《最高人民法院关于审理建设工程施工合同纠纷案件适用法律问题的解释（二）》（法释〔2018〕20号）

第十三条　当事人在诉讼前共同委托有关机构、人员对建设工程造价出具咨询意见，诉讼中一方当事人不认可该咨询意见申请鉴定的，人民法院应予准许，但双方当事人明确表示受该咨询意见约束的除外。

第十四条第一款　当事人对工程造价、质量、修复费用等专门性问题有争议，人民法院认为需要鉴定的，应当向负有举证责任的当事人释明。当事人经释明未申请鉴定，虽申请鉴定但未支付鉴定费用或者拒不提供相关材料的，应当承担举证不能的法律后果。

【条文理解】

上述法律规定明确了启动鉴定程序的条件和方式。

1. 启动鉴定的条件。

启动鉴定程序需要满足两个条件：

（1）必须是待证事实需要认定的专门性问题。至于法律适用问题，属于人民法院、仲裁机构依法裁判的职权，不属于鉴定的范围。

（2）必须符合必要性的要求。除非不鉴定不能查明相关事实，否则不能轻易启动鉴定，对部分事实进行鉴定即可查明的，不应对全部事实进行鉴定。即鉴定所要解决的专门性问题，应当是通过其他方式不能解决，只有通过鉴定才能解决的，才具有鉴定的必要性。

2. 启动鉴定的主体。

从《民事诉讼法》和《仲裁法》的规定可以看出，启动鉴定程序的方式有两种：

（1）当事人申请启动；

（2）人民法院、仲裁机构依职权启动。

二者之间的关系为：以当事人申请鉴定为主，法院依职权委托鉴定为辅。因为鉴定意见属于法定证据形式，就待证事实的专门性问题申请鉴定是当事人履行其举证责任的内容，特别是在工程合同的造价争议中更是如此，在需要运用工程造价鉴定意见证明自己提出的事实主张时，当事人应当申请鉴定。

3．启动鉴定的审查。

当事人申请鉴定是引发鉴定启动的基本条件，但并不必然产生鉴定启动的法律后果。是否启动鉴定，本质上必须是法官在案件审理过程中对待证事实的专门性问题缺乏判断认定能力的情况下，才会决定通过委托鉴定来查明。因此，鉴定不是以当事人提出为前提，恰恰是以法官查明待证事实的需要为前提。为防止鉴定启动的随意性，需要通过鉴定申请审查，避免当事人滥用鉴定申请权的情形发生，也要避免发生不当剥夺当事人通过鉴定进行举证的基本诉讼权利，更要避免鉴定意见作出后却无法证明待证事实的尴尬局面。

（1）当事人申请鉴定的事项是否与案件待证事实具有关联性，即需要通过鉴定方能证明的待证事实是否为案件审理所必须查明的基本事实。如果鉴定事项与待证事实系一一对应关系，则启动鉴定的价值较大；如果鉴定意见仅能为待证事实提供一种可能性论证且无法排除其他可能的，则必须结合案件已经查明的事实和现有证据仔细考虑启动鉴定的意义后再决定是否准许。

（2）当事人申请鉴定的事项是否具有必要性。必须通过专门方法才能确定的专门性问题，通过一般的举证、质证手段或者现有证据确实对待证事实的专门性问题无法查明。则对当事人鉴定的申请应予以准许。

（3）是否充分听取了双方当事人的意见。启动鉴定是当事人向人民法院申请查明案件待证事实的重要诉讼权利之一，因此，听取当事人特别是对方当事人的意见可以有效地防止法官在审查时先入为主或者考虑不周的情形发生。特别是对一些较难把握的鉴定申请或者是否应当依职权启动鉴定的情况，通过征求当事人对启动鉴定的意见，必要时组织双方当事人进行辩论，无疑将为法官明察秋毫、作出正确选择提供有力的程序保障。

1.2 当事人申请鉴定的期间

【法条链接】

《最高人民法院关于适用〈中华人民共和国民事诉讼法〉的解释》（法释［2015］5号）

第一百二十一条 当事人申请鉴定，可以在举证期限届满前提出。

《最高人民法院关于民事诉讼证据的若干规定》（法释［2019］19号）

第三十条第一款 人民法院在审理案件过程中认为待证事实需要通过鉴定意见证明的，应当向当事人释明，并指定提出鉴定申请的期间。

第三十一条 当事人申请鉴定，应当在人民法院指定期间内提出，并预交鉴定费用。逾期不提出申请或者不预交鉴定费用的，视为放弃申请。

对需要鉴定的待证事实负有举证责任的当事人，在人民法院指定期间内无正当理由不提出鉴定申请或者不预交鉴定费用，或者拒不提供相关材料，致使待证事实无法查明的，应当承担举证不能的法律后果。

《最高人民法院关于审理建设工程施工合同纠纷案件适用法律问题的解释（一）》（法释〔2020〕25号）

第三十二条 当事人对工程造价、质量、修复费用等专门性问题有争议，人民法院认为需要鉴定的，应当向负有举证责任的当事人释明。当事人经释明未申请鉴定，虽申请鉴定但未支付鉴定费用或者拒不提供相关材料的，应当承担举证不能的法律后果。

一审诉讼中负有举证责任的当事人未申请鉴定，虽申请鉴定但未支付鉴定费用或者拒不提供相关材料，二审诉讼中申请鉴定，人民法院认为确有必要的，应当依照民事诉讼法第一百七十条第一款第三项的规定处理。（《民事诉讼法》第一百七十条第一款第三项：第二审人民法院对上诉案件，经过审理，按照下列情形，分别处理：/（三）原判决认定基本事实不清的，裁定撤销原判决，发回原审人民法院重审，或者查清事实后改判。）

《最高人民法院关于审理建设工程施工合同纠纷案件适用法律问题的解释（二）》（法释〔2018〕20号）

第十四条 当事人对工程造价、质量、修复费用等专门性问题有争议，人民法院认为需要鉴定的，应当向负有举证责任的当事人释明。当事人经释明未申请鉴定，虽申请鉴定但未支付鉴定费用或者拒不提供相关材料的，应当承担举证不能的法律后果。

一审诉讼中负有举证责任的当事人未申请鉴定，虽申请鉴定但未支付鉴定费用或者拒不提供相关材料，二审诉讼中申请鉴定，人民法院认为确有必要的，应当依照《民事诉讼法》第一百七十条第一款第三项的规定处理。

【条文理解】

从上述法律规定可以看出，当事人有权申请鉴定，但应当在人民法院、仲裁机构指定期间内提出。

1. 当事人申请鉴定是对法律赋予的权利的行使。

申请鉴定是当事人的权利，也是义务。人民法院、仲裁机构通常还会就申请鉴定等向负有举证责任的当事人进行释明，在工程造价纠纷等案件中更是如此，以便让当事人清楚地知道其权利和义务后，有权作出选择：即在人民法院、仲裁机构指定期间内提出申请，启动鉴定程序。

2. 当事人申请鉴定应在指定期间内提出。

当事人申请鉴定虽然是行使自身权利，但也不能过于随意，没有时间限制。从维护对方当事人诉讼权益，避免案件久拖不决，合理利用司法资源出发，法律对当事人提出鉴定申请的时间作出了明确规定。在指定期间内不申请鉴定，其行为应当认定为其对启动鉴定程序的权利作出处分或是说对应负的相应证明义务的拒绝履行。

3. 当事人不在指定期间申请鉴定的后果。

在一审中，当事人申请鉴定的，应当在举证期限届满前提出。

二审中，当事人申请鉴定则应区分情况处理。如果人民法院在一审中已经委托鉴定机构作出鉴定意见，则当事人在二审就相同问题提出的鉴定申请，除非申请人证明一审期间作出的鉴定意见符合法律规定的重新鉴定或者补充鉴定的条件，否则不予准许。如果当事人在一审已经提出鉴定申请，一审法院未予准许，二审法院认为应当进行鉴定的，可以准许当事人在二审中提出的鉴定申请。

《施工合同司法解释（二）》第十条第二款（新的《施工合同司法解释》第三十二条保留了该内容）规定："一审诉讼中负有举证责任的当事人未申请鉴定，虽申请鉴定未支付鉴定费用或者拒不提供相关材料，二审诉讼中申请鉴定，人民法院认为确有必要的，应当依照《民事诉讼法》第一百七十条第一款第三项的规定处理"。依照《民事诉讼法》的规定，二审法院可以选择发回原审人民法院重审，或者在查清事实的基础上直接改判。无论是发回原审人民法院重审还是在查清事实的基础上改判，是否需要进行鉴定，由人民法院决定。

如果当事人在一审、二审中均未申请鉴定，在申请再审时才申请人民法院进行鉴定的，根据《民事诉讼法解释》第三百九十九条规定："审查再审申请期间，再审申请人申请人民法院委托鉴定、勘验的，人民法院不予准许。"

1.3 不予准许的鉴定申请

【法条链接】

《最高人民法院关于适用〈中华人民共和国民事诉讼法〉的解释》（法释〔2015〕5号）

第一百二十一条 当事人申请鉴定，可以在举证期限届满前提出。申请鉴定事项与待证事实无关联，或者对证明待证事实无意义的，人民法院不予准许。

第三百九十九条 审查再审申请期间，再审申请人申请人民法院委托鉴定、勘验的，人民法院不予准许。

《最高人民法院关于民事诉讼证据的若干规定》（法释〔2019〕19号）

第三十一条 当事人申请鉴定，应当在人民法院指定期间内提出，并预交鉴定费用。逾期不提出申请或者不预交鉴定费用的，视为放弃申请。

对需要鉴定的待证事实负有举证责任的当事人，在人民法院指定期间内无正当理由不提出鉴定申请或者不预交鉴定费用，或者拒不提供相关材料，致使待证事实无法查明的，应当承担举证不能的法律后果。

《最高人民法院关于审理建设工程施工合同纠纷案件适用法律问题的解释（一）》（法释〔2020〕25号）

第二十八条 当事人约定按照固定价结算工程价款，一方当事人请求对建设工程造价进行鉴定的，人民法院不予支持。

第二十九条 当事人在诉讼前已经对建设工程价款结算达成协议，诉讼中一方当事人申请对工程造价进行鉴定的，人民法院不予准许。

《最高人民法院关于审理建设工程施工合同纠纷案件适用法律问题的解释》（法释〔2004〕14号）

第二十二条 当事人约定按照固定价结算工程价款，一方当事人请求对建设工程造价进行鉴定的，不予支持。

《最高人民法院关于审理建设工程施工合同纠纷案件适用法律问题的解释（二）》（法释〔2018〕20号）

第十二条 当事人在诉讼前已经对建设工程价款结算达成协议，诉讼中一方当事人申请对工程造价进行鉴定的，人民法院不予准许。

《最高人民法院关于人民法院民事诉讼中委托鉴定审查工作若干问题的规定》（法〔2020〕202号）

一、对鉴定事项的审查

1. 严格审查拟鉴定事项是否属于查明案件事实的专门性问题，有下列情形之一的，人民法院不予委托鉴定：

（1）通过生活常识、经验法则可以推定的事实；

（2）与待证事实无关联的问题；

（3）对证明待证事实无意义的问题；

（4）应当由当事人举证的非专门性问题；

（5）通过法庭调查、勘验等方法可以查明的事实；

（6）对当事人责任划分的认定；

（7）法律适用问题；

（8）测谎；

（9）其他不适宜委托鉴定的情形。

2. 拟鉴定事项所涉鉴定技术和方法争议较大的，应当先对其鉴定技术和方法的科学可靠性进行审查。所涉鉴定技术和方法没有科学可靠性的，不予委托鉴定。

【条文理解】

按照法律规定，当事人有权申请鉴定，但有无必要鉴定，是否准许鉴定，应由人民法院、仲裁机构根据案件审理决定。

1.《民事诉讼法解释》给出不予准许鉴定的两种情形：一是申请鉴定的事项与待证事实无关联；二是对证明待证事实无意义。

例如：《施工合同司法解释（一）》第二十二条（新的《施工合同司法解释》第二十八条保留了该条内容）规定的“当事人约定按照固定价结算工程价款”；《施工合同司法解释（二）》第十二条（新的《施工合同司法解释》第二十九条保留了该条内容）规定的“当事人在诉讼前已经对建设工程价款结算达成协议”，一方当事人申请对工程造价进行鉴定的，人民法院不予准许。由于工程价款通过市场竞争在合同中约定，只要合法合意就应当尊重，且该合意以当事人最终合意为准。

上述规定的实质是从正面强调应当尊重承发包双方当事人对固定价的合意，对价款结算达成协议的合意。对承发包双方当事人的“您情我愿”的计价标准或造价确定形式的约定，法律一般不予干涉。所以，在建设工程施工合同中，承发包双方选择何种价款确定形式完全由双方当事人决定。《施工合同司法解释（一）》第十六条（新的《施工合同司法解释》第十九条保留了该条内容）明确规定：“当事人对建设工程的计价标准或者计价方法有约定的，按照约定结算工程价款。”既然当事人双方已就工程造价的确定达成共识，再委托鉴定已经没有意义，更有变相激励当事人不诚信诉讼的可能，故不予准许。

2. 负有举证责任的当事人在举证期限届满前无正当理由不提出鉴定申请或者不预交鉴定费用，或者拒不提供相关材料，致使对待证事实无法查明的，应该承担对该事实举证不能的法律后果。当事人的上述行为，事实上致使鉴定不能进行，当然应该承担举证不能的法律后果。

3. 2020年9月1日施行的《最高人民法院关于人民法院民事诉讼中委托鉴定审查工作若干问题的规定》（法释〔2020〕202号）对人民法院不予委托鉴定的情形作了更详细的规定，列举了九种情形。并首次提出对争议较大的鉴定技术和方法的科学可靠性进行审查，“所涉鉴定技术和方法没有科学可靠性的，不予委托鉴定”。最高人民法院对鉴定工作的最新规定，对于进一步规范鉴定的启动条件，提高鉴定水平具有十分重要的作用。

2 鉴定机构和鉴定人的资格

按照法律规定，委托鉴定的鉴定机构和鉴定人应具备相应的资格，对工程造价鉴定而言，鉴定机构应为取得工程造价咨询资质的企业，鉴定人应为注册在工程造价咨询企业的一级造价工程师（详见第一篇 3.1）。

3　委托鉴定的范围、事项与期限

按照法律规定，人民法院、仲裁机构鉴定委托书应载明工程造价鉴定的范围、事项和期限（详见第一篇 3.2、3.7）。

4　鉴定机构、鉴定人的回避与承诺

按照法律规定，鉴定人与审判人员一样，具有法律规定情形的应在鉴定工作中回避；符合鉴定资格要求的鉴定人应签署承诺书（详见第一篇 3.5）。

5 证据与鉴定依据

工程造价鉴定应根据鉴定依据进行，而鉴定依据的最重要的部分就是证据，但证据能否作为鉴定依据，依法应由人民法院、仲裁机构对证据的证明力作出认定。本章对当事人举证，无须举证的事实，调查取证，现场勘验，当事人质证，人民法院、仲裁机构对证据证明力的认定与采信等作了简要介绍。

5.1 当事人举证

【法条链接】

《中华人民共和国民事诉讼法》

第六十三条 证据包括：

（一）当事人的陈述；

（二）书证；

（三）物证；

（四）视听资料；

（五）电子数据；

（六）证人证言；

（七）鉴定意见；

（八）勘验笔录。

证据必须查证属实，才能作为认定事实的根据。

第六十四条 当事人对自己提出的主张，有责任提供证据。

当事人及其诉讼代理人因客观原因不能自行收集的证据，或者人民法院认为审理案件需要的证据，人民法院应当调查收集。

人民法院应当按照法定程序，全面地、客观地审查核实证据。

第六十五条 当事人对自己提出的主张应当及时提供证据。

人民法院根据当事人的主张和案件审理情况，确定当事人应当提供的证据及其期限。当事人在该期限内提供证据确有困难的，可以向人民法院申请延长期限，人民法院根据当事人的申请适当延长。当事人逾期提供证据的，人民法院应当责令其说明理由；拒不说明理由或者理由不成立的，人民法院根据不同情形可以不予采纳该证据，或者采纳该证据但予以训诫、罚款。

第七十九条 当事人可以申请人民法院通知有专门知识的人出庭，就鉴定人作出的鉴定意见或者专业问题提出意见。

第八十一条 在证据可能灭失或者以后难以取得的情况下，当事人可以在诉讼过程中向人民法院申请保全证据，人民法院也可以主动采取保全措施。

因情况紧急，在证据可能灭失或者以后难以取得的情况下，利害关系人可以在提起诉讼或者申请仲裁前向证据所在地、被申请人住所地或者对案件有管辖权的人民法院申请保全证据。

证据保全的其他程序，参照适用本法第九章保全的有关规定。

《中华人民共和国仲裁法》

第四十三条 当事人应当对自己的主张提供证据。

《中华人民共和国民法典》

第一百四十条 行为人可以明示或者默示作出意思表示。

沉默只有在有法律规定、当事人约定或者符合当事人之间的交易习惯时，才可以视为意思表示。

《最高人民法院关于适用〈中华人民共和国民事诉讼法〉的解释》（法释〔2015〕5号）

第九十条 当事人对自己提出的诉讼请求所依据的事实或者反驳对方诉讼请求所依据的事实，应当提供证据加以证明，但法律另有规定的除外。

在作出判决前，当事人未能提供证据或者证据不足以证明其事实主张的，由负有举证证明责任的当事人承担不利的后果。

第九十一条 人民法院应当依照下列原则确定举证证明责任的承担，但法律另有规定的除外：

（一）主张法律关系存在的当事人，应当对产生该法律关系的基本事实承担举证证明责任；

（二）主张法律关系变更、消灭或者权利受到妨害的当事人，应当对该法律关系变更、消灭或者权利受到妨害的基本事实承担举证证明责任。

第九十四条 民事诉讼法第六十四条第二款规定的当事人及其诉讼代理人因客观原因不能自行收集的证据包括：

（一）证据由国家有关部门保存，当事人及其诉讼代理人无权查阅调取的；

（二）涉及国家秘密、商业秘密或者个人隐私的；

（三）当事人及其诉讼代理人因客观原因不能自行收集的其他证据。

当事人及其诉讼代理人因客观原因不能自行收集的证据，可以在举证期限届满前书面申请人民法院调查收集。

第九十五条 当事人申请调查收集的证据，与待证事实无关联、对证明待证事实无意义或者其他无调查收集必要的，人民法院不予准许。

第九十六条 民事诉讼法第六十四条第二款规定的人民法院认为审理案件需要的证据包括：

（一）涉及可能损害国家利益、社会公共利益的；

（二）涉及身份关系的；

（三）涉及民事诉讼法第五十五条规定诉讼的；

（四）当事人有恶意串通损害他人合法权益可能的；

（五）涉及依职权追加当事人、中止诉讼、终结诉讼、回避等程序性事项的。

除前款规定外，人民法院调查收集证据，应当依照当事人的申请进行。

第九十八条 当事人根据民事诉讼法第八十一条第一款规定申请证据保全的，可以在举证期限届满前书面提出。

证据保全可能对他人造成损失的，人民法院应当责令申请人提供相应的担保。

第九十九条 人民法院应当在审理前的准备阶段确定当事人的举证期限。举证期限可以由当事人协商，并经人民法院准许。

人民法院确定举证期限，第一审普通程序案件不得少于十五日，当事人提供新的证据的第二审案件不得少于十日。

举证期限届满后，当事人对已经提供的证据，申请提供反驳证据或者对证据来源、形式等方面的瑕疵进行补正的，人民法院可以酌情再次确定举证期限，该期限不受前款规定的限制。

第一百条 当事人申请延长举证期限的，应当在举证期限届满前向人民法院提出书面申请。

申请理由成立的，人民法院应当准许，适当延长举证期限，并通知其他当事人。延长的举证期限适用于其他当事人。

申请理由不成立的，人民法院不予准许，并通知申请人。

第一百零一条 当事人逾期提供证据的，人民法院应当责令其说明理由，必要时可以要求其提供相应的证据。

当事人因客观原因逾期提供证据，或者对方当事人对逾期提供证据未提出异议的，视为未逾期。

第一百零二条 当事人因故意或者重大过失逾期提供的证据，人民法院不予采纳。但该证据与案件基本事实有关的，人民法院应当采纳，并依照民事诉讼法第六十五条、第一百一十五条第一款的规定予以训诫、罚款。

当事人非因故意或者重大过失逾期提供的证据，人民法院应当采纳，并对当事人予以训诫。

当事人一方要求另一方赔偿因逾期提供证据致使其增加的交通、住宿、就餐、误工、证人出庭作证等必要费用的，人民法院可予支持。

第一百一十二条 书证在对方当事人控制之下的，承担举证证明责任的当事人可以在举证期限届满前书面申请人民法院责令对方当事人提交。

申请理由成立的，人民法院应当责令对方当事人提交，因提交书证所产生的费用，由申请人负担。对方当事人无正当理由拒不提交的，人民法院可以认定申请人所主张的书证内容为真实。

第一百一十六条 视听资料包括录音资料和影像资料。

电子数据是指通过电子邮件、电子数据交换、网上聊天记录、博客、微博客、手机短信、电子签名、域名等形成或者存储在电子介质中的信息。

存储在电子介质中的录音资料和影像资料，适用电子数据的规定。

第一百一十七条 当事人申请证人出庭作证的，应当在举证期限届满前提出。

符合本解释第九十六条第一款规定情形的，人民法院可以依职权通知证人出庭作证。

未经人民法院通知，证人不得出庭作证，但双方当事人同意并经人民法院准许的除外。

第一百二十二条 当事人可以依照民事诉讼法第七十九条的规定，在举证期限届满前申请一至二名具有专门知识的人出庭，代表当事人对鉴定意见进行质证，或者对案件事实所涉及的专业问题提出意见。

具有专门知识的人在法庭上就专业问题提出的意见，视为当事人的陈述。

人民法院准许当事人申请的，相关费用由提出申请的当事人负担。

《最高人民法院关于民事诉讼证据的若干规定》（法释［2019］19号）

第一条 原告向人民法院起诉或者被告提出反诉，应当提供符合起诉条件的相应的证据。

第二条 人民法院应当向当事人说明举证的要求及法律后果，促使当事人在合理期限内积极、全面、正确、诚实地完成举证。

当事人因客观原因不能自行收集的证据，可申请人民法院调查收集。

第十一条 当事人向人民法院提供证据，应当提供原件或者原物。如需自己保存证据原件、原物或者提供原件、原物确有困难的，可以提供经人民法院核对无异的复制件或者复制品。

第十二条 以动产作为证据的，应当将原物提交人民法院。原物不宜搬移或者不宜保存的，当事人可以提供复制品、影像资料或者其他替代品。

人民法院在收到当事人提交的动产或者替代品后，应当及时通知双方当事人到人民法院或者保存现场查验。

第十三条 当事人以不动产作为证据的，应当向人民法院提供该不动产的影像资料。

人民法院认为有必要的，应当通知双方当事人到场进行查验。

第十四条 电子数据包括下列信息、电子文件：

（一）网页、博客、微博客等网络平台发布的信息；

（二）手机短信、电子邮件、即时通信、通讯群组等网络应用服务的通信信息；

（三）用户注册信息、身份认证信息、电子交易记录、通信记录、登录日志等信息；

（四）文档、图片、音频、视频、数字证书、计算机程序等电子文件；

（五）其他以数字化形式存储、处理、传输的能够证明案件事实的信息。

第十五条 当事人以视听资料作为证据的，应当提供存储该视听资料的原始载体。

当事人以电子数据作为证据的，应当提供原件。电子数据的制作者制作的与原件一致的副本，或者直接来源于电子数据的打印件或其他可以显示、识别的输出介质，视为电子数据的原件。

第二十条 当事人及其诉讼代理人申请人民法院调查收集证据，应当在举证期限届满前提交书面申请。

申请书应当载明被调查人的姓名或者单位名称、住所地等基本情况、所要调查收集的证据名称或者内容、需要由人民法院调查收集证据的原因及其要证明的事实以及明确的线索。

第二十五条 当事人或者利害关系人根据民事诉讼法第八十一条的规定申请证据保全的，申请书应当载明需要保全的证据的基本情况、申请保全的理由以及采取何种保全措施等内容。

当事人根据民事诉讼法第八十一条第一款的规定申请证据保全的，应当在举证期限届满前向人民法院提出。

法律、司法解释对诉前证据保全有规定的，依照其规定办理。

第四十五条 当事人根据《最高人民法院关于适用〈中华人民共和国民事诉讼法〉的解释》第一百一十二条的规定申请人民法院责令对方当事人提交书证的，申请书应当载明所申请提交的书证名称或者内容、需要以该书证证明的事实及事实的重要性、对方当事人控制该书证的根据以及应当提交该书证的理由。

对方当事人否认控制书证的，人民法院应当根据法律规定、习惯等因素，结合案件的事实、证据，对于书证是否在对方当事人控制之下的事实作出综合判断。

第四十七条 下列情形，控制书证的当事人应当提交书证：

（一）控制书证的当事人在诉讼中曾经引用过的书证；

（二）为对方当事人的利益制作的书证；

（三）对方当事人依照法律规定有权查阅、获取的书证；

（四）账簿、记账原始凭证；

（五）人民法院认为应当提交书证的其他情形。

前款所列书证，涉及国家秘密、商业秘密、当事人或第三人的隐私，或者存在法律规定应当保密的情形的，提交后不得公开质证。

第四十九条 被告应当在答辩期届满前提出书面答辩，阐明其对原告诉讼请求及所依据的事实和理由的意见。

第五十条 人民法院应当在审理前的准备阶段向当事人送达举证通知书。

举证通知书应当载明举证责任的分配原则和要求、可以向人民法院申请调查收集证据的情形、人民法院根据案件情况指定的举证期限以及逾期提供证据的法律后果等内容。

第五十一条 举证期限可以由当事人协商，并经人民法院准许。

人民法院指定举证期限的，适用第一审普通程序审理的案件不得少于十五日，当事人提供新的证据的第二审案件不得少于十日。适用简易程序审理的案件不得超过十五日，小额诉讼案件的举证期限一般不得超过七日。

举证期限届满后，当事人提供反驳证据或者对已经提供的证据的来源、形式等方面的瑕疵进行补正的，人民法院可以酌情再次确定举证期限，该期限不受前款规定的期间限制。

第五十二条 当事人在举证期限内提供证据存在客观障碍，属于民事诉讼法第六十五条第二款规定的“当事人在该期限内提供证据确有困难”的情形。

前款情形，人民法院应当根据当事人的举证能力、不能在举证期限内提供证据的原因等因素综合判断。必要时，可以听取对方当事人的意见。

第五十三条 诉讼过程中，当事人主张的法律关系性质或者民事行为效力与人民法院根据案件事实作出的认定不一致的，人民法院应当将法律关系性质或者民事行为效力作为焦点问题进行审理。但法律关系性质对裁判理由及结果没有影响，或者有关问题已经当事人充分辩论的除外。

存在前款情形，当事人根据法庭审理情况变更诉讼请求的，人民法院应当准许并可以根据案件的具体情况重新指定举证期限。

第五十四条 当事人申请延长举证期限的，应当在举证期限届满前向人民法院提出书面申请。

申请理由成立的，人民法院应当准许，适当延长举证期限，并通知其他当事人。延长的举证期限适用于其他当事人。

申请理由不成立的，人民法院不予准许，并通知申请人。

第五十五条 存在下列情形的，举证期限按照如下方式确定：

（一）当事人依照民事诉讼法第一百二十七条规定提出管辖权异议的，举证期限中止，自驳回管辖权异议的裁定生效之日起恢复计算；

（二）追加当事人、有独立请求权的第三人参加诉讼或者无独立请求权的第三人经人民法院通知参加诉讼的，人民法院应当依照本规定第五十一条的规定为新参加诉讼的当事人确定举证期限，该举证期限适用于其他当事人；

（三）发回重审的案件，第一审人民法院可以结合案件具体情况和发回重审的原因，酌情确定举证期限；

（四）当事人增加、变更诉讼请求或者提出反诉的，人民法院应当根据案件具体情况重新确定举证期限；

（五）公告送达的，举证期限自公告期届满之次日起计算。

第五十六条 人民法院依照民事诉讼法第一百三十三条第四项的规定，通过组织证据交换进行审理前准备的，证据交换之日举证期限届满。

证据交换的时间可以由当事人协商一致并经人民法院认可，也可以由人民法院指定。当事人申请延期举证经人民法院准许的，证据交换日相应顺延。

第五十九条 人民法院对逾期提供证据的当事人处以罚款的，可以结合当事人逾期提供证据的主观过错程度、导致诉讼迟延的情况、诉讼标的金额等因素，确定罚款数额。

《最高人民法院关于人民法院民事诉讼中委托鉴定审查工作若干问题的规定》（法〔2020〕202号）

3. 严格审查鉴定材料是否符合鉴定要求，人民法院应当告知当事人不提供符合要求鉴定材料的法律后果。

【条文理解】

按照法律规定，当事人对自己的主张，有责任提供证据。对当事人的举证责任分配，举证期限、逾期举证的处理及其后果，以及当事人因客观原因不能自行收集可以书面申请人民法院调查收集等作了规定。

1. 举证是当事人的责任。

凡有诉讼必有请求，而请求又须以主张为依托，只要当事人提出于己有利的事实主张，就有提供证据进行证明的义务和责任；当事人提供证据应当围绕其诉讼请求所依据的事实或者反驳对方诉讼请求所依据的事实进行。

（1）主张。其释义为“对于如何行动持有某种见解”或“对于如何行动所持有的见解”。在民事诉讼中是指当事人提出的诉讼请求、对对方当事人举证的证据事实真伪的观点与看法。首先，对原告而言，诉讼主张表现为向法院提出的，向被告主张的法律上的利益，并要求法院予以判决的请求；其次，诉讼中的主张表现为，当一方举出证据时，另一方对举证方的证据加以反驳和否定。

（2）举证。其意思是拿出、出示证据，在民事诉讼中是指当事人拿出证据来证明自己的主张。即当事人对己方提出的诉讼请求用证据事实加以证明，以及当事人对对方举证的证据事实加以反驳和否定时，用己方列举的证据事实加以证明的法律行为过程。

（3）主张与举证的区分。二者区分的关键，在于主张只是一种观点、看法和要求，但要使主张得到法庭的认可，就必须举出证据事实加以证明。用证据事实加以证明的过程就构成举证，没有用证据事实对己方的观点、看法与要求进行证明时，这种观点、看法与要求就仅仅是一种主张。例如法庭审理中，一方用陈述来证明自己的主张，并认为这就是举证与证明是不对的，因为依照《民事诉讼证据》第九十条的规定，当事人的陈述不能单独作为认定案件事实的根据，只有用证据事实对自己的主张加以证明时，才是诉讼中的举证。

（4）举证证明的标准。当事人提供证据应达到证明待证事实的程度，当事人提供的证据如果不能使待证事实得到证明，则负有举证责任的当事人应当承担相应的不利后果。

（5）不能自行收集证据的举证。当事人如因客观原因不能自行收集的证据，符合《民事诉讼解释》第九十四条规定的，可以在举证期限届满前书面申请人民法院调查收集。

（6）证据的保全。在证据可能灭失或者以后难以取得的情况下，当事人可以在举证期限届满前书面向人民法院申请保全证据。

（7）对方当事人默示或沉默的举证。《民法典》第一百四十条“行为人可以明示或者默示作出意思表示。/ 沉默只有在有法律规定、当事人约定或者符合当事人之间的交易习惯时，才可以视为意思表示。”（明示、默示、沉默的含义见本书第一篇 5.6 节概述），对默示的举证应证明对方当事人的行为，如合同中出现前后矛盾的条文时，应举证对方当事人在合同履行期间按哪一个条文在履行。当事人主张自己或者对方的沉默应被视为意思表示时，其负有相应的举证责任。可以举出相应的法律规定，也可以举证证明这是当事人之间的约定，还可以举证证明符合当事人之间的交易习惯。负有举证责任的当事人的相对方，在符合举证责任转移的情况下，也应就争议中的沉默不构成双方当事人之间的交易习惯进行举证，这样更便于法庭正确认定争议中的沉默是否构成当事人之间的交易习惯。

（8）证据是客观存在。证据的本质属性是其客观性，当事人应当将客观存在的证据提交给法院。如果将虚构或捏造的证据提交给法院，不仅不能证明自己的诉讼主张，反而会因提供虚假证据而承担相应的法律责任。

2. 举证责任分配。

举证责任的分配具有法定性，举证责任分配的基础，是对要件事实即“法律关系的基本事实”的分类。我国民事实体法律各种要件相对明确，审判人员在举证责任分配上是适用法律的过程，是通过对实体法规范进行类别分析，识别权利发生规范、消灭规范、限制规范、妨碍规范，并以此为基础确定当事人举证责任的负担。例如，按照《民事诉讼法解释》第九十一条的规定，在施工合同纠纷案件中，主张合同关系成立并生效的一方当事人应当对合同订立和生效的基本事实承担举证证明责任；主张合同关系变更、解除、终止、撤销或者权利受到妨害的当事人，应当对引起合同关系变动或者权利受到妨害的基本事实承担举证证明责任。

3. 当事人举证的内容。

按照《民事诉讼法》关于证据的八种类型的规定，当事人举证的内容包括：

（1）当事人的陈述。指民事诉讼中的各方当事人就他们对案件事实的感知和认识所发表的陈词及叙述，包括起诉状、答辩状、代理词、质证意见等。

（2）书证。指用文字、符号或图案等所记载的内容表达的与案件事实有关的人的思维或者行为的书面材料。在工程建设领域常见的如合同文件、图纸、工程签证、招标投标文件等。当事人提交书证应当提交原件，当事人需要自己保存证据原件的，经人民法院核对与原件无异后，可以提供复印件。提交外文书证的，必须附有中文译本。对于对方当事人控制的书证，可以书面申请人民法院责令对方当事人提交。

（3）物证。指能够以其外部特征、物质属性、所处位置以及状态证明案件事实的各种客观存在的物品、物质或痕迹。当事人提交物证应当符合《民事诉讼证据》第十二、十三条的规定。

（4）视听资料。指以录音、录像等设备和技术手段所记载和再现的声音、图像等信息证明案件真实情况的资料。当事人提交视听资料应当提供存储该视听资料的原始载体，一般呈现为录影带、录像带、录音带等。

（5）电子数据。即电子证据，指以电子、电磁、光学等形式或类似形式储存在计算机中的信息作为证明案件事实的资料，包括内容见《民事诉讼证据》第十四条。《民事诉讼法》第一百一十六条第三款的规定："存储在电子介质中的录音资料和影像资料，适用电子数据的规定。"《民事诉讼证据》第十五条二款规定："当事人以电子数据作为证据的，应当提供原件。电子数据的制作者制作的与原件一致的副本，或者直接来源于电子数据的打印件或其他可以显示、识别的输出介质，视为电子数据的原件。"

（6）证人证言。指了解案件情况的证人在法庭上就其亲身经历的案件事实所作的客观陈述作为证明案件事实的资料。当事人申请证人出庭作证，性质上属于提供证据的行为。因此，当事人诉讼请求中就某一事实需要证人证实的，应申请了解案件事实的证人出庭作证。

（7）鉴定意见。指鉴定人根据鉴定依据，运用科学技术和专业知识，经过鉴定程序就争议事项的专门性问题作出鉴定意见。当事人认为需要就待证事实做鉴定时，或经人民法院释明，当事人应当申请就待证事实的专门性问题进行鉴定；必要时当事人可以申请专家辅助人对鉴定意见或者专业问题提出意见。

（8）勘验笔录。指在人民法院组织的现场勘验中，勘验现场的相关人员对案件的相关事项进行调查、核实、勘验所作的记录。当事人认为有必要时，应当申请人民法院进行现场勘验核实证据或收集证据。

对于法律规定无须举证证明的事实和对方当事人对于己不利的事实自认的，当事人无须举证，但应指明出处及根据（详见本章5.2）。

4. 举证的方法。当事人举证应当全面提交证据，并对证据进行合理组织，使之成为完善的证据体系，以提升证据的整体证明力，使待证事实得到确定，并排除其他合理怀疑。

（1）直接证据与间接证据相结合。直接证据是指能够单独证明案件主要事实的证据；间接证据是指不能单独证明案件主要事实，而需要与其他证据相结合才能证明案件事实的证据。当事人提交直接证据、间接证据，应以能够证明案件主要事实为前提。

（2）原始证据与传来证据相结合。原始证据是指直接来源于案件事实的第一手证据。传来证据是指经过转抄、复制或转述的第二手或者第二手以上的证据。一般来说，原始证据的证明价值大于传来证据，但在原始证据灭失或部分毁损的情况下，传来证据也具有十分重要的证明价值。

（3）主要证据与辅助证据相结合。主要证据是能够直接或间接证明案件主要事实的证据；辅助证据是证明案件中的辅助事实或证据真实性的证据。主要证据和辅助证据对于正确认识案件事实、发现事实真伪具有重要意义。

（4）证据选择与待证事实具有关联。证据的最大特点是它与待证事实的关联性，如果失去了关联性，证据就失去了其存在的价值。

5. 举证的要求。

（1）明确证明名称，说明形成过程，以便让法庭确认证据的真实性和合法性；

（2）明确证明对象，以便让法庭确认证据与待证事实的关联性；

（3）明确证据效力，就待证事实，首先使用证明力最高的证据予以证明；

（4）证明同一事项需要多份证据的，向法庭一并出示；

（5）同一份证据可以证实多个事项的，在法庭上多次出示；

（6）就对方当事人出示的证据有不同的证明对象的，应当另行作为证据向法庭举证，不应因为对方当事人出示此份证据而不另行举证。

6. 举证期限。

举证期限是对当事人提供证据的期间上的要求，其与逾期举证的后果共同构成举证时限制度的基本内容。举证期限是举证时限制度的基础，法律对举证期限的规定，意味着当事人负有在期间内完成举证的法定义务。同时还规定，举证期限届满后，当事人对已经提供的证据，申请提供反驳证据或者对证据来源、形式等方面的瑕疵进行补正的，人民法院可以酌情再次确定举证期限。法律还规定，当事人有理由的，在举证期限届满前，还可以向人民法院提出延长举证期限的书面申请，经人民法院审查理由成立的，可以适当延长举证期限，并适用于其他当事人。

（1）如何确定举证期限，法律规定了以下两种方式：一是人民法院确定；二是当事人协商并经人民法院准许。

（2）不受举证期限约束的除外情形：一是当事人提供反驳证据；二是当事人对已提供证据的来源、形式等方面的瑕疵进行补正的。

7. 逾期举证的审查与接受。当事人逾期提交或补充证据材料，是否接受，应由人民法院或对方当事人决定。按照《民事诉讼法》《民事诉讼法解释》和《民事诉讼证据》的规定，人民法院对当事人逾期提供证据的理由需要进行审查，这是连接举证期限和逾期举证的后果之间的桥梁。其一是因客观原因逾期提供证据，这里的客观原因包括自然灾害等不可抗力，也包括社会事件以及其他非逾期提供证据的当事人自身所能够控制的因素；其二是对方当事人对逾期提供的证据无异议的，此种情形主要考虑尊重对方当事人在诉讼中的处分权。

8. 逾期举证的法律后果。逾期举证的法律后果是举证时限制度的核心，也是举证时限制度发挥其价值功能的关键，当事人没有遵守举证时限的要求必然会产生一定的法律后果。

一是证据失权，即当事人逾期提供的证据，丧失证据效力。证据失权的后果意味着逾期提供证据的当事人丧失提出证据证明自己的事实主张和反驳对方的权利，人民法院也不会对当事人逾期提供的证据进行审理。

二是负担额外的证明责任，即当事人逾期提供证据确有正当理由的，该证据作为失权后果的例外，允许提出，但当事人应就正当理由的存在负担证明责任。

三是承担不利的诉讼后果。由于举证时限是证明责任的内在要求，对待证事实负有举证责任的当事人未能按照举证期限的要求有效完成举证，在待证事实处于真伪不明状态时，应当承担不利的诉讼结果。

5.2 无需举证证明的事实

【法条链接】

《中华人民共和国民事诉讼法》

第六十九条 经过法定程序公证证明的法律事实和文书，人民法院应当作为认定事实的根据，但有相反证据足以推翻公证证明的除外。

《中华人民共和国公证法》

第三十六条 经公证的民事法律行为、有法律意义的事实和文书，应当作为认定事实的根据，但有相反证据足以推翻该项公证的除外。

《最高人民法院关于适用中华人民共和国民事诉讼法的解释》（法释〔2015〕5号）

第九十二条 一方当事人在法庭审理中，或者在起诉状、答辩状、代理词等书面材料中，对于己不利的事实明确表示承认的，另一方当事人无需举证证明。

对于涉及身份关系、国家利益、社会公共利益等应当由人民法院依职权调查的事实，不适用前款自认的规定。

自认的事实与查明的事实不符的，人民法院不予确认。

第九十三条 下列事实，当事人无须举证证明：

（一）自然规律以及定理、定律；

（二）众所周知的事实；

（三）根据法律规定推定的事实；

（四）根据已知的事实和日常生活经验法则推定出的另一事实；

（五）已为人民法院发生法律效力的裁判所确认的事实；

（六）已为仲裁机构生效裁决所确认的事实；

（七）已为有效公证文书所证明的事实。

前款第二项至第四项规定的事实，当事人有相反证据足以反驳的除外；第五项至第七项规定的事实，当事人有相反证据足以推翻的除外。

第一百一十四条 国家机关或者其他依法具有社会管理职能的组织，在其职权范围内制作的文书所记载的事项推定为真实，但有相反证据足以推翻的除外。必要时，人民法院可以要求制作文书的机关或者组织对文书的真实性予以说明。

第二百二十九条 当事人在庭审中对其在审理前的准备阶段认可的事实和证据提出不同意见的，人民法院应当责令其说明理由。必要时，可以责令其提供相应证据。人民法院应当结合当事人的诉讼能力、证据和案件的具体情况进行审查。理由成立的，可以列入争议焦点进行审理。

《最高人民法院关于民事诉讼证据的若干规定》（法释〔2019〕19号）

第三条 在诉讼过程中，一方当事人陈述的于己不利的事实，或者对于己不利的事实明确表示承认的，另一方当事人无需举证证明。

在证据交换、询问、调查过程中，或者在起诉状、答辩状、代理词等书面材料中，当事人明确承认于己不利的事实的，适用前款规定。

第四条 一方当事人对于另一方当事人主张的于己不利的事实既不承认也不否认，经审判人员说明并询问后，其仍然不明确表示肯定或者否定的，视为对该事实的承认。

第五条 当事人委托诉讼代理人参加诉讼的，除授权委托书明确排除的事项外，诉讼代理人的自认视为当事人的自认。

当事人在场对诉讼代理人的自认明确否认的，不视为自认。

第六条 普通共同诉讼中，共同诉讼人中一人或者数人作出的自认，对作出自认的当事人发生效力。

必要共同诉讼中，共同诉讼人中一人或者数人作出自认而其他共同诉讼人予以否认的，不发生自认的效力。其他共同诉讼人既不承认也不否认，经审判人员说明并询问后仍然不明确表示意见的，视为全体共同诉讼人的自认。

第七条 一方当事人对于另一方当事人主张的于己不利的事实有所限制或者附加条件予以承认的，由人民法院综合案件情况决定是否构成自认。

第八条 《最高人民法院关于适用〈中华人民共和国民事诉讼法〉的解释》第九十六条第一款规定的事实，不适用有关自认的规定。

自认的事实与已经查明的事实不符的，人民法院不予确认。

第九条 有下列情形之一，当事人在法庭辩论终结前撤销自认的，人民法院应当准许：

（一）经对方当事人同意的；

（二）自认是在受胁迫或者重大误解情况下作出的。

人民法院准许当事人撤销自认的，应当作出口头或者书面裁定。

第十条 下列事实，当事人无须举证证明：

（一）自然规律以及定理、定律；

（二）众所周知的事实；

（三）根据法律规定推定的事实；

（四）根据已知的事实和日常生活经验法则推定出的另一事实；

（五）已为仲裁机构的生效裁决所确认的事实；

（六）已为人民法院发生法律效力的裁判所确认的基本事实；

（七）已为有效公证文书所证明的事实。

前款第二项至第五项事实，当事人有相反证据足以反驳的除外；第六项、第七项事实，当事人有相反证据足以推翻的除外。

【条文理解】

当事人无须举证证明的事实，简称免证事实，指诉讼中当事人虽然就某一事实提出主张，但免除其提供证据证明的责任的情形。在民事诉讼中，除了《民事诉讼法解释》和《民事诉讼证据》规定的七种情形外，当事人对于己不利的事实自认的也属于免证事实的范围，在法律中也有规定。对无须证明事项的规范是民事诉讼法证据制度中的重要内容。对民事诉讼当事人而言，最重要的就是对自己的事实主张加以证明。如果不能就哪些事项应当证明，哪些事项无须证明加以规范，就可能因证明范围过宽，加重当事人证明负担，或因证明范围过窄导致案件事实难以充分揭示，无法实现案件的公正裁判。

1. 法律规定当事人无须举证证明的事实。《民事诉讼法解释》第九十三条和《民事诉讼证据》第十条规定了当事人无须举证证明的七个方面：

（1）自然规律以及定理、定律。

①自然规律是指客观事物在特定条件下所发生的本质联系和必然趋势的反映。它是人们通常所感知的客观现象及周而复始出现的具有内在必然联系的客观事物。

②定理、定律是指在科学上、在特定条件下已被反复证明的客观规律和必然联系。例如我国北方的冬季施工。对于自然规律和定理我国司法解释未允许当事人提出反证推翻之。

（2）众所周知的事实。众所周知的事实是指一定区域内、一定行业内为具有一定知识经验的一般人共同知晓的常识性事实。

对于确系众所周知的事实，若仅是法官所不知（特别是地方性、行业性的周知事实），可由当事人提供适当的知识，或辅助法官取得必要的知识，从而加以认知，而不是必须由当事人负举证责任，这一点在工程建设领域以及工程造价鉴定中具有重要意义。

（3）根据法律规定推定的事实。推定是指法律规定或由法院按照经验法则，从已知的前提事实推断未知的结果事实存在，并允许当事人提出反证推翻的一种证据法则。根据推定发生的依据不同，可将其分为法律推定和事实推定。

法律推定即“根据法律规定推定的事实”，是由法律明文确定的推定，当出现符合法律推定的法律规范条件的事实时，就可以直接依据该规范推断出推定事实。适用法律推定首先要确认前提事实的存在。法律推定事实是根据前提事实作出的推断，不需要作为证明对象予以证明。

（4）根据已知的事实和日常生活经验法则推定出的另一事实。事实推定即“根据已知的事实和日常生活经验法则推定出的另一事实”，法院依据经验法则进行逻辑上的演绎，由已知事实（基础事实）得出待证事实（推定事实）真伪的结论。例如根据被告在诉讼中销毁或隐匿证据这一事实，推断出该证据必定于其不利；虽不能证明契约缔结的事实，但依契约履行的事实，足以推定其契约关系之存在等。

事实推定与法律推定的区别在于有无法律明文规定，若事实推定上升为法律规定的推定时，就成为法律推定。

（5）已为仲裁机构和生效裁决所确认的事实。生效仲裁裁决的事实，在民事诉讼法上也是预决事实的一种。生效的仲裁裁决禁止当事人就同一事实申请后续的仲裁或诉讼，这种法律效力与生效的民事裁判发生的法律效力是一致的。

由于仲裁是偏重于效率的纠纷解决方式，相对于诉讼的司法程序而言，对当事人的程序保障相对较弱。主张免证权利的当事人才可以依据仲裁裁决的预决力要求对方当事人承担反驳义务。也避免因仲裁合意性特点，使案外人利益受本案当事人合谋之侵害。对生效仲裁裁决确认的事实，《民事诉讼证据》规定："当事人有相反证据足以反驳的除外"，由《民事诉讼法解释》的"足以推翻"变成了"足以反驳"，排除仲裁裁决确认的事实作为免证事实的要求降低了，即当事人提出的反证的证明力不必达到推翻该事实的程度，只需要动摇免证事实对法官的心证基础，使其处于真伪不明的状态即可。

（6）已为人民法院发生法律效力的裁判所确认的基本事实。当先前有关案件的事实为人民法院的裁判所确定时，便对与之相关联的尚未作出裁判的另一案件的待证事实产生预决的效力，预决的事实之所以不需要证明。一是因为该事实已为人民法院经正当证明程序所查明，客观上无再次证明的必要；二是因为该事实已为人民法院裁判所认定，该裁判具有法律约束力，此种约束力也包括对该事实认定上的不可更改性。

（7）已为有效公证文书所证明的事实。公证是指公证机关依当事人的申请，代表国家依照法定程序证明法律行为、法律事实和文书的真实性和合法性的非讼法律活动。公证文书的法律效力表现在三个方面：一是证据效力或证明效力；二是强制执行效力；三是法律行为成立要件的效力。《民事诉讼法》和《公证法》都规定经公证证明的法律事实和文书，在民事诉讼中应当作为认定事实的根据，无须当事人再行举证证明。除非对方当事人对公证的事实提出了相反的证据，公证的事实也就成为应当证明的对象。

《民事诉讼证据》第十条规定：第二项至第五项事实，"当事人有相反证据足以反驳的除外"，即当事人提供的证据能够动摇免证事实对法官的心证基础，使待证事实仍处于真伪不明状态时，则不能发生免除当事人举证责任的效力。而对于已为人民法院生效裁判所确认的基本事实、已为有效公证文书所证明的事实，否定这两类公文书证确认的事实需要证据的证明力达到推翻该事实的程度，即需要达到提出证据证明相反事实成立的程度。只有在提供的相反证据"足以推翻"这两类生效文书确认的事实时，才发生不能免除举证责任的效果。

此外，《民事诉讼法解释》第一百一十四条规定的"国家机关或者其他依法具有社会管理职能的组织，在其职权范围内制作的文书所记载的事项推定为真实”，当事人也无需举证证明，“但有相关证据足以推翻的除外”。

2. 当事人自认的于己不利的事实。

《民事诉讼法解释》第九十二条和《民事诉讼证据》第三至九条规定了当事人对于己不利的事实明确表示承认的，另一方当事人无须举证证明，以及对当事人自认的限制、当事人自认的反悔、撤销的处理等情形。

（1）诉讼上自认的法律效力。自认是当事人对于己不利的事实的承认。当事人在诉讼上的自认是证明责任的一种例外，自认一经作出，即产生两方面的效果：一是对当事人产生约束力，即当事人一方对另一方当事人主张的于其不利的事实一经作出承认的声明或表示，另一方当事人则无须对该事实举证证明，而且除法定情形外，作出自认的当事人也不能撤销或否认其自认；二是对人民法院产生约束力，即对于当事人自认的事实，人民法院原则上应当予以确认，不能作出与自认的事实相反的认定，无法定情形不能否定自认的效力。

（2）自认的类型。

①完全自认与限制自认。根据自认的程度、范围可以划分为完全自认与限制自认。完全自认是对另一方当事人主张的事实的全部自认，产生使对方当事人免于举证并约束法院的效果。限制自认是一种附条件的、不完全的自认。限制自认可以分为部分自认和附条件自认。对自认有所限制或者附加条件自认的，由人民法院综合案件情况决定是否构成自认。

②明示自认与默示自认。根据当事人意思表示的方式可以划分为明示自认和默示自认。明示自认指当事人通常展现为作出的积极的、明确的承认意思表示；默示自认是指当事人通过沉默的方式所作出的消极的应对，又称拟制自认。民事诉讼具有较强的对抗性，如果一方对另一方主张的不利于自己的事实不予自认，应予以反击和辩论；如不予辩论，则视为承认。《民事诉讼证据》第四条将审判人员行使释明权作为确认默示自认成立的必要条件。

③当事人的自认与代理人的自认。根据责任主体的不同可以划分为当事人的自认和代理人的自认。当事人的自认是指当事人本人所作的承认；代理人的自认是指当事人的代理人对另一方当事人或其代理人主张的事实表示承认，除授权委托书明确排除的事项外，视为当事人的自认，但当事人在场对其代理人的自认明确否认的，不视为自认。

（3）当事人自认的限制。

一是按照《民事诉讼法解释》第九十二条和《民事诉讼证据》第八条的规定，涉及身份关系的事实，有可能损害国家利益、社会公共利益的事实等应当由人民法院依职权调查的事实，不适用自认的规定。自认的事实与人民法院查明的事实不符的，不适用自认的规定。

二是根据《民事诉讼法解释》第一百零七条的规定，对于当事人为达成调解协议或者和解协议作出妥协而认可的事实，不应适用自认的规定。

（4）当事人自认的反悔。当事人对自认反悔的，可以根据《民事诉讼证据》第八条第二款的规定，通过举证证明自认的事实与客观事实不符来推翻自认。

（5）当事人自认的撤销。按照《民事诉讼证据》第九条的规定，对“有下列情形之一，当事人在法庭辩论终结前撤销自认的，人民法院应当准许：（一）经对方当事人同意的；（二）自认是在受胁迫或者重大误解情况下作出的。/ 人民法院准许当事人撤销自认的，应当作出口头或者书面裁定。”

5.3 调 查 取 证

【法条链接】

《中华人民共和国民事诉讼法》

第六十四条第二款 当事人及其诉讼代理人因客观原因不能自行收集的证据，或者人民法院认为审理案件需要的证据，人民法院应当调查收集。

第六十七条第一款 人民法院有权向有关单位和个人调查取证，有关单位和个人不得拒绝。

第七十七条第一款 鉴定人有权了解进行鉴定所需要的案件材料，必要时可以询问当事人、证人。

《最高人民法院关于适用〈中华人民共和国民事诉讼法〉的解释》（法释〔2015〕5号）

第九十四条 民事诉讼法第六十四条第二款规定的当事人及其诉讼代理人因客观原因不能自行收集的证据包括：

（一）证据由国家有关部门保存，当事人及其诉讼代理人无权查阅调取的；

（二）涉及国家秘密、商业秘密或者个人隐私的；

（三）当事人及其诉讼代理人因客观原因不能自行收集的其他证据。

当事人及其诉讼代理人因客观原因不能自行收集的证据，可以在举证期限届满前书面申请人民法院调查收集。

第一百一十二条 书证在对方当事人控制之下的，承担举证证明责任的当事人可以在举证期限届满前书面申请人民法院责令对方当事人提交。

申请理由成立的，人民法院应当责令对方当事人提交，因提交书证所产生的费用，由申请人负担。对方当事人无正当理由拒不提交的，人民法院可以认定申请人所主张的书证内容为真实。

《最高人民法院关于民事诉讼证据的若干规定》（法释〔2019〕19号）

第二十条 当事人及其诉讼代理人申请人民法院调查收集证据，应当在举证期限届满前提交书面申请。

申请书应当载明被调查人的姓名或者单位名称、住所地等基本情况、所要调查收集的证据名称或者内容、需要由人民法院调查收集证据的原因及其要证明的事实以及明确的线索。

第二十一条 人民法院调查收集的书证，可以是原件，也可以是经核对无误的副本或者复制件。是副本或者复制件的，应当在调查笔录中说明来源和取证情况。

第二十二条 人民法院调查收集的物证应当是原物。被调查人提供原物确有困难的，可以提供复制品或者影像资料。提供复制品或者影像资料的，应当在调查笔录中说明取证情况。

第二十三条 人民法院调查收集视听资料、电子数据，应当要求被调查人提供原始载体。

提供原始载体确有困难的，可以提供复制件。提供复制件的，人民法院应当在调查笔录中说明其来源和制作经过。

人民法院对视听资料、电子数据采取证据保全措施的，适用前款规定。

第二十四条 人民法院调查收集可能需要鉴定的证据，应当遵守相关技术规范，确保证据不被污染。

第二十七条 人民法院进行证据保全，可以要求当事人或者诉讼代理人到场。

根据当事人的申请和具体情况，人民法院可以采取查封、扣押、录音、录像、复制、鉴定、勘验等方法进行证据保全，并制作笔录。

在符合证据保全目的的情况下，人民法院应当选择对证据持有人利益影响最小的保全措施。

第三十四条第二款 经人民法院准许，鉴定人可以调取证据、勘验物证和现场、询问当事人或者证人。

第四十五条 当事人根据《最高人民法院关于适用〈中华人民共和国民事诉讼法〉的解释》第一百一十二条的规定申请人民法院责令对方当事人提交书证的，申请书应当载明所申请提交的书证名称或者内容、需要以该书证证明的事实及事实的重要性、对方当事人控制该书证的根据以及应当提交该书证的理由。

对方当事人否认控制书证的，人民法院应当根据法律规定、习惯等因素，结合案件的事实、证据，对于书证是否在对方当事人控制之下的事实作出综合判断。

第四十六条 人民法院对当事人提交书证的申请进行审查时，应当听取对方当事人的意见，必要时可以要求双方当事人提供证据、进行辩论。

当事人申请提交的书证不明确、书证对于待证事实的证明无必要、待证事实对于裁判结果无实质性影响、书证未在对方当事人控制之下或者不符合本规定第四十七条情形的，人民法院不予准许。

当事人申请理由成立的，人民法院应当作出裁定，责令对方当事人提交书证；理由不成立的，通知申请人。

第四十七条 下列情形，控制书证的当事人应当提交书证：

（一）控制书证的当事人在诉讼中曾经引用过的书证；

（二）为对方当事人的利益制作的书证；

（三）对方当事人依照法律规定有权查阅、获取的书证；

（四）账簿、记账原始凭证；

（五）人民法院认为应当提交书证的其他情形。

前款所列书证，涉及国家秘密、商业秘密、当事人或第三人的隐私，或者存在法律规定应当保密的情形的，提交后不得公开质证。

【条文理解】

本节主要介绍人民法院依职权调取证据和当事人因客观原因不能收集的证据，申请人民法院调查收集（鉴定人依法收集证据见本书第一篇 4.5 节）。

1．人民法院依职权调查取证。

根据审理案件查明事实的需要，人民法院有权向有关单位、个人调查取证。

2．当事人申请人民法院调查收集证据。

（1）申请的条件。当事人申请人民法院调查收集证据，应当是当事人因客观原因不能自行收集的证据。“客观原因”主要指以下几种情形：

①当事人无权查阅调取的，必须依据职权方可收集的证据。如国家有关部门保存的档案文书、文献资料等。

②当事人自己调查、收集的有可能侵犯国家、社会和他人合法权利的证据。如国家秘密、商业秘密和个人隐私等材料。

③需要动用国家司法才能收集的证据。如需要通过证据保全等手段获取的证据，或者控制在对方当事人手里的直接证据和主要证据。

（2）申请的形式。当事人应当以书面形式向人民法院提交申请。

（3）申请的内容。

①被调查人的姓名或者单位名称、住所等基本情况；

②所要收集调查的证据名称或者内容；

③需要人民法院调查收集证据的原因及其要证明的事实等。

（4）申请的审查。人民法院对当事人提交书证的申请是否准许进行审查，综合考量待证事实是否因该证据不被提交而真伪不明，持有书证的当事人是否具有不提交书证的正当理由或其他不可归责于己的因素，作出分析认定。

5.4 现 场 勘 验

【法条链接】

《中华人民共和国民事诉讼法》

第八十条 勘验物证或者现场，勘验人必须出示人民法院的证件，并邀请当地基层组织或者当事人所在单位派人参加。当事人或者当事人的成年家属应当到场，拒不到场的，不影响勘验的进行。

有关单位和个人根据人民法院的通知，有义务保护现场，协助勘验工作。

勘验人应当将勘验情况和结果制作笔录，由勘验人、当事人和被邀参加人签名或者盖章。

《最高人民法院关于适用〈中华人民共和国民事诉讼法〉的解释》（法释［2015］5号）

第一百二十四条 人民法院认为有必要的，可以根据当事人的申请或者依职权对物证或者现场进行勘验。勘验时应当保护他人的隐私和尊严。

人民法院可以要求鉴定人参与勘验。必要时，可以要求鉴定人在勘验中进行鉴定。

《最高人民法院关于民事诉讼证据的若干规定》（法释［2019］19号）

第四十三条 人民法院应当在勘验前将勘验的时间和地点通知当事人。当事人不参加的，不影响勘验的进行。

当事人可以就勘验事项向人民法院进行解释和说明，可以请求人民法院注意勘验中的重要事项。

人民法院勘验物证或者现场，应当制作笔录，记录勘验的时间、地点、勘验人、在场人、勘验的经过、结果，由勘验人、在场人签名或者盖章。对于绘制的现场图应当注明绘制的时间、方位、测绘人姓名、身份等内容。

【条文理解】

1．勘验的属性。

勘验是人民法院、仲裁机构比较特殊的职权行为。对勘验既可以理解为调查收集证据的方式，也可以理解为核实证据的手段。勘验本身并不是证据，勘验的结果——勘验笔录才是证据。由于工程建设的特殊性，对涉及争议的工程造价鉴定事项，有的必须经过现场勘验才能查清事实，为鉴定提供依据。例如由于图纸的欠缺但实物——建筑物、构筑物存在，通过勘验可以收集、补充证据；当事人对书证——工程签证的工程量、使用材料有异议，通过勘验可以核实证据。而这些都涉及专业技术问题。因此，现场勘验是工程造价鉴定中十分必要和重要的程序。

2．勘验的启动。

勘验以满足“有必要进行勘验”为限。这种必要性，需要结合案件的具体情况进行判断。一般而言，可以从与案件事实的关联性、是否属于待证事实中的重要事项、是否属于勘验标的的形状可能发生变更的情况、待证事实是否已经清楚等多个方面进行综合判断。

启动勘验的方式主要有两种：

（1）人民法院、仲裁机构依职权决定进行勘验；

（2）当事人或鉴定人申请，人民法院、仲裁机构批准。

3．勘验的组织。

现场勘验活动由人民法院、仲裁机构组织。工程造价鉴定活动中的现场勘验，多数情况下，鉴定人实际上扮演的是勘验人的角色，会同各方当事人共同参加。

勘验前，人民法院、仲裁机构会将勘验的时间、地点等相关事项通知当事人，以有利于当事人积极参加勘验活动。当然，人民法院、仲裁机构进行勘验活动前负有通知当事人参加的义务，但不强制当事人必须参加，当事人是否参加，不影响勘验活动的正常进行。人民法院也不可能以当事人经通知未参加勘验活动为由取消应开展的勘验活动。

对当事人来说，为保障勘验结果的正确性，积极参与勘验活动，就相关勘验事项在勘验过程中进行解释和说明，还可以请求人民法院、仲裁机构注意勘验中的重要事项，这对于人民法院、仲裁机构通过勘验活动查明待证事实的真相，了解当事人的主张，作用十分重大。

对鉴定人而言，积极参加鉴定活动，协助做好勘验笔录，了解待证事实的真相，对于做好鉴定工作同样作用十分重大。

4．勘验的成果——勘验笔录。是指勘验人对案件有关的现场进行调查、核实、勘验所作的记录。勘验笔录的内容反映勘验结果。勘验笔录作为法律所规定的证据类型，在诉讼过程中，作为证据使用的勘验笔录，影响对案件基本事实的认定，关涉当事人的民事权益。为此，勘验笔录的制作应符合法律规定的条件和要求。在此需注意的是，勘验笔录的制作主体或者说勘验主体并非限定于法官或仲裁员，由于勘验物证、现场涉及较为专业的问题，一般委托具有专门知识的人进行。

对于勘验笔录的要求，《民事诉讼证据》规定较为具体："人民法院勘验物证或者现场，应当制作笔录，记录勘验的时间、地点、勘验人、在场人、勘验的经过、结果，由勘验人、在场人签名或者盖章。对于绘制的现场图应当注明绘制的时间、方位、测绘人姓名、身份等内容。"对于勘验的方法，除了用文字记载外，对于工程造价鉴定而言，还可以用录像、拍照、绘图、测量、检测等方式进行。

5.5　当事人质证

【法条链接】

《中华人民共和国民事诉讼法》

第六十八条　证据应当在法庭上出示，并由当事人互相质证。对涉及国家秘密、商业秘密和个人隐私的证据应当保密，需要在法庭出示的，不得在公开开庭时出示。

《中华人民共和国仲裁法》

第四十五条 证据应当在开庭时出示，当事人可以质证。

《最高人民法院关于适用〈中华人民共和国民事诉讼法〉的解释》（法释［2015］5号）

第一百零三条 证据应当在法庭上出示，由当事人互相质证。未经当事人质证的证据，不得作为认定案件事实的依据。

当事人在审理前的准备阶段认可的证据，经审判人员在庭审中说明后，视为质证过的证据。

涉及国家秘密、商业秘密、个人隐私或者法律规定应当保密的证据，不得公开质证。

第一百零四条 人民法院应当组织当事人围绕证据的真实性、合法性以及与待证事实的关联性进行质证，并针对证据有无证明力和证明力大小进行说明和辩论。能够反映案件真实情况、与待证事实相关联、来源和形式符合法律规定的证据，应当作为认定案件事实的根据。

《最高人民法院关于民事诉讼证据的若干规定》（法释［2019］19号）

第六十条 当事人在审理前的准备阶段或者人民法院调查、询问过程中发表过质证意见的证据，视为质证过的证据。

当事人要求以书面方式发表质证意见，人民法院在听取对方当事人意见后认为有必要的，可以准许。人民法院应当及时将书面质证意见送交对方当事人。

第六十一条 对书证、物证、视听资料进行质证时，当事人应当出示证据的原件或者原物。但有下列情形之一的除外：

（一）出示原件或者原物确有困难并经人民法院准许出示复制件或者复制品的；

（二）原件或者原物已不存在，但有证据证明复制件、复制品与原件或者原物一致的。

第六十二条 质证一般按下列顺序进行：

（一）原告出示证据，被告、第三人与原告进行质证；

（二）被告出示证据，原告、第三人与被告进行质证；

（三）第三人出示证据，原告、被告与第三人进行质证。

人民法院根据当事人申请调查收集的证据，审判人员对调查收集证据的情况进行说明后，由提出申请的当事人与对方当事人、第三人进行质证。

人民法院依职权调查收集的证据，由审判人员对调查收集证据的情况进行说明后，听取当事人的意见。

第六十三条 当事人应当就案件事实作真实、完整的陈述。

当事人的陈述与此前陈述不一致的，人民法院应当责令其说明理由，并结合当事人的诉讼能力、证据和案件具体情况进行审查认定。

当事人故意作虚假陈述妨碍人民法院审理的，人民法院应当根据情节，依照民事诉讼法第一百一十一条的规定进行处罚。

第六十四条 人民法院认为有必要的，可以要求当事人本人到场，就案件的有关事实接受询问。

人民法院要求当事人到场接受询问的，应当通知当事人询问的时间、地点、拒不到场的后果等内容。

《最高人民法院关于审理建设工程施工合同纠纷案件适用法律问题的解释（一）》（法释〔2020〕25号）

第三十四条 人民法院应当组织当事人对鉴定意见进行质证。鉴定人将当事人有争议且未经质证的材料作为鉴定依据的，人民法院应当组织当事人就该部分材料进行质证。经质证认为不能作为鉴定依据的，根据该材料作出的鉴定意见不得作为认定案件事实的依据。

《最高人民法院关于审理建设工程施工合同纠纷案件适用法律问题的解释（二）》（法释〔2018〕20号）

第十六条 人民法院应当组织当事人对鉴定意见进行质证。鉴定人将当事人有争议且未经质证的材料作为鉴定依据的，人民法院应当组织当事人就该部分材料进行质证。经质证认为不能作为鉴定依据的，根据该材料作出的鉴定意见不得作为认定案件事实的依据。

【条文理解】

质证是当事人的权利。所谓质证，是指在审判人员的主持下，由当事人通过听取、审阅、核对、辨认、质疑、说明、辩驳等方法，对提交法庭的证据材料的真实性、关联性和合法性作出判断，无异议的予以认可，有异议的提出质疑的程序。质证是基本的诉讼程序，是当事人的一项诉讼权利，是人民法院审查认定证据的必要前提。"未经当事人质证的证据，不得作为认定案件事实的依据"，这是证据材料能上升为认定案件事实意义上的证据的必然要求，但经过质证的证据并不一定都能作为认定案件事实的根据，因为可能仍然存疑（如当事人提出异议或者提出反证等），还要结合案件事实及当事人对证据真实性、关联性、合法性的质证情况，进行综合判断。

1. 质证的意义。

（1）质证是当事人行使诉权的必要方式。质证的过程是通过当事人在法庭上展示证据并对对方当事人举证予以反驳，从而对证据进行筛选，这个过程给当事人提供了增强自己举证力度、削弱对方证据证明力的机会。由于当事人是诉讼法律关系直接利害关系人，受趋利避害观念的驱使，当事人往往更关注案件事实能够向有利于自己的方向发展，而对案件事实是否真实并不十分关切。通过质证程序，当事人通过举示证据、进行辩论，使案件事实朝着有利于自己的方面认定，从而实现自己的民事诉权。这种机会对于当事人双方是均等的，人民法院也正是通过双方举证、质辩的过程来实现内心确信并筛选出能够作为定案依据的证据。

（2）质证是法庭辩论的重要内容。通过当事人对法庭上出示的证据材料进行辨认、质询、辩驳，从而确定证据可信程度及证明力大小。质证也是直接原则、言辞原则的体现。法庭辩论是在审判人员的主持下，双方当事人对各自主张及所支撑的证据进行陈述并反驳对方当事人诉讼主张及证据的诉讼活动。直接原则要求法官在法庭上听取当事人、证人、鉴定人等的陈述，对有关书证、物证、鉴定意见等证据材料在法官主持下出示证据，进行质证。言辞原则要求庭审质证活动应该以言辞陈述和辩论的方式展开，通过这种言辞质证的方式，才能使法官对作为裁判基础的证据保持全面而充分的接触和审查，为法官查明案件事实真相提供保障。

2. 质证的要素。

（1）质证的主体。质证主体应是与案件事实、审理结果有直接的利害关系，并承担质证法律后果的当事人。法官的职责主要是积极引导双方当事人依法依规、合理科学的质证和辩论，制止无力、无关的质询和辩驳，避免出现当事人循环往复、毫无依据的争辩，从而掌控质证的节奏，提高庭审的效率。

（2）质证的客体。质证的客体又称为质证对象，是质证主体之间的权利义务关系所指向的目标，这一质证目标是核实与案件事实有关联的证明材料，进而为自己的主张提供有效的依据。即《民事诉讼法》第六十三条规定了八种证据，有可能出现在质证程序中的证人、鉴定人并非质证的客体，证人陈述的证人证言、鉴定人作出的鉴定意见才是质证的客体。另外除了当事人向人民法院提供的与案件事实有关联的证据，人民法院依当事人申请和依职权调查收集的证据也属于质证的客体。

（3）当庭质证的例外。《民事诉讼法解释》第一百零三条第二款规定："当事人在审理前的准备阶段认可的证据，经审判人员在庭审中说明后，视为质证过的证据。"在案件审理过程中，有些事实的查明不需要通过开庭审理的方式，也可通过调查、询问的方式进行，《民事诉讼证据》第六十条第一款将"审理前的准备阶段"修改为"审理前的准备阶段或者人民法院调查、询问过程中"。审理前的准备阶段和人民法院调查、询问过程中，均是当事人在场的情况下出示证据，并由当事人发表意见，虽然这些证据没有在庭审过程中质证，但实质上已完成了质证过程，因此可以视为质证过的证据。

审判实践中，当事人对出示的证据发表意见，可能是对证据真实性、关联性、合法性均予以认可。但大多数情形下，当事人仅认可证据三性中的某一项内容，甚至对证据的三性均不认可。当事人对证据不认可并非等同于当事人未发表过质证意见，而只要当事人发表过质证意见的证据就应视为质证过的证据。《民事诉讼证据》第六十条、《民事诉讼法解释》第一百零三条将"当事人在审理前的准备阶段认可的证据"修改为"发表过质证意见的证据"，即只要当事人对证据发表过质证意见，无论其是否认可该证据，均可视为是当事人质证过的证据。

对当事人要求以书面方式发表的质证意见，《民事诉讼证据》第六十条第二款在《民事诉讼法解释》第一百零三条的基础上予以增加，对于书面发表质证意见的条件和程序进行规范。即设定书面质证的条件为当事人请求、法院认为确有必要的情况下可以准许，并规定人民法院应当将书面质证意见及时送交对方当事人。

（4）无须质证的例外。在审判实践中，并非所有事实均需举证证明，法律规定无须当事人举证的，如《民事诉讼法解释》第九十二条和《民事诉讼证据》规定的当事人自认的于己不利的事实以及《民事诉讼法解释》第九十三条和《民事诉讼证据》第十条规定的免证事实，当事人无须举证证明，也无须进行质证。

3．质证的内容。

（1）证据的真实性，是指当事人在法庭上出示的证据材料本身是真实的，而非伪造的。这里并不要求证据材料一定能客观如实反映案件事实，只要证据材料本身是真实的，即符合证据的真实性要求。

真实性异议：包括对形式真实性的异议和对实质真实性的异议，主要有三种质证意见：一是有异议，二是无异议，三是无法确认或无法表态。

一般来说有以下几种情况：对形式真实性有异议：未能提供原件、原物的；以视听资料、电子数据作为证据，未能提供存储该资料的原始载体的；复印件、复制品与原件、原物不相符的；对方出具的证据涉及己方当事人签字或盖章，该签字或盖章非己方当事人所为的。

对实质真实性有异议：内容与事实不符；证据存在删减、剪辑、遗漏等情形（尤其是视听资料、电子数据）；证人与举证人之间存在利益关系；运用逻辑推理和日常生活经验法则，证据所反映的事实明显违背常理、习惯的。

对真实性无法确认或无法表态：证据形成于对方当事人与案外人之间或由案外人出具，在案外人未到庭的情况下，对该证据的真实性“无法确认”或“无法表态”。但如果该证据系案外人根据其业务规则产生的证据，比如银行出具的付款凭证、保险公司出具的保单等，此类证据的真实性一般会得到法院认可。

（2）证据的关联性，是指民事诉讼中的证据应与其证明的案件事实有内在的联系及联系程度。一份证据材料如果与待证的案件事实无关，当然不能作为认定该案事实的证据。质证主体在质证过程中应紧紧围绕证据的关联性展开辩论，力争排除与案件事实无关的证据材料。

关联性异议：认为证据要证明的目的与待证事实不相关、无意义，或不具有证明待证事实的可能。

一般来说有以下几种情况：对非当事人之间形成的证据来说：如对方当事人提供类案判决的情况，可以对其关联性提出异议，主张该证据系案外人之间的判决，与本案待证事实无关；证据形成时间晚于事实发生时，不能反映案件发生时的意思表示；证据与争议焦点无关；偏离案件争议焦点的证据，无助于任何一方对于争议焦点的支撑或反驳，与本案无关。

（3）证据的合法性，是指证据的收集和提供必须符合法定程序，不为法律所禁止。主要包括以下含义：一是证据形成的合法性，《民事诉讼法解释》第一百零六条规定：“对以严重危害他人合法权益、违反法律禁止性规定或者严重违背公序良俗的方法形成或者获得的证据，不得作为认定案件事实的证据”；二是证据表现形式的合法性，法律对证据表现形式有具体要求的，证据应符合法律要求，否则，将影响证据合法性的认定；三是证据认定的合法性，证据作为定案的依据，需要经过法律规定的秩序进行认定，否则，也将影响证据的合法性。在审判实践中，虽然有些证据实际上能够证明案件事实，但因其不符合上述要求，也不能作为认定案件事实的证据。证据的合法性具有重要意义，其必然成为质证主体质证的内容之一。

合法性异议：认为证据主体、证据收集方式、证据程序、证据形式不符合法律规定。一般来说：证据主体不符合法律规定，如出具证据的主体不适格或主体资质存在瑕疵、证据的内容超越其资质范围或职能范围、不符合出具证据主体的人数要求，如鉴定人员及鉴定机构没有鉴定资质等；以严重侵害他人合法权益、违反法律禁止性规定或者严重违背公序良俗的方法形成或者获取的证据，如欺诈、胁迫取得，偷录偷拍获取；单位出具的证明材料签章不符合规定；域外证据未经认证；外文证据没有提供译本等。

需要说明的是，证据内容如何与证据合法性无关。例如，合同的条款违反法律或行政法规的强制性规定，不等于该合同属于非法证据。即民事行为不合法不等于证据不合法。

（4）证明对象，一是对证明对象无异议，二是对证明对象有异议并提出具体异议和理由。

（5）证据能力异议，根据《民事诉讼法解释》第一百零二条规定，如若对方当事人出于故意或者重大过失逾期提供证据，且该证据与案件基本事实无关，则构成证据失权，失权的后果是产生证据法上的责任，即认为该证据不具有证据能力。但若逾期提交的证据与案件基本事实有关，将不产生证据法上的不利后果，法庭应当采纳该证据，但会因此产生诉讼法的不利后果，即被法庭予以训诫、罚款。

（6）证据证明力异议，认为证据与待证事实没有实质关联，没有证明力；或者证据与待证事实之间关联弱，证明力较小，不足以达到证明目的。一般来说：证明力有无及大小的判断，应从证据的内容进行分析，判断证据的内容所能证明的事实是否与待证事实一致；关于证据证明力的质证，有些案件还涉及对证据内容进行意思表示解释的问题。

（7）利用对方证据证明己方观点。注意充分利用对方的证据，挖掘对于己方有利的证明点。

4．质证的原则。

（1）坚持诚实信用的原则，对不能否认的证据应当予以认可；

（2）质证意见应当做到逻辑简单，观点明确，与己方主张保持一致；

（3）全面查证对方提交的证据，充分分析全部信息并进行辨识；

（4）对对方存在明显瑕疵的证据予以否认，并说明理由；

（5）对于法庭或对方能够通过调查取得或核实的证据，虽然存在一定瑕疵，在充分评估风险后，应当予以确认；

（6）通过否定或利用对方证据强化己方主张的客观性；

（7）通过质证减少法庭在对己方有利事实认定上的自由裁量权。

5．质证的步骤。

质证程序大体经历以下几个步骤：首先是证据的出示，即由当事人提出证明自己主张或反驳对方主张的证据材料。这是质证的前提，否则质证就没有了对象。其次是证据的说明，由提出证据的一方当事人对证据来源、证明目的等情况进行说明。最后是证据的质辩，即一方当事人对另一方当事人所出示证据发表意见。这里存在两种情况，一种情况是当事人对对方当事人出示的证据的真实性、关联性、合法性均予以认可，则按照“自认免质”的质证原则处理，双方可不再对证据进行质辩；另一种情况是当事人对对方当事人出示的证据提出异议，此时，则由双方当事人及第三人围绕有异议证据的真实性、关联性、合法性等内容进行辩驳。

明确了质证过程的步骤，还有质证的主体顺序问题。按照《民事诉讼证据》第六十二条第一款的规定，首先，由原告出示证据，同时对证据的形式、内容、来源、欲证明的事实等内容进行陈述，再由被告、第三人认可或者提出质询或抗辩，对证据的真实性、关联性、合法性发表意见；原告对于被告和第三人提出的异议，可再予解释、说明。其次，由被告出示证据，同样由被告对证据的形式、内容、来源、欲证明的事实等内容作出说明，再由原告、第三人认可或提出质询，被告针对原告、第三人提出的异议进行回答。再次，由第三人出示证据，先由第三人对证据进行说明，再由原告、被告认可或者提出质询，第三人回答疑问。最后，各方当事人可就各自的证据，相互之间进行辩论。

质证应在法官的主持下进行，引导质证的顺序。上述顺序体现了先主询问后反询问的规则。所谓主询问是证实有利于己方的证据材料以证明自己的主张或待证事实；反询问则旨在削弱对方所提供证据的可靠性、真实性，暴露对方证据的不足，反驳对方的主张。

证据既包括当事人自行收集的证据，也包括人民法院调查收集的证据。这里就存在一个证据次序的问题，即首先对当事人出示的证据进行质证，其次对人民法院调查收集的证据进行质证。就证据本身而言，并不因为调查主体的不同，而具有不同的证明力。人民法院根据当事人的申请调查收集的证据，审判人员应在法庭上宣读、出示、展现证据，即对诸如证据的来源、调查收集过程、证据的内容等进行客观的说明，而不能对证据的实质内容进行解释和说明，更不能先行确认。而人民法院依职权调取的证据，审判人员除对证据来源、调查收集过程及内容进行说明外，还应对证明事项进行说明。无论是人民法院依当事人申请还是依职权调查收集证据，当事人均不能与法官就证据本身的问题询问辩驳，法官也无需答辩或者反驳，始终处于中立和听证的地位。

6. 未经质证材料用于鉴定依据的补质证。

《施工合同司法解释（二）》第十六条规定：“人民法院应当组织当事人对鉴定意见进行质证。鉴定人将当事人有争议且未经质证的材料作为鉴定依据的，人民法院应当组织当事人就该部分材料进行质证。经质证认为不能作为鉴定依据的，根据该材料作出的鉴定意见不得作为认定案件事实的依据。”该规定符合工程造价鉴定的实际情况，解决了鉴定意见中有争议但未经质证是否作为鉴定依据的问题。

5.6 证据的认定与采信

【法条链接】

《中华人民共和国民事诉讼法》

第六十四条第三款 人民法院应当按照法定程序，全面地、客观地审查核实证据。

《最高人民法院关于适用〈中华人民共和国民事诉讼法〉的解释》（法释［2015］5号）

第九十二条 一方当事人在法庭审理中，或者在起诉状、答辩状、代理词等书面材料中，对于己不利的事实明确表示承认的，另一方当事人无需举证证明。

对于涉及身份关系、国家利益、社会公共利益等应当由人民法院依职权调查的事实，不适用前款自认的规定。

自认的事实与查明的事实不符的，人民法院不予确认。

第一百零四条 人民法院应当组织当事人围绕证据的真实性、合法性以及与待证事实的关联性进行质证，并针对证据有无证明和证明力大小进行说明和辩护。

能够反映案件真实情况、与待证事实相关联、来源和形式符合法律规定的证据，应当作为认定案件事实的根据。

第一百零五条 人民法院应当按照法定程序，全面、客观地审核证据，依照法律规定，运用逻辑推理和日常生活经验法则，对证据有无证明力和证明力大小进行判断，并公开判断的理由和结果。

第一百零六条 对以严重侵害他人合法权益、违反法律禁止性规定或者严重违背公序良俗的方法形成或者获取的证据，不得作为认定案件事实的根据。

第一百零八条 对负有举证证明责任的当事人提供的证据，人民法院经审查并结合相关事实，确信待证事实的存在具有高度可能性的，应当认定该事实存在。

对一方当事人为反驳负有举证证明责任的当事人所主张事实而提供的证据，人民法院经审查并结合相关事实，认为待证事实真伪不明的，应当认定该事实不存在。

法律对于待证事实所应达到的证明标准另有规定的，从其规定。

第一百一十条 人民法院认为有必要的，可以要求当事人本人到庭，就案件有关事实接受询问。在询问当事人之前，可以要求其签署保证书。

保证书应当载明据实陈述、如有虚假陈述愿意接受处罚等内容。当事人应当在保证书上签名或者捺印。

负有举证证明责任的当事人拒绝到庭、拒绝接受询问或者拒绝签署保证书，待证事实又欠缺其他证据证明的，人民法院对其主张的事实不予认定。

第一百一十四条 国家机关或者其他依法具有社会管理职能的组织，在其职权范围内制作的文书所记载的事项推定为真实，但有相反证据足以推翻的除外。必要时，人民法院可以要求制作文书的机关或者组织对文书的真实性予以说明。

第一百一十五条 单位向人民法院提出的证明材料，应当由单位负责人及制作证明材料的人员签名或者盖章，并加盖单位印章。人民法院就单位出具的证明材料，可以向单位及制作证明材料的人员进行调查核实。必要时，可以要求制作证明材料的人员出庭作证。

单位及制作证明材料的人员拒绝人民法院调查核实，或者制作证明材料的人员无正当理由拒绝出庭作证的，该证明材料不得作为认定案件事实的根据。

第二百二十九条 当事人在庭审中对其在审理前的准备阶段认可的事实和证据提出不同意见的，人民法院应当责令其说明理由。必要时，可以责令其提供相应证据。人民法院应当结合当事人的诉讼能力、证据和案件的具体情况进行审查。理由成立的，可以列入争议焦点进行审理。

《最高人民法院关于民事诉讼证据的若干规定》（法释［2019］19号）

第三条 在诉讼过程中，一方当事人陈述的于己不利的事实，或者对于己不利的事实明确表示承认的，另一方当事人无需举证证明。

在证据交换、询问、调查过程中，或者在起诉状、答辩状、代理词等书面材料中，当事人明确承认于己不利的事实的，适用前款规定。

第四条 一方当事人对于另一方当事人主张的于己不利的事实既不承认也不否认，经审判人员说明并询问后，其仍然不明确表示肯定或者否定的，视为对该事实的承认。

第五条 当事人委托诉讼代理人参加诉讼的，除授权委托书明确排除的事项外，诉讼代理人的自认视为当事人的自认。

当事人在场对诉讼代理人的自认明确否认的，不视为自认。

第四十八条 控制书证的当事人无正当理由拒不提交书证的，人民法院可以认定对方当事人所主张的书证内容为真实。

控制书证的当事人存在《最高人民法院关于适用〈中华人民共和国民事诉讼法〉的解释》第一百一十三条规定情形的，人民法院可以认定对方当事人主张以该书证证明的事实为真实。

第八十五条 人民法院应当以证据能够证明的案件事实为根据依法作出裁判。

审判人员应当依照法定程序，全面、客观地审核证据，依据法律的规定，遵循法官职业道德，运用逻辑推理和日常生活经验，对证据有无证明力和证明力大小独立进行判断，并公开判断的理由和结果。

第八十七条 审判人员对单一证据可以从下列方面进行审核认定：

（一）证据是否为原件、原物，复制件、复制品与原件、原物是否相符；

（二）证据与本案事实是否相关；

（三）证据的形式、来源是否符合法律规定；

（四）证据的内容是否真实；

（五）证人或者提供证据的人与当事人有无利害关系。

第八十八条 审判人员对案件的全部证据，应当从各证据与案件事实的关联程度、各证据之间的联系等方面进行综合审查判断。

第八十九条 当事人在诉讼过程中认可的证据，人民法院应当予以确认。但法律、司法解释另有规定的除外。

当事人对认可的证据反悔的，参照《最高人民法院关于适用〈中华人民共和国民事诉讼法〉的解释》第二百二十九条的规定处理。

第九十条 下列证据不能单独作为认定案件事实的根据：

（一）当事人的陈述；

（二）无民事行为能力人或者限制民事行为能力人所作的与其年龄、智力状况或者精神健康状况不相当的证言；

（三）与一方当事人或者其代理人有利害关系的证人陈述的证言；

（四）存有疑点的视听资料、电子数据；

（五）无法与原件、原物核对的复制件、复制品。

第九十一条 公文书证的制作者根据文书原件制作的载有部分或者全部内容的副本，与正本具有相同的证明力。

在国家机关存档的文件，其复制件、副本、节录本经档案部门或者制作原本的机关证明其内容与原本一致的，该复制件、副本、节录本具有与原本相同的证明力。

第九十二条 私文书证的真实性，由主张以私文书证证明案件事实的当事人承担举证责任。

私文书证由制作者或者其代理人签名、盖章或捺印的，推定为真实。

私文书证上有删除、涂改、增添或者其他形式瑕疵的，人民法院应当综合案件的具体情况判断其证明力。

第九十三条 人民法院对于电子数据的真实性，应当结合下列因素综合判断：

（一）电子数据的生成、存储、传输所依赖的计算机系统的硬件、软件环境是否完整、可靠；

（二）电子数据的生成、存储、传输所依赖的计算机系统的硬件、软件环境是否处于正常运行状态，或者不处于正常运行状态时对电子数据的生成、存储、传输是否有影响；

（三）电子数据的生成、存储、传输所依赖的计算机系统的硬件、软件环境是否具备有效的防止出错的监测、核查手段；

（四）电子数据是否被完整地保存、传输、提取，保存、传输、提取的方法是否可靠；

（五）电子数据是否在正常的往来活动中形成和存储；

（六）保存、传输、提取电子数据的主体是否适当；

（七）影响电子数据完整性和可靠性的其他因素。

人民法院认为有必要的，可以通过鉴定或者勘验等方法，审查判断电子数据的真实性。

第九十四条 电子数据存在下列情形的，人民法院可以确认其真实性，但有足以反驳的相反证据的除外：

（一）由当事人提交或者保管的于己不利的电子数据；

（二）由记录和保存电子数据的中立第三方平台提供或者确认的；

（三）在正常业务活动中形成的；

（四）以档案管理方式保管的；

（五）以当事人约定的方式保存、传输、提取的。

电子数据的内容经公证机关公证的，人民法院应当确认其真实性，但有相反证据足以推翻的除外。

第九十五条 一方当事人控制证据无正当理由拒不提交，对待证事实负有举证责任的当事人主张该证据的内容不利于控制人的，人民法院可以认定该主张成立。

第九十六条 人民法院认定证人证言，可以通过对证人的智力状况、品德、知识、经验、法律意识和专业技能等的综合分析作出判断。

第九十七条 人民法院应当在裁判文书中阐明证据是否采纳的理由。

对当事人无争议的证据，是否采纳的理由可以不在裁判文书中表述。

【条文理解】

1．证据的认定。

证据的认定是指审判人员对各种证据材料进行审查、分析、研究，鉴别其真伪，找出证据与案件事实之间的客观联系，确定其证明力，从而对案件事实作出心证结论的活动。认定证据的过程，就是对各种证据材料通过去粗取精、去伪存真、由此及彼、由表及里的判断，使审判人员对案件基本事实的认知从感性认识上升为理性认识，进而对案情作出有根据的、符合客观事实情况的结论。

对证据的审核认定，是审判人员的重要任务之一，也是进行裁判的必经过程。按照《民事诉讼法》的规定，审判人员应当依照法律程序，全面、客观地审查核实证据，对证据有无证明力和证明力大小作出判断。审判人员通过庭审，经过当事人质证，运用逻辑推理和日常生活经验法则，确认了证明力的证据，应当作为鉴定依据。

2．证据的采信。

证据的采信是指审判人员依据法律规定，在对各种证据材料认定的基础上，采用具有证明力和较高可信度证据的行为。证据的认定与证据的采信之间的关系是：证据的认定是前提，证据的采信与否是结果。即审判人员先依据法律规定对证据进行审查、分析、研究，鉴别真伪后再依据证据是否能完全证明待证事实，或证据与待证事实之间证明力的强弱关系确定证据的证明力，最后根据证据的证明力决定证据的是否采信。对采信的证据，如需要对待证事实的专门性问题进行鉴定的，必然作为鉴定的依据。

民事诉讼证据的采信就是对具有证明力和较高可信度的证据在裁判中予以采纳。其规则：一是采信的证据必须符合“证据能够证明案件事实”的标准，《民事诉讼证据》第八十五条规定“人民法院应当以证据能够证明的案件事实为根据依法作出裁判”；二是采信的证据必须具有高度盖然性，《民事诉讼法解释》第一百零八条从本证与反证相互比较的角度出发对盖然性规则进行描述。诉讼证明过程中，对待证事实负有举证责任的当事人所进行的证明活动为本证，需要使审判人员的内心确信达到高度可能性即高度盖然性的程度才能被视为完成证明责任。不负有举证责任的当事人提供证据对本证进行反驳的证明活动为反证。反证只需要使本证的对待证事实的证明陷于真伪不明的状态，即将本证使审判人员形成的内心确信拉低到高度盖然性证明标准之下即实现目的。可见，对于反证而言，其证明的程度要求比本证要低。当然，无论本证还是反证，对其证明效果的判断，应当在所有证据都提供的情况下，结合全部证据作出综合评价。

6 鉴定意见书的审查

鉴定意见是《民事诉讼法》规定的证据类型之一。鉴定意见是否符合法律规范，须经人民法院或仲裁机构审查。由于鉴定意见直接涉及当事人的利益，必然受到当事人的关注，例如当事人对鉴定书有异议怎么办，新的《民事诉讼证据》有了更明确的规定，本节作了介绍。

6.1 审查的内容

【法条链接】

《最高人民法院关于民事诉讼证据的若干规定》（法释〔2019〕19号）

第三十六条 人民法院对鉴定人出具的鉴定书，应当审查是否具有下列内容：

（一）委托法院的名称；

（二）委托鉴定的内容、要求；

（三）鉴定材料；

（四）鉴定所依据的原理、方法；

（五）对鉴定过程的说明；

（六）鉴定意见；

（七）承诺书。

鉴定书应当由鉴定人签名或者盖章，并附鉴定人的相应资格证明。委托机构鉴定的，鉴定书应当由鉴定机构盖章，并由从事鉴定的人员签名。

《最高人民法院关于人民法院民事诉讼中委托鉴定审查工作若干问题的规定》（法〔2020〕202号）

11. 鉴定意见书有下列情形之一的，视为未完成委托鉴定事项，人民法院应当要求鉴定人补充鉴定或重新鉴定：

（1）鉴定意见和鉴定意见书的其他部分相互矛盾的；

（2）同一认定意见使用不确定性表述的；

（3）鉴定意见书有其他明显瑕疵的。

补充鉴定或重新鉴定仍不能完成委托鉴定事项的，人民法院应当责令鉴定人退回已经收取的鉴定费用。

【条文理解】

按照法律规定，鉴定意见作为民事诉讼证据的一种类型，对其有无证明力及证明力大小进行审查认定是人民法院的司法审判权，审查一般包括两方面：

一是形式要件审查。即鉴定书的内容、格式等是否符合司法鉴定文书的要求，鉴定人资格是否适格，鉴定人是否签名；鉴定机构是否具备资格，有无超出业务范围，是否在鉴定书上盖章。

二是实质内容审查。鉴定程序是否合法，鉴定范围、事项是否符合委托书的要求，采用的鉴定依据是否符合法律规范，同一事项鉴定意见是否使用不确定性表述，鉴定意见之间是否相互矛盾，鉴定书有无明显瑕疵等。

对于人民法院、仲裁机构经审查认为鉴定意见书存在不符合法律规定的，鉴定人应按照人民法院、仲裁机构的要求进行补正或补充鉴定。

6.2 对鉴定书异议的提出与处理

【法条链接】

《最高人民法院关于民事诉讼证据的若干规定》（法释〔2019〕19号）

第三十七条 人民法院收到鉴定书后，应当及时将副本送交当事人。

当事人对鉴定书的内容有异议的，应当在人民法院指定期间内以书面方式提出。

对于当事人的异议，人民法院应当要求鉴定人作出解释、说明或者补充。人民法院认为有必要的，可以要求鉴定人对当事人未提出异议的内容进行解释、说明或者补充。

第三十八条 当事人在收到鉴定人的书面答复后仍有异议的，人民法院应当根据《诉讼费用交纳办法》第十一条的规定，通知有异议的当事人预交鉴定人出庭费用，并通知鉴定人出庭。有异议的当事人不预交鉴定人出庭费用的，视为放弃异议。

双方当事人对鉴定意见均有异议的，分摊预交鉴定人出庭费用。

【条文理解】

最高人民法院《民事诉讼证据》将鉴定书征求当事人意见，当事人对鉴定书异议的提出，鉴定人对当事人异议的答复正式纳入鉴定程序，这对于进一步提高鉴定书水平具有重要意义。从上述法律可知，人民法院收到鉴定书后，应及时将副本送交当事人。当事人对鉴定书的异议提出和鉴定人对异议的处理可分为三个步骤：

1．当事人对鉴定书异议的提出。

在施工合同纠纷案件中，当事人对鉴定书异议的提出需要注意两个方面，一是当事人对鉴定书的异议应当按照法律规定提出，提出的异议要针对鉴定书的各项构成事项，有的放矢、有理有据地提出，以便说服鉴定人采纳；二是当事人对鉴定书的内容有异议的，应当在人民法院指定期间内以书面方式提出，避免逾期引起新的争议。

2．鉴定人对当事人异议的处理。

鉴定人收到当事人对鉴定书的异议后，应当逐项认真核对，对于是否全部采纳、部分采纳、不采纳的意见逐项分别作出解释、说明或者补充，并及时提交给人民法院。

3．当事人对鉴定人答复仍有异议的处理。

当事人收到鉴定人的书面答复后仍有异议的，人民法院通知鉴定人出庭，接受当事人的质询。通过对鉴定意见的质证，鉴定意见是否采信，由人民法院决定。

当事人对鉴定意见书的异议应当按照法定程序解决，一些当事人应改变对鉴定书有异议向行政主管部门投诉的思维，因为鉴定意见作为法律规定的证据类型之一，在案件裁判中是否采信，依法应当由人民法院、仲裁机构作出，而非任何行政主管部门作出。并且法律及相关标准对当事人对鉴定意见书的异议的提出，其救济渠道是畅通的。例如《民事诉讼证据》规定，当事人对鉴定意见书有异议的，应当在人民法院指定期间内提出，鉴定人对当事人的异议应当作出解释、说明或补充；当事人收到鉴定人的书面答复后仍有异议的，人民法院通知鉴定人出庭；若当事人申请重新鉴定，人民法院经审核认为存在鉴定人不具备资格、鉴定程序严重违法、鉴定意见明显依据不足的，准许重新鉴定。此外，《鉴定规范》还规定，当事人还可以参与鉴定过程中的复核等。

6.3　申请重新鉴定

【法条链接】

《最高人民法院关于民事诉讼证据的若干规定》（法释〔2019〕19号）

第四十条　当事人申请重新鉴定，存在下列情形之一的，人民法院应当准许：

（一）鉴定人不具备相应资格的；

（二）鉴定程序严重违法的；

（三）鉴定意见明显依据不足的；

（四）鉴定意见不能作为证据使用的其他情形。

存在前款第一项至第三项情形的，鉴定人已经收取的鉴定费用应当退还。拒不退还的，依照本规定第八十一条第二款的规定处理。

对鉴定意见的瑕疵，可以通过补正、补充鉴定或者补充质证、重新质证等方法解决的，人民法院不予准许重新鉴定的申请。

重新鉴定的，原鉴定意见不得作为认定案件事实的根据。

【条文理解】

重新鉴定是指经过鉴定的专门性问题，由于鉴定人在鉴定资格、鉴定程序、鉴定依据等方面存在不符合法律规范的情形，当事人有充足理由按规定程序请求人民法院、仲裁机构重新鉴定并被其批准而产生的一系列活动过程。重新鉴定一般应委托原鉴定机构和鉴定人以外的其他鉴定主体实施，个别案件在特殊情况时（如人民法院指定等），可以委托原鉴定机构鉴定，但不能由原鉴定人鉴定。接受重新鉴定委托的鉴定人的技术职称或执业资格，应相当于或高于原委托的鉴定人。

7　鉴定人出庭作证

鉴定意见只有通过鉴定人出庭作证，接受当事人和审判人员当庭询问，对鉴定意见的范围、依据、方法等进行陈述，对当事人有异议的鉴定意见进行解释和说明，才可能消除审判人员和当事人的疑虑，增强鉴定意见的说服力。法律上对鉴定人出庭的规定十分坚决而且明确，《民事诉讼法》规定：鉴定人经人民法院通知，无正当理由拒不出庭作证的，鉴定意见不得作为认定事实的依据。仅仅由于鉴定人无正当理由拒不出庭作证，就直接导致费时耗力、代价高昂的鉴定意见不能作为证据使用，既造成司法资源的极大浪费，又增加了当事人的诉讼负担，也给人民法院、仲裁机构依法高效解决合同纠纷带来消极影响。由此，鉴定人将承担相应的法律责任（详见第一篇第3.8节）。

8　专家辅助人

专家辅助人是我国法律在民事诉讼中建立鉴定制度以后，为进一步规范鉴定制度的又一重大举措。近年来，专家辅助人在施工合同纠纷案件审理中逐步被当事人所认知并受到重视。

【法条链接】

《中华人民共和国民事诉讼法》

第七十九条　当事人可以申请人民法院通知有专门知识的人出庭，就鉴定人作出的鉴定意见或者专业问题提出意见。

《最高人民法院关于适用〈中华人民共和国民事诉讼法〉的解释》（法释［2015］5号）

第一百二十二条　当事人可以依照民事诉讼法第七十九条的规定，在举证期限届满前申请一至二名具有专门知识的人出庭，代表当事人对鉴定意见进行质证，或者对案件事实所涉及的专业问题提出意见。

具有专门知识的人在法庭上就专业问题提出的意见，视为当事人的陈述。

人民法院准许当事人申请的，相关费用由提出申请的当事人负担。

第一百二十三条　人民法院可以对出庭的具有专门知识的人进行询问。经法庭准许，当事人可以对出庭的具有专门知识的人进行询问，当事人各自申请的具有专门知识的人可以就案件中的有关问题进行对质。

具有专门知识的人不得参与专门性问题之外的法庭审理活动。

《最高人民法院关于民事诉讼证据的若干规定》（法释［2019］19号）

第八十三条　当事人依照民事诉讼法第七十九条和《最高人民法院关于适用〈中华人民共和国民事诉讼法〉的解释》第一百二十二条的规定，申请有专门知识的人出庭的，申请书中应当载明有专门知识的人的基本情况和申请的目的。

人民法院准许当事人申请的，应当通知双方当事人。

第八十四条　审判人员可以对有专门知识的人进行询问。经法庭准许，当事人可以对有专门知识的人进行询问，当事人各自申请的有专门知识的人可以就案件中的有关问题进行对质。

有专门知识的人不得参与对鉴定意见质证或者就专业问题发表意见之外的法庭审理活动。

【条文理解】

按照法律规定，鉴定人出庭作证是鉴定人的义务。在接受当事人对鉴定意见的质证过程中，鉴定人可能会面对当事人委托的专家辅助人的询问。我国专家辅助人的制度功能也是弥补鉴定制度的不足，用增强对抗性的方法给予当事人救济的机会，纠正鉴定意见可能存在的偏差。民事诉讼活动中的当事人及其代理人、鉴定人等应当对专家辅助人制度的相关法律基础进行了解。

1. 专家证人制度的起源。

专家证人制度首先起源于英美法系国家，1851 年美国最高法院在其案件审理中使用了“专家证人”这一说法，标志着现代专家证人制度首次在立法层面的确定。该种模式在大陆法系国家也有发展与应用。专家证人通常是指具有专家资格，或在某些专业方面具备相关经验和资格，并被允许帮助法庭理解某些普通人难以理解的复杂的专业性问题的人。由于专家证人制度与该国的诉讼与庭审模式紧密联系，在不同法律体系下专家证人制度有所不同。

（1）英美法系的专家证人制度。英美法系采用对抗式诉讼模式，其专家证人制度呈现出较为强烈的当事人主义特征。英美法律实践中专家证人以当事人选任为主，当事人选任专家，通常会聘请对自己有利的专家证人。这符合英美国家中当事人选择证人的习惯。对抗制诉讼的法律文化背景下，专家证人的倾向性与对抗性有利于帮助裁判者发现事实真相。英美国家的法院并不经常选任专家，因为法官在对抗制诉讼中处于被动的角色，其消极被动被视为公正、中立的必要条件。对于天然具有倾向性的专家证人，以往的专家制度实行过程中已经产生了一定弊端，促使近年来促进建立法院专家制度的呼声有所增长。对于英美国家而言，对大陆法系制度的借鉴恰好可以克服自身缺陷，这是一种与大陆法系相融合的趋势。

（2）大陆法系的法庭专家制度。大陆法系国家职权主义诉讼模式在专家证人制度中也有体现。以大陆法系典型代表德国为例，一方当事人聘请的专家相较于法院聘请的专家相对少地出现在诉讼程序中。法律规定的“专家证人”一词往往被直接称为“法庭专家”。德国的法庭专家制度是我国鉴定制度的渊源。

在德国，法院专家具有中立、独立的地位，深受法院信任，而当事人选任的专家往往会被法院怀疑可信度。这种现象与大陆法系的法律文化背景密不可分，法官在职权主义诉讼中更为积极主动，法官更倾向于直接选择专家而不会被视为对法庭审理公正性的损害，因为主动调查事实是法官的职责。但在此种诉讼模式中，可能存在法官对法院专家的过度依赖导致专家断案的情形发生，而当事人作为欠缺专业知识的一方，在纠正法院专家观点一事上既无优势又无机会。为克服法院专家制度的这一缺陷，专家辅助人制度即当事人专家制度随之诞生，有学者认为，这种做法贯彻加强辩论主义、加强当事人的对抗性，同样体现了两大法系融合的趋势。

（3）学理上的“专家辅助人”制度。专家辅助人是一种学理上的表述，狭义上的专家辅助人主要限于大陆法系上的应用，它专指当事人聘请的专家，制度目的就是弥补法院专家的缺陷与不足，学者称它是英美法系的抗辩理念在大陆法系具体适用的产物。

我国民事诉讼上的专家证人制度与大陆法系制度比较相似，在现行《民事诉讼法》上，它被表述为“有专门知识的人”。与大陆法系相似，我国专家辅助人的制度功能也是弥补鉴定制度的不足，用增强对抗性的方法给予当事人救济的机会，纠正鉴定意见可能存在的偏差。

（4）我国专家证人制度的确立。我国主要借鉴大陆法系的做法，建立了鉴定人制度。但是随着鉴定人制度的运行，鉴定人制度暴露出诸多弊端。为弥补鉴定制度的不足，公正有效的解决案件中涉及的专业性问题，强化当事人之间的对抗因素，我国在民事诉讼程序上确立了专家辅助人制度。但《民事诉讼法》对“具有专门知识的人”的定义、法律地位、专家辅助人意见的性质以及专家辅助人参与庭审的具体程序规则均未有明确规定，使得该制度虽有确立，但在司法实践中仍然欠缺操作性指引和规范。

虽然，在我国法律规定中专家辅助人的称谓目前不太一致，有立法规定上的“具有专门知识的人”、有司法实务中使用较普遍的“专家辅助人”，民间称谓“专家证人”“技术专家”等。但是，代表当事人一方的专家辅助人对鉴定意见质证或者就专业问题发表意见的专家辅助人制度，已经在民事诉讼的法律程序上予以确立。

2. 专家辅助人与专家证人、证人的区别。

《民事诉讼法》第七十九条在立法上确立了我国民事诉讼中鉴定人与专家辅助人并存的“双层”专家证据制度，对于我国民事诉讼的发展具有重要意义。

（1）专家辅助人与专家证人的区别。在我国司法实践中，专家辅助人常常被误解为专家证人，但事实上二者性质并不相同。专家证人与专家辅助人具有表面上的相似性，但二者的功能存在实质性差别。专家辅助人在诉讼中的功能只是单一地协助当事人就有关专门性问题提出意见或者对鉴定意见进行质证，回答审判人员和当事人的询问、与对方当事人申请的专家辅助人对质等活动也是围绕着对鉴定意见或者专业问题的意见展开的。其功能和目的只是辅助当事人充分有效地完成诉讼活动，其并不具有法官的“专业助手”的功能。

而专家证人的功能则是双重的。其在诉讼中既要在事实发现上为法庭提供帮助，也要辅助当事人进行诉讼，而辅助法庭事实发现的功能是其最主要和优先的功能。《英国民事诉讼规则》第35.3节将专家证人的职责明确为“（1）专家的职责是就其专业知识范围内的事项为法庭提供帮助；（2）这种职责优先于其对聘请他或向他支付报酬的人的责任”。专家证人的这种功能与大陆法上鉴定人的功能非常接近。

专家证人与专家辅助人这种功能上的差异，决定了专家辅助人在性质和诉讼地位上不同于专家证人。其一，由于专家证人制度与鉴定制度同样具有在事实发现过程中辅助事实审理者对专业问题做出决定的功能，如果我国民事诉讼制度在已经遵循大陆法国家的做法确立了鉴定制度的同时，再设置专家证人制度，欠缺必要性与合理性，也不符合法律规则创设的内在逻辑。其二，英美法系国家的专家证人尽管与事实证人相比较存在特殊性，但其诉讼地位仍然归属于证人范畴。然而根据《民事诉讼法》，我国并不允许证人表达意见证言，证人只能进行“体验性”陈述。这种对证人的要求显然与关于专家辅助人的要求是不相容的。因此，将专家辅助人理解为专家证人的观点是不正确的，势必影响该项规定在审判实践中适用的效果。

（2）专家辅助人与证人的区别。证人和专家辅助人都提供证言，但是他们之间还是有明显的区别。首先，证人对案件相关的事实有直接感知，他们必须有亲身观察案件事实的经历；而专家辅助人则不是必须要直接感知案发现场的情形，而可以依赖和案件有关的事实，利用其在具体案件事实之外的知识和技能来作证。在很多情况下，专家辅助人也有机会对与案件有关的某些事实进行感知，比如说在一些建设工程有关案件中，如果专家辅助人是在施工完成前雇佣的，他们是有考察施工工地现场的机会的，而且有经验的专家辅助人是不会轻易放弃现场考察的机会的。其次，证人对案件事实的认识是在诉讼之外完成的，而专家辅助人对案件事实的感知和认识一般是在诉讼过程中完成的。当然在一些工程项目中，某方可以聘请专家在工程建设过程中提供咨询，在诉讼开始后这些专家又被选定为专家辅助人，在这种情况下，专家辅助人可能会有机会亲身感受某些案件事实。最后，证人是不可替代的，在案件事实发生以后，经历案件事实的证人是无法改变的，而专家辅助人可以被替换的。

有一种特殊的证人，是在相关领域具有知识、技能和经验的事实证人。比如，为交通事故中伤者提供医疗救护的医生，参与建设工程的建筑师、工程师以及建造师等。这些具有专业知识、技能和经验的事实证人有可能在作证过程中被要求提供一些类似专家证言的意见。

3. 专家辅助人制度的功能。

（1）有利于补充鉴定制度的不足。相比较而言，专家辅助人制度与鉴定制度相结合的双层的专家证据制度，能够有效地克服专家证人制度和鉴定人制度的不足。一方面，这种“双层”专家证据制度以鉴定制度为基础和主干，能够保持鉴定制度的优势，充分体现鉴定人在专业问题上的中立立场；另一方面，作为鉴定制度补充的专家辅助人制度，弥补当事人在专门知识领域质证能力的不足，从而对鉴定人的行为和作用形成有效的制约，有利于法官综合各方面的因素对诉讼中的专业问题做出更客观的判断。这种制度的确立，既是民事审判实践经验的总结，也是对法治发达国家制度和规则批判继受的成果，体现了立法机关对源于审判实践的智慧和创新精神的认可和尊重。

（2）有利于提高鉴定意见的质证效率。现行法律规定证据采信必须经过法庭质证，鉴定意见没有预设证明力。这是控制鉴定意见质量的审核程序，同时也是确定有没有必要重新鉴定的审查决定环节，但是因为需要鉴定的内容涉及专业，专业的难度对于当事人、法官甚至律师来说，往往审查触不到鉴定意见形成依据、科学原理等影响结论的本质问题。影响鉴定的因素非常多，鉴定是一个复杂的过程，无论其中哪个因素发生差错都可能导致鉴定意见的错误，质证环节的审核能力不强，这也使得一些案件纠结在鉴定结论上，形成多次鉴定仍然无法判决，专家辅助人依靠专业的知识或经验，和鉴定人质证，提出自己的意见，法官参考专家辅助人的意见决定重新鉴定还是不采信，这样的决定具有权威 。通常普通人针对鉴定的质证都仅仅围绕程序和形式提问，根本就达不到质证的效果，而专家辅助人参与，提问可以直击问题的核心，能准确发现问题所在，从而及时向法庭指出 。

（3）有利于提高鉴定人的专业素质。专家辅助人参加诉讼 ，对鉴定人出具的鉴定意见具有监督作用。鉴定质量差的原因主要在于鉴定人行为不公正、程序不规范、方法不科学、数据不准确和结论不可靠，专家辅助人就是从鉴定意见中发现鉴定人的上述问题，并发表专家意见，从而有利于提高鉴定人的专业素质。

（4）有利于监督鉴定活动。专家辅助人帮助当事人参与部分鉴定活动，可以从源头上监督鉴定活动，使鉴定活动从一开始就规范进行，专家辅助人受当事人的聘请，从科学的角度监督司法鉴定的程序是否规范、内容是否准确，是以专业的视角来审视鉴定人的行为，减少重新鉴定，同时保证当事人对即使不利于自己的鉴定意见心服口服。

（5）有利于公正有效的解决案件中涉及的专业性问题，当事人服判息诉。专家辅助人出庭对专业问题进行质证，可以疏通当事人对鉴定意见的不满。法官和当事人一样，都是某些科学领域的门外汉，涉及的专业性问题，一般都难以把握鉴定意见是否准确。专家辅助人能针对专业性的问题答疑解惑，法官由此做出科学公正的判决，使当事人更加认同法院的判决，即使专家意见不利于自己，但在当事人内心也认同鉴定意见，公正有效的解决案件中涉及的专业性问题。

4．专家辅助人的权利义务。

（1）专家辅助人在诉讼中应该享有以下权利：一是知情权。专家辅助人可以对鉴定意见进行质证，所以应该授予他对鉴定的相关资料、鉴定整个过程以及案件相关资料的调查权。二是说明权。这个说明权不属于当事人的证明权，是专家辅助人特有的权利，是其享有针对诉讼中的专门性问题帮助当事人说明的权利。三是质询权。专家辅助人参加到诉讼中来的最大的意义在于他能对鉴定意见质证。四是支付费用的请求权。专家辅助人出庭的相关费用应由提出申请的一方当事人承担。

（2）专家辅助人在诉讼中应该承担以下义务：在庭审中要接受法官和对方当事人聘请的专家辅助人的询问，遵守民事诉讼秩序和法庭纪律，遵从诉讼程序并遵守下述原则。

①专家辅助人的职责是向法庭陈述全部的事实，并给予真实的，公正的意见，这些意见应涵盖所有相关的事宜，不要偏向委托你的当事人一方。

②专家辅助人提出的意见不应该夸大其词或者隐喻其他观点，而是应该认清事实并在适当的情况下提出来，这一职责适用于所有情况。

③不得泄露涉案当事人的隐私，必须保守在诉讼中知晓的国家秘密以及当事人的商业秘密。

④如果专家辅助人正在或者已经为对方当事人提供过服务工作，应该向法庭和客户（聘请当事人）说明情况。

⑤专家辅助人不得贬低或诽谤对方专家辅助人的专业能力。如果对对方专家辅助人的能力持有怀疑态度，应该公正地向法庭描述清楚全部事件。也可以请法庭关注对方专家辅助人在经验、知识

和专业上的不足，证据不恰当或者夸大其词，或者你认为其证据有所偏颇，你需要提供充足的理由来支持你的评价。

5. 专家辅助人意见的效力。

第一，专家辅助人意见为证据之一，在专业问题提出的意见视为当事人的陈述。这样，就明确了专家辅助人意见为证据之一，经查证属实的专家辅助人意见，可以作为认定事实的根据

第二，对专家辅助人证言采用“综合采信原则”。在通常情况下，因为专家辅助人是一方当事人聘请的，他发表意见可能带有偏向性。因此，在决定采纳专家辅助人意见的时候，要结合全案情况综合考虑分析。对于专家辅助人证言采用相冲突的采信规则。 因为双方当事人都提供专家证言，很容易造成专家意见冲突。如何确定专家意见的证明力，要发现专家意见所依据的事实和数据是否利用了假设的事实，是否确凿，大多数人是否能接受专家得出意见所利用的手段和方法，就要充分利用法庭质证程序。确定造成不同专家意见的症结是关键所在，然后围绕该症结重点展开调查，从而确定专家意见的证明力，法院可以通过对该部分的审查来确定专家意见在相关案件中的证明力。如果专家辅助人把不相关的事实作为发表意见的依据，其证明效力会受到严重的影响。

6. 专家辅助人意见的可靠性。

专家辅助人意见必须是基于足够的事实或数据，依赖于可靠的原理和方法，而且这些原理和方法需要可靠地适用于案件事实。这些原则如下：

（1）作为专家辅助人意见或者意见的一部分的理论或者技术是否可以经过验证或者是否已被验证?

（2）该理论或者技术是否经过同行评审并在学术性期刊上发表?

（3）使用该理论或者技术的分析结果的已知或者潜在的出错率是否在可接受的范围内?

（4）控制其应用的标准是否存在? 该项理论或者技术是否得到广泛的接受。

（5）专家辅助人意见的可采性是否专家辅助人意见“适合”本案件的事实。这种“适合”是指专家的意见与案件事实之间存在联系的必要性。如果专家辅助人意见与争议问题无关，对审理案件没有帮助，将不会被采信。

7. 专家辅助人出庭程序。

在举证期限届满前，当事人可以向法院申请一至二名专家辅助人出庭 ，代表当事人对鉴定意见进行质证，或者对案件事实所涉及的专业问题提出意见。法院收到当事人申请后，需要根据案件的具体情况作出是否同意的决定。法院认为要说明的问题是一般人能够理解的专业问题时可以驳回当事人的申请，法院认为要说明的问题是一般人不能理解的专业问题时会根据案情需要同意聘请专家辅助人。法院在作出决定的时候应该告知对方当事人，并且让其知晓也有相应的权利。对方当事人收到法院相关通知后，在规定时间不申请，就失去聘请专家辅助人的权利。

法院依法开庭时，法官可以对出庭的专家辅助人进行询问。经法庭准许，当事人可以对出庭的专家辅助人进行询问，当事人各自申请的专家辅助人可以就案件中的有关问题进行对质。法官可以通过专家辅助人之间的直接对抗来辨别他们意见的真伪。专家辅助人还可以对鉴定人 进行质证和

辩论。专家辅助人不得参与专业问题之外的法庭审理活动。

8. 专家辅助人的主体资格。

由于专家辅助人是对鉴定意见或者专业性问题提出意见的具有专门知识的人员。由于现行法律对专家辅助人的主体资格没有规定，专家辅助人是否具备相应的资格和能力，取决于当事人的认识，人民法院对专家辅助人不作资格上的审查。作为提供专家辅助人服务的机构，要严格审查专家辅助人的资格，防止“伪专家”混入专家辅助人队伍出现在法庭上，入选专家辅助人必须具备专门知识、技能和经验，同时具备良好的职业道德。

9. 专家辅助人的诉讼地位。

专家辅助人是由当事人申请法院通知出庭的。其身份既不同于鉴定人，也不同于证人，其出席法庭审理时不能被视为证人在证人席陈述意见，而是与当事人及其诉讼代理人在法庭上的位置保持一致。

专家辅助人利用其掌握的专业知识和经验审查鉴定意见，并对鉴定意见进行实质性质证，专家辅助人在法庭上就专业问题提出的意见，视为当事人的陈述。因此无论法官对专家辅助人的意见采信与否，应在裁判文书中说明理由。法官根据专家辅助人的意见决定是否采信鉴定意见，是否重新鉴定，如果法官决定重新鉴定，应该把鉴定意见和专家辅助人的质证意见一起提交给二次鉴定机构，以便保证程序的公正。

9 违规鉴定的法律责任

鉴定机构、鉴定人的违规鉴定，甚至作虚假鉴定，既给当事人造成损失，又给司法公正造成恶劣影响，为保证鉴定意见符合法律规范，客观、公正的为合同纠纷案件的裁判提供依据，法律和相关行业行政主管部门对鉴定机构和鉴定人的监督管理，违规鉴定应当承担的法律责任作出了明确规定。

9.1 对鉴定机构、鉴定人的监管

【法条链接】

《全国人民代表大会常务委员会关于司法鉴定管理问题的决定》

十三、鉴定人或者鉴定机构有违反本决定规定行为的，由省级人民政府司法行政部门予以警告，责令改正。

鉴定人或者鉴定机构有下列情形之一的，由省级人民政府司法行政部门给予停止从事司法鉴定业务三个月以上一年以下的处罚；情节严重的，撤销登记：

（一）因严重不负责任给当事人合法权益造成重大损失的；

（二）提供虚假证明文件或者采取其他欺诈手段，骗取登记的；

（三）经人民法院依法通知，拒绝出庭作证的；

（四）法律、行政法规规定的其他情形。

鉴定人故意作虚假鉴定，构成犯罪的，依法追究刑事责任；尚不构成犯罪的，依照前款规定处罚。

《最高人民法院关于人民法院民事诉讼中委托鉴定审查工作若干问题的规定》（法〔2020〕202号）

14. 鉴定机构、鉴定人超范围鉴定、虚假鉴定、无正当理由拖延鉴定、拒不出庭作证、违规收费以及有其他违法违规情形的，人民法院可以根据情节轻重，对鉴定机构、鉴定人予以暂停委托、责令退还鉴定费用、从人民法院委托鉴定专业机构、专业人员备选名单中除名等惩戒，并向行政主管部门或者行业协会发出司法建议。鉴定机构、鉴定人存在违法犯罪情形的，人民法院应当将有关线索材料移送公安、检察机关处理。

人民法院建立鉴定人黑名单制度。鉴定机构、鉴定人有前款情形的，可列入鉴定人黑名单。鉴定机构、鉴定人被列入黑名单期间，不得进入人民法院委托鉴定专业机构、专业人员备选名单和相关信息平台。

《最高人民法院关于防范和制裁虚假诉讼的指导意见》（法发〔2016〕13号）

16. 鉴定机构、鉴定人参与虚假诉讼的，可以根据情节轻重，给予鉴定机构、鉴定人训诫、责令退还鉴定费用、从法院委托鉴定专业机构备选名单中除名等制裁，并应当向司法行政部门或者行业协会发出司法建议。

【条文理解】

随着我国法制化进程的加快，法律对鉴定机构、鉴定人的鉴定行为、鉴定成果——鉴定意见书的管理要求越来越全面、越来越严格，需要引起建设行政主管部门和行业协会以及鉴定机构、鉴定人的高度重视。

抓好对鉴定机构、鉴定人的管理，建立管理工程造价鉴定的建设行政主管部门、行业协会与人民法院、仲裁机构的衔接机制，加强对工程造价咨询企业鉴定能力和质量的管理，规范鉴定行为，强化执业管理，健全淘汰退出机制，清理不符合规定的鉴定机构和鉴定人，推动工程造价鉴定工作有序推行。

委托与受理是司法鉴定的关键环节，工程造价鉴定的建设行政主管部门应按照法律规定，严格规范工程造价鉴定受理程序和条件。鉴定机构无正当理由不得拒绝接受鉴定委托，不得私自接受当事人提交而未经人民法院确认的鉴定材料，要规范鉴定材料的接收和保存，需要调取或者补充鉴定材料的，由鉴定机构或者当事人向委托法院提出申请。

出庭作证是鉴定人的义务，建设行政主管部门、行业协会要监督、指导鉴定人按照人民法院、仲裁机构的通知，依法履行出庭作证义务，对于无正当理由拒不出庭作证的，要依法严格查处。

建设行政主管部门要加强工程造价鉴定监督，促进鉴定人和鉴定机构规范执业，监督信息应当向社会公开。人民法院发现鉴定机构或鉴定人存在违规受理、拒不出庭作证等违法违规情形的，应告知建设行政主管部门或发司法建议书。建设行政主管部门要按规定及时查处，并向人民法院反馈处理结果。

鉴定人或者鉴定机构经依法认定有故意作虚假鉴定等严重违法行为的，由建设行政主管部门给予处罚；情节严重的，撤销登记；构成犯罪的，依法追究刑事责任。鉴定人或者鉴定机构在执业活动中因故意或重大过失给当事人造成损失的，依法承担民事责任。

中国建设工程造价管理协会加强对工程造价鉴定机构和鉴定人的自律管理，进一步完善工程造价鉴定的技术标准、操作规程，加强对工程造价鉴定中疑难问题的科学研究，为工程造价鉴定提供科学、客观、合法的鉴定标准，促进工程造价鉴定水平的提高。

9.2 工程造价鉴定违规行为的行政处罚

【法条链接】

《工程造价咨询企业管理办法》（2020年住房和城乡建设部令第50号修正）

第二十七条 工程造价咨询企业不得有下列行为：

（一）涂改、倒卖、出租、出借资质证书，或者以其他形式非法转让资质证书；

（二）超越资质等级业务范围承接工程造价咨询业务；

（三）同时接受招标人和投标人或两个以上投标人对同一工程项目的工程造价咨询业务；

（四）以给予回扣、恶意压低收费等方式进行不正当竞争；

（五）转包承接的工程造价咨询业务；

（六）法律、法规禁止的其他行为。

第四十一条 工程造价咨询企业有本办法第二十七条行为之一的，由县级以上地方人民政府建设主管部门或者相关专业部门给予警告，责令限期改正，并处以1万元以上3万元以下的罚款。

《建筑工程施工发包与承包计价管理办法》（建设部令第16号）

第二十二条 造价工程师在最高投标限价、招标标底或者投标报价编制、工程结算审核和工程造价鉴定中，签署有虚假记载、误导性陈述的工程造价成果文件的，记入造价工程师信用档案，依照《注册造价工程师管理办法》进行查处；构成犯罪的，依法追究刑事责任。

第二十三条 工程造价咨询企业在建筑工程计价活动中，出具有虚假记载、误导性陈述的工程造价成果文件的，记入工程造价咨询企业信用档案，由县级以上地方人民政府住房城乡建设主管部门责令改正，处1万元以上3万元以下的罚款，并予以通报。

《注册造价工程师管理办法》（2020年住房和城乡建设部令第50号修正）

第二十条 注册造价工程师不得有下列行为：

（一）不履行注册造价工程师义务；

（二）在执业过程中，索贿、受贿或者谋取合同约定费用外的其他利益；

（三）在执业过程中实施商业贿赂；

（四）签署有虚假记载、误导性陈述的工程造价成果文件；

（五）以个人名义承接工程造价业务；

（六）允许他人以自己名义从事工程造价业务；

（七）同时在两个或者两个以上单位执业；

（八）涂改、倒卖、出租、出借或者以其他形式非法转让注册证书或者执业印章；

（九）法律、法规、规章禁止的其他行为。

第三十四条 注册造价工程师有本办法第二十条规定行为之一的，由县级以上地方人民政府住房城乡建设主管部门或者其他有关部门给予警告，责令改正，没有违法所得的，处以1万元以下罚款，有违法所得的，处以违法所得3倍以下且不超过3万元的罚款。

【条文理解】

住房和城乡建设部是我国工程建设（包括建设工程造价鉴定）的行政主管部门，在其三个部令中均设置了对鉴定机构——工程造价咨询企业、鉴定人——注册造价工程师的禁止性行为的规定及其违反禁止性行为规定的行政处罚条款。

9.3 工程造价鉴定违规行为的民事责任

【法条链接】

《中华人民共和国民事诉讼法》

第七十八条 当事人对鉴定意见有异议或者人民法院认为鉴定人有必要出庭的，鉴定人应当出庭作证。经人民法院通知，鉴定人拒不出庭作证的，鉴定意见不得作为认定事实的根据；支付鉴定费用的当事人可以要求返还鉴定费用。

《最高人民法院关于民事诉讼证据的若干规定》（法释［2019］19号）

第三十五条 鉴定人应当在人民法院确定的期限内完成鉴定，并提交鉴定书。

鉴定人无正当理由未按期提交鉴定书的，当事人可以申请人民法院另行委托鉴定人进行鉴定。人民法院准许的，原鉴定人已经收取的鉴定费用应当退还；拒不退还的，依照本规定第八十一条第二款的规定处理。

第四十条 当事人申请重新鉴定，存在下列情形之一的，人民法院应当准许：

（一）鉴定人不具备相应资格的；

（二）鉴定程序严重违法的；

（三）鉴定意见明显依据不足的；

（四）鉴定意见不能作为证据使用的其他情形。

存在前款第一项至第三项情形的，鉴定人已经收取的鉴定费用应当退还。拒不退还的，依照本规定第八十一条第二款的规定处理。

对鉴定意见的瑕疵，可以通过补正、补充鉴定或者补充质证、重新质证等方法解决的，人民法院不予准许重新鉴定的申请。

《司法鉴定机构登记管理办法》（司法部令第 95 号）

第四十一条 司法鉴定机构在开展司法鉴定活动中因违法和过错行为应当承担民事责任的，按照民事法律的有关规定执行。

《司法鉴定人登记管理办法》（司法部令第 96 号）

第三十一条 司法鉴定人在执业活动中，因故意或者重大过失行为给当事人造成损失的，其所在的司法鉴定机构依法承担赔偿责任后，可以向有过错行为的司法鉴定人追偿。

【条文理解】

《民事诉讼法》规定鉴定人拒不出庭作证，《民事诉讼证据》规定鉴定人未按期提交鉴定书、当事人申请重新鉴定获得准许的，鉴定人应当退还鉴定费用。司法部 95 号、96 号部令对鉴定机构、鉴定人在鉴定中因违法和过错或者重大过失行为给当事人造成损失的，应当承担民事责任，赔偿损失的，应按照民事法律的有关规定执行。

9.4 工程造价鉴定违法行为的刑事责任

【法条链接】

《最高人民法院关于民事诉讼证据的若干规定》（法释［2019］19 号）

第三十三条 鉴定开始之前，人民法院应当要求鉴定人签署承诺书。承诺书中应当载明鉴定人保证客观、公正、诚实地进行鉴定，保证出庭作证，如作虚假鉴定应当承担法律责任等内容。

鉴定人故意作虚假鉴定的，人民法院应当责令其退还鉴定费用，并根据情节，依照民事诉讼法第一百一十一条的规定进行处罚。

《中华人民共和国民事诉讼法》

第一百一十一条 诉讼参与人或者其他人有下列行为之一的，人民法院可以根据情节轻重予以罚款、拘留；构成犯罪的，依法追究刑事责任：

（一）伪造、毁灭重要证据，妨碍人民法院审理案件的；

（二）以暴力、威胁、贿买方法阻止证人作证或者指使、贿买、胁迫他人作伪证的；

（三）隐藏、转移、变卖、毁损已被查封、扣押的财产，或者已被清点并责令其保管的财产，转移已被冻结的财产的；

（四）对司法工作人员、诉讼参加人、证人、翻译人员、鉴定人、勘验人、协助执行的人，进行侮辱、诽谤、诬陷、殴打或者打击报复的；

（五）以暴力、威胁或者其他方法阻碍司法工作人员执行职务的；

（六）拒不履行人民法院已经发生法律效力的判决、裁定的。

人民法院对有前款规定的行为之一的单位，可以对其主要负责人或者直接责任人员予以罚款、拘留；构成犯罪的，依法追究刑事责任。

第一百一十五条 对个人的罚款金额，为人民币十万元以下。对单位的罚款金额，为人民币五万元以上一百万元以下。

拘留的期限，为十五日以下。

被拘留的人，由人民法院交公安机关看管。在拘留期间，被拘留人承认并改正错误的，人民法院可以决定提前解除拘留。

《中华人民共和国刑法》

第二百二十九条 提供虚假证明文件罪

承担资产评估、验资、验证、会计、审计、法律服务等职责的中介组织的人员故意提供虚假证明文件，情节严重的，处五年以下有期徒刑或者拘役，并处罚金。

前款规定的人员，索取他人财物或者非法收受他人财物，犯前款罪的，处五年以上十年以下有期徒刑，并处罚金。

第一款规定的人员，严重不负责任，出具的证明文件有重大失实，造成严重后果的，处三年以下有期徒刑或者拘役，并处或者单处罚金。

《最高人民检察院公安部关于公安机关管辖的刑事案件立案追诉标准的规定（二）》

第八十一条 ［提供虚假证明文件案（刑法第二百二十九条第一款、第二款）］

承担资产评估、验资、验证、会计、审计、法律服务等职责的中介组织的人员故意提供虚假证明文件，涉嫌下列情形之一的，应予立案追诉：

（一）给国家、公众或者其他投资者造成直接经济损失数额在五十万元以上的；

（二）违法所得数额在十万元以上的；

（三）虚假证明文件虚构数额在一百万元且占实际数额百分之三十以上的；

（四）虽未达到上述数额标准，但具有下列情形之一的：

1. 在提供虚假证明文件过程中索取或者非法接受他人财物的；

2. 两年内因提供虚假证明文件，受过行政处罚二次以上，又提供虚假证明文件的。

（五）其他情节严重的情形。

《最高人民法院、最高人民检察院关于办理虚假诉讼刑事案件适用法律若干问题的解释》（法释［2018］17号）

第六条 诉讼代理人、证人、鉴定人等诉讼参与人与他人通谋，代理提起虚假民事诉讼、故意作虚假证言或者出具虚假鉴定意见，共同实施刑法第三百零七条之一前三款行为的，依照共同犯罪的规定定罪处罚；同时构成妨害作证罪，帮助毁灭、伪造证据罪等犯罪的，依照处罚较重的规定定罪从重处罚。

《中华人民共和国刑法》

第三百零七条 〔妨害作证罪；帮助毁灭、伪造证据罪〕以暴力、威胁、贿买等方法阻止证人作证或者指使他人作伪证的，处三年以下有期徒刑或者拘役；情节严重的，处三年以上七年以下有期徒刑。

帮助当事人毁灭、伪造证据，情节严重的，处三年以下有期徒刑或者拘役。

司法工作人员犯前两款罪的，从重处罚。

【条文理解】

鉴定人在鉴定工作中，故意出具虚假鉴定意见或者严重不负责任，出具的鉴定意见书有重大失实的，按照《民事诉讼法》和《刑法》的相关规定，依法追究鉴定人的刑事责任。司法实践中，已有造价工程师及工程造价专业人员因此被追究刑事责任。以下为人民法院的两个判例：判例一为提供虚假证明文件罪，判例二为帮助伪造证据罪。

【案例一】提供虚假证明文件罪

石家庄市桥西区人民法院刑事判决书

（2013）西刑一初字第 00269 号

石家庄市桥西区人民检察院以石西检公刑诉（2013）76 号起诉书指控被告人靳某、姚某犯提供虚假证明文件罪，于 2013 年 9 月 23 日向本院提起公诉，本院受理后，依法组成合议庭，公开开庭审理了本案。

公诉机关指控：2010 年 5 月 11 日，被告人靳某、姚某所在的某公司受石家庄仲裁委员会的委托，对石家庄市某有限公司与河北省某公司风电公司在某工程项目已完成工程量的实际工程造价进行鉴定，在此期间，被告人靳某丢失鉴定材料两份，未通知仲裁庭；被告人姚某未到现场查看实际情况，只对测算数据进行审核就在报告上盖章，出具正式报告。该工程项目包括土建和安装两个部分，靳某、姚某均不具备安装专业的鉴定资质，并且该鉴定报告只有一名造价师盖章，两名被告人出具的鉴定报告鉴定价值为 280 余万元。后经石家庄市某有限公司进行司法鉴定，经鉴定价格合计为人民币 4 205 729.86 元。靳某、姚某故意提供虚假证明文件，影响了仲裁结果，给石家庄市某公司造成直接经济损失达 100 余万元。

公诉人当庭出示了被告人靳某、姚某供述，证人苗某某、王某某、常某某等人证言，某公司出具的初始报告、正式报告，石家庄市某公司提供的施工合同、施工现场照片，石家庄仲裁委员会裁决书，某造价公司司法鉴定报告，户籍证明，到案经过等证据予以证实。据此公诉机关认为被告人靳某、姚某的行为触犯了《中华人民共和国刑法》第二百二十九条的规定，构成提供虚假证明文件罪，故提请本院依法判处。

被害人陈述及代理意见，被告人姚某明知自己没有电气安装资质而出具关于包含电气安装专业内容方面的报告，违反了《工程造价咨询业务操作指导规程》中关于专业造价工程师只能审核、签发本专业的成果文件的规定，被告人姚某未去施工现场勘验，被告人靳某仅是造价员，不具备造价工程师资质而出具鉴定报告的行为违反《工程造价咨询业务操作指导规程》的规定；二被告明知丢失鉴定材料（厂家出具的电建采购情况的说明），故意不通知仲裁委，不考虑该鉴定材料而出具报告；被告人姚某、靳某为了达到降低价格的目的还采用背离施工合同原意的方法，将合同中约定的“超出清单部分扣除 19% 管理费”自作主张扣除合同总价 19% 的管理费。施工合同中并未约定下浮 10% 材料费，二被告却在鉴定报告中私自下浮。综上，被告人姚某、靳某主观上具有提供虚假鉴定报告的故意，客观上也实施了提供虚假鉴定报告的行为，故二被告的行为构成提供虚假证明文件罪。

被告人靳某、姚某主要辩称，起诉书指控被告人姚某、靳某故意提供虚假证明文件的事实不能成立。本案中造成某公司出具的鉴定报告与桥西公安分局委托石家庄市某有限公司出具的鉴定报告，有百万余元差距的一个重要原因是由于鉴定计算方法不同，最终造成的造价结果不同，故二被告人不存在故意计算错误、故意出具虚假证明文件的主观故意；在该项目的鉴定过程中，被告人靳某具体负责土建工程的计算，王某某负责安装工程的计算，且王某某是该项目的项目负责人，被告人靳某具有河北省土建一级造价员资质，王某某具有河北省安装一级造价员资质，同时具有中国注册造价师资质，通过两人的计算之后，出具了鉴定数据初稿，由于项目负责人王某某中途调走的原因，所以才改由被告人姚某对该项目进行审核，经审核准确无误后，被告人靳某、姚某才在正式的鉴定报告上签字。2010 年 1 月，本案被告人靳某与王某某、仲裁、某公司、某公司人员一起去施工现场进行实地勘察，并且出具了鉴定数据初稿，后因该项目负责人王某某中途调走的原因，某公司才决定改由被告人姚某对该鉴定报告进行数据核查，经三级复核准确无误后，才正式在鉴定报告上签字，某公司是严格按照工程造价程序办事，被告人姚某去不去现场对鉴定的结果无任何影响，且二被告出具的鉴定结果只是针对石家庄市仲裁委，是否采纳是由仲裁委决定的，且最后仲裁委全部采纳了该鉴定报告的数据。起诉书中指控被告人靳某丢失两份鉴定材料与事实不符，事实是在该项目的鉴定中出现了王某某中途调走，在资料交接时，才发现丢失了一张资料，而不是两份，出现问题后某公司也积极进行检查，且丢失的只是某公司与供货方的水泥杆供货合同的说明的复印件，对鉴定结果无任何影响。

靳某的辩护人辩称，起诉书指控被告人靳某、姚某等犯罪行为给某公司造成 100 余万元经济损失的结果，是依据公安机关委托的司法鉴定结论与仲裁委委托的工程造价报告相比较，直接得出的结论，这种逻辑显然是错误的。公安机关委托的鉴定单位是一个乙级资质的造价公司，仲裁委委托的是一个甲级资质的造价公司，且仲裁委委托鉴定后经双方质证、充分发表意见后，认定鉴定报告合法有效，仲裁委的裁决书至今未撤销，因此不能断然认定公安机关委托的鉴定结论就是正确的，仲裁委的裁决书也是生效的法律文书；某公司出具的鉴定报告是咨询性意见，是供仲裁庭参考的证据，是否采信、如何采信由仲裁庭来决定，某公司出具的工程造价鉴定结果是 2 831 541.32 元，石家庄仲裁委最后裁定的工程造价为 347.50 万元，没有证据证明鉴定报告是直接导致某公司经济损失的原因；公安机关委托的司法鉴定结论与某公司的鉴定结论，两份鉴定报告的鉴定方向不同、依据的资料不同，得出的结论肯定不同，因此，这两份鉴定报告根本不具可比性；公安机关委托的司法鉴定不客观、不公正、不严谨，不应采信；被告人靳某虽没有造价工程师的资质，但其有造价员的资质，且全程参与了造价工作，报告中有被告人姚某的签名，有某公司的公章，这不是被告人靳某以造价员的名义出具报告，没有法律法规规定造价员不能参与工程造价工作，且现行法律法规也没有强制性规定，要求必须两个工程师签章，故起诉书指控的事实不成立，更不能证明被告人靳某具有出具虚假鉴定报告的主观故意。

姚某的辩护人辩称，起诉书指控被告人姚某未到现场查看实际情况，只对测算数据进行审核就在报告上盖章的事实不能成立。工程造价结算工作是一个系统项目，是需要各部门、各人员分工协作完成的，被告人姚某是负责复核工作，没有必要去现场，并且在该造价鉴定报告出具过程中，被告人靳某和王某某已经去过现场，没有法律、法规或规范要求参与工程造价鉴定的所有人员都要去现场。起诉书指控被告人姚某没有安装专业的鉴定资质，虽然该项目包括土建和安装两个部分，但这也不能成为被告人姚某故意出具虚假证明文件的理由。现行法律法规也没有强制性规定，要求必须两个工程师签章，故起诉书指控的事实不成立，更不能证明被告人姚某具有出具虚假鉴定报告的主观故意。

经审理查明：河北省某公司风电分公司与石家庄市某有限公司因某工程升压站建筑施工工程向石家庄仲裁委员会申请仲裁，石家庄仲裁委员会根据当事人的申请，于 2009 年 10 月 28 日委托河北某咨询有限责任公司对该工程的中控楼、高低压、合同外增项、消防水池、架构钢梁和架构水泥杆等造价进行鉴定，被告人靳某、姚某负责该项目的鉴定工作，被告人靳某具有河北省土建一级造价员资质，被告人姚某具有造价工程师的资质。二被告人于 2010 年 5 月 11 日、2010 年 9 月 28 日分别出具了河北某有限责任公司冀天华基字（2010）第 1038 号《基本建设工程造价鉴定报告》和冀天华基字（2010）第 1038-1 号《基本建设工程造价鉴定补正报告》，该报告包括土建和安装两个部分，被告人靳某、姚某在均不具备安装专业鉴定资质、且在工作期间丢失鉴定材料一份的情况下，在该报告上签字盖章。石家庄市某有限公司和河北省某公司风电分公司承包合同中第 6.4 条约定，“工程量超出清单量的部分，根据甲方（某公司）与项目业主的结算情况，扣除甲方 19% 的综合管理费后，结算给乙方（石家庄市某有限公司）”，而被告人靳某、姚某在鉴定时，按工程总造价扣除了 19% 的管理费，该报告出具的鉴定造价为人民币 2 817 150.30 元；石家庄市公安局桥西分局委托石家庄某有限公司对该工程进行了鉴定，石家庄某有限公司于 2012 年 6 月 6 日、2012 年 6 月 27 日分别出具了石某鉴字（2012）第 2017 号《造价鉴定报告书》、《关于国电凌海（南小柳）风电场升压站工程鉴定报告的补充说明》，该报告鉴定该项工程造价为人民币 4 205 729.86 元。两份鉴定报告确定的价格相差人民币 1 388 579.56 元。

上述事实，有下列证据予以证实：

1. 靳某的供述证实，某咨询有限公司出具的冀天华基字（2010）第 1038 号《基本建设工程造价鉴定报告》和冀天华基字（2010）第 1038-1 号《基本建设工程造价鉴定补正报告》，是我和姚某负责并出具的，开始由王某某负责，后来王某某不干了，就交给了姚某，报告的总造价为 2 817 150.3 元。我是土建专业的造价员，姚某是土建的造价师，王某某是安装专业的造价师，但他后来离开公司了。在出具正式报告之前，我和王某某去了施工现场，姚某没有去。在公司鉴定过程中，仲裁委提供的材料我们丢失过一张钢构件或水泥杆的材料，无法确定是我和王某某谁弄丢的。我是按工程总造价的 19% 扣除管理费的，但合同中约定工程量超出清单的部分，根据甲方与项目业主的结算情况，扣除甲方 19% 的综合管理费后，结算给乙方，费率降 10% 在合同中没有约定。

2. 姚某的供述证实，我于 2002 年在某咨询有限公司工作至今，我是一名工程造价工程师，负责工程造价审计工作，靳某是我公司的一名造价员。国电凌海南小柳项目起初是由王某某负责，后因王某某离开公司，我成为了该项目的负责人。冀天华基字（2010）第 1038 号《基本建设工程造价鉴定报告》是以我和靳某的名义出具的，该报告中的数据是由靳某所做，我负责审核。在王某某离开公司之前，王某某曾去过施工现场，听靳某说从仲裁委接的材料中丢失过一份材料，仲裁委拒收，后我和靳某找仲裁委协商才收下了，鉴定报告只要有一个造价师的章就可以出具。

3. 苗某某（石家庄某有限公司项目经理）的陈述证实，2008 年，某公司与某公司因工程款结算问题发生经济纠纷，双方于 2008 年 10 月向石家庄仲裁委员会申请裁决，石家庄仲裁委员会于 2009 年年底委托某公司对双方产生的经济纠纷进行造价鉴定，某公司又于 2010 年 1 月 22 日作出一份初始报告，在初始报告中存在材料费、工程费以及人工费少算、漏算问题，少了 70 余万元，我们遂对该份报告向仲裁委提出异议，某公司于 2010 年 5 月 11 日出具了正式的鉴定报告冀天华基字（2010）第 1038 号《基本建设工程造价鉴定报告》，该份报告中署名的造价师姚某，从未参与过评估活动，未参加过现场勘验，只有靳某参加了，但靳某只是一名造价员，某公司也只让其负责审计工作，正式报告中对辽宁锦州建设的风电厂升压站工程造价进行鉴定，鉴定少评估了 1 659 361.66 元，我们认为某公司属于严重不负责任，正式的鉴定报告存在重大失实。

4. 王某某（原河北某咨询有限公司注册造价师）的证词证实，2005 ~ 2010 年，我在某公司负责工程造价审计工作。2009 年下半年，某公司接受石家庄仲裁委员会的委托就某公司与某公司在辽宁锦州建设的风电厂升压站工程造价进行造价鉴定，某公司指派我为该项目负责人，靳某作为造价员，由我俩负责该项目的审计评估工作，其中电气部分由我负责核算，土建部分由靳某负责核算。经过现场勘查，我们于 2010 年 1 月出具了一份初始《鉴定报告》，并提交给了石家庄仲裁委员会，后因我个人原因从某公司辞职，把手里的工作和初始报告的电子版及该项目的有关材料都移交给了靳某。

5. 常某某（石家庄仲裁委员会工作人员）的证词证实，石家庄仲裁委员会于 2008 年 8 月 19 日受理某公司与某公司建筑合同纠纷一案，仲裁庭根据当事人的申请于 2009 年 10 月 28 日委托某咨询有限公司进行鉴定，此案日常的程序工作由我负责，某公司与某公司将鉴定所需的材料在 2009 年 11 月 17 日交给某公司的王某某和靳某，于 2010 年 5 月 11 日、2010 年 9 月 28 日分别出具了河北某有限责任公司冀天华基字（2010）第 1038 号《基本建设工程造价鉴定报告》和冀天华基字（2010）第 1038–1 号《基本建设工程造价鉴定补正报告》，在 2011 年 6 ~ 7 月靳某将鉴定材料交还给我时，发现丢失材料一份，我当时拒绝签收，在 2011 年 8 ~ 9 月，市中级法院通知我们单位调卷，鉴于这种情况，我将鉴定材料收下，并再次责成靳某查找丢失的材料。

6. 苗某某提供的证明材料有关合同及书证。

7. 河北某有限公司材料证实，某公司成立、营业执照等有关书证。

8. 石家庄仲裁委员会石裁字（2008）第 324 号裁决书裁决书主文："申请人（河北省某公司风电分公司）向被申请人（石家庄市某有限公司）支付工程款 14 853.41 元。

9. 石家庄某造价咨询有限公司 2012 年 6 月 6 日、2012 年 6 月 27 日出具的石某鉴定字（2012）第 2017 号《造价鉴定报告》及《工程鉴定报告的补充说明》。

10. 石家庄仲裁委员会关于河北省某公司风电分公司与石家庄市某有限公司建筑施工合同纠纷石裁字（2008）第 324 号卷宗的复印件。

11. 河北省石家庄市中级人民法院（2011）石民四裁字第 00006 号，2012 年 2 月 21 日作出的民事裁定书。该裁定驳回了石家庄某有限公司的申请（石家庄仲裁委员会石裁字（2008）第 324 号裁决书已发生法律效力）。

以上证据，经当庭质证，真实有效，本院予以确认。

关于丢失鉴定材料的问题。争议双方向仲裁委提供有关鉴定方面的材料与鉴定结果有不可分割的关系，不论在正式报告出具前还是在出具后，发现材料丢失，丢失一方均负有一定的责任。发现材料丢失后，对丢失的材料是否影响鉴定结果，应当征求纠纷双方的意见，而本案中并无这样的说明。

关于被告人签发鉴定报告书的资质问题。石家庄市某有限公司承揽的河北省某公司风电分公司的工程包括土建和安装两部分。被告人靳某系土建专业的造价员，姚某系土建专业的造价师，该二人并不具有安装专业的资质违反了中国建设工程造价管理协会中价协（2002）第 016 号《工程造价咨询业务操作指导规程》中关于专业造价工程师只能审核、签发本专业的成果文件的规定。

关于公安机关委托某造价公司的程序问题。石家庄市公安局桥西分局受理案件后，于 2012 年 5 月 4 日聘请石家庄某造价咨询有限公司对某工程进行鉴定，该公司分别于 2012 年 6 月 6 日、2012 年 6 月 27 日分别出具了石某鉴定字（2012）第 2017 号造价鉴定报告书及补充说明。公安机关认为其委托的造价公司是严格按照公安机关的有关规定依法做出的，二被告人申请重新鉴定被公安机关驳回，本案诉至法院后，被告人靳某的辩护人在开庭前，于 2013 年 3 月 27 日向法院提出了重新鉴定的申请，第一次开庭后，于2013年7月19日又撤回了重新鉴定的申请。

石家庄仲裁委员会石裁字（2008）第324号裁决书中认定该项工程中关于中控楼、高低压、合同外增项的造价数额不应再扣除19%的管理费，认定这三项的造价为人民币2 851 944.85元，认定消防水池、架构钢梁和架构水泥杆的造价为人民币626 021.62元，两项合计为人民币3 477 966.47元，仲裁委认定的鉴定价值与某鉴定的价值相差人民币727 763.39元。

本院认为：被告人靳某、姚某作为受石家庄仲裁委员会委托出具鉴定报告的中介组织人员，在对某工程进行鉴定期间，提供虚假证明文件，其行为已构成提供虚假证明文件罪。公诉机关指控的罪名成立。根据《中华人民共和国刑法》第二百二十九条规定，承担资产评估、验资、会计、审计、法律服务等职责的中介组织的人员故意提供虚假证明文件，情节严重的，构成中介组织人员提供虚假证明文件罪。根据《最高人民检察院、公安部关于公安机关管辖的刑事案件立案追诉标准的规定（二）》第八十一条（三）规定，承担资产评估、验资、会计、审计、法律服务等职责的中介组织的人员故意提供虚假证明文件，虚假证明文件虚构数额在一百万元且占实际数额百分之三十以上的即够追诉标准。在本案中，被告人靳某、姚某在鉴定时，按工程总造价扣除了19%的管理费，且二被告人在不具备安装专业鉴定资质，却签署了含有安装专业报告文件，在工作期间丢失鉴定材料，出具的鉴定报告与某出具的鉴定报告相差人民币1 388 579.56元，二被告人的行为已构成了提供虚假证明文件罪。故二被告人及其辩护人提出的被告人不构成犯罪的观点，本院不予支持。但二被告人出具的鉴定数额与某出具的鉴定数额相差在人民币1 388 579.56元，虽已达到刑事案件立案追诉标准的规定，但应属犯罪情节轻微。根据《中华人民共和国刑法》第二百二十九条第一款、第三十七条的规定，判决如下：

一、被告人靳某犯提供虚假证明文件罪，免予刑事处罚。

二、被告人姚某犯提供虚假证明文件罪，免予刑事处罚。

如不服本判决，可在接到判决书的第二日起十日内通过本院或直接上诉于河北省石家庄市中级人民法院，书面上诉的，应提交上诉状正本一份，副本三份。

（案例摘自搜狐网，有删减）

【案例二】帮助伪造证据罪

浙江省绍兴市中级人民法院刑事裁定书

（2017）浙06刑终249号

上诉人（原审被告人）郭莉芸，是浙江中汇工程咨询有限公司注册造价工程师。因涉嫌犯提供虚假证明文件罪于2016年7月18日被刑事拘留，同年8月16日被逮捕。2017年4月17日被取保候审。

绍兴市越城区人民法院审理绍兴市越城区人民检察院指控原审被告人郭莉芸犯帮助伪造证据罪一案，于2017年4月1日作出（2016）浙0602刑初1259号刑事判决。原审被告人郭莉芸不服，提出上诉。本院受理后，依法组成合议庭，经过阅卷，讯问被告人，听取辩护人意见，认为本案事实清楚，决定不开庭审理。现已审理终结。

原判认定：

2004 年 4 月 21 日，绍兴市城中村改造建设投资有限公司（以下简称“城投公司”）东湖分公司与浙江中实建设集团有限公司（以下简称“中实公司”）的前身企业浙江中实建设有限公司签订了建设工程施工合同，约定由中实公司承建香山· 白莲岙安置房Ⅰ标、Ⅱ标工程，合同约定工期为 360 天，工程总价分别暂定为 48 681 160 元、38 611 800 元；土建工程按浙江省建筑工程预算定额 94 版编制结算，场外工程按浙江省市政定额 93 版编制结算；合同还对其他事项作了约定。

2004 ~ 2005 年，香山 · 白莲岙安置房Ⅰ标、Ⅱ标工程陆续开工。2006 年 6 月 22 日，绍兴市越城区人民政府、浙江绍兴经济开发区管委会、东湖镇政府、中实公司等单位就香山· 白莲岙安置房建设涉及的有关问题进行专题协商，并形成协调会议纪要。该纪要载明，在工程实施过程中，由于拆迁“钉子户”影响及新港村住户要求住宅安全阻碍施工，部分幢号桩型由沉灌桩改为钻孔桩，最后一幢房子开工日为 2005 年 6 月 18 日，引发工期顺延。同时明确，整个工程必须在 2006 年 11 月底前全面竣工，逾期开发区不再支付过渡费，一切责任由具体实施单位承担。2006 年 6 月 15 日、8 月 7 日，香山· 白莲岙安置房Ⅰ标、Ⅱ标工程分别竣工验收合格。2007 年 1 月 13 日，场外工程竣工验收合格。同年 4 月 18 日，中实公司与城投公司东湖分公司签订建设工程施工合同补充协议，约定补充协议与上述香山 · 白莲岙安置房Ⅰ标、Ⅱ标工程施工合同具有同等法律效力。补充协议确定合同施工建筑面积为 113 700 平方米，与开发委共同确定的建筑面积为 143 122.6 平方米，并作为预算依据，三方确定的暂定工程价款 1.3 亿元。现实际完成的暂估建筑面积为 156 671.795 平方米（最终以审核确认为准），现工程承包人送审价款为 18 763.637 4 万元（不包括场外工程竣工验收后增加部分的所有窗门的纱窗、幼儿园围墙、塑胶操场的联系单等的工程，价款按审计报告为准）；应补合同施工建筑面积差额暂估为 13 549.195 平方米。2010 年 12 月 13 日，绍兴市审计局出具了绍市审投（2010）9 号审计报告，审定香山 · 白莲岙安置房工程（不含绿化工程）造价为 173 279 664 元。同时，认定该项目实际建筑面积、造价均超过批复规模，并且其中 10 539 平方米建筑面积的综合楼，立项批复中未涉及。10、11、12、16、17、18 幢楼原为沉管灌注桩，后换为钻孔灌注桩，导致误工。因中实公司对（2010）9 号审计报告审定的工程造价存在异议，双方产生争议，中实公司遂向绍兴市中级人民法院提起诉讼。

2011 年 7 月 15 日，绍兴市中级人民法院立案受理了中实公司诉城投公司建设工程施工合同纠纷一案。同年 8 月 9 日，绍兴市建筑业管理局对中实公司提出要求对涉案工程计补人工、水、电价差的报告出具回复，载明：根据报告所述内容，并查阅中实公司提供的文件材料，结合 2010 年 8 月信息综合解释，认为依据实事求是、公平公正的原则，该工程人工、水、电价差应予以计补。诉讼期间，经中实公司申请，绍兴市中级人民法院于 2011 年 11 月 30 日委托浙江中汇工程咨询有限公司（以下简称“中汇公司”）“对绍市审投（2010）9 号审计报告中遗漏的施工用柴汽油费用补差等10个项目和因工期延长造成的工程费用增加的费用”进行鉴定。中汇公司接受委托后，指派被告人郭莉芸为技术负责人，何某（另案处理）为项目负责人。在进行司法鉴定期间，何某受人所托关照中实公司的诉求，被告人郭莉芸收受中实公司人员所送的购物卡、黄酒等财物。2012年7月26日，中汇公司出具了中汇工咨（2012）0384号司法鉴定报告，结论为：绍市审投（2010）9号审计报告中遗漏的施工用柴汽油费用补差等10个项目和因工期延长增加的工程费用合计为人民币32 377 351元。其中被告人郭莉芸在明知绍兴市建管局出具的上述《回复》与绍兴市建设工程造价管理处《关于浙江省预算定额（一九九四）版遗漏问题的综合解释》（以下简称《综合解释》）规定不符的情况下，未经调查核实，计补电价差人民币1 666 075元、计补人工费人民币19 073 594元。对因工期延长增加的费用，鉴定人在鉴定报告的鉴定说明中说明，鉴定方鉴定时暂按工期延误均由建设单位原因造成考虑。在鉴定报告中，被告人郭莉芸采用03定额2006年11月的信息价及94定额的人工量作为计补人工价差的依据，并予以全额计补。

2012年12月20日，绍兴市中级人民法院对该案作出一审判决，判决采纳了中汇公司的上述鉴定意见。一审判决后，中实公司和城投公司均不服判决，向浙江省高级人民法院提出上诉。2013年5月13日，浙江省高级人民法院作出终审判决：驳回上诉，维持原判。

2016年7月18日10时许，被告人郭莉芸在浙江省杭州市江干区中汇公司被警察抓获归案。公安机关在被告人郭莉芸住处扣押钱包1个，已移送本院。

原判确认了相应证据。

原审认为，被告人郭莉芸伙同他人在民事诉讼中故意作出存在错误的司法鉴定意见，帮助当事人伪造证据，情节严重，其行为已构成帮助伪造证据罪，且系共同犯罪。鉴于被告人郭莉芸是初犯，到案后尚能对基本犯罪事实予以供认，可酌情从轻处罚。根据《中华人民共和国刑法》第三百零七条第二款、第二十五条第一款、第六十四条的规定，判决：一、被告人郭莉芸犯帮助伪造证据罪，判处有期徒刑九个月；二、公诉机关移送扣押的被告人郭莉芸钱包1个，予以没收。

郭莉芸上诉称：1. 其确收受了中实公司所送礼品，但与中实公司无伪造证据的合意，也未伪造证据，认定与中实公司有共同犯罪故意不当；2. 其依据法院提供的鉴定材料，依法定程序，按照相应行业技术标准和规定作出鉴定报告，且被法院在分析认证的基础上作为裁判依据，无帮助伪造证据的行为。3. 其作为鉴定人对鉴定材料的真实、合法性不负责。绍兴市建管局回复的效力，其无权判定，且其在鉴定报告中明确是暂按，无结果导向性。4. 计补人工价差时，其按94定额的人工量、03定额的信息价计补并无不当。综上，其作为专业鉴定人员，对证据采信、案件事实的判断不属其工作范畴，原判适用法律错误，请二审法院改判其无罪。

其辩护人认为：1. 上诉人虽收受了中实公司的礼品，答应在鉴定时帮忙，但未通过伪造证据的手段实现，也未实施伪造证据的行为，与中实公司未就伪造证据进行过沟通，不存在共同犯意，不能认定其有帮助伪造证据的主观故意。2. 根据绍兴市建设工程造价管理处《综合解释》规定，2005年1月1日前签订的工程合同，如因甲方原因造成工期延误，对人工、水、电可以计补价差，在案证据可证实工期延误甲方确有责任，且绍兴市建筑业管理局就此明确回复应予计补，且建筑业管理局位阶高于下设处室，上诉人按此回复作出鉴定并无不当。且对建管局回复的合理性审查属于法院裁判范围，不属鉴定范围，不应由上诉人负责，3. 鉴定报告出具的意见是工期延误暂按因建设单位原因造成，民事判决对该报告独立分析后作出判断，充分反映了司法鉴定报告的合法合规性，民事判决生效后的新证据不能证实原诉讼过程中鉴定人员是否依法履职。4. 通常情况按 94 定额人工费不应计补，鉴定人员对人工量无选择权力，但计补标准中争议的主要是人工信息价。94 定额中的日工资单价与市场价格严重脱节，且绍兴市建设工程造价管理处也未出具相匹配的人工信息价，故上诉人对施工期间人工市场单价与管理处发布的一、二、三类工人人工信息单价进行了比较分析，测算可计补的人工单价，并提供鉴定意见并无不当。94 定额与 03 定额工时相同、人工费内容相同，上诉人参与了绍兴市定额站出具的有关拆迁安置房各类工权重比例的函进行分析计算，并不是简单按 03 定额的信息价计补差价。5. 涉案工程介于 94 定额与 03 定额过渡期间，虽造价管理处出具了人工补差遗留问题的解释，但对 2005 年前订立的因甲方原因造成工期延误的人工补差计算方法无明确指导意见，上诉人运用其专业知识和技能，参考类似项目经验数据等方法提出鉴定意见，不违反行业规定。故原判对上诉人帮助伪造证据罪认定的事实不清，证据不足，请二审法院公正判决。

经审理查明，二审查明的事实与原判认定的事实一致，有经原审庭审质证、认证的非同案共犯何某的供述，证人王某、陈某 1、陈某 2、张某、刘某 4、徐某、杨某 3、金某、潘某、屠某、杨某 2、沈某 1、洪某，陈某 3、李某 4、陈某 4、蒋某、石某、陈某 5、沈某 2、包某 1、包某 2、包某 3、汪某证言，投标书、中标通知书、建设工程施工合同、建设施工合同补充协议、工程变更设计联系单，关于要求提交省高院备案的审计单位进行鉴定的申请书、浙江省高级人民法院选定鉴定机构推荐书、绍兴市中级人民法院司法鉴定委托书、对外委托鉴定材料移送清单，通知书，司法鉴定报告及明细表、司法鉴定质证会议纪要，工程现场勘查记录，鉴定书初稿意见通知书、关于对中汇公司鉴定书初稿的异议书，城投公司的函，工程核对（会议）纪要，鉴定调整稿意见通知书、中实公司提出的异议书、“东湖镇香山白莲岙安置房建设工程造价司法鉴定调整稿异议”的回复函，浙江省建筑安装工程费用（一九九四年），关于浙江省预算定额（一九九四）版遗留问题的综合解释，关于要求对香山· 白莲岙安置房工程计补人工、水、电价差的报告及回复，浙江省建筑工程预算定额（2003）版交底资料，造价管理信息，绍兴市机构编制委员会《关于印发绍兴市建筑业管理局主要职责内设机构和人员编制规定的通知》、《浙江省建设工程计价依据解释管理暂行规定》、《浙江省建设工程价格信息动态管理办法》，关于香山· 白莲岙安置房建设工程协调会议纪要，绍兴市审计局绍市审投（2010）9 号审计报告，绍兴市中级人民法院（2011）浙绍民初字第 13 号民事判决书、浙江省高级人民法院（2013）浙民终字第 6 号民事判决书，鉴定人员名册及资质情况说明，搜查笔录、扣押决定书、扣押及移送物品清单，抓获经过说明、常住人口基本信息及被告人郭莉芸的供述等证据予以证实，本院予以确认。

关于上诉理由及辩护意见，本院评析如下：

1. 关于上诉人及其辩护人均提出上诉人与中实公司无共同犯罪故意的上诉理由及辩护意见，经查：（1）上诉人郭莉芸在接受委托担任司法鉴定人期间，多次私自会见委托方中实公司，接受吃请并违反规定收受中实公司的财物，中实公司相关人员曾多次向上诉人提出要求在鉴定过程中予以关照；（2）非同案共犯何某也供述其向郭莉芸曾传达过有人就此案向其打过招呼，在鉴定时予以关照；（3）上诉人郭莉芸多次供述其所作鉴定对中实公司有利，原因有收受礼物及有人打招呼等因素；（4）上诉人接受人民法院委托担任鉴定人，明知其所作鉴定会对司法机关的正常诉讼活动造成妨害，仍帮助中实公司出具对其有利的司法鉴定。综上，应认定上诉人与中实公司有共同犯罪故意。

2. 关于上诉人提出其对鉴定材料的真实、合法性不负责审查，绍兴市建管局回复的效力其无权判定的上诉理由，经查：（1）城投公司与中实公司在建设工程施工合同中约定土建工程按浙江省建筑工程预算定额 94 版编制结算。（2）绍兴市建设工程造价管理处为解决 94 定额遗留问题出台了《综合解释》就双方之间的争议解决方法予以了明确。（3）绍兴市建设工程造价管理处对我市工程造价进行管理有法定职权。（4）绍兴市建管局出具的函实质对城投公司与中实公司的民事纠纷作出了裁决。而法律并未授权建管局对民事纠纷的行政裁决权。该具体行政行为有重大明显违法因素，属无效具体行政行为。（5）上诉人郭莉芸为注册造价工程师，对与其所属领域密切相关的建管局的职权应明确，且其也供述其认为中实公司能够取得建管局的函感觉不可思议，其对该函的效力始终存在疑问，但却故意采信了该函。综上，本院认为无效的具体行政行为具有重大明显违法因素，自始即无效力，上诉人郭莉芸在内心对该函的效力存疑的情况下，未就该函的效力进行确认，即按该函的要求作出司法鉴定，结合既收受了中实公司所送礼品，且有相关人员曾授意其在鉴定中对中实公司的需求予以照顾等因素，可以认定其对有帮助中实公司证据的故意及具体行为。

3. 关于辩护人提出根据绍兴市建设工程造价管理处《综合解释》规定，在案证据可证实工期延误甲方确有责任，对人工、水、电可以计补价差，且绍兴市建筑业管理局就此明确回复应予计补，建筑业管理局位阶高于下设处室，上诉人按此回复作出鉴定并无不当的辩护意见，经查：（1）根据绍兴市建设工程造价管理处《综合解释》第二条、第三条的规定对于 2005 年 1 月 1 日以前订立合同的工程项目，水、电价价差原则上不得调整。人工价差只有在因甲方造成工期延误的情况下可予以相应调整。（2）中实公司与城投公司合同约定采用该标准，按合同约定办理或者双方再次协商对合同予以变更。（3）绍兴市建设工程造价管理处对我市工程造价进行管理有法定职权，《综合解释》是工程造价管理处依据其职权所制定的规范性文件，在我市范围内具有普遍适用的效力。但法律并未授予建管局就当事人之间的民事争议作出行政裁决的权力，故不能认为建管局出具的函的效力高于《综合解释》的效力。（4）水、电按规定不可以补差，且双方也未协商达成一致的情况下，绍兴市建管局以公权力干涉双方的民事争议，上诉人郭莉芸基于建管局无效的具体行政行为，对水、电予以补差的行为明显不当。（5）对于人工费的价差计补《综合解释》规定在甲方原因造成工期延误的情况下，可以调整。但根据收集在案的由郭莉芸负责的中汇公司就本案所作的司法鉴定报告可以看出，在司法鉴定的鉴定说明部分，就人工、水、电的补差部分，鉴定方意见是根据建管局的回复应予计补。而在鉴定说明第 11 项中，对工期延误而增加的费用部分，仅提到文明施工费及现场经费，并未提及因工期延误造成人工费价差应予调整。该司法鉴定对人工、水、电的价差计补部分，并未建立在工期延误原因的责任分析基础上。且工期延误的责任应由人民法院判定。故此上诉理由及辩护意见不成立。

4. 关于辩护人提出上诉人出具的鉴定意见是工期延误暂按因建设单位原因造成，民事判决对鉴定意见分析判断后予以采信，判决生效后出现新的证据不能证实原诉讼过程中鉴定人员未依法履职的辩护意见，经查，涉案司法鉴定在工期延长而增加的费用部分就工期延长的责任陈述为“暂按工期延误均由建设单位原因造成”，但该部分并未涉及水、电、人工费用的计补。该鉴定的记录方式极易造成水电、人工的计补与工期延误无关的误解。结合被告人供述，其知道建管局的回复效力可疑，为规避责任在鉴定中写明“暂按”，故应认定其故意不依法履职。

5. 关于辩护人提出上诉人对人工费的补差所作鉴定并无不当的辩护意见，本院认为中实公司与城投公司就人工费的计算标准有约定。双方签订的合同在 94 定额与 03 定额的过渡期，绍兴市建设工程造价管理处作为我市工程造价进行管理的机构，对该期间签订的建筑工程合同的争议处理方法作出了解释。对于人工费的计补问题，作为鉴定机构，计算标准应以当事人的约定为准。上诉人擅自突破当事人的约定计补人工费的价差，作出有利于中实公司的鉴定，有违民事合同意思自治原则。故该辩护意见不成立。

本院认为，原判认定上诉人郭莉芸收受民事诉讼一方当事人财物，接受请托，违反规定故意作出有利于一方当事人的错误的鉴定意见的事实清楚，适用法律正确，量刑时对郭莉芸的犯罪事实、社会危害性、悔罪表现等均已予以考量，量刑适当。上诉人郭莉芸及其辩护人均提出应认定其无罪的上诉理由及辩护意见不成立，本院不予支持。依照《中华人民共和国刑事诉讼法》第二百二十五条第一款第（一）项之规定，裁定如下：

驳回上诉，维持原判。

本裁定为终审裁定。

（案例摘自裁判文书网，有删减）

第三篇

工程造价鉴定案例

本篇收录了十多个工程造价鉴定案例，涵盖工程合同争议、计量争议、计价争议、工期索赔争议，费用索赔争议、签证争议、合同解除后的争议等鉴定，部分鉴定给予了点评，供鉴定人参考。

1　合同争议鉴定案例

建设工程造价鉴定，重要的证据之一应是争议双方所签订的建设工程施工合同。按照法律规定：依法成立的合同，对当事人具有法律约束力。当事人应当按照约定履行自己的义务，不得擅自变更或者解除合同。《建设工程造价鉴定规范》GB/T 51262-2017（以下简称《鉴定规范》）第5.1.2条也规定："鉴定人应根据合同约定的计价原则和方法进行鉴定。"另外，《施工合同司法解释（一）》第二条规定：建设工程施工合同无效，但建设工程经竣工验收合格，承包人请求参照合同约定支付工程价款的，应予支持。因此根据法律及司法解释等相关规定，依法成立的合同，当事人双方应按照合同约定进行工程价款的结算；当合同被法院认定无效时，也可根据法院的决定参照合同约定进行价款计算。由此，在司法鉴定过程中解决合同争议的一个基本原则应为："合同有效依约定，合同无效依法院定。"

当建设工程施工合同合法有效时，合同约定的计量计价方式、合同价款调整、变更签证索赔等重要条款直接影响着整个造价鉴定意见的形成。而在实际操作中，由于建设工程项目本身的复杂性、资金投入大、合同关系复杂等特点，导致在整个建设工程实施过程中，很有可能签订不止一份合同，则具体依据哪一份合同进行造价鉴定或者说当合同均无效时又应当依据什么进行鉴定是首先需要确定的问题。其次，在确定了作为鉴定依据的合同后，合同条款表述不清、相互矛盾等情形造成有不同理解时往往也会成为整个案件争议的焦点，有的时候往往会因为一字之差导致鉴定结果会有很大的差异。

因此，在正式鉴定之前需首先明确三个问题：

一是当事人双方提交的建设工程施工合同是否合法有效，能否作为鉴定依据。

二是当有几份合同时，应以哪一份或者哪几份合同作为鉴定依据。

三是当所有合同均无效时，应依据什么进行鉴定。

以上问题统称为"合同争议问题"，现分别予以分析。

一、委托人明确鉴定依据及鉴定意见如何出具的简析

在鉴定过程中如果遇到合同没有约定、约定不明或者约定之间存在矛盾的，需要委托人明确据以鉴定的依据。在遇到上述问题时，我们既不能直接按照相关规定自行判断鉴定的依据，也不宜未经与委托人充分的沟通而直接做出供选择的鉴定意见。这样的话，有可能做许多无效的工作，还可能会导致鉴定意见不被委托人采纳，影响鉴定的进度、质量。所以，要求委托人释明，具有其必要性。

江苏省高级人民法院于 2019 年 12 月 27 日发布的《建设工程施工合同纠纷案件委托鉴定工作指南》第 9 条规定：下列事项，鉴定机构可以要求委托法院予以明确：

（一）可以作为鉴定依据的合同、签证、函件、联系单等书证的真实性及其证据效力；

（二）合同没有约定、约定不明，或者约定之间存在矛盾，需要进行合同解释明确鉴定依据的；

（三）无效合同中可以参照作为结算依据的条款。

……

第 10 条又进一步规定："鉴定机构接受鉴定委托，应当出具肯定或否定的确定性鉴定意见，原则上不得出具选择性鉴定意见。鉴定机构认为只能出具选择性鉴定意见的，应及时以书面方式与委托法院进行沟通。委托法院同意出具选择性鉴定意见的，鉴定机构方可出具选择性鉴定意见。"

上述规定，尤其是第 10 条的规定与《鉴定规范》的规定存在一定的差异。江苏高院对于合同争议问题观点为应首先要求法院明确，而不能直接作出供选择性的鉴定意见。应该说首先要求委托人明确这一点，与《鉴定规范》是一致的。但是对于鉴定意见的出具存在一定的差异，《鉴定规范》规定："委托人暂不明确的，鉴定人应按不同的约定条款分别作出鉴定意见"，而江苏高院的指南中要求原则上不得出具选择性鉴定意见。

客观来讲，如果委托人能在鉴定人鉴定前就合同争议问题进行明确，对于鉴定人来说无疑会减少无效工作、提高鉴定效率，但是实践中是否完全可行，是否有利于最终解决争议还有待进一步研究。如前所述，建设工程施工合同往往争议金额较大，动辄上亿元，有时候可能一个合同条款的约定就涉及数百万的差异，同时建设工程施工合同案件涉及的证据资料也非常多，错综复杂，所以往往需要鉴定机构专业技术加以协助，这种协助不仅仅只是通过专业手段计算出争议造价金额，还包含了对证据资料的全面梳理、分析并尽可能地还原案件事实。若委托人在未经鉴定机构出具鉴定意见前便直接确定争议合同条款的采纳，很难说是否会存在偏颇，且当事人可能也会死死纠缠争议问题，上诉或者申请再审，最后也许会掉过头来就争议的问题进行补充鉴定甚至重新鉴定。

出具选择性鉴定意见的好处是能直观地看出差异到底有多大，对于委托人在考虑公平原则时也许会是一个很好的参考。但无论是否可出具选择性鉴定意见，在出具鉴定意见前就合同争议问题与委托人进行沟通是必须的且非常必要的，因为对于法律问题，必须由委托人来决定，鉴定机构只能基于专业角度给委托人提供建议。

二、合同争议鉴定案例分析

（一）鉴定所依据合同未明确

【案例一】某住宅小区建设工程施工合同纠纷案件

某住宅小区建设工程施工合同纠纷案件，涉及争议标的约 1.2 亿元，原被告双方先后签订了四份合同。招标投标后，双方签订了《建设工程施工协议书》，之后双方又签订了《建设工程施工补充协议》并在此协议中明确之前签订的《建设工程施工协议书》作废，后因备案又签订了用于备案的《某省建设工程施工合同》，最后在合同履行过程中双方又签订了《建设工程施工补充协议补充条款》。四份合同（协议）中均有对合同计价依据、计价方法的约定，除了用于备案的《某省建设工程施工合同》并未实际履行外，其余三份合同（协议）应体现的是在施工过程中双方协商并不断修改完善、变更合同条款的一个过程，而最后签订的《建设工程施工补充协议补充条款》实际是一个结算协议，里面明确了合同计价方式，人工费、材料费调整方式，以及其他一些与工程价款结算相关的内容。仅从合同分析，选择哪个或哪些合同作为鉴定依据，以及是否参照合同约定的结算方式进行价款计算，对于鉴定意见的最终形成有着非常重要的影响。

此案鉴定机构在启动鉴定时，便以书面函件的形式请求法院确定造价鉴定的合同依据以及计价方式的确定。此后法院明确回复："双方履行的是《建设工程施工补充协议》和《建设工程施工补充协议补充条款》，不管本案合同是否有效，案涉工程已经完工且经验收合格，其合同约定的结算条款应该作为本案工程款结算的依据。"……"对计价方式，应当按照双方签订的合同约定执行，即依照《建设工程施工补充协议》和《建设工程施工补充协议补充条款》约定的计价方式执行。"

应该说鉴定机构书面发函请求法院确认鉴定所依据的合同以及计价方式的做法是正确且专业的，法院也就鉴定机构提出的问题做出了明确的回复。但是鉴定机构最后做出的鉴定意见却并未完全按照委托人的决定进行鉴定。法院所确定的两份合同即《建设工程施工补充协议》和《建设工程施工补充协议补充条款》约定的计价方式均为工程量清单计价且除合同约定的可调整的内容外综合单价不做调整，而最后由于本案争议金额较大，被告方认为某省高级法院审判时均采用的定额计价，且原告在报送结算时也主动采用的定额计价方式报送，理应按照定额计价方式进行造价鉴定，故鉴定机构最终按照清单计价和定额计价分别计算出具供参考的鉴定意见，两种鉴定意见相差500万元左右。

此案例中法院已明确回复鉴定机构按照合同约定的计价方式进行鉴定，但是最终鉴定机构仍然按照两种计价方式分别出具鉴定意见，工作量明显增加一倍，从某种程度上来说体现了鉴定机构认真负责的工作态度，同时通过两种计价方式分别计算出不同的结果可供委托人直观地参考。但很明显，鉴定机构的做法并不符合人民法院对证据的认定和《鉴定规范》的要求，擅自出具包含两种计价方式的鉴定意见，程序上存在瑕疵。

实际上此案正是反映了我在本文第一点中所阐述的观点，委托人如果在鉴定意见出具前便直接明确合同争议问题，可能也并不会利于最终解决纠纷或者说是提高效率。此案的被告一直没有放弃对于计价模式的纠缠，本案已经过高院二审，但被告又继续向最高人民法院申请再审。从我的认识以及了解到的情况来看，鉴定机构出具两种意见的一个好处在于即便是最高院最后受理了被告的再审申请，至少对于计价模式这块不会再进行补充鉴定，法院可以直接依照鉴定机构的意见进行判决，无形中却也减少了后期审判时的负担。

【案例二】某违法分包合同纠纷案件

某承包人在承包某湿地公园恢复工程后将其中的土建部分分包给个人王某施工。双方签订内部承包合同，约定分包合同价款按照承包人与发包方的取费标准（发包人与承包人签订合同约定综合单价以投标报价包干计算）并下浮 ×× 万元后的金额为准。后王某以承包人在投标时故意将土建部分报低价，然后仅将低价部分分包给他，导致其严重亏损为由，主张法院判定内部承包合同无效并按照现行建设主管部门发布的计价方式重新计算分包工程的价款。法院在审理过程中委托鉴定机构对本分包工程价款进行鉴定。

本案鉴定机构在启动鉴定时，认为本案可能涉及违法分包，请法院明确内部承包协议的效力，同时明确是否按照内部承包协议约定的计价方式进行鉴定。但法院并未书面回复，要求鉴定机构根据专业知识自行判断如何鉴定。此后，鉴定机构直接按照《建设工程工程量清单计价规范》以及《某省建设工程工程量清单计价定额》及配套文件进行计算，出具了征求意见稿。也就是说鉴定机构并未采纳内部承包协议约定的计价方式，即按照投标时的综合单价包干结算，而是径行采用了重新定额组价的模式进行鉴定。

本案中鉴定机构的做法实为直接确定了内部承包协议无效并且自行决定了不按照无效合同的约定结算，明显不合规，以鉴代审。鉴定机构原则上仅能就专业问题进行判断，涉及法律问题时，比如合同的效力问题、无效合同是否采纳应由委托人决定。根据《鉴定规范》第 5.3 节的相关规定，在委托人暂未明确合同效力或者是否按照无效合同约定的计价方式结算时，鉴定人应出具选择性的意见供委托人判断使用。

因此，我们认为在合同尚未被委托人认定为无效的情况下，鉴定机构应按照合同约定的计价方式出具鉴定意见，这是“从约原则”的基本要求。而若鉴定机构认为根据现有法律法规的规定，本案承包人将部分工程分包给个人应属于违法分包的范畴，合同很可能被委托人认定无效，同时为了帮助委托人判断承包人的投标报价是否真的存在不合理的低价，可同时按照现行建设主管部门发布的计价方式即通过定额组价的方式出具供选择性的意见供委托人判断使用。

（二）合同条款未约定

我们曾受理一起某自建房屋烧毁重建费用鉴定的委托，法院发出的委托函要求对烧毁的房屋重建进行造价鉴定，同时明确没有任何资料。我们及时与法院沟通并表示如果没有施工合同、竣工图纸等资料将难以进行造价鉴定，而法院要求鉴定机构与当事人沟通说明情况后再讨论。与当事人沟通时，当事人一再表示请求我们鉴定，他们确实没办法拿出施工图纸等资料，烧毁的房屋是多年前的自建房屋，是非常简单的砖混结构，现场仍能看到房屋情况，同时隐蔽结构也可敲开来看。

经过专业判断，此案件可以通过两种方式进行鉴定，一是根据我们现有的经验及数据，通过单方造价乘以实际面积来估算；二是通过实测实量的方式，以现场测定的工程量并以现行建设行政主管部门发布的计价方式计算。第一种方式计算较为简便，但在采用其他类似项目的单方造价时，需对本项目与类似项目不同的情况进行修正，计算结果较为粗略；第二种方式虽然稍显麻烦，但能最大程度还原现场实际情况，计算结果较为准确。

由于本案双方当事人均为个人，对于工程造价均不了解，如采用第一种方式，很可能会遭到当事人的质疑，且对类似项目经验数据进行修正的方法并没有文件依据，可能会显得依据不够充分且难以给他们解释清楚。同时由于本案房屋面积较小，最终决定通过以现场踏勘确定材料、工程量、装饰做法，最后通过现行有效的计价方式、鉴定时的材料信息指导价格计算重建费用。此后，我们与法院沟通，提出解决此问题的方案。法院表示认同，并立即组织双方当事人就我们所提的方案询问当事人，双方当事人达成一致意见，随后在法院的组织下进行了现场踏勘。在开始现场踏勘前，基于避免后期争议的考虑，我们向双方当事人释明了由于材料信息指导价格选取的时间点不同，根据双方协商一致的方式确定的建造费用可能会和后期实际建造费用有所差异的风险，双方知晓并同意后我们才进行现场踏勘，之后在规定的时间内我们出具了鉴定意见。我们通过专业的方式解决了法院及当事人的实际难题，同时还将我们的风险降到了最低，双方当事人均未提出任何异议。

当然，通过现场踏勘的方式确定工程量、装饰做法等只适用于结构形式很简单、体量较小的建筑。但从这个案例我们想要说明的是，鉴定机构应以想方设法为委托人解决专业方面的难题的思路去进行鉴定，尽量不把难题再抛回委托人，当然在这个过程中必须要注意的是鉴定结果有理有据，否则我们做的可能是费力不讨好的事情。在没有合同约定的情况下，我们可以为委托人提供专业解决方案，比如对于计价依据、计价方法没有约定的，可向委托人提出“参照鉴定项目所在地同时期适用的计价依据、计价方法和签约时的市场价格信息进行鉴定”的建议；而对于如园林景观等采用项目所在地同时期适用的计价依据会导致明显偏离市场价格的情况，可向委托人提出参照政府有关部门公布的价格或者同时期三家以上市场价格的建议，最终由委托人确定是否采用，并按照委托人的决定进行鉴定。

（三）合同条款约定有矛盾

某市政道路建设工程施工合同工期索赔鉴定，当事人双方签订的《建设工程施工合同》关于发包人的原因造成工期延误的费用事宜作出如下约定：其中通用条款第 A 条发包人的工期延误中约定“在履行合同过程中，由于发包人的原因造成工期延误的，承包人有权要求发包人延长工期和（或）增加费用，并支付合理利润”。专用条款第 B 条约定发包人的工期延误：按通用条款第 A 条执行。由此两条约定可以看出，由于发包人的原因造成工期延误，承包人有权延长工期和（或）增加费用，并支付合理利润。但是，专用条款第 C 条承包人的工期延误中又写明，“工期延误，必须经过发包人相应管理程序签字并加盖公章后方可顺延工期，但发包人不支付额外的费用”。专用条款第 B 条和第 C 条对因发包人的原因延误工期造成的额外费用是否支付的约定明显不一致，如果依据专用条款第 C 条的表述进行鉴定，实际已经没有鉴定的必要了。

鉴于此，我们在鉴定初期熟悉了相关合同条款后便正式函告了委托人，要求委托人明确鉴定的依据，同时过程中委托人也询问了我们的意见，认为哪个更合理，我们将建设工程施工合同示范文本的相关约定及行业通行做法等向委托人进行了解释，最后委托人就此问题组织双方当事人再次质证，并最终决定按照专用条款第 B 条的约定继续进行鉴定。

（四）合同条款约定不明

仍然是第（一）条案例一提到的某住宅小区建设工程施工合同纠纷案件，在鉴定机构出具鉴定意见征求意见稿后，对于人工费调整双方存在很大的争议。当事人双方在《建设工程施工补充协议补充条款》中约定："单项工程综合单价中材料费、人工费按当前某市市场信息指导价计取。目前已完工程量部分按当时发生时间计取材料价格。"按照合同条款字面意思理解，人工费调整应为按照合同补充协议签订时的某市的市场信息指导价进行调整计取。由于在投标时，投标报价中价格形成方式为按照定额计价形成各项综合单价，也即是人工费的形成是通过套定额的方式形成的，同时在各分部分项项目后面备注了人工费的单价。鉴定机构在进行人工费的调整计取时认为，补充条款虽约定了按照当地的市场信息指导价计取，但由于在投标时人工费的形成是按照定额模式形成的，在调整时也应按照当地主管部门发布的人工费调整文件中的价格进行调整。如果按照市场信息指导价中计日工的单价计取，价格偏高且不合理。因此在出具鉴定意见征求意见稿时，鉴定机构直接按照某省主管部门发布的定额人工费调整文件中的价格进行调整。

从鉴定机构的表述可以看出，从专业角度理解和单从字面表述去理解合同条款可能会存在很大的不同，我们认为非造价专业出身的委托人对合同条款理解时可能更多的是从约定是否合法、当事人双方的真实意思表示等方面去考虑，而鉴定机构在理解时更多的是从专业角度去考虑是否合适、合理或者说合乎常规做法。经当事人提出质疑后，鉴定机构在最终的鉴定意见中分别按照市场信息指导价、某省人工费调价文件中的价格出具了不同的意见供委托人选择，而仅就人工费调整这一项便涉及 900 余万元的差异。虽然此后法院基于公平原则，在判决时并未支持合同约定的调整方式，但是我们认为基于从约原则、取舍原则，鉴定机构不能擅自决定合同条款的适用与否，正确的做法应是按照委托人的决定分别作出两种鉴定意见供委托人选择。

综上所述，我们认为对于合同是否有效、是否按照合同约定计价依据进行鉴定、遇合同条款约定不明、约定有冲突等问题时，鉴定机构应书面函请委托人确定，在委托人决定前，鉴定机构应充分跟委托人进行沟通交流，提出我们的专业意见供委托人参考，但当委托人一旦决定后，鉴定机构应该按照委托人的决定进行鉴定。其次，在正式开始鉴定初期，便认真梳理合同文件，并就合同文件的相关内容函请委托人加以明确，从而明确鉴定方向，往往会减少很多不必要的工作，提高鉴定效率，同时也是避免鉴定意见不被采纳的有效方式。最后，也是非常重要的一点，我们提出的建议必须是基于客观公正的原则提出的建议，此类建议被采纳的可能性也会更高。

2 计量争议鉴定案例

【案例一】某石油储运工程计量争议鉴定的案例

【案例背景】

某工程建设有限公司（简称承包人）通过招标与某能源发展有限公司（简称发包人）签订的工程施工合同，约定为固定单价承包方式。该工程工程量清单采用某省建筑、安装工程预算定额及施工取费定额（2003）编制。工程主要包括总图、建筑安装工程和三个油罐组建筑安装工程，其中：二罐组包括3座单罐储量50 000m^3，容积为60m（直径，下同）×19.58m（高度，下同）的外浮顶油罐；三罐组包括2座单罐储量30 000m^3，容积为46m×19.58m的内浮顶油罐，4座单罐储量5 000m^3，容积为21m×16.02m的内浮顶油罐，1座单罐储量2 000m^3，容积为13.2m×16.02m的固定顶压舱水储罐及一幢轻油泵房；四罐组包括6座单罐储量10 000m^3，容积为29.2m×17.8m的内浮顶油罐及一幢重油泵房。

该工程完工后，经验收合格，承包人如期上报工程竣工结算书，送审造价为18 555.081 9万元，经发包人审核后，审定造价为14 204.334 1万元，双方在工程计量等问题上产生较大的结算分歧，承包、发包双方未能就最终造价达成一致，承包人向工程所在地法院提出诉讼，申请对该项目进行造价鉴定。

【争议焦点】

1. 油罐胎具的工程量是否重新计算。

2. 土方开挖的工程量能否调整。

3. 工程量清单漏项能否增补。

【问题分析】

1. 油罐胎具的工程量。

承包人认为：招标文件工程量清单中油罐胎具制作的工程量是根据招标文件要求编制出来的，这是招标文件自身强调的。投标人完全有理由认为工程量清单给出的工程量是发包人确认的，就此进行的报价，在确认中标后除非双方协商一致进行修改，任何一方是不能单独任意修改的。况且，已标价工程量清单已成为合同的组成部分，油罐胎具制作工程量在投标人报价、招标人确认中标时，已成为双方当事人约定的工程量。因此，在结算时，油罐胎具工程量应根据招标时工程量清单中的工程量计算。

发包人认为：本工程是固定单价合同形式，招标时多算的工程量应按合同约定的计算规则重新计算，原多计的造价 252.730 2 万元应扣除。

鉴定人认为：根据招标文件第五章工程量清单中工程量清单说明第 1.3 条“本工程量清单仅是投标报价的共同基础，实际工程计量和工程价款的支付应遵循合同条款的约定和第六章‘技术标准和要求’的有关规定。最后结算是按实际完成的工程量结算”，且工程量清单第 2.6 条对投标人的要求和告知：“本工程是按某省建筑、安装工程预算定额及施工取费定额（2003）编制。50 000m^3 和 30 000m^3 油罐制安可参照《石油化工安装工程预算定额（2007）》编制”。根据上述依据充分说明：（1）本工程采用工程量清单计价方式招标，实际工程量应按发承包双方在合同约定应予计量且实际完成的工程量确定；（2）相应的计量规则通过上述约定予以明确。鉴定人根据约定的相应计算规则计算工程量，调整清单工程量，符合固定单价合同的结算原则。

2. 土方开挖的工程量。

承包人认为：首先，招标文件工程量清单中的初期雨水池一、初期雨水池二及雨水回用池的土方工程量是招标人给出的，投标人不能擅自修改工程量，而合同约定按实结算。其次，在投标时，投标人未就雨水回用池编制过施工方案，而是在实际施工时根据现场实际的地质状况编制的施工方案，并且实际施工也是按该提交的施工方案实施的，故最终结算应按实际施工方案计算工程量。

发包人认为：招标文件中工程量清单的土方工程量本身就是根据合同约定的计算口径计算的，故结算时应按工程量清单中给出的工程量进行结算。

鉴定人认为：招标文件第五章工程量清单中第 2.6 条对投标人的要求和告知：“本工程是按某省建筑、安装工程预算定额及施工取费定额（2003）编制……”招标文件第五章工程量清单中工程量清单说明第 1.3 条“本工程量清单仅是投标报价的共同基础，实际工程计量和工程价款的支付应遵循合同条款的约定和第六章‘技术标准和要求’的有关规定。最后结算是按实际完成的工程量结算”。根据上述条款，虽然约定了按照实际完成工程量予以结算的原则，但同时也对实际完成工程量的计量规则也予以了约定；承包人虽然在实际施工过程中编制了施工方案，但未经建设、监理单位确认。（点评：是承包人未报施工方案，还是承包人报出施工方案后建设、监理单位未确认，二者是有区别的）按该方案计算的挖土实际工程量大于按合同约定计量规则计算的工程量属施工单位自身的风险，故挖土工程量按合同约定的相应定额工程量计算规则进行计算。

3. 关于工程量清单漏项。

承包人认为：招标文件第五章第 2.16 条“当图纸与工程量清单发生矛盾时，以清单为准”。招标补充文件第 38 条提问“如图纸中某些项目清单中没有，是否可以增加清单项目？”招标人答复“不增加”。因此，根据这两条规定，即使图纸中有工程量，但是工程量清单未列出，投标人也不能对工程量清单进行修改或增加。而本工程合同约定为固定单价合同形式，故招标补充文件第 79 项 ~ 81 项所列内容均为漏项，在结算时应按实增补。

发包人认为：招标补充文件第79项～81项内容的答复均已明确，其中总体水池的钢筋、轻油泵房的钢吊车梁、内外墙天棚涂料等漏项由投标单位按预算定额及图纸报价或按明确的工程量报价，但当时施工单位对于施工补充文件已明确的工程量均未报价，根据招标文件第五章工程量清单第2.3条“工程量清单中投标人没有填入单价或合计价格的子目，其费用视为已分摊在工程量清单中其他相关子目的单价或价格之中”，因此，招标补充文件第79项～81项内容在结算时不能增补。

鉴定人认为：本工程采用工程量清单模式招标，采用固定单价合同签订施工合同，根据工程量清单计价规则，工程量清单的准确性和完整性由招标人负责。针对投标人在招标过程中提出工程量清单存在的工程量清单漏项问题，招标人在答疑时也已做出了相应的回复，相应的问题具体分析如下：

招标补充文件第79项提问“总体外管架：A缺基础垫层模板，B缺基础模板，C缺独立柱模板，D缺梁模板”。招标人答复“按预算定额报价，模板在措施费中”。按此招标人的答复，鉴定人认为针对该项内容招标人的答复虽不符合相应的计价规范要求，但其所表达了将该费用包含在措施费中的意思，投标人应在措施费报价中考虑，故不再调整相关费用。

招标补充文件第80项提问“总体水池：A缺池底、池壁、池盖支模板，B缺钢筋，C缺脚手架”。招标人答复“按预算定额报价，模板、脚手架部分在措施费中”。鉴定人认为招标人该条答复是不完整的，特别针对钢筋缺项问题未予答复且未提供补充的工程量清单。鉴定人在鉴定中模板、脚手架按上条处理外，按照工程量清单计价规则，钢筋按漏项考虑，鉴定造价中予以增补列项并计算相应费用。

招标补充文件第81项提问“轻油泵房：A缺C25混凝土带形基础，C25混凝土设备基础，B缺电缆沟钢盖板制安、5吨葫芦单轨吊车梁Ⅰ45a制安，C缺水泥砂浆踢脚、外墙抹高级涂料、内墙抹高级涂料、天棚涂料”。招标人答复“铜吊车梁3.8吨，外涂料344.62m^2，内墙涂料520.04 m^2，天棚涂料644.56m^2”。针对该缺项内容，招标人虽予以答复，但并未出具相应的补充工程量清单。因此鉴定人按照工程量清单计价规则，将该部分工作内容按照合同约定的计量规则计算工程量，计入鉴定造价。

【案例二】建筑面积计算争议

【案例背景】

某房地产开发项目，开发商与承包商于2016年6月10日签订了《工程施工合同》，结算条款约定：工程造价=建筑面积×2 500元/m^2，建筑面积按《建筑工程建筑面积计算规范》GB/T 50353–2013（以下简称《规范》）计算。结算时，双方对窗台附件大样图中12#（以下简称“大样图”）外窗的建筑面积计算存在分歧。

【双方争议焦点】是不是凸窗？

1. 发包人观点：是凸窗，且不计算面积。理由：《规范》第 3.0.27 条第 7 款。

2. 承包人观点：不是凸窗，计算 1/2 面积，理由：《规范》第 3.0.1 条。

【分析及依据】

依据《规范》相关的规定：

1. 第 2.0.4 条，围合结构围合建筑空间的墙体、门、窗。

2. 第 2.0.15 条，凸窗即作为窗，就有别于楼（地）板的延伸，也就是不能把楼（地）板延伸出去的窗称为凸窗。凸窗的窗台应只是墙面的一部分且距（楼）地面应有一定的距离。

3. 第 3.0.1 条，建筑物的建筑面积应按自然层外墙结构外围水平面积之和计算。结构层高在 2.2m 及以上的，应计算全面积；结构层高在 2.2m 以下的，应计算 1/2 面积。

4. 第 3.0.2 条，建筑物内设有局部楼层时，对于局部楼层的二层及以上楼层，有围护结构的应按其围护结构外围水平面积计算，无围护结构的应按其结构底板水平面积计算，且结构层高在 2.20m 及以上的，应计算全面积，结构层高在 2.20m 以下的，应计算 1/2 面积。

5. 第 3.0.27 条，不应算建筑面积的第 7 点"窗台与室内地面高差在 0.45m 以下且结构净高在 2.1m 以下的凸（飘）窗，窗台与室内地面高差在 0.45m 及以上的凸（飘）窗"。

分析：

首先要确定窗台大样图中（附件 4）的外窗，是否属于《规范》中第 2.0.15 条中的凸窗？

若属于凸窗，大样图（附件 4）的外窗不符合《规范》术语中第 2.0.15 条"凸窗……也就是不能把楼（地）板延伸出去的窗"的描述。

若不属于凸窗，只需确定结构层高，就能根据《规范》第 3.0.1 条计算出建筑面积；而层高的起算位置是从大样图中砖砌部分起算，还是从楼地面结构层起算，这是解决该项争议的关键点所在。

【结论】

既不是发包人主张的不计面积，也不是承包人主张的计算 1/2 面积，而是根据《规范》第 2.0.4 条、第 2.0.15 条、第 3.0.1 条，应当计算全面积。

【鉴定人对复函分析及启示】

本案例中，省、市级造价管理部门对该问题的回复意见不同，市造价管理部门回复的是大样图外窗部分计算 1/2 的面积，省造价管理部门回复的是计算全面积；但引用的是同样的条文——《规范》第 3.0.1 条，其中，某市是根据《规范》第 3.0.1 条和第 3.0.2 条综合考虑而给予复函。从而推断，在"综合考虑"下按照 1/2 计算，应是根据大样图认为结构层高在 2.2m 以下的情形。因此，最终聚焦的是对结构层高的理解。根据有关规范，结构层高系指房屋上下两层结构层层面的垂直距离（而不是从窗台砖砌体面起算）。显然，本案大样图中外窗对应的外墙结构的结构层高为 2.25m（图示略），根据《规范》第 3.0.1 条规定的"结构层高在 2.2m 及以上的，应计算全面积"，所以理应计算全面积。（点评：从专业技术的角度，本案争议事项按国家标准规定计算全面积是专门性问题，但还应当遵守法律规范。即此案承包人仅主张按1/2计算面积，其鉴定意见应当注明该争议事项：（1）按《规范》规定应当计算全面积为××m^2；（2）按承包人主张计算1/2面积为××m^2。这样的鉴定意见才是完整的，体现了法律性与专门性的统一）。

综上情况，鉴定人认为，作为专业人士，深刻理解专业术语是基本功，如规范中的“围合结构”“外墙结构”“结构层高”等的内涵要了然于心，才能对鉴定工作的分歧问题提供准确的专业意见，从而有效地解决争议。

3　计价争议鉴定案例

【案例一】

建设工程合同纠纷造价鉴定，追根溯源主要就是工程量和价格的鉴定，通常计价争议鉴定，将会涉及预算定额、施工技术方案，尤其是无法直接执行合同单价或套用定额，需要调整价格或重新组价的项目，容易出现不同意见。另外，对施工过程签证的意见也常常有不同理解，如签证价格的范围及其内容，由于考虑不周，未能及时界定，往往出现计价争议。

一、项目概况

（一）合同情况

2013 年 3 月，原告（发包人）和被告（承包人）签订《某住宅项目（一期、二期）施工承包合同》，合同承包范围为住宅项目（一期、二期）所包含的土建（包括桩基、土方、降水、地下室及围护支撑）、水电安装工程等内容。合同结算办法约定，合同计价实行可调总价，按实结算，总价下浮 10%（其中钢材下浮 8%）。

合同工期为 600 日历天，其中工期分三个阶段节点考核，即 ±0.00 完成工期为 200 日历天内，高层主体结顶且通过质检部门验收为 400 日历天内，通过质检部门竣工验收为 600 日历天内。

（二）合同计价主要原则

1. 计价依据按合同约定的预算定额标准执行。合同约定的计价依据采用某省建筑、安装工程预算定额及施工取费定额（2003）、合同签定前有效的相关文件等，人工费按信息价补差。施工组织措施费、综合费用按相应取费类别弹性区间费率的中值计取，类别按民用一类，缩短工期增加费按照 30% 以内计取，税金按市区考虑，结算总价执行合同下浮优惠率。

2. 工程量以竣工图纸为依据，结合经批复的施工方案以及现场勘察结果，按照 2003 版浙江省预算定额计算。

3. 人工、材料和机械分别按合同约定的三个考核工期节点区段的信息价平均值进行调差。

二、典型争议问题理解与分析

（一）签证意见不严谨引起的价格争议

1. 工程入岩桩签证单价的理解。发包人联系单签证明确，Φ600 非入岩钻孔桩成孔费综合单价为 243.71 元 /m^3；Φ600 入岩（进入强风化 1 米）钻孔桩成孔费综合单价为 420 元 /m^3。原被告双方对打桩工程的签证价格存在不同理解。发包人认为，Φ600 入岩（进入强风化 1 米）钻孔桩成孔费 420 元 /m^3 应仅指入岩部分的费用；而承包人认为，其签证价格 420 元 /m^3 是按 Φ600 整体钻孔桩考虑的，而不仅仅是入岩部分的成孔费为 420 元 /m^3。

鉴定人认为，发包人签证的综合单价其适用条件有歧义，双方对入岩（进入强风化 1 米）的钻孔桩成孔费签证单价存在不同的理解。鉴定人结合合同约定的计价依据，并执行合同优惠下浮率测算，Φ600 入岩（进入强风化 1 米）钻孔桩成孔费整桩成孔的综合单价为 439 元 /m^3；在双方对该签证价真实表示意思仅指入岩工程量还是整桩工程量存在不同诉求的情况下，考虑按本工程施工合同约定计价口径的测算结果与整桩成孔工程量相对较为接近，因此鉴定造价按照单桩整体工程量计算。

2. 同一工作内容不同区域施工方案不同签证产生的争议问题。本项目地下室施工分东区和西区二阶段施工，根据提供的项目资料表明，发包人对承包人提出的东区支撑破除施工方案批复意见为“现场未按方案施工”；发包人对承包人提出的西区支撑破除施工方案批复意见为“取消竹篱及搭设脚手架；采用挖机站撑直接破除；缺少平面拆除顺序图，拆撑前需经监理同意方可拆撑；如涉费用，以料代工”。发包人认为，地下室围护钢筋混凝土支撑拆除清理外运费用以料代工，不应另计费用。承包人认为，应予计算地下室围护钢筋混凝土支撑的破除及其外运费用涉及金额为 721.92 万元。

鉴定人认为，根据发包人对方案的签复意见，结合项目所在地实际工程计价情况，对地下室支撑拆除，支撑拆除费用计算是在计算支撑拆除外运费用基础上，扣减废料钢筋回收残值；或者测算二项费用比较后，实现“以料代工”，即不再单独计取费用。鉴定人依据方案审批意见，东区计算支撑破除及外运费用，并考虑回收钢筋费用；西区支撑破除及外运费用按“以料代工”的签复意见已明确，承包人未提供对签复有异议的书面证据资料，不再另行计算费用。

（二）签证确认程序缺陷引起的价格争议

针对屋面、地坪和地下室顶板等部位刚性保护混凝土浇筑施工，发包人提出，按联系单意见要求为自拌混凝土，承包人提供的商品混凝土小票仅有 8 张，其混凝土数量与混凝土总量差异较大。涉及争议金额 53.58 万元。承包人认为，现场实际全部采用商品混凝土施工，故要求按商品混凝土价格计算。

鉴定人认为，根据合同专用条款第 23.3.12 条约定“商品混凝土的结算方式按定额站的文件执行，按发包人确定的使用商品混凝土的范围进行决算（局部构件如栏板、构造柱、过梁、圈梁一次性浇筑体积在 $5m^3$ 以下混凝土构件、细石混凝土找平层等经确认实际没有使用商品混凝土的部位均不能按商品混凝土结算，泵送部位以发包人签证为准）”。

本案鉴定过程中，双方对局部构件实际是否采用商品混凝土未提供书面签证资料，而按照自 2007 年 7 月 1 日起施行的《某市预拌混凝土管理规定》规定，“第六条 在本市行政区域内的城市规划区新建、改建、扩建建设工程应当使用预拌混凝土。”“第八条 按规定应当使用预拌混凝土的建设工程，建设单位、设计单位和施工单位应当按照使用预拌混凝土的要求，编制概算、预算、确定投资规模和工程造价。”因此，鉴定人认为，在没有取得按合同约定需要确认使用商品混凝土或没有使用商品混凝土部位的相关依据情况下，遵照政府部门出台的相关政策文件执行，本案争议范围内的混凝土按照商品混凝土计算较为合理。

（三）实际施工与定额不同产生的组价争议

1. 地下室防霉涂料单价换算问题。地下室墙面及顶面施工技术核定单及图纸会审明确防霉涂料为二遍。

发包人认为，按照二遍考虑，调整定额相应的消耗量。承包人认为，设计要求的二遍应理解为一遍涂刷二道，二遍四道。实际施工防霉涂料至少三道成活。承包人诉求按照预算定额三遍标准计价，并不扣减遍数，涉及争议金额 203.67 万元。

鉴定人认为，设计施工图纸要求按二遍施工，承包人提出的一遍二道做法应理解为施工工艺标准，根据本工程施工合同约定的某省建筑工程预算定额（2003 版）规定，涂料的遍数是与设计图纸要求遍数是一致的，因此，鉴定人认为，防霉涂料按二遍调整预算定额相应的消耗量予以计算价格较为合理。

2. 外加剂单价换算问题。根据承包人提出的联系函规定，外加剂 SY-K 按混凝土胶凝材料的 8% 的要求掺入。涉及争议金额 150 万元。

发包人认为，根据定额说明，设计要求掺入膨胀剂时，应按掺入量等量扣减相应混凝土配合比定额中的水泥用量。故应按定额说明等比例扣减水泥用量的费用。承包人认为，一是定额要求扣减是因为内掺型材料减少了混凝土中胶凝材料的用量，设计要求掺加的为外掺型添加剂，承包人同时提供了混凝土配比单，水泥等胶凝型用量没有减少。二是外掺型 SY-K 材料为发包人单独签证价格，价格已综合考虑了材料的消耗量及定额的各种扣减关系，按照合同约定，已签证的按签证价计入，不应在签证价格上额外扣除其他费用。

鉴定人认为，根据本工程施工合同约定的某省建筑工程预算定额（2003 版）规定，设计要求掺用膨胀剂时，应按掺入量等量减扣相应混凝土配合比定额中的水泥用量。而外加剂签证价格也未明确表示包含了各种扣减因素。因此，鉴定人认为，虽然实际施工混凝土配合比中添加剂掺入量与水泥减少量可能存在不一致，但按施工合同约定的计价规则，应按等量外加剂掺入量扣减混凝土中的水泥用量。

（四）垂直运输费争议问题

根据承包人提供的施工升降机施工方案和塔吊作业施工方案，采用较大功率的相应机械。施工时，发包人签署的批复意见为“费用按合同相关条款执行”。而承包人要求按施工方案计算，涉及争议金额632.6万元。根据合同专用条款第23.3.9条约定，施工阶段的各项方案、措施等，所发生的费用定额有涉及的，按定额规定计算；预算定额没有涉及的或定额与实际相差较大的，双方本着实事求是的原则协商处理，并经发包人同意后予以签证结算。

鉴定人认为，根据合同专用条款及施工方案审批签复意见，同时，在施工中，双方未就方案涉及的实际垂直运输费与定额垂直运输费差异较大问题，未在施工方案报批同时提出费用增加申请，也即双方未进行协商。鉴定人认为，本案按合同约定的定额计算垂直运输费比较合理。

三、体会

虽然预算定额计价法在合同中约定了计价的定额标准，但是许多与施工方案相关的费用，如垂直运输费，不同的施工方案，会有不同的费用结果，需要发包人事先结合项目实际情况，对比选择合适的施工方案，避免施工方案的不经济，这也是往往合同未作具体约定，或即使合同约定，但是实际发包人及其监理工程师疏于专业审查，未及时进行费用成本测算分析，致使工程竣工结算时发生争议。另外，按实算的预算定额计价法，大量增加了工程签证，包括工程量和费用（价格）方面的签证，往往由于签证的专业性不足而存在瑕疵，如支撑拆除外运、打桩工程等，实际与定额计价存在差距的项目，双方未明确计价约定，而发生争议。

鉴定人依据有效的项目资料，对造价鉴定遵循有约定从约定原则，无约定按规定原则，以合同约定的预算定额为标准，符合《建设工程造价鉴定规范》GB/T 51262-2017的要求。

【案例二】已完项目工程结算争议鉴定

（一）项目情况

本案例为住宅楼项目，发包人（被告）经过邀请招标的方式，与承包人（原告）签订了《建设工程施工合同》。备案合同约定如下：某省建筑安装工程预算定额、工程量按施工图及设计变更计算，一般工程类别二类取费；价差按合同约定工期期间前80%月份的某市建设工程造价信息调整，合同施工时间为2013年3月至2014年3月；按3%收取总包管理配合费。

2013年原被告双方重新签订建设工程施工合同补充协议，协议约定如下：某省建筑安装工程预算定额、工程量按施工图及设计变更计算，工程类别按国家有关规定取费；价差按施工工期某市建设工程造价信息算术平均价调整，施工时间为2013年3月至2015年6月；材料价格按各栋施工时间平均信息价计算；甲方定价材料需上浮8%进行调整，按6%收取总包管理配合费，项目按结算总价税前下浮 5%，商品混凝土不做下浮。

项目竣工后，承包人要求按照已经备案的合同支付已完工程和停工损失费用，发包人提出应该按补充协议计算已完工程费用，需要扣除未按图施工费用，部分施工界面划分不清晰，部分签证资料手续不完整等理由，拒绝工程价款的确认。最终承包人向法院提交了《民事起诉状》要求发包人支付相应工程款、停工损失及利润 8 904.18 万元。

（二）鉴定过程简介

1. 经现场勘察时原、被告方共同确认：（a）分包工程总配合费计费基数为 19 149 925 元（不含 1#、2#、3# 楼内粉刷）；（b）变形缝材料为铝板，厚度为 1.7mm；（c）10# ~ 15# 多层洋房负一层阳台未做防水；（d）16# 楼屋面陶粒混凝土实际用量只有总量的 75%，总量按图纸计算；（e）空调板顶面由承包人施工（f）10# ~ 15# 楼入户花园墙面粉刷以柱中为施工分割线；（g）10# ~ 16# 楼不存在混凝土构造柱，1# ~ 4# 楼混凝土构造柱按图计算。

2. 鉴定人按如下几点出具报告：（a）土方类别按三类土，土方施工采用人机配合施工，余土装载机场内 150m 转运，没有外运，场地原始标高参照工程施工联系单（建施 -01），开挖深度按图纸计算；因原告方与被告方均提供有关 10#、12#、14#、16# 土方超深开挖联系单且无法辨明联系单真伪，鉴定报告中按各自叙述的方案分别计算造价，以便法院判决时选用；（b）项目按九夹板模板、钢管支架，脚手架为钢管考虑；（c）砌体按页岩多孔砖计算，材料价格为 780 元 / 千块；（d）对拉螺杆按 12 直径，间距按 500mm，重复使用 4 次考虑；（e）商品混凝土按碎石混凝土考虑；（f）塔式起重机按 4 台计算，施工电梯按 4 台计算，塔式起重机以及施工电梯基础按提供资料计算；（g）人工按规定调整。

3. 承包人于 2013 年 3 月 20 日出具工程施工联系单（建施 -07），联系单中描述为“10#、12#、14#、16# 主楼及车库，因基础较深，无场地堆土方，挖土方为 80 元 /m^3，回填 45 元 /m^3（列入工程直接费）”，监理单位于 2013 年 5 月 3 日签字并盖章，建设单位代表只有签字并无盖章以及签收时间，因现有资料无法推翻合同以及协议约定的计价方式，因此鉴定人暂按联系单的费用与按合同约定的定额规范计算的费用分别计算造价，交法院判定；

①根据工程施工联系单（建施 -07）“10#、12#、14#、16# 主楼及车库”中的单价，施工组织设计第 30 页有关土方开挖为机械大开挖，计算土方造价（含税）为：4 506 407.67 元。

②该工程单上约定的单价与合同、协议约定的计价方式相比分别增加费用如下：

按照备案合同，采用大开挖计价方式增加 2 682 524.13 元；

按照备案合同，采用定额规定的基槽、基坑开挖方式增加 2 695 666.43 元。

按照补充合同，采用大开挖计价方式增加 2 764 888.47 元；

按照补充合同，采用定额规定的基槽、基坑开挖方式增加 2 828 149.69 元。

4. 承包人于 2013 年 3 月 20 日出具工程施工联系单（建施 -06），联系单中描述为“10#、12#、14#、16# 主楼及车库，因基础较深，场地小，柱子深，土方大开挖施工难度大，挖机进行三次搬土（–5.3 工作量），增加人工费 200 元 /m^2，人工费列入直接费”，监理单位于 2013 年 5 月 3 日签字并盖章，建设单位代表只有签字并无盖章以及签收时间，所涉及的造价为 2 686 368.80 元。该联系单是否与 2013 年 3 月 20 日出具工程施工联系单（建施 –07）存在冲突，请法院给予判别。

5. 根据施工组织设计第 30 页有关土方开挖的方式，按照机械大开挖进行计算，被告方提出异议，但因无具体资料支持，鉴定按机械大开挖计算造价，并根据被告方提出的开挖方式单独计算出造价，并暂按以下第一种方式进入总价：

①根据施工组织设计第 30 页有关土方开挖为机械大开挖，按照约定的定额规范计算，计算土方造价为：

按照备案合同为：3 993 997.49 元；

按照补充合同为：3 790 281.94 元。

②按照定额规定的计算规则，基础土石方分别按照基坑、基槽开挖方式计算，计算土方造价为：

按照备案合同为：2 870 949.92 元；

按照补充合同为：2 674 533.92 元。

6. 承包人于 2013 年 3 月 20 日出具工程施工联系单（建施 –09），联系单中描述为“16# 楼图纸修改，3# 楼与 4# 楼增加夹层，人工按建筑面积增加 300 元 /m^2，人工费列入直接费”，监理单位于 2013 年 5 月 3 日签字并盖章，建设单位代表只有签字并无盖章以及签收时间，所涉及的造价为 678 374.8 元。

7. 承包人出具工程施工联系单（建施 –02、建施 –10、建施 –39、建施 –19），监理单位以及建设单位均以签字盖章并回复，承包人要求索赔上述联系单出具时间与建设单位签字盖章确认时间之间的停工损失，因上述联系事由与停工损失费用无关联，鉴定认为上述资料不具备计算停工损失条件，此项造价未计算。

8. 有关水电安装工程鉴定说明：

①高层进户电线图纸为电表箱都在 1 层门厅安装，现场电表箱为分层安装，施工单位陈述为按图纸施工安装后，建设单位自行修改为现在的状况。鉴定暂按现场实际状况计算进户线金额为 101 263.83 元，如按图纸计算进户线金额为 276 200.97 元，相差 174 937.14 元。

②高层屋顶避雷网安装，现场为有铝合金栏杆处未安装，施工单位陈述为按图纸施工安装后，装铝合金栏杆时建设单位自行拆除。鉴定暂按现场实际状况计算屋顶避雷网金额为 17 005.02 元，如按图纸计算屋顶避雷网金额为 34 010.04 元，相差 17 005.02 元。

③高层电梯备用电源电缆，现场为从电梯电表箱引接，施工单位陈述为按现场签证单 07 号施工安装后（电梯备用电源电缆电源从发电机房引接），建设单位自行改变或被盗。鉴定暂按现场签证单 07 号计算金额为 5 516.18 元，如按现场电梯电表箱引接计算金额为 2 142.9 元，相差 3 373.22 元。

④甲供材料保管费因无甲供材料金额和保管费费率，鉴定暂按信息价及市场价计算甲供材料金额，按甲供材料金额 1% 的费率计算保管费为 11 500 元，0.11 元 /m^2。

【案例三】某住宅小区工程造价鉴定

一、委托鉴定事项：对某住宅小区二期 C 标段中合同外工程进行鉴定。

二、案情摘要（略）。

三、鉴定过程。

根据委托人提供的卷宗、证据材料、司法鉴定委托书及 2019 年 6 月 19 日现场询问笔录等了解基本案情，进行鉴定。

四、鉴定说明（略）。

五、鉴定程序（略）。

六、鉴定结果。

经鉴定“住宅小区二期 C 标段”合同外工程鉴定工程造价明细如下：

1. 土建图纸会审及设计变更。

根据补充协议第 47.8 条：“按三类取费且下浮 5% 计取”、根据合同第 23.1 条：“合同价款中包含的风险范围：单次 2 万元（不含 2 万元）以下的工程变更费用、安全措施费用。合同价款中包括的完成本工程的各种风险，风险费用包含在总价合同中”的约定。设计变更鉴定合同内扣除金额为 2 473 456.52 元（其中 8# 楼 729 045.30 元，9# 楼 749 816.29 元，10# 楼 994 594.93 元），合同外增加金额为 4 859 053.30 元（其中 8# 楼 1 458 389.59 元，9# 楼 1 408 242.25 元，10# 楼 1 992 421.46 元），按合同调整后增加金额为 2 127 382.44 元（其中 8# 楼 656 018.09 元，9# 楼 572 698.86 元，10# 楼 898 665.50 元）。

2. 土建经济签证。

根据合同专用条款第六项合同价款与支付第 23.1 条中第一条风险范围以外合同价款调整方法：投标文件中有相同的价格按投标文件执行；投标文件中无相同的价格但有类似价格参照类似价格执行；投标文件中无相同和类似价格的由承包人根据投标文件及计价依据编制价款调整书，报工程师审核经业主批准后执行。原合同扣除金额为 944 601.54 元（其中：8# 楼 314 867.18 元，9# 楼 314 867.18 元，10# 楼 314 867.18 元），签证增加金额为 2 426 231.73 元（其中：8# 楼 1 018 027.87 元，9# 楼 577 467.01 元，10# 楼 830 736.85 元），根据补充协议第 47.8 条：“按三类取费且下浮 5% 计取”，合计增加金额为 1 407 548.68 元（其中 8# 楼 668 002.66 元，9# 楼 249 469.84 元，10# 楼 490 076.19 元）。

3. 安装工程变更。

根据补充协议第 47.8 条：“按三类取费且下浮 5% 计取”、根据合同第 23.1 条：“合同价款中包含的风险范围：单次 2 万元（不含 2 万元）以下的工程变更费用、安全措施费用。合同价款中包括的完成本工程的各种风险，风险费用包含在总价合同中”的约定。设计变更鉴定合同内扣除金额为 1 539 522.89 元（其中 8# 楼 558 050.11 元，9# 楼 435 977.31 元，10# 楼 545 495.47 元），合同外增加金额为 882 872.88 元（其中 8# 楼 328 687.48 元，9# 楼 242 595.00 元，10# 楼 311 590.4 元），按合同调整后扣除金额为 541 232.93 元（其中 8# 楼 217 706.37 元，9# 楼 108 557.78 元，10# 楼 214 968.78 元）。

4．安装工程签证。

根据合同专用条款第六项合同价款与支付第 23.1 条中第一条风险范围以外合同价款调整方法：投标文件中有相同的价格按投标文件执行；投标文件中无相同的价格但有类似价格参照类似价格执行；投标文件中无相同和类似价格的由承包人根据投标文件及计价依据编制价款调整书，报工程师审核经业主批准后执行。签证鉴定增加金额为 162 527.08 元，根据补充协议第 47.8 条："按三类取费且下浮 5% 计取"，合计增加金额为 154 400.73 元。

5．柴油发电机房。

未提供施工图纸相关资料，无法鉴定。（点评：本案柴油发电机房是属于永久工程还是属于临时工程设施？没有施工图纸难道不能提请委托人通过现场勘验形成勘验笔录和图表作为鉴定依据，怎么会得出"无法鉴定"的结论呢？）

6．配合费。

未提供相关资料，无法鉴定。（点评：本案属于施工合同，是否存在发包人另行将工程的一部分分包给另一承包人，即是否存在计取配合费的情形，这一情形通过庭审调查或询问当事人制作询问笔录提请委托人审核认定即可查明，怎么会无法鉴定呢？）

7．甲供钢材保管费。

未提供相关资料，无法鉴定。（点评：首先需查明甲供钢材在本案中是否存在，鉴定人可以：（1）提请委托人通知负有举证责任的当事人补充使用甲供钢材并进行保管的证据；（2）查看工程结算造价中是否包括购买钢材费用以及钢材出入库记载，核实是否存在甲供钢材；如确有甲供钢材难道在本案中承包人不需要保管吗？（3）提请委托人通过调查当事人，制作询问笔录，了解甲供钢材情况。通过上述措施，怎么会无法鉴定呢？）

七、附件（略）。

4 费用索赔争议鉴定案例

【案例一】终止施工后承包人主张索赔费用鉴定的案例

（一）项目情况

本案例为公园式地下商业项目，发包人经过邀请招标与承包人签订了《建设工程施工协议》。合同暂定金额为15亿元，计价形式按2009年《某省建设工程工程量清单计价定额》及现行配套文件执行，基础筏板施工完成后支付第一次进度款。

2014年5月承包人进场施工，2017年1月地方有关部门接管施工现场，出于对公共安全方面的考虑，将该项目基坑进行回填。回填前承包人已完成基坑支护、降水设施、挖基础土方、基础抗浮锚杆等工作。施工期间，由于发包人图纸滞后、修改方案等原因，导致项目两次暂停施工，分别为2015年2月至2015年12月，2016年2月至2017年1月。

项目终止后，承包人要求支付已完工程和停工损失费用，发包人以基础不合格、未到达价款支付条件（需完成筏板后支付款项）、资料不足等理由，拒绝工程价款的确认。最终承包人向法院提交了《民事起诉状》要求发包人支付相应工程款、停工损失及利润为8 463.27万元。

（二）鉴定思路与过程简介

1. 产生诉讼的背景和原因分析。

根据鉴定委托和已有资料，我们首先对本项目发生的争议的原因进行了分析，本项目由发包人自筹开发，由于某些原因导致项目无法继续实施，发承包双方均有较大损失。发包人无力或不想支付相关工程费用。

施工过程中多次停工，承包人未按合同约定及时提出索赔事宜和解除施工合同，诉讼中仅提供单方制作的索赔资料主张停工费用。发包人以无有效签字确认为由对证据真实性、关联性有异议，要求法院不予采信上述证据。

2. 把握原被告双方的主要矛盾和存在的主要问题。

通过分析，委托人如何认定工程质量和证据的效力是法院判决的关键，也是发承包人双方存在的主要矛盾。

质量是否合格，直接影响工程价款结算与支付。本项目现场已被破坏和灭失，无法再行委托第三方鉴定机构进行质量鉴定；资料的认定，经查阅索赔和部分涉及工程量的资料，均无发包人签字认可，不仅量、价无法确定，且索赔费用的事件也无法认定。

3. 根据《鉴定规范》相关条款逐一理清问题，开展鉴定工作。

（1）受委托人要求，对工程质量发表咨询意见。发包人认为承包人未提供竣工验收资料和各方签字确认的《地基与基础分部工程质量验收记录》证明其基础合格资料。根据《司法解释一》第3条“建设工程施工合同无效，且建设工程经竣工验收不合格的，按照以下情形分别处理：……修复后的建设工程经竣工验收不合格，承包人请求支付工程价款的，不予支持”，主张已完的基础工程不合格，不予支付相关费用；承包人主张已提交的相关资料足以证明其基础合格，且现场已被破坏无法进行质量鉴定。

由于双方对基础工程的质量是否合格存在较大争议，因此，委托人要求我公司就工程质量问题发表咨询意见。我公司根据《鉴定规范》第5.1.3条“根据案情需要，鉴定人应当按照委托人的要求，根据当事人的争议事项列出鉴定意见，便于委托人判断使用”出具相应的咨询意见。

咨询意见根据现有资料，如监理签字确认的《浮锚杆成孔验收及注浆记录》和关于抗浮锚杆《钢筋加工检验批质量验收记录》《建设工程隐蔽检验记录》《抗浮锚杆检验批质量验收记录》和承包人单独委托工程质量鉴定机构出具的关于支护桩、抗浮锚杆工程的《地基基础检测报告》；本项目的实际情况和建筑行业的常见现象，如该项目施工完部分基础后终止，并灭失，一般情况下需基础工程全部施工完毕后，才能组织各方进行基础验收，且该项目至今无规划许可证（未办理施工许可证）承包人无法取得签字确认的《地基与基础分部工程质量验收记录》，该项目已被覆盖，无法委托第三方再次进行检测……提供相关建议，即根据施工过程资料和承包人单方委托的第三方检测报告（若真实有效），可证明基础工程合格、满足设计要求。且发包人未提供证明其不合格书面资料。

建议委托人认定基础工程合格，按《施工合同司法解释（一）》第二条“建设工程施工合同无效，但建设工程经竣工验收合格，承包人请求参照合同约定支付工程价款的，应予支持”计算已完工程价款。该建议得到委托人采纳。（点评：从委托人要求鉴定人就争议事项的质量争议发表咨询意见来看，鉴定人的工作及专业能力得到了委托人的高度认可。而鉴定人的咨询意见紧贴该项目实际，分析条理清晰，论据使用恰当，建议恰如其分，体现了鉴定人不仅掌握了工程造价的专门知识，还具有工程建设施工的丰富知识。说明造价工程师掌握工程建设多方面专业知识的重要性。）

（2）证据的确认。由于该项目无竣工图，建筑标的物已经灭失，施工图无法反应已完成的情况。已完成工程造价需参考过程资料（如成孔记录、浇筑令、降水记录等）计算，但该部分资料只有监理签字、无发包人认可。质证过程中，发包人对无发包人签字的资料均不认可。

停工索赔资料由承包人单方面制作（包括停工期间仅有机械、设备进出场资料，业主、监理未签字确认的管理人员考勤表等），无发包人签字确认。

鉴定过程中，我公司将上述证据经整理后，提请法院决定，法院授权我司协助鉴别。根据《鉴定规范》第4.7.5条“当事人对证据的关联性提出异议，鉴定人应提请委托人决定。委托人认为是专业性问题并请鉴定人鉴别的，鉴定人应依据相关法律法规、工程造价专业技术知识，经过甄别后提出意见，供委托人判断使用”，我公司将上述资料关联性、使用情况、对鉴定费用的影响进行了汇报，并提供咨询意见，供委托人判断使用。

其中，仅有总监签字确认的工程签证（降水台班）是否有效是本次鉴定的难点，委托人征求我公司意见时，我公司认为合同未明确监理权限，工程签证一般作为补充协议，无双方签字认可，是否有效建议委托人慎重判断。

通过对现有的资料进行分析，承包人提供了监理、发包人审核的基坑降水方案，证明发包人已同意其降水施工。双方确认的降水井成孔记录和降水泵设备进场记录也证明降水井已实施完成。该项目属于地下商业项目，挖土深度达 10m，基坑降水是保证基坑安全的必要措施。具体台班数量根据地勘资料的地下水位分布、水量、施工方案等可以大概测算日降水量，承包人提供的项目用电发票，我公司提供的周边类似项目降水台班数量等资料。可以估算出该项目降水台班数量。

根据《鉴定规范》第 5.4.1 条“建筑标的物已经隐蔽的，鉴定人可根据工程性质、是否为其他工程的组成部分等作出专业分析进行鉴定”和上述估算的降水台班，我公司认为基坑降水是基坑施工的重要组成部分，可以通过专业分析进行鉴定，该项目总监签证确认的降水台班也较为合理，且发包人未提供降水台班数量不足的资料，建议计取该部分费用。最终委托人慎重考虑后，认定签证符合事实情况，认定总监签字确认的降水台班有效。（点评：这是在工程签证存在瑕疵的情况下，鉴定人应用专门知识和经验法则辅助委托人对待证事实加以认知的案例：包含了两点值得借鉴：（1）对发包人未签字，仅有总监确认的降水台班签证，鉴定人建议委托人慎重判断，体现了鉴定人对委托人认定证据的司法审判权的尊重和维护；（2）由于降水台班事关证据待证事实的专门性问题，本案鉴定并未如有的鉴定人采取委托人认定的证据就鉴定，或作为争议证据出具选择性意见推给委托人判断。而是通过发包人、监理审核的基坑降水方案、证明发包人同意降水施工，根据当事人双方确认的降水井成孔记录和降水泵进场记录证明降水井已实施完成，同时鉴定人又提供了该工程周边类似项目降水台班数量等资料，向委托人提出基坑降水在本地区是保证基坑施工的必要措施，总监签证确认的降水台班较为合理，为委托人确认降水台班签证是否具有证明力提供了专业意见，有理有据的解决了这一争议问题。）

（3）停工索赔费用。由于停工时承包人未及时履行告知义务，且仅提供了单方证据，因此，发承包双方对该部分费用存在较大争议。经法官同意后计取该部分费用，根据《鉴定规范》第 5.8.3 条“因发包人原因引起的暂停施工，费用由发包人承担，费用包括：……施工机具租赁费、现场生产工人与管理人员工资”计取机械闲置、管理人员工资等费用。

其中机械闲置费用依据某省《关于明确零星工作项目人工单价、停（窝）工人工、机械台班单价计算方法的通知》计算；

停工期间承包人未书面告知发包人该项目管理人员的安排，管理人员费用双方也未达成一致意见。因此，按《建设工程项目管理规范》GB/T 50326-2001 第 6.2.2 条第 4 款规定：“项目经理部的人员配置应满足施工项目管理的需要。职能部门的设置应满足本规范第 3.0.6 条中各项管理内容的需要”。第5.2.2条规定：“项目经理只宜担任一个施工项目的管理工作，当其负责管理的施工项目临近竣工阶段且经建设单位同意可以兼任一项工程的项目管理工作”。因此，受鉴项目因发包人原因导致合同终止停工后，项目部管理人员除项目经理外的管理人员应安排到其他施工项目工作，其施工工人应退场由承包人安排到其他工程施工，只计取项目经理停工期间的工资。

上述费用的计算方式得到法院认可，一、二审判决均认为该项目虽因发包人原因导致的停工，但承包人未及时履行告知义务，需承担一半的责任。上述费用各自承担一半损失。（点评：停工损失的鉴定似乎有点失当，本案工程第一次停工10个月左右，第二次停工近一年，发包人在承包人长时间停工中是否履约恢复复工条件并催促承包人复工。停工损失的计算可能应该厘清是临时性停工，还是停工等待复工的长时间停工，还是停工后撤场。不同性质的停工，计算停工的费用是不一样的，本案似乎是停工待命，中途复工了两个月，最后一次停工近一年项目才终止。现场只算一个项目经理的停工期间工资似乎也说不过去。该案一、二审均判决因发包人原因导致停工，承包人仅未及时履行告知义务，就需承担一半的责任？）

（三）体会

1. 鉴定的原则。建设工程造价鉴定不仅仅在工程造价发表鉴定意见，还需要根据委托人要求提供工程造价以外的咨询意见，供委托人参考。即合法、独立、客观、公正，应用科学技术或专门知识对鉴定事项问题进行鉴别和判断。因此，鉴定人不仅应加强技术、法律等多方面的技能的学习，还需恪守职业道德，正确把握客观事实与法律事实的关系、坚持“以事实为依据，以法律为准绳”，提供有效的鉴定咨询服务。

2. 证据的采用。《鉴定规范》在证据的质证、认定、采用等方面均做出了明确指导，提供了当事人对证据有异议、不认可、提交的证据矛盾等的处理思路，有效保证了鉴定的正常进行。

3. 停工费用认定。在鉴定停工期间费用争议时，施工单位通常未及时按合同履行相关义务或者资料无法得到认可等，导致无法主张相关合理费用；法官一般对停工责任的划分，也非常小心谨慎，导致鉴定停工费用困难。建议在《鉴定规范》中增加证据材料不足、证据材料未被认定、签字效力、具体停工费用、管理费用明细等方面的鉴定思路。

【案例二】某工程停窝工费用鉴定

一、鉴定项目概述

某住宅小区项目工程，某建筑企业集团有限公司（以下简称原告）和某房地产开发有限公司（以下简称被告）提交了经法院质证过的招投标文件、施工承包合同、工程施工补充协议、招标图纸、施工图纸、洽商变更单、施工隐蔽验收记录等资料，当事人双方就本案所涉工程签订的施工承包合同为固定综合单价合同。

二、鉴定原则的确定

鉴于本案的施工承包合同为固定综合单价合同，故鉴定造价应为：按照施工图纸计算确定的实际工程量与已标价的工程量清单中的对应综合单价计算确定施工图合同价 + 补充协议调整造价 + 设计变更和工程洽商的造价 + 索赔费用。

工程量依据施工图纸、设计变更单及工程联系单，按《建设工程工程量清单计价规范》计算规则进行计量，计价及取费标准按施工承包合同和相关文件规定执行。

三、鉴定难点问题

1. 关于合同履行过程中签订的施工补充协议。

原告提出，双方于 2011 年 9 月 28 日签订施工承包合同，于 2012 年 6 月 20 日签订施工承包合同的补充协议。但因被告于 2012 年 9 月才将本工程的建设手续办理齐全，为补办相关建设手续，被告与原告协商把双方原先签订的施工承包合同内的工程名称、工程立项批准文号、图纸编号按照正式审批确定的工程审批文件进行了相应替换，但原合同内的其他条款和签订日期都不变，故导致补充协议与施工承包合同中的工程名称不一致，但补充协议的确是双方针对施工承包合同签订的补充协议，应当作为本案工程造价鉴定的有效依据资料。

被告提出，本案工程名称为《一期棚改安置房项目 1# 楼、2# 楼、3# 楼、4# 楼、5# 楼、6# 楼（消防水池、水泵房）施工总承包合同》，而补充协议的工程名称为《一期棚改异地安置用房项目 1# 楼、2# 楼、3# 楼、4# 楼、5# 楼、商业与地下车库施工补充协议》，虽然是双方共同签订的，但因为工程名称和工程性质与本案工程不一致，故该补充协议与本案工程无关，不应当作为本案工程造价鉴定的有效依据资料。

鉴定机构意见，因双方当事人对该施工补充协议是否是双方基于本工程而签订的争议较大，且该争议涉及施工补充协议对本案工程的法律效力问题，故在鉴定意见书中，依据施工承包合同计算的鉴定造价列为确定部分鉴定造价，将依据该施工补充协议书计算需调整的造价金额另行列为“选择性意见”，供委托人选择使用。

2. 关于原告提出因政府要求停工而产生的窝工补偿费。

原告提出，因国家纪念活动和雾霾导致的窝工补偿费，本项目在施工过程中，北京召开抗日战争及反法西斯战争胜利 70 周年纪念活动，市住建委要求停工 16 天。该通知同时规定，因停工造成工期延长的经济损失的，建设单位应当给予合理补偿并适当延长合同工期。本项目在施工中空气污染达到橙色预警或红色预警，根据市住建委和市环保局规定应停止施工，在 2013 年至 2016 年雾霾等橙色及红色预警，累计造成停工 42 天。

被告提出，原告施工范围不存在政府要求的停工事项，同时原告在施工过程中从未向监理单位和被告公司上报窝工事项。

鉴定机构意见：经核查，本工程合同履行期间，北京市住房和城乡建设委员会发布下述文件提出停工要求：

（1）京建发〔2015〕275 号《中国人民抗日战争暨世界反法西斯战争胜利 70 周年活动期间施工现场扬尘管理工作方案》文件对会议期间（2015 年 8 月 20 日 ~ 9 月 4 日期间）要求“全市所有施工工地停止土石方、建筑拆除作业（抢险抢修工程除外），并做好裸露土方的覆盖及洒水降尘工作。施工现场的渣土、砂石、水泥运输车和混凝土搅拌运输车严禁上路行驶。”

（2）京建发〔2015〕131 号《北京市建设系统空气重污染应急预案》“（二）施工现场应急响应措施　根据空气重污染预警级别，分级采取相应的应急措施。3. 橙色预警（预警二级）：在落实黄色应急响应措施的基础上，全市停止土石方、建筑拆除、混凝土浇筑、建筑垃圾和渣土运输、喷涂粉刷等施工作业；对施工工地、裸露地面、物料堆放等场所采取防尘措施；建筑垃圾和渣土运输车、混凝土罐车、砂石运输车等重型车辆禁止上路行驶。4. 红色预警（预警一级）：在落实橙色应急响应措施的基础上，全市施工工地停止室外施工作业，减少涂料、油漆、溶剂等含挥发性有机物的原材料及产品的使用；建筑垃圾和渣土运输车、混凝土罐车、砂石运输车等重型车辆禁止上路行驶。”及“本预案自发布之日起实施，《北京市建设系统空气重污染应急预案》（京建发〔2013〕512 号）同时废止。”（文件发布时间为 2015 年 3 月 30 日）。

（3）京建发〔2013〕512 号《北京市建设系统空气重污染应急预案》“五、空气重污染施工现场应急措施　根据空气质量预报结果对应的预警级别，分级采取相应的污染应急措施：（三）预警二级（橙色）：施工单位应严格落实《绿色施工管理规程》要求，增加施工工地洒水降尘频次，加强施工现场扬尘控制。全市停止土石方工程及建筑拆除工程施工，停止渣土车、砂石车等易扬尘车辆运输，土石方及建筑拆除工地必须严格采取有效的覆盖、洒水等扬尘控制措施。施工单位要尽量减少室外露天作业。（四）预警一级（红色）施工单位应严格落实《绿色施工管理规程》要求，增加施工工地洒水降尘频次，加强施工现场扬尘控制。全市停止土石方工程及建筑拆除工程施工，停止渣土车、砂石车等易扬尘车辆运输，土石方及建筑拆除工地必须严格采取有效的覆盖、洒水等扬尘控制措施。施工单位要停止室外露天作业。”（文件发布时间为 2013 年 10 月 23 日）。

（4）按照北京市环境保护局于 2013 ~ 2016 年发布的北京橙色及以上预警包括下述时间段：2014 年 2 月 21 日至 23 日共 3 天橙色预警，2015 年 12 月 8 日至 10 日共 3 日为红色预警，2016 年 11 月 4 日 1 天的橙色预警，2016 年 11 月 17 日至 19 日共 3 日为橙色预警，2016 年 12 月 2 日至 4 日 3 天的橙色预警，2016 年 12 月 17 日至 21 日 5 天的橙色预警。

根据上述文件及相应时间段对部分专业分项工程的停工要求，以及监理会议纪要和《监理例会周报》记载的工程现场施工情况，上述因国家重要会议、纪念活动和雾霾因素可能对原告工期导致的延误天数为 21 天。

上述停工原因属于施工承包合同条款第 17.1.1 条约定的需给予承包人工期延长及相应补偿的工期延误的原因之一，即“（5）在事先无法合理预见，并且按照合同约定不应当由承包人代其承担责任的第三方造成的延误、干扰或阻碍”。同时，上述行业行政管理文件也明确要求“因停工造成工期延长、经济损失的，建设单位应当给予合理补偿并适当延长工期”。但是，同样也未见承包人按照施工承包合同条款第 17.1.2 条的要求在合同履行过程中向监理人或发包人报送上述工期延误因素及延误天数的记录。鉴定机构测算出上述因政府行政管理指令停工导致承包人现场停工的窝工费用，在本意见书中列为“选择性意见”，供委托人选择使用。

5　合同解除后工程造价争议鉴定案例

【案例一】

一、项目概况

委托鉴定项目为某酒店工程，原告（承包人）和被告（发包人）就该项目分别就基坑围护、土建工程和水电安装工程签订了三个施工合同：一是 2011 年 1 月签订的《基坑围护工程施工合同》，合同承包内容为钻孔桩、搅拌桩、支撑梁、冠梁、基坑内支撑、钢构件等，约定工期 50 日历天，合同固定价 488 万元；二是 2011 年 2 月签订的《土建工程建设工程施工合同》，合同承包范围包括施工图纸范围内的土建工程（不包括桩基、安装、消防、玻璃幕墙、外墙石材干挂），合同工期为 780 天，合同价款暂定 6 849.92 万元，合同价款采用固定价格方式确定，按有效建筑面积 61 160 m^2，单价 1 120 元 /m^2 计算，此单价按招标文件的材料暂定价格（钢材按 3 800 元 / t，水泥按 400 元 / t）组价，结算时按招标文件内容调整；三是 2011 年 7 月签订的《水电安装工程建设工程施工合同》，合同承包范围为施工图纸范围内给水、排水、强电系统工程，合同工期同土建工期，合同价为 845 万元。

该项目于 2011 年 8 月取得建筑工程施工许可证，建设规模为地上 15 层。2012 年 9 月在承包人完成 14 层结构板施工后，发包人由于自身公司经营困难出现项目停工，承包人多次提出复工请求未果情况下，2013 年 1 月承包人向法院提起诉讼。

二、委托鉴定要求

法院委托要求明确，对已完成的基坑围护工程以及实际已完成的土建工程、水电安装工程造价进行鉴定。

三、典型鉴定问题理解与分析

（一）鉴定计价原则确定问题

根据法院委托，本次造价鉴定主要为已完工部分的工程造价，主要包括：

1. 已完工的基坑围护工程。依据合同约定，施工图范围实行总价包干，合同外费用按联系单据实结算。

2. 已完工的土建部分工程。根据施工合同约定，本工程采用固定价格方式，按有效建筑面积，合同单价按 1 120 元 /m^2 计算，在合同签约时，承包人编制了工程预算，预算单方造价为 1 125.12 元 /m^2。但因涉案工程为在建未完工程，实际工程未按施工图纸全部完成，所以原合同约定的合同单价，已不适用对已完工程部分的造价进行计价，本次鉴定按投标时编制的工程预算为基础进行计价，并确定本次鉴定计价原则如下：

（1）按施工图已经完成全部内容的分部分项子目，按工程预算相应子目的合价计取，其总价按合同单价与预算单价的比例优惠；

（2）按施工图仅完成部分内容的分部分项子目，按已完工程的工程量，单价按预算单价，总价按合同单价与预算单价的比例优惠；

（3）整个分部分项子目均未施工的，按预算中子目的合价全部扣除不计；

（4）措施费用中综合脚手架费用，因内外墙抹灰均未施工，工程量按实际施工的建筑面积，单价按综合脚手架预算定额的 70% 计取；

（5）工程联系单变更增加费用，执行某省建筑工程预算定额（1994），综合费率按二类民用工程计取，其他费及税金按规定计取；

（6）钢筋、水泥材料补差按施工合同约定，即施工期（开工时间 2011 年 6 月至停工时间 2012 年 9 月）某市信息价的平均值和招标暂定价（钢材按 3 800 元 / t，水泥按 400 元 / t）比较，涨跌超过 10%，按发包人承担 60%，承包人承担 40% 的标准计入。

3. 已完工程水电安装部分工程。

安装工程实际仅完成了 14 层以下部分的预埋以及桥架、疏散灯的孔洞预留工作。造价鉴定按实际完成工程量，按预算定额价格计算，合价按合同价和预算价之间的比例优惠。

针对鉴定计价原则，鉴定人在充分熟悉资料，了解项目情况后，与原被告双方就鉴定原则进行多次沟通，也与委托法院的主办法官进行汇报交流，最后确定本项目造价鉴定计价原则，避免原被告双方由于对鉴定计价原则不认同，而对鉴定结果存在较大分歧，为确保法院顺利判决奠定基础。

（二）已完工程量清点问题

作为施工合同解除的工程造价鉴定，对已完工程的清点和核查是本次鉴定重要的工作之一，在全面熟悉和分析项目资料情况下，结合法院对项目实际掌握情况的介绍，鉴定人事先制定了现场踏勘清点实施方案，并着重做好以下几方面工作：

（1）确定现场清点计划时间，提前通知原被告双方及其授权代表和相关单位及其人员；

（2）根据施工图，结合工程情况，确定现场踏勘路线，以提高工作效率；

（3）确定现场踏勘重点和难点，特别是以预算定额为标准，需要作现场测量的数据，应满足工程量计算规则要求；

（4）明确现场清点踏勘工作分工，包括测量、记录及其监督；

（5）准备现场踏勘用的工作表式，包括需要准备的测量工具，如由原告或被告准备，应在现场进行校验；

（6）参与现场清点踏勘相关单位及其代表，当场签字确认清点结果。

在委托法院的组织下，鉴定人、原被告双方及其代表共同见证项目现场清点，对工程实际状况，结合设计图纸现场确定已完工程内容及其界面，并进行整体和细部进行拍照或拍摄视频方式进行资料留存，最后相关单位代表对鉴定人员整理的现场清点勘查记录签署确认意见。

鉴于现场清点工作量大，且专业要求高，在现场清点中，充分尊重原被告双方不同意见，并予以客观描述记录，同时，在现场测量中，尽量做到测量结果可还原、可复核，在现场测量起点和终点均有人测量，有人监督，包括测量结果记录，也同时有人监督，确保过程无误，结果准确。

（三）水泥价格调整鉴定问题

在鉴定结果征求过程中，承包人提出，应根据合同约定水泥涨跌达到招标暂定价的10%时进入调价，水泥作为商品混凝土的组成部分，故要求对商品混凝土中的水泥进行分解调差。

鉴定人认为，商品混凝土是水泥制品，属于现浇混凝土构件的半成品，而合同约定的水泥调差仅指材料调差。而且建设行政部门发布的信息价中，专门有水泥、商品混凝土两类子目，可见水泥材料调差和商品混凝土材料调差是不同的概念，不存在对商品混凝土组成的水泥、沙、石子分别进行调差。合同也未明确约定商品混凝土中水泥可以材料调差，所以承包人提出的反馈意见，鉴定人未予采纳。

四、体会

合同解除作为施工合同履行的异常情况，涉及争议费用较为复杂，不仅包括已完工程合同计价，还牵涉已进场材料、设备以及合同违约损失、合同期望利润等，委托法院，对本项目鉴定范围和内容进行明确，仅对已完工程造价进行鉴定，而工程涉及的进场未施工材料和机械设备，以及由于被告违约给原告造成实际损失等费用，未纳入委托鉴定范围。

对土建工程已完工程量认定，施工合同范围包括设计图纸中的所有施工内容，主要有混凝土结构及其建筑部分，建筑部分包括砌体工程、墙柱面抹灰工程、楼地面工程、屋面工程、门窗工程、天棚工程和油漆涂料工程等，而混凝土结构工程基本已经按设计图施工完成，建筑部分仅施工了部分的砌体工程和墙柱面抹灰工程。因此，已完工程量确认主要根据工程实际现状，以施工图纸为依据，对工程部位、施工界面进行清点确认，形成书面清点记录，鉴定人依据现场清点记录和施工图纸，按预算定额计价规则进行全面计算。该做法确保原被告双方对工程量鉴定结果无异议。

【案例二】总价包干项目未完工程的造价鉴定

采用总价包干的合同计价方式，合同约定除设计变更和签证可进行造价调整外，其他不予调整。此类合同在产生纠纷前，当事人很少注重过程中相关技术经济资料的收集，一旦发生纠纷成为未完工程，不但有计价原则争议，证据也十分欠缺。鉴定人需要在仔细分析合同和采用合法程序补充收集证据资料的基础上实施鉴定工作。

一、案例项目情况

2011 年 11 月，承包人与发包人签订《某生产厂房工程施工总承包合同》（以下简称“合同”），合同承包范围为桩基础、土建、安装、钢结构、幕墙门窗及精装修、室外总体道路、绿化景观、弱电、消防、土石方、室内外排水等施工内容。合同结算办法约定，合同计价为总价 5 430 万元包干，除变更、洽商、桩基础及合同约定的其他增减调整外。

合同工期为 360 天，进度款分四个阶段节点进行支付，即基础施工完成、主体完成、工程施工完成、质保期结束。

合同约定为总价包干。固定总价按承包人投标书及最终承诺总价，除变更、洽商、桩基础及合同约定的其他增减调整外的项目闭口包干（包工、包料、包工期、包质量、包安全、包与总承包相关的测试、包工资及材料价之任何市场差价、管理费、措施费、间接费、配合费、规费、利润、税金、机械费、临时用电用水、临时设施、保险、必须的加班费、费率或汇率的变动、专利费、包括空运、国外及本地存仓、运输、因承包人采购或供应的材料或设备迟到工地的误工费等一切费用）。总价已包括为完成本项目所不可缺少的所有费用在内，并满足招标文件（包括补充文件）、报价清单、设计说明、施工图纸、各类规范等的全部要求；由发包人指定分包人施工部分的管理协调配合的费用已包括在总价内，承包人不得以任何理由向分包人收取类似费用，以后除合同明确可调整的部分外总价不得调整。

二、计价争议及鉴定

1. 执行附件二《项目清单表》单价是否下浮的争议。

该合同协议书中包干价为 5 430 万元，而合同中关于总价的组成，即附件二《项目清单表》中计算的工程造价却为 5 669 万元。

发包人认为：本工程合同附件二中计算的工程造价虽为 5 669 万元，但在签订总包合同时，承包方让利，故计算已完工程造价执行合同附件二《项目清单表》价格时，应下浮。

承包人认为：本工程合同附件二中计算的工程造价为 5 669 万元，且有组成明细，故应按投标清单综合单价结算，不应下浮。

鉴定人意见及分析：依据本合同协议书约定的合同文件组成及优先解释顺序，合同协议书优先于合同计价清单，故应按协议书金额结算。执行合同附件二《项目清单表》计算的工程造价时应下浮至协议书中的包干总价。鉴定工作中，对于总价包干项目的未完工程，如果有附投标清单或预算的，其所附投标清单或预算也是合同文件的组成部分，应按投标清单或预算单价及实际完成工程量鉴定工程造价，但是如果投标清单或预算价格与合同协议书价格不一致的，应计算出相应的上下浮比例并予以调整；对于没有附投标清单或预算的，应按项目所在地行政主管部门颁布的计价定额及相关配套文件计算出原合同总价包干部分的预算价，并计算出该预算价与合同协议书包干总价的上下浮比例，按此比例及实际完成工程量鉴定工程造价。

2. 借土回填清单项目是否计价的争议。

关于本工程“缺方内运”清单，合同附件二《项目清单表》中“040103003001 缺方内运”清单项目，清单单价为每立方米 17.2 元。承包方指出，在本工程投标报价时，其根据发包方提供的地勘资料计算出缺方内运量包干使用。而在后面的实际施工过程中，发现发包方提供的资料与现场实际情况严重不符，双方当事人经过协商后，发包方重新做了地勘勘测，承包方根据新的地勘资料计算出的缺方内运量大大超过原合同包干价的工程量。承包方提出工程量无法按合同量包干，应根据新的资料增加缺方内运量，发包方也同意此意见，但关于缺方内运量双方当事人有争议。

承包人意见：关于缺方内运量应根据新的地勘资料和竣工图计算，本工程土石方挖方用于全部回填外，仍不能达到平场的回填要求，还需在其他地方挖运土石方至本工地进行回填平场处理。虽无借土运距签证，但可根据合同附件二《项目清单表》中的投标报价清单“040103003001 缺方内运”，按每立方米 17.2 元计算造价。

发包人意见：本工程的借土回填既无取土场确认签证，也无借土运距签证，故不应计算“缺方内运”这项内容。

鉴定人意见及分析：根据书面相关资料，本工程土石方挖方用于全部回填外，仍不能达到平场的回填要求，确需在其他地方挖运土石方至本工地进行回填平场处理。但缺方内运的来源，实际施工过程中不仅存在承包方到现场外挖运回填的情况，也可能存在施工单位接收其他施工单位弃土的情况。鉴于缺方内运施工情况的不确定性，而本工程承包人又无法提供缺方内运涉及取土场、运距的证据资料，故鉴定意见中未计算缺方内运的费用。另外，由于承包人对此意见较大，鉴定意见经请示委托人，将“缺方内运”按承包人主张的造价单列，供委托人判案时选择使用，减少鉴定过程中与承包人的争议。（点评：此鉴定意见鉴定人有点举棋不定，既然缺方内运是发承包人和鉴定人都认可是必然实施的工程内容，该项确定的焦点应该是内运回填的工程量，而从鉴定人表述缺方内运按承包人主张的造价单列，好像土石方内运工程量又已确定，此外，鉴定人又纠结内运运距，既然“缺方内运”是清单项目，其规定的运距是多少，承包人有无要求在此基础上再算超运距，既然“缺方内运”是发承包人都认可的事实，面对这一事实，鉴定人又以承包人无法提供取土场、运距等资料，而不计算缺方内运费用，后又以减少与承包人的争议，按承包人主张的造价单列，推给委托人选用，如此纠结，反而没了鉴定人的专业性鉴别和判断意见，失去了鉴定的意义。）

三、证据欠缺的鉴定

1．实施范围的争议。

工程造价鉴定项目的未完工程，承包人多是中途退场，对项目已完范围、现场库存材料（设备）没有签证，依据现有证据资料无法实施鉴定工作。本工程部分墙体、油漆涂料、门窗的实施范围以及现场堆放材料的数量等当事人都存在争议。

鉴定人致函委托人，请委托人要求双方当事人各自提交了对该工程已实际施工范围的书面意见。鉴定人对比双方各自的施工范围书面意见后，对无争议的范围和有争议的范围进行整理归纳，由此减少了现场勘验的工作量和难度。

现场勘验前，委托人组织了勘前会议，对争议的范围进一步进行明确，并对争议内容按分部进行归类。现场勘验时，鉴定人对无争议的实施范围也进行了核实，并要求当事人签字，预防当事人事后不予认可。

现场勘验完毕，鉴定人要求当事人双方对勘验结果予以签字确认，对有争议部分，尽量协调当事人双方达成一致意见，并要求双方签字认可。若当事人双方不能达成一致意见，则要求双方在签字时，对有争议的部分，写明原因，鉴定意见将此部分造价单列供委托人在判案时选择使用。

本工程现场勘验门窗范围和现场堆放材料时，门窗分包方对门窗勘验工作进行阻挠，不允许现场勘验工作，委托人派遣法警到现场予以维持秩序，完成了勘验工作。

2．石方的挖渣方式的争议。

关于本工程厂房中的基坑、基槽开挖方式，当事人双方对机械凿打方式均无异议，但对石方的挖渣方式有异议。

承包方提出采用的是人工挖渣，应按人工挖渣计价。

发包方提出采用的是机械挖渣，应按机械挖渣计价。

鉴定人意见及分析：人工挖渣和机械挖渣，是施工方法上的差异，无法通过现场勘验进行确认，发承包人也没有提供照片证明自己的主张。鉴定人又留意到，双方当事人对基坑、基槽采用机械凿打方式均无异议，而机械凿打所用机械更换机头后是可以作为挖机使用的，且采用机械挖机成本更低、效率更高。鉴定人考虑到两种挖渣的方式涉及的造价差别较大，且承包人不能提供经审批的施工方案或相关的记录证明实际采用人工挖渣，现场又有成本低、效率高的机械，所以鉴定人按照机械挖渣方式计算工程造价。

3. 厂房人工级配砂石垫层争议。

根据法院提供的经质证的施工图显示，厂房地坪设计了人工级配砂石垫层，但发包方提出承包方未做此垫层。

承包人意见：已按施工图完成人工级配砂石垫层，应计算此工程造价。

发包人意见：承包人并未实施人工级配砂石垫层，不应计算其工程造价。

鉴定人意见及分析：根据法院提供的经质证的施工图，厂房地坪设计包括人工级配砂石垫层，此垫层为工程实体，可以通过现场打孔勘验是否实施。鉴定人在现场勘验时告知发、承包人，要求对涉及此部位的工程进行随机打孔勘验，如果实际未实施人工级配砂石垫层，不计算人工级配砂石垫层费用，打孔和恢复费用由承包人承担，如果实际有人工级配砂石垫层，要计算人工级配砂石垫层费用，打孔和恢复费用由发包人承担。勘验过程中，发包人提出为不影响生产，不实施打孔勘验工作。鉴定人据此认为，本工程已投入使用且经质证的施工图是有人工级配砂石垫层设计，因此鉴定人计算工程造价时将厂房人工级配砂石垫层按施工图予以计算。

4. 场区路灯数量的争议。

根据法院提供的经质证的竣工图路灯为53盏，发包人提出现场只有33盏。

承包人意见：应根据竣工图计算53盏路灯工程造价。

发包人意见：应根据现场情况计算33盏路灯工程造价。

鉴定人意见及分析：由于路灯是现场实物，应可以通过现场勘验解决争议，现场勘验时路灯确为33盏。但是现场勘验时经承包方提出另20盏灯已安装完毕，因发包方提出变更，故予以拆除。为此，委托人要求承包人提供相关的证据资料，承包人提供的签证单查实其中有10盏灯已拆除，发包人也无异议，鉴定人按照现场情况计算33盏加上变更拆除的10盏，共计算43盏路灯的工程造价。鉴定过程中，承包人坚持应按经质证竣工图计算53盏路灯，只是另外10盏路灯拆除签证资料未找到。为此，鉴定人将余下的10盏路灯的工程造价单列，供委托人在判案时根据证据资料选择使用。

5. 办公楼地面C20商品混凝土垫层的争议。

根据法院提供的经质证的施工图，办公楼地面C20商品混凝土垫层厚度为100mm，但发包方提出承包方施工的此垫层厚度为60mm。

在委托人组织下，承包方、发包方各自对现场进行随机抽点，并对抽出的部位进行凿打，勘验实际垫层厚度。在此过程中，凿打了两个点后（为承包方、发包方对现场进行的随机抽点各一个），发包方却不同意凿打出来的结果。

鉴定人认为，关于办公楼地面C20商品混凝土垫层厚度当事人双方有争议，为了解决问题，鉴定人在委托方的组织、见证下，如实记录凿打结果，根据勘验结果，垫层厚度满足100mm要求，故本次鉴定办公楼地面C20商品混凝土垫层按100mm厚计算工程造价。

四、工程质量争议部分的工程造价鉴定

1. 关于生产厂房地坪质量争议。

发包人意见：生产厂房地坪有许多凹凸地方，地坪质量不合格，不应计算工程造价。

承包人意见：生产厂房提前交付发包人投入生产，地坪质量是合格的，应计算工程造价。

鉴定人意见及分析：关于本工程生产厂房，法院在质量判决书中明确，生产厂房地坪是原告在工程尚未竣工验收时就擅自进行生产经营，法院判决对原告请求被告修复生产厂房地坪的诉讼请求，法院不予支持。鉴定人据此认为生产厂房地坪应按合格工程计算工程造价。

2. 场区道路质量争议。

承包人意见：场区道路质量是合格的，只是有质量缺陷，应计算工程造价。

发包人意见：场区道路质量不合格，不应计算工程造价。

鉴定人意见及分析：经现场踏勘，厂区道路面层混凝土强度确实存在等级不足（部分已损坏）和厚度不均匀的质量问题。另法院提供的判决书中判决承包人需对厂区道路面层混凝土强度等级不足和厚度不均匀的质量问题进行修复。据此，鉴定人将场区道路部分工程造价单列，请法院根据承包人修复情况进行判决。

分享：

本工程属于总价包干项目未完工程的造价鉴定，且存在部分工程未交付提前投入使用的情况，有因总价包干合同造成的计价争议、有证据资料缺失的争议，还有工程质量涉及的造价争议。对于这些争议，鉴定人应依据有关法律法规及《建设工程造价鉴定规范》进行鉴定，保证依据合法、方法合理、程序合规及鉴定结果合法、独立、客观、公正。

【案例三】合同解除后争议费用处理（劳务合同纠纷）案例

一、项目情况

该项目为总包单位直接发包给实际施工人的劳务合同，合同价暂定金额为 975.74 万元。合同约定按 160 元 /m² 固定单价承包（平方米单价固定合同），工程量按图纸尺寸和《建筑工程建筑面积计算规范》GB/T 50353-2013 计算建筑面积。承包范围包括：周转材料、脚手架及安全防护工程、混凝土浇筑（含二次结构）、基础处理、地下室外墙保温等施工内容。

施工至中途时，由于某种原因，总包单位单方解除的劳务合同，将劳务班组清退出场，发承包双方对已完工程的款项未达成一致。最终劳务班组（原告）向法院提交了《民事起诉状》要求发包人（被告）支付相应工程款、违约损失及利润为 825.73 万元。发包人（被告）主张已完工程金额

为51.71万元。

合同约定的160元/m^2固定单价为合同履行完毕，竣工验收合格的费用，但该项目施工至一部分后解除合同，无法继续履约。无法计算建筑面积的基础工程已全部施工完毕，可计算建筑面积楼层的主体结构还未施工。

庭审中，法院未明确该项目解除合同后，双方当事人的违约责任。

二、鉴定思路与过程简介

1. 产生诉讼的背景和原因分析。

根据现有资料（监理周报、工程罚款单等），该项目总承包单位的工程质量、进度和安全均未满足建设单位和监理要求。总承包单位认为由于劳务班组人员配备不足、工作能力不强、管理不规范等导致，要求协商解除劳务合同，多次谈判无果，总承包单位将劳务班组强制清退出场。合同约定过于简单（未约定解除合同后的计价原则等问题），且双方对已完工程的费用存在较大争议，导致该项目无法调解。

2. 已完工程计价方法。

由于法院未认定总承包单位单方解除合同的违约责任，因此，我公司提供了三个鉴定方案，供委托人参考。

其中方案一、二分别按《鉴定规范》第5.10.7条第2、3款委托人认定承包人或发包人违约导致合同解除的原则计算；方案三按签订施工合同日期适用的定额计算该项目单方造价，计算合同价与定额（单方造价）的下浮率，计算已完工程的定额费用 × 下浮率。最终委托人采用了方案三。

以"平方米单价"计价的结算方式，委托人认为是合同当事人双方真实意思的表示。当无法认定违约责任时，按完成比例折算固定价的原则较为普遍，《北京市高级人民法院关于审理建设工程施工合同纠纷案件若干问题的解答》"建设工程施工合同约定工程价款实行固定总价结算，承包人未完成工程施工，其要求发包人支付工程款，经审查承包人已施工的工程质量合格的，可以采用'按比例折算'的方式，即由鉴定机构在相应同一取费标准下分别计算出已完工程部分的价款和整个合同约定工程的总价款，两者对比计算出相应系数，再用合同约定的固定价乘以该系数确定发包人应付的工程款"。

3. 不具有建筑企业资质的个人，管理费、利润、规费计取方式。

本项目总包单位直接发包给个人，而个人不具备建筑业企业资质，一旦合同无效、未明确新增项目或合同计价原则时，采用签证合同期间适用的定额，是否计取企业管理费、利润、规费、税金呢？

企业管理费包括管理人员工资、办公费……工会经费、职工教育经费等，其中有一部分只有施工企业才会发生，个人承包不会产生相关费用，但个人承包也将发生现场管理费用。因此，建议计取部分管理费用。

利润：承包人完成合同工程获得的盈利，不属于履行合同所发生的所有合理开支，但属于工程造价的一部分。定额中的利润为总包单位完成定额项目的利润。而本项目的劳务分包仅完成了定额项目的部分施工内容。是否计取，计取比列需委托人决定。

规费根据国家法律、法规规定，由省级政府有关权利部分规定施工企业必须缴纳的，应计入建筑安装工程造价的费用；税金为应计入建筑安装工程造价内的营业税……教育附加费。个人承包不会产生规费和税金。

最终，委托人计取了部分管理费和利润，未计取规费和税金。

三、体会

1. 总承包单位与实际施工人的合同纠纷。

现阶段总承包单位与劳务分包、供应商、个人班组签订的分包合同越来越多，通常这些分包合同过于简单，仅约定履行完成后合同内的计价原则，未对无法履行、解除合同、新增项目等计价原则进行约定。一旦发生纠纷，一般参照签订合同的当地建设行政主管部门发布的计价方法或者计价标准结算工程价款，但当地发布的计价方法和标准均不是劳务分包或清包工的计价标准。因此，建议在《鉴定规范》中增加劳务分包或实际施工人产生合同纠纷后的处理思路。

2. 个别项目计价方式约定不明时的处理原则问题。

随着法院委托的造价鉴定形式多种多样，如个人与劳务班组、个人与总承包单位的合同纠纷，家庭装修（个人与装修公司）、批量家庭精装修（户主与开发商或开发商与精装修）、强制拆除的自建房工程造价等。若完全按《司法解释》第 16 条“当事人对建设工程的计价标准或者计价方法有约定的，按照约定结算工程价款。因设计变更导致建设工程的工程量或者质量标准发生变化，当事人对该部分工程价款不能协商一致的，可以参照签订建设工程施工合同时当地建设行政主管部门发布的计价方法或者计价标准结算工程价款 ”计算，将导致有些费用不符合市场水平。如家庭精装修、零星模板人工费等定额计价与市场价存在一定差异，有失公平。条款中明确“可以参照”，可理解为双方可以适用，也可以不适用。

《鉴定规范》第 5.3.3 条“鉴定项目合同对计价依据、计价方法没有约定的，鉴定人可向委托人提出‘参照鉴定项目所在地同时期适用的计价依据、计价方法和签约时的市场价格信息进行鉴定’的建议，鉴定人应按照委托人的决定进行鉴定”明确可采用市场价格进行鉴定，完善了一些定额计价不适用的情况计价思路。但市场价是采用建设行政主管部门发布（一般无）、行业标准、企业标准有待商榷，特别是现阶段国家大力提倡建筑业市场化、规范化、国际化的今天。如何建立一个有效、权威的行业、企业的市场价标准，既能反映真实的成本，又能满足委托人判决的要求，也希望

《鉴定规范》能提供一些收集、处理、呈现市场价数据的思路和方法。

【案例四】某道路周边绿化 BT 项目工程造价鉴定

一、基本情况

由仲裁申请人某房地产公司 BT 投资建设的某区六线道路及周边绿化 BT 项目工程于 2009 年 3 月 10 日正式开工，2009 年 3 月 30 日，仲裁申请人接到被申请人某区建设发展有限公司的通知："本道路绿化工程与'四路改造'的景观效果相比有根本的差距，要求进行重新造坡，苗木的品种重新调整，调整方案原则上参照'四路改造'的绿化方案及效果。"同日，在被申请人公司会议室召开了"关于区六线及周边绿化工程重大调整的会议"，会议中明确要求申请人于 2009 年 3 月 30 日 14∶00 开始全面停工，并请相关单位对现场已完成的工程量进行核实签字后做退场处理。由于此次重大变更，造成了申请人在 2009 年 3 月 10 日至 3 月 30 日期间的工程费用损失和因苗木退场造成的费用损失，当事人双方在审计过程中未对上述费用达成一致意见，经协商后同意将这部分费用送交仲裁委员会进行仲裁。

鉴定范围：仲裁申请人和被申请人在"区六线道路及周边绿化 BT 项目工程"BT 投资建设补充协议书第 2 页第二条中约定的内容，即仲裁申请人提出的 2009 年 3 月 10 日至 2009 年 3 月 30 日的工程费用以及相关的苗木退场造成的费用损失。

工程施工时间：第一次苗木种植时间为 2009 年 3 月 10 日至 2009 年 3 月 30 日；确定停工后，将部分苗木移植到某静苑苗圃，该部分苗木移植时间为 2009 年 4 月 10 日至 4 月 25 日；其余苗木移植回原苗圃，移植完成时间为 2009 年 7 月中旬。

送鉴金额：仲裁申请人针对本次鉴定的报送金额为 7 319 425.00 元。

二、鉴定依据

1. 行为依据：《某仲裁委员会鉴定委托书》（2012）仲案字第 225 号。

2. 政策依据：《中华人民共和国合同法》《城市园林绿化工程施工及验收规范》（DB11T 212–2003）、《某省城市园林绿化条例》（2004 修正）、《某市城市绿化广场和新改扩建道路绿化管理暂行办法》等与本次鉴定相关的法律、法规、规章等。

3. 分析（或计算）依据：当事人双方提供的经过质证的证据资料（详见质证记录）；2004 年、2009 年某省园林绿化工程定额及其配套的定额解释、相关文件，其他与本次鉴定相关的资料。

三、鉴定过程及分析

（一）鉴定过程：

1. 接受仲裁委的委托，接收与工程相关的证据材料。

2. 成立工程造价鉴定项目组，确定项目负责人。

3. 公司对所有证据材料进行拍照，然后转交给项目负责工程师开展实质性工作。

4. 对委托人提供的工程鉴定资料进行熟悉。

5. 根据收集的鉴定资料，对本工程进行初步计算工程量。

6. 进行工程量上机套取初步费用，出初步鉴定意见。向争议双方提供鉴定报告初稿，告知其需在限定的时间内提出书面意见。

7. 根据当事人对鉴定初稿提出的书面意见，复核工程造价计算依据、计算的准确性、适用的规范等是否正确合理，对初步鉴定报告据实进行调整，并出具正式鉴定报告。

（二）鉴定分析：

在鉴定中采用的鉴定方法为：依据建设单位和投资单位双方签订的“某道路周边绿化 BT 项目”投资建设合同书，本工程造价按 2004 年某省园林绿化工程定额及其配套文件和《某经济技术开发区政府投资建设项目管理办法》进行计算。

四、鉴定意见

“某道路周边绿化 BT 项目”投资建设合同纠纷一案中涉及的工程造价仲裁申请人申请金额为 7 319 425.00 元，经鉴定，该工程造价由以下两部分组成：

（一）可确定的造价意见：

2009 年 3 月 10 日至 3 月 30 日施工期间发生的工程费用：3 805 132.22 元；

（二）无法确定部分项目的造价意见：该部分包括以下两部分内容：

1. 苗木退场引起的损失费用（不含苗木死亡费用）：2 213 494.37 元；该部分金额由于仲裁当事人双方对造成损失的责任有争议，因此该部分金额应由仲裁委裁定各方的责任并进行金额的比例划分。

2. 因苗木退场导致反季节栽植而引起的苗木死亡损失费用区间：207 450.11 ~ 545 118.14 元。该部分金额是参照各地在反季节期间对栽植苗木采取一定养护措施后的苗木死亡率调查情况并结合我们的工作经验做出的估算范围，仅供仲裁委参考，造成损失的责任也由仲裁委进行裁定。

以上两部分费用合计总价为：6 226 076.70 ~ 6 563 744.73 元［不含下面特殊说明中第（七）条中所述的仲裁申请人未报送的项目费用］。

五、特殊说明

（一）由于本次鉴定的工程内容已全部挖除，现场根本看不到原来的种植情况了，因此本次鉴定未进行现场查勘的程序，已种植苗木的工程量根据当事人双方确认的工程量收方单进行计算。

（二）关于绿化养护费用的计算：由于苗木的养护费用在2004年某省园林绿化工程定额中缺项，经咨询某省造价站定额解释人员，苗木养护费用可借用2009年某省园林绿化工程定额中相应定额和与之配套的文件执行。

（三）本工程人工费调整情况：套用2004年、2009年某省园林绿化工程定额的部分人工费，调整系数执行某建价发〔2008〕37号文和〔2009〕13号文。

（四）关于苗木退场引起的损失费用（包括苗木的起挖、移栽、养护和反季节栽植死亡损失费用等）：当事人双方对苗木退场造成损失的原因有分歧。在送鉴资料“关于区六线道路绿化工程重大设计变更情况说明”中，申请人在说明中的表述为：“为了将损失降到最低，我公司根据建发公司指示，将已完成的90%的苗木（草坪除外）部分送至某静苑苗圃（有合同依据），剩余移栽回原苗圃，移栽工作直至7月中旬完毕，由于气温较高，刚移栽苗木再进行二次移栽对还未发根植株损伤很大，经我方施工单位苗圃三个月余的加强养护，仍有超过30%的苗木死亡。”而被申请人代表签署的意见为：“情况属实，移栽苗木死亡率及金额请相关部门核实，工程量按实计算……”根据被申请人代表的签署意见，说明苗木的退场和移栽以及反季节栽植和养护的事实是存在的，因此在鉴定中将苗木退场引起的损失费用全部计算出来，而双方的责任大小由仲裁委进行裁决（该部分费用体现为鉴定意见中第二部分的第1条）。

（五）关于苗木反季节栽植死亡率的问题：

1. 由于当事人双方当时没有任何协商资料，也未对死亡苗木进行收方确认，都同意由仲裁机构进行仲裁鉴定，但事实上我单位也无法对死亡率进行准确界定，因为对于反季节栽植的苗木死亡率来说，没有任何规范规定，死亡率高低也同当时的养护手段及苗木品种有很大关系。鉴于这种特殊情况，我公司对苗木死亡率采用的鉴定方法为：参照各地在反季节期间对栽植苗木采取一定养护措施后的苗木死亡率调查情况并结合我们的工作经验，对苗木死亡率这部分费用给出一个估算价格区间供仲裁委员会进行参考（该部分费用体现为鉴定意见中第二部分的第2条）。

2. 我公司在估算苗木反季节栽植的死亡率时，已经扣除了在正常季节施工情况下应由施工方承担的5%的死亡率风险。

（六）关于申请人放弃部分费用的情况说明：从送鉴资料当中的BT投资建设补充协议书第二大条和第105期会议纪要的第3条反映，由于绿化方案重大调整造成的损失其实包括三部分费用，第一部分是2009年3月10日工程开工至2009年3月30日工程停工期间苗木的种植费用，第二部分是工程停工后已种植苗木需挖除退场造成的损失费用（包括苗木的起挖、运输、返回苗圃后二次种植及养护以及因反季节种植造成的苗木死亡费用），第三部分费用是会议纪要中提到的已进场还未栽植的苗木的退场费用。关于上述第二部分费用中的苗木退场运输费和第三部分已进场还未栽植的苗木的退场费用，在向当事人双方进行询证的过程中，申请人表示他们本次不主张这部分费用，因此在本次鉴定中未计算该两项费用。

（七）关于申请人的报送预算书明细中未包括费用的说明：

根据申请人和被申请人在 BT 投资建设补充协议书第 2 页第二条中约定的内容和申请人在仲裁申请书中提出的请求，本次的鉴定范围为：2009 年 3 月 10 日至 2009 年 3 月 30 日的工程费用以及相关的苗木退场造成的费用损失。从鉴定范围来看，应当发生的费用还有 2009 年 3 月 10 日至 2009 年 3 月 30 日期间已种植苗木的养护费用、应该计取的工程安全文明施工费以及施工单位规费，经计算这几项费用总金额为 890 953.13 元。但由于在申请人提交的预算书明细中未体现这几项费用，因此在本次鉴定意见中未计算以上费用。

附送：工程造价鉴定结算书（略）

附：关于对《某道路周边绿化 BT 项目工程初步鉴定意见的异议》的复函

某房地产有限责任公司：

你公司对我公司出具的区六线道路延伸段绿化工程投资建设合同纠纷一案的初步鉴定意见的回复已收悉，现针对贵方提出的问题答复如下：

问题一：关于在初步鉴定意见中未计算整理绿化用地费的问题。

答复：在送鉴资料中，从某审计局对后期绿化工程结算审计报告中反映出计算了绿化用地整理的费用，考虑到本次鉴定的植物栽种范围与后期植物的栽种范围一致，可能存在重复计算，而且如果二次造坡采用的是种植土的话则不应该再计算绿地整理，因此在 2012 年 12 月 24 日出具的初步鉴定意见中暂未计算绿地整理费用。

2013 年 1 月 9 日下午，在同仲裁当事人双方进行交流的过程中，你方代表进一步陈述的理由为："此次整理绿化用地为第一次造坡完成后栽植苗木前的施工内容，是必须发生的；而审计局审计报告中计算的绿地整理是第二次重新造坡后发生的绿地整理，而且造坡的土方并不是采用种植土，也不是我公司施工的，两次绿地整理并不重复，应该计算"。

我公司经仔细核查审计局的审计报告，查明其内容中确实未计算造坡的土方，第一次绿地整理费用可按实进行计算。

问题二：你方提出在初步鉴定意见的预算书中"已栽植的苗木挖运回原苗圃种植费用"中未计取支撑费用（此项如不计取支撑单价则应计取人工拆除支撑费用及转运费用）。

答复：因为考虑到原来拆除的支撑材料是可以利用的，因此在这部分未计算支撑的材料费，但在预算书中是计算了支撑的人工费的（有具体定额套项），请仔细查看预算书。

某区建设发展有限公司：

你公司对我公司出具的区六线道路延伸段绿化工程投资建设合同纠纷一案的初步鉴定意见的回复已收悉，现针对贵方提出的问题答复如下：

问题一：关于2009年3月10日至3月30日期间工程费用中，与第二次施工重复的苗木是否应当计取工程费用的问题。

你方提出的意见：按（105）会议纪要要求，前期苗木品种当然应当用于再次建设中，这样才是防止损失扩大的有效措施，我们认为2009年3月10日至3月30日期间的与第二次施工重复的苗木，不应当计取工程费用。

答复：从某审计局认可的审计报告〔2012〕基字第014号中的具体内容来看，后期种植的苗木品种的确有部分品种与本次鉴定的苗木品种一样，但是从后期工程的相关送鉴资料来看（主要有后期工程竣工图、后期工程审计报告等），后期种植苗木的位置与本次鉴定苗木的种植位置完全发生改变，必然会发生将原种植苗木挖除进行移位重栽的情况，因此本次鉴定计算的种植费用与后期工程的种植费用并不重复，应当计算（在本次鉴定中未计算苗木材料费）。

问题二：关于苗木退场引起的损失费用是否应当计取的问题。

你方提出的意见：根据（105）期会议纪要，2009年3月30日下午14:00开始全部停工，对已完成的工程量进行现场核实签字确认，施工单位在停工期间应等待新的设计图纸，同时加强对已完工程的养护管理工作，施工单位采取的起挖、栽植、转移等工作，既不符合会议纪要求，也不能防止损失的扩大，甚至还扩大了损失。施工单位所主张的退场的损失费用没有任何证据，而且不符合（105）期会议纪要要求，不应当计取。

答复：在送鉴资料“关于某区六线道路绿化工程重大设计变更情况说明”中，申请人在说明中的表述为：“为了将损失降到最低，我公司根据建发公司指示，将已完成的90%的苗木（草坪除外）部分送至某静苑苗圃（有合同依据），剩余移栽回原苗圃，移栽工作直至7月中旬完毕，由于气温较高，刚移栽苗木再进行二次移栽对还未发根植株损伤很大，经我方施工单位苗圃三个月余的加强养护，仍有超过30%的苗木死亡。”而被申请人代表签署的意见为：“情况属实，移栽苗木死亡率及金额请相关部门核实，工程量按实计算……”根据被申请人代表的签署意见，说明苗木的退场和移栽以及反季节栽植和养护的事实是存在的，因此我公司在本次鉴定中将苗木退场引起的损失费用全部计算出来，而双方的责任大小由仲裁委进行裁决。

问题三：关于10cm以下的苗木支撑和人工换土的问题。

你方提出的意见：贵司对10cm以内的乔木计算了树木支撑、毛竹桩、三角桩支撑和人工换土费用，在绿化工程的实际施工过程中，施工单位对10cm以下的苗木不会进行支撑，也没有人工换土工序。是否支撑、以何种材料支撑的举证责任在于申请人，其应当提供进行支撑和人工换土的证据，如照片、我司的书面确认文件等，但在仲裁和鉴定过程中，申请人未提供任何证据证明其对10cm以下的苗木进行了支撑和人工换土，该部分费用不应计取。

答复：计算该费用的依据如下：a. 我公司查询了相关的施工及验收规范，规范中只规定了“乔木种植应当设置支撑”，但未对必须加设支撑的乔木规格做出规定，而在常见的施工中，胸径 6cm 以上的乔木也可以加设支撑；b. 在送鉴资料证据 15“工程现场收方单”的附件资料中有当时苗木挖除时拍的照片资料，从照片资料可以看出现场未挖除的乔木是设置了三角支撑的；c. 在经过质证的送鉴资料中，经某审计局审定后的该工程结算报告中也反映出：胸径 5cm 以上的乔木都是计算了支撑的，且胸径 6cm 以上的乔木栽植都计算了人工换土。该审计报告是审计局、建设单位和 BT 投资单位共同确认的结果，应当能够反映现场的实际情况。

由于我公司现在无法核实当时实际实施的情况，因此根据以上理由计算了胸径 6cm 及以上规格的乔木的支撑费用，并参照审计报告计算了乔木种植的人工换土费用（审计报告中 6cm 以下的乔木未计算人工换土，我公司可对这部分内容进行调整）。如果你方能够提供相关的规范或者能够证明其当时实际种植情况的依据，我公司可按实进行调整。

问题四：关于部分地被类植物定额套项的问题。

你方提出的意见：对地被类植物，无须按株计价，应当按照平方米计价。

答复：你方所指的地被类植物主要是针对八角金盘的种植，八角金盘设计规定的每平方米种植数量为 10 株，其种植间距在 25cm 以上，根据《某省二〇〇〇年～二〇〇六年补充定额、定额解释、答疑、勘误汇编》资料第 64 页解释：“凡株距在 250mm 以上或高度在 600mm 以上（其中只要满足任何一个条件），成片栽植绿篱按单株计算，执行单株定额项目。”我公司在初步鉴定意见中是按照定额解释来执行的，而灌木的株数则是严格按照送鉴资料收方单中的数量进行计算。

问题五：关于假植费用是否计取的问题。

你方提出的意见：是否存在假植，举证责任在于施工单位，施工单位未提供任何证据证明其进行了假植，假植费用不应计取。

答复：如前面问题二中我公司的答复所述，送鉴资料“关于某区六线道路绿化工程重大设计变更情况说明”中你方代表的签署意见已经能够证明苗木的退场移栽的事实是存在的，既然苗木从施工现场挖除，为减少损失应当将挖除的苗木进行栽植。至于苗木移回原苗圃是按种植还是假植定额进行套项，经综合考虑，按假植定额套项从费用上来说比较经济，因此在初步鉴定意见中按假植定额进行计算。我公司在初步鉴定意见中只是将该费用计算出来，至于造成该损失的责任大小由仲裁委进行判定。

问题六：关于苗木的死亡损失费用是否应该计取的问题。

你方提出的意见：1. 苗木反季节栽植的死亡损失费不应该计算，原因为：①反季节栽种，是施工单位不按会议纪要求就地养护造成；②有重复利用的苗木，是不需要另行栽种的，不存在死亡率；③根据收方单，2009 年 4 月 13 日即完成已完工程量的收方，移栽工作到 2009 年 7 月，反季节栽种的责任在于施工单位；④根据《城市绿化工程施工及验收规范》《某省绿化条例》《某市城市绿化广场和新改扩建道路绿化管理暂行办法》，乔、灌木的存活率应当达到 95% 以上、强酸性土、强碱性土及干旱地区，各类树木成活率不应低于85%。死亡的需施工方无偿补充。2. 仅就初步鉴定意见中的苗木死亡损失计算问题，我司认为死亡苗木的挖除费用和种植费用不应计算。

答复：对上面第1条问题中的第①、③条，如前面问题二中我公司的答复所述，送鉴资料“关于某区六线道路绿化工程重大设计变更情况说明”中你方代表的签署意见已经能够证明苗木的退场移栽的事实是存在的，我公司在初步鉴定意见中只是将该费用计算出来，至于造成该损失的责任大小由仲裁委进行判定；第②条所述的重复栽种的问题在前面问题一中已经答复；第④条中我公司在估算死亡率时已经扣除了在正常季节施工情况下应由施工方承担的5%的死亡率风险，至于你方提到的“强酸性土、强碱性土及干旱地区，各类树木成活率不应低于85%”的条款不适用于本次鉴定。

对上面第2条问题的答复：从正常逻辑来讲，苗木的死亡应该是先移栽而后死亡，因此应计算死亡苗木的移栽费用；苗木死亡后应该进行挖除，因此也应计算死亡苗木的挖除费用。

综上所述，我公司对苗木反季节栽植而造成的死亡费用仅仅是提供一个估算数据供仲裁委参考（估算原因及方式在鉴定意见书中有详细描述，此处不再赘述），而造成该损失的责任大小由仲裁委进行判定。

问题七：关于仲裁申请人提交的费用明细中未包括的一些项目的问题。

你方提出的意见：根据不告不理原则，所有项目中的安全文明施工费、规费和2009年3月10日至3月30日苗木的养护费用，施工单位既未在仲裁中主张，也未提交鉴定，我们认为不属于鉴定范围，不应当鉴定。

答复：根据申请人和被申请人在BT投资建设补充协议书第2页第二条中约定的内容和申请人在仲裁申请书中提出的请求，本次的鉴定范围为：2009年3月10日至2009年3月30日的工程费用以及相关的苗木退场造成的费用损失。从鉴定范围来看，2009年3月10日至2009年3月30日期间已种植苗木的养护费用、安全文明施工费以及施工单位规费等几项内容是应当包括在鉴定范围之内的，但由于在申请人提交的预算书明细中未体现这几项费用，我公司将把这几项费用所涉及的金额单独列出供仲裁委了解情况，不计入鉴定总价之中。

6　项目工期索赔的咨询报告

某工程有限公司（申请人）与某能源化工发展有限公司（被申请人）之间工期索赔仲裁。某工程管理有限公司受某工程有限公司委托，对案件中的工期延期事项，运用专业知识客观的论证工期延期责任。重点针对工程款支付延迟（包括采购过程中业主欠款导致供应商生产迟延、交货迟延相关的证据）、暗塘处理、合同工作范围外委托（合同变更）、天气等原因造成工期顺延（对关键线路受影响的工期具体天数）进行专业定量分析。

6.1 及 6.1.1（略）

6.1.2　工期延期的分析原则和方法

（1）分析方法的采用。

1）由于国内目前没有专门的工期鉴定准则，本项目工期延期的量化分析方法将结合国内相关法规并参考美国工程成本协会（Association for the Advancement of Cost Engineering，AACE）出版的《法务工期分析》（FROENSIC SCHEDULE ANALYSIS）2011 版中的相关方法进行分析。

2）AACE 的《法务工期分析》中总结了九种类别的分析方法，需要考虑的影响因素之一是进度来源数据的完整性。这主要包括进度计划（As-Planned/Baseline Schedule）、更新进度计划（Schedule Updates）和实际进度计划（As-Built Schedule）。下表为不同方法对进度数据的要求，采用方法与资料的关联性：

不同方法对进度数据的要求

进度数据类型	工期延误分析方法								
	3.1	3.2	3.3	3.4	3.5	3.6	3.7	3.8	3.9
基准进度计划	需要	需要				需要	需要		
进度更新数据			需要	需要			需要		需要
实际数据记录	需要	需要			需要			需要	需要

3）监理审批通过的《施工组织设计》表明已批准承包人提交的基准进度计划。本项目可以参考《FROENSIC SCHEDULE ANALYSIS 》2011 版中方法进行工期的延误天数及责任分析。

4）基于本项目的资料完善程度，工期延误的主要分析方法可以考虑：

计划影响分析法（3.6 Impacted -as -Planned）：计划影响分析法是通过分析事件对于基准计划的影响判断对完工时间的影响。具体的做法是在基准计划中插入代表影响事件的活动，然后重新计算竣工时间，两者之间的差别就是对原计划的延误。

实际与计划工期对比法（3.2 As planned vs. As built Windows）：实际与计划工期对比法是一种事后延误分析方法，是将基准进度计划与实际计划或反映某一时刻的实际进度进行对比，它们之间的差别就是工期延误。这种方法并不要求基于 CPM 关键线路法。

比例分析法：如延误事件影响某些单项工程、单位工程或分部分项工程的工期，根据单项工程、单位工程或分部分项工程原计划工期，按照延期或新增工作价值占单项工程、单位工程或分部分项工程原合同价的比例评估索赔的工期，这是基于缺乏详细分析资料前提下的一个简化评估方法，可以作为一个参考。

5）由于本项目总进度计划没有完善的逻辑关系，本项目的延误量化分析方法主要考虑采用实际与计划工期对比法，实际与计划工期对比法不需要确定活动的逻辑关系和实际进度的时差，这种方法的计算示意图如下：

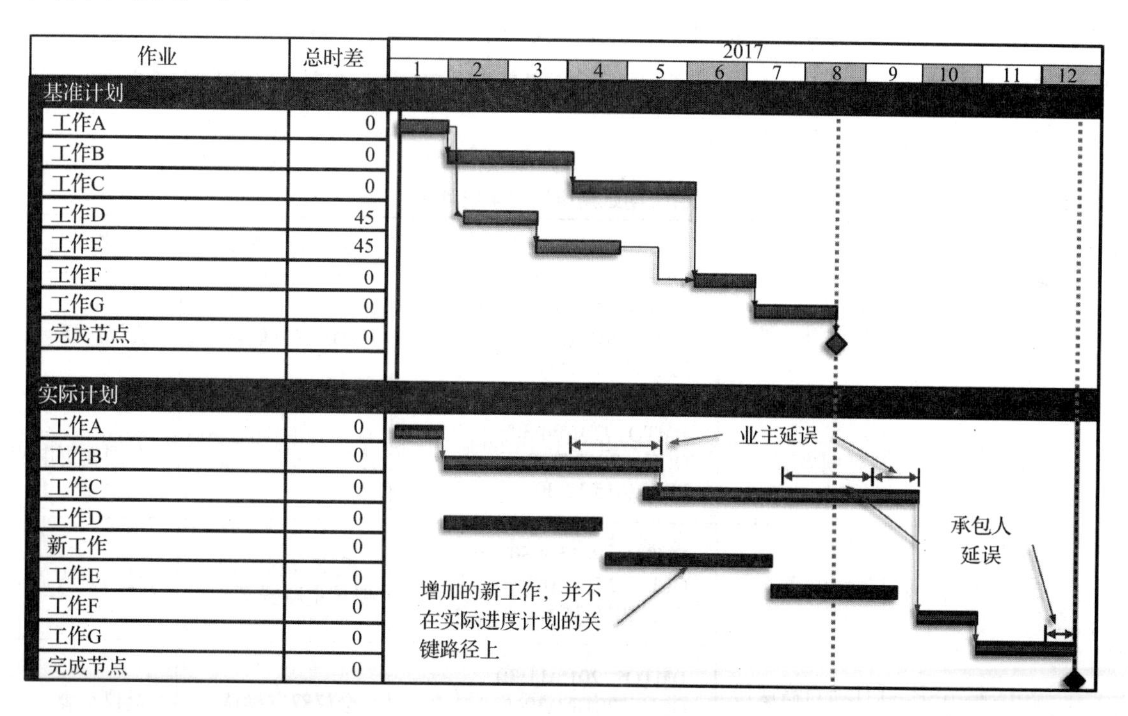

（2）关于工期延期责任的分类。基于本项目的资料情况，本报告中将可以分析的工期延期责任主要划分为以下 4 类：

1）可原谅可补偿：指发生在关键线路上，承包人能够证明是业主风险事件引起的工期延期事件。承包人可以获得工期的延长，费用的补偿。

2）可原谅不可补偿：指由于不可预见事件引起或同期事件导致的延期天数，承包人可以获得工期的延长，但是不能得到费用的补偿。

3）不原谅不可补偿：指承包人无权索赔工期和费用的承包人延误事件。

4）无法量化的延期责任：指由于缺乏有效的数据资料，无法量化分析的各类延期事件导致的延期天数，既可能是承包人的责任也可能是发包人的责任，如进度款支付滞后导致的延期、变更洽商审批滞后导致的延期、施工组织不力导致的延误等。

（3）延期程度的识别。为了判断延期事件对竣工日期可能造成的影响，需要分析延期事件持续的时间长度、责任归属以及受影响的进度任务范围。

1）事件的识别主要依赖于经监理审批确认的施工组织设计中的总进度计划及延期事件的相关记录文件。

2）由于缺少更新的进度计划资料，在识别延期事件的影响程度时，仅分析该延期事件导致的相应节点工期及竣工时间的相对影响日历天数。

6.1.3 项目工期顺延申请情况说明

本项目在施工过程中发生了工期延期，承包人提出的《工期延期的申请报告》，《高层洽商会议纪要》证实了业主在施工过程中确认了本项目工期延期的事实，并就部分延期申请进行了回复。

项目工期延期申请记录统计见下表。

项目工期延期申请记录统计表

序号	文件记录日期	工期变更记录	协商确认情况	相关证据
1	2014 年 6 月 5 日 /6 日项目高层协调会	DMTO：2015\4\30 OCU：2015\7\30 PP：2015\12\31	会议双方确认	会议纪要
2	2014 年 8 月 30 日延期申请	DMTO：2015\4\30 OCU：2015\7\30 PP：2015\12\30		合同变更申请
3	2015 年 5 月 8 日延期申请	DMTO：2015\8\30 OCU：2015\10\30 PP：2016\2\28	提交资料欠缺，要求重新提交	延期申请
4	2015 年 10 月 30 日项目高层协调会	DMTO：2015\11\30 OCU：2016\1\30 PP：2016\5\30	会议双方确认	会议纪要
5	2016 年 4 月 29 日传真调整申请函	OCU：2016\7\30		传真
6	2016 年 7 月 7 日项目建设协调会议会议纪要	PP：2016\7\28	会议纪要承诺	会议纪要

6.2 基准进度计划及合同开竣工时间分析

6.2.1 基准进度计划的确定

本项目没有针对整体项目的完整的总进度计划，且没有完善的逻辑关系。在开展工期延期分析时将基于三个核心项目 DMTO、OCU 及 PP 装置的总体计划开展分析。

2014 年 4 月 30 日经总监理工程师审批的施工组织设计中包含本项目 OCU、PP 装置的总进度计划，可视为最早的经审批确认的 OCU、PP 装置的总进度计划，且其中 OCU、PP 三类装置中计划中交的时间与合同约定的中交时间一致，可视为符合合同约定的最初的基准进度计划，且项目监理人已经审批签认。该计划中 OCU 的相对工期为 10 个月，PP 装置的相对工期为 16 个月。

DMTO 没有与合同约定开工时间相吻合的经审批的总体进度计划，但在 2013 年 12 月 20 日提交的二级计划中有 DMTO 的完整的进度计划，同时 2013 年 11 月 15 日《项目实施计划》、2013 年 12 月 15 日《项目施工实施计划》中同样清晰约定了合同开工时间为 2013 年 7 月 29 日，合同中交时间为 2014 年 12 月 31 日。这两项证据表明的 DMTO 基准进度计划开工时间及中交时间是一致的，且开工时间及中交时间与合同约定的时间一致，同时故将该进度计划作为 DMTO 符合合同约定的最初的基准进度计划开展分析。按照合同约定 DMTO 的中交相对工期为 X 天（2014/12/31–2013/7/29+1=521 天）。

6.2.2 更新的进度计划

2014 年 10 月承包人提交了 OCU 装置的更新的施工组织设计，该文件监理人于 2014 年 10 月审批。在该施工组织设计中所附的总体施工计划中计划开工时间为 2014 年 10 月下旬，计划中交时间为 2015 年 7 月底。2014 年 11 月版的 OCU 项目总体进度计划中明确项目开工时间为 2014 年 10 月 29 日，项目中交日期为 2015 年 7 月 30 日。这两项证据中表明的更新的进度计划开工时间及中间时间是一致的，且该计划中开工时间与开工令的审批开工时间接近，可以视为按实际开工令审批后更新的进度计划。

2014 年 10 月承包人提交了 PP 装置的更新的施工组织设计，该文件监理人于 2014 年 10 月审批。在该施工组织设计中所附的总体施工计划中计划开工时间为 2014 年 11 月初，计划中交时间为 2015 年 12 月中旬。承包人提交的 2014 年 12 月版的聚丙烯装置进度计划中明确项目开工时间为 2015 年 11 月 29 日，明确中交日期为 2015 年 12 月 31 日，这两项证据中表明的更新的进度计划开工时间及中交时间是接近的，且该计划中开工时间与开工令的审批开工时间接近，可以将该版施工组织设计中进度计划视为更新的进度计划。

施工组织设计中 PP 装置的总体进度计划：

单位工程	专业	2013 年	2014 年						2015 年			
		12 月	1~2 月	3~4 月	5~6 月	7~8 月	9~10 月	11~12 月	1~2 月	3~4 月	5~6 月	7~8 月
聚丙烯装置	建筑工程施工											
	钢结构施工											
	静设备安装											
	动设备安装											
	工艺管道施工											
	管道试压吹扫											
	电气电信施工											
	仪表工程施工											
	防腐保温施工											
	装置三查四定及中交											

DMTO 联合装置总进度计划：

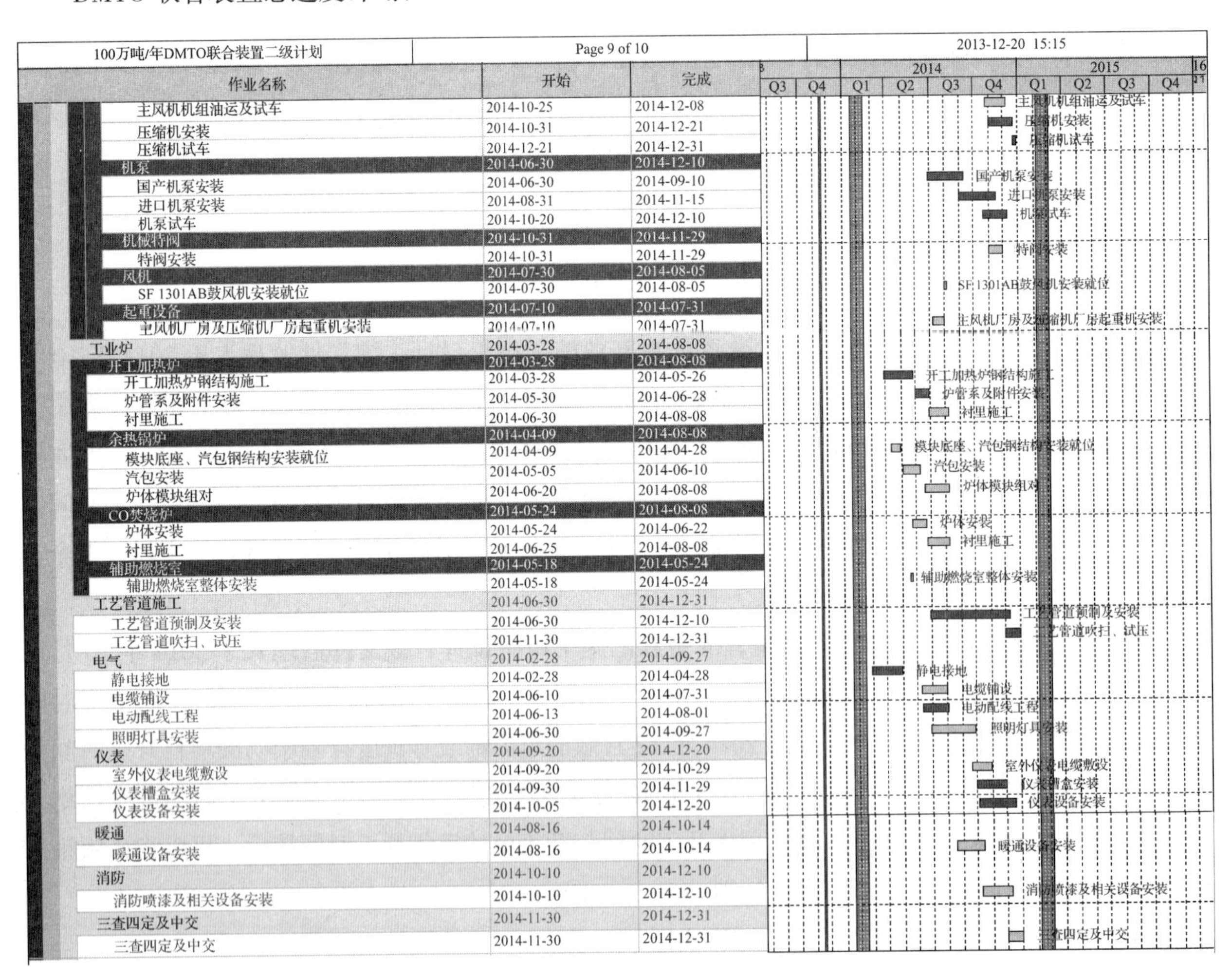

100万吨/年DMTO联合装置二级计划　Page 9 of 10　2013-12-20 15:15

作业名称	开始	完成
主风机机组油运及试车	2014-10-25	2014-12-08
压缩机安装	2014-10-31	2014-12-21
压缩机试车	2014-12-21	2014-12-31
机泵	2014-06-30	2014-12-10
国产机泵安装	2014-06-30	2014-09-10
进口机泵安装	2014-08-31	2014-11-15
机泵试车	2014-10-20	2014-12-10
机械特阀	2014-10-31	2014-11-29
特阀安装	2014-10-31	2014-11-29
风机	2014-07-30	2014-08-05
SF 1301AB鼓风机安装就位	2014-07-30	2014-08-05
起重设备	2014-07-10	2014-07-31
主风机厂房及压缩机厂房起重机安装	2014-07-10	2014-07-31
工业炉	2014-03-28	2014-08-08
开工加热炉	2014-03-28	2014-08-08
开工加热炉钢结构施工	2014-03-28	2014-05-26
炉管系及附件安装	2014-05-30	2014-06-28
衬里施工	2014-06-30	2014-08-08
余热锅炉	2014-04-09	2014-08-08
模块底座、汽包钢结构安装就位	2014-04-09	2014-04-28
汽包安装	2014-05-05	2014-06-10
炉体模块组对	2014-06-20	2014-08-08
CO焚烧炉	2014-05-24	2014-08-08
炉体安装	2014-05-24	2014-06-22
衬里施工	2014-06-25	2014-08-08
辅助燃烧室	2014-05-18	2014-05-24
辅助燃烧室整体安装	2014-05-18	2014-05-24
工艺管道施工	2014-06-30	2014-12-31
工艺管道预制及安装	2014-06-30	2014-12-10
工艺管道吹扫、试压	2014-11-30	2014-12-31
电气	2014-02-28	2014-09-27
静电接地	2014-02-28	2014-04-28
电缆铺设	2014-06-10	2014-07-31
电动配线工程	2014-06-13	2014-08-01
照明灯具安装	2014-06-30	2014-09-27
仪表	2014-09-20	2014-12-20
室外仪表电缆敷设	2014-09-20	2014-10-29
仪表槽盒安装	2014-09-30	2014-11-29
仪表设备安装	2014-10-05	2014-12-20
暖通	2014-08-16	2014-10-14
暖通设备安装	2014-08-16	2014-10-14
消防	2014-10-10	2014-12-10
消防喷漆及相关设备安装	2014-10-10	2014-12-10
三查四定及中交	2014-11-30	2014-12-31
三查四定及中交	2014-11-30	2014-12-31

6.2.3 合同关键线路分析

根据2014年4月经总监理工程师审批的施工组织设计的16页描述，本项目的关键线路主要工作说明如下，其中设备安装的工作在土建的基础施工后开始插入：

1）本项目土建施工关键线路工作：施工准备→基础开挖→地基处理→基础工程→设备基础→混凝土框架结构→砌体结构→装饰工程→交工。

2）设备安装关键线路工作：非标设备预制、钢结构预制→钢结构设备安装→管理、电气、仪表安装→预试车。

6.2.4 合同开竣工时间分析

由于本项目《总承包合同》第三册附件3-17中误期损害赔偿费是以各单位工程中交延期时间作为误期损害赔偿费的计算依据，总承包合同中没有对合同总工期延期计算及处罚的约定，故本报告主要对本项目核心的三个装置DMTO、OCU、PP装置的工期延期情况进行分析。

（1）DMTO开工、中交时间认定。

1）合同计划开工时间：2013-7-29；合同计划中交时间：2014-12-31；合同相对工期应该为521天（2014-12-31－2013-7-29+1=521天）。

主要认定依据：

《总承包合同》第三册附件3-17中进度计划主要控制点中约定2013年7月29日为桩基开工时间；进度计划主要控制点中约定2014-12-31为DMTO中交时间。

2）实际开工时间：2013-7-29；实际中交时间：2015-11-30；实际施工工期为855天（2015-11-30－2013-7-29+1=855天）。

主要认定依据：

《DMTO开工报告（GPEC）》中明确约定开工时间为2013-7-29。

《DMTO工程中间交接证书》中记载工程移交时间为2015-11-30。

3）DMTO实际工期延期时间为855－521=334天。

（2）OCU装置开工、中交时间认定。

1）初始计划开工时间：2014-3-1；初始计划中交时间：2014-12-31；合同相对工期应该为306天（2014-12-31-2014-3-1+1=306天）。

主要认定依据：

本项目总承包合同中没有明确约定OCU的计划开工时间及相对工期要求。2014年4月经总监理工程师审批的施工组织设计中包含了本项目OCU、PP装置的总进度计划，该计划中约定OCU计划开工时间 2014-3-1（由于计划中横道图没有电子版，结合计划横道图评估），该计划可视作是双方最早关于开工及中交时间的合同合意。

《总承包合同》1.2 条约定“组成本合同的文件及优先解释顺序如下……（8）项目进度计划书”，可见项目计划书是本合同的组成部分。

《总承包合同》第三册附件 3-17 中进度计划主要控制点中约定 2014-12-31 为 OCU 装置的合同计划中交时间。

基于以上因素及依据分析，本项目 OCU 装置的计划开工时间认定为 2014-3-1，合同计划中交时间：2014-12-31；合同相对工期应该为 306 天（2014-12-31-2014-3-1+1=306 天）。

2）OCU 装置实际开工时间：2014-10-24；实际中交时间：2016-7-29；实际施工工期为 645 天（2016-7-29-2014-10-24+1=645 天）

主要认定依据：

《OCU 开工报告》中明确约定开工时间为 2014-10-24；

《OCU 工程中间交接证书》中记载工程移交时间为 2016-7-29；

3）OCU 实际工期延期时间为 645-306=339 天。OCU 装置的实际开工时间与计划开工时间相比滞后 237 天。根据实际开工时间及合同约定的中交时间计算可施工工期仅 69 天，如此短的工期显然不能作为合同的相对工期来计算。开工延期的主要原因是业主负责的政府审批、施工许可、业主工艺包购买滞后等因素导致工程不能正常开工，在此情况下合同中交时间也应相应顺延。主要依据如下：

工程总承包合同 8.1 条的约定，“承包商应当按照业主下发的开工令立即开始工作”，在业主未批复开工令的情况下，承包人无法正常开工，开工时间滞后，其中交时间按合同约定也必然相应顺延。

DMTO 工程 EPC 总承包启动协议 5.1 条发包方权利和义务中约定，“发包方负责办理施工许可证及协助承包人办理其他施工所需证件、批件和临时用地、停水、停电、中断道路交通等的申请批准手续”。由于业主办理立项、环评、施工许可手续及业主负责的工艺包移交滞后等因素导致开工滞后。如根据本项目业主发下给承包人的传真显示：2014 年 7 月业主将《OCU 安全评价报告及批复》提供给承包人，由此可证实本项目由业主负责的前期手续不具备，导致本项目不具备计划开工条件。

关于 OCU 装置工艺包事宜的函件中记录 OCU 工艺包业主于 2014 年 3 月才发至总承包人，承包人收到工艺包后开展设计及采购需要时间。根据承包人 2014 年 11 月进度计划显示，2014 年 9 月完成长周期设备请购完成，此时才具备开工时间。因此，《OCU 开工报告》中约定开工时间为 2014-10-24。

6.2.5 开竣工时间及总延期时间统计汇总

根据上述分析，本项目 DMTO\OCU\PP 装置的开竣工时间及总延期时间统计如下：

（一）合同约定的相对工期

单位工程名称	DMTO	OCU	PP
合同约定开工时间	2013-7-29	2014-3-1	2014-4-15
合同计划中交时间	2014-12-31	2014-12-31	2015-8-15
合同约定的相对工期	521	306	488

（二）变更后的中交延期天数（按最后一次会议纪要确认的中交时间）

单位工程名称	DMTO	OCU	PP
应该中交时间（详见第 1.3 节纪要）	2015-11-30	2016-1-30	2016-7-28
实际中交时间	2015-11-30	2016-7-29	2016-7-29
中交延期天数	0	181	1

（三）实际施工工期

单位工程名称	DMTO	OCU	PP
实际开工时间	2013-7-29	2014-10-24	2014-12-1
实际中交时间	2015-11-30	2016-7-29	2016-7-29
实际施工工期	855	645	607
工期延期天数	334	339	119

6.3 延期事件的识别分析

6.3.1 延期事件的识别

（1）延期事件 1：开工前干扰事件。在第 2.4 节中对开工的延期已做过陈述，在开工时间延期的情况下，合同约定的中交时间必然相应顺延。

OCU 装置的实际开工时间与计划开工时间相比滞后 237 天。开工延期的主要原因是业主负责的政府审批、施工许可、业主工艺包购买滞后等因素导致工程不能正常开工，在此情况下合同中交时间也应相应顺延。主要依据如下：

工程总承包合同第 8.1 条的约定："承包商应当按照业主下发的开工令立即开始工作"，在业主未批复开工令的情况下，承包人无法正常开工，开工时间滞后，其中交时间按合同约定也必然相应顺延。

DMTO 工程 EPC 总承包启动协议第 5.1 条发包方权利和义务中约定："发包方负责办理施工许可证及协助承包人办理其他施工所需证件、批件和临时用地、停水、停电、中断道路交通等的申请批准手续"。由于业主未及时办理立项、环评、施工许可手续等因素导致开工滞后。如根据本项目业主发下给承包人的传真显示：2014 年 7 月业主将《OCU 安全评价报告及批复》提供给承包人，由此可证实本项目由业主负责的前期手续不齐备，导致本项目不具备计划开工条件。

（2）延期事件 2：暗塘处理事件。本项目开工后，依据现场施工单位向总承包人提交的《施工承包合同任务变更委托单》及附件资料（由于类似资料过多，仅提取部分证据）显示，在项目基础施工土方开挖过程中，发现场地存在大量暗塘，与地勘资料严重不符。地基达不到持力要求，需继续下挖至持力层，外运砂石换填或混凝土置换。因此发生大量合同以外的工程量及费用，现场施工单位就此提交了相应的现场签证，暗塘换填平整工程费合计为人民币 56 664 800 元。

承包人在场地开挖过程中发现场地内存在大量的暗塘及地表淤泥层，经现场业主、监理单位勘察后要求下挖至持力层。由此导致现场土方开挖及换填工作量大增。土建工程地基处理与换填是处于关键线路上的工作，其工作量增加必然导致工期顺延。为计算换填工作量增加导致的工期影响程度，我们将属于 DMTO/OCU/PP 装置的土方换填工作量统计如下：

由于无法详细统计公共区域中分别属于三类装置的换填工程量，对于公共区域的换填工程量按比例法进行简单测算，其中 DMTO 装置占地面积（承包人提供数据）：$230m^3 \times 280m^3$，OCU 装置占地面积：$225m^3 \times 65m^3$，PP 装置占地面积 $185m^3 \times 336m^3$。

公式如下：

［本装置占地面积 /（项目总占地面积 - 预留场地面积）］× 公共区域总换填量

DMTO 公共区域换填量 =［230 × 280/（593 560−111 825）］× 157 970=21 117m^3

OCU 公共区域换填量 =［225 × 65/（593 560−111 825）］× 157 970=4 795m^3

PP 公共区域换填量 =［185 × 336/（593 560−111 825）］× 157 970=20 383m^3

DMTO 合计换填土方量 =24 379m^3

OCU 合计换填土方量 =14 662m^3

PP 合计换填土方量 =59 243m^3

参考江苏省建筑与装饰工程计价定额（2014）中关于机械含量的数据，每一台 600 型挖掘机挖淤泥的机械台班为 0.003 82 台班 /m^3，每一台压路机配推土机的机械台班为 0.003 38 台班 /m^3。根据施工组织设计中配置的机械数量 2 台 W600 型挖掘机和 3 台 T50 装载机测算，回填时间按三类装置换填所消耗的时间分别计算如下：

DMTO=24 379 ×（0.003 82/2+0.003 38/3）=74 天

OCU=14 662 ×（0.003 82/2+0.003 38/3）=45 天

PP=59 243 ×（0.003 82/2+0.003 38/3）=180 天

根据《DMTO 工程 EPC 总承包启动协议》第 5.1.1 条约定的发包方的义务：“2013 年 3 月 30 日负责工程范围内建设场地办理土地征用，建（构）筑物、地下障碍物拆迁及平整施工场地达到四通一平（路通、水通、电通、通信通、场地平），水电引至装置边界。具备施工条件，并开工后继续负责解决以上事项遗留问题”，发包方移交的场地表层存在大量的淤泥质回填土，达不到场地平整的合格条件。

本测算是基于现有资料限制的一种简单计算，其具体影响的部位及时间段未作详细分析，只是做的总体延期程度的预测。变更方案只按淤泥开挖及土方换填考虑，可以作为工期延期程度的一项参考。实际施工过程中换填方案除了土方换填还有混凝土换填、碎砖换填，其对工期的影响程度更大。

综上，重新处理淤泥及换填影响了关键线路工作，给承包人带来工期上的影响分别为：DMTO 74天，OCU 45天，PP装置180天，属于可原谅可补偿的延期时间。

（3）延期事件3：进度款支付影响。本项目工程进度款一直处于支付延误状态，进度款支付给承包人的设备采购及施工进度带来了影响。承包人在施工过程中多次发出催款函及通知工程款支付滞后给进度带来的影响。以下为主要的催款文件：

序号	文件发出日期	文件名称	主要内容	相关证据
1	2014\5\23	再次提请支付工程进度款的函	设备采购和施工牌关键时刻，进度款未支付将严重影响进度	传真
2	2014\10\20	因不能及时支付工程进度款致使工程延期的通报	2014\8\19申请的设备采购款2.17亿至今地，导致进度滞后2个月时间	传真
3	2015\5\6	进度款不能及时支付造成严重影响的函	进度款支付滞后导致设备材料无法按时到场；OCU\PP已订货设备无法支付预付款，厂家不发货。进度处于失控状态	传真
4	2015\5\8	关于合同工期变更申请的函	资金支付一直严重制约着项目进度，导致窝工严重	传真

认定工程款支付延误是否导致工期延期，需要满足以下条件，才能认定和计算工期延期责任及影响程度。

1. 按合同约定，存在进度款支付延误的客观事实；

2. 进度款支付延误导致正常施工受到阻碍或停滞；

3. 受到影响的工作在关键线路上，确实导致总工期延期。

为分析进度款支付延误对工程进度延期的影响，我们专门提取三类装置中核心设备的进场与安装计划、设备款支付申请时间与设备款实际支付时间之间的关系。这三类核心设备分别如下：

DMTO：反应器、塔器

OCU：反应器、换热器

PP装置：反应器

可以认为核心设备进度款支付滞后直接影响了设备的制造及发货，并导致设备安装滞后，核心设备的安装处于关键线路上，安装工作滞后必须导致工程中交时间的延期。以下分析仅从三类装置核心设备的采购预付款支付延误进行统计分析，实际受影响的情况应该范围更广，但受资料限制，目前暂从核心设备进行统计，可以作为进度延期的一个参考天数。

1）总承包合同预付款支付延误。2013 年 12 月建行开《预收款退款保函》。2013 年 12 月建行开《履约保函》。2014 年 1 月被申请人收到 DMTO 项目预付款。

合同第 13.3.1 条约定："本合同签订生效后 30 日内，业主收到履约保函和预付款保函后，向承包商支付总承包合同总价的 8% 作为预付款，金额 240 000 000（含启动协议中已经支付的款项）"。

自 2013 年 12 月 20 日至 2014 年 1 月 15 日，被申请人预付款支付延误共计 27 天。

2）OCU 装置。2014 年 5 月申请人提交合同款支付申请，关于 OCU 设备材料预付款（反应器、换热器）。被申请人于 2014 年 8 月批示文件不满足要求拒付，8 月批示符合要求，9 月完成签字审批。2014 年 12 月收到被申请人 DMTO 项目针对该笔请款的最晚一笔回款。

合同第 13.3.5 条约定："业主收到承包商付款申请报告和收据（发票）以及相关文件单据，且得到业主批准后三十（30）日内，支付进度（工程）款。如果业主审查认为承包商的付款申请报告和发票不满足要求，承包商应当重新提交付款申请报告和 / 或收据（发票）等"。

合同第 13.3.8 条约定："凡不符合银行和本合同规定的支付要求，业主有权拒付，但业主必须在受到承包商付款申请后 15 个工作日内书面通知承包商拒付原因"。

合同第 13.3.9 条约定："业主收到付款申请单 10 个工作日内予以办理"。

基于上述约定，对于合同条款中约定的支付条款理解为：业主收到付款申请单 10 个工作日内应该进行审核批准；如果业主认为不符合支付要求，应在 15 个工作日内书面通知承包人；业主在审核批准及收到发票后 30 日内应该完成支付。申请人于 2014 年 5 月 19 日提交合同款支付申请，按照合同约定，凡不符合银行和本合同规定的支付要求，业主有权拒付，但业主必须在收到承包商付款申请后 15 个工作日内（2014 年 6 月 6 日）书面通知承包商拒付原因，被申请人于 2014 年 8 月 25 日批示拒付，延误 81 天。8 月 28 日批示文件符合要求，被申请人应在 10 个工作日内予以办理（2014 年 9 月 10 日），实际审批完成时间为 2014 年 9 月 17 日，审批延误 8 天。被申请人应在审批后 30 天内（2014 年 10 月 17 日）完成支付，实际针对该笔请款的最晚一笔回款时间为 2014 年 12 月 1 日，支付延误 46 天。

3）小结。

① MTO 装置。2013 年 12 月提交的二级计划 DMTO 装置的采购计划中，反应 - 再生设备（关键设备）的最晚到场时间为 2014 年 6 月；

2014 年 12 月发货清单表明 DMTO 装置反应器（反应器三级旋风分离器）到场；

综上分析，DMTO 反应器设备到场时间相比计划延期 184 天。

② OCU 装置。承包人 2014 年 11 月进度计划 OCU 装置的采购计划中，换热器（关键设备）的最晚到场时间为 2015 年 5 月，反应器（关键设备）的最晚到场时间为 2015 年 5 月；

2015 年 8 月发货通知单表明 OCU 装置换热器到场；

2015 年 12 月产品检验放行单表明反应器原料处理器到场。

分析对比，换热器设备到场时间延误 111 天，反应器到场时间延误 199 天。

③ PP 装置。PP 装置的采购计划中，迷宫压缩机、循环压缩机、挤压机（关键设备）的最晚到场时间为 2015 年 7 月；

PP 装置的装置中的迷宫压缩机、循环压缩机、挤压机等进口设备存在付款迟延而晚到货的情况。

根据 2015 年 10 月 PP 装置循环压缩机的到货单显示，2015 年 10 月循环压缩机确认到货，

分析对比 PP 装载循环压缩机实际到货时间比计划到货时间晚 95 天。

上述 DMTO、OCU、PP 装置的主要设备计划进场与实际进场时间之差与进度付款支付之间的对比如下表所示，可以看出设备预付款支付与设备实际到场延期存在明显的相关性，故鉴定人按核心设备预付款支付延误时间认定对工期的影响天数。

序号	设备名称	核心设备预付款支付延误天数	核心设备计划与实际到场时间延误天数
1	DMTO 装置反应器	185	184
2	OCU 装置换热器	135	111
3	OCU 反应器	135	199
4	PP 循环压缩机	135	95

综上，由于 DMTO、OCU、PP 装置关键设备的预付款未能按照合同约定的节点按时审批和支付，影响设备的采购、制造和到场时间，影响关键线路工作，给承包人带来工期上的影响分别为：DMTO 185 天，OCU 135 天，PP 装置 135 天，属于可原谅可补偿延期时间。

序号	设 备 名 称	延误天数	应该审批（支付）完成时间	实际审批（支付）完成时间
DMTO 装置	2014 年 5 月 23 日至 2014 年 12 月 1 日期间，共计延误 185 天			
1	设备材料预付款审批延误（反应器、塔器）	6	2014-5-23	2014-5-28
2	设备材料预付款支付延误（反应器、塔器）	117	2014-6-27	2014-10-21
3	设备材料预付款审批延误（反应器、塔器）	81	2014-6-6	2014-8-25
4	设备材料预付款支付延误（反应器、塔器）	8	2014-9-10	2014-9-17
5	设备材料预付款支付延误（反应器、塔器）	46	2014-10-17	2014-12-01
OCU 装置	2014 年 6 月 6 日至 2014 年 12 月 1 日期间，共计延误 135 天			
1	设备材料预付款审批延误（反应器、换热器）	81	2014-6-6	2014-8-25
2	设备材料预付款审批延误（反应器、换热器）	8	2014-9-10	2014-9-17
3	设备材料预付款支付延误（反应器、换热器）	46	2014-10-17	2014-12-01
PP 装置	2014 年 6 月 6 日至 2014 年 12 月 1 日期间，共计延误 135 天			
1	设备材料预付款审批延误（反应器）	81	2014-6-6	2014-8-25
2	设备材料预付款审批延误（反应器）	8	2014-9-10	2014-9-17
3	设备材料预付款支付延误（反应器）	46	2014-10-17	2014-12-01

DMTO 装置		
设备材料预付款审批延误（反应器、塔器）	6d	5-23 ~ 5-28
设备材料预付款支付延误（反应器、塔器）	117d	6-27 ~ 10-21
设备材料预付款审批延误（反应器、塔器）	81d	6-6 ~ 8-25
设备材料预付款审批延误（反应器、塔器）	8d	9-10 ~ 9-17
设备材料预付款支付延误（反应器、塔器）	46d	10-17 ~ 12-1
OCU 装置		
设备材料预付款审批延误（反应器、换热器）	81d	6-6 ~ 8-25
设备材料预付款审批延误（反应器、换热器）	8d	9-10 ~ 9-17
设备材料预付款支付延误（反应器、换热器）	46d	10-17 ~ 12-1
PP 装置		
设备材料预付款审批延误（反应器）	81d	6-6 ~ 8-25
设备材料预付款审批延误（反应器）	8d	9-10 ~ 9-17
设备材料预付款支付延误（反应器）	46d	10-17 ~ 12-1

（4）延期事件 4：空分由电动改为汽轮机驱动对 MTO 影响。2014 年 3 月，业主负责的空分装置压缩机方案由电动机驱动改为汽轮机驱动，需要对 DMTO 工艺专业和热工专业重新核算全厂蒸汽平衡。此项核算导致 DMTO 设计工作受到影响 30 天，同时相应的安装工作也顺延 30 天。业主在 2015 年 5 月的回复中也提到“关于空分由电动机驱动改为汽轮机驱动，对项目全厂供电及蒸汽平衡造成影响，情况属实”，空分装置方案直接影响了 DMTO 的设计工作，必然导致相应的设备安装工作滞后。

承包人于 2014 年 3 月发送的传真显示，承包人在收到业主提供的空分装置驱动条件变化情况后，明确告之业主蒸汽平衡引起原设计和请购工作重新进度，设计返工等影响情况，并在 2015 年 5 月提交的《合同工期变更申请函》中提出了由于空分装置变更导致 DMTO 工艺专业和热工专业重新核算，影响设计工作 1 个月时间。

综上，空分由电动改为汽轮机驱动对 MTO 影响设计工作及设备安装，影响关键线路工作，给承包人带来工期上的影响为 30 天，属于可原谅可补偿延期时间。

（5）延期事件 5：异常恶劣气候条件影响。本项目施工期间降雨的影响情况分析如下：

1）根据国家标准《降水量等级》GB/T 28592-2012 降水量标准，当日降雨量在 50 ~ 99.9mm 时属于暴雨级别。

不同时段的降雨量等级划分（mm）

等　　级	时段降雨量	
	12h 降雨量	24h 降雨量
微量降雨（零星小雨）	<0.1	<0.1
小雨	0.1 ～ 4.9	0.1 ～ 9.9
中雨	5.0 ～ 14.9	10.0 ～ 24.9
大雨	15.0 ～ 29.9	25.0 ～ 49.9
暴雨	30.0 ～ 69.9	50.0 ～ 99.9
大暴雨	70.0 ～ 139.9	100.0 ～ 249.9
特大暴雨	≥ 140.0	≥ 250.0

2）施工合同第二册技术条件中提供的气象条件如下：施工合同中提供的气象条件中日降水量大于 10mm 的天气为 32 天，大于 50mm 的为 3 天。而 2015 年实际统计数量降水量大于 10mm 为 43 天，日降水量大于 50mm 的暴雨天气为 7 天。实际天气远超施工合同中约定的天气情况。本合同中未约定异常恶劣气候条件的标准，参照中华人民共和国标准设计施工总承包招标文件（2012 年版）中 11.4 异常恶劣的气候条件中的约定“由于出现专用合同条款规定的异常恶劣气候的条件导致工期延误的，承包人有权要求发包人延长工期和（或）增加费用”。我们将大于 50mm 的暴雨天气作为异常恶劣气候条件来测算，该类天气参考招标文件给定的气候条件可以判断为不可预料、不可克服的事件，其影响的工期应该顺延。

实际降雨统计数据如下：

降雨量分级（mL）	年　　份			
	2014 年	2015 年	2016 年	合计
小雨（0.1 ～ 9.9）	85	92	89	266
中雨（10 ～ 24.9）	18	28	30	76
大雨（25 ～ 49.9）	9	7	12	28
暴雨（50 ～ 99.9）	6	8	12	26
小　　计	118	135	143	396

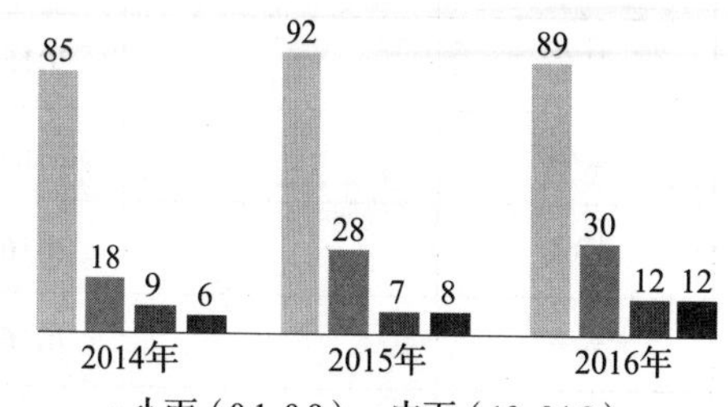

施工合同约定的降雨量统计：

降水：

多年平均降水量：1 074.0mm

最大年降水量：1 815.6mm（1991 年）

最小年降水量：535.7mm（1978 年）

月最大降水量：505.4mm（1991 年 7 月）

日最大降水量：196.2mm（1994 年 8 月 19 日）

降水日数：日降水量≥ 5mm　　52.2 天

日降水量≥ 10mm　　32.1 天

日降水量≥ 25mm　　11.2 天

日降水量≥ 50mm　　3.0 天

3）施工期间的降雨情况统计见下表，其中三类装置施工期间的暴雨天气统计如下表所示（承包人提供的数据）：

施工期间的降雨情况统计表

省份	城市名称	年	月	日	日降水量（mm）	DMTO	OCU	PP
某省		2014	6	1	55.6	1		
某省		2014	6	26	53.3	1		
某省		2014	7	2	60.5	1		
某省		2014	7	5	76	1		
某省		2014	7	27	78.9	1		
某省		2014	8	7	85.1	1		
某省		2015	6	2	126.3	1	1	1
某省		2015	6	17	139.4	1	1	1
某省		2015	6	27	243.6	1	1	1
某省		2015	6	29	84.3	1	1	1
某省		2015	7	18	55.5	1	1	1
某省		2015	8	10	72.2	1	1	1
某省		2015	8	24	70.3	1	1	1
某省		2015	9	5	59.8	1	1	1
某省		2016	5	21	72.1		1	1
某省		2016	6	22	129.6		1	1
某省		2016	6	28	56.5		1	1
某省		2016	7	1	51.8		1	1
某省		2016	7	2	64.1		1	1
某省		2016	7	3	143.3		1	1
小计						14	14	14

综上，将“暴雨”天气作为异常恶劣的气候条件，对承包人的工期影响延期天数为：DMTO、OCU 及 PP 装置均为 14 天，为可原谅不可补偿的延期时间。

（6）延期事件 6：春节影响天数。由于前述延期事件 1 ~ 5 的影响，本项目实际施工过程中多跨了两个春节，春节期间承包人均放假导致施工暂停。由于非承包人原因导致的春节放假，其工期应该相应顺延。

1）DMTO 原合同计划施工时间为 2013 年 7 月 29 日至 2014 年 12 月 31 日，实际中交时间为 2015 年 11 月 30 日，时间跨度增加了 2015 年的春节时间。

2）OCU 原合同计划施工时间为 2014 年 3 月至 2014 年 12 月，实际为 2014 年 10 月至 2016 年 7 月，时间跨度增加了 2015 年、2016 年两个春节时间。

3）OCU 原合同计划施工时间为 2014 年 4 月至 2015 年 8 月，实际为 2014 年 12 月至 2016 年 7 月，时间跨度增加了 2016 年一个春节时间。

为统计春节实际停工时间，我们统计春节前后的施工月报数据如下：

1）DMTO：2015 年春节开始时间为 2015 年 2 月 18 日，DMTO 第 75 期施工周报显示，春节前最后一期周报为 2015 年 2 月 11 日，后续春节第 76 期施工周报记录项目于 2 月 27 日现场复工。故 2015 年春节期间 DMTO 的实际停工时间为 26 天。

2）OCU：OCU 第 16 期施工周报显示，春节前最后一期周报为 2015 年 2 月 11 日，其后续第 17 期施工周报为 2015 年 3 月 4 日，且周报中记录本周为春节放假，施工准备。故 2015 年春节期间 OCU 实际停工时间为 21 天。

3）OCU：2016 年春节开始时间为 2016 年 2 月 7 日，OCU 第 63 期周报记录为 2016 年 1 月 27 日，其后续第 64 期施工周报为 2016 年 2 月 24 日。故 2016 年春节实际停工时间为 28 天。

4）PP：2016 年春节开始时间为 2016 年 2 月 7 日，PP 装置第 63 期周报记录为 2016 年 1 月 27 日，其后续第 64 期施工周报为 2016 年 2 月 17 日。故 2016 年春节实际停工时间为 21 天。

综上所述，因非承包人原因导致的春节所停工时间 DMTO 为 26 天，OCU 为 49 天（2 个春节），PP 为 21 天，为可原谅可补偿的延期时间。

上述时间受限于资料限制，暂时从施工周报的记录进行统计，可以进一步的通过监理日记进行印证。

6.3.2 无法量化分析的延期事件（进度干扰事件）

部分延期事件确实对工期造成了实际的影响，但限于资料的限制，对于受影响的具体部位、影响的程度、对竣工时间的影响程度无法量化分析，这类事件包括除核心设备材料预付款以外的其他工程款项支付延迟导致的影响（限于资料限制，未做详细评估）、业主提供的工艺方案调整（如增加燃气锅炉对工艺设计的时间影响、PSA 方案的确认时间影响等）、承包人自身施工组织方面的问题导致的延期等因素。这类延期事件暂不做定量分析。建议仲裁委结合案件事实酌情考虑各自承担的比例。

6.4 工期延期分析

6.4.1 OCU 的延期事件计算分析

（1）延期事件分析。延期事件如下表：

序号	延期事件	影响开始时间	影响结束时间	影响类型	是否属于关键线路	延期天数	责任天数
1	暗塘换填处理影响事件	2014–10–29	2015–3–17	阶段性影响	是	45	45
2	进度款支付影响	2014–6–6	2014–12–1	阶段性影响	是	135	135
3	异常恶劣气候条件影响	2014–10–24	2016–7–29	阶段性影响	是	14	14
4	多跨春节影响	2015–2–11	2015–3–4	持续影响	是	21	21
		2016–1–27	2016–2–24	持续影响	是	28	28
5	合计						243

说明：

1. 暗塘换填处理影响事件的影响时间范围是更新的施工计划中基础部位的施工时间，受限于资料限制，其具体影响的部位及时间段未作详细分析，只是做的总体延期程度的预测，受影响的具体时间包含在此时间段内。可以作为工期延期的一项参考。

2. 进度款支付影响仅分析了核心关键设备预付款的支付影响，核心设备的采购、供货必然处于关键线路上。进度款未及时支付会干扰承包人的计划设备到场时间。工程预付款、其他材料供应款及工程款项未及时支付也可能导致进度延期，限于资料情况未作详细分析。

将上述延期事件插入基准进度计划中，见下图。

识别的延期事件影响 243 天，实际延期天数 339 天，责任天数分配如下：

可原谅可补偿 A：229 天，为业主方责任；

可原谅不可补偿的天数 B：14 天，为第三方责任；

无法量化的延期天数 C：96 天（339–229–14=96），为双方共同的责任。

（2）小结。OCU 的延期责任矩阵见下表。

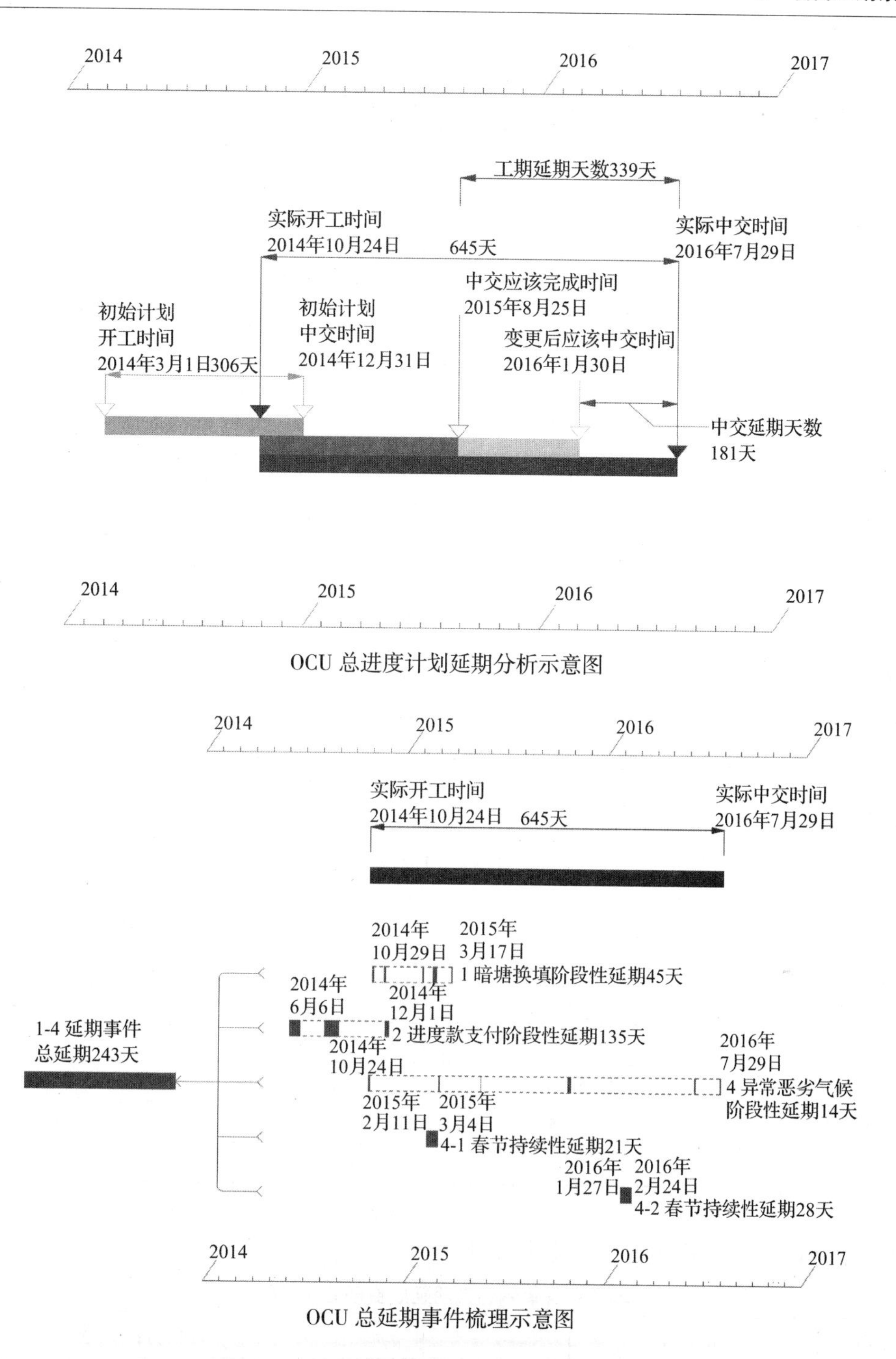

OCU 总进度计划延期分析示意图

OCU 总延期事件梳理示意图

OCU 的延期责任矩阵

序号	合同相对工期	实际施工工期	相对工期延期	责任分配天数			
				可原谅可补偿	可原谅不可补偿	不可原谅不可补偿	无法量化的延期
				A	B		C
二	306	645	339	229	14		96

6.5 主要结论和观点

（1）工期延期责任分配。

本项目没有针对整体项目的逻辑关系完善的总体进度计划，在开展工期延期分析时只能基于三个核心项目 DMTO、OCU 及 PP 装置的总体计划开展分析。本项目 DMTO\OCU\PP 装置的合同相对工期、中交延期天数、实际施工工期统计如下：

1）合同约定的相对工期。

单位工程名称	DMTO	OCU	PP
合同约定开工时间	2013-7-29	2014-3-1	2014-4-15
合同计划中交时间	2014-12-31	2014-12-31	2015-8-15
合同约定的相对工期	521	306	488

2）变更后的中交延期天数（按最后一次会议纪要确认的中交时间）。

单位工程名称	DMTO	OCU	PP
应该中交时间	2015-11-30	2016-1-30	2016-7-28
实际中交时间	2015-11-30	2016-7-29	2016-7-29
中交延期天数	0	181	1

3）实际施工工期。

单位工程名称	DMTO	OCU	PP
实际开工时间	2013-7-29	2014-10-24	2014-12-1
实际中交时间	2015-11-30	2016-7-29	2016-7-29
实际施工工期	855	645	607
工期延期天数	334	339	119

本项目各单体的工期延期责任分配矩阵如下：

本项目各单体的工期延期责任分配矩阵

单体项目	合同约定中交工期	实际施工天数	相对延期天数	责任分配天数			
				可原谅可补偿	可原谅不可补偿	不可原谅不可补偿	无法量化的延期
				A	B		C
DMTO	521	855	334	315	14		5
OCU	306	645	339	229	14		96
PP	488	607	119	105	14		0

（2）无法量化延期责任天数分配原则的建议。部分延期事件确实对工期造成了实际的影响，但限于资料的限制，对于受影响的具体部位、影响的程度、对竣工时间的影响程度无法量化分析，这类事件包括除核心设备材料预付款以外的其他工程款项支付延迟导致的影响（限于资料限制，未做详细评估）、业主提供的工艺方案调整（如增加燃气锅炉对工艺设计的时间影响、PSA 方案的确认时间影响等）、承包人自身施工组织方面的问题导致的延期等因素。建议仲裁委结合案件事实酌情考虑各自承担的比例。

无法量化的延期责任天数包括双方当事人的延期事件，由于缺乏有效的数据资料，无法准确量化延期事件对本项目工期造成的影响天数。其中：

业主延期事件：业主工艺调整对设计的影响（如增加燃气锅炉对工艺设计的时间影响、PSA 方案的确认时间影响等）、工程预付款、材料采购款等支付的影响；

承包人延期事件：质量整改、施工组织问题等事件。

针对上述延期事件，本项目无法量化的延期天数为 X 天，可按照比例（建议 50% 和 50%）进行分配，承包人延期责任天数为 $X/2$ 天（属于不可原谅不可补偿），业主延期责任天数为 $X/2$ 天（属于可原谅可补偿），当 X 为奇数时，承包人多分配 1 天。

按上述原则分配无法量化责任天数后本项目各单体的工期延期责任分配矩阵如下：

无法量化责任天数后本项目各单体的工期延期责任分配矩阵

单体项目	合同约定中交工期	实际施工天数	相对延期天数	责任分配天数		
				可原谅可补偿	可原谅不可补偿	不可原谅不可补偿
				A	B	C
DMTO	521	855	334	312	14	3
OCU	306	645	339	277	14	48
PP	488	607	119	105	14	0

（3）特别声明。本工期延期分析说明是依据当事人所提供的现有资料及参考国际上通常采用的法务工期鉴定方法进行编制，供双方当事人及法院参考使用，使用人需充分考虑报告中载明的特别事项说明及所依据的资料限制。

若当事人或其他利害相关人在本案件后续过程中提供了新的工期鉴定资料与现有资料存在分歧或矛盾，在确定真实性的基础上，可在本项目工期延期分析说明的基础上，进行补充分析。

本《工期延期分析说明报告》仅作为第三方机构参考意见，任何未经确认的机构或个人不能由于得到此报告而成为使用者，不得提供给其他单位和个人，保留追究法律责任的权利。

6.6 附　　件

详见证据册。（点评：工期延误索赔是工程鉴定中难度较大的一种，主要牵涉到采用什么方法进行鉴定的问题，本案例申请人一方委托的工程造价咨询企业选派了具有丰富经验的造价工程师，借鉴国外工期的分析方法，结合国内相关规定和工程实施过程中的具体情况，实事求是的根据施工过程中影响工期的各种因素进行分析、鉴别，提供了进行工期鉴定可资借鉴的方法。本咨询报告鉴定人并未因受申请人委托就偏向一方，而是独立的、客观的分析工期延误的责任，使本工期索赔咨询报告具有可信性。）

第四篇

工程造价鉴定中的疑难问题解析

本篇针对工程造价鉴定中的热点、难点、疑点问题，由有关专家作了解惑释疑，供大家在鉴定中思考。

1　如何理解鉴定方法与鉴定依据

《建设工程造价鉴定规范》GB/T 51262-2017（简称《鉴定规范》）第5.1节规定了鉴定方法。但由于"方法"这个词语含义过于广泛，加之建设工程造价鉴定所面临的鉴定项目状况的多样性，导致建设工程造价鉴定领域的"鉴定方法"常被赋予错误的含义，并与《鉴定规范》中的"鉴定依据"相混淆。因此，正确理解"鉴定方法"与"鉴定依据"对《鉴定规范》的准确适用具有重要意义。

一、建设工程造价鉴定方法

1. 司法解释中关于"鉴定方法"的主要规定。

目前，我国法律、行政法规及司法解释尚未对"鉴定方法"进行具体定义。在民事诉讼领域里，提及"鉴定方法"的司法解释主要如下：

《人民法院司法鉴定工作暂行规定》（法发［2001］23号）

第七条　鉴定人权利：（二）勘验现场，进行有关的检验，询问与鉴定有关的当事人。必要时，可申请人民法院依据职权采集鉴定材料，决定鉴定方法和处理检材；

《最高人民法院技术咨询、技术审核工作管理规定》（法办发［2007］5号）

第二十条　主办人综合分析审核事项后，出具含有以下内容的审核意见书：

（一）鉴定对象和材料符合要求，鉴定方法科学，程序规范，依据准确，未见不当之处；

《最高人民法院关于民事诉讼证据的若干规定》（法释［2019］19号）

第三十六条　人民法院对鉴定人出具的鉴定书，应当审查是否具有下列内容：（四）鉴定所依据的原理、方法；

《最高人民法院关于人民法院民事诉讼中委托鉴定审查工作若干问题的规定》（法［2020］202号）

2. 拟鉴定事项所涉鉴定技术和方法争议较大的，应当先对其鉴定技术和方法的科学可靠性进行审查。所涉鉴定技术和方法没有科学可靠性的，不予委托鉴定。

以上司法解释明确表明，人民法院对"鉴定方法"的核心要求是科学、可靠。那么"鉴定方法"最本质的特性应是具有客观规律性。

3.《鉴定规范》中的鉴定方法。

在《鉴定规范》出台之前，司法实践中涉及建设工程造价鉴定的标准主要有两个：中国建设工程造价管理协会组织编制的《建设工程造价鉴定规程》CECA/GC 8-2012（简称《鉴定规程》）和司法部司法鉴定管理局于 2014 年发布的《建设工程司法鉴定程序规范》SF/Z JD0500001-2014（简称《鉴定程序规范》，已于 2018 年 11 月 8 日废止）。无论是《鉴定规范》还是《鉴定规程》《鉴定程序规范》，均没有将“鉴定方法”纳入术语定义章节中进行含义界定。

《鉴定程序规范》将建设工程造价类鉴定统一纳入第七章，但该章并没以“鉴定方法”为名的章节、条文规定。《鉴定规程》第 6.3 节以“鉴定方法”为标题，该节内共计 9 条，除第 6.3.4 条规定了计价原理外（《鉴定规程》第 6.3.4 条：鉴定项目可分为单项工程、单位工程、分部分项工程的，应按单项工程、单位工程、分部分项工程的划分规定，分别计算后汇总，不应混编混算），均没具体阐释何为“鉴定方法”。

《鉴定规范》第 5.1 节以“鉴定方法”为节名，该节项下共计 5 条。《鉴定规范》第 5.1.1 条规定：“鉴定项目可以划分为分部分项工程、单位工程、单项工程的，鉴定人应分别进行鉴定后汇总。”该条规定体现了建设工程分部组合计价原理。分部组合计价的基本原理就是项目的分解与组合，其基本思路就是将建设项目按照科学的方法分解直至最基本的构造单元，结合适当的计量单位及单价，采取一定的计价方法，再进行分项分部组合汇总，计算出总的造价。施工图预算计价方法、工程量清单计价方法的计价原理，均属分部组合计价原理。采用分部组合计价，需建设项目设计深度足够。当建设项目设计深度不够或项目资料不齐全、无法采用分部组合计价时，可根据类比估算计价原理，采用类比估算计价。

所以，建设项目在不同的建设阶段，因设计深度不同，计价方法也不一样。同时，在同一建设阶段，由于可利用的资料不同，能采用的计价方法也不相同。在项目决策阶段，工程造价通过投资估算体现。投资估算的方法有生产能力指数法、系数估算法、指标估算法等。在设计阶段，工程造价通过设计概算体现。设计概算的方法有概算定额法、概算指标法等。发承包阶段，工程造价可通过施工图预算法、工程量清单计价方法予以计价实现。

基于以上原因，《鉴定规范》第 5.1.2 条规定：“鉴定人应根据合同约定的计价原则和方法进行鉴定。如因证据所限，无法采用合同约定的计价原则和方法的，应按照与合同约定相近的原则，选择施工图算或工程量清单计价方法或概算、估算的方法进行鉴定。”

我们认为，第 5.1.1 条和第 5.1.2 条共同揭示了建设工程造价鉴定方法的本质——遵守一定计价原则的工程计价方法。这个“一定计价原则下的计价方法”可能是基于合同当事人的有效合意确定。比如当事人的有效约定为按建筑面积平方米单方计价，且案件证据资料也支持这种计价方法的实施，就应将约定的建筑面积计算规则与建筑面积平方米单价相结合的方法进行鉴定。如果当事人虽然约定了按建筑面积平方米计价，但由于工程中途终止，无法对已施工部分采用按面积平方米计价的计价方法，则可根据施工图算的计价方法进行鉴定。如果建设工程施工图或竣工图缺失，也没有编制工程量清单，则可根据工程具体情况，考虑适用概算或估算的方法进行造价鉴定。

《鉴定规范》所附的对第 5.1.2 条的条文说明也明确指出：工程造价确定具有多次性和动态性的特点，其准确性是一个由粗到精逐步实现的过程。在实践中，一些工程造价鉴定由于证据所限（如施工图或竣工图不全等），不能采取施工图算的方式进行鉴定，但仍可采用设计概算、估算的方法进行鉴定，减少或避免不能鉴定的现象。

综上所述，结合鉴定方法应具有客观规律性这一本质特性，我们认为工程造价鉴定方法本质上属于一定计价原则下的工程计价方法。

二、工程造价鉴定方法和鉴定依据的混淆

1.《鉴定规范》所规定的鉴定依据。

《鉴定规范》第2章术语第2.0.13条给出了工程造价鉴定依据的定义：鉴定依据，指鉴定项目适用的法律、法规、规章、专业标准规范、计价依据；当事人提交经过质证并经委托人认定或当事人一致认可后用作鉴定的证据。

《鉴定规范》第4章以“鉴定依据”为章名，分别以“4.1节鉴定人自备”“4.2节委托人移交”“4.3节当事人提交”“4.4节证据的补充”“4.5节鉴定事项调查”“4.6节现场勘验”共6个小节规定了鉴定依据的来源。

《鉴定规范》第4.7节“证据的采用”项下第4.7.1条规定：“鉴定机构应提请委托人对以下事项予以明确，作为鉴定依据：1 委托人已查明的与鉴定事项相关的事实；2 委托人已认定的与鉴定事项相关的法律关系性质和行为效力；3 委托人对证据中影响鉴定结论重大问题的处理决定；4 其他应由委托人明确的事项。”

第4.7.2条规定：“经过当事人质证认可，委托人确认了证明力的证据，或在鉴定过程中，当事人经证据交换已认可无异议并根据委托人记录在卷的证据，鉴定人应当作为鉴定依据。”

综合《鉴定规范》关于鉴定依据的以上规定，可将鉴定依据归纳为以下几类：

（1）法律、法规、规章、规范性文件、标准、技术经济指标及各类生产要素价格，此类鉴定依据常由鉴定人自备。

（2）由当事人提供（含由委托人移交的及当事人直接提交的）的证据，比如合同、图纸、签证等。

（3）由鉴定人调查所得，比如必要时鉴定人对当事人、证人询问所制作的询问笔录，或鉴定人就复杂、疑难、特殊技术问题对本机构外相关专家咨询所获得的意见。

（4）人民法院组织勘验时制作的勘验笔录或勘验图表。

（5）人民法院对与鉴定事项相关的事实、法律关系性质及行为效力作出的认定或人民法院对影响鉴定结论重大问题所作的处理决定。

2. 工程造价鉴定中，鉴定方法和鉴定依据的常见混淆表现。

《重庆市高级人民法院关于建设工程造价鉴定若干问题的解答》（渝高法〔2016〕260号）（简称《解答》）第11条提出问题：建设工程造价鉴定中，鉴定方法如何确定？然后就建设工程的计价，作出解答，提出了六种情况下的鉴定方法确定方式。针对这六种情况所作的解答，实际上基本

展现了常见的将鉴定方法和鉴定依据相混淆的表现形式。

比如，其规定的第（1）种情况：固定总价合同中，需要对风险范围以外的工程造价进行鉴定的，应当根据合同约定的风险范围以外的合同价格的调整方法确定工程造价。

通过分析可发现，其答案“根据合同约定的风险范围以外的合同价格的调整方法确定工程造价”来自当事人合同中的约定，属于当事人提供的证据，属于鉴定依据范畴，并非鉴定方法。

再比如，其规定的第（2）种情况有“工程量清单外的新增工程，合同有约定的从其约定，未作约定的，参照工程所在地的建设工程定额及相关配套文件计价”的规定。

通过分析可发现，其答案“参照工程所在地的建设工程定额及相关配套文件计价”，实质依据的是《合同法》第六十二条第二款规定（即当事人就有关合同内容约定不明确，依照本法第六十一条的规定仍不能确定的，适用下列规定：（二）价款或者报酬不明确的，按照订立合同时履行地的市场价格履行；依法应当执行政府定价或者政府指导价的，按照规定履行），其性质应属于由鉴定人自备的法规类鉴定依据。

还比如，其规定的第（6）种情况有“如果合同为固定总价合同，且无法确定已完工程占整个工程的比例的，一般可以根据工程所在地的建设工程定额及相关配套文件确定已完工程占整个工程的比例，再以固定总价乘以该比例来确定已完工程造价”的规定。

通过分析可发现，该类鉴定事项常发生于工程未完工时的合同解除争议中，需要对价格形式为固定总价的合同项下的已完工部分应付工程款进行造价鉴定。重庆高院的该规定并没区分该合同的解除应归责于发包人违约还是承包人违约，而是直接规定了“按造价比例折算”，这实质上属于人民法院对影响鉴定结论重大问题所作的处理决定——采取中性的技术路线，不区分发包人或承包人谁违约导致合同解除，也属于鉴定依据的范畴。

对于工程未完工时的合同解除争议，如需要对价格形式为固定总价的合同项下的已完工部分应付工程款进行造价鉴定，《鉴定规范》第 5.10.7 条在合同对此没有特别约定的情况下，区分了该合同的解除应归责于发包人违约还是承包人违约，并根据此区分选择了不同技术路线，分别作出了不同规定：委托人认定承包人违约导致合同解除的，鉴定人可参照工程所在地同时期适用的计价依据计算出未完工程价款，再用合同约定的总价款减去未完工程价款计算。委托人认定发包人违约导致合同解除的，承包人请求按照工程所在地同时期适用的计价依据计算已完工程价款，鉴定人可采用这一方式鉴定，供委托人判断使用。其中“委托人认定发包人违约或承包人违约导致合同解除”即属于人民法院对相关事实的认定，人民法院对这个影响鉴定结论重大问题作出的处理决定，结合与该处理决定相适应的技术路线，属于鉴定依据。

三、正确理解鉴定方法和鉴定依据对准确适用《鉴定规范》具有重要意义

鉴于工程造价鉴定领域的鉴定方法主要是指一定计价原则下的计价方法，有计算粗略的方法，

比如估算，也有计算详细的方法，比如施工图（竣工图）算或工程量清单计价法计算。鉴定方法的选择需要鉴定人根据所占有的鉴定材料进行专业判断，属于人民法院需要借助鉴定人专门知识的情形。故前文所列的《人民法院司法鉴定工作暂行规定》（法发〔2001〕23号）第七条第（二）款规定，仅鉴定人认为必要时，可申请人民法院依职权决定鉴定方法。《最高人民法院关于人民法院民事诉讼中委托鉴定审查工作若干问题的规定》（法〔2020〕202号）第2条也仅规定，如果拟鉴定事项所涉方法争议较大的，应当先对其鉴定技术和方法的科学可靠性进行审查。这充分表明，鉴定方法通常属于客观规律的科学总结，需要进行社会价值导向考究的因素较少，属于鉴定人对自身专业知识的运用。一般情况下，鉴定方法应由鉴定人根据鉴定证据材料进行选择适用。

对于鉴定依据，特别是需要由人民法院进行效力评价的证据、需要人民法院进行责任分配的事实认定、需要人民法院对影响鉴定结论重大问题作出处理决定的事项等，属于人民法院行使审判权的范畴，需要进行社会价值导向考究的因素较多，鉴定人应根据人民法院作出的认定或决定进行鉴定。除此之外，鉴定人对其他已经依法质证并被确认的鉴定依据可以直接在鉴定过程适用。

另外，人民法院在审查鉴定方法时，主要审查其科学性和可靠性，同时也尊重当事人的意思自治，对社会价值导向因素考虑得较少。在审查鉴定依据时，特别是对一方当事人存在重大过错的争议中，人民法院对影响鉴定结论的重大问题作出的处理决定或认定，往往包含较多社会价值导向。在司法实践中，人民法院完全可以根据个案的不同情况，结合该个案案情是否具备体现某种社会价值导向的考量，作出不同处理决定或认定，为鉴定人提供不同的鉴定依据。没有必要对某种案型情况（比如前文所述的固定总价合同解除案型中，对已完工部分造价的鉴定）在不作任何区分（即区分是否存在发包人或承包人根本违约导致合同解除）的情况下，作出“一刀切”的规定。

综上，在建设工程造价鉴定领域，正确理解鉴定方法和鉴定依据，对正确适用《鉴定规范》具有重要意义。

2 非注册造价工程师的专业人员能否参加工程造价鉴定

广义上参加造价鉴定的专业人员

《建设工程造价鉴定规范》GB/T 51262–2017（以下简称《鉴定规范》）第3.4.1条规定："鉴定机构接受委托后，应指派本机构中满足鉴定项目专业要求，具有相关项目经验的鉴定人进行鉴定。

根据鉴定工作需要，鉴定机构可安排非注册造价工程师的专业人员作为鉴定人的辅助人员，参与鉴定的辅助性工作。"

第4.5.3条规定："鉴定人对特别复杂、疑难、特殊等问题或对鉴定意见有重大分歧时，可以向本机构以外的相关专家进行咨询，但最终的鉴定意见应由鉴定人作出，鉴定机构出具。"

第4.6.3条规定："鉴定项目标的物因特殊要求，需要第三方专业机构进行现场勘验的，鉴定机构应说明理由，提请委托人、当事人委托第三方专业机构进行勘验，委托人同意并组织现场勘验，鉴定人应当参加。"

第6.2.1条第9款规定："落款：鉴定人应在鉴定意见书上签字并加盖执业专用章，日期上应加盖鉴定机构的印章。"

《工程造价咨询企业管理办法（2020修正）》第二十二条第二款规定："工程造价成果文件应当由工程造价咨询企业加盖有企业名称、资质等级及证书编号的执业印章，并由执行咨询业务的注册造价工程师签字、加盖执业印章。"

据以上规定可知，从广义上说，参加造价鉴定的专业人员可分为三类：一类是鉴定人，二类是受鉴定机构安排参与造价鉴定项目组的辅助人员，三类是鉴定机构以外的专家或专业人员。

结合《注册造价工程师管理办法（2020修正）》的相关规定，鉴定人必须具有一级注册造价工程师执业资格并有权在鉴定书上签名、盖执业章，鉴定人与鉴定机构共同对鉴定书承担法律责任。参与鉴定项目的辅助人员、接受鉴定人（鉴定机构）咨询的鉴定机构外的专家、受委托进行勘验的第三方专业机构的专业人员并不在鉴定书上签名，可以是一级注册造价工程师之外的其他专业人员。

3 造价工程师能否进行工期鉴定

一、工期鉴定的内容

一般来说，工期鉴定通常包含以下内容：工期能否顺延、工期延期的原因、工期延期的天数、因工期延误而增加的费用或损失。

二、关于工期鉴定资质要求的观点

目前，国家法律、司法解释对于工期鉴定人和工期鉴定机构的资质要求并没明确规定。对于工期鉴定人及鉴定机构资格的观点，主要有以下几种：

1. 由具有工程造价咨询资质的单位接受委托指派注册造价工程师进行工期鉴定。

《鉴定规范》实施前，该观点主要依据为《中华全国律师协会律师办理建设工程法律业务操作指引》（2013 年 8 月 19 日发布）第 125 条第 2 款的规定，即“目前法律、行政法规并未对工期鉴定机构的资质作出相关规定，但由于工期鉴定一般牵涉工期延期后应承担的违约金、损失赔偿的数额，故以委托具有工程造价咨询资质的机构进行鉴定为宜。”

2. 由监理工程师及工程监理机构进行工期鉴定。

该观点认为，《工程建设监理规定》（已于 2016 年被住房和城乡建设部第 1041 号公告废止）第九条规定：“工程建设监理的主要内容是控制工程建设的投资、建设工期和工程质量；进行工程建设合同管理，协调有关单位间的工作关系。”监理单位的主要业务中包括对工期的监督管理和控制，应由工程监理工程师及监理机构进行工期鉴定更为专业。

具备工程项目管理办法规定的相应资质即可进行工期鉴定。

《建设工程项目管理试行办法》（建市〔2004〕200 号）第二条第二款规定：“本办法所称建设工程项目管理，是指从事工程项目管理的企业（以下简称项目管理企业），受工程项目业主方委托，对工程建设全过程或分阶段进行专业化管理和服务活动。”

第三条第一款规定：“项目管理企业应当具有工程勘察、设计、施工、监理、造价咨询、招标代理等一项或多项资质。”

该观点认为，考虑到工期鉴定人应具备工程项目管理经验，鉴定人应当具备工程项目管理试行办法规定的相应资质即可，但须有工期鉴定的经验。

三、工期鉴定成果文件应纳入工程造价成果文件范畴进行程序性审核

1. 注册造价工程师及工程造价咨询机构具备完成工期鉴定的业务能力。

对工期鉴定，离不开对施工进度计划的研究。注册造价工程师资格考试中，施工进度计划、施工组织设计编制属于考试中的专业基础知识内容。同时，一级注册造价工程师资格考试中，工程索赔的处理原则和计算属重要考试内容。工期索赔计算属于重要考点之一，其中涉及工期延期的分析、共同延误的处理、延期费用补偿或赔偿的计算等。一级注册造价工程师本身具备工期鉴定的执业能力。

虽然《工程造价咨询企业管理办法（2020 修正）》第三条规定："本办法所称工程造价咨询企业，是指接受委托，对建设项目投资、工程造价的确定与控制提供专业咨询服务的企业。"据该规定，貌似造价咨询企业的业务范围仅限于造价的确定与控制，但《工程造价咨询企业管理办法（2020 修正）》第二十条第二款规定："工程造价咨询企业可以对建设项目的组织实施进行全过程或者若干阶段的管理和服务。"再结合《建设工程项目管理试行办法》（建市〔2004〕200 号）第三条第一款规定："项目管理企业应当具有工程勘察、设计、施工、监理、造价咨询、招标代理等一项或多项资质。"以上规定表明，对工程建设项目的组织实施进行全过程管理和服务依然是造价咨询单位的业务内容之一。因此，注册造价工程师及工程造价咨询机构完全具备工期鉴定的业务能力。

2. 工期鉴定是造价咨询企业经济鉴证类服务的重要内容。

《工程造价咨询企业管理办法（2020 修正）》第二十条第一款规定："工程造价咨询业务范围包括：（四）工程造价经济纠纷的鉴定和仲裁的咨询；"中国建设工程造价管理协会组织编制的标准《工程造价咨询企业服务清单》CCEA/GC 11-2019 将工程造价咨询企业提供的服务分为五大类（投资决策类、技术经济类、经济鉴证类、管理服务类、涉外工程类），明确将工程工期鉴定作为经济鉴证类中的一个独立服务项目。

以上规定表明，工程工期鉴定服务是工程造价经济纠纷鉴定的内容之一，属于工程造价咨询企业固有的服务内容和业务范围。

3. 行业主管部门认可工程工期鉴定为造价咨询企业的业务范围。

2017 年 8 月 31 日，住房和城乡建设部、国家质量监督检验检疫总局联合发布国家标准——《建设工程造价鉴定规范》GB/T 51262-2017，规范第 2.0.5 条规定："鉴定机构指接受委托从事工程造价鉴定的工程造价咨询企业"，第 2.0.6 条规定："鉴定人指接受鉴定机构指派，负责鉴定项目工程造价鉴定的注册造价工程师"。同时，《鉴定规范》在鉴定一章的第 5.7 节专门规定了工期索赔争议的鉴定。

住房和城乡建设部是建设工程勘察、设计、施工、监理、造价行业的主管部门。虽然《鉴定规范》的性质属于国家推荐性标准，但住房和城乡建设部作为行业主管部门发布《鉴定规范》的行为，本身就表明行业主管部门认可造价咨询企业的业务范围和能力，认可由注册造价工程师和造价咨询企业完成工期鉴定业务的合法性和适格性。

4．司法实践中司法部门对工期鉴定资格的审核。

在长期的司法实践中，委托注册造价工程师及具有造价咨询资质的造价咨询机构进行工期鉴定已成为司法机关的基本共识。司法机关对关于工期鉴定资质的异议，大多按类似如下判决评价：

（1）江苏省高级人民法院（2017）苏民终 2204 号民事判决书。经本院核查，涉案鉴定人员及鉴定机构均具有建设工程项目造价咨询的资质，工期相关事宜属工程造价的一部分。且涉案鉴定机构系双方当事人在一审法院组织下依法摇号选定，希尔佳公司并未对鉴定机构及鉴定人员的资质问题提出异议。故希尔佳公司上诉所提的涉案鉴定人员及鉴定机构无鉴定资质的问题，缺乏事实和法律依据，本院不予支持。

（2）山东省威海市中级人民法院（2018）鲁 10 民终 1024 号民事判决书。本院认为，目前法律、法规未对工期鉴定所需要的资质作出专门规定，而各地法院在司法实务中，对建设工程工期，均委托具有工程造价咨询资质的机构进行鉴定，鉴于山东求实工程咨询有限公司系在鉴定机构名册中备案的专业鉴定机构，故应认定山东求实工程咨询有限公司具备涉案工期鉴定的相应资质。

（3）济南市中级人民法院（2019）鲁 01 民终 7291 号民事判决书。

……

第二，关于鉴定机构资质的问题。目前法律、行政法规并未对工期鉴定机构的资质作出相关规定，但由于工期鉴定一般牵涉工期延期后应承担的违约金、损失赔偿的数额，故以委托具有工程造价咨询资质的机构进行鉴定为宜。本院委托的鉴定机构山东中大汇通工程咨询有限公司经营范围包括工程造价咨询、工程造价经济纠纷的鉴定和仲裁的咨询等，具有相应的资质，对工期进行鉴定并不违反相关法律规定。

（4）浙江省高级人民法（2018）浙民再 308 号民事判决书。本院逐一分析如下：1.《工程造价咨询企业管理办法》第二十条规定的工程造价咨询业务范围包括“工程造价经济纠纷的鉴定和仲裁的咨询”，而工程造价鉴定的范围包括建设工程施工合同履行过程中的合同争议、证据欠缺争议、计量争议、计价争议、工期争议、索赔争议、签证争议以及合同解除争议，东城公司关于工程造价咨询企业缺乏工期鉴定资质的主张缺乏依据，不能成立……

综上所述，由造价咨询单位接收工期鉴定委托并指派注册造价工程师作为鉴定人开展工期鉴定工作，绝非仅仅因为“工期鉴定一般牵涉工期延期后应承担的违约金、损失赔偿的数额”。工期鉴定属于工程造价咨询企业的经济鉴证类业务已成造价咨询业的行业共识，造价咨询单位作为工期鉴定的鉴定机构指派注册造价工程师完成工期鉴定，其合法性及适格性已为建设工程行业主管部门所确认，也在长期的司法实践中得到人民法院的认可。在法律、司法解释对工期鉴定资质另行作出统一规定前，如无当事人另行特别约定，应尊重目前行业、行政及司法实践的共识，由注册造价工程师及具有造价咨询资质的单位完成工期鉴定工作。

既然除当事人特别约定外，工期鉴定应由注册造价工程师及具有造价咨询资质的单位完成，那么工期鉴定书属于工程造价咨询成果文件。根据《最高人民法院关于如何认定工程造价从业人员是否同时在两个单位执业问题的答复》(法函〔2006〕68号)的精神——对于从事工程造价咨询业务的单位和鉴定人员的执业资质认定以及对工程造价成果性文件的程序审查，应当以工程造价行政许可主管部门的审批、注册管理和相关法律规定为据。故非注册造价工程师的专业人员可以作为广义上的参加造价鉴定的专业人员参加造价鉴定和工期鉴定，但仅一级注册造价工程师才能作为鉴定人在造价和工期鉴定意见书上署名。

4　工程造价鉴定中律师如何发挥作用

一、造价鉴定的开放性

1. 通常情况下，建设工程案件的诉讼均会涉及司法鉴定，尤其是工程造价鉴定。由此，建设工程案件的诉讼质量可由两部分组成：一部分是工程造价鉴定书的质量，另一部分则是除此之外的庭审质量。而大多数建设工程案件的诉讼质量都与工程造价鉴定书的质量息息相关。

高质量工程造价鉴定绝非鉴定机构及鉴定人独自的事情，需要人民法院（仲裁机构）、当事人及其他诉讼参与人密切配合，形成合力方能成就。

2. 造价鉴定活动既要求专业性又要求法律性。如果不参与造价鉴定全过程，常常无法对报告中的具体专业问题（如量、价、费等）当庭核实和对账式的质证。从而无法提出高质量的有效质证意见，最终使质证成为一种无意义的形式。

3. 专业律师作为当事人的代理人参与造价鉴定，既为鉴定人提供另一种视角，帮助鉴定人更全面考虑问题，也便于及时发现并提出问题，帮助鉴定人提高工作效率，避免鉴定人重复劳动。所以，《鉴定规范》所作的相关规定体现了开放的态度，在整个鉴定过程中，均不排斥当事人（含当事人的代理人）提出意见。

比如，代理律师可以通过对鉴定范围、鉴定事项、鉴定要求、鉴定方法提出意见，帮助正确确定以上事项。《鉴定规范》第 5.2.1 条明确规定，对于此类分歧和疑问，鉴定人会及时提请委托人决定。再比如，《鉴定规范》第 5.2.2 条 ~ 第 5.2.6 条，均以开放的态度及时征求当事人的意见，以便及时发现争议，及时化解争议。作为当事人代理人的律师，当然可以参与其中，发挥自己的积极作用。

4.《鉴定规范》关于鉴定过程开放式的态度，其目的在于及时发现争议，避免重复劳动，避免发生错误、帮助消除争议，使鉴定过程成为促使当事人逐步减少纷争的过程，同时形成高质量的鉴定书，帮助人民法院（仲裁机构）有效审理案件。

建设工程造价鉴定的开放性，为代理律师全过程跟踪造价鉴定，努力将瑕疵消灭在鉴定书出具之前提供了保障。

二、律师在造价鉴定过程中的服务要点

1. 收集证据并测算结果后分析诉讼风险。

若律师接受案件被告委托的建设工程案件时，应判断诉讼相对方，即原告是否存在质量瑕疵和工期违约的情况，并测算对应的造价和损失，从而分析是否需要提出反诉？若需要，何时提出鉴定？

若律师接受案件原告委托的建设工程案件时，在注意相关证据搜集齐全的前提下，应判断诉讼相对方，即被告是否存在提出反诉的可能性，并测算不同情况下的结算结果。

这一阶段工作的主要目的：收集与本案有关的所有证据并定量测算，本着降低诉讼风险的目的，客观理性地分析各种诉讼策略存在的风险。

2. 审核鉴定范围使诉讼请求与鉴定范围相匹配。

当律师仅接受关于造价鉴定的非诉法律服务时，无论是接受原告委托，还是接受被告委托，首先需要做的是阅卷。律师应阅览诉讼中原告和被告提交给法庭的所有材料及庭审时的所有笔录。而后，应在巩固之前工作成果的前提下，重点分析申请鉴定的鉴定范围是否与委托人的诉请相一致。

这一阶段工作的主要目的：在了解之前工作成果的前提下，审核鉴定范围是否与鉴定目的一致，是否与诉讼请求一致，若发现偏差时及时向法院提出。

3. 确定提交鉴定所需资料并使其符合证据要件。

当法庭决定工程造价鉴定后，若作为申请人的代理人，应当从专业角度提供司法鉴定所需要的相关证据材料，并向鉴定机构解释其对鉴定造价的作用。若作为被申请人的代理人，应就申请人提交的证据材料要求法庭组织质证，对不符合证据要件的证据材料向法庭请求不予提交鉴定机构作为鉴定依据。

这一阶段工作的主要目的：申请人提供的鉴定所需证据材料应尽可能穷尽且努力使鉴定机构理解其作用，而被申请人应当避免非证据的材料作为鉴定依据纳入鉴定结论。

4. 提交法律意见书并单方测定工程造价结果。

当双方就造价鉴定向法庭提交完毕证据材料后，应就工程造价鉴定的相关问题拟定法律意见书，在向当事人的专业人员进行解读后要求当事人的专业人员在理解法律意见的前提下，根据鉴定机构具有的证据材料进行单方的专业测算，即单方模拟出一份“造价鉴定报告”，从而使自己心中有数，也便于后续鉴定过程的跟进更有理有据。

这一阶段工作的主要目的：对造价鉴定中可能碰到的定性问题予以明确表态并准备充分依据；对造价鉴定中的定量问题先进行测算，以便心中有数，为造价鉴定的后续跟进作好准备。

5. 全面跟踪造价鉴定全过程并及时提出意见。

全面跟踪造价鉴定全过程，参与由鉴定机构组织的鉴定资料核实碰头会。对于未经过质证的证

据资料和超过举证期限的证据材料，应及时向鉴定机构和法院提出不予采纳。同时，应积极参加由委托人组织的现场勘查，并明确鉴定时点应当是竣工时点。若出现以现场状态和勘查时点为鉴定依据的情况时，应及时向鉴定机构和法院提出意见。

这一阶段工作的主要目的：保证造价鉴定中采用的证据材料符合证据要件，并保证造价鉴定的时点是竣工时点，并向鉴定机构和法庭提交就鉴定中的代理意见书，从而影响鉴定机构和法庭使鉴定过程中已发现的问题尽可能不要出现在鉴定初稿中。

6．从法律和专业角度对初稿提出可能的异议。

对于鉴定机构出具的初稿意见，应及时组织当事人的专业人员进行核对。对于其中的疏漏和错误分别从定性的法律角度和定量的专业角度以异议书的形式向鉴定机构和法院提出，并尽可能与鉴定人员进行当面沟通交流。

这一阶段工作的主要目的：努力使初稿中的瑕疵在出具正式报告前予以消除，降低其后质证过程的对抗性。

7．法庭质证中就实体、程序作出提问。

在收到正式鉴定书后，首先应从定性的法律问题和定量的专业问题进行分析。若存在瑕疵，则组织当事人的相关人员进行讨论，统一认识，归纳总结，然后提出质证的策略：质证顺序如何，如何提问等，并模拟质证时可能出现的情况进行准备。

这一阶段工作的主要目的：发挥质证技巧，提高质证效果。在法庭上通过质证使报告的瑕疵迅速凸显出来，让法庭能明确认识，从而达到补充（或重新）鉴定的目的。

8．根据质证情况就报告存在的问题提交代理意见。

质证完毕后，应及时、理性地分析质证效果，确定质证过程中哪些问题已经明确，哪些问题不够明确以及哪些问题没有明确。就上述分析，及时向法庭提交一份以质证问题为主要内容的代理意见，该代理意见应当做到简洁、周延、明确，同时提交申请补充（或重新）鉴定申请书。

这一阶段工作的主要目的：在锁定质证成果的前提下，补正质证中的不足或缺陷，并尝试再次影响法庭。同时，以书面形式正式向法庭提出补充（或重新）鉴定的申请。

综上，笔者认为，律师参与工程造价鉴定的主要原则是：以造价鉴定的原则性遵守职业操守；以工程造价的契约性尊重双方的合意；以工程计价的提前性遵守法律规定；以基础资料的证据性把握规则精髓；以工程造价的专业性遵从取舍原则。

5 当事人对工程造价鉴定意见书有异议投诉如何处理

一、当事人对工程造价鉴定意见有异议的，应当依法向受理案件的人民法院或仲裁机构提出

当事人对鉴定意见有异议怎么办？法律规定非常清楚，应当依法向受理案件的人民法院或仲裁机构提出，通过司法程序予以解决，而非向建设行政主管部门投诉。

1．法律规定对鉴定书的异议，当事人应在法院指定期间以书面方式提出，鉴定人对当事人异议应书面作出解释、说明或补充，当事人对鉴定人的书面答复仍有异议的，法院通知鉴定人出庭，接受当事人的质证。

当事人对鉴定书认为存在下列情形之一的：①鉴定人不具备相应资格；②鉴定程序严重违法；③鉴定意见明显依据不足的。可以申请重新鉴定。人民法院准许的，鉴定人收取的鉴定费用应当退还。

《最高人民法院关于民事诉讼证据的若干规定》（法释〔2019〕19号）

第三十七条 人民法院收到鉴定书后，应当及时将副本送交当事人。

当事人对鉴定书的内容有异议的，应当在人民法院指定期间内以书面方式提出。

对于当事人的异议，人民法院应当要求鉴定人作出解释、说明或者补充。人民法院认为有必要的，可以要求鉴定人对当事人未提出异议的内容进行解释、说明或者补充。

第三十八条 当事人在收到鉴定人的书面答复后仍有异议的，人民法院应当根据《诉讼费用交纳办法》第十一条的规定，通知有异议的当事人预交鉴定人出庭费用，并通知鉴定人出庭。有异议的当事人不预交鉴定人出庭费用的，视为放弃异议。

双方当事人对鉴定意见均有异议的，分摊预交鉴定人出庭费用。

第四十条 当事人申请重新鉴定，存在下列情形之一的，人民法院应当准许：

（一）鉴定人不具备相应资格的；

（二）鉴定程序严重违法的；

（三）鉴定意见明显依据不足的；

（四）鉴定意见不能作为证据使用的其他情形。

存在前款第一项至第三项情形的，鉴定人已经收取的鉴定费用应当退还。拒不退还的，依照本规定第八十一条第二款的规定处理。

对鉴定意见的瑕疵，可以通过补正、补充鉴定或者补充质证、重新质证等方法解决的，人民法院不予准许重新鉴定的申请。

重新鉴定的，原鉴定意见不得作为认定案件事实的根据。

2. 法律规定当事人或其代理人如果不具备工程造价的专业知识，可以聘请具有专门知识的专家，代表当事人出庭，就鉴定意见书向鉴定人质证，并就鉴定所涉及的专业问题提出意见。

《中华人民共和国民事诉讼法》

第七十九条 当事人可以申请人民法院通知有专门知识的人出庭，就鉴定人作出的鉴定意见或者专业问题提出意见。

《最高人民法院关于适用〈中华人民共和国民事诉讼法〉的解释》（法释〔2015〕5号）

第一百二十二条 当事人可以依照民事诉讼法第七十九条的规定，在举证期限届满前申请一至二名具有专门知识的人出庭，代表当事人对鉴定意见进行质证，或者对案件事实所涉及的专业问题提出意见。

具有专门知识的人在法庭上就专业问题提出的意见，视为当事人的陈述。

人民法院准许当事人申请的，相关费用由提出申请的当事人负担。

第一百二十三条 人民法院可以对出庭的具有专门知识的人进行询问。经法庭准许，当事人可以对出庭的具有专门知识的人进行询问，当事人各自申请的具有专门知识的人可以就案件中的有关问题进行对质。

具有专门知识的人不得参与专门性问题之外的法庭审理活动。

《最高人民法院关于民事诉讼证据的若干规定》（法释〔2019〕19号）

第八十三条 当事人依照民事诉讼法第七十九条和《最高人民法院关于适用〈中华人民共和国民事诉讼法〉的解释》第一百二十二条的规定，申请有专门知识的人出庭的，申请书中应当载明有专门知识的人的基本情况和申请的目的。

人民法院准许当事人申请的，应当通知双方当事人。

第八十四条 审判人员可以对有专门知识的人进行询问。经法庭准许，当事人可以对有专门知识的人进行询问，当事人各自申请的有专门知识的人可以就案件中的有关问题进行对质。

有专门知识的人不得参与对鉴定意见质证或者就专业问题发表意见之外的法庭审理活动。

二、《建设工程造价鉴定规范》对当事人有关鉴定意见的异议在鉴定过程中如何处理作了规定

1. 当事人对法院委托的鉴定范围、鉴定事项等有异议的，可以及时提请法院或通过鉴定人提

请法院处理；

2. 鉴定机构在鉴定过程中邀请当事人参加核对工作，以便对鉴定意见的异议在鉴定过程中得到及时解决；

3. 鉴定意见初稿完成后，向当事人征求意见，复核修改后再向法院出具正式鉴定意见书。（按照《最高人民法院关于民事诉讼证据的若干规定》第三十七条，人民法院将鉴定书副本送交当事人，当事人对鉴定书内容有异议的，应在指定期间内以书面方式提出。因此，该条规定的程序也可以省略。）

《建设工程造价鉴定规范》GB/T 51262-2017

5.2.1 鉴定过程中，鉴定人、当事人对鉴定范围、事项、要求等有疑问和分歧的，鉴定人应及时提请委托人处理，并将结果告知当事人。

5.2.3 鉴定机构应在核对工作前向当事人发出《邀请当事人参加核对工作函》（格式参见本规范附录 L）。当事人不参加核对工作的，不影响鉴定工作的进行。

5.2.4 在鉴定核对过程中，鉴定人应对每一个鉴定工作程序的阶段性成果提请所有当事人提出书面意见或签字确认。当事人既不提出书面意见又不签字确认的，不影响鉴定工作的进行。

5.2.5 鉴定机构在出具正式鉴定意见书之前，应提请委托人向各方当事人发出鉴定意见书征求意见稿和征求意见函（格式参见本规范附录 M），征求意见函应明确当事人的答复期限及其不答复行为将承担的法律后果，即视为对鉴定意见书无意见。

5.2.6 鉴定机构收到当事人对鉴定意见书征求意见稿的复函后，鉴定人应根据复函中的异议及其相应证据对征求意见稿逐一进行复核、修改完善，直到对未解决的异议都能答复时，鉴定机构再向委托人出具正式鉴定意见书。

三、《司法鉴定执业活动投诉处理办法》（司法部令第 144 号）规定对包括鉴定意见有异议的下列投诉不予受理

第十五条 有下列情形之一的，不予受理：

（一）投诉事项已经司法行政机关处理，或者经行政复议、行政诉讼结案，且没有新的事实和证据的；

（二）对人民法院、人民检察院、公安机关以及其他行政执法机关等在执法办案过程中，是否采信鉴定意见有异议的；

（三）仅对鉴定意见有异议的；

（四）对司法鉴定程序规则及司法鉴定标准、技术操作规范的规定有异议的；

（五）投诉事项不属于违反司法鉴定管理规定的。

四、最高人民法院针对鉴定机构、鉴定人违规鉴定的处理已经建立了一套管理制度

《最高人民法院关于人民法院民事诉讼中委托鉴定审查工作若干问题的规定》（法〔2020〕202号）

14. 鉴定机构、鉴定人超范围鉴定、虚假鉴定、无正当理由拖延鉴定、拒不出庭作证、违规收费以及有其他违法违规情形的，人民法院可以根据情节轻重，对鉴定机构、鉴定人予以暂停委托、责令退还鉴定费用、从人民法院委托鉴定专业机构、专业人员备选名单中除名等惩戒，并向行政主管部门或者行业协会发出司法建议。鉴定机构、鉴定人存在违法犯罪情形的，人民法院应当将有关线索材料移送公安、检察机关处理。

人民法院建立鉴定人黑名单制度。鉴定机构、鉴定人有前款情形的，可列入鉴定人黑名单。鉴定机构、鉴定人被列入黑名单期间，不得进入人民法院委托鉴定专业机构、专业人员备选名单和相关信息平台。

《最高人民法院关于防范和制裁虚假诉讼的指导意见》（法发〔2016〕13号）

16. 鉴定机构、鉴定人参与虚假诉讼的，可以根据情节轻重，给予鉴定机构、鉴定人训诫、责令退还鉴定费用、从法院委托鉴定专业机构备选名单中除名等制裁，并应当向司法行政部门或者行业协会发出司法建议。

住房城乡建设行政主管部门应依据人民法院的司法建议书对鉴定机构、鉴定人的违规鉴定行为进行处理。工程造价行业协会应依据人民法院的司法建议书按照行业自律规定对鉴定机构、鉴定人的违规鉴定行为进行处理。

五、建设行政主管部门能受理当事人有关工程造价鉴定书的投诉吗

《宪法》第一百三十一条规定："人民法院依照法律规定独立行使审判权，不受行政机关、社会团体和个人的干涉。"建设行政主管部门依法不应受理当事人在民事诉讼中有关工程造价鉴定意见书的投诉。

1. 住房和城乡建设行政主管部门是包括工程造价鉴定在内的工程造价的监督管理部门，但是，当事人在民事诉讼中对鉴定人不具备资格、鉴定程序严重违法、鉴定意见明显依据不足，申请重新鉴定等，当事人均应依法向人民法院提出。鉴定意见是否采信，是人民法院的审判权。

2. 住房和城乡建设行政主管部门在工程造价鉴定行为的监督管理中，应当依据《最高人民法院关于人民法院民事诉讼中委托鉴定审查工作若干问题的规定》（法〔2020〕202号），按照人民法院的司法建议书，对在工程造价鉴定中鉴定机构、鉴定人违反《工程造价咨询企业管理办法》《注册造价工程师管理办法》的行为进行处罚。

3．住房和城乡建设行政主管部门在对当事人在民事诉讼中对工程造价鉴定意见的投诉（或信访）的回复中，不宜简单地回复为行政机关不宜介入司法案件的审理，而应当引用法律条文，向当事人指明针对鉴定意见的异议应依法向受理案件的人民法院或仲裁机构提出，让可能不熟悉相关法律规定的当事人能明确对鉴定书的异议向谁提出的救济渠道。

六、在民事诉讼中，当事人应当改变对鉴定意见有异议向住房和建设行政主管部门或向政府信访部门投诉的思维

对工程造价鉴定意见的异议，当事人应依法向审理案件的人民法院或仲裁机构提出。因为政府行政机关依法不可能对民事诉讼中当事人针对鉴定意见的异议发表意见。

6　工期鉴定的主要方法

目前在国际工程中主要有两个比较成熟的工期鉴定方法体系，英国建筑法学会《工期延误与干扰索赔分析准则》*Society of Construction Law Delay and Disruption Protocol*（2017）和美国成本工程师协会《关于工期司法鉴定操作规程》AACE's RP29R-03（2011）。研究和分析上述鉴定方法（见下表），有助于处理国内工程工期索赔和争议事件。

序号	分析方法	分析类型	确定关键路径	确定延误影响	需要具备的条件
1	计划影响分析法	原因 / 结果	前瞻分析	前瞻分析	1. 具有逻辑性的基准进度计划； 2. 选择建模分析的延误事件
2	时间影响分析法	原因 / 结果	同期分析	前瞻分析	1. 具有逻辑性的基准进度计划； 2. 更新基准进度计划； 3. 选择建模分析的延误事件
3	窗口分析法	原因 / 结果	同期分析	追溯分析	1. 具有逻辑性的基准进度计划； 2. 更新基准进度计划
4	实际与计划工期对比法	原因 / 结果	同期分析	追溯分析	1. 基准进度计划； 2. 实际数据资料
5	回溯最长路径法	原因 / 结果	追溯分析	追溯分析	1. 基准进度计划； 2. 实际进度计划
6	影响事件剔除分析法	原因 / 结果	追溯分析	追溯分析	1. 具有逻辑性的实际进度计划； 2. 选择建模分析的延误事件

一、计划影响分析法

计划影响分析法是通过分析延误事件对于基准计划的影响来判断对完工时间的影响。具体的做法是在基准计划中插入代表影响事件的活动，然后重新计算竣工时间，两者之间的差别就是相对基准计划的延误。

计划影响分析法由于未考虑实际进度的更新，因此更多适用于较简单的工程，且实际进度变化不大的情况。当实际进度与计划进度偏差较大时，由于插入延误事件时还是参考在初始基准进度计划，因此分析出来的结果会与实际感受到的延误程度偏差会较大，这种分析方法由于分析的偏差可能会较大，导致不被信任的情况，因此实际应用的情况不多。

1. 计划影响分析的实施步骤。

（1）检查基准计划，确认逻辑关系、资源加载等是可行的，可以用于计划影响分析；

（2）选择受到意外事件影响的工作；

（3）统计影响事件需要的资源和工期；

（4）将影响事件作为一项工作插入基准计划中；

（5）重新计算完工时间。

2. 计划影响分析方法的主要优点。

（1）延误影响的评估相对简单；

（2）无需花费许多时间即可完成评估和分析；

（3）不需要考虑工程的实际进度，可以在缺少实际进度记录时对延误事件进行事中分析；

（4）表述简单，易于理解。

3. 计划影响分析方法的主要缺点。

（1）由于无法考虑工程的实际进度，因此与实际进度记录相比，延误时间可能只是理论数值；

（2）这种分析方法完全依赖一份充分的进度计划，容易因为输入延误事件的方法和逻辑关系而得出不同的结论。如果进度计划不合理、不够充分或活动之间的逻辑关系不正确，可能会出现误导性结果；

（3）这种分析方法不能准确计算同期延误。

4. 计划影响分析不适合的情况。

（1）基准计划中存在逻辑上的错误，在项目实施过程中计划的变化较大；

（2）过程中发生了赶工、弥补延误等这些情况；

（3）所发生的事件和基准计划之间很难发现直接的逻辑关系。

计划影响分析法的示意图如下：

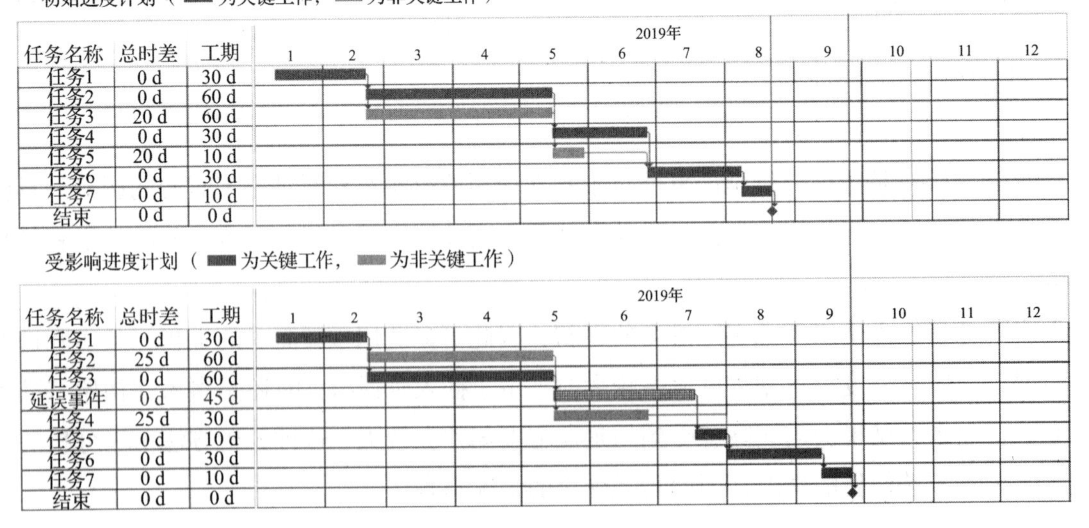

二、时间影响分析法

时间影响分析法是工期延误分析中使用最多的一种方法。时间影响分析是分析当前进度下影响事件对竣工日期的影响。它是一种分析延误事件对竣工日期影响的分析方法。具体做法是选择延误事件发生前的最近更新的进度计划作为这个延误分析的基准，然后在其中插入影响事件，比较插入影响事件后计划竣工日期和原更新计划之间的差别，就是该事件对工期造成的影响。时间影响分析与计划影响分析比较类似，差别就在于前者是将进度更新到现在，而后者是对基准计划直接分析。

计划影响分析法实际上是时间影响分析法的一种特殊情况。基本的分析原理相同，主要差别在于基于数据日期前的工作是否按实际进行了更新。时间影响分析法在分析延误事件前会将该数据日期之前的工作全部按实际进行更新，是基于当时的实际进度状态分析对未来影响的前瞻性分析。虽然在工期鉴定过程中实际的延误情况是已知的，但由于工期延误的影响因素是复杂的，存在同期延误、交叉影响等复杂的情况，对于单个延误事件的影响往往采用时间影响分析法分析其对未来竣工日期的预期影响程度。

这种方法需要有准确的更新的进度计划，在实际进度未完全更新时，延误事件的分析结果将无法反映实际发生的情况。理论上延误事件插入分析后应该与实际的进度计划相一致，但由于存在同期延误、赶工及干扰事件等因素影响，在实际分析中需要对同期延误、赶工及干扰事件进行详细分析后，才能分清延误事件插入分析后的计划与实际计划的偏差原因。但工期延误分析并不是要对进度计划进行完全复原，要考虑分析的目标导向。

相比计划影响分析，时间影响分析将进度更新到了延误事件发生之前，它反映了项目实际的进度情况，由于项目进展中逻辑关系和关键线路可能发生改变，所以将进度计划更新到延误事件发生前时能够反映延误事件发生时项目真实的情况。

与计划影响分析法相比，这种分析方法的优点是考虑了工程项目的实际进度，在最大程度上排除了得出理论值的因素。时间影响分析法可以处理同期延误、赶工和干扰事件，不会得出极端或投机性的结论。缺点是严重依赖更新计划的质量和准确性，需要检查和核实实际进度，有时无法反映实际发生的情况。

其分析步骤一般如下：

（1）以表格方式列出所有识别的延误事件、延误开始时间、结束时间和延误期限；

（2）根据具体情况、风险和合同约定评估每项延误事件的责任归属；

（3）获得每一项延误开始日期之前进度计划中所有工作的进度数据；

（4）选择延误事件前最近的更新进度计划，作为基准；

（5）在插入延误事件之前，记录基准计划中每一项活动的预期竣工时间；

（6）将每一项延误事件转换成新的子网络，确定插入的位置；

（7）将增加的子网络中的所有活动的持续时间设置为零，复核它们与未受影响的进度计划的完工日期是否一致，以确保插入网络中的逻辑并不会产生延误；

（8）按顺序每次插入一个事件；

（9）在同时发生两个或两个以上延误事件时，应选择插入事件的时间，并分析延误的性质；

（10）计算每一项随后延误事件所导致的竣工日期的变化情况；

（11）确定累积的工期延误和结果；

（12）评估、确定和修正反常的结果。

时间影响分析法的示意图如下：

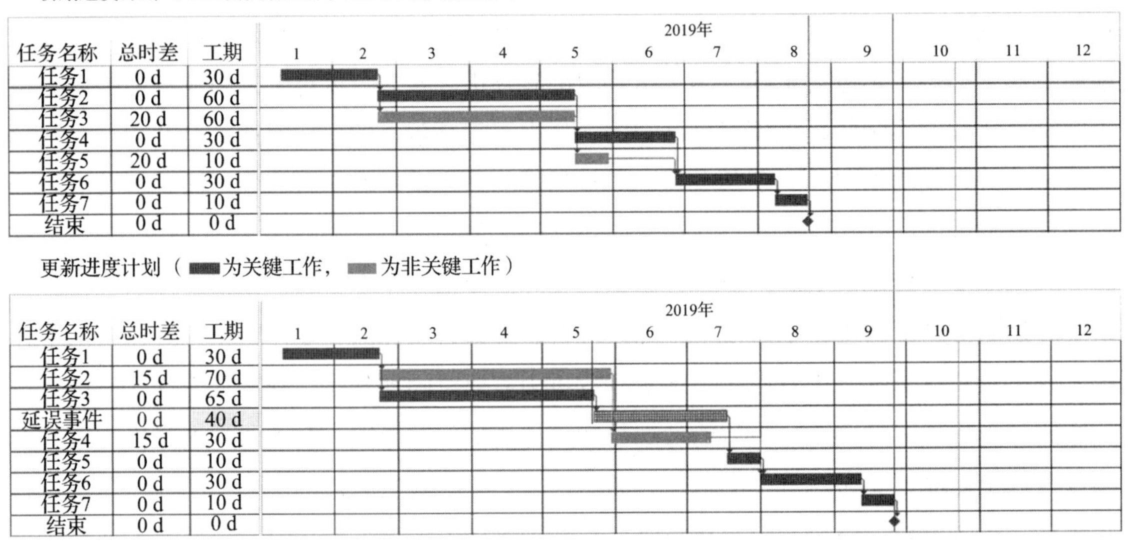

三、窗口分析法

当分析的周期比较长时，多个延误事件发生的具体时间节点跨度比较大，可以将其分解成多个时间段分别进行分析，这种方法称为窗口分析。在窗口分析的每个窗口中，理论上可以采用各种方法分析，如影响事件剔除分析、实际与计划工期对比法、时间影响分析等。如果采用影响事件剔除法，则延误的分析是从一个“窗口”的结束开始，然后逐步去掉延误事件，直到分析计划和窗口开始时一样，这时所有的影响事件已经考虑了。

窗口分析法主要是分析某个特定时间段内延误对项目进度的影响，确定在每一时间段内延误事件对实际关键线路的影响。在窗口分析中也能使用实际－计划工期对比法，此时就是对比窗口结束和窗口开始时的计划竣工时间的差别，两者之间的时间差就是此期间造成的延误，同时观察此区间的关键线路和延误事件对关键线路造成的影响。工期比较长的项目可以使用窗口分析法把项目分成若干个窗口进行分析。

窗口分析法通过识别关键线路上的延误活动，可以更清楚地查明延误发生的原因和责任。这种方法需要根据计划进度、实际竣工进度和项目施工过程中更新的进度计划进行延误分析，其基础是将整个项目的工期分割为若干个连续的时间片段或窗口，并随后对每一个窗口进行延误分析。

其分析步骤一般如下：

（1）界定作为分析基础的基准进度计划，对进度计划、活动持续时间和逻辑关系进行严格的评估；

（2）确定每个窗口的时间和窗口数量，评估和核实“开始的窗口进度计划”当时的计划意图，要通过评估项目同期文件，如信函、会议纪要、变更令等确定；

（3）窗口的划分原则，可以结合合同的节点工期要求、月进度计划及合同执行过程中的重大影响事件、关键线路的转变点、新的计划版本发布点等情况，并结合工期延误分析的要求进行合理的选择；

（4）收集进度数据，评估异常情况；

（5）向“开始的窗口进度计划”中输入第一个窗口结束时的“进度数据”，并在第一个窗口结束时进行时间影响分析；

（6）评估时间影响分析的结果，对剩余的活动进行进一步的评估或者“真实性检查”，确保时间影响分析反映编制进度计划当时的意图；如必要，按照编制计划当时的意图修改活动的逻辑关系；

（7）在第一个窗口关闭时，结束的窗口进度计划成为第二个窗口开始的进度计划，在对“结束的窗口进度计划”进行真实性检查后，有必要进行进一步的评估或修改；

（8）重复以上步骤。在使用这种分析方法时，应在每一个窗口分析结束时对项目进度计划进行更新，即记录每一个活动的当前进度，并进行时间分析。将“新的”预期竣工日期与进行窗口分析开始时的竣工日期进行比较，并与延误事件所导致的延误时间进行对比。对所有的窗口重复进行这个分析过程。

窗口分析法的示意图如下：

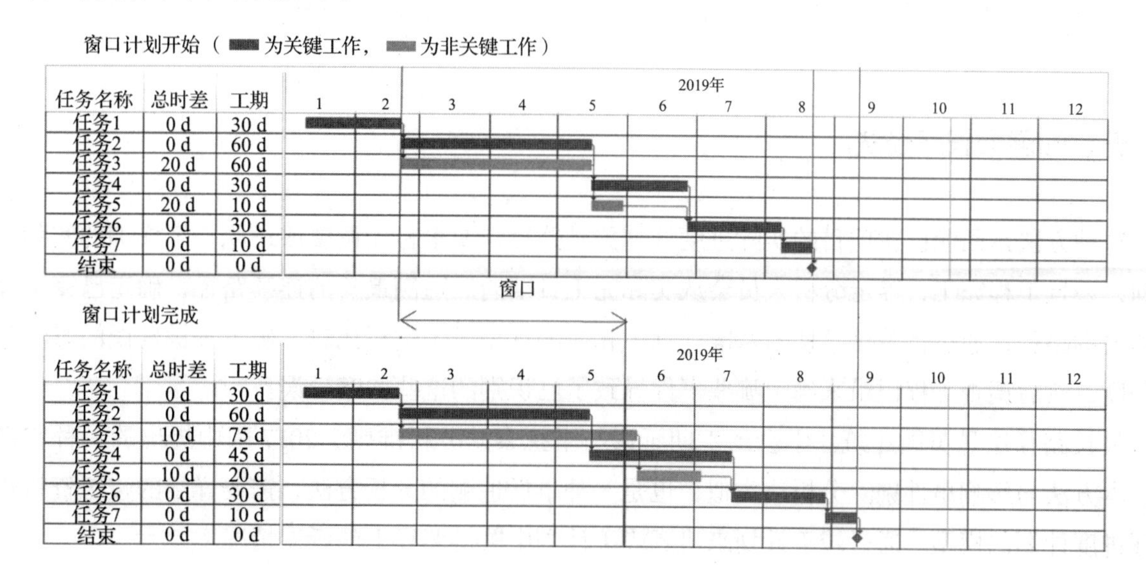

四、实际与计划工期对比法

实际与计划工期对比法是一种工期事后延误分析方法，是将基准进度计划与实际计划或反映某一时刻的实际进度进行对比，它们之间的时间差别就是工期延误。将计算结果中重复计算的部分扣减，并考虑同期延误的部分影响。该方法的优点是简便，易于掌握和操作，比较适用于相对简单的工程项目，在存在进度计划和实际进度记录但缺少相关的工序逻辑关系时，可以采用这种方法。这种方法直观易懂，不需要确定活动的逻辑关系和实际进度的时差。

实际与计划工期对比法可用于识别进度延误，但其局限在于无法识别同期延误和赶工的影响。

实际与计划工期对比法的示意图如下：

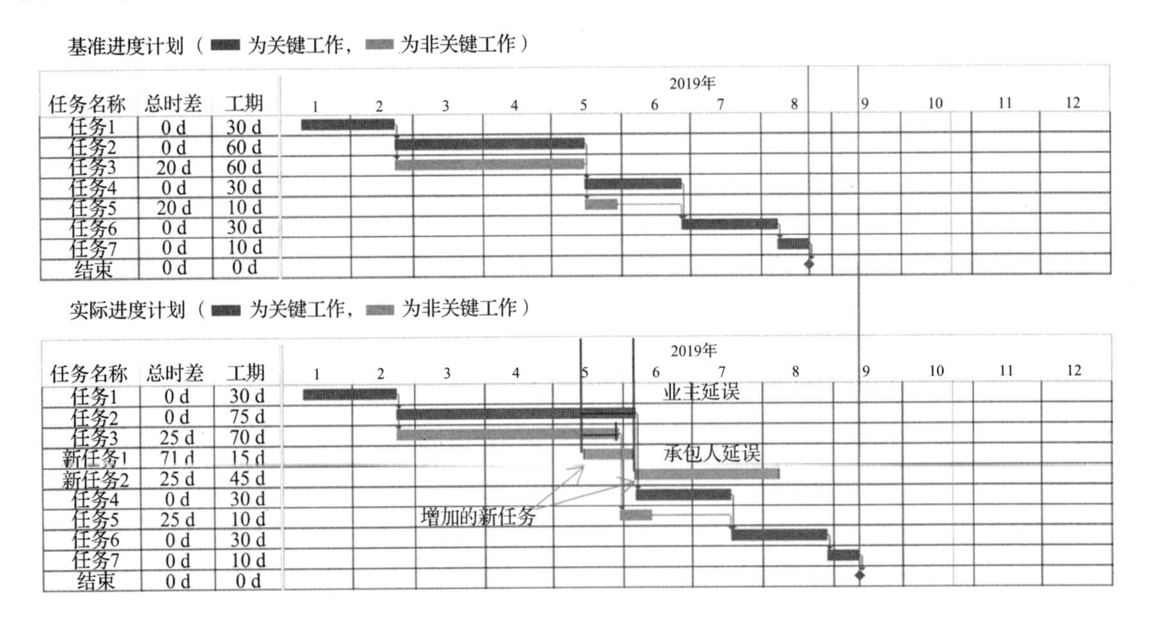

五、回溯最长路径法

这种方法是回溯已建项目的实际进度计划关键路径，要求首先调整或还原一个详细的实际进度计划，一旦工程完工，鉴定分析人员会从实际完工日期向后追溯最长的连续路径，确定已完工程实际的关键路径，通过将关键日期与基准计划中相应的计划日期进行比较，确定关键延误的影响范围和程度，然后调查工程记录来确定哪些事件导致了已识别的这些关键延误。

最长路径法是英国建筑法学会《工期延误与干扰索赔分析准则》2017 版中提出的一种鉴定方法，本方法与影响事件剔除分析法类似，也是一种事后追溯的分析方法，需要详细的竣工资料建立实际进度计划的模型。通过竣工计划来追溯竣工计划中关键路径上的延误情况。

六、影响事件剔除分析法

影响事件剔除法是一种事后或追溯延误的分析方法。其基本原理是以实际进度计划为基础，将竣工计划中非归责于承包人的延误事件剔除，通过重新计算得到新的竣工日期，竣工计划中竣工日期与新的竣工日期之差即为延误事件对竣工时间造成的延误，也就是承包人有权要求工期延长的期限。

影响事件剔除法需要使用关键路径法网络计划，根据可靠的竣工资料建立实际进度计划，通过识别活动中的非归责于承包人的延误进行模拟分析，这种方法要求具有良好的竣工记录，适用于存在可靠的竣工计划，但没有对基准计划或者同期计划进行更新，或者新的计划不足以支持延误分析的情形。

影响事件剔除法的分析步骤如下：

（1）建立基于实际进度记录的实际竣工进度计划，反映每一项工作的实际开始、实际结束时间；

（2）分析实际竣工进度计划的关键线路；

（3）建立一张反映项目实际开始与结束时间、实际与计划工期、活动延时之间差别的表格；

（4）将所有发生的影响事件罗列出来，并标出在计划中发生的时间点；

（5）确定所有影响关键线路的延误事件造成的影响；

（6）在实际竣工进度计划中对影响事件剔除进行逐一剔除，记录相应的影响程度。剔除过程不包括逻辑关系的调整。

影响事件剔除法的优点是适用的基本原理简明易懂，无须对进度计划进行更新，无须基准计划，仅根据实际进度计划进行分析，可以将发包人延误事件从承包人延误事件中分离出来。其主要缺点是重新创建模拟竣工计划费时费力，模拟的竣工计划中的逻辑关系具有主观性，无法识别竣工或同期关键路径，无法根据承包人在延误发生时递交的索赔意见计算延误。

影响事件剔除法的示意图如下：

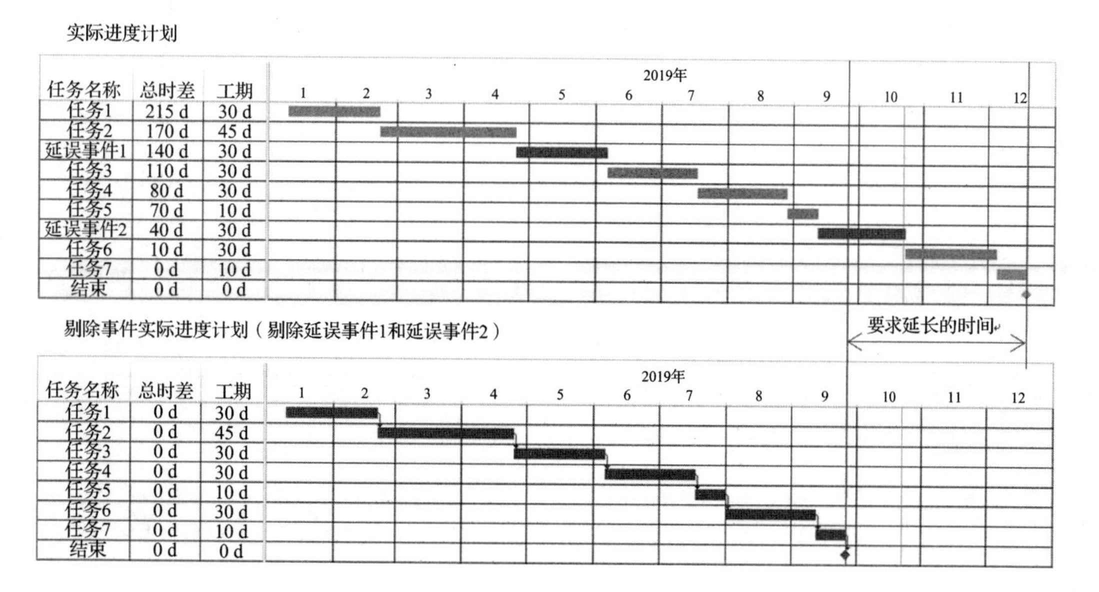

附录篇

相关法律、文件

1 《中华人民共和国民法典》（总则编、合同编摘录）

第一编　总　　则

第一章　基 本 规 定

第一条　为了保护民事主体的合法权益，调整民事关系，维护社会和经济秩序，适应中国特色社会主义发展要求，弘扬社会主义核心价值观，根据宪法，制定本法。

第二条　民法调整平等主体的自然人、法人和非法人组织之间的人身关系和财产关系。

第三条　民事主体的人身权利、财产权利以及其他合法权益受法律保护，任何组织或者个人不得侵犯。

第四条　民事主体在民事活动中的法律地位一律平等。

第五条　民事主体从事民事活动，应当遵循自愿原则，按照自己的意思设立、变更、终止民事法律关系。

第六条　民事主体从事民事活动，应当遵循公平原则，合理确定各方的权利和义务。

第七条　民事主体从事民事活动，应当遵循诚信原则，秉持诚实，恪守承诺。

第八条　民事主体从事民事活动，不得违反法律，不得违背公序良俗。

第九条　民事主体从事民事活动，应当有利于节约资源、保护生态环境。

第十条　处理民事纠纷，应当依照法律；法律没有规定的，可以适用习惯，但是不得违背公序良俗。

第十一条　其他法律对民事关系有特别规定的，依照其规定。

第十二条　中华人民共和国领域内的民事活动，适用中华人民共和国法律。法律另有规定的，依照其规定。

第六章　民事法律行为

第一节　一 般 规 定

第一百三十三条　民事法律行为是民事主体通过意思表示设立、变更、终止民事法律关系的行为。

第一百三十四条 民事法律行为可以基于双方或者多方的意思表示一致成立，也可以基于单方的意思表示成立。

法人、非法人组织依照法律或者章程规定的议事方式和表决程序作出决议的，该决议行为成立。

第一百三十五条 民事法律行为可以采用书面形式、口头形式或者其他形式；法律、行政法规规定或者当事人约定采用特定形式的，应当采用特定形式。

第一百三十六条 民事法律行为自成立时生效，但是法律另有规定或者当事人另有约定的除外。

行为人非依法律规定或者未经对方同意，不得擅自变更或者解除民事法律行为。

第二节 意思表示

第一百三十七条 以对话方式作出的意思表示，相对人知道其内容时生效。

以非对话方式作出的意思表示，到达相对人时生效。以非对话方式作出的采用数据电文形式的意思表示，相对人指定特定系统接收数据电文的，该数据电文进入该特定系统时生效；未指定特定系统的，相对人知道或者应当知道该数据电文进入其系统时生效。当事人对采用数据电文形式的意思表示的生效时间另有约定的，按照其约定。

第一百三十八条 无相对人的意思表示，表示完成时生效。法律另有规定的，依照其规定。

第一百三十九条 以公告方式作出的意思表示，公告发布时生效。

第一百四十条 行为人可以明示或者默示作出意思表示。

沉默只有在有法律规定、当事人约定或者符合当事人之间的交易习惯时，才可以视为意思表示。

第一百四十一条 行为人可以撤回意思表示。撤回意思表示的通知应当在意思表示到达相对人前或者与意思表示同时到达相对人。

第一百四十二条 有相对人的意思表示的解释，应当按照所使用的词句，结合相关条款、行为的性质和目的、习惯以及诚信原则，确定意思表示的含义。

无相对人的意思表示的解释，不能完全拘泥于所使用的词句，而应当结合相关条款、行为的性质和目的、习惯以及诚信原则，确定行为人的真实意思。

第三节 民事法律行为的效力

第一百四十三条 具备下列条件的民事法律行为有效：

（一）行为人具有相应的民事行为能力；

（二）意思表示真实；

（三）不违反法律、行政法规的强制性规定，不违背公序良俗。

第一百四十四条 无民事行为能力人实施的民事法律行为无效。

第一百四十五条 限制民事行为能力人实施的纯获利益的民事法律行为或者与其年龄、智力、精神健康状况相适应的民事法律行为有效；实施的其他民事法律行为经法定代理人同意或者追认后有效。

相对人可以催告法定代理人自收到通知之日起三十日内予以追认。法定代理人未作表示的，视为拒绝追认。民事法律行为被追认前，善意相对人有撤销的权利。撤销应当以通知的方式作出。

第一百四十六条 行为人与相对人以虚假的意思表示实施的民事法律行为无效。

以虚假的意思表示隐藏的民事法律行为的效力，依照有关法律规定处理。

第一百四十七条 基于重大误解实施的民事法律行为，行为人有权请求人民法院或者仲裁机构予以撤销。

第一百四十八条 一方以欺诈手段，使对方在违背真实意思的情况下实施的民事法律行为，受欺诈方有权请求人民法院或者仲裁机构予以撤销。

第一百四十九条 第三人实施欺诈行为，使一方在违背真实意思的情况下实施的民事法律行为，对方知道或者应当知道该欺诈行为的，受欺诈方有权请求人民法院或者仲裁机构予以撤销。

第一百五十条 一方或者第三人以胁迫手段，使对方在违背真实意思的情况下实施的民事法律行为，受胁迫方有权请求人民法院或者仲裁机构予以撤销。

第一百五十一条 一方利用对方处于危困状态、缺乏判断能力等情形，致使民事法律行为成立时显失公平的，受损害方有权请求人民法院或者仲裁机构予以撤销。

第一百五十二条 有下列情形之一的，撤销权消灭：

（一）当事人自知道或者应当知道撤销事由之日起一年内、重大误解的当事人自知道或者应当知道撤销事由之日起九十日内没有行使撤销权；

（二）当事人受胁迫，自胁迫行为终止之日起一年内没有行使撤销权；

（三）当事人知道撤销事由后明确表示或者以自己的行为表明放弃撤销权。

当事人自民事法律行为发生之日起五年内没有行使撤销权的，撤销权消灭。

第一百五十三条 违反法律、行政法规的强制性规定的民事法律行为无效。但是，该强制性规定不导致该民事法律行为无效的除外。

违背公序良俗的民事法律行为无效。

第一百五十四条 行为人与相对人恶意串通，损害他人合法权益的民事法律行为无效。

第一百五十五条 无效的或者被撤销的民事法律行为自始没有法律约束力。

第一百五十六条 民事法律行为部分无效，不影响其他部分效力的，其他部分仍然有效。

第一百五十七条 民事法律行为无效、被撤销或者确定不发生效力后，行为人因该行为取得的财产，应当予以返还；不能返还或者没有必要返还的，应当折价补偿。有过错的一方应当赔偿对方由此所受到的损失；各方都有过错的，应当各自承担相应的责任。法律另有规定的，依照其规定。

第四节 民事法律行为的附条件和附期限

第一百五十八条 民事法律行为可以附条件，但是根据其性质不得附条件的除外。附生效条件的民事法律行为，自条件成就时生效。附解除条件的民事法律行为，自条件成就时失效。

第一百五十九条 附条件的民事法律行为，当事人为自己的利益不正当地阻止条件成就的，视为条件已经成就；不正当地促成条件成就的，视为条件不成就。

第一百六十条 民事法律行为可以附期限，但是根据其性质不得附期限的除外。附生效期限的民事法律行为，自期限届至时生效。附终止期限的民事法律行为，自期限届满时失效。

第八章 民事责任

第一百七十六条 民事主体依照法律规定或者按照当事人约定，履行民事义务，承担民事责任。

第一百七十七条 二人以上依法承担按份责任，能够确定责任大小的，各自承担相应的责任；难以确定责任大小的，平均承担责任。

第一百七十八条 二人以上依法承担连带责任的，权利人有权请求部分或者全部连带责任人承担责任。

连带责任人的责任份额根据各自责任大小确定；难以确定责任大小的，平均承担责任。实际承担责任超过自己责任份额的连带责任人，有权向其他连带责任人追偿。

连带责任，由法律规定或者当事人约定。

第一百七十九条 承担民事责任的方式主要有：

（一）停止侵害；

（二）排除妨碍；

（三）消除危险；

（四）返还财产；

（五）恢复原状；

（六）修理、重作、更换；

（七）继续履行；

（八）赔偿损失；

（九）支付违约金；

（十）消除影响、恢复名誉；

（十一）赔礼道歉。

法律规定惩罚性赔偿的，依照其规定。

本条规定的承担民事责任的方式，可以单独适用，也可以合并适用。

第一百八十条 因不可抗力不能履行民事义务的，不承担民事责任。法律另有规定的，依照其规定。

不可抗力是不能预见、不能避免且不能克服的客观情况。

第一百八十一条 因正当防卫造成损害的，不承担民事责任。

正当防卫超过必要的限度，造成不应有的损害的，正当防卫人应当承担适当的民事责任。

第一百八十二条 因紧急避险造成损害的，由引起险情发生的人承担民事责任。

危险由自然原因引起的，紧急避险人不承担民事责任，可以给予适当补偿。

紧急避险采取措施不当或者超过必要的限度，造成不应有的损害的，紧急避险人应当承担适当的民事责任。

第一百八十三条 因保护他人民事权益使自己受到损害的，由侵权人承担民事责任，受益人可以给予适当补偿。没有侵权人、侵权人逃逸或者无力承担民事责任，受害人请求补偿的，受益人应当给予适当补偿。

第一百八十四条 因自愿实施紧急救助行为造成受助人损害的，救助人不承担民事责任。

第一百八十五条 侵害英雄烈士等的姓名、肖像、名誉、荣誉，损害社会公共利益的，应当承担民事责任。

第一百八十六条 因当事人一方的违约行为，损害对方人身权益、财产权益的，受损害方有权选择请求其承担违约责任或者侵权责任。

第一百八十七条 民事主体因同一行为应当承担民事责任、行政责任和刑事责任的，承担行政责任或者刑事责任不影响承担民事责任；民事主体的财产不足以支付的，优先用于承担民事责任。

第九章 诉讼时效

第一百八十八条 向人民法院请求保护民事权利的诉讼时效期间为三年。法律另有规定的，依照其规定。

诉讼时效期间自权利人知道或者应当知道权利受到损害以及义务人之日起计算。法律另有规定的，依照其规定。但是，自权利受到损害之日起超过二十年的，人民法院不予保护，有特殊情况的，人民法院可以根据权利人的申请决定延长。

第一百八十九条 当事人约定同一债务分期履行的，诉讼时效期间自最后一期履行期限届满之日起计算。

第一百九十条 无民事行为能力人或者限制民事行为能力人对其法定代理人的请求权的诉讼时效期间，自该法定代理终止之日起计算。

第一百九十一条 未成年人遭受性侵害的损害赔偿请求权的诉讼时效期间，自受害人年满十八周岁之日起计算。

第一百九十二条 诉讼时效期间届满的，义务人可以提出不履行义务的抗辩。

诉讼时效期间届满后，义务人同意履行的，不得以诉讼时效期间届满为由抗辩；义务人已经自愿履行的，不得请求返还。

第一百九十三条 人民法院不得主动适用诉讼时效的规定。

第一百九十四条 在诉讼时效期间的最后六个月内，因下列障碍，不能行使请求权的，诉讼时效中止：

（一）不可抗力；

（二）无民事行为能力人或者限制民事行为能力人没有法定代理人，或者法定代理人死亡、丧失民事行为能力、丧失代理权；

（三）继承开始后未确定继承人或者遗产管理人；

（四）权利人被义务人或者其他人控制；

（五）其他导致权利人不能行使请求权的障碍。

自中止时效的原因消除之日起满六个月，诉讼时效期间届满。

第一百九十五条 有下列情形之一的，诉讼时效中断，从中断、有关程序终结时起，诉讼时效期间重新计算：

（一）权利人向义务人提出履行请求；

（二）义务人同意履行义务；

（三）权利人提起诉讼或者申请仲裁；

（四）与提起诉讼或者申请仲裁具有同等效力的其他情形。

第一百九十六条 下列请求权不适用诉讼时效的规定：

（一）请求停止侵害、排除妨碍、消除危险；

（二）不动产物权和登记的动产物权的权利人请求返还财产；

（三）请求支付抚养费、赡养费或者扶养费；

（四）依法不适用诉讼时效的其他请求权。

第一百九十七条 诉讼时效的期间、计算方法以及中止、中断的事由由法律规定，当事人约定无效。

当事人对诉讼时效利益的预先放弃无效。

第一百九十八条 法律对仲裁时效有规定的，依照其规定；没有规定的，适用诉讼时效的规定。

第一百九十九条 法律规定或者当事人约定的撤销权、解除权等权利的存续期间，除法律另有规定外，自权利人知道或者应当知道权利产生之日起计算，不适用有关诉讼时效中止、中断和延长的规定。存续期间届满，撤销权、解除权等权利消灭。

第十章 期间计算

第二百条 民法所称的期间按照公历年、月、日、小时计算。

第二百零一条 按照年、月、日计算期间的，开始的当日不计入，自下一日开始计算。

按照小时计算期间的，自法律规定或者当事人约定的时间开始计算。

第二百零二条 按照年、月计算期间的，到期月的对应日为期间的最后一日；没有对应日的，月末日为期间的最后一日。

第二百零三条 期间的最后一日是法定休假日的，以法定休假日结束的次日为期间的最后一日。

期间的最后一日的截止时间为二十四时；有业务时间的，停止业务活动的时间为截止时间。

第二百零四条 期间的计算方法依照本法的规定，但是法律另有规定或者当事人另有约定的除外。

第三编 合 同

第一分编 通 则

第一章 一般规定

第四百六十三条 本编调整因合同产生的民事关系。

第四百六十四条 合同是民事主体之间设立、变更、终止民事法律关系的协议。

婚姻、收养、监护等有关身份关系的协议，适用有关该身份关系的法律规定；没有规定的，可以根据其性质参照适用本编规定。

第四百六十五条 依法成立的合同，受法律保护。

依法成立的合同，仅对当事人具有法律约束力，但是法律另有规定的除外。

第四百六十六条 当事人对合同条款的理解有争议的，应当依据本法第一百四十二条第一款的规定，确定争议条款的含义。

合同文本采用两种以上文字订立并约定具有同等效力的，对各文本使用的词句推定具有相同含义。各文本使用的词句不一致的，应当根据合同的相关条款、性质、目的以及诚信原则等予以解释。

第四百六十七条 本法或者其他法律没有明文规定的合同，适用本编通则的规定，并可以参照适用本编或者其他法律最相类似合同的规定。

在中华人民共和国境内履行的中外合资经营企业合同、中外合作经营企业合同、中外合作勘探开发自然资源合同，适用中华人民共和国法律。

第四百六十八条 非因合同产生的债权债务关系，适用有关该债权债务关系的法律规定；没有规定的，适用本编通则的有关规定，但是根据其性质不能适用的除外。

第二章 合同的订立

第四百六十九条 当事人订立合同，可以采用书面形式、口头形式或者其他形式。

书面形式是合同书、信件、电报、电传、传真等可以有形地表现所载内容的形式。

以电子数据交换、电子邮件等方式能够有形地表现所载内容，并可以随时调取查用的数据电文，视为书面形式。

第四百七十条 合同的内容由当事人约定，一般包括下列条款：

（一）当事人的姓名或者名称和住所；

（二）标的；

（三）数量；

（四）质量；

（五）价款或者报酬；

（六）履行期限、地点和方式；

（七）违约责任；

（八）解决争议的方法。

当事人可以参照各类合同的示范文本订立合同。

第四百七十一条 当事人订立合同，可以采取要约、承诺方式或者其他方式。

第四百七十二条 要约是希望与他人订立合同的意思表示，该意思表示应当符合下列条件：

（一）内容具体确定；

（二）表明经受要约人承诺，要约人即受该意思表示约束。

第四百七十三条 要约邀请是希望他人向自己发出要约的表示。拍卖公告、招标公告、招股说明书、债券募集办法、基金招募说明书、商业广告和宣传、寄送的价目表等为要约邀请。

商业广告和宣传的内容符合要约条件的，构成要约。

第四百七十四条 要约生效的时间适用本法第一百三十七条的规定。

第四百七十五条 要约可以撤回。要约的撤回适用本法第一百四十一条的规定。

第四百七十六条 要约可以撤销，但是有下列情形之一的除外：

（一）要约人以确定承诺期限或者其他形式明示要约不可撤销；

（二）受要约人有理由认为要约是不可撤销的，并已经为履行合同做了合理准备工作。

第四百七十七条 撤销要约的意思表示以对话方式作出的，该意思表示的内容应当在受要约人作出承诺之前为受要约人所知道；撤销要约的意思表示以非对话方式作出的，应当在受要约人作出承诺之前到达受要约人。

第四百七十八条 有下列情形之一的，要约失效：

（一）要约被拒绝；

（二）要约被依法撤销；

（三）承诺期限届满，受要约人未作出承诺；

（四）受要约人对要约的内容作出实质性变更。

第四百七十九条 承诺是受要约人同意要约的意思表示。

第四百八十条 承诺应当以通知的方式作出；但是，根据交易习惯或者要约表明可以通过行为作出承诺的除外。

第四百八十一条 承诺应当在要约确定的期限内到达要约人。

要约没有确定承诺期限的，承诺应当依照下列规定到达：

（一）要约以对话方式作出的，应当即时作出承诺；

（二）要约以非对话方式作出的，承诺应当在合理期限内到达。

第四百八十二条 要约以信件或者电报作出的，承诺期限自信件载明的日期或者电报交发之日开始计算。信件未载明日期的，自投寄该信件的邮戳日期开始计算。要约以电话、传真、电子邮件等快速通讯方式作出的，承诺期限自要约到达受要约人时开始计算。

第四百八十三条 承诺生效时合同成立，但是法律另有规定或者当事人另有约定的除外。

第四百八十四条 以通知方式作出的承诺，生效的时间适用本法第一百三十七条的规定。

承诺不需要通知的，根据交易习惯或者要约的要求作出承诺的行为时生效。

第四百八十五条 承诺可以撤回。承诺的撤回适用本法第一百四十一条的规定。

第四百八十六条 受要约人超过承诺期限发出承诺，或者在承诺期限内发出承诺，按照通常情形不能及时到达要约人的，为新要约；但是，要约人及时通知受要约人该承诺有效的除外。

第四百八十七条 受要约人在承诺期限内发出承诺，按照通常情形能够及时到达要约人，但是因其他原因致使承诺到达要约人时超过承诺期限的，除要约人及时通知受要约人因承诺超过期限不接受该承诺外，该承诺有效。

第四百八十八条 承诺的内容应当与要约的内容一致。受要约人对要约的内容作出实质性变更的，为新要约。有关合同标的、数量、质量、价款或者报酬、履行期限、履行地点和方式、违约责任和解决争议方法等的变更，是对要约内容的实质性变更。

第四百八十九条 承诺对要约的内容作出非实质性变更的，除要约人及时表示反对或者要约表明承诺不得对要约的内容作出任何变更外，该承诺有效，合同的内容以承诺的内容为准。

第四百九十条 当事人采用合同书形式订立合同的，自当事人均签名、盖章或者按指印时合同成立。在签名、盖章或者按指印之前，当事人一方已经履行主要义务，对方接受时，该合同成立。

法律、行政法规规定或者当事人约定合同应当采用书面形式订立，当事人未采用书面形式但是一方已经履行主要义务，对方接受时，该合同成立。

第四百九十一条 当事人采用信件、数据电文等形式订立合同要求签订确认书的，签订确认书时合同成立。

当事人一方通过互联网等信息网络发布的商品或者服务信息符合要约条件的，对方选择该商品或者服务并提交订单成功时合同成立，但是当事人另有约定的除外。

第四百九十二条 承诺生效的地点为合同成立的地点。

采用数据电文形式订立合同的，收件人的主营业地为合同成立的地点；没有主营业地的，其住所地为合同成立的地点。当事人另有约定的，按照其约定。

第四百九十三条 当事人采用合同书形式订立合同的，最后签名、盖章或者按指印的地点为合同成立的地点，但是当事人另有约定的除外。

第四百九十四条 国家根据抢险救灾、疫情防控或者其他需要下达国家订货任务、指令性任务的，有关民事主体之间应当依照有关法律、行政法规规定的权利和义务订立合同。

依照法律、行政法规的规定负有发出要约义务的当事人，应当及时发出合理的要约。

依照法律、行政法规的规定负有作出承诺义务的当事人，不得拒绝对方合理的订立合同要求。

第四百九十五条 当事人约定在将来一定期限内订立合同的认购书、订购书、预订书等，构成预约合同。

当事人一方不履行预约合同约定的订立合同义务的，对方可以请求其承担预约合同的违约责任。

第四百九十六条 格式条款是当事人为了重复使用而预先拟定，并在订立合同时未与对方协商的条款。

采用格式条款订立合同的，提供格式条款的一方应当遵循公平原则确定当事人之间的权利和义务，并采取合理的方式提示对方注意免除或者减轻其责任等与对方有重大利害关系的条款，按照对方的要求，对该条款予以说明。提供格式条款的一方未履行提示或者说明义务，致使对方没有注意或者理解与其有重大利害关系的条款的，对方可以主张该条款不成为合同的内容。

第四百九十七条 有下列情形之一的，该格式条款无效：

（一）具有本法第一编第六章第三节和本法第五百零六条规定的无效情形；

（二）提供格式条款一方不合理地免除或者减轻其责任、加重对方责任、限制对方主要权利；

（三）提供格式条款一方排除对方主要权利。

第四百九十八条 对格式条款的理解发生争议的，应当按照通常理解予以解释。对格式条款有两种以上解释的，应当作出不利于提供格式条款一方的解释。格式条款和非格式条款不一致的，应当采用非格式条款。

第四百九十九条 悬赏人以公开方式声明对完成特定行为的人支付报酬的，完成该行为的人可以请求其支付。

第五百条 事人在订立合同过程中有下列情形之一，造成对方损失的，应当承担赔偿责任：

（一）假借订立合同，恶意进行磋商；

（二）故意隐瞒与订立合同有关的重要事实或者提供虚假情况；

（三）有其他违背诚信原则的行为。

第五百零一条 当事人在订立合同过程中知悉的商业秘密或者其他应当保密的信息，无论合同是否成立，不得泄露或者不正当地使用；泄露、不正当地使用该商业秘密或者信息，造成对方损失的，应当承担赔偿责任。

第三章　合同的效力

第五百零二条　依法成立的合同，自成立时生效，但是法律另有规定或者当事人另有约定的除外。

依照法律、行政法规的规定，合同应当办理批准等手续的，依照其规定。未办理批准等手续影响合同生效的，不影响合同中履行报批等义务条款以及相关条款的效力。应当办理申请批准等手续的当事人未履行义务的，对方可以请求其承担违反该义务的责任。

依照法律、行政法规的规定，合同的变更、转让、解除等情形应当办理批准等手续的，适用前款规定。

第五百零三条　无权代理人以被代理人的名义订立合同，被代理人已经开始履行合同义务或者接受相对人履行的，视为对合同的追认。

第五百零四条　法人的法定代表人或者非法人组织的负责人超越权限订立的合同，除相对人知道或者应当知道其超越权限外，该代表行为有效，订立的合同对法人或者非法人组织发生效力。

第五百零五条　当事人超越经营范围订立的合同的效力，应当依照本法第一编第六章第三节和本编的有关规定确定，不得仅以超越经营范围确认合同无效。

第五百零六条　合同中的下列免责条款无效：

（一）造成对方人身损害的；

（二）因故意或者重大过失造成对方财产损失的。

第五百零七条　合同不生效、无效、被撤销或者终止的，不影响合同中有关解决争议方法的条款的效力。

第五百零八条　本编对合同的效力没有规定的，适用本法第一编第六章的有关规定。

第四章　合同的履行

第五百零九条　当事人应当按照约定全面履行自己的义务。

当事人应当遵循诚信原则，根据合同的性质、目的和交易习惯履行通知、协助、保密等义务。

当事人在履行合同过程中，应当避免浪费资源、污染环境和破坏生态。

第五百一十条　合同生效后，当事人就质量、价款或者报酬、履行地点等内容没有约定或者约定不明确的，可以协议补充；不能达成补充协议的，按照合同相关条款或者交易习惯确定。

第五百一十一条　当事人就有关合同内容约定不明确，依据前条规定仍不能确定的，适用下列规定：

（一）质量要求不明确的，按照强制性国家标准履行；没有强制性国家标准的，按照推荐性国家标准履行；没有推荐性国家标准的，按照行业标准履行；没有国家标准、行业标准的，按照通常标准或者符合合同目的的特定标准履行。

（二）价款或者报酬不明确的，按照订立合同时履行地的市场价格履行；依法应当执行政府定价或者政府指导价的，依照规定履行。

（三）履行地点不明确，给付货币的，在接受货币一方所在地履行；交付不动产的，在不动产所在地履行；其他标的，在履行义务一方所在地履行。

（四）履行期限不明确的，债务人可以随时履行，债权人也可以随时请求履行，但是应当给对方必要的准备时间。

（五）履行方式不明确的，按照有利于实现合同目的的方式履行。

（六）履行费用的负担不明确的，由履行义务一方负担；因债权人原因增加的履行费用，由债权人负担。

第五百一十二条 通过互联网等信息网络订立的电子合同的标的为交付商品并采用快递物流方式交付的，收货人的签收时间为交付时间。电子合同的标的为提供服务的，生成的电子凭证或者实物凭证中载明的时间为提供服务时间；前述凭证没有载明时间或者载明时间与实际提供服务时间不一致的，以实际提供服务的时间为准。

电子合同的标的物为采用在线传输方式交付的，合同标的物进入对方当事人指定的特定系统且能够检索识别的时间为交付时间。

电子合同当事人对交付商品或者提供服务的方式、时间另有约定的，按照其约定。

第五百一十三条 执行政府定价或者政府指导价的，在合同约定的交付期限内政府价格调整时，按照交付时的价格计价。逾期交付标的物的，遇价格上涨时，按照原价格执行；价格下降时，按照新价格执行。逾期提取标的物或者逾期付款的，遇价格上涨时，按照新价格执行；价格下降时，按照原价格执行。

第五百一十四条 以支付金钱为内容的债，除法律另有规定或者当事人另有约定外，债权人可以请求债务人以实际履行地的法定货币履行。

第五百一十五条 标的有多项而债务人只需履行其中一项的，债务人享有选择权；但是，法律另有规定、当事人另有约定或者另有交易习惯的除外。

享有选择权的当事人在约定期限内或者履行期限届满未作选择，经催告后在合理期限内仍未选择的，选择权转移至对方。

第五百一十六条 当事人行使选择权应当及时通知对方，通知到达对方时，标的确定。标的确定后不得变更，但是经对方同意的除外。

可选择的标的发生不能履行情形的，享有选择权的当事人不得选择不能履行的标的，但是该不能履行的情形是由对方造成的除外。

第五百一十七条 债权人为二人以上，标的可分，按照份额各自享有债权的，为按份债权；债务人为二人以上，标的可分，按照份额各自负担债务的，为按份债务。

按份债权人或者按份债务人的份额难以确定的，视为份额相同。

第五百一十八条 债权人为二人以上，部分或者全部债权人均可以请求债务人履行债务的，为连带债权；债务人为二人以上，债权人可以请求部分或者全部债务人履行全部债务的，为连带债务。

连带债权或者连带债务，由法律规定或者当事人约定。

第五百一十九条 连带债务人之间的份额难以确定的，视为份额相同。

实际承担债务超过自己份额的连带债务人，有权就超出部分在其他连带债务人未履行的份额范围内向其追偿，并相应地享有债权人的权利，但是不得损害债权人的利益。其他连带债务人对债权人的抗辩，可以向该债务人主张。

被追偿的连带债务人不能履行其应分担份额的，其他连带债务人应当在相应范围内按比例分担。

第五百二十条 部分连带债务人履行、抵销债务或者提存标的物的，其他债务人对债权人的债务在相应范围内消灭；该债务人可以依据前条规定向其他债务人追偿。

部分连带债务人的债务被债权人免除的，在该连带债务人应当承担的份额范围内，其他债务人对债权人的债务消灭。

部分连带债务人的债务与债权人的债权同归于一人的，在扣除该债务人应当承担的份额后，债权人对其他债务人的债权继续存在。

债权人对部分连带债务人的给付受领迟延的，对其他连带债务人发生效力。

第五百二十一条 连带债权人之间的份额难以确定的，视为份额相同。

实际受领债权的连带债权人，应当按比例向其他连带债权人返还。

连带债权参照适用本章连带债务的有关规定。

第五百二十二条 当事人约定由债务人向第三人履行债务，债务人未向第三人履行债务或者履行债务不符合约定的，应当向债权人承担违约责任。

法律规定或者当事人约定第三人可以直接请求债务人向其履行债务，第三人未在合理期限内明确拒绝，债务人未向第三人履行债务或者履行债务不符合约定的，第三人可以请求债务人承担违约责任；债务人对债权人的抗辩，可以向第三人主张。

第五百二十三条 当事人约定由第三人向债权人履行债务，第三人不履行债务或者履行债务不符合约定的，债务人应当向债权人承担违约责任。

第五百二十四条 债务人不履行债务，第三人对履行该债务具有合法利益的，第三人有权向债权人代为履行；但是，根据债务性质、按照当事人约定或者依照法律规定只能由债务人履行的除外。

债权人接受第三人履行后，其对债务人的债权转让给第三人，但是债务人和第三人另有约定的除外。

第五百二十五条 当事人互负债务，没有先后履行顺序的，应当同时履行。一方在对方履行之前有权拒绝其履行请求。一方在对方履行债务不符合约定时，有权拒绝其相应的履行请求。

第五百二十六条 当事人互负债务，有先后履行顺序，应当先履行债务一方未履行的，后履行一方有权拒绝其履行请求。先履行一方履行债务不符合约定的，后履行一方有权拒绝其相应的履行请求。

第五百二十七条 应当先履行债务的当事人，有确切证据证明对方有下列情形之一的，可以中止履行：

（一）经营状况严重恶化；

（二）转移财产、抽逃资金，以逃避债务；

（三）丧失商业信誉；

（四）有丧失或者可能丧失履行债务能力的其他情形。

当事人没有确切证据中止履行的，应当承担违约责任。

第五百二十八条 当事人依据前条规定中止履行的，应当及时通知对方。对方提供适当担保的，应当恢复履行。中止履行后，对方在合理期限内未恢复履行能力且未提供适当担保的，视为以自己的行为表明不履行主要债务，中止履行的一方可以解除合同并可以请求对方承担违约责任。

第五百二十九条 债权人分立、合并或者变更住所没有通知债务人，致使履行债务发生困难的，债务人可以中止履行或者将标的物提存。

第五百三十条 债权人可以拒绝债务人提前履行债务，但是提前履行不损害债权人利益的除外。

债务人提前履行债务给债权人增加的费用，由债务人负担。

第五百三十一条 债权人可以拒绝债务人部分履行债务，但是部分履行不损害债权人利益的除外。

债务人部分履行债务给债权人增加的费用，由债务人负担。

第五百三十二条 合同生效后，当事人不得因姓名、名称的变更或者法定代表人、负责人、承办人的变动而不履行合同义务。

第五百三十三条 合同成立后，合同的基础条件发生了当事人在订立合同时无法预见的、不属于商业风险的重大变化，继续履行合同对于当事人一方明显不公平的，受不利影响的当事人可以与对方重新协商；在合理期限内协商不成的，当事人可以请求人民法院或者仲裁机构变更或者解除合同。

人民法院或者仲裁机构应当结合案件的实际情况，根据公平原则变更或者解除合同。

第五百三十四条 对当事人利用合同实施危害国家利益、社会公共利益行为的，市场监督管理和其他有关行政主管部门依照法律、行政法规的规定负责监督处理。

第五章　合同的保全

第五百三十五条　因债务人怠于行使其债权或者与该债权有关的从权利，影响债权人的到期债权实现的，债权人可以向人民法院请求以自己的名义代位行使债务人对相对人的权利，但是该权利专属于债务人自身的除外。

代位权的行使范围以债权人的到期债权为限。债权人行使代位权的必要费用，由债务人负担。

相对人对债务人的抗辩，可以向债权人主张。

第五百三十六条　债权人的债权到期前，债务人的债权或者与该债权有关的从权利存在诉讼时效期间即将届满或者未及时申报破产债权等情形，影响债权人的债权实现的，债权人可以代位向债务人的相对人请求其向债务人履行、向破产管理人申报或者作出其他必要的行为。

第五百三十七条　人民法院认定代位权成立的，由债务人的相对人向债权人履行义务，债权人接受履行后，债权人与债务人、债务人与相对人之间相应的权利义务终止。债务人对相对人的债权或者与该债权有关的从权利被采取保全、执行措施，或者债务人破产的，依照相关法律的规定处理。

第五百三十八条　债务人以放弃其债权、放弃债权担保、无偿转让财产等方式无偿处分财产权益，或者恶意延长其到期债权的履行期限，影响债权人的债权实现的，债权人可以请求人民法院撤销债务人的行为。

第五百三十九条　债务人以明显不合理的低价转让财产、以明显不合理的高价受让他人财产或者为他人的债务提供担保，影响债权人的债权实现，债务人的相对人知道或者应当知道该情形的，债权人可以请求人民法院撤销债务人的行为。

第五百四十条　撤销权的行使范围以债权人的债权为限。债权人行使撤销权的必要费用，由债务人负担。

第五百四十一条　撤销权自债权人知道或者应当知道撤销事由之日起一年内行使。自债务人的行为发生之日起五年内没有行使撤销权的，该撤销权消灭。

第五百四十二条　债务人影响债权人的债权实现的行为被撤销的，自始没有法律约束力。

第六章　合同的变更和转让

第五百四十三条　当事人协商一致，可以变更合同。

第五百四十四条　当事人对合同变更的内容约定不明确的，推定为未变更。

第五百四十五条　债权人可以将债权的全部或者部分转让给第三人，但是有下列情形之一的除外：

（一）根据债权性质不得转让；

（二）按照当事人约定不得转让；

（三）依照法律规定不得转让。

当事人约定非金钱债权不得转让的，不得对抗善意第三人。当事人约定金钱债权不得转让的，不得对抗第三人。

第五百四十六条 债权人转让债权，未通知债务人的，该转让对债务人不发生效力。

债权转让的通知不得撤销，但是经受让人同意的除外。

第五百四十七条 债权人转让债权的，受让人取得与债权有关的从权利，但是该从权利专属于债权人自身的除外。

受让人取得从权利不因该从权利未办理转移登记手续或者未转移占有而受到影响。

第五百四十八条 债务人接到债权转让通知后，债务人对让与人的抗辩，可以向受让人主张。

第五百四十九条 有下列情形之一的，债务人可以向受让人主张抵销：

（一）债务人接到债权转让通知时，债务人对让与人享有债权，且债务人的债权先于转让的债权到期或者同时到期；

（二）债务人的债权与转让的债权是基于同一合同产生。

第五百五十条 因债权转让增加的履行费用，由让与人负担。

第五百五十一条 债务人将债务的全部或者部分转移给第三人的，应当经债权人同意。

债务人或者第三人可以催告债权人在合理期限内予以同意，债权人未作表示的，视为不同意。

第五百五十二条 第三人与债务人约定加入债务并通知债权人，或者第三人向债权人表示愿意加入债务，债权人未在合理期限内明确拒绝的，债权人可以请求第三人在其愿意承担的债务范围内和债务人承担连带债务。

第五百五十三条 债务人转移债务的，新债务人可以主张原债务人对债权人的抗辩；原债务人对债权人享有债权的，新债务人不得向债权人主张抵销。

第五百五十四条 债务人转移债务的，新债务人应当承担与主债务有关的从债务，但是该从债务专属于原债务人自身的除外。

第五百五十五条 当事人一方经对方同意，可以将自己在合同中的权利和义务一并转让给第三人。

第五百五十六条 合同的权利和义务一并转让的，适用债权转让、债务转移的有关规定。

第七章 合同的权利义务终止

第五百五十七条 有下列情形之一的，债权债务终止：

（一）债务已经履行；

（二）债务相互抵销；

（三）债务人依法将标的物提存；

（四）债权人免除债务；

（五）债权债务同归于一人；

（六）法律规定或者当事人约定终止的其他情形。

合同解除的，该合同的权利义务关系终止。

第五百五十八条 债权债务终止后，当事人应当遵循诚信等原则，根据交易习惯履行通知、协助、保密、旧物回收等义务。

第五百五十九条 债权债务终止时，债权的从权利同时消灭，但是法律另有规定或者当事人另有约定的除外。

第五百六十条 债务人对同一债权人负担的数项债务种类相同，债务人的给付不足以清偿全部债务的，除当事人另有约定外，由债务人在清偿时指定其履行的债务。

债务人未作指定的，应当优先履行已经到期的债务；数项债务均到期的，优先履行对债权人缺乏担保或者担保最少的债务；均无担保或者担保相等的，优先履行债务人负担较重的债务；负担相同的，按照债务到期的先后顺序履行；到期时间相同的，按照债务比例履行。

第五百六十一条 债务人在履行主债务外还应当支付利息和实现债权的有关费用，其给付不足以清偿全部债务的，除当事人另有约定外，应当按照下列顺序履行：

（一）实现债权的有关费用；

（二）利息；

（三）主债务。

第五百六十二条 当事人协商一致，可以解除合同。

当事人可以约定一方解除合同的事由。解除合同的事由发生时，解除权人可以解除合同。

第五百六十三条 有下列情形之一的，当事人可以解除合同：

（一）因不可抗力致使不能实现合同目的；

（二）在履行期限届满前，当事人一方明确表示或者以自己的行为表明不履行主要债务；

（三）当事人一方迟延履行主要债务，经催告后在合理期限内仍未履行；

（四）当事人一方迟延履行债务或者有其他违约行为致使不能实现合同目的；

（五）法律规定的其他情形。

以持续履行的债务为内容的不定期合同，当事人可以随时解除合同，但是应当在合理期限之前通知对方。

第五百六十四条 法律规定或者当事人约定解除权行使期限，期限届满当事人不行使的，该权利消灭。

法律没有规定或者当事人没有约定解除权行使期限，自解除权人知道或者应当知道解除事由之日起一年内不行使，或者经对方催告后在合理期限内不行使的，该权利消灭。

第五百六十五条 当事人一方依法主张解除合同的，应当通知对方。合同自通知到达对方时解除；通知载明债务人在一定期限内不履行债务则合同自动解除，债务人在该期限内未履行债务的，合同自通知载明的期限届满时解除。对方对解除合同有异议的，任何一方当事人均可以请求人民法院或者仲裁机构确认解除行为的效力。

当事人一方未通知对方，直接以提起诉讼或者申请仲裁的方式依法主张解除合同，人民法院或者仲裁机构确认该主张的，合同自起诉状副本或者仲裁申请书副本送达对方时解除。

第五百六十六条 合同解除后，尚未履行的，终止履行；已经履行的，根据履行情况和合同性质，当事人可以请求恢复原状或者采取其他补救措施，并有权请求赔偿损失。

合同因违约解除的，解除权人可以请求违约方承担违约责任，但是当事人另有约定的除外。

主合同解除后，担保人对债务人应当承担的民事责任仍应当承担担保责任，但是担保合同另有约定的除外。

第五百六十七条 合同的权利义务关系终止，不影响合同中结算和清理条款的效力。

第五百六十八条 当事人互负债务，该债务的标的物种类、品质相同的，任何一方可以将自己的债务与对方的到期债务抵销；但是，根据债务性质、按照当事人约定或者依照法律规定不得抵销的除外。

当事人主张抵销的，应当通知对方。通知自到达对方时生效。抵销不得附条件或者附期限。

第五百六十九条 当事人互负债务，标的物种类、品质不相同的，经协商一致，也可以抵销。

第五百七十条 有下列情形之一，难以履行债务的，债务人可以将标的物提存：

（一）债权人无正当理由拒绝受领；

（二）债权人下落不明；

（三）债权人死亡未确定继承人、遗产管理人，或者丧失民事行为能力未确定监护人；

（四）法律规定的其他情形。

标的物不适于提存或者提存费用过高的，债务人依法可以拍卖或者变卖标的物，提存所得的价款。

第五百七十一条 债务人将标的物或者将标的物依法拍卖、变卖所得价款交付提存部门时，提存成立。

提存成立的，视为债务人在其提存范围内已经交付标的物。

第五百七十二条 标的物提存后，债务人应当及时通知债权人或者债权人的继承人、遗产管理人、监护人、财产代管人。

第五百七十三条 标的物提存后，毁损、灭失的风险由债权人承担。提存期间，标的物的孳息归债权人所有。提存费用由债权人负担。

第五百七十四条 债权人可以随时领取提存物。但是，债权人对债务人负有到期债务的，在债权人未履行债务或者提供担保之前，提存部门根据债务人的要求应当拒绝其领取提存物。

债权人领取提存物的权利，自提存之日起五年内不行使而消灭，提存物扣除提存费用后归国家所有。但是，债权人未履行对债务人的到期债务，或者债权人向提存部门书面表示放弃领取提存物权利的，债务人负担提存费用后有权取回提存物。

第五百七十五条 债权人免除债务人部分或者全部债务的，债权债务部分或者全部终止，但是债务人在合理期限内拒绝的除外。

第五百七十六条 债权和债务同归于一人的，债权债务终止，但是损害第三人利益的除外。

第八章 违约责任

第五百七十七条 当事人一方不履行合同义务或者履行合同义务不符合约定的，应当承担继续履行、采取补救措施或者赔偿损失等违约责任。

第五百七十八条 当事人一方明确表示或者以自己的行为表明不履行合同义务的，对方可以在履行期限届满前请求其承担违约责任。

第五百七十九条 当事人一方未支付价款、报酬、租金、利息，或者不履行其他金钱债务的，对方可以请求其支付。

第五百八十条 当事人一方不履行非金钱债务或者履行非金钱债务不符合约定的，对方可以请求履行，但是有下列情形之一的除外：

（一）法律上或者事实上不能履行；

（二）债务的标的不适于强制履行或者履行费用过高；

（三）债权人在合理期限内未请求履行。

有前款规定的除外情形之一，致使不能实现合同目的的，人民法院或者仲裁机构可以根据当事人的请求终止合同权利义务关系，但是不影响违约责任的承担。

第五百八十一条 当事人一方不履行债务或者履行债务不符合约定，根据债务的性质不得强制履行的，对方可以请求其负担由第三人替代履行的费用。

第五百八十二条 履行不符合约定的，应当按照当事人的约定承担违约责任。对违约责任没有约定或者约定不明确，依据本法第五百一十条的规定仍不能确定的，受损害方根据标的的性质以及损失的大小，可以合理选择请求对方承担修理、重作、更换、退货、减少价款或者报酬等违约责任。

第五百八十三条 当事人一方不履行合同义务或者履行合同义务不符合约定的，在履行义务或者采取补救措施后，对方还有其他损失的，应当赔偿损失。

第五百八十四条 当事人一方不履行合同义务或者履行合同义务不符合约定，造成对方损失的，损失赔偿额应当相当于因违约所造成的损失，包括合同履行后可以获得的利益；但是，不得超过违约一方订立合同时预见到或者应当预见到的因违约可能造成的损失。

第五百八十五条 当事人可以约定一方违约时应当根据违约情况向对方支付一定数额的违约金，也可以约定因违约产生的损失赔偿额的计算方法。

约定的违约金低于造成的损失的，人民法院或者仲裁机构可以根据当事人的请求予以增加；约定的违约金过分高于造成的损失的，人民法院或者仲裁机构可以根据当事人的请求予以适当减少。

当事人就迟延履行约定违约金的，违约方支付违约金后，还应当履行债务。

第五百八十六条 当事人可以约定一方向对方给付定金作为债权的担保。定金合同自实际交付定金时成立。

定金的数额由当事人约定；但是，不得超过主合同标的额的百分之二十，超过部分不产生定金的效力。实际交付的定金数额多于或者少于约定数额的，视为变更约定的定金数额。

第五百八十七条 债务人履行债务的，定金应当抵作价款或者收回。给付定金的一方不履行债务或者履行债务不符合约定，致使不能实现合同目的的，无权请求返还定金；收受定金的一方不履行债务或者履行债务不符合约定，致使不能实现合同目的的，应当双倍返还定金。

第五百八十八条 当事人既约定违约金，又约定定金的，一方违约时，对方可以选择适用违约金或者定金条款。

定金不足以弥补一方违约造成的损失的，对方可以请求赔偿超过定金数额的损失。

第五百八十九条 债务人按照约定履行债务，债权人无正当理由拒绝受领的，债务人可以请求债权人赔偿增加的费用。

在债权人受领迟延期间，债务人无须支付利息。

第五百九十条 当事人一方因不可抗力不能履行合同的，根据不可抗力的影响，部分或者全部免除责任，但是法律另有规定的除外。因不可抗力不能履行合同的，应当及时通知对方，以减轻可能给对方造成的损失，并应当在合理期限内提供证明。

当事人迟延履行后发生不可抗力的，不免除其违约责任。

第五百九十一条 当事人一方违约后，对方应当采取适当措施防止损失的扩大；没有采取适当措施致使损失扩大的，不得就扩大的损失请求赔偿。

当事人因防止损失扩大而支出的合理费用，由违约方负担。

第五百九十二条 当事人都违反合同的，应当各自承担相应的责任。

当事人一方违约造成对方损失，对方对损失的发生有过错的，可以减少相应的损失赔偿额。

第五百九十三条 当事人一方因第三人的原因造成违约的，应当依法向对方承担违约责任。当事人一方和第三人之间的纠纷，依照法律规定或者按照约定处理。

第五百九十四条 因国际货物买卖合同和技术进出口合同争议提起诉讼或者申请仲裁的时效期间为四年。

第二分编　典 型 合 同

第十七章　承 揽 合 同

第七百七十条　承揽合同是承揽人按照定作人的要求完成工作，交付工作成果，定作人支付报酬的合同。

承揽包括加工、定作、修理、复制、测试、检验等工作。

第七百七十一条　承揽合同的内容一般包括承揽的标的、数量、质量、报酬，承揽方式，材料的提供，履行期限，验收标准和方法等条款。

第七百七十二条　承揽人应当以自己的设备、技术和劳力，完成主要工作，但是当事人另有约定的除外。

承揽人将其承揽的主要工作交由第三人完成的，应当就该第三人完成的工作成果向定作人负责；未经定作人同意的，定作人也可以解除合同。

第七百七十三条　承揽人可以将其承揽的辅助工作交由第三人完成。承揽人将其承揽的辅助工作交由第三人完成的，应当就该第三人完成的工作成果向定作人负责。

第七百七十四条　承揽人提供材料的，应当按照约定选用材料，并接受定作人检验。

第七百七十五条　定作人提供材料的，应当按照约定提供材料。承揽人对定作人提供的材料应当及时检验，发现不符合约定时，应当及时通知定作人更换、补齐或者采取其他补救措施。

承揽人不得擅自更换定作人提供的材料，不得更换不需要修理的零部件。

第七百七十六条　承揽人发现定作人提供的图纸或者技术要求不合理的，应当及时通知定作人。因定作人怠于答复等原因造成承揽人损失的，应当赔偿损失。

第七百七十七条　定作人中途变更承揽工作的要求，造成承揽人损失的，应当赔偿损失。

第七百七十八条　承揽工作需要定作人协助的，定作人有协助的义务。定作人不履行协助义务致使承揽工作不能完成的，承揽人可以催告定作人在合理期限内履行义务，并可以顺延履行期限；定作人逾期不履行的，承揽人可以解除合同。

第七百七十九条　承揽人在工作期间，应当接受定作人必要的监督检验。定作人不得因监督检验妨碍承揽人的正常工作。

第七百八十条　承揽人完成工作的，应当向定作人交付工作成果，并提交必要的技术资料和有关质量证明。定作人应当验收该工作成果。

第七百八十一条　承揽人交付的工作成果不符合质量要求的，定作人可以合理选择请求承揽人承担修理、重作、减少报酬、赔偿损失等违约责任。

第七百八十二条　定作人应当按照约定的期限支付报酬。对支付报酬的期限没有约定或者约定不明确，依据本法第五百一十条的规定仍不能确定的，定作人应当在承揽人交付工作成果时支付；工作成果部分交付的，定作人应当相应支付。

第七百八十三条 定作人未向承揽人支付报酬或者材料费等价款的，承揽人对完成的工作成果享有留置权或者有权拒绝交付，但是当事人另有约定的除外。

第七百八十四条 承揽人应当妥善保管定作人提供的材料以及完成的工作成果，因保管不善造成毁损、灭失的，应当承担赔偿责任。

第七百八十五条 承揽人应当按照定作人的要求保守秘密，未经定作人许可，不得留存复制品或者技术资料。

第七百八十六条 共同承揽人对定作人承担连带责任，但是当事人另有约定的除外。

第七百八十七条 定作人在承揽人完成工作前可以随时解除合同，造成承揽人损失的，应当赔偿损失。

第十八章　建设工程合同

第七百八十八条 建设工程合同是承包人进行工程建设，发包人支付价款的合同。

建设工程合同包括工程勘察、设计、施工合同。

第七百八十九条 建设工程合同应当采用书面形式。

第七百九十条 建设工程的招标投标活动，应当依照有关法律的规定公开、公平、公正进行。

第七百九十一条 发包人可以与总承包人订立建设工程合同，也可以分别与勘察人、设计人、施工人订立勘察、设计、施工承包合同。发包人不得将应当由一个承包人完成的建设工程支解成若干部分发包给数个承包人。

总承包人或者勘察、设计、施工承包人经发包人同意，可以将自己承包的部分工作交由第三人完成。第三人就其完成的工作成果与总承包人或者勘察、设计、施工承包人向发包人承担连带责任。承包人不得将其承包的全部建设工程转包给第三人或者将其承包的全部建设工程支解以后以分包的名义分别转包给第三人。

禁止承包人将工程分包给不具备相应资质条件的单位。禁止分包单位将其承包的工程再分包。建设工程主体结构的施工必须由承包人自行完成。

第七百九十二条 国家重大建设工程合同，应当按照国家规定的程序和国家批准的投资计划、可行性研究报告等文件订立。

第七百九十三条 建设工程施工合同无效，但是建设工程经验收合格的，可以参照合同关于工程价款的约定折价补偿承包人。

建设工程施工合同无效，且建设工程经验收不合格的，按照以下情形处理：

（一）修复后的建设工程经验收合格的，发包人可以请求承包人承担修复费用；

（二）修复后的建设工程经验收不合格的，承包人无权请求参照合同关于工程价款的约定折价补偿。

发包人对因建设工程不合格造成的损失有过错的，应当承担相应的责任。

第七百九十四条 勘察、设计合同的内容一般包括提交有关基础资料和概预算等文件的期限、质量要求、费用以及其他协作条件等条款。

第七百九十五条 施工合同的内容一般包括工程范围、建设工期、中间交工工程的开工和竣工时间、工程质量、工程造价、技术资料交付时间、材料和设备供应责任、拨款和结算、竣工验收、质量保修范围和质量保证期、相互协作等条款。

第七百九十六条 建设工程实行监理的，发包人应当与监理人采用书面形式订立委托监理合同。发包人与监理人的权利和义务以及法律责任，应当依照本编委托合同以及其他有关法律、行政法规的规定。

第七百九十七条 发包人在不妨碍承包人正常作业的情况下，可以随时对作业进度、质量进行检查。

第七百九十八条 隐蔽工程在隐蔽以前，承包人应当通知发包人检查。发包人没有及时检查的，承包人可以顺延工程日期，并有权请求赔偿停工、窝工等损失。

第七百九十九条 建设工程竣工后，发包人应当根据施工图纸及说明书、国家颁发的施工验收规范和质量检验标准及时进行验收。验收合格的，发包人应当按照约定支付价款，并接收该建设工程。

建设工程竣工经验收合格后，方可交付使用；未经验收或者验收不合格的，不得交付使用。

第八百条 勘察、设计的质量不符合要求或者未按照期限提交勘察、设计文件拖延工期，造成发包人损失的，勘察人、设计人应当继续完善勘察、设计，减收或者免收勘察、设计费并赔偿损失。

第八百零一条 因施工人的原因致使建设工程质量不符合约定的，发包人有权请求施工人在合理期限内无偿修理或者返工、改建。经过修理或者返工、改建后，造成逾期交付的，施工人应当承担违约责任。

第八百零二条 因承包人的原因致使建设工程在合理使用期限内造成人身损害和财产损失的，承包人应当承担赔偿责任。

第八百零三条 发包人未按照约定的时间和要求提供原材料、设备、场地、资金、技术资料的，承包人可以顺延工程日期，并有权请求赔偿停工、窝工等损失。

第八百零四条 因发包人的原因致使工程中途停建、缓建的，发包人应当采取措施弥补或者减少损失，赔偿承包人因此造成的停工、窝工、倒运、机械设备调迁、材料和构件积压等损失和实际费用。

第八百零五条 因发包人变更计划，提供的资料不准确，或者未按照期限提供必需的勘察、设计工作条件而造成勘察、设计的返工、停工或者修改设计，发包人应当按照勘察人、设计人实际消耗的工作量增付费用。

第八百零六条 承包人将建设工程转包、违法分包的，发包人可以解除合同。

发包人提供的主要建筑材料、建筑构配件和设备不符合强制性标准或者不履行协助义务，致使承包人无法施工，经催告后在合理期限内仍未履行相应义务的，承包人可以解除合同。

合同解除后，已经完成的建设工程质量合格的，发包人应当按照约定支付相应的工程价款；已经完成的建设工程质量不合格的，参照本法第七百九十三条的规定处理。

第八百零七条 发包人未按照约定支付价款的，承包人可以催告发包人在合理期限内支付价款。发包人逾期不支付的，除根据建设工程的性质不宜折价、拍卖外，承包人可以与发包人协议将该工程折价，也可以请求人民法院将该工程依法拍卖。建设工程的价款就该工程折价或者拍卖的价款优先受偿。

第八百零八条 本章没有规定的，适用承揽合同的有关规定。

2 《最高人民法院关于民事诉讼证据的若干规定》

（法释〔2019〕19 号）

一、当事人举证

第一条 原告向人民法院起诉或者被告提出反诉，应当提供符合起诉条件的相应的证据。

第二条 人民法院应当向当事人说明举证的要求及法律后果，促使当事人在合理期限内积极、全面、正确、诚实地完成举证。

当事人因客观原因不能自行收集的证据，可申请人民法院调查收集。

第三条 在诉讼过程中，一方当事人陈述的于己不利的事实，或者对于己不利的事实明确表示承认的，另一方当事人无需举证证明。

在证据交换、询问、调查过程中，或者在起诉状、答辩状、代理词等书面材料中，当事人明确承认于己不利的事实的，适用前款规定。

第四条 一方当事人对于另一方当事人主张的于己不利的事实既不承认也不否认，经审判人员说明并询问后，其仍然不明确表示肯定或者否定的，视为对该事实的承认。

第五条 当事人委托诉讼代理人参加诉讼的，除授权委托书明确排除的事项外，诉讼代理人的自认视为当事人的自认。

当事人在场对诉讼代理人的自认明确否认的，不视为自认。

第六条 普通共同诉讼中，共同诉讼人中一人或者数人作出的自认，对作出自认的当事人发生效力。

必要共同诉讼中，共同诉讼人中一人或者数人作出自认而其他共同诉讼人予以否认的，不发生自认的效力。其他共同诉讼人既不承认也不否认，经审判人员说明并询问后仍然不明确表示意见的，视为全体共同诉讼人的自认。

第七条 一方当事人对于另一方当事人主张的于己不利的事实有所限制或者附加条件予以承认的，由人民法院综合案件情况决定是否构成自认。

第八条 《最高人民法院关于适用〈中华人民共和国民事诉讼法〉的解释》第九十六条第一款规定的事实，不适用有关自认的规定。

自认的事实与已经查明的事实不符的，人民法院不予确认。

第九条 有下列情形之一，当事人在法庭辩论终结前撤销自认的，人民法院应当准许：

（一）经对方当事人同意的；

（二）自认是在受胁迫或者重大误解情况下作出的。

人民法院准许当事人撤销自认的，应当作出口头或者书面裁定。

第十条 下列事实，当事人无须举证证明：

（一）自然规律以及定理、定律；

（二）众所周知的事实；

（三）根据法律规定推定的事实；

（四）根据已知的事实和日常生活经验法则推定出的另一事实；

（五）已为仲裁机构的生效裁决所确认的事实；

（六）已为人民法院发生法律效力的裁判所确认的基本事实；

（七）已为有效公证文书所证明的事实。

前款第二项至第五项事实，当事人有相反证据足以反驳的除外；第六项、第七项事实，当事人有相反证据足以推翻的除外。

第十一条 当事人向人民法院提供证据，应当提供原件或者原物。如需自己保存证据原件、原物或者提供原件、原物确有困难的，可以提供经人民法院核对无异的复制件或者复制品。

第十二条 以动产作为证据的，应当将原物提交人民法院。原物不宜搬移或者不宜保存的，当事人可以提供复制品、影像资料或者其他替代品。

人民法院在收到当事人提交的动产或者替代品后，应当及时通知双方当事人到人民法院或者保存现场查验。

第十三条 当事人以不动产作为证据的，应当向人民法院提供该不动产的影像资料。

人民法院认为有必要的，应当通知双方当事人到场进行查验。

第十四条 电子数据包括下列信息、电子文件：

（一）网页、博客、微博客等网络平台发布的信息；

（二）手机短信、电子邮件、即时通信、通讯群组等网络应用服务的通信信息；

（三）用户注册信息、身份认证信息、电子交易记录、通信记录、登录日志等信息；

（四）文档、图片、音频、视频、数字证书、计算机程序等电子文件；

（五）其他以数字化形式存储、处理、传输的能够证明案件事实的信息。

第十五条 当事人以视听资料作为证据的，应当提供存储该视听资料的原始载体。

当事人以电子数据作为证据的，应当提供原件。电子数据的制作者制作的与原件一致的副本，或者直接来源于电子数据的打印件或其他可以显示、识别的输出介质，视为电子数据的原件。

第十六条 当事人提供的公文书证系在中华人民共和国领域外形成的，该证据应当经所在国公证机关证明，或者履行中华人民共和国与该所在国订立的有关条约中规定的证明手续。

中华人民共和国领域外形成的涉及身份关系的证据，应当经所在国公证机关证明并经中华人民共和国驻该国使领馆认证，或者履行中华人民共和国与该所在国订立的有关条约中规定的证明手续。

当事人向人民法院提供的证据是在香港、澳门、台湾地区形成的，应当履行相关的证明手续。

第十七条 当事人向人民法院提供外文书证或者外文说明资料，应当附有中文译本。

第十八条 双方当事人无争议的事实符合《最高人民法院关于适用〈中华人民共和国民事诉讼法〉的解释》第九十六条第一款规定情形的，人民法院可以责令当事人提供有关证据。

第十九条 当事人应当对其提交的证据材料逐一分类编号，对证据材料的来源、证明对象和内容作简要说明，签名盖章，注明提交日期，并依照对方当事人人数提出副本。

人民法院收到当事人提交的证据材料，应当出具收据，注明证据的名称、份数和页数以及收到的时间，由经办人员签名或者盖章。

二、证据的调查收集和保全

第二十条 当事人及其诉讼代理人申请人民法院调查收集证据，应当在举证期限届满前提交书面申请。

申请书应当载明被调查人的姓名或者单位名称、住所地等基本情况、所要调查收集的证据名称或者内容、需要由人民法院调查收集证据的原因及其要证明的事实以及明确的线索。

第二十一条 人民法院调查收集的书证，可以是原件，也可以是经核对无误的副本或者复制件。是副本或者复制件的，应当在调查笔录中说明来源和取证情况。

第二十二条 人民法院调查收集的物证应当是原物。被调查人提供原物确有困难的，可以提供复制品或者影像资料。提供复制品或者影像资料的，应当在调查笔录中说明取证情况。

第二十三条 人民法院调查收集视听资料、电子数据，应当要求被调查人提供原始载体。

提供原始载体确有困难的，可以提供复制件。提供复制件的，人民法院应当在调查笔录中说明其来源和制作经过。

人民法院对视听资料、电子数据采取证据保全措施的，适用前款规定。

第二十四条 人民法院调查收集可能需要鉴定的证据，应当遵守相关技术规范，确保证据不被污染。

第二十五条 当事人或者利害关系人根据民事诉讼法第八十一条的规定申请证据保全的，申请书应当载明需要保全的证据的基本情况、申请保全的理由以及采取何种保全措施等内容。

当事人根据民事诉讼法第八十一条第一款的规定申请证据保全的，应当在举证期限届满前向人民法院提出。

法律、司法解释对诉前证据保全有规定的，依照其规定办理。

第二十六条 当事人或者利害关系人申请采取查封、扣押等限制保全标的物使用、流通等保全措施，或者保全可能对证据持有人造成损失的，人民法院应当责令申请人提供相应的担保。

担保方式或者数额由人民法院根据保全措施对证据持有人的影响、保全标的物的价值、当事人或者利害关系人争议的诉讼标的金额等因素综合确定。

第二十七条 人民法院进行证据保全，可以要求当事人或者诉讼代理人到场。

根据当事人的申请和具体情况，人民法院可以采取查封、扣押、录音、录像、复制、鉴定、勘验等方法进行证据保全，并制作笔录。

在符合证据保全目的的情况下，人民法院应当选择对证据持有人利益影响最小的保全措施。

第二十八条 申请证据保全错误造成财产损失，当事人请求申请人承担赔偿责任的，人民法院应予支持。

第二十九条 人民法院采取诉前证据保全措施后，当事人向其他有管辖权的人民法院提起诉讼的，采取保全措施的人民法院应当根据当事人的申请，将保全的证据及时移交受理案件的人民法院。

第三十条 人民法院在审理案件过程中认为待证事实需要通过鉴定意见证明的，应当向当事人释明，并指定提出鉴定申请的期间。

符合《最高人民法院关于适用〈中华人民共和国民事诉讼法〉的解释》第九十六条第一款规定情形的，人民法院应当依职权委托鉴定。

第三十一条 当事人申请鉴定，应当在人民法院指定期间内提出，并预交鉴定费用。逾期不提出申请或者不预交鉴定费用的，视为放弃申请。

对需要鉴定的待证事实负有举证责任的当事人，在人民法院指定期间内无正当理由不提出鉴定申请或者不预交鉴定费用，或者拒不提供相关材料，致使待证事实无法查明的，应当承担举证不能的法律后果。

第三十二条 人民法院准许鉴定申请的，应当组织双方当事人协商确定具备相应资格的鉴定人。当事人协商不成的，由人民法院指定。

人民法院依职权委托鉴定的，可以在询问当事人的意见后，指定具备相应资格的鉴定人。

人民法院在确定鉴定人后应当出具委托书，委托书中应当载明鉴定事项、鉴定范围、鉴定目的和鉴定期限。

第三十三条 鉴定开始之前，人民法院应当要求鉴定人签署承诺书。承诺书中应当载明鉴定人保证客观、公正、诚实地进行鉴定，保证出庭作证，如作虚假鉴定应当承担法律责任等内容。

鉴定人故意作虚假鉴定的，人民法院应当责令其退还鉴定费用，并根据情节，依照民事诉讼法第一百一十一条的规定进行处罚。

第三十四条 人民法院应当组织当事人对鉴定材料进行质证。未经质证的材料，不得作为鉴定的根据。

经人民法院准许，鉴定人可以调取证据、勘验物证和现场、询问当事人或者证人。

第三十五条 鉴定人应当在人民法院确定的期限内完成鉴定，并提交鉴定书。

鉴定人无正当理由未按期提交鉴定书的，当事人可以申请人民法院另行委托鉴定人进行鉴定。人民法院准许的，原鉴定人已经收取的鉴定费用应当退还；拒不退还的，依照本规定第八十一条第二款的规定处理。

第三十六条 人民法院对鉴定人出具的鉴定书，应当审查是否具有下列内容：

（一）委托法院的名称；

（二）委托鉴定的内容、要求；

（三）鉴定材料；

（四）鉴定所依据的原理、方法；

（五）对鉴定过程的说明；

（六）鉴定意见；

（七）承诺书。

鉴定书应当由鉴定人签名或者盖章，并附鉴定人的相应资格证明。委托机构鉴定的，鉴定书应当由鉴定机构盖章，并由从事鉴定的人员签名。

第三十七条 人民法院收到鉴定书后，应当及时将副本送交当事人。

当事人对鉴定书的内容有异议的，应当在人民法院指定期间内以书面方式提出。

对于当事人的异议，人民法院应当要求鉴定人作出解释、说明或者补充。人民法院认为有必要的，可以要求鉴定人对当事人未提出异议的内容进行解释、说明或者补充。

第三十八条 当事人在收到鉴定人的书面答复后仍有异议的，人民法院应当根据《诉讼费用交纳办法》第十一条的规定，通知有异议的当事人预交鉴定人出庭费用，并通知鉴定人出庭。有异议的当事人不预交鉴定人出庭费用的，视为放弃异议。

双方当事人对鉴定意见均有异议的，分摊预交鉴定人出庭费用。

第三十九条 鉴定人出庭费用按照证人出庭作证费用的标准计算，由败诉的当事人负担。因鉴定意见不明确或者有瑕疵需要鉴定人出庭的，出庭费用由其自行负担。

人民法院委托鉴定时已经确定鉴定人出庭费用包含在鉴定费用中的，不再通知当事人预交。

第四十条 当事人申请重新鉴定，存在下列情形之一的，人民法院应当准许：

（一）鉴定人不具备相应资格的；

（二）鉴定程序严重违法的；

（三）鉴定意见明显依据不足的；

（四）鉴定意见不能作为证据使用的其他情形。

存在前款第一项至第三项情形的，鉴定人已经收取的鉴定费用应当退还。拒不退还的，依照本规定第八十一条第二款的规定处理。

对鉴定意见的瑕疵，可以通过补正、补充鉴定或者补充质证、重新质证等方法解决的，人民法院不予准许重新鉴定的申请。

重新鉴定的，原鉴定意见不得作为认定案件事实的根据。

第四十一条 对于一方当事人就专门性问题自行委托有关机构或者人员出具的意见，另一方当事人有证据或者理由足以反驳并申请鉴定的，人民法院应予准许。

第四十二条 鉴定意见被采信后，鉴定人无正当理由撤销鉴定意见的，人民法院应当责令其退还鉴定费用，并可以根据情节，依照民事诉讼法第一百一十一条的规定对鉴定人进行处罚。当事人主张鉴定人负担由此增加的合理费用的，人民法院应予支持。

人民法院采信鉴定意见后准许鉴定人撤销的，应当责令其退还鉴定费用。

第四十三条 人民法院应当在勘验前将勘验的时间和地点通知当事人。当事人不参加的，不影响勘验进行。

当事人可以就勘验事项向人民法院进行解释和说明，可以请求人民法院注意勘验中的重要事项。

人民法院勘验物证或者现场，应当制作笔录，记录勘验的时间、地点、勘验人、在场人、勘验的经过、结果，由勘验人、在场人签名或者盖章。对于绘制的现场图应当注明绘制的时间、方位、测绘人姓名、身份等内容。

第四十四条 摘录有关单位制作的与案件事实相关的文件、材料，应当注明出处，并加盖制作单位或者保管单位的印章，摘录人和其他调查人员应当在摘录件上签名或者盖章。

摘录文件、材料应当保持内容相应的完整性。

第四十五条 当事人根据《最高人民法院关于适用〈中华人民共和国民事诉讼法〉的解释》第一百一十二条的规定申请人民法院责令对方当事人提交书证的，申请书应当载明所申请提交的书证名称或者内容、需要以该书证证明的事实及事实的重要性、对方当事人控制该书证的根据以及应当提交该书证的理由。

对方当事人否认控制书证的，人民法院应当根据法律规定、习惯等因素，结合案件的事实、证据，对于书证是否在对方当事人控制之下的事实作出综合判断。

第四十六条 人民法院对当事人提交书证的申请进行审查时，应当听取对方当事人的意见，必要时可以要求双方当事人提供证据、进行辩论。

当事人申请提交的书证不明确、书证对于待证事实的证明无必要、待证事实对于裁判结果无实质性影响、书证未在对方当事人控制之下或者不符合本规定第四十七条情形的，人民法院不予准许。

当事人申请理由成立的，人民法院应当作出裁定，责令对方当事人提交书证；理由不成立的，通知申请人。

第四十七条 下列情形，控制书证的当事人应当提交书证：

（一）控制书证的当事人在诉讼中曾经引用过的书证；

（二）为对方当事人的利益制作的书证；

（三）对方当事人依照法律规定有权查阅、获取的书证；

（四）账簿、记账原始凭证；

（五）人民法院认为应当提交书证的其他情形。

前款所列书证，涉及国家秘密、商业秘密、当事人或第三人的隐私，或者存在法律规定应当保密的情形的，提交后不得公开质证。

第四十八条 控制书证的当事人无正当理由拒不提交书证的，人民法院可以认定对方当事人所主张的书证内容为真实。

控制书证的当事人存在《最高人民法院关于适用〈中华人民共和国民事诉讼法〉的解释》第一百一十三条规定情形的，人民法院可以认定对方当事人主张以该书证证明的事实为真实。

三、举证时限与证据交换

第四十九条 被告应当在答辩期届满前提出书面答辩，阐明其对原告诉讼请求及所依据的事实和理由的意见。

第五十条 人民法院应当在审理前的准备阶段向当事人送达举证通知书。

举证通知书应当载明举证责任的分配原则和要求、可以向人民法院申请调查收集证据的情形、人民法院根据案件情况指定的举证期限以及逾期提供证据的法律后果等内容。

第五十一条 举证期限可以由当事人协商，并经人民法院准许。

人民法院指定举证期限的，适用第一审普通程序审理的案件不得少于十五日，当事人提供新的证据的第二审案件不得少于十日。适用简易程序审理的案件不得超过十五日，小额诉讼案件的举证期限一般不得超过七日。

举证期限届满后，当事人提供反驳证据或者对已经提供的证据的来源、形式等方面的瑕疵进行补正的，人民法院可以酌情再次确定举证期限，该期限不受前款规定的期间限制。

第五十二条 当事人在举证期限内提供证据存在客观障碍，属于民事诉讼法第六十五条第二款规定的“当事人在该期限内提供证据确有困难”的情形。

前款情形，人民法院应当根据当事人的举证能力、不能在举证期限内提供证据的原因等因素综合判断。必要时，可以听取对方当事人的意见。

第五十三条 诉讼过程中，当事人主张的法律关系性质或者民事行为效力与人民法院根据案件事实作出的认定不一致的，人民法院应当将法律关系性质或者民事行为效力作为焦点问题进行审理。但法律关系性质对裁判理由及结果没有影响，或者有关问题已经当事人充分辩论的除外。

存在前款情形，当事人根据法庭审理情况变更诉讼请求的，人民法院应当准许并可以根据案件的具体情况重新指定举证期限。

第五十四条 当事人申请延长举证期限的，应当在举证期限届满前向人民法院提出书面申请。

申请理由成立的，人民法院应当准许，适当延长举证期限，并通知其他当事人。延长的举证期限适用于其他当事人。

申请理由不成立的，人民法院不予准许，并通知申请人。

第五十五条 存在下列情形的，举证期限按照如下方式确定：

（一）当事人依照民事诉讼法第一百二十七条规定提出管辖权异议的，举证期限中止，自驳回管辖权异议的裁定生效之日起恢复计算；

（二）追加当事人、有独立请求权的第三人参加诉讼或者无独立请求权的第三人经人民法院通知参加诉讼的，人民法院应当依照本规定第五十一条的规定为新参加诉讼的当事人确定举证期限，该举证期限适用于其他当事人；

（三）发回重审的案件，第一审人民法院可以结合案件具体情况和发回重审的原因，酌情确定举证期限；

（四）当事人增加、变更诉讼请求或者提出反诉的，人民法院应当根据案件具体情况重新确定举证期限；

（五）公告送达的，举证期限自公告期届满之次日起计算。

第五十六条 人民法院依照民事诉讼法第一百三十三条第四项的规定，通过组织证据交换进行审理前准备的，证据交换之日举证期限届满。

证据交换的时间可以由当事人协商一致并经人民法院认可，也可以由人民法院指定。当事人申请延期举证经人民法院准许的，证据交换日相应顺延。

第五十七条 证据交换应当在审判人员的主持下进行。

在证据交换的过程中，审判人员对当事人无异议的事实、证据应当记录在卷；对有异议的证据，按照需要证明的事实分类记录在卷，并记载异议的理由。通过证据交换，确定双方当事人争议的主要问题。

第五十八条 当事人收到对方的证据后有反驳证据需要提交的，人民法院应当再次组织证据交换。

第五十九条 人民法院对逾期提供证据的当事人处以罚款的，可以结合当事人逾期提供证据的主观过错程度、导致诉讼迟延的情况、诉讼标的金额等因素，确定罚款数额。

四、质证

第六十条 当事人在审理前的准备阶段或者人民法院调查、询问过程中发表过质证意见的证据，视为质证过的证据。

当事人要求以书面方式发表质证意见，人民法院在听取对方当事人意见后认为有必要的，可以准许。人民法院应当及时将书面质证意见送交对方当事人。

第六十一条 对书证、物证、视听资料进行质证时，当事人应当出示证据的原件或者原物。但有下列情形之一的除外：

（一）出示原件或者原物确有困难并经人民法院准许出示复制件或者复制品的；

（二）原件或者原物已不存在，但有证据证明复制件、复制品与原件或者原物一致的。

第六十二条 质证一般按下列顺序进行：

（一）原告出示证据，被告、第三人与原告进行质证；

（二）被告出示证据，原告、第三人与被告进行质证；

（三）第三人出示证据，原告、被告与第三人进行质证。

人民法院根据当事人申请调查收集的证据，审判人员对调查收集证据的情况进行说明后，由提出申请的当事人与对方当事人、第三人进行质证。

人民法院依职权调查收集的证据，由审判人员对调查收集证据的情况进行说明后，听取当事人的意见。

第六十三条 当事人应当就案件事实作真实、完整的陈述。

当事人的陈述与此前陈述不一致的，人民法院应当责令其说明理由，并结合当事人的诉讼能力、证据和案件具体情况进行审查认定。

当事人故意作虚假陈述妨碍人民法院审理的，人民法院应当根据情节，依照民事诉讼法第一百一十一条的规定进行处罚。

第六十四条 人民法院认为有必要的，可以要求当事人本人到场，就案件的有关事实接受询问。

人民法院要求当事人到场接受询问的，应当通知当事人询问的时间、地点、拒不到场的后果等内容。

第六十五条 人民法院应当在询问前责令当事人签署保证书并宣读保证书的内容。

保证书应当载明保证据实陈述，绝无隐瞒、歪曲、增减，如有虚假陈述应当接受处罚等内容。当事人应当在保证书上签名、捺印。

当事人有正当理由不能宣读保证书的，由书记员宣读并进行说明。

第六十六条 当事人无正当理由拒不到场、拒不签署或宣读保证书或者拒不接受询问的，人民法院应当综合案件情况，判断待证事实的真伪。待证事实无其他证据证明的，人民法院应当作出不利于该当事人的认定。

第六十七条 不能正确表达意思的人，不能作为证人。

待证事实与其年龄、智力状况或者精神健康状况相适应的无民事行为能力人和限制民事行为能力人，可以作为证人。

第六十八条 人民法院应当要求证人出庭作证，接受审判人员和当事人的询问。证人在审理前的准备阶段或者人民法院调查、询问等双方当事人在场时陈述证言的，视为出庭作证。

双方当事人同意证人以其他方式作证并经人民法院准许的，证人可以不出庭作证。

无正当理由未出庭的证人以书面等方式提供的证言，不得作为认定案件事实的根据。

第六十九条 当事人申请证人出庭作证的，应当在举证期限届满前向人民法院提交申请书。

申请书应当载明证人的姓名、职业、住所、联系方式，作证的主要内容，作证内容与待证事实的关联性，以及证人出庭作证的必要性。

符合《最高人民法院关于适用〈中华人民共和国民事诉讼法〉的解释》第九十六条第一款规定情形的，人民法院应当依职权通知证人出庭作证。

第七十条 人民法院准许证人出庭作证申请的，应当向证人送达通知书并告知双方当事人。通知书中应当载明证人作证的时间、地点，作证的事项、要求以及作伪证的法律后果等内容。

当事人申请证人出庭作证的事项与待证事实无关，或者没有通知证人出庭作证必要的，人民法院不予准许当事人的申请。

第七十一条 人民法院应当要求证人在作证之前签署保证书，并在法庭上宣读保证书的内容。但无民事行为能力人和限制民事行为能力人作为证人的除外。

证人确有正当理由不能宣读保证书的，由书记员代为宣读并进行说明。

证人拒绝签署或者宣读保证书的，不得作证，并自行承担相关费用。

证人保证书的内容适用当事人保证书的规定。

第七十二条 证人应当客观陈述其亲身感知的事实，作证时不得使用猜测、推断或者评论性语言。

证人作证前不得旁听法庭审理，作证时不得以宣读事先准备的书面材料的方式陈述证言。

证人言辞表达有障碍的，可以通过其他表达方式作证。

第七十三条 证人应当就其作证的事项进行连续陈述。

当事人及其法定代理人、诉讼代理人或者旁听人员干扰证人陈述的，人民法院应当及时制止，必要时可以依照民事诉讼法第一百一十条的规定进行处罚。

第七十四条 审判人员可以对证人进行询问。当事人及其诉讼代理人经审判人员许可后可以询问证人。

询问证人时其他证人不得在场。

人民法院认为有必要的，可以要求证人之间进行对质。

第七十五条 证人出庭作证后，可以向人民法院申请支付证人出庭作证费用。证人有困难需要预先支取出庭作证费用的，人民法院可以根据证人的申请在出庭作证前支付。

第七十六条 证人确有困难不能出庭作证，申请以书面证言、视听传输技术或者视听资料等方式作证的，应当向人民法院提交申请书。申请书中应当载明不能出庭的具体原因。

符合民事诉讼法第七十三条规定情形的，人民法院应当准许。

第七十七条 证人经人民法院准许，以书面证言方式作证的，应当签署保证书；以视听传输技术或者视听资料方式作证的，应当签署保证书并宣读保证书的内容。

第七十八条 当事人及其诉讼代理人对证人的询问与待证事实无关，或者存在威胁、侮辱证人或不适当引导等情形的，审判人员应当及时制止。必要时可以依照民事诉讼法第一百一十条、第一百一十一条的规定进行处罚。

证人故意作虚假陈述，诉讼参与人或者其他人以暴力、威胁、贿买等方法妨碍证人作证，或者在证人作证后以侮辱、诽谤、诬陷、恐吓、殴打等方式对证人打击报复的，人民法院应当根据情节，依照民事诉讼法第一百一十一条的规定，对行为人进行处罚。

第七十九条 鉴定人依照民事诉讼法第七十八条的规定出庭作证的，人民法院应当在开庭审理三日前将出庭的时间、地点及要求通知鉴定人。

委托机构鉴定的，应当由从事鉴定的人员代表机构出庭。

第八十条 鉴定人应当就鉴定事项如实答复当事人的异议和审判人员的询问。当庭答复确有困难的，经人民法院准许，可以在庭审结束后书面答复。

人民法院应当及时将书面答复送交当事人，并听取当事人的意见。必要时，可以再次组织质证。

第八十一条 鉴定人拒不出庭作证的，鉴定意见不得作为认定案件事实的根据。人民法院应当建议有关主管部门或者组织对拒不出庭作证的鉴定人予以处罚。

当事人要求退还鉴定费用的，人民法院应当在三日内作出裁定，责令鉴定人退还；拒不退还的，由人民法院依法执行。

当事人因鉴定人拒不出庭作证申请重新鉴定的，人民法院应当准许。

第八十二条 经法庭许可，当事人可以询问鉴定人、勘验人。

询问鉴定人、勘验人不得使用威胁、侮辱等不适当的言语和方式。

第八十三条 当事人依照民事诉讼法第七十九条和《最高人民法院关于适用〈中华人民共和国民事诉讼法〉的解释》第一百二十二条的规定，申请有专门知识的人出庭的，申请书中应当载明有专门知识的人的基本情况和申请的目的。

人民法院准许当事人申请的，应当通知双方当事人。

第八十四条 审判人员可以对有专门知识的人进行询问。经法庭准许，当事人可以对有专门知识的人进行询问，当事人各自申请的有专门知识的人可以就案件中的有关问题进行对质。

有专门知识的人不得参与对鉴定意见质证或者就专业问题发表意见之外的法庭审理活动。

五、证据的审核认定

第八十五条 人民法院应当以证据能够证明的案件事实为根据依法作出裁判。

审判人员应当依照法定程序，全面、客观地审核证据，依据法律的规定，遵循法官职业道德，运用逻辑推理和日常生活经验，对证据有无证明力和证明力大小独立进行判断，并公开判断的理由和结果。

第八十六条 当事人对于欺诈、胁迫、恶意串通事实的证明，以及对于口头遗嘱或赠与事实的证明，人民法院确信该待证事实存在的可能性能够排除合理怀疑的，应当认定该事实存在。

与诉讼保全、回避等程序事项有关的事实，人民法院结合当事人的说明及相关证据，认为有关事实存在的可能性较大的，可以认定该事实存在。

第八十七条 审判人员对单一证据可以从下列方面进行审核认定：

（一）证据是否为原件、原物，复制件、复制品与原件、原物是否相符；

（二）证据与本案事实是否相关；

（三）证据的形式、来源是否符合法律规定；

（四）证据的内容是否真实；

（五）证人或者提供证据的人与当事人有无利害关系。

第八十八条 审判人员对案件的全部证据，应当从各证据与案件事实的关联程度、各证据之间的联系等方面进行综合审查判断。

第八十九条 当事人在诉讼过程中认可的证据，人民法院应当予以确认。但法律、司法解释另有规定的除外。

当事人对认可的证据反悔的，参照《最高人民法院关于适用〈中华人民共和国民事诉讼法〉的解释》第二百二十九条的规定处理。

第九十条 下列证据不能单独作为认定案件事实的根据：

（一）当事人的陈述；

（二）无民事行为能力人或者限制民事行为能力人所作的与其年龄、智力状况或者精神健康状况不相当的证言；

（三）与一方当事人或者其代理人有利害关系的证人陈述的证言；

（四）存有疑点的视听资料、电子数据；

（五）无法与原件、原物核对的复制件、复制品。

第九十一条 公文书证的制作者根据文书原件制作的载有部分或者全部内容的副本，与正本具有相同的证明力。

在国家机关存档的文件，其复制件、副本、节录本经档案部门或者制作原本的机关证明其内容与原本一致的，该复制件、副本、节录本具有与原本相同的证明力。

第九十二条 私文书证的真实性，由主张以私文书证证明案件事实的当事人承担举证责任。

私文书证由制作者或者其代理人签名、盖章或捺印的，推定为真实。

私文书证上有删除、涂改、增添或者其他形式瑕疵的，人民法院应当综合案件的具体情况判断其证明力。

第九十三条 人民法院对于电子数据的真实性，应当结合下列因素综合判断：

（一）电子数据的生成、存储、传输所依赖的计算机系统的硬件、软件环境是否完整、可靠；

（二）电子数据的生成、存储、传输所依赖的计算机系统的硬件、软件环境是否处于正常运行状态，或者不处于正常运行状态时对电子数据的生成、存储、传输是否有影响；

（三）电子数据的生成、存储、传输所依赖的计算机系统的硬件、软件环境是否具备有效的防止出错的监测、核查手段；

（四）电子数据是否被完整地保存、传输、提取，保存、传输、提取的方法是否可靠；

（五）电子数据是否在正常的往来活动中形成和存储；

（六）保存、传输、提取电子数据的主体是否适当；

（七）影响电子数据完整性和可靠性的其他因素。

人民法院认为有必要的，可以通过鉴定或者勘验等方法，审查判断电子数据的真实性。

第九十四条 电子数据存在下列情形的，人民法院可以确认其真实性，但有足以反驳的相反证据的除外：

（一）由当事人提交或者保管的于己不利的电子数据；

（二）由记录和保存电子数据的中立第三方平台提供或者确认的；

（三）在正常业务活动中形成的；

（四）以档案管理方式保管的；

（五）以当事人约定的方式保存、传输、提取的。

电子数据的内容经公证机关公证的，人民法院应当确认其真实性，但有相反证据足以推翻的除外。

第九十五条 一方当事人控制证据无正当理由拒不提交，对待证事实负有举证责任的当事人主张该证据的内容不利于控制人的，人民法院可以认定该主张成立。

第九十六条 人民法院认定证人证言，可以通过对证人的智力状况、品德、知识、经验、法律意识和专业技能等的综合分析作出判断。

第九十七条 人民法院应当在裁判文书中阐明证据是否采纳的理由。

对当事人无争议的证据，是否采纳的理由可以不在裁判文书中表述。

六、其他

第九十八条 对证人、鉴定人、勘验人的合法权益依法予以保护。

当事人或者其他诉讼参与人伪造、毁灭证据，提供虚假证据，阻止证人作证，指使、贿买、胁迫他人作伪证，或者对证人、鉴定人、勘验人打击报复的，依照民事诉讼法第一百一十条、第一百一十一条的规定进行处罚。

第九十九条 本规定对证据保全没有规定的，参照适用法律、司法解释关于财产保全的规定。

除法律、司法解释另有规定外，对当事人、鉴定人、有专门知识的人的询问参照适用本规定中关于询问证人的规定；关于书证的规定适用于视听资料、电子数据；存储在电子计算机等电子介质中的视听资料，适用电子数据的规定。

第一百条 本规定自 2020 年 5 月 1 日起施行。

本规定公布施行后，最高人民法院以前发布的司法解释与本规定不一致的，不再适用。

3 《最高人民法院关于审理建设工程施工合同纠纷案件适用法律问题的解释（一）》

（法释〔2020〕25号）

第一条 建设工程施工合同具有下列情形之一的，应当依据《民法典》第一百五十三条第一款的规定，认定无效：

（一）承包人未取得建筑业企业资质或者超越资质等级的；

（二）没有资质的实际施工人借用有资质的建筑施工企业名义的；

（三）建设工程必须进行招标而未招标或者中标无效的。

承包人因转包、违法分包建设工程与他人签订的建设工程施工合同，应当依据民法典第一百五十三条第一款及第七百九十一条第二款、第三款的规定，认定无效。

第二条 招标人和中标人另行签订的建设工程施工合同约定的工程范围、建设工期、工程质量、工程价款等实质性内容，与中标合同不一致，一方当事人请求按照中标合同确定权利义务的，人民法院应予支持。

招标人和中标人在中标合同之外就明显高于市场价格购买承建房产、无偿建设住房配套设施、让利、向建设单位捐赠财物等另行签订合同，变相降低工程价款，一方当事人以该合同背离中标合同实质性内容为由请求确认无效的，人民法院应予支持。

第三条 当事人以发包人未取得建设工程规划许可证等规划审批手续为由，请求确认建设工程施工合同无效的，人民法院应予支持，但发包人在起诉前取得建设工程规划许可证等规划审批手续的除外。

发包人能够办理审批手续而未办理，并以未办理审批手续为由请求确认建设工程施工合同无效的，人民法院不予支持。

第四条 承包人超越资质等级许可的业务范围签订建设工程施工合同，在建设工程竣工前取得相应资质等级，当事人请求按照无效合同处理的，人民法院不予支持。

第五条 具有劳务作业法定资质的承包人与总承包人、分包人签订的劳务分包合同，当事人请求确认无效的，人民法院依法不予支持。

第六条 建设工程施工合同无效，一方当事人请求对方赔偿损失的，应当就对方过错、损失大小、过错与损失之间的因果关系承担举证责任。

损失大小无法确定，一方当事人请求参照合同约定的质量标准、建设工期、工程价款支付时间等内容确定损失大小的，人民法院可以结合双方过错程度、过错与损失之间的因果关系等因素作出裁判。

第七条 缺乏资质的单位或者个人借用有资质的建筑施工企业名义签订建设工程施工合同，发包人请求出借方与借用方对建设工程质量不合格等因出借资质造成的损失承担连带赔偿责任的，人民法院应予支持。

第八条 当事人对建设工程开工日期有争议的，人民法院应当分别按照以下情形予以认定：

（一）开工日期为发包人或者监理人发出的开工通知载明的开工日期；开工通知发出后，尚不具备开工条件的，以开工条件具备的时间为开工日期；因承包人原因导致开工时间推迟的，以开工通知载明的时间为开工日期。

（二）承包人经发包人同意已经实际进场施工的，以实际进场施工时间为开工日期。

（三）发包人或者监理人未发出开工通知，亦无相关证据证明实际开工日期的，应当综合考虑开工报告、合同、施工许可证、竣工验收报告或者竣工验收备案表等载明的时间，并结合是否具备开工条件的事实，认定开工日期。

第九条 当事人对建设工程实际竣工日期有争议的，人民法院应当分别按照以下情形予以认定：

（一）建设工程经竣工验收合格的，以竣工验收合格之日为竣工日期；

（二）承包人已经提交竣工验收报告，发包人拖延验收的，以承包人提交验收报告之日为竣工日期；

（三）建设工程未经竣工验收，发包人擅自使用的，以转移占有建设工程之日为竣工日期。

第十条 当事人约定顺延工期应当经发包人或者监理人签证等方式确认，承包人虽未取得工期顺延的确认，但能够证明在合同约定的期限内向发包人或者监理人申请过工期顺延且顺延事由符合合同约定，承包人以此为由主张工期顺延的，人民法院应予支持。

当事人约定承包人未在约定期限内提出工期顺延申请视为工期不顺延的，按照约定处理，但发包人在约定期限后同意工期顺延或者承包人提出合理抗辩的除外。

第十一条 建设工程竣工前，当事人对工程质量发生争议，工程质量经鉴定合格的，鉴定期间为顺延工期期间。

第十二条 因承包人的原因造成建设工程质量不符合约定，承包人拒绝修理、返工或者改建，发包人请求减少支付工程价款的，人民法院应予支持。

第十三条 发包人具有下列情形之一，造成建设工程质量缺陷，应当承担过错责任：

（一）提供的设计有缺陷；

（二）提供或者指定购买的建筑材料、建筑构配件、设备不符合强制性标准；

（三）直接指定分包人分包专业工程。

承包人有过错的，也应当承担相应的过错责任。

第十四条 建设工程未经竣工验收，发包人擅自使用后，又以使用部分质量不符合约定为由主张权利的，人民法院不予支持；但是承包人应当在建设工程的合理使用寿命内对地基基础工程和主体结构质量承担民事责任。

第十五条 因建设工程质量发生争议的，发包人可以以总承包人、分包人和实际施工人为共同被告提起诉讼。

第十六条 发包人在承包人提起的建设工程施工合同纠纷案件中，以建设工程质量不符合合同约定或者法律规定为由，就承包人支付违约金或者赔偿修理、返工、改建的合理费用等损失提出反诉的，人民法院可以合并审理。

第十七条 有下列情形之一，承包人请求发包人返还工程质量保证金的，人民法院应予支持：

（一）当事人约定的工程质量保证金返还期限届满；

（二）当事人未约定工程质量保证金返还期限的，自建设工程通过竣工验收之日起满二年；

（三）因发包人原因建设工程未按约定期限进行竣工验收的，自承包人提交工程竣工验收报告九十日后当事人约定的工程质量保证金返还期限届满；当事人未约定工程质量保证金返还期限的，自承包人提交工程竣工验收报告九十日后起满二年。

发包人返还工程质量保证金后，不影响承包人根据合同约定或者法律规定履行工程保修义务。

第十八条 因保修人未及时履行保修义务，导致建筑物毁损或者造成人身损害、财产损失的，保修人应当承担赔偿责任。

保修人与建筑物所有人或者发包人对建筑物毁损均有过错的，各自承担相应的责任。

第十九条 当事人对建设工程的计价标准或者计价方法有约定的，按照约定结算工程价款。

因设计变更导致建设工程的工程量或者质量标准发生变化，当事人对该部分工程价款不能协商一致的，可以参照签订建设工程施工合同时当地建设行政主管部门发布的计价方法或者计价标准结算工程价款。

建设工程施工合同有效，但建设工程经竣工验收不合格的，依照民法典第五百七十七条规定处理。

第二十条 当事人对工程量有争议的，按照施工过程中形成的签证等书面文件确认。承包人能够证明发包人同意其施工，但未能提供签证文件证明工程量发生的，可以按照当事人提供的其他证据确认实际发生的工程量。

第二十一条 当事人约定，发包人收到竣工结算文件后，在约定期限内不予答复，视为认可竣工结算文件的，按照约定处理。承包人请求按照竣工结算文件结算工程价款的，人民法院应予支持。

第二十二条 当事人签订的建设工程施工合同与招标文件、投标文件、中标通知书载明的工程范围、建设工期、工程质量、工程价款不一致，一方当事人请求将招标文件、投标文件、中标通知书作为结算工程价款的依据的，人民法院应予支持。

第二十三条 发包人将依法不属于必须招标的建设工程进行招标后，与承包人另行订立的建设工程施工合同背离中标合同的实质性内容，当事人请求以中标合同作为结算建设工程价款依据的，人民法院应予支持，但发包人与承包人因客观情况发生了在招标投标时难以预见的变化而另行订立建设工程施工合同的除外。

第二十四条 当事人就同一建设工程订立的数份建设工程施工合同均无效，但建设工程质量合格，一方当事人请求参照实际履行的合同关于工程价款的约定折价补偿承包人的，人民法院应予支持。

实际履行的合同难以确定，当事人请求参照最后签订的合同关于工程价款的约定折价补偿承包人的，人民法院应予支持。

第二十五条 当事人对垫资和垫资利息有约定，承包人请求按照约定返还垫资及其利息的，人民法院应予支持，但是约定的利息计算标准高于垫资时的同类贷款利率或者同期贷款市场报价利率的部分除外。

当事人对垫资没有约定的，按照工程欠款处理。

当事人对垫资利息没有约定，承包人请求支付利息的，人民法院不予支持。

第二十六条 当事人对欠付工程价款利息计付标准有约定的，按照约定处理。没有约定的，按照同期同类贷款利率或者同期贷款市场报价利率计息。

第二十七条 利息从应付工程价款之日开始计付。当事人对付款时间没有约定或者约定不明的，下列时间视为应付款时间：

（一）建设工程已实际交付的，为交付之日；

（二）建设工程没有交付的，为提交竣工结算文件之日；

（三）建设工程未交付，工程价款也未结算的，为当事人起诉之日。

第二十八条 当事人约定按照固定价结算工程价款，一方当事人请求对建设工程造价进行鉴定的，人民法院不予支持。

第二十九条 当事人在诉讼前已经对建设工程价款结算达成协议，诉讼中一方当事人申请对工程造价进行鉴定的，人民法院不予准许。

第三十条 当事人在诉讼前共同委托有关机构、人员对建设工程造价出具咨询意见，诉讼中一方当事人不认可该咨询意见申请鉴定的，人民法院应予准许，但双方当事人明确表示受该咨询意见约束的除外。

第三十一条 当事人对部分案件事实有争议的，仅对有争议的事实进行鉴定，但争议事实范围不能确定，或者双方当事人请求对全部事实鉴定的除外。

第三十二条 当事人对工程造价、质量、修复费用等专门性问题有争议，人民法院认为需要鉴定的，应当向负有举证责任的当事人释明。当事人经释明未申请鉴定，虽申请鉴定但未支付鉴定费用或者拒不提供相关材料的，应当承担举证不能的法律后果。

一审诉讼中负有举证责任的当事人未申请鉴定，虽申请鉴定但未支付鉴定费用或者拒不提供相关材料，二审诉讼中申请鉴定，人民法院认为确有必要的，应当依照民事诉讼法第一百七十条第一款第三项的规定处理。

第三十三条 人民法院准许当事人的鉴定申请后，应当根据当事人申请及查明案件事实的需要，确定委托鉴定的事项、范围、鉴定期限等，并组织当事人对争议的鉴定材料进行质证。

第三十四条 人民法院应当组织当事人对鉴定意见进行质证。鉴定人将当事人有争议且未经质证的材料作为鉴定依据的，人民法院应当组织当事人就该部分材料进行质证。经质证认为不能作为鉴定依据的，根据该材料作出的鉴定意见不得作为认定案件事实的依据。

第三十五条 与发包人订立建设工程施工合同的承包人，依据民法典第八百零七条的规定请求其承建工程的价款就工程折价或者拍卖的价款优先受偿的，人民法院应予支持。

第三十六条 承包人根据民法典第八百零七条规定享有的建设工程价款优先受偿权优于抵押权和其他债权。

第三十七条 装饰装修工程具备折价或者拍卖条件，装饰装修工程的承包人请求工程价款就该装饰装修工程折价或者拍卖的价款优先受偿的，人民法院应予支持。

第三十八条 建设工程质量合格，承包人请求其承建工程的价款就工程折价或者拍卖的价款优先受偿的，人民法院应予支持。

第三十九条 未竣工的建设工程质量合格，承包人请求其承建工程的价款就其承建工程部分折价或者拍卖的价款优先受偿的，人民法院应予支持。

第四十条 承包人建设工程价款优先受偿的范围依照国务院有关行政主管部门关于建设工程价款范围的规定确定。

承包人就逾期支付建设工程价款的利息、违约金、损害赔偿金等主张优先受偿的，人民法院不予支持。

第四十一条 承包人应当在合理期限内行使建设工程价款优先受偿权，但最长不得超过十八个月，自发包人应当给付建设工程价款之日起算。

第四十二条 发包人与承包人约定放弃或者限制建设工程价款优先受偿权，损害建筑工人利益，发包人根据该约定主张承包人不享有建设工程价款优先受偿权的，人民法院不予支持。

第四十三条 实际施工人以转包人、违法分包人为被告起诉的，人民法院应当依法受理。

实际施工人以发包人为被告主张权利的，人民法院应当追加转包人或者违法分包人为本案第三人，在查明发包人欠付转包人或者违法分包人建设工程价款的数额后，判决发包人在欠付建设工程价款范围内对实际施工人承担责任。

第四十四条 实际施工人依据民法典第五百三十五条规定，以转包人或者违法分包人怠于向发包人行使到期债权或者与该债权有关的从权利，影响其到期债权实现，提起代位权诉讼的，人民法院应予支持。

第四十五条 本解释自 2021 年 1 月 1 日起施行。

4《最高人民法院关于人民法院民事诉讼中委托鉴定审查工作若干问题的规定》

（法〔2020〕202 号）

为进一步规范民事诉讼中委托鉴定工作，促进司法公正，根据《中华人民共和国民事诉讼法》《最高人民法院关于适用〈中华人民共和国民事诉讼法〉的解释》《最高人民法院关于民事诉讼证据的若干规定》等法律、司法解释的规定，结合人民法院工作实际，制定本规定。

一、对鉴定事项的审查

1. 严格审查拟鉴定事项是否属于查明案件事实的专门性问题，有下列情形之一的，人民法院不予委托鉴定：

（1）通过生活常识、经验法则可以推定的事实；

（2）与待证事实无关联的问题；

（3）对证明待证事实无意义的问题；

（4）应当由当事人举证的非专门性问题；

（5）通过法庭调查、勘验等方法可以查明的事实；

（6）对当事人责任划分的认定；

（7）法律适用问题；

（8）测谎；

（9）其他不适宜委托鉴定的情形。

2. 拟鉴定事项所涉鉴定技术和方法争议较大的，应当先对其鉴定技术和方法的科学可靠性进行审查。所涉鉴定技术和方法没有科学可靠性的，不予委托鉴定。

二、对鉴定材料的审查

3. 严格审查鉴定材料是否符合鉴定要求，人民法院应当告知当事人不提供符合要求鉴定材料的法律后果。

4. 未经法庭质证的材料（包括补充材料），不得作为鉴定材料。

当事人无法联系、公告送达或当事人放弃质证的，鉴定材料应当经合议庭确认。

5. 对当事人有争议的材料，应当由人民法院予以认定，不得直接交由鉴定机构、鉴定人选用。

三、对鉴定机构的审查

6. 人民法院选择鉴定机构，应当根据法律、司法解释等规定，审查鉴定机构的资质、执业范围等事项。

7. 当事人协商一致选择鉴定机构的，人民法院应当审查协商选择的鉴定机构是否具备鉴定资质及符合法律、司法解释等规定。发现双方当事人的选择有可能损害国家利益、集体利益或第三方利益的，应当终止协商选择程序，采用随机方式选择。

8. 人民法院应当要求鉴定机构在接受委托后5个工作日内，提交鉴定方案、收费标准、鉴定人情况和鉴定人承诺书。

重大、疑难、复杂鉴定事项可适当延长提交期限。

鉴定人拒绝签署承诺书的，人民法院应当要求更换鉴定人或另行委托鉴定机构。

四、对鉴定人的审查

9. 人民法院委托鉴定机构指定鉴定人的，应当严格依照法律、司法解释等规定，对鉴定人的专业能力、从业经验、业内评价、执业范围、鉴定资格、资质证书有效期以及是否有依法回避的情形等进行审查。

特殊情形人民法院直接指定鉴定人的，依照前款规定进行审查。

五、对鉴定意见书的审查

10. 人民法院应当审查鉴定意见书是否具备《最高人民法院关于民事诉讼证据的若干规定》第三十六条规定的内容。

11. 鉴定意见书有下列情形之一的，视为未完成委托鉴定事项，人民法院应当要求鉴定人补充鉴定或重新鉴定：

（1）鉴定意见和鉴定意见书的其他部分相互矛盾的；

（2）同一认定意见使用不确定性表述的；

（3）鉴定意见书有其他明显瑕疵的。

补充鉴定或重新鉴定仍不能完成委托鉴定事项的，人民法院应当责令鉴定人退回已经收取的鉴定费用。

六、加强对鉴定活动的监督

12. 人民法院应当向当事人释明不按期预交鉴定费用及鉴定人出庭费用的法律后果，并对鉴定机构、鉴定人收费情况进行监督。

公益诉讼可以申请暂缓交纳鉴定费用和鉴定人出庭费用。

符合法律援助条件的当事人可以申请暂缓或减免交纳鉴定费用和鉴定人出庭费用。

13. 人民法院委托鉴定应当根据鉴定事项的难易程度、鉴定材料准备情况，确定合理的鉴定期限，一般案件鉴定时限不超过 30 个工作日，重大、疑难、复杂案件鉴定时限不超过 60 个工作日。

鉴定机构、鉴定人因特殊情况需要延长鉴定期限的，应当提出书面申请，人民法院可以根据具体情况决定是否延长鉴定期限。

鉴定人未按期提交鉴定书的，人民法院应当审查鉴定人是否存在正当理由。如无正当理由且人民法院准许当事人申请另行委托鉴定的，应当责令原鉴定机构、鉴定人退回已经收取的鉴定费用。

14. 鉴定机构、鉴定人超范围鉴定、虚假鉴定、无正当理由拖延鉴定、拒不出庭作证、违规收费以及有其他违法违规情形的，人民法院可以根据情节轻重，对鉴定机构、鉴定人予以暂停委托、责令退还鉴定费用、从人民法院委托鉴定专业机构、专业人员备选名单中除名等惩戒，并向行政主管部门或者行业协会发出司法建议。鉴定机构、鉴定人存在违法犯罪情形的，人民法院应当将有关线索材料移送公安、检察机关处理。

人民法院建立鉴定人黑名单制度。鉴定机构、鉴定人有前款情形的，可列入鉴定人黑名单。鉴定机构、鉴定人被列入黑名单期间，不得进入人民法院委托鉴定专业机构、专业人员备选名单和相关信息平台。

15. 人民法院应当充分运用委托鉴定信息平台加强对委托鉴定工作的管理。

16. 行政诉讼中人民法院委托鉴定，参照适用本规定。

17. 本规定自 2020 年 9 月 1 日起施行。

附件：

鉴定人承诺书（试行）

本人接受人民法院委托，作为诉讼参与人参加诉讼活动，依照国家法律法规和人民法院相关规定完成本次司法鉴定活动，承诺如下：

一、遵循科学、公正和诚实原则，客观、独立地进行鉴定，保证鉴定意见不受当事人、代理人或其他第三方的干扰。

二、廉洁自律，不接受当事人、诉讼代理人及其请托人提供的财物、宴请或其他利益。

三、自觉遵守有关回避的规定，及时向人民法院报告可能影响鉴定意见的各种情形。

四、保守在鉴定活动中知悉的国家秘密、商业秘密和个人隐私，不利用鉴定活动中知悉的国家秘密、商业秘密和个人隐私获取利益，不向无关人员泄露案情及鉴定信息。

五、勤勉尽责，遵照相关鉴定管理规定及技术规范，认真分析判断专业问题，独立进行检验、测算、分析、评定并形成鉴定意见，保证不出具虚假或误导性鉴定意见；妥善保管、保存、移交相关鉴定材料，不因自身原因造成鉴定材料污损、遗失。

六、按照规定期限和人民法院要求完成鉴定事项，如遇特殊情形不能如期完成的，应当提前向人民法院申请延期。

七、保证依法履行鉴定人出庭作证义务，做好鉴定意见的解释及质证工作。

本人已知悉违反上述承诺将承担的法律责任及行业主管部门、人民法院给予的相应处理后果。

承 诺 人：（签名）

鉴定机构：（盖章）

年　月　日

参考文献

［1］最高人民法院民法典贯彻实施工作领导小组．中华人民共和国民法典总则编理解与适用［M］．北京：人民法院出版社，2020.

［2］最高人民法院民法典贯彻实施工作领导小组．中华人民共和国民法典合同编理解与适用［M］．北京：人民法院出版社，2020.

［3］最高人民法院修改后民事诉讼法贯彻实施工作领导小组．最高人民法院民事诉讼司法解释理解与适用［M］．北京：人民法院出版社，2015.

［4］最高人民法院民事审判第一庭．最高人民法院新民事诉讼证据规定理解与适用［M］．北京：人民法院出版社，2020.

［5］最高人民法院民事审判第一庭．最高人民法院建设工程施工合同司法解释理解与适用［M］．北京：人民法院出版社，2015.

［6］最高人民法院民事审判第一庭．最高人民法院建设工程施工合同司法解释（二）理解与适用［M］．北京：人民法院出版社，2019.

［7］何颂跃．《人民法院司法鉴定工作暂行规定》的理解和适用［J］．人民司法，2002（05）：4-8.

［8］毕玉谦．辨识与解析：民事诉讼专家辅助人制度定位的经纬范畴［J］．比较法研究，2016（02）：99-111.

［9］Sven Timmerbeil，The Role of Expert Witnesses in German and U. S. Civil Litigation，9（1）Ann.Surv.Int'l & Comp. L. 173（2003）.

［10］江必新．新民事诉讼法理解适用与实务指南（修订版）［M］．北京：法律出版社，2015.

［11］栾时春，张明泽．论我国司法鉴定人对鉴定事项的释明［J］．中国司法鉴定，2012（04）：5-9.

［12］张卫平．民事证据法［M］．北京：法律出版社，2017.

［13］杜志淳．司法鉴定概论［M］.2 版．北京：法律出版社，2012.

［14］俞木兵，丁翔．工程造价司法鉴定典型问题分析——以安徽某具体案件为例［J］．建筑经济，2018，39（08）：75-78.